Nr. 41 1954
S. 9211—9442 13. Oktober

Chemisches Zentralblatt

Vollständiges Repertorium für alle Zweige der reinen und angewandten Chemie

1830 gegründet. 1897—1945 von der Deutschen Chemischen Gesellschaft fortgeführt.
Im Auftrage der Deutschen Akademie der Wissenschaften zu Berlin, der Chemischen Gesellschaft in der Deutschen Demokratischen Republik, der Akademie der Wissenschaften zu Göttingen und der Gesellschaft Deutscher Chemiker
herausgegeben von Prof. Dr. **Maximilian Pflücke**

125. Jahrgang
1954

Chefredakteure: Dr. Eugen Klever und Prof. Dr. Maximilian Pflücke

Akademie-Verlag GmbH., Berlin — Verlag Chemie, GmbH., Weinheim/Bergstr.

Inhalt

Namenregister

Chemisches Zentralblatt

1954 **Nr. 41** **13. Oktober**

Geschichte. Unterricht.

F. Mietzsch, *Zur Entwicklung der Pharmakotherapie in Deutschland. Heinrich Hörlein zum 70. Geburtstag.* Darst. der wissenschaftlichen u. industriellen Laufbahn. Kurze Würdigung der Tätigkeiten zur Organisation u. Förderung der wissenschaftlichen Arbeit. — Bild. (Angew. Chem. **64.** 294—95. 7/6. 1952.) LOCHMANN. 1

Otto Hahn, *Lise Meitner 75 Jahre.* Würdigung, bes. der letzten Arbeiten von LISE MEITNER über die Spaltung u. das Schalenmodell des Atomkerns, die Einblick in den Spaltungsmechanismus der schweren Kerne gewähren. (Z. Naturforsch. **8a.** 679—80. Nov. 1953. Göttingen.) GERHARD SCHMIDT. 1

—, *Zur Entwicklung der großtechnischen Hydrierverfahren. Matthias Pier zum 70. Geburtstag.* M. PIER hatte zunächst als Assistent von NERNST, später unter MITTASCH, Anteil an der techn. Synth. von NH_3. Aus eigenen Verss. mit $CO-H_2$-Gemischen entstand die Methanolsynthese. Diese u. die Druckhydrierung von Ölen u. Kohle mit passenden S-festen Katalysatoren verdanken ihm die schnelle Entw. (geschichtliche u. techn. Daten) in Ludwigshafen u. Leuna. — Bild. (Angew. Chem. **64.** 407—08. 7/8. 1952.) LOCHMANN. 1

A. Guyer, *H. E. Fierz-David. 1882—1953.* Der am 25/8. 1953 verstorbene Technologe H. E. FIERZ-DAVID, bis 1952 a. o. Professor an der ETH Zürich, wurde bekannt durch Arbeiten auf dem Gebiete der Zwischenprodd. u. der Farbenchemie. Daneben stammen von ihm auch Arbeiten auf rein biol. Gebiet. (Vjschr. naturforsch. Ges. Zürich **99.** 79. 31/3. 1954.) H.-G. SCHÄFER. 1

Maurice de Broglie, *Nachruf auf Robert Andrews Millikan.* Nachruf auf den bekannten Physiker u. Nobelpreisträger (1913) R. A. MILLIKAN (geb. 1868, gest. 20/12. 1953 in San Marino, Calif.). (C. R. hebd. Séances Acad. Sci. **238.** 23—25. 4/1. 1954.) KLEVER. 1

Ch. W. Baljan, *Juli Ssigismundowitsch Salkind.* Lebenslauf u. Würdigung der Verdienste von J. Ss. SALKIND (geb. 14/12. 1875 in Wilna, gest. 23/11. 1948), des bekannten hervorragenden russ. Organikers, aus Anlaß der Wiederkehr des 5. Todestages. — Verzeichnis der 252 Veröffentlichungen u. Bild. (Журнал Общей Химии [J. allg. Chem.] **23** (**85**). 1965—81. Dez. 1953.) KLEVER. 1

A. N. Nessmejanow, A. W. Toptschijew, B. A. Kasanski und **N. I. Schuikin,** *Zum Gedächtnis des Mitgliedes der Akademie Nikolai Dmitrijewitsch Zelinsky.* Nachruf u. Würdigung der vielseitigen Tätigkeit des weltbekannten hervorragenden russ. Organikers N. D. ZELINSKY (geb. 6/2. 1861 in Tiraspol, gest. 31/6. 1953), aus dessen Schule eine große Zahl bedeutender Chemiker hervorgegangen sind. — Bild. (Известия Академии Наук СССР, Отделение Химических Наук [Nachr. Akad. Wiss. UdSSR, Abt. chem. Wiss.] **1953.** 765—74. Sept./Okt.) KLEVER. 1

Ss. N. Danilow, *A. M. Butlerow (1828—1886). Zum 125. Geburtstag des Begründers der Theorie der chemischen Struktur und der planmäßigen Synthese organischer Verbindungen.* (Vgl. C. **1954.** 4081.) Würdigung der Theorien u. der Arbeiten von A. M. BUTLEROW (geb. 6/8. [25/7.] 1828, gest. 17/7. [5/7.] 1886) auf dem Gebiete der organ. Chemie. — Bild. (Журнал Общей Химии [J. allg. Chem.] **23** (**85**). 1601—12. Okt. 1953.) KLEVER. 1

—, *A. M. Butlerow (zum 125. Geburtstag).* (Vgl. vorst. Ref.) (Известия Академии Наук СССР, Отделение Химических Наук [Nachr. Akad. Wiss. UdSSR, Abt. chem. Wiss.] **1953.** 775—80. Sept./Okt.) KLEVER. 1

T. W. Wolkowa, *A. M. Butlerow und N. N. Beketow und ihr Briefwechsel (zum 125. Geburtstag N. N. Beketows).* Der Briefwechsel behandelt den ständigen Kampf BUTLEROWs gegen die Unterschätzung der Verdienste russ. Chemiker seitens der Behörden, bes. bei Wahlen in die Akademie u. bei Verleihungen des Lomonossow-Preises. (Журнал Прикладной Химии [J. angew. Chem.] **25.** 573—81. Juni 1952.) DAWYDOFF. 1

J. D'Ans, *J. H. van't Hoffs Jahre in Berlin 1896—1911. Ein Gedenken zu seinem 100. Geburtstage (30/8. 1952).* Anfangend von der Berufung nach Deutschland wird

VAN'T HOFFs Schaffen u. seine Schaffensweise, auch hinsichtlich der äußeren Umstände, beschrieben. Vor allem dienten 10 der Berliner Jahre, um in der klass. abgeschlossenen Arbeit über Lösungsgleichgewichte der Salze ozean. Salzablagerungen „den Bau genau, richtig u. vollendet zu führen". – 1 Bild. (Chemiker-Ztg. **76.** 545 bis 548. 20/8. 1952. Berlin.) LOCHMANN. 1

E. Thilo, *Über die physikalisch-chemischen Arbeiten von Lomonossow aus den Jahren 1741–52.* Biographie von LOMONOSSOW u. Wiedergabe, bes. derjenigen Stellen aus seinen Werken, die klar die Erhaltung des Stoffes, die Atom- u. Molekularhypothese u. die Grundgedanken der kinet. Gastheorie enthalten. – Bild. (Chem. Techn. **4.** 145–48. April 1952. Berlin, Humboldt-Univ.) LOCHMANN. 2

O. R. Frisch, *Atomenergie — wie es begann.* Histor. Überblick über die einzelnen Entwicklungsstufen der Atomenergie. (Brit. J. appl. Physics **5.** 81–84. März 1954. Cambridge, Univ., Cavendish Labor.) GERHARD SCHMIDT. 2

Carl C. Sartain, *Elektrolyse von Wasser: Ein Experiment in der Atomphysik.* (Sitzungsbericht.) Mißt man den Strom u. die Zeit, welche nötig ist, um eine bei dem Druck p u. Vol. v u. bei der absol. Temp. T gesammelte Sauerstoffmasse in Freiheit zu setzen, dann lassen sich 7 wichtige physikal. Konstanten bestimmen. Es sind dies das Faraday, die M. eines O-Atoms, die M. einer Atommasseneinheit, die AVOGADROsche Zahl, die BOLTZMANNsche Konstante, die universale Gaskonstante sowie das Vol. eines Mol. Gas bei Standardbedingungen. (Physic. Rev. [2] **91.** 227. 1/7. 1953. Univ. of Alabama.) GOTTFRIED. 6

A. G. Goldman, *Eine praktische Übung zur Phosphorescenz.* Beschreibung der App. u. Durchführung eines Vers. über das Abklingen eines Luminophors. (Физика в Школе [Physik. Schule] **1954.** Nr. 2. 46–48. März/April. Balaschow, Pädagog. Inst.) LEBTAG. 6

Karl Holdermann, Im Banne der Chemie. Carl Bosch. Leben und Werk. Bearb. v. **Walter Greiling.** Düsseldorf: Econ-Verl. 1953. (336 S. m. Abb.) DM 14,80.

Eduardo Vitoria, Prácticas químicas para cátedras y laboratorios. 7a ed. corregida. Barcelona: Casals. 1954. (XX + 829 S. m. Abb.) ptas 144,—.

—, Apotecken Tax der Stadt Dreszden MDLIII. Faksimile-Druck mit e. Einf. v. **Wolfgang-Hagen Hein.** Eutin/Holstein: Internat. Gesellschaft f. Geschichte d. Pharmazie 1953. (16 S.) = Veröffentlichungen der Internationalen Gesellschaft für Geschichte der Pharmazie, N. F. Bd. 2. DM 3,50.

A. Allgemeine und physikalische Chemie.

Paul Lorrain, *Das neue Einheitensystem Meter–Kilogramm–Sekunde in der Elektrizität.* Aufzeigung der Schwächen der C.G.S.-Systeme u. Empfehlung des bereits im Jahre 1901 aufgestellten Syst. elektr. Einheiten M.K.S. (Meter–Kilogramm–Sekunde). (Rev. trimestr. canad. **39.** 25–38. Frühjahr 1953.) GERHARD SCHMIDT. 10

Hans Bode und Hans Ludwig, Chemisches Praktikum für Mediziner. 9. neubearb. Aufl. Berlin, Göttingen, Heidelberg: Springer. 1953. (IX + 139 S. m. Abb.) DM 6,90.

W. H. J. Childs, Physical constants. London: Methuen. 1954. (86 S.) 6 s.

L. T. Draycott, Elementary practical physics. London: E. Arnold. 1954. (152 S.) 7 s. 6 d.

Hans Hartmann, Theorie der chemischen Bindung auf quantentheoret. Grundlage. Berlin, Göttingen. Heidelberg: Springer. 1954. (VII + 357 S. m. 53 Abb.) = Struktur u. Eigenschaften d. Materie in Einzeldarstellungen. 21. DM 49,80.

A_1. Kernphysik und Kernchemie.

Saul T. Epstein, *Über die Ableitung der Schrödinger-Gleichung.* (Sitzungsbericht.) Zusammenfassung der didakt. Nachteile der bisherigen Meth. der Ableitung der SCHRÖDINGER-Gleichung für den Übergang von der klass. Mechanik zur Quantenmechanik analog dem Übergang von der geometr. Optik zur Wellenoptik. Beschreibung neuer Gedankenexperimente (Unschärferelation u. Korrespondenzprinzip) zur Lösung des Problems. (Physic. Rev. [2] **93.** 364. 15/1. 1954. Cambridge, Mass.) GERHARD SCHMIDT. 80

E. Schrödinger, *Längen- und Winkelmessung in der Quantenmechanik.* Theoret. Betrachtungen über die Verbindung von Operatoren u. Beobachtungen. (Nature [London] **173.** 442. 6/3. 1954. Dublin, Inst. for Adv. Stud.) GERHARD SCHMIDT. 80

Herbert B. Rosenstock, *Quantelung einer nichtlinearen Feldtheorie.* Vf. schlägt ein Quantelungsverf. für eine Feldtheorie vor, in dem die klass. Teilchen als kleine Bereiche mit intensiver Feldstärke erscheinen. Für einige Werte der beteiligten Parameter werden approximative Energieeigenwerte berechnet. (Physic. Rev. [2] **93.** 331–33. 15/1. 1954. Chapel Hill, N. C., Univ. of North Carolina.) GERHARD SCHMIDT. 80

S. N. Bose, *Eine einheitliche Feldtheorie mit $\Gamma\mu \neq 0$.* Die angenäherten Gleichungen mit antisymm. Komponenten nehmen für einen bestimmten Wert der Konstanten MAXWELLsche Form an. Für einen anderen Wert ist es jedenfalls möglich, das Feld ohne eine Singularität zu erhalten. (J. Physique Radium **14.** 641—44. Dez. 1953. Calcutta, Univ.) GERHARD SCHMIDT. 80

Gerhart Lüders, *Über die Invarianzäquivalenz bei Zeitumkehr und Teilchen-Antiteilchen-Konjugation für relativistische Feldtheorien.* Mathemat. Prüfung der Invarianzbedingung bei Zeitumkehr zweiter Art unter Einschluß der Teilchen-Antiteilchen-Konjugation für relativist. Feldtheorien. Die Forderung der Invarianz bei Zeitumkehr erster Art ist für Feldtheorien dieser Art vollständig der Invarianzforderung bei Teilchen-Antiteilchen-Konjugation äquivalent. (Kgl. danske Vidensk. Selsk., mat.-fysiske Medd. **28.** Nr. 5. 1—17. 1954.) GERHARD SCHMIDT. 80

Walter Franz, *Multipolstrahlung als Eigenwertproblem.* Unter der Forderung, daß der Betrag u. eine Komponente des Gesamtdrehimpulses für die Lösungen der Feldgleichungen Eigenwerte annehmen, werden in bes. einfacher Weise die Ausdrücke für die elektr. u. magnet. Multipole erhalten. Der Drehimpuls des so erhaltenen Feldes folgt aus dem Ansatz, während die Herleitung aus einem simultanen Eigenwertproblem die Orthogonalität der verschied. Lösungen garantiert. (Z. Physik **127.** 363—90. 13/3. 1950. Münster.) GERHARD SCHMIDT. 80

Walter Weizel, *Ableitung der quantenmechanischen Wellengleichung des Mehrteilchensystems aus einem klassischen Modell.* Aus der Vorstellung, daß die Teilchen eines quantenmechan. Syst. in ihrer Bewegung ubiquitären, regellosen Störungen unterliegen, lassen sich als Teilchen- u. Impulsbilanz zwei Gleichungen gewinnen, welche auch aus der quantenmechan. Wellengleichung abgeleitet werden können. Aus diesen Gleichungen kann die quantenmechan. Wellengleichung rekonstruiert werden, wenn gefordert wird, daß die Konfigurationsgeschwindigkeit des Syst. wirbelfrei ist. Die Randbedingungen der Quantentheorie bleiben im angegebenen Modell erhalten u. führen zu den aus der Quantentheorie bekannten stationären Zuständen u. Energien. (Z. Physik **136.** 582—604. 1954. Bonn, Univ., Inst. für Theoret. Phys.) GERHARD SCHMIDT. 80

V. Sarabhai und **R. P. Kane,** *Weltweite Effekte der kontinuierlichen Emission von Höhenstrahlen aus der Sonne.* (Vgl. C. **1953.** 9373.) Vff. unterwerfen die Daten der CARNEGIE INSTITUTION über die Mesonenintensität der Höhenstrahlung in Huancayo, Cheltenham u. Christchurch 1937—46 einer harmon. Analyse. Sie stellen eine positive Korrelation zwischen der Veränderung der Amplitude des täglichen Ganges u. der Std. des Maximums mit der relativen Sonnenfleckenzahl u. der amerikan. charakterist. magnet. Zahl fest. Diese Korrelationen sind in den Jahren niedrigerer Sonnenfleckenaktivität bes. ausgeprägt. Dadurch werden frühere Ergebnisse der Autoren bestätigt. Die Sonne ist demnach eine kontinuierliche Quelle der Höhenstrahlung, ihre Aktivität verändert sich angenähert mit dem Sonnencyclus. (Physic. Rev. [2] **90.** 204—06. 15/4. 1953. Ahmedabad, India, Phys. Res. Labor.) WIEDEMANN. 85

V. Sarabhai und **R. P. Kane,** *Effekte der Änderungen in der Energie und der Zusammensetzung der solaren Höhenstrahlen in Godhavn und auf niedrigeren Breiten.* (Vgl. vorst. Ref.) Ergänzend wurden die Daten über die Mesonenintensität in Godhavn 79,9° N hinsichtlich Amplitude u. Std. des Maximums beim täglichen Gang analysiert. Die Schwankungen sind dort ähnlich, aber ausgeprägter als an anderen Orten. Aus dem Vgl. können Schlüsse auf die mittlere Energie der Höhenstrahlen u. ihre Zus. gezogen werden. Unter der Annahme einer kontinuierlichen Emission von der Sonne ergibt sich eine Zunahme der mittleren Energie von 1940—44 u. eine Zunahme des Anteils der α-Teilchen gegenüber den Protonen seit 1944. (Physic. Rev. [2] **91.** 688—89. 1/8. 1953.) WIEDEMANN. 85

Frank C. Roesler und **C. B. A. McCusker,** *Anisotrope Verteilung der Sekundärteilchen in Höhenstrahlsternen extremer Energie.* Die beobachtete Anisotropie in energiereichen Höhenstrahlsternen wird durch ein Modell zu erklären versucht, das ein scheibenförmiges Wechselwirkungsvol., bestehend aus mehreren Zonen, annimmt. Das Modell eignet sich für Kern-Kern- u. möglicherweise auch für Nucleon-Nucleon-Zusammenstöße. In jeder Zone soll sich Gleichgewicht einstellen, die Sekundärteilchen im Schwerpunktssyst. sollen isotrop ausgesandt werden. Durch die Überlagerung kommt bei nichtzentralen Stößen bei Erhaltung des Impulses eine Anisotropie zustande, die jedoch wesentlich kleiner ist als die beobachtete. (Physic. Rev. [2] **91.** 690—94. 1/8. 1953. Dublin, Inst. for Adv. Stud.) WIEDEMANN. 85

R. W. Williams und **W. E. Hazen,** *Versuche über Luftschauer.* 1. Mitt. (Sitzungsbericht.) Mittels 5 Ionisationskammern u. einer Pb-Platten enthaltenden Nebelkammer im Zentrum wurde die Teilchendichte großer Luftschauer gemessen, daraus der genaue Ort ihres Auftreffens, die Richtung u. das Energiespektr. ermittelt. (Physic. Rev. [2] **90.** 361. 15/4. 1953. M. I. T.; Univ. of Michigan.) WIEDEMANN. 85

W. E. Hazen, C. A. Randall jr. und **R. W. Williams,** *Versuche über Luftschauer.* 2. Mitt. (1. vgl. vorst. Ref.) (Sitzungsbericht.) Mit der l. c. beschriebenen Anordnung wird die relative Frequenz von Elektronen u. Photonen mit Energien $>10^9$ eV in Abhängigkeit vom Abstand von der Schauerachse bestimmt. Energiereiche γ-Strahlen sind selten. Für Schauer mit insgesamt $1{,}2-4{,}9 \cdot 10^5$ Elektronen beträgt der mittlere Zenitwinkel 15°, für solche mit mehr als 10^6 Elektronen 22°. Die Ergebnisse werden besser durch einige Primärphotonen als durch eine Kernkaskade mit gleichmäßiger Verteilung der Energie erklärt. (Physic. Rev. [2] **90.** 361. 15/4. 1953. Univ. of Michigan; Ohio Univ.; M. I. T.) WIEDEMANN. 85

Harold L. Kasnitz und **Kurt Sitte,** *Struktur und Zusammensetzung der Luftschauerkerne.* (Sitzungsbericht.) Mit einer Nebelkammer, die 8 Pb-Platten von ½ in. enthielt, einem Hodoskop aus 102 Zählrohren u. verschied. Koinzidenzanordnungen wurden auf 10600 ft ca. 1500 Schauer untersucht u. dabei Ergebnisse über die Dichteverteilung der Elektronen in der Nähe des Kerns, die Abhängigkeit der Struktur vom Alter sowie über die relative Häufigkeit von μ-Mesonen, N-Teilchen u. Elektronen in der Nähe des Kerns erhalten. (Physic. Rev. [2] **90.** 361. 15/4. 1953. Syracuse Univ.) WIEDEMANN. 85

L. Grodzins, G. Del Castillo und **W. Y. Chang,** *Über Zweiteilchenschauer aus Be.* (Vgl. C. **1953.** 802.) (Sitzungsbericht.) Bei den meisten Schauern mit 2 geladenen Teilchen ist es möglich, daß sie von einem dritten unsichtbaren Teilchen begleitet sind, sie sind daher mit der Theorie der Schauererzeugung durch Nucleon–Nucleon-Zusammenstöße verträglich. Das Verhältnis der Schauer mit 2 geladenen zu denen mit 3 geladenen Teilchen von 26 : 12 ist auch hiermit verträglich. (Physic. Rev. [2] **90.** 361. 15/4. 1953. Purdue Univ.) WIEDEMANN. 85

György Menczel und **Tibor Szelényi,** *Kernspaltungen in der Photoemulsion.* In luftdicht schließenden Behältern wurden ILFORD C 2-Photoplatten u. Photoemulsionsfilme mittels Freiballons in die Stratosphäre geschickt. Nach dem Entwickeln wurden die auf Einw. der Höhenstrahlung entstandenen Sterne gezählt u. aus der Wirkungsweite die kinet. Energie berechnet. (Magyar Kémiai Folyóirat [Ung. Z. Chem.] **58.** 264–66. Sept. 1952. Budapest, Physikal. Zentralforsch.-Inst., Kosm. Abt.) PLANK. 85

C. Peyrou, R. Safford und **H. Bridge,** *Experimentelle Ergebnisse über neutrale V-Teilchen.* (Sitzungsbericht.) Mit einer Nebelkammer wurden auf 10600 ft 65 neutrale V-Teilchen gefunden. Von den 27, die innerhalb der Kammer bei Kernwechselwirkungen entstanden, zerfallen 22 in zwei Teilchen ungleicher M., wahrscheinlich in ein Proton u. ein π-Meson. Die Q-Werte betragen 38 ± 2 MeV. Die mittlere Lebensdauer dieser V_1^0-Teilchen beträgt $(3 \pm 1) \cdot 10^{-10}$ Sekunden. (Physic. Rev. [2] **90.** 368–69. 15/4. 1953. M. I. T.) WIEDEMANN. 85

R. W. Thompson, A. V. Buskirk, L. R. Etter, C. J. Karzmark und **R. H. Rediker,** *Der Zerfall der V^0-Teilchen.* Mittels einer Nebelkammer von 22 in. Höhe, 11 in. Breite u. 5 in. Tiefe in einem Magnetfeld von 7000 Gauß wurden auf Seehöhe 24 V^0-Zerfälle beobachtet, von denen 12 eine Bahnlänge aufwiesen, die eine Best. des Impulses gestattet. Eine Analyse ergab mehrere Zerfälle nach $V^0 \rightarrow p + \pi$ mit $Q = 37$ MeV im Mittel, daneben nach $V^0 \rightarrow \pi + \pi$ mit $Q = 240$ MeV. (Physic. Rev. [2] **90.** 329–30. 15/4. 1953. Bloomington, Ind., Indiana Univ.) WIEDEMANN. 85

H. S. Green, *Mesonenwellengleichungen erster Ordnung.* Zur Darst. der Matrizen in differentiellen Wellengleichungen erster Ordnung, analog der DIRAC-Gleichung für das Elektron, wird ein einfaches Verf. entwickelt. Die Theorie wird zunächst für Spin 0 oder 1 u. für zwei Ruhmassen entwickelt, dann die Verallgemeinerung angedeutet. Das Vorzeichen der Energie wird diskutiert. Die Beziehung zu den beobachteten Mesonen mit verschied. Massen wird diskutiert. (Physic. Rev. [2] **89.** 965–67. 1/3. 1953. Adelaide, Univ. of Adelaide.) WIEDEMANN. 90

Gérard Petiau, *Über die Ausdehnung der Theorie des Compton-Effekts auf die Mesonenfelder.* Nach einer Verallgemeinerung des COMPTON-Effekts wird der Fall der Absorption eines neutralen Teilchens vom Spin 0 oder $\hbar$ durch ein DIRAC-Teilchen vom Spin $\hbar/2$ mit Emission eines zweiten neutralen Teilchens behandelt. Das absorbierte u. das emittierte Teilchen sind Mesonen verschied. Typs. Die Wirkungsquerschnitte der Streuung werden für folgende Fälle ermittelt: pseudoskalar–pseudoskalar, skalar–skalar, pseudoskalar–vektoriell, skalar–vektoriell, vektoriell–vektoriell. (C. R. hebd. Séances Acad. Sci. **231.** 119–22. 10/7. 1950.) WIEDEMANN. 90

Gerson Goldhaber und **S. Goldhaber,** *Unelastische Streuung negativer Pionen.* (Sitzungsbericht.) 600 μ-ILFORD G 5-Emulsionen wurden einem Fluß von $3 \cdot 10^4$ π^-/cm^2 der Energie 135 $\pm$10 MeV ausgesetzt. Auf einer Bahnlänge von 130 m wurden 440 Mesonen-Wechselwirkungen gefunden, darunter 22% unelast. Streuungen. Die Rückwärtsstreuung ist bevorzugt, der Energieverlust der gestreuten Mesonen liegt bei 70—110 MeV, was nicht durch eine einzige Pion–Nucleon-Streuung in einem Kern erklärt werden kann. (Physic. Rev. [2] **91.** 467. 15/7. 1953. Columbia Univ.)
WIEDEMANN. 90

A. B. Weaver, J. J. Lord und **Jay Orear,** *Streuung positiver 43 MeV-Pionen durch Wasserstoff.* (Sitzungsbericht.) Positive Pionen des 47 MeV-Pionenbündels fielen auf ILFORD G 5-Platten. Bei einer Gesamtbahnlänge der Pionen von 26800 cm wurden 8 Pion–Proton-Zusammenstöße identifiziert, entsprechend einem Wirkungsquerschnitt von 9 $\pm$4 mbarn. Die starke Rückwärtsstreuung kann durch COULOMB-Interferenz u. Extrapolation der bei höheren Energien erhaltenen Phasenverschiebungen erklärt werden. (Physic. Rev. [2] **91.** 466—67. 15/7. 1953. Univ. of Washington; Univ. of Chicago) WIEDEMANN. 90

Jay Orear, *Streuung negativer 120 MeV-Pionen durch Wasserstoff.* (Sitzungsbericht.) Die Streuung negativer Pionen des 122 MeV-Pionenbündels am Wasserstoff der Emulsion wurde beobachtet. Für Streuung ohne Austausch beträgt der Wirkungsquerschnitt 6,1 $\pm$1,7 mbarn. Die Vorwärts- u. Rückwärtsstreuung ist ca. doppelt so stark wie die unter 90°. (Physic. Rev. [2] **91.** 467. 15/7. 1953. Univ. of Chicago.)
WIEDEMANN. 90

R. L. Martin, E. Fermi und **D. E. Nagle,** *Streuung von 169 und 192 MeV-Pionen durch Wasserstoff.* (Sitzungsbericht.) Die differentiellen Wirkungsquerschnitte in mbarn/Raumwinkel betragen für elast. Streuung unter 90 u. 135° für negative 169 MeV-Pionen 0,7 $\pm$0,2 bzw. 1,5 $\pm$0,3 u. für negative 192 MeV-Pionen 0,6 $\pm$0,2 bzw. 1,7 $\pm$0,4. Die Austauschstreuung liefert γ-Strahlung, die Wirkungsquerschnitte sind 5,2 $\pm$1 bzw. 5,7 $\pm$1 bei 169 MeV u. 3,4 $\pm$1 bzw. 5,6 $\pm$1 bei 192 MeV. (Physic. Rev. [2] **91.** 467. 15/7. 1953. Univ. of Chicago.) WIEDEMANN. 90

T. R. Palfrey, D. Luckey und **R. R. Wilson,** *Photomesonenerzeugung aus Wasserstoff und Deuterium unter 180°.* (Sitzungsbericht.) Die mittels der 310 MeV-Bremsstrahlung eines Synchrotrons erzeugten Mesonen werden mit einem doppeltfokussierenden Magneten u. einem Teleskop aus Proportionalzählern nachgewiesen. Die differentiellen Wirkungsquerschnitte für die Erzeugung von π^+ aus H, π^+ u. π^- aus D u. π^+ aus *C* für verschied. Mesonenenergien sind tabelliert, ebenso die Abhängigkeit des differentiellen Wirkungsquerschnitts für die Erzeugung von π^+ aus H von der Energie der γ-Strahlung u. das Verhältnis π^-/π^+ für die Erzeugung aus D, Be u. C unter 180° u. bei verschied. Mesonenenergien. (Physic. Rev. [2] **91.** 468. 15/7. 1953. Cornell Univ.)
WIEDEMANN. 90

D. Luckey, T. Jenkins und **R. R. Wilson,** *Photomesonenerzeugung aus Wasserstoff und Deuterium unter 90 und 30°.* (Sitzungsbericht.) (Vgl. vorst. Ref.) Mittels der l. c. angeführten Anordnung wurden die differentiellen Wirkungsquerschnitte für die Erzeugung von π^+ aus H bestimmt. Unter 90° liegen sie für γ-Energien von 202 bis 283 MeV zwischen 14 u. 23 μbarn/Raumwinkel, unter 30° ist der Wirkungsquerschnitt für 234 MeV-Photonen 9 μbarn/Raumwinkel. Ferner sind die Wirkungsquerschnitte für die Erzeugung von π^+ aus H u. *C* sowie für die von π^+ u. π^- aus D für Mesonenenergien zwischen 34 u. 84 MeV tabelliert. (Physic. Rev. [2] **91.** 468. 15/7. 1953.)
WIEDEMANN. 90

Aihud Pevsner, Ross Williams, James Rainwater und **Seymour J. Lindenbaum,** *Elastische Streuung negativer π-Mesonen in Aluminium.* (Sitzungsbericht.) Negative Mesonen von 78 $\pm$7 MeV wurden an Al-Folien von 0,5 in. Dicke gestreut. Zur Fokussierung des Bündels sowie zum Nachw. der gestreuten Mesonen diente ein Scintillationsteleskop. Die Winkelverteilung zeigt bei 90° ein breites Minimum. (Physic. Rev. [2] **91.** 467. 15/7. 1953. Columbia Univ., Brookhaven Nat. Labor.) WIEDEMANN. 90

A. E. Clark, R. A. Grandey, S. K. Kao und **L. Mann,** *Elastische Streuung in Kernemulsionen.* (Sitzungsbericht.) ILFORD G 5-Emulsionen wurden einem negativen Pionenbündel von 165 $\pm$10 MeV ausgesetzt. 8 $\pm$1 Fälle elast. Streuung an *H* wurden gefunden, entsprechend einem Wirkungsquerschnitt $(13 \pm 5) \cdot 10^{-27}$ cm^2. Bei Beschuß mit 435 MeV-Protonen wurden 20 elast. p—p-Zusammenstöße beobachtet; der Wirkungsquerschnitt ist $(45 \pm 10) \cdot 10^{-27}$ cm^2. Bei Beschuß D_2O-getränkter Platten mit 435 MeV-Protonen wurden 3 langsame Protonrückstöße festgestellt, die als p—n-Zusammenstöße gedeutet werden. (Physic. Rev. [2] **91.** 467. 15/7. 1953. Carnegie Inst. of Technol.) WIEDEMANN. 90

A. H. Morrish, *Eine Untersuchung der Wechselwirkungen von negativen 210 MeV-Pionen.* (Sitzungsbericht.) Ilford G5-Emulsionen wurden einem Bündel negativer Pionen von 210 $\pm$20 MeV ausgesetzt. Bei einer π^--Bahnlänge von insgesamt 2823 cm wurde eine mittlere freie Weglänge von 25,7 cm für die Kernwechselwrkg. gefunden. Die elast. Streuung hat einen Wirkungsquerschnitt von 33% des geometrischen. Ein relativist. elast. Meson–Proton-Zusammenstoß wurde indentifiziert. (Physic. Rev. [2] **91.** 468. 15/7. 1953. McGill Univ.) Wiedemann. 90

Geoffrey F. Chew, *Eins der Schwingerschen Variationsprinzipien für Streuung.* Diskussion einer Approximationsmeth. für Streuberechnungen, die sich auf das Schwingersche Variationsprinzip gründet. Die Meth. ist auch für Wechselwirkungen, wie z. B. Pion–Nucleon, anwendbar, die im Konfigurationsraum nicht diagonal sind. (Physic. Rev. [2] **93.** 341–43. 15/1. 1954. Urbana, Ill., Univ. of Illinois, Dep. of Phys.) Gerhard Schmidt. 90

J. W. Robson, R. L. Stearns und **Arthur Lindener,** *Energieverlust und Streuung von 0,624 MeV-Elektronen.* (Sitzungsbericht.) Mit einem 60°-Magnetspektrometer messen Vff. den wahrscheinlichen Energieverlust von 0,624 MeV-Elektronen beim Durchgang durch dünne Folien verschied. Kernladungszahl. Für die Verss. werden monoenerget. Konversionselektronen aus ^{137}Cs benutzt. Es zeigt sich, daß die aus dem Bündel gestreuten Elektronen einen Energieverlust erleiden, der in gleicher Weise mit der zunehmenden Weglänge in der Folie meßbar ist. Bei guter Geometrie wird Übereinstimmung mit der Landau-Theorie für den wahrscheinlichsten Energieverlust innerhalb der experimentellen Ungenauigkeit von $\pm$5% gefunden. Bei Verwendung etwas weniger guter Geometrie wird der wahrscheinlichste Streuwinkel für verschied. Al-Dicken bestimmt u. in Übereinstimmung sowohl mit der Diffusionstheorie von Bethe, Rose u. Smith (Proc. Amer. philos. Soc. **78.** [1938.] 573) als auch mit Nebelkammermessungen von Slawsky u. Crane (Physic. Rev. [2] **56.** [1939.] **1203**) gefunden. (Physic. Rev. [2] **93.** 362. 15/1. 1954. Case Inst. of Technol.) Gerhard Schmidt. 90

F. G. Fumi und **L. Wolfenstein,** *Erlaubte Endzustände bei der Vernichtung von Materie in drei Photonen.* Der Fall, in dem als Vernichtungsstrahlung drei Photonen gleicher Frequenz in einer Ebene mit Winkeln von 120° ausgesandt werden, wird behandelt. Eine derartige Vernichtungsstrahlung ist für skalare oder pseudoskalare Teilchen verboten, für vektorielle oder pseudovektorielle Teilchen sind gewisse Endzustände erlaubt. Von besonderer Bedeutung ist die Drei-Photonen-Vernichtung des ^{3}S-Zustandes des Positroniums. (Physic. Rev. [2] **90.** 498–99. 1/5. 1953. Milano, Ist. Nat. di Fis. Nucl.; Pittsburgh, Pa., Carnegie Inst. of Technol.) Wiedemann. 90

Arthur E. Ruark, *Ein klassisches Neutronenmodell.* (Sitzungsbericht.) Zu einem geeigneten Neutronenmodell kommt man, wenn man von dem elektr. Potential $V_0 \cdot \exp.(-r^2/a^2)$ ausgeht. Dies entspricht einer Ladungsdichte $(V_0/4\pi a^2)(6 - 4r^2/a^2) \cdot \exp.(-r^2/a^2)$. Die Gesamtladung ist Null. Die elektrostat. Energie ist $M c^2 = (9\pi/512)^{1/2} a V_0^2$. (Physic. Rev. [2] **91.** 227. 1/7. 1953. Univ. of Alabama.) Gottfried. 90

R. D. Lowde, *Diffuse Reflexion von Neutronen an einem Einkristall.* Vf. untersuchte die Neutronenbeugung an der [1 1 0]-Netzebene eines Fe-Einkristalls. Der Untergrund in der Gegend der (1 1 0)-Laue-Interferenz ($\Theta_B = 19° 41'$) zeigt ein deutliches, flaches Maximum mit einer Intensität von einigen ‰ der Intensität der Interferenz. Diese Untergrundintensität ist zwischen 292 u. 585° K der Temp. proportional. Die Erscheinung wird nach der Theorie von Weinstock (C. **1945.** II. **941**) zu deuten versucht. (Proc. physic. Soc., Sect. A **65.** 857–58. 1/10. 1952. Harwell, Berks., A. E. R. E.) Weigel. 90

Milton Danzker, *Der Wirkungsquerschnitt von Wasser für langsame Neutronen.* Es wird der totale Wirkungsquerschnitt (WQ) therm. Neutronen gegenüber H im Wasserdampf als Funktion der Neutronenenergie nach der halbklass. Theorie von Messiah errechnet. Die Kurve weicht von der experimentell an fl. W. bestimmten ab. Nach Melkonian (Physic. Rev. [2] **76.** [1949.] 1750) ist der WQ therm. Neutronen gegen n-Butan im fl. u. gasförmigen Zustand gleich. Bei den KW-stoffen sind auch die Infrarotspektren vom Aggregatzustand wenig abhängig, dagegen sind sie für W. wegen der großen zwischenmol. Kräfte im fl. u. gasförmigen Zustand sehr verschieden. Damit wird verständlich, wenn auch der WQ gegen Neutronen in beiden Phasen verschieden ist. (J. chem. Physics **21.** 2089–90. Nov. 1953. Pittsburgh, Pa., Westinghouse Electric Corp.) H. C. Wolf. 95

D. J. Hughes, R. C. Garth und **J. S. Levin,** *Wirkungsquerschnitte für schnelle Neutronen und Kernniveaudichte.* Es werden die Einfangquerschnitte für ungebremste Spaltungsneutronen mit Hilfe von durchschnittlichen Eigg. der Kernniveaus bis hinauf zu Anregungsenergien = Neutronenbindungsenergie + 1 MeV bestimmt. Die für 61 Isotope aus den gemessenen Querschnitten bestimmten Niveauabstände werden in Zusammenhang mit dem statist. u. Kernschalenmodell diskutiert. Während sich die Diskontinuität der Neutronenbindungsenergie in mag. Kernen für auftretende Anomalien der Querschnitte verantwortlich machen läßt, tritt bei höheren Anregungsenergien (5—7 MeV) der Einfl. der Schalenstruktur auf den Niveauabstand hervor. Die für nichtmag. Kerne erhaltenen Niveauabstände stimmen mit dem statist. Kernmodell überein u. sind für Niveaus mit großer Spindifferenz die gleichen. (Physic. Rev. [2] **91.** 1423—29. 15/9. 1953. Upton, N. Y., Brookhaven Nat. Labor.) WEIGEL. 95

H. A. Jahn und **J. Hope**, *Symmetrieeigenschaften des Wignerschen 9 j-Symbols.* Mathemat. Anwendung des 9j-Symbols auf die Schätzung der Matrixelemente von Tensorprodd. u. Tensoroperatoren zwischen vektoriell gekoppelten Zuständen. (Physic. Rev. [2] **93.** 318—21. 15/1. 1954. Southampton, Univ., Math. Dep.) GERHARD SCHMIDT. 95

E. Haeffner, *Eine Methode zur Änderung der Isotopenhäufigkeit in Quecksilber.* Ein an beiden Enden mit W-Elektroden versehenes u. mit Glassinterplatten verschlossenes Glasrohr von 140 mm Länge u. 2 mm Weite, das mit Glasperlen von 0,09 bis 0,15 mm Durchmesser gefüllt war, wurde mit reinstem Hg vollgesaugt u. durch dieses 2000 Std. lang Gleichstrom von 22,6 A bei 3,40 V geschickt. An den Enden des „Diaphragmas" entnommene Hg-Proben zeigten, massenspektrometr. untersucht, eine der Massenzahl proportionale Verschiebung der Isotopenhäufigkeiten, in dem Sinne, daß die leichten Hg-Isotope an der Anode, die schweren an der Kathode angereichert waren. Die maximalen Änderungen betrugen +4,2 ±0,4% für das schwerste u. —3,8 ±0,4% für das leichteste Isotop. (Nature [London] **172.** 775—76. 24/10. 1953. Stockholm, AB Atomenergi, Dep. of Phys.) CONRAD. 95

G. Ducheylard, B. Lazard und **E. Roth,** *Isotopenanalyse des Bleis mit Hilfe des Massenspektrometers.* 1. Mitt. *Darstellung von Bleitetramethyl.* Vff. beschreiben eine Darstellungsmeth. von $Pb(CH_3)_4$ (**I**), die nur sehr kleine Mengen Pb von einigen mg erfordert u. die bei der massenspektrometr. Best. der isotop. Zus. von Pb aus Mineralien verwendet werden soll. Vff. stellen fest, daß bei der klass. Meth. der Darst. von I aus Pb-Halogenid u. CH_3MgJ das PbJ_2 geeigneter ist als $PbCl_2$, da es schon in der Kälte quantitativ nach $CH_3MgJ + PbJ_2 = I + 4 MgJ_2 + Pb$ reagiert. Da hierbei nur die Hälfte des Pb in I übergeht, war die Möglichkeit einer Isotopenfraktionierung nicht ausgeschlossen. Eine 6malige Wiederholung der Operation mit der gleichen Pb-Probe ließ jedoch keinen die Versuchsgenauigkeit übersteigenden Effekt erkennen. (J. Chim. physique Physico-Chim. biol. **50.** 497—500. Okt. 1953. Paris, Commiss. à l'Énergie atomique, Serv. de Chim. Phys.) CONRAD. 95

L. Michel und **A. Wightman,** *μ-Mesonenzerfall, β-Radioaktivität und die universelle Fermi-Wechselwirkung.* (Vgl. C. **1953.** 3347.) Im Anschluß an die l. c. durchgeführten Berechnungen zeigen Vff. ganz allg., daß die Daten über μ-Zerfall u. β-Radioaktivität mit einer universellen FERMI-Wechselwrkg. in Einklang gebracht werden können, die üblichen Wechselwirkungen sind jedoch ausgeschlossen. (Physic. Rev. [2] **93.** 354—55. 15/1. 1954. Princeton, N. J., Inst. for Adv. Stud.; Princeton Univ.) GERHARD SCHMIDT. 103

R. G. Glasser und **Marcel Schein,** *Die Energie von Nucleon—Nucleon-Zusammenstößen.* Vff. diskutieren das Problem der Energiebest. der Primärteilchen bei Nucleon—Nucleon-Zusammenstößen bei extrem hohen Energien in der Größenordnung 10^3 bis 10^4 GeV. Es wird die monograph. Meth. vorgeschlagen, die Schwankungen weniger unterworfen ist, als es die bisherigen Abschätzungen waren. Die Meth. gestattet eine Neubest. der Energie eines S-Sternes. (Physic. Rev. [2] **90.** 218—21. 15/4. 1953. Chicago, Ill., Univ. of Chicago, Dep. of Phys.) GERHARD SCHMIDT. 103

J. G. Brennan und **R. G. Sachs,** *Kernphotoprozesse bei hoher Energie.* Allg. theoret. Betrachtungen, die u. a. zur Korrektur des Wirkungsquerschnitts der elektr. Dipolphotozertrümmerung des Deuterons benutzt werden. (Physic. Rev. [2] **88.** 824—27. 15/11. 1952. Madison, Wis., Univ. of Wisconsin, Dep. of Phys.) KIRSCHSTEIN. 103

H. A. Tolhoek, *Über die Theorie der Richtungsverteilung und der Polarisation von β- und γ-Strahlen, die durch gerichtete Kerne emittiert werden.* (Sitzungsbericht.) (Vgl. C. **1953.** 9056.) Wenn radioakt. Kerne mittels tiefer Tempp. orientiert werden, so wird die β-Strahlung bei erlaubten Übergängen polarisiert, die Richtungsverteilung bleibt jedoch symmetrisch. In verbotenen β-Übergängen tritt auch eine andere Richtungsverteilung auf. Bei γ-Übergängen können beide Effekte auftreten. (Physic. Rev. [2] **90.** 366. 15/4. 1953. Johns Hopkins Univ.) WIEDEMANN. 103

Albert Simon, *Höhere Spinpolarisationen in Kernreaktionen.* Für den Tensor vom Range q, der aus dem Spinoperator i′ des bei der Rk. emittierten Teilchens gebildet wird, werden Formeln angegeben. Für das Problem der Winkelverteilung q = 0 oder der Polarisation q = 1 red. sich der Ausdruck wesentlich. Die Polarisation entspricht der Streuwelle des Tensors vom Range 1. (Physic. Rev. [2] **90.** 326. 15/4. 1953. Oak Ridge, Tenn., O. R. N. L.) WIEDEMANN. 103

Albert Simon, *Theorie polarisierter Teilchen bei Kernreaktionen.* (Vgl. vorst. Ref.) Die l. c. abgeleitete Formel für die Spintensormomente, die von einer Kern-Rk. herrühren, die durch einen unpolarisierten Teilchenstrom eingeleitet wird, wird für den Fall verallgemeinert, daß der Auslösestrahl beliebig polarisiert ist. (Physic. Rev. [2] **90.** 991. 1/6. 1953.) v. HARLEM. 103

S. T. Butler und **N. Austern,** *Coulomb-Korrekturen beim Abstreifprozeß.* Vorbereitende Betrachtungen für die Unters. des Einfl. von COULOMB-Kräften auf den Abstreifquerschnitt des Deuterons. (Physic. Rev. [2] **93.** 355. 15/1. 1954. Ithaca, N. Y., Cornell Univ., Labor. of Nucl. Stud.) GERHARD SCHMIDT. 103

N. C. Francis und **K. M. Watson,** *Die Theorie der Deuteron-Abstreifreaktionen.* Vff. analysieren die Abstreif-Rkk. des Deuterons vom Standpunkt des Mehrkörperproblems. Aus einer rohen formalen Lsg. geht hervor, in welcher Weise die Annahmen über die Mehrkörperwechselwirkungen auf solche einer Deuteronenbewegung in einem Potentialwall red. werden können. (Physic. Rev. [2] **93.** 313—17. 15/1. 1954. Bloomington, Ind., Indiana Univ., Dep. of Phys.; Madison, Wis., Univ. of Wisconsin, Dep. of Phys.) GERHARD SCHMIDT. 103

Fay Ajzenberg, *Energieniveaus von ^{10}B.* Vf. nimmt das Neutronenspektr. der Rk. ^{9}Be (d, n) ^{10}B durch Ausmessen der Bahnspurenlängen der Rückstoßprotonen in Kernemulsionsplatten auf. Die Be-Folie hatte eine Dicke von 50 keV für die benutzten 3,436 MeV-Deuteronen. Spektren wurden unter 0 u. 80° im Laborsyst. aufgenommen. Es ergeben sich Niveaus in ^{10}B bei 0,77, 1,79, 2,22, 3,59, 4,79, 5,12, 6,11, 6,57 u. 6,81 MeV. Hiervon scheinen 5,12 u. 6,11 MeV aufgespaltene Niveaus zu sein. Bei 1,4 u. 2,85 MeV konnten keine Niveaus gefunden werden. Die Annahme gleicher Niveauabstände wird nicht bestätigt. (Physic. Rev. [2] **82.** 43—47. 1/4. 1951. Madison, Wis., Univ. of Wisconsin.) GANS. 103

W. W. Buechner, C. P. Browne, M. M. Elkind, A. Sperduto, H. A. Enge und **C. K. Bockelman,** *Unelastische Protonstreuung von ^{10}B.* (Sitzungsbericht.) Dünne ^{10}B-Targets wurden mit 7 MeV-Protonen aus dem elektrostat. Beschleuniger beschossen. Die gestreuten Protonen wurden mit einem 180°-Magnetspektrographen rechtwinklig zum einfallenden Bündel analysiert. Neben einer elast. gestreuten Gruppe wurden 5 zusätzliche Gruppen, entsprechend den Niveaus bei 0,71, 1,74, 2,15, 3,58 u. 4,76 MeV in ^{10}B, beobachtet. Die Werte stimmen mit den Ergebnissen von AJZENBERG (vgl. vorst. Ref.) aus der Rk. ^{9}Be (d, n) ^{10}B überein. (Physic. Rev. [2] **87.** 237. 1/7. 1952. M. I. T.) GERHARD SCHMIDT. 103

Frank S. Rowland und **W. F. Libby,** *Starke Atomrückstöße aus ^{12}C (γ, n) ^{11}C.* Mit dem 48 MeV-Betatron wurden CO_2 u. $NaHCO_3$ jeweils in H_2O gelöst u. in festem Zustand mit über 200 r/Min. bestrahlt. Vom entstehenden Gas wurde in einer Kühlfalle CO_2 zurückgehalten, desgleichen nach Oxydation mit erhitztem CuO das CO. Nach Umsetzung in $CaCO_3$ wird die Aktivität mit einem zylindr. Zählrohr (Glasmantel u. Ag-Kathode) bei beiden Reaktionsprodd. bestimmt. Bei den gelösten C-Verbb. ist 95—100% der Aktivität in CO u. nur 0—5% in CO_2, bei den festen Substanzen geht C zu gleichen Teilen in CO u. CO_2 über. Die mittlere Rückstoßenergie des $^{11}C^*$-Atoms beträgt über 10^5 eV. Aus thermodynam. Gründen ist für die Rk. im gelösten Zustand nur die Entstehung von CO zu erwarten. CO_2 in der festen Phase kann durch die Rk. $C^*O + CO_2 = CO + C^*O_2$ erklärt werden. (J. chem. Physics **21.** 1493—94. Sept. 1953. Chicago, Ill., Univ. of Chicago, Inst. for Nucl. Stud. and Dep. of Chem.) NELKOWSKI. 103

E. D. Klema und **R. H. Ritchie,** *Messungen des thermischen Neutronenflusses in Graphit unter Benutzung von Gold- und Indiumfolien.* Eine Reihe von In- u. Au-Folien von 1½ in. Durchmesser u. $1—5 \cdot 10^{-3}$ in. Dicke wurde in einem Kanal eines Graphitmeilers mit bekanntem Neutronenfluß bestrahlt u. die Sättigungsaktivität mit einem NaJ-Scintillationszähler bestimmt. Die Sättigungsaktivität wird für beide Targetsubstanzen als Funktion der Schichtdicke angegeben; sie stimmt mit den theoret. Werten überein, wenn die mittlere freie Weglänge der Neutronen im Graphit zu 2,5 cm angenommen wird. (Physic. Rev. [2] **87.** 167. 1/7. 1952. Oak Ridge, Tenn., O. R. N. L.) WEIGEL. 103

R. M. Kiehn, Clark Goodman und **K. F. Hansen,** *Totale Neutronenquerschnitte von Chlor und Kohlenstoff.* In Ergänzung der C. **1954.** 7112 referierten Arbeit beträgt unter Annahme isotroper Streuung im Schwerpunktssyst. die Streuungskorrektur weniger als 1%. Der mittlere beobachtete Querschnitt σ_t (Cl) $\approx$ 2,5 barn ist relativ niedrig im Vgl. zu den Nachbarelementen. (Physic. Rev. [2] **91.** 66—67. 1/7. 1953. Cambridge, Mass., M. I. T., Labor. for Nucl. Sci.) GERHARD SCHMIDT. 103

Neel W. Glass, Louis K. Jensen und **J. Reginald Richardson,** *Die kurzlebigen Radioisotope ^{28}P und ^{32}Cl.* Durch Beschuß von Si u. S mit 20 MeV-Protonen wurden zwei Positronenstrahler, ^{28}P u. ^{32}Cl mit den Halbwertszeiten 0,280 $\pm$0,010 bzw. 0,306 $\pm$ 0,004 Sek. gefunden. Sie senden außerdem γ-Strahlung von bis zu 7 MeV bzw. 4,8 $\pm$ 0,2 MeV aus. Aus den Schwellenwerten der Anregung von 15,6 $\pm$0,5 MeV bzw. 14,3 $\pm$0,5 MeV werden die Massen zu P = 28,0012 $\pm$0,0007 u. Cl = 31,9963 $\pm$0,0007 bestimmt. α-Teilchen konnten nicht festgestellt werden. Bei ^{24}Al wurden γ-Strahlen von 7,1 $\pm$0,2, 5,3 $\pm$0,2, 4,3 $\pm$0,2 u. 2,9 $\pm$0,2 MeV beobachtet bei einer Halbwertszeit von 2,10 $\pm$0,04 Sekunden. (Physic. Rev. [2] **90.** 320. 15/4. 1953. Los Angeles, Calif., Univ. of California, Dep. of Phys.) WIEDEMANN. 103

J. P. Schiffer und **Ernest Pollard,** *Grenze des Q-Wertes für ^{39}K (α, p) ^{42}Ca.* (Sitzungsbericht.) Vff. beschießen ein KJ-Target mit 7,8 MeV-Cyclotron-α-Teilchen u. messen unter 90° eine Protonenreichweite von 57,7 cm entsprechend einem Q-Wert von —0,18 MeV; der Erwartungswert aus Massenbestimmungen beläuft sich auf —0,28 $\pm$ 0,13 MeV. Die komplexe Gruppenstruktur deutet auf die Ggw. mehrerer Anregungszustände von ^{42}K zwischen dem Grundzustand u. dem 4 MeV-Zustand. (Physic. Rev. [2] **91.** 474. 15/7. 1953. Yale Univ.) WEIGEL. 103

C. E. Whittle und **P. S. Jastram,** *Winkelkorrelation zwischen den ersten und dritten γ-Strahlen in ^{48}Ti.* Bei der Messung der Winkelkorrelation zwischen dem 1. u. 3. γ-Quant der γ-Kaskade 1,05/1,32/0,99 MeV finden Vff., daß sie durch die Korrelationsfunktion $w(\Theta) = 1 + 0{,}102\ P_2(\cos\Theta) + 0{,}0091 \cdot P_4 \cdot (\cos\Theta)$ darstellbar ist, was darauf hindeutet, daß die 3 γ-Quanten Quadrupolübergänge sind u. daß für den Grundzustand u. die 3 Anregungszustände die Spinzuordnungen 0—2—4—6 gelten. Diese Ergebnisse, zusammen mit den Voraussagen des Schalenmodells bei Annahme von jj-Kopplung u. stat. Zentralkraftwechselwirkungen zwischen den Nucleonen, machen für den ^{48}Sc-Grundzustand den Spin 6 oder 7 wahrscheinlich. Auf Grund der Polarisationsrichtungskorrelation zwischen den 0,99 u. 1,32 MeV-γ-Quanten ergibt sich für die beiden tiefsten ^{48}Ti-Anregungszustände gerade Parität, für das 3,36 MeV-Niveau ist eine solche wahrscheinlich. Das Zerfallsschema der Folge ^{48}Sc $\rightarrow$ ^{48}Ti wird aufgestellt. (Physic. Rev. [2] **92.** 205—06. 1/10. 1953. St. Louis, Mo., Washington Univ.) WEIGEL. 103

G. Hinman, D. Brower und **R. Leamer,** *Innere Konversion in ^{22}Na und ^{59}Fe.* (Sitzungsbericht.) Aus den gemessenen Konversionskoeffizienten ist zu schließen, daß die 1,28 MeV-γ-Strahlen in ^{22}Na einem elektr. Quadrupolübergang u. die 1,30 MeV-γ-Strahlen in ^{59}Fe einem magnet. Dipolübergang entsprechen; der 1,10 MeV-Übergang in ^{59}Fe ist wahrscheinlich eine Mischung dieser beiden Typen. (Physic. Rev. [2] **90.** 370. 15/4. 1953. Carnegie Inst. of Technol.) KIRSCHSTEIN. 103

G. H. Stafford und **L. H. Stein,** *Die Reaktion ^{54}Fe (n, p) ^{54}Mn.* Vff. bestrahlen reinstes natürliches u. an ^{54}Fe angereichertes Fe in Cd mit unverlangsamten Meilerneutronen. Fe wird ausgeäthert u. Mn in der wss. Schicht mehrfach aus 0,25 mol. H_2SO_4 durch $KBrO_3$ als MnO_2 ausgefällt. Mn enthält ^{54}Mn, das durch seine Halbwertszeit (324 $\pm$11 Tage) u. γ-Energie (825 $\pm$20 keV) identifiziert wird. Der Wirkungsquerschnitt der Rk. ^{54}Fe(n, p)^{54}Mn beträgt unter diesen Bedingungen 11 mbarn. (Nature [London] **172.** 1103. 12/12. 1953. Pretoria, S. A. Council for Sci. and Ind. Res.) G. HERRMANN 103

V. E. Scherrer, R. Theus und **W. R. Faust,** *γ-Strahlung aus der Wechselwirkung von 14 MeV-Neutronen mit Eisen.* Zur Erzeugung der 14 MeV-Neutronen aus der Rk. T (d, n)^{4}He wird ein 250 kV-COCKCROFT-WALTON-Beschleuniger benutzt. Die bei der Wechselwrkg. der 14 MeV-Neutronen mit Fe auftretenden γ-Strahlen werden mit einem NaJ (Tl)-Einkristall u. einem 5819-Photomultiplier in Verbindung mit einem 18-Kanalimpulshöhenanalysator nachgewiesen. Obgleich das γ-Spektr. unterhalb 3 MeV kontinuierlich erscheint, werden diskrete γ-Strahlen bei 3,3, 4,4, 5,8, 7,1 u. 8,75 als wahrscheinlich angenommen. Der Gesamtquerschnitt für die γ-Erzeugung ergibt sich zu 4,6 $\pm$0,5 barn. (Physic. Rev. [2] **89.** 1268—70. 15/3. 1953. Washington, D. C., Nav. Res. Labor., Radiat. Labor.) GERHARD SCHMIDT. 103

Rex C. Mack, J. J. Neuer und **M. L. Pool,** *Radioaktives Europium 150 und Gadolinium 150.* (Vgl. C. **1953.** 1598.) Vff. beschießen angereicherte Sm-Isotope mit den

Massenzahlen 144, 147, 148, 149, 150 u. 154 mit 6,7 MeV-Cyclotron–Protonen. Bei allen angereicherten Isotopen konnte eine wohldefinierte 13,7 Std.-Aktivität mit einem 180°-Spektrometer nachgewiesen werden. Positronen wurden nicht beobachtet. Der Vgl. der relativen ursprünglichen Sättigungsintensitäten zeigt an, daß die Aktivität ^{150}Eu zugeschrieben werden muß. Das β^--Spektr. hat eine maximale Energie von 1,07 MeV u. wird auf Grund des log *ft*-Wertes als ein in erster Ordnung verbotener Übergang klassifiziert. Da ^{150}Eu durch β^--Emission zerfällt, wird geschlossen, daß ^{150}Gd entweder stabil oder ein langlebiger α-Strahler ist. Eine α-Emission konnte weder nach der Scintillations- noch nach der Nebelkammermeth. festgestellt werden. (Physic. Rev. [2] **91.** 903–04. 15/8. 1953. Columbus, O., Ohio State Univ.)
Gerhard Schmidt. 103

M. L. Perlman und **J. A. Miskel**, *Mittlere Ladung der Tochteratome beim Zerfall von ^{37}Ar und ^{131m} Xe.* Die durchschnittliche Ladung von ^{37}Cl u. ^{131}Xe, die durch die Rk. ^{37}Ar → ^{37}*Cl* u. ^{131m}Xe → ^{131}Xe entstanden sind, wird zu $+3,41 \pm 0,14$ u. $+8,5 \pm 0,3$ e (theoret. Wert 2,3 bzw. 6,4 e) bestimmt. Wechsel des elektrostat. Potentials (Elektronen-„shake-off") u. Coster-Kronik-Ionisation werden zur Erklärung der Abweichungen diskutiert. Die Ausgangsprodd. wurden durch 1 Monat lange Bestrahlung von ^{40}*Ca* in abgeschmolzenen Glasampullen mit Meilerneutronen bzw. aus ^{131}Te → ^{131}J → ^{131m}Xe gewonnen. Die Aktivitätmessung erfolgte mit der Ionisationskammer, die Messung des Spannungsabfalls am $1,932 \cdot 10^{10}$ Ohm-Widerstand mit Elektrometer u. Brown-Rekorder liefert Ionenstromstärke u. Halbwertszeiten. (Physic. Rev. [2] **91.** 899–902. 15/8. 1953. Upton, N. Y., Brookhaven Nat. Labor., Chem. Dep.)
Nelkowski. 103

A. W. Sunyar, *Der Zerfall von ^{187}W: Nachweis eines langsamen E1-Überganges.* (Sitzungsbericht.) Die Übergänge zwischen Zuständen in ^{187}Re wurden nach γ–γ-Koinzidenzverff. unter Einschaltung von Energieselektion für beide Scintillationszähler untersucht. Die 0,5 μsec-Lebensdauer wurde durch einen 72 keV–E 1-Übergang bestimmt, dem ein 134 keV–M 1-Übergang zum Grundzustand folgt. Der 0,5 μsec-Zustand wird von einem 480 keV–E2-γ-Strahl begleitet. Ein cross-over-γ-Strahl von 552 keV (E 1) ist in unverzögerter Koinzidenz mit dem 134 keV-γ-Strahl ebenso wie ein γ-Strahl von ~780 keV. Der intensive 686 keV-γ-Strahl ist schwach in Koinzidenz mit K-Röntgenstrahlen. Durch Vgl. der von anderen Autoren gefundenen Elektronenintensitäten mit den vom Vf. gemessenen γ-Strahlenintensitätsverhältnissen zeigt sich, daß der 686 keV-γ-Strahl E 1 ist. Die lange Lebensdauer des 72 keV–E 1-Überganges kann mit der Komplexität des Zustandes in Verbindung gebracht werden. (Physic. Rev. [2] **90.** 387–88. 15/4. 1953. Brookhaven, Nat. Labor.)
Gerhard Schmidt. 103

M. Walt, R. L. Becker, A. Okazaki und **R. E. Fields**, *Gesamtwirkungsquerschnitte von Co, Ga, Se, Cd, Te, Pt, Au, Hg und Th für schnelle Neutronen.* **Vff.** bestimmen die totalen Gesamtwirkungsquerschnitte der angeführten Elemente für Neutronen als eine Funktion der Neutronenenergie von 0,1–3 MeV mit Hilfe von Durchlässigkeitsmessungen. Schnelle Neutronen oberhalb ~1 MeV werden durch Beschuß eines Zr-Tritium-Targets mit Protonen aus einem elektrostat. Generator erzeugt. Unterhalb 1 MeV wird ein Li-Target benutzt. Der durch in den Detektor gestreute Neutronen hervorgerufene Fehler wird durch Messung des scheinbaren Wirkungsquerschnittes als eine Funktion des Probenquerschnittes geschätzt. Die Ergebnisse liefern den weiteren Nachw., daß bei Vernachlässigung der Resonanzstruktur die Querschnittskurven charakterist. Verläufe haben, die sich langsam mit dem At.-Gew. ändern. (Physic. Rev. [2] **89.** 1271. 15/3. 1953. Madison, Wis., Univ. of Wisconsin.) Gerhard Schmidt. 103

J. C. D. Milton und **J. S. Fraser**, *Das Ansprechen von NaJ(Tl)-, KJ(Tl)- und Stilbenphosphoren auf Spaltprodukte.* (Sitzungsbericht.) Vff. untersuchen die in NaJ(Tl), KJ(Tl) u. Stilben durch Spaltprodd. aus der ^{233}*U*-Spaltung durch langsame Neutronen hervorgerufenen Scintillationen mit einem 5819-Multiplier. In allen Fällen waren die Impulse der Spaltprodd. größer als die 4,8 MeV-α-Impulse. Die Verhältnisse (hohe Spitze: niedrige Spitze:α-Impuls) sind 2,1:1,6:1 für NaJ, 3,5:2,3:1 für KJ u. ca. 2:1 für Stilben. Die relativen α-Impulshöhen NaJ:KJ:Stilben sind 17,8:3,8:1. Ionisationskammermessungen der Energie der Spaltproduktpaare ergaben, daß die Gruppe der leichteren Spaltprodd. die größeren Impulse hervorruft. Das Verhältnis der Impulshöhe u. Restreichweite wurde durch Bremsung der Spaltprodd. aus ^{235}U in Ar vor Eintritt in einen KJ-Phosphor gemessen. Die spezif. Fluorescenz ist eine mit dem Energieverlust stark zunehmende Funktion. (Physic. Rev. [2] **90.** 388–89. 15/4. 1953. Chalk River Labor.) Gerhard Schmidt. 103

J. S. Fraser und **J. C. D. Milton**, *Die Verteilung der Wahrscheinlichkeit unverzögerter Neutronenemission für die Spaltprodukte von ^{233}U.* (Vgl. vorst. Ref.) (Sitzungsbericht.)

Vff. bestimmen die kinet. Energien beider Teile von Spaltproduktpaaren, die bei der ^{233}U-Spaltung durch langsame Neutronen auftreten, in einer Doppelgitterionisationskammer. Die beiden Impulshöhen wurden durch eine Koinzidenzschaltung nur dann aufgenommen, wenn in einer der beiden Hochdruck-Methan-Ionisationskammern gegenüber den Spaltungskammern ein unverzögertes schnelles Neutron nachgewiesen wurde. Aus dem Vgl. der Impulshöhen von ca. 20000 koinzidierenden Spaltproduktpaaren ergeben sich 1. eine enge Beziehung der Neutronenemissionswahrscheinlichkeit der Spaltprodd. zu dem Massenverhältnis, wobei die Emission aus dem leichten Spaltprod. bei niedrigen Massenverhältnissen u. die Emission aus dem schweren Spaltprod. bei großen Massenverhältnissen überwiegt; 2. eine lose Beziehung dieser Wahrscheinlichkeit zu der totalen kinet. Energie für ein gegebenes Massenverhältnis u. 3. eine im wesentlichen konstante totale Neutronenemissionswahrscheinlichkeit für alle Spaltungsmodi, wie sie durch die kinet. Energie der Spaltprodd. definiert werden. (Physic. Rev. [2] **90.** 389. 15/4. 1953.) GERHARD SCHMIDT. 103

Lawrence Baylor Robinson, *Erzeugung spaltbarer Isotope in einem thermischen Reaktor.* Im Anschluß an die BATEMANschen Differentialgleichungen zur Darst. von isotop. Erzeugung u. Zerfallsschemata werden die für den therm. Reaktor von VAN WYE u. BECKERLY entwickelten Gleichungen in der Weise modifiziert, daß der Füllmaterialrückstand eingeschlossen werden kann. — Beispiele für die Erzeugung von ^{239}Pu aus dem Neutroneneinfang von ^{235}U u. dem β-Zerfall der ^{239}Pu-Prodd. werden angeführt. (Physic. Rev. [2] **90.** 1054—57. 15/6. 1953. Downey, Calif., North Amer. Aviat., A. E. Res. Dep.) GERHARD SCHMIDT. 104

W. E. Perry, *Standardisierung radioaktiver Isotope in Großbritannien.* Vorschlag zur Einführung eines Standardisierungssyst., das den bedeutenderen Isotopen, bes. solchen relativ kurzer Halbwertszeit, angepaßt ist. (Nature [London] **172.** 1026—27. 5/12. 1953. Teddington, Nat. Physic. Labor.) GERHARD SCHMIDT. 104

W. F. Libby, *Chicagoer Radiokohlenstoff-Altersangaben.* 4. Mitt. (3. vgl. C. **1954.** 4542.) Fortsetzung der Altersangaben aus ^{14}C-Daten bis 1/9. 1953. (Science [Washington] **119.** 135—40. 29/1. 1954. Chicago, Ill., Univ. of Chicago, Inst. for Nucl. Stud. u. Dep. of Chem.) GERHARD SCHMIDT. 106

A. H. W. Aten jr., H. van der Straaten und **P. C. Riesebos,** *Der Szilard-Chalmers-Prozeß in festen Phosphorsalzen.* Vff. beschießen festes $Na_4P_2O_7 \cdot 10\,H_2O$, $Na_4P_2O_7$, $Na_2HPO_4 \cdot 2\,H_2O$, Na_2HPO_4 u. $Na_2HPO_3 \cdot 5\,H_2O$ mit langsamen Neutronen, lösen in W. u. bestimmen die Verteilung der Aktivität zwischen Orthophosphat, Pyrophosphat, Phosphit u. Hypophosphit. Ein erheblicher Anteil der Aktivität liegt als Pyrophosphation u. andere, 2 p-Atome enthaltende Ionen vor. Der für dieses Verh. verantwortliche Mechanismus ist analog der Elektronenpaarbindung in organ. Systemen. (Science [Washington] **115.** 267. 7/3. 1952. Amsterdam, Inst. vor Kernphys. Onderz.) WEIGEL. 108

Manson Benedict, *Chemisch-technologische Gesichtspunkte der Atomenergie.* Vom Gesichtspunkt der wirtschaftlichen Verwendung der Atomenergie werden die Prozesse der Isotopentrennung, der Extraktion von *U* u. *Th* aus ihren Erzen, der Reinigung von U u. Th u. der Trennung von Reaktorprodd. behandelt. (Ind. Engng. Chem. **45.** 2372—80. Nov. 1953. Cambridge, Mass., M. I. T.) GERHARD SCHMIDT. 110

J. Weill und **C. Leduc,** *Kontrolle des Atomreaktors von Saclay.* (Sitzungsbericht.) Beschreibung der Kontrollmaßnahmen bei der Messung der Neutronenflußdichte u. Kühlmittelzirkulation. (J. Physique Radium **14.** 50 S—51 S. Dez. 1953. Commiss. à l'Énergie atomique.) GERHARD SCHMIDT. 110

Tadashi Oshida, Hirohide Miwa und **Toshio Kato,** *Über den Eintauchzähler.* Beschreibung der Herst. von Eintauchzählern mit Fenstern aus Glasrohr einer Dicke von 20—30 mg/cm², einem Durchmesser von 10 mm u. einer Länge von 50—100 mm. Die Einsatzspannung solcher Zähler beträgt ~1000 V, die Plateaulänge ~150 V u. der Nulleffekt ~30 Teilchen/Minute. (J. physic. Soc. Japan **7.** 114—15. Jan./Febr. 1952. Akashi, Hyogo, Kobe Kogyo Corp., Okubo Fact. [Orig.: engl.]) EICHHOFF. 112

D. van Zoonen, *Die Verzögerung im Impulsaufbau halogengelöschter Zähler.* Vf. zeigt, daß bei halogengelöschten Zählrohren keine echte Verzögerung im Aufbau der Impulse auftritt, sondern nur eine sehr langsame Multiplikation stattfindet. Als Sekundärprozeß wird die Ionisation von Halogenmoll. durch metastabile Edelgasatome angenommen, welche ihrerseits durch Resonanzstrahlung entstehen. Die verwendeten Zählrohre waren mit *J* u. *Br* gelöscht. (Appl. sci. Res. B **3.** 377—89. 1953. Delft, TH, Labor. voor Techn. Phys.) EICHHOFF. 112

Helmut Schwarz, *Die Lichtempfindlichkeit von selbstlöschenden Geiger-Zählern aus Glas mit Außenkathode.* Die Lichtempfindlichkeit der Glaszählrohre vom MAZE-Typ läßt sich in einen photoelektr. Effekt an der inneren Glasoberfläche (Oberflächeneffekt) u. innerhalb des Gasvol. (Volumeneffekt) trennen. Während der letztere mit einer Anlagerung von Elektronen an O_2-Moll. erklärt wird, scheint der Oberflächeneffekt mit der Abnahme der Austrittsarbeit des Glases bei Adsorption von aus der Zers. des A.-Dampfes herrührendem H_2 in Verbindung zu stehen. (Z. Physik **134.** 540—45. 1953. Rio de Janeiro, Centro Brasileiro de Pesquisas Fis., u. Univ. do Brasil.) EICHHOFF. 112

H. de Waard, W. Prins und **A. Prins,** *Geformte Polystyrolscintillatoren.* Unters. fester Lsgg. von 1.4-Diphenylbutadien (I), 1.6-Diphenylhexatrien (II) u. 1.1.4.4-Tetraphenylbutadien (III) in Polystyrol auf ihre Eigg. als Scintillatoren. I- u. II-Scintillatoren ergeben eine wesentlich größere Ausbeute an Fluorescenzlicht als durch Polymerisation hergestellte u. zeigen Unterschiede im Fluorescenzspektrum. Mit III treten diese Unterschiede nicht auf, was dadurch erklärt wird, daß die bei I u. II möglichen Störungen der Polyenkette durch den Polymerisationsvorgang bei III aus ster. Gründen nicht auftreten können. (Appl. sci. Res. B **3.** 372—76. 1953. Groningen, Rijksuniv., Natuurk. Labor.) EICHHOFF. 112

J. K. Basson und **J. Steyn,** *Absolute α-Standardisierung mittels flüssiger Scintillatoren.* Die beim Zählen von α-Strahlen in festen Zählpräpp. infolge Selbstabsorption auftretenden Schwierigkeiten lassen sich dadurch sehr wirksam unterdrücken, daß der zu zählende α-Strahler in einem fl. Scintillator gelöst wird. Bei Verwendung eines guten Photomultipliers lassen sich so integrale u. differentielle Impulsverteilungskurven sehr genau messen. Als Scintillatoren werden vorgeschlagen: I: gesätt. Lsg. von p-Terphenyl in p-Dioxan (mit bis zu 20% W. verdünnbar); II: 3 g/Liter 2.5-Diphenyloxazol in p-Dioxan + 3% H_2O; III: 2 g/Liter p-Terphenyl in Phenylcyclohexan mit bis zu 1% Methylisobutylketon. Die Anwendung der Mischung II auf die Zählung von Po u. von III auf die Zählung von U wird beschrieben. Störungen, die durch die geringe α-Impulshöhe (ca. $^1/_{15}$ der Impulshöhe von β^--Teilchen gleicher Energie) bedingt sind, werden diskutiert. (Proc. physic. Soc., Sect. A **67.** 297—98. 1/3. 1954. Pretoria, South Africa, Nat. phys. Labor.) WEIGEL. 112

J. B. Birks und **M. E. Szendrei,** *Die absolute Scintillationsausbeute von Anthracen.* Das Fluorescenzdurchlässigkeitsspektr. u. die Scintillationsausbeute von Anthracen ist für eine Kristalldicke (d) > 1,5 mm unabhängig von dieser. Die Messungen an klaren, polierten Kristallen (d > 1,5 mm) ergaben für die absol. Scintillationsausbeute (Gesamtenergie der Fluorescenzemission/Gesamtenergie der einfallenden Strahlung) von α-Teilchen verschied. Energie 0,042% bei 1,18, 0,223% bei 3,85 u. 0,324% bei 5,30 MeV, bei einer mittleren Fluorescenzwellenlänge von 469 mμ bzw. einer mittleren Photonenenergie von 2,65 eV. Unter Benutzung der Daten von HOPKINS (C. **1951.** II. 486) ergibt sich eine Energieübertragung von 70,5 eV/Fluorescenzphoton in Übereinstimmung mit der Photonenkaskadentheorie von BIRKS. (Physic. Rev. [2] **91.** 197—98. 1/7. 1953. Grahamstown, South Africa, Rhodes Univ., Phys. Dep.) EICHHOFF. 112

Arthur E. Gorman, *Anordnung für Abfälle der Atomenergieindustrie.* Hinweis auf einige Randprobleme des Gesundheitsschutzes bei der Abfallbeseitigung u. Vorschläge zur Lösung dieser Fragen in Gemeinschaftsarbeit mit Universitäten u. anderen Industriezweigen. (Ind. Engng. Chem. **45.** 2672—77. Dez. 1953. Washington, U. S. A. E. C., Div. of Engng.) GERHARD SCHMIDT. 112

A_2. Optisches Verhalten der Materie.

N. G. van Kampen, *Beitrag zur Quantentheorie der Lichtstreuung.* Es wird eine Theorie der Streuung u. der Emission von Licht für ein Atom auf der Grundlage der KRAMERschen Meth. der Quantelung der klass. Theorie des Elektrons gegeben. Eine HAMILTON-Gleichung in Dipolnäherung wird mittels kanon. Transformation in eine Form gebracht, die nur die Elektronenmasse u. -ladung enthält u. prakt. strukturunabhängig ist. Diese der KRAMERschen HAMILTON-Gleichung ähnliche Beziehung bildet den Ausgangspunkt für die Berechnungen. Die Transformationen der HAMILTON-Gleichung werden für den Fall, daß keine Bindungskräfte vorhanden sind, sowie daß das Elektron harmon. gebunden ist, durchgeführt. Für den allgemeineren Charakter der Bindungskräfte wird eine Störungsrechnung unter Berücksichtigung des Einfl. der Bindungskräfte auf die Wechselwrkg. von Elektron u. Strahlungsfeld notwendig. Mit Hilfe einer stationären Lsg. der SCHRÖDINGER-Gleichung wird die Phasenverschiebung monochromat. Strahlung bei der Streuung mit nur einer u. mit mehreren Komponenten (RAMAN-Strahlung), sowohl außerhalb als auch innerhalb des Resonanzgebietes berechnet. Schließlich werden die Formeln für Resonanz- u. Nichtresonanzfall zu einer einzigen Formel für die Phasenverschiebung kombiniert, die für alle Werte der eingestrahlten Frequenz u. für einen beliebigen Bindungszustand gilt. (Kgl. danske Vidensk. Selsk. **26.** Nr. 15. 1—77. 1951.) RUDOLPH. 114

K. I. Narbutt, *Untersuchung von Röntgenabsorptionsspektren von Zink in Lösungen.* (Vgl. C. **1954.** 5005.) Die beobachtete Struktur der K-Röntgenabsorptionsspektren (RASp.) von *$Zn(NO_3)_2$* in wss. Lsg. stimmt mit der Theorie überein. Änderung der Konz. der Lsg. zeigt nur einen geringen Einfl. auf das RASp. Die Abhängigkeit des RASp. von der Art des Lösungsm. (*W., Glycerin, Aceton, Methylalkohol, A., Ameisen-* u. *Essigsäure*) versucht der Vf. durch Annahme eines STARK-Effekts im Feld der Moll. des Lösungsm. zu erklären. Es wird ein Zusammenhang zwischen dem Ionentypus des Zn {Zn^{2+}, $[Zn(NH_3)_6]^{2+}$, $[Zn(OH)_4]^{2-}$, $[Zn(CN)_4]^{2-}$} u. seinem RASp. gefunden. Ein Einfrieren der Lsg. ist mit starker Aufspaltung der Energieniveaus der Ionen des gelösten Stoffes verbunden. (Журнал Экспериментальной и Теоретической Физики [J. exp. theoret. Physik] **26.** 208—23. Febr. 1954. Inst. für geol. Wiss. der Akad. der Wiss. der UdSSR.) GEIGER. 116

N. Appalanarasimham, *Spektroskopische Untersuchungen an ozonbildenden Entladungen.* 3. Mitt. *Einfluß der Bestrahlung auf die Intensitätsverteilung der zweiten positiven Stickstoffbanden.* (2. vgl. J. Sci. Res. Inst., B. H. U. **2.** [1951—52.] 121.) Mit spektrograph. u. photometr. Methoden wurden die Intensitäten der 2. positiven N_2-Banden, die aus einer ozonbildenden Entladung mit N_2 erhalten wurden, mit u. ohne Bestrahlung durch die Hg-Linie λ 3650—60 Å gemessen. Es ergaben sich bei Bestrahlung eine allg. Verringerung u. eine Neuverteilung der Intensitäten der Banden (0,1) usw. dergestalt, daß das prozentuale Absinken in der Reihenfolge (0,3) > (0,2) > (0,1) u. (1,3) > (0,2) auftritt. Der allg. Intensitätsabfall aller Banden wird mit der Verminderung der Stoßzahl von neutralen N_2-Moll. mit Elektronen oder Ionen, die Neuverteilung mit der Änderung der Teilchengeschwindigkeiten begründet. Die Intensitätsneuverteilung der Banden (0,1), (0,2) u. (0,3), ferner (1,3) u. (1,4) der v″-Stufenfolge bei v′ = 0 bzw. 1 wird den durch die Bestrahlung induzierten Störungen der niedrigen v″-Niveaus v″ = 2 zugeordnet. Vergleichende Unterss. der Intensitätsverteilung der 2. positiven Banden, die mit elektrodenlosen N_2- u. Luftentladungen bei niedrigem Druck angestellt wurden, zeigen, daß die Bestrahlung die Verteilung in der gleichen Weise ändert wie das Ersetzen des N_2 durch Luft bei sonst gleichen Bedingungen. (Indian J. Physics Proc. Indian Assoc. Cultivat. Sci. **26.** 512—18. Okt. 1952. Banaras, Hindu Univ., Spectr. Labor.) HEINSOHN. 118

Serge Nikitine, Guy Perny und **Manuel Sieskind,** *Über die Serien der Absorptionslinien von Cu_2O-Schichten bei tiefen Temperaturen.* An dünnen (20—70 μ) mikrokristallinen Schichten von Cu_2O wurden bei der Temp. des fl. N_2 3 Serien von Absorptionslinien beobachtet. Zwei dieser Serien haben den Charakter von Wasserstoffserien mit den Linien 5495, 5442 u. 5424 Å bzw. 5792, 5756, 5745 u. 5737 Å. Außerdem wurden bei 6080, 6100 u. 6275 Å Bandenkanten beobachtet, welche sich ebenfalls mathemat. darstellen lassen. Die Serien sind wahrscheinlich dem Exciton zuzuschreiben u. können als dessen Fundamentalspektr. mit 2 Schwingungssatelliten aufgefaßt werden. (C. R. hebd. Séances Acad. Sci. **238.** 67—69. 4/1. 1954.) EICHHOFF. 118

L. Pincherle, *Energieniveaus von F-Zentren.* Mit Hilfe eines einfachen Modells werden die Energieniveaus für die F-Zentren der *Chloride* u. *Bromide* der *Alkalien* sowie des *AgBr* u. für die F′-Zentren von *NaCl, KCl, PbS* u. *BaO* berechnet. Eine abgeleitete allg. Formel für die Energie des Grundzustands der F-Zentren weist darauf hin, daß diese Energie E in erster Linie vom Radius der kugelförmigen Leerstelle in dem gleichförmig polarisierbaren Medium abhängt, wobei die DK. k des Mediums nur einen geringen Einfl. hat, u. die Beziehung $E \sim k^{-2}$ (Analogie zum H-Atom) auch nicht angenähert gilt. Die berechneten Werte der Energiedifferenzen der 2 p- u. 1 s-Niveaus der F-Zentren betragen in allen Fällen etwa das 0,7fache der experimentellen Werte. Die möglichen Ursachen der Abweichungen werden besprochen. In einer Diskussion des Zusammenhanges von F-Zentren u. Photoleitfähigkeit ergibt sich, daß in Ag- u. Tl-Halogeniden offenbar F-Zentren für die Photoleitung maßgebend sind, beim PbS jedoch F- u. F′-Zentren dafür nicht in Frage kommen. Schließlich wird für AgBr u. PbS die Frage des Auftretens von D-Zentren (Paaren aus einer Kation- u. Anionleerstelle), die flache Haftstellen bilden u. die Elektronenbeweglichkeiten herabsetzen, untersucht. Die Bindungsenergie eines Elektrons an ein D-Zentrum im PbS ergibt sich zu 0,25 eV, die eines zweiten Elektrons zu prakt. Null. (Proc. physic. Soc., Sect. A **64.** 648—57. Juli 1951. Malvern, Worcs. Ministry of Supply, Telecomm. Res. Establ.) RUDOLPH. 119

Sei-ichi Kondo und **Masaru Matsumoto,** *Farbzentren von KCl–KBr-Mischkristallen im sichtbaren Gebiet.* Aus Messungen der spektralen Lage der Farbbanden λ_{max} von KCl–KBr-Mischkristallen, die mit 40 kV-Röntgenstrahlen (4 mA) 3 Std. bei Raumtemp. verfärbt waren, ergibt sich, daß λ_{max} von KCl mit zunehmendem KBr-Geh. C bis 0,11 Mol-% nach kurzen, bei höherem C jedoch linear mit C nach langen Wellen verschoben wird. Die Ionenabstände der Kristalle, gemessen durch Rückstrahlaufnahmen, wachsen dagegen im gesamten Bereich mit C. Aus dem Verh. der Farbbanden wird geschlossen, daß bei kleinem C die Br-Ionen bevorzugt zu den die Anionenleerstelle umgebenden Kationen wandern u. diese etwas in die Leerstelle drücken. Dies kann zu einer Verkleinerung des Radius der Anionenleerstelle (trotz zunehmenden mittleren Ionenabständen) führen u. die kurzwellige Verschiebung von λ_{max} bei kleinem C erklären. (J. physic. Soc. Japan **8.** 279. März/April 1953. Osaka, Liberal Arts Univ., Labor. of Phys. Chem. [Orig.: engl.]) Rudolph. 119

W. A. Kisel, *Untersuchung der Struktur der Flüssigkeitsoberfläche nach der Methode der Lichtreflexion.* Vf. gibt die Elliptizität des von der Oberfläche einer Reihe von Fll. beim Einfall unter dem Polarisationswinkel reflektierten polarisierten Lichts an u. stellt in Kurven die Abhängigkeit der Elliptizität u. Phasendifferenz vom Einfallswinkel, nahe dem Polarisationswinkel, dar. (Журнал Экспериментальной и Теоретической Физики [J. exp. theoret. Physik] **26.** 228—33. Febr. 1954. Usbek. Univ.) Geiger. 119

B. Je. Gordon, *Optische Untersuchung der Hydrolyse.* 2. Mitt. *Über die Gültigkeit des Beerschen Gesetzes in zweiwertigen Metallen. Lösungen von Sulfaten.* (1. vgl. Украинский Химический Журнал [Ukrain. chem. J.] **17.** [1951.] 688.) Bei der vergleichenden Unters. eigner u. fremder Werte über die Absorptionsspektren konz. u. 10fach verd. Lsgg. der Sulfate, Nitrate u. Chloride von Cu, Co, Ni u. UO_2 zeigen sich Abweichungen, die auf Nichtberücksichtigung des Einfl. des gestreuten Lichts im Spektralapp. zurückgeführt werden. Es wird empfohlen, bei Extinktionen zwischen 0,8 u. 2,0 u. in der spektrophotometr. Analyse von Mehrstofflsgg. mit graph. Darst. der Beziehung zwischen Absorptionskoeffizienten der einzelnen Komponenten u. Extinktionsgröße zu arbeiten. Bei den Sulfatlsgg. gilt das Beersche Gesetz mit einer Genauigkeit von 0,5%; ihr Verh. wird dadurch erklärt, daß die durch Hydrolyse entstandenen bas. Ionen $MeOH^+$ für die Absorption bestimmend sind. (Украинский Химический Журнал [Ukrain. chem. J.] **19.** 129—38. 1953. Inst. für geol. Wiss. der Akad. der Wiss. der UkrSSR.) R. K. Müller. 119

Lucienne Taurel und **Jean Chapelle,** *Messung der Absolutintensität der molekularen Lichtstreuung durch einen Quarzkristall.* Aus dem Verhältnis der Lichtstreuung von Quarz u. Bzl. unter gleichen experimentellen Bedingungen ergibt sich die Rayleigh-Konstante des Quarz zu 1,84 bzw. $1{,}61 \cdot 10^{-7}$ in Übereinstimmung mit dem theoret. Wert $1{,}77 \cdot 10^{-7}$. (C. R. hebd. Séances Acad. Sci. **238.** 73—74. 4/1. 1954.) Eichhoff. 119

Henri Poulet, *Relative Intensitäten von Linien aus optischen Longitudinal- und Transversalschwingungen in dem Streuspektrum von Zinkblende.* Erklärung des Intensitätsverhältnisses von Linien, welche Longitudinal- u. Transversalschwingungen im ZnS-Kristall zuzuordnen sind unter der Annahme eines linearen elektro-opt. Effektes durch das Polarisationsfeld. (C. R. hebd. Séances Acad. Sci. **238.** 70—72. 4/1. 1954.) Eichhoff. 119

D. Malé und **P. Rouard,** *Über die Bestimmungen der optischen Konstanten massiver Metalle mit dicken Schichten.* (Vgl. C. **1954.** 5455.) Diskussion der Abhängigkeit der Werte für die opt. Konstanten von Metallen von der Art der Herst. der Schichten (Kathodenzerstäubung, Aufdampfen, mechan. oder elektrolyt. Polieren kompakter Metalle). Ein Vgl. experimenteller Werte für *Au*-Schichten mit Dicken zwischen 7 u. 85 mμ, welche durch Kathodenzerstäubung u. Aufdampfen hergestellt wurden, mit den Werten von Meier (Ann. Physik **31.** [1910.] 1017) für massives Au u. ein Vgl. der aus dem Gewicht der Schichten bestimmten Schichtdicke mit der berechneten zeigt, daß die aufgebrachten Schichten gegenüber dem kompakten Metall je nach der Schichtdicke nur eine Volumenerfüllung von 64—98% aufweisen. Die Abweichungen in den von verschied. Autoren bestimmten opt. Konstanten werden im wesentlichen auf diese Strukturunterschiede zurückgeführt. (J. Physique Radium **14.** 584—87. Nov. 1953. Marseille, Fac. des Sci., Labor. de Phys. gén.) Eichhoff. 119

P. Rouard, D. Malé und **J. Trompette,** *Bestimmung der Reflexions-, Transmissions- und Absorptionsfaktoren dünner Goldaufdampfschichten.* Auf prismat. Glasunterlagen wurden unter Benutzung eines Stufensektors gleichzeitig Au-Schichten von 0—150 mμ Dicke aufgedampft. An diesen Schichten wurde bei 4358, 5461 u. 5893 Å die Transmission sowie die Reflexion u. Absorption bei Lichteinfall auf die Grenzflächen — Glas-

Schicht u. Luft-Schicht — gemessen. Diskussion der tabellar. u. graph. wiedergegebenen Resultate. (J. Physique Radium **14**. 587—90. Nov. 1953. Marseille, Fac. des Sci., Labor. de Phys. gén.) EICHHOFF. 119

M. F. Crawford und **I. R. Dagg**, *Durch statische elektrische Felder induzierte Infrarotabsorption.* Vff. beobachten am H_2 den von CONDON [1932] theoret. vorausgesagten Effekt, daß infrarot-inakt. Schwingungen durch ein stat. elektr. Feld akt. werden können. Die Unters. wurde bei H_2-Drucken bis zu 140 at u. Feldstärken von 100000 V/cm mit einem Gitterspektrometer ausgeführt. Die durch Feldstärke induzierte Absorption überlagert sich der Druck-induzierten Absorption. Vff. geben graph. u. tabellar. die Feld-induzierten Komponenten des Q-Zweiges der H_2-Schwingung bei 4161,2 cm^{-1} an, die den Rotationsübergängen 0—0, 1—1, 2—2, 3—3 entsprechen. Aus dem integralen Absorptionskoeff. der 1—1-Komponente wird das Matrixelement der mittleren Polarisierbarkeit für den Schwingungsübergang 1—0 zu angenähert $\alpha_{01} = 1{,}25 \cdot 10^{-25}$ cm^3 bestimmt. (Physic. Rev. [2] **91**. 1569—70. 15/9. 1953. Toronto, Can., Univ. of Toronto, McLennon Labor.) BECHER. 120

W. Paul, D. A. Jones und **R. V. Jones**, *Infrarotdurchlässigkeit von Galenit.* Im Gegensatz zu den bisher untersuchten PbS-Einkristallen zeigte eine einkristalline Probe von Galenit unbekannter Herkunft im Infrarot bei 3 μ einen starken Anstieg der Durchlässigkeit D mit einem Maximum bei 4,5 μ u. einen langsameren Abfall bis 12 μ. Dieser Durchlässigkeitsanstieg entspricht dem scharfen Abfall der Photoleitfähigkeit von dünnen PbS-Schichten bei Raumtemperatur. Auch eine PbTe-Probe mit einer Photoleitfähigkeitsgrenze bei 5 μ ergab einen Durchlässigkeitsanstieg entsprechend der Erwartung bei ca. 5,2 μ. (Proc. physic. Soc., Sect. B **64**. 528—29. 1/6. 1951. Aberdeen, Univ., Natural Philos. Dep.) RUDOLPH. 120

Charles M. Johnson, Ralph Trambarulo und **Walter Gordy**, *Mikrowellenspektroskopie im Gebiet von zwei bis drei Millimetern.* 2. Mitt. (1. vgl. C. **1951**. I. 3300.) Von einer Reihe von Moll., u. zwar von O_2, $^{12}C^{16}O$, $^{13}C^{16}O$, $^{16}O^{12}C^{34}S$, $^{14}N_2{}^{16}O$, $P^{16}OF_3$, $^{12}CH_3F$, $^{12}CD_3F$, $^{14}NF_3$, $P^{32}SF_3$, $^{13}CH_3{}^{12}C^{13}CH$ u. PF_3 wurden genaue Messungen der Rotationsübergänge in dem Wellenlängengebiet von 2—3 mm durchgeführt. Aus diesen Werten wurden die zentrifugalen Streckungseffekte bestimmt u. genaue Werte der Rotationskonstanten erhalten. Die erhaltenen Zahlenwerte sind tabellar. zusammengestellt. (Physic. Rev. [2] **84**. 1178—80. 15/12. 1951. Durham, N. C., Duke Univ., Dep. of Phys.) GOTTFRIED. 121

Esther W. Claffy, *Zusammensetzung, Verfärbbarkeit und Luminescenz von Spodumenmineralien.* Auf Grund krit. Betrachtungen der Literaturangaben über Zus. u. Farbe der Spodumenmineralien u. auf Grund eigener Unterss. der Luminescenz u. Verfärbbarkeit durch Röntgenstrahlen stellt Vf. fest, daß zwei Typen des Minerals existieren: (I) Cr-haltige, grüne Spodumene (entsprechend dem North Carolina-Hiddenit) u. (II) Cr-freie Spodumene, die farblos, gelb, rosa, lila oder grün sein können, wobei die Färbung natürlicher oder künstlicher Art sein kann. Während die I-Mineralien künstlich weder in der Farbe vertieft noch therm. oder opt. gebleicht werden können, lassen sich die Typen II durch Röntgen- oder γ-Strahlen verfärben u. durch Erhitzen auf 250—500° oder durch Lichteinstrahlung bleichen. Auch zeigen diese Proben im Gegensatz zu den I-Typen Fluorescenz- u. Phosphorescenzerscheinungen, die durch *Mn* hervorgerufen werden. Die Aufnahmen der Absorptionsspektren farbloser, verfärbter u. gebleichter Proben der Gruppe II lassen erkennen, daß bes. die vermutlich dem Mn zugehörigen Banden bei 5400 u. 6400 Å für Verfärbungserscheinungen verantwortlich sind. Daneben treten Banden bei 4300 Å (Mn) u. mitunter bei 9300 Å auf. Die I-Spodume besitzen ein prakt. nicht beeinflußbares Absorptionsspektr. mit Maxima bei 6400 Å (vermutlich *Cr*) u. 11000 Å (vermutlich *V*). Keine Fluorescenz auch bei gleichzeitiger Ggw. von Mn. (Amer. Mineralogist **38**. 919—30. Nov./Dez. 1953. Washington, D. C., Naval Res. Labor.) RUDOLPH. 125

A₃. Elektrizität. Magnetismus. Elektrochemie.

David J. Rose und **Sanborn C. Brown**, *Methoden zur Messung der Eigenschaften ionisierter Gase bei hohen Frequenzen.* 3. Mitt. *Messung des Scheinleitwerts der Entladung und der Elektronendichte.* (2. vgl. C. **1953**. 2232.) Die in der 1. u. 2. Mitt. entwickelten Methoden zur Messung des Gütefaktors Q u. des elektr. Feldes in Mikrowellenresonatoren bei der Unters. elektr. Gasentladungen werden auf die experimentelle Best. des komplexen Scheinleitwerts der Entladung u. der Elektronendichte ausgedehnt. Anwendungen auf Resonatoren mit hohem oder niedrigem Q-Wert werden diskutiert. (J. appl. Physics **23**. 1028—32. Sept. 1952. Cambridge, Mass., M. I. T., Res. Labor. of Electronics.) CONRAD. 131

Lawrence Gould und **Sanborn C. Brown,** *Methoden zur Messung der Eigenschaften ionisierter Gase bei hohen Frequenzen.* 4. Mitt. *Eine Nullmethode zur Messung des Scheinleitwerts der Entladung.* (3. vgl. vorst. Ref.) Zur Ermittlung der Entladungscharakteristik wird das Verhältnis der von einem Mikrowellenhohlraumresonator durchgelassenen zur einfallenden Energie in Abhängigkeit von der Signalfrequenz in Nachbarschaft der Hohlraumresonanz gemessen. Bei passender Wahl der Variablen ergeben die Daten eine gerade Linie, deren Steilheit die gewünschte Information liefert. Bei der experimentellen Durchführung wurde eine Genauigkeit von $\pm 2\%$ in der Messung des Entladungsscheinleitwerts erreicht. (J. appl. Physics **24.** 1053—56. Aug. 1953.) CONRAD. 131

Robert Champeix, *Die Möglichkeit der Erzeugung geringer Drucke durch die Ionisation von Gasmolekülen.* Vf. geht von der bekannten Beobachtung aus, daß das Vakuum in teilevakuierten Kolben durch eine Glimmentladung verbessert werden kann (elektr. Gasaufzehrung). Mittels eines Mikromanometers nach PENNING, das an einen auf 0,1 mm Hg evakuierten Glaskolben angeschmolzen ist, weist Vf. nach, daß nach Zündung einer Glimmentladung das Vakuum im Verlauf von wenigen Sek. auf 10^{-4} mm Hg abnimmt. Gleichzeitig nimmt der Entladungsstrom entsprechend ab. Nach Abschaltung des Entladungsstromes steigt der Gasdruck in wenigen Sek. wieder auf den Ursprungswert an. Vf. schließt an diese Befunde Spekulationen über eine Ionisationspumpe an, deren Wirksamkeit durch Einführung einer Glühkathode noch verbessert werden kann. (C. R. hebd. Séances Acad. Sci. **231.** 40—42. 3/7. 1950.) REUSSE. 131

Hugo Fricke, *Dielektrische Eigenschaften von Nitrocellulose–Wasser-Gelen.* Die dielektr. Eigg. von W.-Nitrocellulose-Mischungen werden im Niederfrequenzgebiet an Membranen bestimmt. Gut getrocknete Membranen ergaben nur eine schwache Dispersion. Die Nitrocellulosegele verhalten sich ähnlich wie solche aus Gelatine. Ausgesprochene Dispersion besteht nur bei höherem Wassergeh. u. erreicht ein Maximum bei 0,35 g W./cm³. (Nature [London] **172.** 1106—07. 12/12. 1953. Cold Spring Harbor, N. Y., Biol Labor., W. B. James Labor. for Biophys.) K. L. WOLF. 132

J. W. Granville und **C. A. Hogarth,** *Eine Untersuchung der thermoelektrischen Effekte auf den Oberflächen von Transistormaterialien.* Unterss. der Polarität a) des Photoeffektes, b) der Gleichrichtung u. c) der Thermokraft der Oberfläche von *Ge* u. *PbS* unmittelbar in der Nähe eines heizbaren u. mit verschied. Druck aufgesetzten Spitzenkontaktes hatten die folgenden Ergebnisse: 1. Die Photo-EMK. ist für polierte u. gespaltene Ge-Oberflächen positiv in bezug auf den Spitzenkontakt u. zeigt somit n-Leitung an. PbS zeigt umgekehrtes Verhalten. Spaltflächen besitzen 6mal stärkeren Photoeffekt. 2. Die Gleichrichterwrkg. weist ebenfalls auf n-Leitung bei Ge u. p-Leitung von PbS hin. 3. Auch die Thermokraftmessung ergibt für Ge-Spaltflächen n-Leitung, für PbS-Spaltflächen p-Leitung. An polierten Oberflächen waren jedoch n- u. p-leitende Bezirke feststellbar, die überdies bei höheren Tempp. eine reversible Vorzeichenumkehr der Thermokraft zeigten. Nach dem Polieren auf 900° erhitzte oder geätzte Flächen hatten wieder n-Verhalten. Die anomalen Effekte werden auf das Vorhandensein einer Oberflächenschicht mit vom Grundmaterial verschied. Beschaffenheit (möglicherweise amorphe Schicht) zurückgeführt. (Proc. physic. Soc., Sect. B **64.** 488—94. 1/6. 1951. Reading, Univ., Phys. Dep.) RUDOLPH. 133

P. A. Lee, *„Phosphorescenz"-Effekt in Bleiselenid.* Messungen der Leitfähigkeit σ dünner PbSe-Schichten zwischen 90 u. 300° K ergeben eine nichtlineare Zunahme von log σ mit 1/T bis ca. 180° K (vermutlich Verunreinigungseffekt), dagegen linearen Verlauf für $T > 180°$ K. Wird die Probe bei 90° K mit dem Licht einer W-Lampe bestrahlt, so steigt σ etwa um den Faktor 15. Nach Entfernung der Lichtquelle fällt σ nicht wieder auf den ursprünglichen Wert zurück, sondern bleibt auf etwa dem 10fachen Wert stehen. Erwärmen führt dann zu einer Abnahme von σ bis zu einem Minimum, u. erst dann wieder zu einem σ-Anstieg entsprechend dem σ-Verlauf der unbestrahlten Probe. Der Effekt wird auf ein Einfangen der durch Licht befreiten Elektronen in Haftstellen zurückgeführt, aus denen sie bei Temperatursteigerung wieder therm. befreit werden. (Canad. J. Physics **31.** 1023—24. Sept. 1953. Vancouver, Univ. of Brit. Columbia, Dep. of Phys.) RUDOLPH. 135

Siegfried Poganski, *Über den Einfluß der Sperrschicht auf den Anlaufvorgang an der Grenze Metall–Selen.* Der Anlaufvorgang an der Grenze Se–Cd oder Cd-haltiger Legierung wird in Abhängigkeit von der Temp. u. der Belastung der Sperrschicht untersucht, um den Einfl. des auf Grund der SCHOTTKYschen Randschichttheorie in der Grenzzone zwischen Überschuß- bzw. Defekthalbleitern u. eines im Metall vorhandenen elektr. Feldes auf den Anlaufvorgang zu prüfen. Der Anlaufprozeß setzt bei Raumtemp. mit beträchtlicher Geschwindigkeit ein, verlangsamt sich jedoch bald, u. die Schichtdicke strebt annähernd einem Grenzwert zu. Das parabol. Gesetz von TAMMANN für das Wachstum von Anlaufschichten ist nicht gültig. Der Anlaufvorgang ist zwischen Zimmertemp. u. 95° stark temperaturabhängig. Die Abweichungen vom parabol. Wachstumsgesetz werden mit steigender Temp. geringer. Erhöht man das nach der SCHOTTKYschen Theorie vorhandene Randfeld, so wird die Anlaufgeschwindigkeit erhöht, setzt man es herab, so verringert sie sich. Die Gleichrichteranordnung Cd-Sperrelektrode–Se-sperrschichtfreie Elektrode liefert während des in der Sperrschichtzone stattfindenden Anlaufvorganges eine elektromotor. Kraft. Die Sperrelektrode lädt sich gegenüber der sperrschichtfreien negativ auf. Die Ergebnisse werden unter Berücksichtigung der Tatsache, daß die entstehende Anlaufschicht aus Cadmiumselenid im Gegensatz zum Selen ein Überschußhalbleiter ist, diskutiert. (Z. Elektrochem., Ber. Bunsenges. physik. Chem. **56.** 193—98. 1952. Belecke, AEG-Labor.) R. LEVI. 135

L. Pincherle, *Änderung der Aktivierungsenergie mit der Störstellenkonzentration in Halbleitern.* Die Aktivierungsenergie ε von n-*Si* u. ihre Änderung mit der Temp. unter Berücksichtigung der Feldabschirmung einer Haftstelle durch die freien Träger wird durch Einführung eines langsam veränderlichen, dem Kristallfeld überlagerten Potentials in die SCHRÖDINGER-Gleichung berechnet, um festzustellen, wie weit der Abschirmeffekt für die Abnahme von ε mit wachsender Störstellenkonz. n_D verantwortlich gemacht werden kann. Statist. Betrachtungen führen unter vereinfachenden Annahmen zu ε-Werten, die oberhalb 150° K entsprechend der Erfahrung unabhängig von T sind, für $T < 150°$ aber anwachsen, was bisher noch nicht beobachtet wurde. Mit zunehmendem n_D nimmt ε merklich, jedoch viel schwächer, als die Erfahrung zeigt, ab. (Proc. physic. Soc., Sect. A **64.** 663—64. Juli 1951. Great Malvern, Worcs., Telecomm. Res. Establ.) RUDOLPH. 135

T. S. Benedict, *Mikrowellenbeobachtung der Stoßfrequenz von Löchern in Germanium.* Bei früheren Unterss. hatten BENEDICT u. SHOCKLEY (vgl. C. **1954. 14**) darauf hingewiesen, daß man die Trägheitseffekte der Elektronen in n-Ge durch Mikrowellenmessung der DK. in Abhängigkeit von der Temp. untersuchen kann, u. hatten Gleichungen für die DK. $\varkappa$ u. die Leitfähigkeit σ hergeleitet, die auf einem Modell freier Ladungsträger mit von der Energie unabhängiger Relaxationszeit basierten. Vf. stellte nun Messungen von $\varkappa$ u. σ in p-Ge an, um die effektive M. u. die Relaxationszeit der Löcher zu bestimmen. Die Messungen wurden mit 1,34 cm-Mikrowellen durchgeführt. Die auf Grund der erhaltnen Ergebnisse gefundene Formel für $\varkappa$ stimmt im wesentlichen mit der früher (vgl. l. c.) aufgestellten überein. Auch die Leitfähigkeitsdaten sind in Übereinstimmung mit den aus der früher angegebenen Gleichung (vgl. l. c.) errechneten Werten. Die effektive Löchermasse wird mit $(0{,}30 \pm 0{,}13)\, m_0$ u. die Relaxationszeit mit $\tau = 3{,}6 \cdot 10^{-7}\, T^{-2\,3}$ angegeben. (Physic. Rev. [2] **91.** 1565—66. 15/9. 1953. Murray Hill, N. J., Bell Telephone Labor.) GOTTFRIED. 135

H. Gerstenkorn und **F. Sauter,** *Zur Änderung des elektrischen Widerstandes reiner Metalle am Schmelzpunkt.* Zunächst weisen Vff. darauf hin, daß die relativ geringe Zunahme des elektr. Widerstandes R von Metallen am F. darauf zurückzuführen ist, daß in einem fl. Metall noch eine weitgehende Nahordnung innerhalb kleiner Bereiche besteht. Unter der Annahme eines mikrokristallinen Gefüges in der Fl. werden aus den Strukturfaktoren für das Verhältnis R_{fl}/R_{fest} die Werte berechnet: *Li* 1,62—2,04; *Na* 1,74—1,77; *K* 1,59—1,61; sie stimmen mit den experimentellen weitgehend überein. (Naturwissenschaften **38.** 158—59. April 1951. Hannover, TH, Inst. für theoret. Physik; Göttingen, Univ., Inst. für theoret. Physik.) FUCHS. 136

Horst Gerstenkorn, *Zur Änderung des elektrischen Widerstandes reiner Metalle am Schmelzpunkt.* Ausführliche Mitt. zu vorst. referierter Arbeit. (Ann. Physik [6] **10.** 49—79. 1952.) FUCHS. 136

J. R. H. Coutts und **J. A. V. Fairbrother,** *Poissonsche Zahl und elektrischer Widerstand.* Die bei einer elast. Dehnung eines Metalldrahtes auftretende Widerstandsänderung wird für die Materialien *Cu, Ni, Ag, Au* u. *Pb* zur Ermittlung der POISSONschen Zahl μ benutzt. Die Übereinstimmung mit den nach anderen Verff. ermittelten μ-Werten ist teils befriedigend, teils schlecht. (Proc. physic. Soc., Sect. B **64.** 530—31. 1/6. 1951. Pietermaritzburg, Natal, Univ., Dep. of Phys.) RUDOLPH. 136

J. Hatton, B. V. Rollin und **E. F. W. Seymour,** *Supraleitfähigkeit von Bleisulfid.* Unterss. zweier sehr reiner, polykristalliner natürlicher Galenaproben vom p-Typ (Trägerkonz. $7 \cdot 10^{17}$ bzw. $2 \cdot 10^{16}/cm^3$ bei Raumtemp.) erbrachten bis 1° K keine Anzeichen einer Supraleitung, im Gegensatz zu früheren Unterss. an anderen PbS-Proben, bei denen eine Supraleitung möglicherweise durch das Vorhandensein eines dünnen Filmes von überschüssigem Pb an den Korngrenzen verursacht wurde. (Proc. physic. Soc., Sect. A **64.** 667. Juli 1951. Oxford, Clarendon Labor.) RUDOLPH. 136

D. A. Lockhorst, A. van Itterbeek und **G. J. van den Berg,** *Messungen der Koerzitivkraft von Ticonal bis zu Temperaturen des flüssigen Heliums hinab.* Vff. bestimmten die Temperaturabhängigkeit der Koezitivkraft von zwei Proben aus Ticonal (13,5% Ni, 25% Co, 3% Cu, etwas Ti, 8% Al, Rest Fe bzw. 11% Ni, 36% Co, 4% Cu, 5% Ti, 7% Al, Rest Fe) u. einer unausgeglühten *Stahl*-Probe (0,26% C, 0,70% Mn, 0,26% Si, 0,011% P, 0,026% S, Rest Fe) bis zu 1,257° K hinab. Die beiden Ticonalproben zeigten in Abhängigkeit von der Temp. ein Minimum für H_c bei ca. 60—70° K, ohne daß die Sättigungsmagnetisierung erreicht werden konnte. Bei der Stahlprobe steigt H_c unterhalb 80° K fast auf das Doppelte an, nachdem bis zu dieser Temp. H_c um 18% zugenommen hat. Die magnet. Sättigung wird bei diesen tiefen Tempp. erreicht. (Appl. sci. Res. B **3.** 451—55. 1954. Leiden, Kamerlingh-Onnes Labor.) V. HARLEM. 137

Hiroshi Watanabe, *Die Temperaturabhängigkeit der Magnetisierung von Ferriten auf der Basis der Theorie des Ferromagnetismus.* Vf. berechnet auf Grund der Theorie von NÉEL die Temperaturabhängigkeit der Sättigungsmagnetisierung von verschied. *Ni-Zn-Ferriten* u. vergleicht die erhaltenen Kurven mit den gemessenen. Die Übereinstimmung ist gut, Ursachen für Abweichungen werden diskutiert. (J. physic. Soc. Japan **6.** 212—13. Mai/Juni 1951. Tohoku, Univ., Res. Inst. for Iron, Steel and Other Metals. [Orig.: engl.]) V. HARLEM. 137

Daniel Berg und **Andrew Patterson jr.,** *Die Leitfähigkeit wässeriger Lösungen von Kohlendioxyd bei hohen Feldstärken bei 25°. Die wahre Ionisationskonstante von Kohlensäure.* Vff. bestimmten die Leitfähigkeiten von Lsgg. von CO_2 in H_2O (0,15—0,16 mol.) bei einer Feldstärke von 200 kV/cm relativ zu verd. HCl bei 25°. Der Leitfähigkeitskoeff. für diese Feldstärke ergibt sich zu 4,6%. Aus den erhaltenen Ergebnissen wird, ausgehend von der von ONSAGER angegebenen Gleichung für die Zunahme der Dissoziationskonstante eines schwachen Elektrolyten bei hohen Feldstärken, die Beziehung $\varrho_0 = K(0)_1/C = [H^+][HCO_3^-]/C^2$ abgeleitet. ($K(0)_{1(\text{scheinbar})} = [H^+][HCO_3^-]/C_{\text{ges.}}$; $C_{\text{ges.}} = [CO_2] + [H_2CO_3]$). Aus dieser Gleichung errechnet sich, mit $K(0)_1 = 4{,}45 \cdot 10^{-7}$, die wahre Dissoziationskonstante zu $1{,}32 \pm 0{,}05 \cdot 10^{-4}$ bei 25°. (J. Amer. chem. Soc. **75.** 5197—5200. 5/11. 1953. Yale Univ., Dep. of Chem.) WOELK. 138

Daniel Berg und **Andrew Patterson jr.,** *Die Leitfähigkeit wässeriger Ammoniaklösungen bei hohen Feldstärken bei 25°.* Vff. berichten über Messungen der Leitfähigkeit wss. NH_3-Lsgg. im Konzentrationsbereich von $1{,}3—1{,}5 \cdot 10^{-3}$mol. bei 25,00° mittels der Hochfrequenzmeth. u. diskutieren die Ergebnisse in ihrer Beziehung zur wahren Ionisationskonstanten des NH_4OH in der Lösung. (J. Amer. chem. Soc. **75.** 5731—33. 20/11. 1953. New Haven, Conn., Yale Univ., Dep. of Chem.) NIEMITZ. 138

Robert Gomer, *Elektronenaustrittsarbeit bei der Feldemission. Chemosorption.* Elektronenaustrittsarbeiten u. Potentiale an Metallflächen mit chemosorbierten Moll. werden unter Annahme isolierter, regelmäßig verteilter Einzeldipole berechnet. Die Depolarisation der Elektronenwolken an Metallflächen wird abgeschätzt. Berechnete Kontaktpotentiale von *Sauerstoff* u. *Stickstoff* auf *W* stimmen mit Messungen überein. Die Auffassung von BOUDART (C. **1953.** 5992) über die vom Bedeckungsgrad abhängige Wärmetönung bei der Chemosorption ist nicht haltbar. (J. chem. Physics **21.** 1869—76. Okt. 1953. Chicago, Ill., Univ., Inst. for Study of Metals.) M. DRECHSLER. 140

Ju. K. Delimarski, L. Ss. Berenbljum und **I. N. Scheiko,** *Bestimmung der einzelnen Elektrodenpotentiale in geschmolzenem Aluminiumchlorid–Natriumchlorid als Lösungsmittel.* Es werden die Zersetzungspotentiale, Polarisationsspannungen u. die einzelnen Kathoden- u. Anodenpotentiale, bezogen auf die Pt-Elektrode, im Temperaturgebiet von 300—500° untersucht, desgleichen werden I–V-Kurven abgeleitet, welche die Kathoden- u. Anodenprozesse charakterisieren. Für $CdCl_2$ u. $SnCl_2$ werden 2 Potentiale gefunden, wobei die zweiten Potentiale dieser Chloride mit kathod. Prozessen verbunden sind. Das Anodenpotenpial behält die gleiche Größe, woraus zu entnehmen ist, daß die Aktivität der Chlorionen durch den Geh. derselben im Lösungsm. ($AlCl_3$–NaCl) bestimmt wird. Mit steigender Temp. wird das Chlorpotential negativer, während die Elektrodenpotentiale der Metalle positiver werden, mit Ausnahme von Co u. Ni, deren Potentiale negativer werden. Dieses ist bedingt durch die Neigung dieser Metalle zur Passivierung, welche mit steigender Temp. verringert wird. Auf Grund der erhaltenen Werte für die Elektrodenpotentiale kann folgende Spannungsreihe von Metallen in geschmolzenem $AlCl_3$–NaCl als Lösungsm. aufgestellt werden: Al, Tl, Mn, Zn, Cd, Sn, Pb, Co, Cu, Ag, Sb, Bi, Ni. (Журнал Физической Химии [J. physik. Chem.] **25.** 398—403. April 1951. Kiew, Akad. der Wiss. der UdSSR, Inst. für allg. u. anorgan. Chem.) TROFIMOW. 140

D. Macgillavry, *Die Abhängigkeit der Potentialdifferenz vom Grenzstrom in Elektrolytmischungen.* Vf. entwickelt Gleichungen für den stationären Zustand der Ionenbeweglichkeiten u. für die stationäre Konzentrationsverteilung in Elektrolytmischungen, in denen nur eine Ionensorte an der Kathode polarograph. reduzierbar ist, aus denen sich die resultierende Potentialdifferenz in der Lsg. ableiten läßt, wie am Beispiel des Grenzfalles gezeigt wird, an dem das Strommaximum erreicht ist. (Recueil Trav. chim. Pays-Bas **72.** 859—66. Sept./Okt. 1953. Wageningen, Agric. Univ., Labor. of Phys. and Coll. Chem.) NIEMITZ. 140

O. K. Kudra und **P. P. Turow,** *Zersetzungspotentiale von Cadmiumsalzen in Acetonlösungen.* Es werden die I–V-Kurven bei verschied. Kathodenstromdichten von CdJ_2- u. $CdBr_2$-Lsgg. in Aceton untersucht. Für CdJ_2 wurde ein Konzentrationsbereich zwischen 20 u. 0,03%, für $CdBr_2$ von gesätt. Lsg. bis 0,05% gewählt. In allen untersuchtenFällen wurden bei hohen Kathodenstromdichten 2 Knicke auf der I–V-Kurve festgestellt, wobei bei einem niedrigen Potential ein dichter, glatter Metall-Nd. entsteht, bei hohem Potential ein voluminöser schwarzer. Eine Abscheidung von gasförmigen Prodd. auf der Kathode wurde nicht beobachtet. Die Änderung des ersten Potentials mit steigender Verdünnung ist unbedeutend, während die zweiten Potentiale mit der Verdünnung deutlich ansteigen, bes. im Gebiet starker Verdünnungen. So beträgt das Potential einer 20%ig. CdJ_2-Lsg. auf einer 10,5 mm^3 großen Kathode 2,00 V, einer 0,06%ig. Lsg. 3,40 V, die Werte für gesätt. u. 0,05%ig. $CdBr_2$-Lsg. auf gleicher Kathode betragen 2,60 u. 3,60 Volt. Die erhaltenen Versuchszahlen bestätigen die Hypothese von KUDRA (Журнал Физической Химии [J. physic. Chem.] **12.** [1938.] 148), wonach in der Lsg. neben einfachen Ionen noch zusammengesetzte (Komplexkationen) auftreten, deren Entladung bei hohen Stromdichten die Bldg. eines zweiten Kathodenpotentials bewirken kann. (Журнал Физической Химии [J. physik. Chem.] **25.** 391—97. April 1951. Kiew, Akad. der Wiss. der UdSSR, Inst. für allg. u. anorgan. Chem.) TROFIMOW. 140

S. E. S. El Wakkad und **A. Hickling,** *Das anodische Verhalten von Antimon.* Die anod. Stromdichte–Potential-Kurven einer elektrolyt. auf Pt niedergeschlagenen Sb-Elektrode wurden mittels eines Oscillographen in lufthaltigen HCl- u. NaOH-Lsgg. bei 19° aufgenommen. Dabei passiviert sich die Elektrode in schwach sauren u. alkal. Lsgg., u. aus der Lage einiger Stufen in der Polarisationskurve sowie nach Messungen folgender Potentiale: Sb/Sb_2O_3, Sb_2O_3/Sb_2O_4, Sb_2O_4/Sb_2O_5, Sb_2O_3/Sb_2O_5 (welche nicht in allen Fällen wahre Gleichgewichtspotentiale darstellen) schließen Vff. auf folgenden Mechanismus: Zuerst bildet sich eine dicke Schicht Sb_2O_3 u. später darunter eine zweite von Sb_2O_5. Sb_2O_4 dagegen kann nur bei sehr niedrigen Stromdichten intermediär nachgewiesen werden. In stark saurem u. alkal. Medium, worin Sb_2O_3 lösl. ist, bleibt eine Passivierung aus. Red. dieser Oxyde bei kathod. Polarisation erfolgt nicht vor der H_2-Entw., obgleich Abscheidung von Sb^{3+} aus der Lsg. stattfindet. Sb_2O_4 u. Sb_2O_5 sind in Berührung mit Sb instabil, was aus dem raschen Potentialabfall nach Stromunterbrechung auf das Sb/Sb_2O_3-Potential hervorgeht. Aus dem Stromfluß wird die wahre Oberfläche der Sb-Elektrode u. die Dicke der Oxydschichten berechnet. Zu Vergleichszwecken werden auch aus den freien Bildungsenthalpien der Oxyde die entsprechenden Potentiale ermittelt. (J. physic. Chem. **57.** 203—06. Febr. 1953. Liverpool, Liverpool Univ., Dep. of Inorg. and Physic. Chem.) BERG. 142

J. O'M. Bockris und **N. Pentland,** *Der Mechanismus der Wasserstoffentwicklung an Kupferkathoden in wässerigen Lösungen.* Die Kinetik der H_2-Entw. an Cu-Kathoden wurde in wss. Lsgg. von 0,001—0,1nHCl u. von 0,005—0,15nNaOH im Temperaturbereich von 10—40° u. bei einer Stromdichte von 10^{-8} bis 10^{-2} $A \cdot cm^{-2}$ untersucht. Die Aktivierungsenergie beim reversiblen Potential u. die stöchiometr. Zahl in alkal. Lsg. wurden bestimmt. Ihre Variationen u. ebenso die der TAFELschen Parameter wurden tabelliert. Infolge der Auflösung des Cu konnten in sauren Lsgg. keine stöchiometr. Zahlen bestimmt werden. Daraufhin konnte eine Unterscheidung zwischen den vorgeschlagenen Reaktionsmechanismen nur indirekt durch Best. der H_2-Bedeckung der Kathode vorgenommen werden, woraus sich ein langsamer Entladungsvorgang an H_3O^+ als geschwindigkeitsbestimmend ergab. Werte der stöchiometr. Zahl zeigten, daß in alkal. Lsgg. eine Protonabtrennung aus neutralen H_2O-Moll. geschwindigkeitsbestimmend war. (Trans. Faraday Soc. **48.** 833—39. Sept. 1952. London, Imp. Coll. of Sci and Technol., Acton Techn. Coll.) KLAFFKE. 142

David M. H. Kern, *Das Paar Sauerstoff–Wasserstoffperoxyd an der tropfenden Quecksilberelektrode.* Es wurde die Red. von O_2 zu H_2O_2 an der Hg-Elektrode untersucht. Dabei findet Vf. mit Gemischen von O_2 u. H_2O_2 im p_H-Bereich 7,5—13 anod.-kathod. Stufen, welche mit wachsendem p_H reversibler werden, so daß die NERNST-

Gleichung mit $\pi^0 = +0{,}70\ V \pm 0{,}01\ V$ gilt u. der Vorgang $O_2 + 2H^+ + 2e^- \rightleftharpoons H_2O_2$ als semireversibel (vgl. DELAHAY, C. **1954.** 5236) bezeichnet werden darf, wobei die Rk. in zwei Schritten abläuft. (J. Amer. chem. Soc. **76.** 1455. 5/3. 1954. Cambridge, Mass., Harvard Univ., Mallinckrodt Chem. Labor.) BERG. 142

Irving Shain und **A. L. Crittenden,** *Die Anwendung der Kathodenstrahlpolarographie mit rotierenden Platinelektroden.* Unter Verwendung eines Kathodenstrahlpolarographen im Prinzip nach SNOWDEN u. PAGE (C. **1951.** II. 1786) erfolgt die Spannungsänderung an der mit 600 Umdrehungen pro Min. rotierenden Pt-Elektrode mit einer für die Aufzeichnung optimalen Geschwindigkeit von 0,1—1 V/Sekunde. Da die Kapazitätsströme mit der Geschwindigkeit v der Spannungssteigerung anwachsen, erhält man den Elektrolysestrom durch Extrapolation auf v = 0. In verschied. Leitlsgg. werden Strom–Spannungs-Kurven von J^-, $[Fe(CN)_6]^{4-}$, JO_3^-, $Ag(NH_3)_2^+$, Fe^{2+}, *Hydrochinon* aufgenommen u. die Lage der Halbstufenpotentiale mit denen verglichen, welche mit der stationären Elektrode erhalten worden sind. Proportionalität zwischen Konz. u. Stufenhöhe wird im allg. bis $3 \cdot 10^{-3}$mol. beobachtet. (Analytic. Chem. **26.** 281—84. Febr. 1954. Seattle, Wash., Univ. of Washington, Dep. of Chem.) BERG. 142

Samuel S. Lord jr. und **L. B. Rogers,** *Polarographische Studien an Gold-, Graphit- und Platinelektroden.* Auf breiter experimenteller Grundlage werden Vergleiche zwischen stationären u. rotierenden (600 Umdrehungen/Min.) *Gold* (I)-, *Graphit* (II)- u. *Pt* (III)-Elektroden bei der Red. von Ag^+, Fe^{3+}, MnO_4^-, *Chinon* u. der Oxydation von Fe^{2+}, $NH_2OH \cdot HCl$, *Hydrochinon*, $C_6H_5NH_2 \cdot HCl$, *o-*, *m-* u. *p-Phenylendiamin* u. *o-*, *m-* u. *p-Toluidin* angestellt. Während die außerdem benutzte PbO_2-Elektrode einen zu schmalen Verwendungsbereich hat, geben **I** u. **III** ähnliche Stufen im Potentialbereich (Leitlsg.: 0,1 mol. HCl, gegen gesätt. Kalomelelektrode —0,44 bis +0,82 V (stationär) u. —0,27 bis +1,11 V (stationär), dagegen sind die Wellen mit **II** weniger definiert u. liegen je nach Vorbehandlung von **II** zwischen —0,32 u. +1,12 V (stationär). Dafür bietet **II** Vorteile bei organ. Oxydationen mit Filmbldg. (bei Phenylendiaminen beobachtet). Auch wird das Gleichgewicht z. B. von Chinon–Hydrochinon an der Oberfläche von **II** rascher erreicht als im Fall **I** u. **III**. Richtung u. Geschwindigkeit der Polarisation u. Umdrehungsgeschwindigkeit wirken sich bei allen Elektroden stark auf die Reproduzierbarkeit aus. Trotz dieser Einflüsse läßt sich mit **II** sicher festlegen, daß die Lage der unterschiedlichen Stufen von Phenylendiaminen sich in der Reihenfolge p, o, m nach positiveren Werten verschiebt. Eine Gegenüberstellung mit dem „apparent oxydation potential" nach CONANT u. dem „critical oxydation potential" nach FIESER ergibt, daß letzteres um durchschnittlich 0,01—0,03 V negativer liegt als das polarograph. Halbstufenpotential, welchem Vff. den Vorzug geben. (Analytic. Chem. **26.** 284—95. Febr. 1954. Cambridge, Mass., M. I. T., Dep. of Chem. and Labor. of Nucl. Sci.) BERG. 142

A_4. Thermodynamik. Thermochemie.

J. Jeener und **G. Thomaes,** *Über Thermodiffusion in der flüssigen Phase.* Unter der Annahme, daß die Energien q_A u. q_B (Energien, die erforderlich sind, um die Moll. A u. B aus ihren Gleichgewichtslagen zu entfernen) ein Bruchteil 1/X der gesamten Bindungsenergie in der Fl. sind u. daß nur Dispersionskräfte existieren, entwickelten Vff. den Ausdruck $D'/D = (2/X)(1/RT^2)[(E_A^v)^{1/2} - (E_B^v)^{1/2}(x_A(E_A^v)^{1/2} + x_B(E_B^v)^{1/2})]$ für den SORET-Koeff. D'/D (D' = Thermodiffusionkoeff., D = gewöhnlicher Diffusionskoeff., x_A u. x_B = Molenbrüche von A u. B, E_γ^v = Verdampfungsenergie der reinen Komponente γ). Die Formel besagt, daß die Komponente mit höherer Verdampfungsenergie an der kälteren Wand konz. wird. Zur Überprüfung wurden die SORET-Koeffizienten bin. Mischungen folgender organ. Fll. gemessen: CCl_4, CCl_3CH_3, $CCl_2 \cdot (CH_3)_2$, $C(CH_3)_4$. Wie schon in früheren Arbeiten gezeigt wurde, gibt die Theorie das richtige Vorzeichen von D'/D. Außerdem ist sie in guter quantitativer Übereinstimmung mit den experimentellen Ergebnissen für das Syst. CCl_4–$C(CH_3)_4$ (X = 5), dagegen kann der schnelle Anstieg von D'/D mit der Temp. für die Systeme CCl_4–CCl_3CH_3 u. CCl_3CH_3–$CCl_2(CH_3)_2$ damit nicht erklärt werden. (J. chem. Physics **22.** 566—67. März 1954. Brussels, Univ. of Brussels, Fac. of Sci.) KARUTZ. 149

W. N. Sharkow und **I. M. Chalatnikow,** *Theorie der Diffusion und der Thermodiffusion in schwachen Lösungen von ^3He in Helium II.* Die Abhängigkeit des Diffusionskoeff. D u. des Thermodiffusionskoeff. λ von Temp. T u. Konz. c wird bei Lsgg. von ^{3}He (I) in He II (II) rechner. untersucht. Wenn a ein konstanter Korrekturfaktor für die Rkk. der I-Teilchen untereinander, ϱ_{n_1} der I-Anteil der n. D. der Lsg., ϱ_{n_0} der Anteil des II an der D., ϱ die D. der Lsg., μ die effektive M. der I-Beimengung, σ_0 die

Entropie der Masseneinheit des **II**, k die BOLTZMANNsche Konstante, m_3 die Atommasse des **I** ist, dann ist $D = [3 \cdot 10^7 T/(1 \cdot 10^3 T e^{-8,9/T} + a \cdot 10^{11} c T^{1/2}] \cdot [1 - \varrho_{n_1}/(\varrho_{n_1} + \varrho_{n_0})]$ u. $\lambda = (c/T)[1 - (\varrho/\varrho_{n_0})(\mu \sigma_0/k)]$. Die Abweichung der experimentellen Werte vom Idealzustand für das Rotongas wird von $T = 1,5^0$ K an bemerkbar u. nimmt mit steigender Temp. des **II** zu. (Доклады Академии Наук СССР [Ber. Akad. Wiss. UdSSR] [N. S.] **93.** 1007–09. 21/12. 1953.) R. K. MÜLLER. 149

W. C. Knudsen und **J. R. Dillinger**, *Lineare Geschwindigkeit des He II-Films.* (Sitzungsbericht.) Längs eines spiralenförmigen *Cu*-Drahts u. einer Röhre aus rostfreiem Stahl fließt der He II-Film bei $1,3^0$ K mit ca. 37 cm/Sekunde. Die Menge des überfließenden He beträgt $19 \cdot 10^{-5}$ cm^3/Sek. cm bei Cu u. $31 \cdot 10^{-5}$ cm^3/Sek. cm bei *Stahl*; daraus wurde die Filmdicke zu $2,1 \cdot 10^{-6}$ cm bestimmt. (Physic. Rev. [2] **91.** 489. 15/7. 1953. Univ. of Wisconsin.) KIRSCHSTEIN. 149

Béla Fabuss, *Nomogramme zur Bestimmung der relativen Flüchtigkeit und der Aktivitätskoeffizienten.* Bei den Gleichgewichtsmessungen zwischen Fl. u. Dampf berechnet man die relative Flüchtigkeit u. den Logarithmus der Aktivitätskoeffizienten u. stellt diese als Funktion des Molenbruches der leichter flüchtigen Komponente dar. Das Nomogramm zur Ermittlung der relativen Flüchtigkeit entspricht der Formel $\alpha = y(1 - x)/x(1 - y)$. Verbindet man die auf einem Kreis aufgetragenen Molenbruchwerte, so zeigt der Schnittpunkt mit der Diagonale die relative Flüchtigkeit. Zur Best. des Logarithmus der Aktivitätskoeffizienten wurde ein Nomogramm konstruiert, woraus in Kenntnis der Zus. der Mischung u. der Dampfspannung der reinen Komponenten bei der Versuchstemp. die gesuchten Werte abgelesen werden können. (Magyar Kémiai Folyóirat [Ung. Z. Chem.] **58.** 267–68. Sept. 1952. Budapest, Techn. Univ., Anorgan.-Chem. Inst.) PLANK. 150

F. Halla und **R. Herdy**, *Aktivitäten im flüssigen ternären System Na–Pb–Hg.* Im Anschluß an eine frühere Arbeit (FRAUENSCHILL u. HALLA, C. **1950.** I. 1192) führen Vff. Messungen der EMKK. u. der Dampfdrucke in fl. tern. Mischungen Na–Pb–Hg durch. Aus den Ergebnissen werden die Aktivitäten des Na bei 350 u. 400^0 bei verschied. Mischungsverhältnissen Hg:Pb in Abhängigkeit von der Zus. u. die Aktivitäten des Hg bei 400^0 bei verschied. Mischungsverhältnissen Na:Pb nach der Meth. von HARGREAVES ermittelt. Außerdem werden die atomaren Bildungsaffinitäten für Na u. die partiellen atomaren Mischungswärmen aus den Versuchsdaten bestimmt. Aus den Werten für die Mischungswärmen ergibt sich, daß selbst in den Randsystemen keine regulären Lsgg. vorliegen. Die EMK.-Werte zeigen in Abhängigkeit vom Molenbruch des Na einen isobest. Punkt. (Z. Elektrochem., Ber. Bunsenges. physik. Chem. **56.** 213–18. 1952. Wien, TH, Inst. für physik. Chem.) R. LEVI. 150

D. H. Howling, E. Mendoza und **J. E. Zimmerman**, *Eine Methode zur Messung spezifischer Wärmen bei sehr tiefen Temperaturen.* (Sitzungsbericht.) Die zu untersuchende Probe wird an einem Ende period. (10–1000 Hz) erwärmt u. abgekühlt. Zwischen den Ablesungen auf zwei an verschied. Stellen der Probe angebrachten, schnell ansprechenden Widerstandsthermometern entsteht eine Phasendifferenz. Auf diese Weise kann sowohl die Wärmeleitfähigkeit λ als auch λ/c gemessen werden, so daß die spezif. Wärme c berechnet werden kann. (Physic. Rev. [2] **90.** 347. Berichtigung der Autoren 335. 15/4. 1953. Carnegie Inst. of Technol.) KIRSCHSTEIN. 151

P. H. Keesom und **N. Pearlman**, *Atomwärme von Germanium unterhalb 4^0 K.* (Sitzungsbericht.) Wie schon früher an gegossenen Ge-Proben festgestellt, konnte jetzt auch an pulverisiertem Ge (Teilchengröße 0,1 –3 mm) die DEBYE-Temp. zu $(364 \pm 3)^0$K gefunden werden. (Physic. Rev. [2] **91.** 215. 1/7. 1953. Purdue Univ.) KIRSCHSTEIN. 151

N. I. Kobosew und **O. M. Poltorak**, *Thermodynamik der „Komplexie" und theoretische Begründung der Entropieregelmäßigkeiten.* 1. Mitt. *Anwendung auf chemische Prozesse.* Vf. führt eine neue Meth. für die Berechnung der Entropieänderung bei Gas-Rkk. ein. Er bestimmt die Wahrscheinlichkeit für den Übergang der Ausgangsmoll. in Komplexe, die in ihrer Struktur den Endmoll. angenähert sind. Die Best. der Struktur dieser Komplexe u. der entsprechenden Entropieänderungen wird in 3 Etappen vorgenommen: 1. Abtrennung der für die Rk. notwendigen Moll. u. ihre Konzentrierung im Reaktionsraum als „Komplextropfen". 2. Zusammenfügung der abgetrennten Moll. zu einer lockeren Kette als „Polymerkomplex". 3. Ordnung u. feste Formierung der Kettenglieder zum „Komplexkristall". Die Entropie der Rk. wird definiert als der Unterschied der Bildungsentropie der Ausgangskomplexe von der Zerfallsentropie der Endkomplexe. Die berechneten Entropien der Abtrennung, Konz., Zusammenfassung u. Ordnung der Moll. führen zu Ausdrücken, die nur wenig von der chem. Natur der Moll.

abhängig sind. Bei der Berechnung wird die Entropieänderung infolge Deformation der Elektronenhüllen nicht berücksichtigt. Die Rechnungsergebnisse stimmen mit den Erfahrungszahlen gut überein, soweit es sich um Atom- u. Hydroxyl-Rkk., Bldg. von Paraffinen u. Äthylen-KW-stoffen, handelt. Größere Abweichungen treten dort auf, wo der Zustand der Elektronen grundlegend geändert wird, was mit der Theorie im Einklang steht, z. B. bei $2\,CO + O_2 = CO_2$ gerechnet 23,7 (gemessen 41,5); $2\,N_2 + O_2 = 2\,N_2O$ 23,6 (35,4); $CO + Cl_2 = COCl_2$ 20,2 (31,5); $2\,NO + O_2 = 2\,NO_2$ 23,9 (34,5). Aus der Meth. ergibt sich eine Begründung für die empir. Regel, nach welcher die Entropieänderung bei chem. Rkk. proportional ist der Änderung der Mol-Zahl der gasförmigen Komponenten. (Журнал Физической Химии [J. physik. Chem.] **26.** 1480—92. Okt. 1952. Moskau, Lomonossow-Univ.) ADOLPHI. 154

Leo Brewer, Lieselotte K. Templeton und **F. A. Jenkins,** *Die Bildungswärme von CN und die Dissoziationswärme von* N_2 *und* C_2N_2. Die Bildungswärme von CN wurde mit Hilfe der 0,1 Emissionsbandenkante von CN bestimmt. $C\,(g) + \frac{1}{2}\,N_2\,(g) = CN\,(g)$, $\Delta H_0^0 = 94 \pm 6$ kcal. Unter Benutzung dieses Wertes ergibt sich $C_2H_2\,(g) = 2\,CN\,(g)$; $\Delta H_0^0 = 114 \pm 12$ kcal $= 4{,}95$ eV. Diese neuen Werte erlauben aber infolge der Unsicherheit der Dissoziationswärme von CN noch keine eindeutige Best. der Dissoziationswärme von N_2. (J. Amer. chem. Soc. **73.** 1462—65. April 1951. Berkeley, Calif., Univ. of California, Dep. of Chem. and Engng., Dep. of Phys., Rad. Labor.) CRAMER. 155

Ss. M. Arija, M. P. Morosowa und **A. A. Reichardt,** *Untersuchung des Systems Platin–Wasserstoff.* 2. Mitt. *Enthalpie der Bildung von Platinoxyd* Pt_3O_4. Durch calorimetr. Best. der Enthalpie von $PtO_{1,39} + 1{,}39\,(H_2) = Pt + 1{,}39\,H_2O$ wurde für die Enthalpie der Bldg. von Pt-Oxyd gefunden: $\Delta H_{Bldg.}\,PtO_{1,39} = -13{,}6 \pm 1{,}1$ kcal. Der gefundene Wert steht im Einklang mit den Versuchsergebnissen über das Gleichgewicht der Pt-Oxyddissoziation. (Журнал Общей Химии [J. allg. Chem. **23** (**85**). 1455—58. Sept. 1953. Leningrad, Univ., Lehrstuhl für anorgan. Chem.) LEBTAG. 155

K. P. Mischtschenko und **A. A. Rawdel,** *Zur thermodynamischen Charakteristik der Salpetersäure.* Bei der Neuberechnung der thermodynam. Werte (298,16° absol., 1 at) für fl. (gasförmige) HNO_3 finden Vff. folgende Zahlen: ΔH^0 —41349 (—31994) cal/Mol; ΔZ^0 —19032 (—17556) cal/Mol; ΔS^0 —74,85 (—48,42), für S^0 entsprechend 37,19 (63,62) Clausius; Verdampfungs- u. Schmelzwärme: λ (Verdampfung) 9355 cal/Mol, ϱ (Schmelzen) 2503 cal/Mol (für gasförmig keine Zahlen). — Die Werte für ΔZ^0 sind nach Berichtigung eines Rechenfehlers in der Arbeit von FORSYTHE-GIAQUE (J. Amer. chem. Soc. **64.** [1942.] 48) umgerechnet worden. (Журнал Прикладной Химии [J. angew. Chem.] **26.** 343—44. März 1953. Leningrad, Technol. Lensowjet-Inst., Lehrstuhl für physikal. Chem.) v. WILPERT. 155

Ja. I. Gerassimow, *Thermodynamische Eigenschaften der Wolframate zweiwertiger Metalle.* Vf. untersuchte mittels einer Strömungsmeth. die Gleichgewichte der Systeme $CaWO_4 + H_2$ (zwischen 960 u. 1100°), $MgWO_4 + H_2$ (800—1000°), $CaMoO_4 + H_2$ (800—1100°), $MnWO_4 + H_2$ (965—1113°), $FeWO_4 + H_2$ (850—1150°), $CoWO_4 + H_2$ (800—1200°) u. $NiWO_4 + H_2$ (1100—1300°). Die Gleichungen für die Temperaturabhängigkeit der Gleichgewichtskonstanten werden für jeden Fall einzeln angegeben. Aus den ermittelten Daten werden die Freien Energien u. die Bildungswärmen der untersuchten Verbb. berechnet. Für ΔH^a_{1273} ergeben sich folgende Werte (in kcal) $CaMoO_4$ 806,00; $MgWO_4$ 863,03; $CaWO_4$ 864,04; $MnWO_4$ 824,88; $FeWO_4$ 814,89; $CoWO_4$ 799,68 u. $NiWO_4$ 824,19. (Commun. XIII Congr. int. Chim. pure appl. **1953.** 75—131. [Orig.: russ. u. franz.]) WASSERROTH. 155

W. I. Kokotschaschwili, *Besonderheiten bei der Verbrennung der Wasserstoffgemische mit Brom.* Die Ausbreitung der Flamme von oben nach unten im offenen Rohr in Gemischen mit 40—55% Br_2 verläuft in Form einer dichten sphär. Front mit relativ geringer Krümmung, die jedoch mit steigendem Druck u. Br-Geh. zunimmt. Eine beständige Front bildet sich in Gemischen mit 40—45% Brom. Bei einem Druck von 340 mm wird schon mit einem stöchiometr. Gemisch keine reine Form der sphär. Flammenfront erhalten. Bei 60% Br_2 besteht die Flamme aus 3—5 einzelnen parallelen Fronten u. ist unbeständig. Bei 65% Brom im Gemisch werden 6 kleine halbsphär. Flammen gebildet, deren Ausbreitung ungleichmäßig ist. Eine Ausbreitung der Flamme nach oben bei 200 mm findet im Gemisch aus 40% Br_2 u. 60% H_2, nach unten im Gemisch aus 60% Br u. 40% H_2 statt. Die minimale Konz. von H_2, bei welcher noch eine Ausbreitung der Flamme von unten nach oben eintritt, beträgt 8%. Daraus errechnet sich die theoret. Verbrennungstemp. zu 220° im Gegensatz zu der registrierten Temp. von 425°. (Журнал Физической Химии [J. physik. Chem.] **25.** 444—52. April 1951. Tbilissi, Stalin-Univ.) TROFIMOW. 157

A_5. Kolloidchemie. Grenzschichtforschung.

Frank T. Gucker jr. und **Stanley H. Cohn,** *Numerische Bestimmung der Mieschen Streuungsfunktionen; Tabelle für die Winkelfunktionen π_n und τ_n für die erste bis zweiunddreißigste Ordnung in Abständen von 2,5°.* Nach Hinweisen über Vereinfachungen für die komplizierte Berechnung der vielseitig anwendbaren Streuungskoeffizienten nach MIE (anknüpfend an Unterss. von STRATTON u. VAN DEN HULST) bes. für die Lichtstreuung in koll. Lsgg. u. Aerosolen werden ausführliche Tafeln für die Winkelfunktionen π_n u. τ_n für die 1. bis 32. Ordnung von 0—180° u. Intervalle von 2½° aufgestellt. (J. Colloid Sci. **8.** 555—74. Dez. 1953. Bloomington, Ind., Indiana Univ.) HENTSCHEL. 162

N. Je. Prichidko und **W. Ss. Molschanow,** *Ein neuer Fall der Koazervation.* Übersetzung der C. **1952.** 4414 referierten Arbeit. (Magyar Kémiai Folyóirat [Ung. Z. Chem.] **58.** 286—88. Sept. 1952.) PLANK. 163

B. A. Raschkowan, *Mechanismus der „katalytischen" Wirkung organischer Verbindungen auf die Reaktionsgeschwindigkeit der Verseifung und Seifenbildung.* Die Zugabe von *Phenol* (**I**) bewirkt nur im Stadium der Emulsionsverseifung eine starke Beschleunigung. Verzögerte u. Nachverseifung bleiben unverändert, während die beschleunigte Verseifung herabgesetzt wird. Die katalyt. **I**-Wrkg. auf die Emulsionsverseifung beruht hauptsächlich auf der Erhöhung der Dispersität. Ein 2. Faktor ist das Auftreten von Lauge in der Seife, dem Hydrolyseprod. des in der Seife gelösten Phenolates. Die katalyt. Wrkg. der organ. Verbb. beruht auf dem direkten Übergang der Emulsionsverseifung in die rasche Verseifung u. dem Einfl. auf die Struktur der Seifenfilme. Die verschied. Verseifungsstadien u. die verschied. Reaktionsgeschwindigkeit sind durch die Umwandlung der Emulsion W.-Öl (Emulsionsverseifung) in das Syst. Öl u. W. in Seife (beschleunigte Verseifung) bedingt. Die der verzögerten Verseifung entsprechende Umwandlungsdauer erreicht in Ggw. von 0,25% **I** den Höchstwert (3—5 Min. gegenüber 100 Min. ohne **I**) u. bleibt oberhalb dieser Konz. prakt. unverändert. Die hohe Stabilität der Emulsion u. die stark entwickelte Oberfläche der Seifenfilme sichern eine rasche Umwandlung der Systeme. Im Emulsionsstadium verläuft die Verseifung in den Seifenfilmen der Tröpfchen, im beschleunigten Stadium in den Filmmicellen. In beiden Fällen sind die Phenolate an der Verseifung beteiligt. In Ggw. von **I** fällt die Emulsions- mit der beschleunigten Verseifung zusammen, während der verzögerte Prozeß entfällt. Die Katalysatoren für die Verseifung u. Seifenbldg. müssen die Dispersität der Emulsion erhöhen, als Laugenüberträger fungieren oder beide Eigg. aufweisen. Die SMITHsche These, wonach A. die Dispersität u. Stabilität der Emulsion nicht zu steigern vermag, ist abzulehnen. Für die Alkohole gibt es optimale Konzz. für die katalyt. Wirkung. Ebenso wie bei **I** bewirkt die Anhäufung von Oxygruppen eine Senkung der katalyt. Wrkg. bis zur negativen Katalyse bei Glycerin. Nach ihrer Wrkg. auf die Geschwindigkeit der Seifenbldg. im Emulsionsstadium erhält man die Reihen *Isoamylalkohol* > *Butylalkohol* > *A.*; *Naphthol* > *Phenol* > *Hydrochinon*; *Acetaldehyd* > *Formaldehyd,* die in allen Fällen den Reihen der ansteigenden Dispersität u. der abnehmenden Oberflächenaktivität entsprechen. (Коллоидный Журнал [Colloid J.] **12.** 467—73. Nov./Dez. 1950. Frunse, Kirgis. Med. Inst.) LEBTAG. 166

F. E. Bartell und **Richard J. Bard,** *Die Wirkung von atmosphärischen Gasen auf die Grenzflächenspannung zwischen Quecksilber und mehreren verschiedenen Flüssigkeiten.* Vff. untersuchen die Bedingungen, unter denen bei nicht polarisierten Hg–Fl.-Systemen Gleichgewichtswerte der Grenzflächenspannungen unter Einfl. von Luft oder einzelner ihrer Bestandteile zu erreichen sind. Dazu werden Zeit/Grenzflächenspannungs-Diagramme von Hg gegen entlüftetes u. mit Luft gesätt. *W.*, sauerstofffreies, mit O_2, N_2, H_2 u. CO_2 gesätt. W. aufgenommen, ferner von Hg gegen mit den gleichen Gasen gesätt. *n-Heptan, Bzl.* u. gegen mit N_2 u. O_2 gesätt. *Äthylalkohol.* Für die Messungen der Grenzflächenspannungen wird die Meth. des hängenden Tropfens angewendet. O_2 hat einen deutlichen Einfl. auf Systeme mit einer Fl., die die Ionisation unterstützt. Bei nicht polaren Fll. wird keine Wrkg. beobachtet. Vff. diskutieren ausführlich diese u. andere, die Grenzflächenspannung beeinflussende Faktoren. (J. physic. Chem. **56.** 532—38. April 1952. Ann Arbor, Mich., Univ. of Michigan, Dep. of Chem.) JÄGER. 166

Samuel Kaufman und **Curtis R. Singleterry,** *Der kritische Bereich für die Micellbildung einer öldispersiblen Seife in einer Kohlenwasserstofflösung.* Messungen der Fluorescenzdepolarisation wurden auf solche Systeme ausgedehnt, bei denen die fluorescierende Substanz einerseits an ein Koll. (Seifenmicellen) gebunden, andererseits im mol. Zustand erscheint. Als Beispiel wurde ein Arylstearat (*Ca-Xenylstearat* **I**), in feuchtem Bzl. gelöst, genommen u. die Farbstoffe *Rhodamin B* u. *Acridinorange* als fluorescierende Reagentien. Mit Hilfe dieser Meth. lassen sich das Einsetzen der Micellbldg. u. die Konz. von Micellen in sehr verd. Lsgg. ermitteln; für I wurde die Existenz einer krit. Konz. für die Micellbldg., die bei ca. $0{,}6 \cdot 10^{-6}$ Mol/Liter liegt, bestätigt. Die Micellgröße wird in dem Konzentrationsbereich von $1 \cdot 10^{-6}$ bis $7{,}3 \cdot 10^{-3}$ Mol/Liter als konstant gefunden. Die erhaltenen Werte stimmen mit einem einfachen Massenwirkungsgesetz über im Gleichgewicht befindliche mol. gelöste u. micellare Seife überein, was z. B. die annäherungsweise Konstanz des Rostschutzes erklärt. (J. Colloid Sci. **7.** 453—64. Okt. 1952. Washington, D. C., Naval Res. Labor.) JÄGER. 166

J. T. Burwell und **C. D. Strang,** *Über das empirische Gesetz der Abnutzung durch Adhäsion.* Es wurde die Wrkg. der Adhäsion auf die Abnutzung von 2 sich reibenden Stahloberflächen unter verschied. Versuchsbedingungen untersucht. Mit der beschriebenen App. war es möglich, sämtliche anderen Faktoren der Abnutzung, wie z. B. Korrosion, Oberflächeneigg. des Materials, zu eliminieren. Zur Unterss. wurde die Abhängigkeit der Abnutzung von Druck, Abstand u. Gewicht gemessen u. Gesetzmäßigkeiten abgeleitet. Die Resultate stützen die allg. Beobachtungen des Einlaufens von Maschinenoberflächen. Vff. diskutieren die Ergebnisse im Licht der Strömungsadhäsion bei trockener Reibung. (J. appl. Physics **23.** 18—28. Jan. 1952. Cambridge, Mass., Massachusetts Inst. of Technol., Dep. of Mechan. Engng.) JÄGER. 166

Horst W. Hoyer, Karol J. Mysels und **D. Stigter,** *Tracer-Elektrophorese.* 1. Mitt. *Methode der freien Flüssigkeit.* Es wird eine genaue u. relativ einfache Meth. zur Best. der elektrophoret. Beweglichkeiten mit Hilfe von Tracern beschrieben. Die Meth. basiert auf der analyt. Unters. desjenigen Vol., das von einer Grenzfläche überstrichen wird, die in den sonst ident. Lsgg. den mit Tracern versetzten Anteil von dem anderen trennt. Die Stabilität der Grenzfläche in einem engen, horizontalen Rohr ist selbst bei Zimmertemp. befriedigend. Die Meth. ist frei von Randanomalien u. benötigt keine Spezialelektroden. Es werden nur offene Rohre benutzt, u. infolgedessen treten keine Oberflächeneinflüsse auf. Unter bestimmten Bedingungen erlaubt diese neue Meth. sogar die Best. der Beweglichkeit einer Komponente, die im dynam. Gleichgewicht mit anderen steht. Untersucht wurden 0,75% *Na-Laurylsulfat* in 0,05 mol. NaCl mit *Orange OT* als Tracer u. *Na-Laurat* mit 4 Mol-% KOH u. *Sudan IV* als Tracer. Die Genauigkeit der Meth. liegt in der Größenordnung von 0,3% u. wird durch den analyt. Fehler begrenzt. (J. physic. Chem. **58.** 385—88. Mai 1954. Los Angeles, Calif., Univ. of Southern California, Dep. of Chem.) G. HEINRICH. 168

Harry P. Gregor und **Karl Sollner,** *Die potentiometrische Bestimmung von Kationen und Anionen mit permselektiven Kollodium- und Protamin–Kollodium-Membranelektroden.* In Konzentrationsketten mehrerer Elektrolyte wirken permselektive Membranen in einem ziemlich weiten Konzentrationsbereich als elektromotor. ideal oder nahezu ideal reversible Elektroden. Permselektive Kollodiummembranen, die einen idealen bzw. nahezu idealen Grad der selektiven Kationendurchlässigkeit aufweisen, können als wirksame reversible Membranelektroden für Kationen verwendet werden. Protamin–Kollodium-Membranen lassen sich in analoger Weise als Membranelektroden für Anionen verwenden, obwohl hierbei ein kleiner „Leck"-Verlust an Kationen auftritt. Die Best. der Ionenaktivitäten mit Membranelektroden kann entweder durch Auswertung der EMK.-Messungen nach der NERNSTschen Gleichung, oder besser, durch Auswertung der EMK.-Daten aus empir. Eichkurven oder durch Titration (Null-Meth.) erfolgen. Bestimmt wurden die Kationenaktivitäten von *KCl*, *KNO_3*, *KJO_3*, *LiCl* u. *K_2SO_4* u. die Anionenaktivitäten von *KCl*, *NaCl*, *$MgCl_2$*, *KJO_3*, *KNO_3*, *$KClO_4$*, *$KClO_3$*, *KF* u. *K-Acetat.* Der Fehler bei diesen ersten Bestimmungen war im Durchschnitt erheblich kleiner als 1%, in keinem Fall größer als 2%. Aus den Ergebnissen geht hervor, daß die permselektiven Membranelektroden die Best. der Aktivitäten von Kat- u. Anionen mit einfachen Mitteln ermöglichen, u. zwar auch in den Fällen, bei denen andere elektrometr. Methoden versagen. (J. physic. Chem. **58.** 409—15. Mai 1954. Minneapolis, Minn., Univ. of Minnesota, Dep. of Physiol.; Bethesda, Md., Nat. Inst. of Health; Brooklyn, N. Y., Polytechn. Inst. of Brooklyn, Dep. of Chem.) G. HEINRICH. 170

J. Th. G. Overbeek, *Donnan-Potential und Suspensionseffekt.* Man kann das DONNAN-Potential als die EMK. einer Zelle definieren, die durch Verbindung mittels einer KCl-Brücke von einer Suspension u. ihrer Außen-Fl., in die ident. Elektroden tauchen, entsteht. Der Suspensionseffekt ist die Differenz in der EMK. bei der üblichen p_H-Messung in der Suspension u. ihrer Außen-Fl., u. es wird gezeigt, daß DONNAN-Potential u. Suspensionseffekt ident. sind. Das DONNAN-Potential läßt sich aus den chem. Potentialen u. den Überführungszahlen der beiden Flüssigkeitsbrücken berechnen. Es wird darauf hingewiesen, daß das tatsächlich gemessene Potential nicht ohne willkürliche Annahmen in ein „wahres" DONNAN- oder Membranpotential u. 2 Fl.-Potentiale aufgeteilt werden kann. Für einige typ. Fälle werden explizite Gleichungen für das DONNAN-Potential angegeben; es zeigt sich, daß die klass. Gleichung für das DONNAN-Potential unrichtig ist, falls die Beweglichkeiten der Gegenionen durch die Ggw. der suspendierten Teilchen geändert werden; sofern die Teilchenladung nicht sehr klein ist, scheint dieses jedoch zuzutreffen. (J. Colloid Sci. **8.** 593—605. Dez. 1953. Cambridge, Mass., MIT, Dep. of Metallurgy.) HENTSCHEL. 170

A. M. Tschernyschew, L. M. Zylew und **A. W. Rudnewa,** *Über den Mechanismus der Viscosität von Hochofenschlacken.* Aus der theoret. Betrachtung der Viscosität der Fe-haltigen Schlacken, ihrer Kristallisationstemp. u. des Einfl. von Oxyden auf Viscosität u. Kristallisationstemp. der Silicatschmelzen vom Standpunkt der Ionentheorie der Schlacken wird geschlossen, daß bei erhöhtem Geh. der Schlacke an CaO, MgO, TiO_2, MnO, FeO, Na_2O u. K_2O als Folge der Zunahme von O u. O : Si die Viscosität der Schlacke zunimmt. Eine entgegengesetzte Wrkg. hat die Zunahme von SiO_2, Al_2O_3, Cr_2O_3 u. anderer Komplexanionen bildender Oxyde. Die Kristallisationstemp. der Schlacke richtet sich nach der Stabilität der Bindung zwischen den Kationen u. den SiO-Anionen in der Kristallmasse der Schlacke. Bei Zugabe von CaO, MgO u. TiO_2 wird sie erhöht, bei Zugabe von MnO, FeO, Na_2O u. K_2O erniedrigt. Je größer die Anionen u. die Konz. der SiO-Aggregate, um so größer ist die Viscosität. Je größer das Verhältnis O : Si, um so größer sind in der Regel die komplexen SiO-Anionen u. umgekehrt. (Известия Академии Наук СССР, Отделение Технических Наук [Nachr. Akad. Wiss. UdSSR, Abt. techn. Wiss.] **1953.** 1044—57. Juli.) LEBTAG. 172

R. L. Baldwin und **A. G. Ogston,** *Die Diffusions- und Sedimentationskoeffizienten eines Flüssigkeitssystems mit zwei Komponenten als Ausdruck makroskopischer Eigenschaften des Systems.* Obwohl allg. anerkannt ist, daß die Gleichung von SVEDBERG $M = RTs/D\,(1 - \overline{V}\varrho)$ auch zur Best. des Mol.-Gew. von Zweikomponentensystemen angewandt werden kann, ist es jedoch oft nicht möglich, exakte Werte für den Sedimentationskoeff. s u. den Diffusionskoeff. D für unendlich verd. Lsgg. zu erhalten. Es ist daher sehr wichtig, die Form der Sedimentations- u. Diffusionsgleichung auch für endlich verd. Lsgg. zu kennen. Die Lsg. dieser Aufgabe ist bisher nur unvollkommen gelungen. Vff. leiten nun die Gleichungen für s u. D aus makroskop. Eigg., unter Umgehung der Schwierigkeiten anderer Autoren, ab. Die Ausdrücke für s u. D eines fl. Zweikomponentensyst. werden dann zur Berechnung des Mol.-Gew. eines gelösten Stoffes aus Messungen bei endlichen Konzz. benutzt. Die Aktivität des gelösten Stoffes muß hierzu als Funktion der Konz. bekannt sein, eine Kenntnis der Solvatation u. der Elektrostriktion ist aber nicht mehr notwendig. (Trans. Faraday Soc. **50.** 749—55. Juli 1954. Oxford, Univ., Dep. of Biochem.) G. HEINRICH. 174

A. M. Posner und **A. E. Alexander,** *Die Kinetik der Adsorption aus einer Lösung an der Grenzfläche Luft–Wasser.* 1. Mitt. *Normale aliphatische Alkohole.* Unter Benutzung des Verf. der zeitlichen Veränderung der Oberflächenpotentiale an einem aus einer Düse austretenden Flüssigkeitsstrahl wird die Kinetik der Adsorption der n. aliphat. Alkohole (*Butyl-, Hexyl-, Heptyl-* u. *Octylalkohol*) aus wss. Lsg. an der Grenzfläche Luft–W. innerhalb sehr kurzer Zeiten (1—15 msec) bestimmt. Die Meßwerte lassen sich mit der Gleichung $\ln(\Delta V_E - \Delta V) = -Kt + \text{const}$ gut wiedergeben (ΔV_E = Gleichgewichtspotential, ΔV = Oberflächenpotential zur Zeit t, K = Konstante mit der Dimension sec^{-1}). Es wird die Abhängigkeit von K von Konz. u. Temp. geprüft u. das Ergebnis an Hand der bekannten Theorien über den Adsorptionsvorgang (LANGMUIRs Theorie der behinderten Filmpassage) erörtert. (J. Colloid Sci. **8.** 575—84. Dez. 1953. Cambridge, Dep. of Coll. Sci., u. Sydney, New South Wales Univ. of Technol.) HENTSCHEL. 176

A. M. Posner und **A. E. Alexander,** *Die Kinetik der Adsorption aus einer Lösung an der Grenzfläche Luft–Wasser.* 2. Mitt. *Anionische und kationische Seifen.* (1. vgl. vorst. Ref.) Wie am Beispiel je eines typ. Vertreters eines anion. u. kation. Netzmittels — *Cetyltrimethylammoniumbromid* (I) u. *Aerosol OT* [= Na-Salz der Dioctylsulfobernsteinsäure (II)] — gezeigt wird, gilt auch für die wss. Lsg. dieser Stoffe die Gleichung $\ln(\Delta V_E - \Delta V) = -Kt + \text{const}$. Es wird der Einfl. der Seifenkonz. unterhalb u. oberhalb des Wertes der krit. Micellenkonz. sowie der Einfl. von Konz. u. Natur eines Salzzusatzes auf die Größe der Konstanten K untersucht. Für **I** gilt die Reihenfolge $K_2SO_4 > KCl > KBr >$ K-Acetat; für **II** $Li^+ > H^+ > Na^+ > K^+ > Rb^+$ (als Chloride). (J. Colloid Sci. **8.** 585—92. Dez. 1953.) HENTSCHEL. 176

J. R. Dacey und **D. G. Thomas,** *Adsorption an Saran-Holzkohle. Ein neuer Typ des Molekularsiebs.* Für die Adsorptionsunterss. wurde eine harte u. sehr poröse Holz-

kohle durch Pyrolyse von *Polyvinylidenchlorid* hergestellt. Vff. bestimmten daran die Adsorptionsisothermen für *W.*, *He*, *n-Pentan* u. N_2 u. berechneten die isosteren Adsorptionswärmen für N_2; anomale Werte traten bei einem Druck unterhalb 20 μ auf. Außerdem wurden die Adsorptionsgeschwindigkeiten für n-Pentan, *Neopentan*, *Isooctan*, *Cyclohexan*, *cis-* u. *trans-Buten*, *Bzl.*, *n-Hexan*, *2-Methylpentan*, *n-Heptan*, *n-Octan*, *2.4-Dimethylpentan*, *n-Decan*, *α-Pinen*, *2.2-Dimethylbutan* u. *3.3-Diäthylpentan* bestimmt. Große, schwere Moll. wurden langsam, lineare u. ebene Moll. schnell adsorbiert. Diejenigen Moll., die mit meßbaren Geschwindigkeiten adsorbiert wurden, folgten dem FICKschen Diffusionsgesetz. Die Temperaturabhängigkeit der Adsorptionsgeschwindigkeiten zeigt, daß eine aktivierte Diffusion stattfindet. Die Aktivierungsenergien wurden berechnet. Die Änderungen dieser Energien erklären nicht vollständig die verschied. Adsorptionsgeschwindigkeiten der einzelnen Moll., so daß ster. Hinderungen eine Rolle spielen müssen. (Trans. Faraday Soc. **50.** 740—48. Juli 1954. Kingston, Ontario, Can., Roy. Military Coll. of Canada, Dep. of Chem.)
G. HEINRICH. 176

R. M. Dell und **F. S. Stone,** *Die Adsorption von Gasen an Nickeloxyd.* Vff. untersuchten die Adsorption von Gasen an dünnen Schichten von NiO, die durch vorsichtige Oxydation auf reinen, durch Red. von *Ni-Oxalat* hergestellten *Ni*-Granalien erzeugt wurden. Die Adsorptionswärmen von O_2, *CO* u. CO_2 wurden calorimetr. bestimmt. Neben der Unters. der Adsorption der einzelnen Gase untersuchten Vff. auch die Wechselwirkungen von adsorbiertem CO u. adsorbiertem O_2 u. entsprechend von CO_2 u. O_2. Der dabei entstehende Adsorptionskomplex mit der Formel CO_3 wurde näher studiert. Weiterhin konnte die katalyt. Oxydation von CO, die bei 20° stattfindet, weiter aufgeklärt werden. Beim Erhitzen im Vakuum wird der adsorbierte O_2 nicht durch Desorption, sondern durch Bldg. von NiO entfernt, so daß die Adsorption von O_2 als eine erste Stufe zur weiteren Oxydation des unter der Oxydschicht liegenden Metalls aufgefaßt werden kann. Der Grad der Regeneration der Oberfläche ist von der Temp. u. der Dicke der Oxydschicht abhängig. Abschließend werden die gewonnenen Ergebnisse vom Standpunkt des Oxydationsmechanismus u. der Eigg. des NiO als Halbleiter diskutiert. (Trans. Faraday Soc. **50.** 501—10. Mai 1954. Bristol, Univ., Dep. of Phys. and Inorganic Chem.) G. HEINRICH. 176

M. M. Schukewitsch, *Zur Frage der Untersuchung tonerdehaltiger Mineralien mit Hilfe von Farbstoffen.* Beim Anfärben von *Montmorillonit* (**I**) mit *Methylenblau* (**II**) weist die **I**-Farbe nach Zusatz von KCl verschied. blaue Farbtöne auf. Um die Ursachen dieser Eig. zu klären, wurden **I**, *Beidellit* (**III**), *Hydroglimmer* (**IV**) u. *Kaolinil* (**V**) mit **II** angefärbt u. ihre Farbänderungen in saurer u. alkal. Lsg. beobachtet. Es zeigte sich, daß bei **I** die Farbnuance vom p_H der Lsg. stark abhängig ist. Bei **III** ändert sich hierbei nur die Farbintensität, die sich bei **IV** weniger stark verändert. Die Färbung von **V** mit **II** ist vom p_H unabhängig. Die p_H-Grenzen, bei denen der Farbumschlag erfolgt, wurden nicht näher untersucht. Die beobachteten Erscheinungen beruhen auf dem Kationenaustausch. (Доклады Академии Наук СССР [Ber. Akad. Wiss. UdSSR] [N. S.] **94.** 327—28. 11/1. 1954.) LEBTAG. 177

A₆. Strukturforschung.

I. I. Zukkerman, *Zur Theorie elektronenoptischer Systeme mit beliebig gekrümmter Achse.* Auf Grund der allg. Theorie der Fokussierung in starken elektromagnet. Feldern von GRINBERG (Журнал Технической Физики [J. techn. Physik] **13.** [1943.] 361) werden einige Fragen der Theorie elektronenopt. Systeme mit beliebig gekrümmter Achse behandelt. Auf einen grundsätzlichen Fehler bei der Ableitung der Bahngleichungen in der Arbeit von WENDT (C. **1943.** II. 2305) über die Dioptrik elektronenopt. Anordnungen mit gekrümmter Achse wird hingewiesen. Die für die Entstehung einer elektronenopt. Abb. in stat. elektromagnet. Feldern hinreichenden Bedingungen werden angegeben, u. die Eigg. elektronenopt. Systeme mit gekrümmter Achse, welche diesen Bedingungen genügen, werden untersucht. Das Problem der Auffindung von Feldern, welche fokussierende Systeme mit krummliniger Achse mit vorgegebenen elektronenopt. Eigg. bilden, wird gelöst. Auf eine Beziehung der behandelten elektronenopt. Fragen mit der Theorie der Eigenwertprobleme wird hingewiesen. (Журнал Технической Физики [J. techn. Physik] **24.** 258—73. Febr. 1954.) LENZ. 181

A. M. Straschkewitsch, *Mehrzählig symmetrische und mehrzählig antisymmetrische elektronenoptische Systeme.* Theoret. Unters. der zur Kompensation der Bildfehler von Elektronenlinsen verwandten elektronenopt. Anordnungen (z. B. Stigmatoren, Öffnungsfehlerkompensatoren) von mehrzähliger Symmetrie bzw. Antisymmetrie um eine Achse. Bes. werden die Feldverteilung u. die Elektronenbahnen in dem aus 8 gleichen

Elektroden abwechselnder Aufladung bestehenden vierzählig symm. u. vierzählig antisymm. elektrostat. Korrekturelement nach SEELIGER (C. **1952.** 3293) berechnet. (Журнал Технической Физики [J. techn. Physik] **24.** 274—86. Febr. 1954.)

LENZ. 181

I. B. Borowski und **P. A. Besirganjan,** *Beugung von Röntgenstrahlen an gebogenen Kristallen. Integrale Reflexionsintensität für die Durchgangsmethode.* (Vgl. C. **1953.** 4169 u. 5301.) Mathemat. Ableitung von Gleichungen für die integrale Reflexionsintensität. (Доклады Академии Наук СССР [Ber. Akad. Wiss. UdSSR] [N. S.] **92.** 1129—32. 21/10. 1953. Baikow-Inst. für Metallurgie der Akad. der Wiss. der UdSSR.)

R. K. MÜLLER. 181

A. I. Kitaigorodski, *Theorie der statistischen Methode der Strukturanalyse.* Aus der Strukturamplitude $\hat{F}_{hkl} = z \sum_{j=1}^{N/z} n_j \psi_j(hkl)$ für zentrosymm. Kristalle, wobei z = Zähligkeit, N = Atomzahl in der Elementarzelle, n_j „Gewicht" des j-ten Atoms, $\psi_j(hkl)$ = trigonometr. Funktion der Argumente hx, ky u. lz ist, wird ein „Strukturprod." $X = \hat{F}_{hkl} \cdot \hat{F}_{h_1k_1l_1} \cdot \hat{F}_{h+h_1, k+k_1, l+l_1}$ gebildet u. für die Größe $x = X - \bar{X}$ die Verteilungsfunktion $\varphi(x)$ rechner. ermittelt. Aus der erhaltenen Gleichung folgt für den Fall $N > 8$: $\varphi(x) = (1/\sqrt{2\pi A}) \cdot e^{-x^2/2A}$, wobei $A = \sum_{j}^{N/z} \sum_{r}^{N/z} \sum_{p}^{N/z} a_{(jrp)2}$; bei $N/z > 4$ gilt $A = 1/N_3$ u. $\gamma = 2\,\bar{X}/\sqrt{A} = 2/\sqrt{N}$. Je größer γ ist, desto brauchbarer ist diese statist. Methode. Für *Anthracen* ist N = 28, γ = 0,38, für *Bzl.* N = 24, γ = 0,40, für *Naphthalin* N = 20, γ = 0,43, daraus folgt für die Wahrscheinlichkeit eines positiven Vorzeichens W_+ = 82, 83 bzw. 86 (für v = 4) oder 76, 77 bzw. 79 (für v = 3). (Доклады Академии Наук СССР [Ber. Akad. Wiss. UdSSR] [N. S.] **94.** 225—28. 11/1. 1954.)

R. K. MÜLLER. 181

R. Gevers, *Röntgenstrahlenbeugung durch dicht gepackte Kristalle mit „Stapelfehlern".* (Vgl. C. **1954.** 6898.) Die verschied. möglichen Fälle von „Stapelfehlern" (Wachstums-, Deformations- u. Transformationsfehler) u. die Art, wie sie die regelmäßige Folge der dicht gepackten Schichten stören, werden beschrieben. Die Verteilung der Röntgenstrahlenintensität im reziproken Gitter wird als Funktion der Parameter berechnet, die die eindimensionale Unordnung beschreiben. Zur Ermittlung der Summe wird ein Weg eingeschlagen, der die Lösung von Gleichungen höheren Grades u. mit vielen Unbekannten vermeidet. Das Verf. wird an mehreren Fällen erläutert. (Natuurwetensch. Tijdschr. **35.** 25—57. 1953. Gent, Univ., Labor. vor Kristalkunde.)

WESLY. 181

Ss. Ss. Urasowski, *Über die Natur der molekular-polymorphen Umwandlungen in Flüssigkeiten.* (Vgl. C. **1953.** 1771.) Die früher vom Vf. (C. **1952.** 5379 u. früher) entdeckten Anomalien in der Temperaturabhängigkeit einer Reihe von Eigg. der Fll., wie Oberflächenspannung, Refraktion, Wärmekapazität, werden eingehend analysiert. Die durchgeführte Analyse der erwähnten Anomalien u. ergänzende kryoskop. Unterss. der polymorphen Modifikationen der *Glykolsäure* weisen auf molekular-polymorphe Umwandlungen in fl. Phasen hin, welche thermodynam. als Phasenumwandlungen II. Ordnung verlaufen. Der Unterschied der gemeinsam umgewandelten Phasen liegt in innermol. Veränderungen, diese rufen ihrerseits neue zwischenmol. Verhältnisse, wie z. B. Assoziationen, hervor. Man kann annehmen, daß die energet. Veränderungen der inneru. zwischenmol. Verhältnisse sich kompensieren, wodurch sich die Abwesenheit der Wärmeeffekte bei Phasenumwandlungen II. Ordnung erklären läßt. Es besteht die Auffassung, daß jede Phasenumwandlung auf eigenartigen mol.-polymorphen Umwandlungen basiert, welche im Endergebnis die Struktur der nächsten Gruppen verändern. Durch diese Betrachtungsweise können bekannte Anomalien der Temperaturkoeffizienten einer Reihe der Eigg. in der Nähe des F. erklärt werden. (Журнал Физической Химии [J. physik. Chem.] **25.** 426—33. April 1951. Charkow, Polytechn. Lenin-Inst.)

TROFIMOW. 186

Ss. P. Shdanow, *Über die Struktur der Borsilicatgläser.* Es wird daran erinnert, daß die von BISCOE, ROBINSON u. WARREN (J. Amer. ceram. Soc. **22.** [1939.] 180) röntgenograph. erhaltenen Strukturen der *Borsilicatgläser* (I) auch durch die Addition der Streukurven für glasiges SiO_2 (II) u. B_2O_3 (III) erhalten werden, daß II u. III die Röntgenstrahlen unabhängig voneinander streuen. Es wird gezeigt, daß die Struktur der porösen Gläser, die bei Säurebehandlung von alkalireichem I entstehen, nicht nur von der Zus. des Ausgangsglases u. seiner therm. Vorbehandlung, sondern auch von der Art der Säurebehandlung abhängig ist, so daß direkte Schlüsse auf die Struktur der alkal. I aus der Strukturunters. an den porösen Gläsern nur begrenzt zulässig sind. Bei alkaliarmen u. alkalifreien I ist die Struktur der erhaltenen porösen Gläser mit 60% u. mehr II nur von der Zus. u. therm. Vorbehandlung des Glases abhängig. Aus den Wasseradsorptionsisothermen von I nach der Behandlung mit 3 n HCl oder W. bei 100° ergibt sich für I eine mikroheterogene Struktur. Jede der Komponenten bildet eine eigene Struktur als Raumgitter aus Aggregaten, über deren Struktur noch nichts ausgesagt werden kann. Bei Zusatz von 1–2% Na_2O statt III zeigt die Adsorptionsisotherme eine anomal breite Hystereseschleife, bedingt durch die Differenzierung der Gläser nach ihrer Zus. u. Vergrößerung der III-Aggregate. (Доклады Академии Наук СССР [Ber. Akad. Wiss. UdSSR] [N. S.] **92.** 597–600. 21/9. 1953.) LEBTAG. 188

—, *Züchtung von Einkristallen aus einer Schmelze.* Das Verf., die Eignung verschied. Metalle u. der Einfl. von Verunreinigungen werden erörtert. (Metal Ind. [London] **83.** 242. 18/9. 1953.) APEL. 190

Ludwig Graf, *Zum Wachstumsmechanismus der Kristalle fern vom Phasengleichgewicht.* Zufolge Unterss. der Abhängigkeit der Wachstumsformen reiner Metall- u. Salzkristalle vom Kristallisationsprozeß u. von der Wachstumsgeschwindigkeit entstehen bei hohen Wachstumsgeschwindigkeiten stets Dendriten mit krummen, kristallograph. undefinierten Flächen (kinet. Gleichgewichtsformen). Bei Abnahme der Wachstumsgeschwindigkeit gehen die Dendriten in die von niederindizierten Ebenen begrenzte statische Endgleichgewichtsform über. Der Wachstumsvorgang auf niederindizierten Ebenen (tangentiales Wachstum) findet nur nahe am Phasengleichgewicht statt, während fern davon ein Wachstumsmechanismus auftritt, der zur Ausbldg. krummer, kristallograph. undefinierter Flächen führt (normales Wachstum), aus den durch Einfl. der Grenzflächenspannung, der Wachstumsanisotropie u. der Wachstumsbedingungen die kinet. Gleichgewichtsformen entstehen. Der Übergang in die stat. Endgleichgewichtsform erfolgt durch Beendigung des normalen Wachstums u. Verschwinden der krummen Flächen zugunsten der niederindizierten Ebenen, so daß ein der stat. Endgleichgewichtsform entsprechender Polyeder entsteht. Auf den niederindizierten Ebenen findet bei genügender Übersättigung noch ein Schichtwachstum in „Lamellen" statt, die von einem auf der Ebene gebildeten „Lamellenkeim" ausgehen. (Z. Metallkunde **45.** 36–47. Jan. 1954. Stuttgart, Max-Planck-Inst. für Metallforsch., Inst. für Metallphysik.) APEL. 190

J. G. Powles, *Die Phasenübergänge bei den festen Halogenwasserstoffen.* Um die Eigg. der verschied. festen Phasen von *HCl*, *HBr* u. *HJ*, sowie von *DCl*, *DBr* u. *DJ* u. den Mechanismus der Phasenübergänge zu klären, gibt Vf. eine krit. Übersicht über die wesentlichsten experimentellen Daten, die bisher veröffentlicht wurden. Aus den zitierten calorimetr. Messungen, Röntgenstrukturbestimmungen, Beobachtungen im Polarisationsmikroskop, Bestimmungen der D. u. der DK. schlägt Vf. Modelle für die verschied. Phasen der Halogenwasserstoffe vor, deren Eigg. mit den beobachteten Daten übereinstimmen. — 29 Literaturhinweise. (Trans. Faraday Soc. **48.** 430–39. Mai 1952. Liverpool, Univ., Dep. of theoret. Phys.) SIEWERT. 195

C. V. Raman und **A. Jayaraman,** *Die Struktur und das optische Verhalten von irisierendem Opal.* Vff. berichten über Unterss. der Struktur der kryptokrist. Hyalite mit Hilfe von Röntgenbeugungsaufnahmen. Präzisionsmessungen der erhaltenen Interferenzen zeigen die Ggw. von Tief-Tridymit u. Hoch-Cristobalit. Die Strukturunters. eines gewöhnlichen Opals von wachsartigem Glanz führt zu ähnlichen Ergebnissen. Aus einer eingehenden Unters. der diffusen Röntgenreflexe von Schmuckopalen ergibt sich ebenso wie aus einer vergleichenden Unters. der irisierenden Hyalite u. Opale, daß in beiden Fällen die Anwesenheit dünner, aufeinanderfolgender Schichten von Hoch-Cristobalit u. Tief-Tridymit für den irisierenden Glanz verantwortlich ist. (Proc. Indian Acad. Sci., Sect. A **38.** 343–54. Nov. 1953. Bangalore, Raman Res. Inst.) R. STEIN. 195

Ju. D. Kondraschew und **N. N. Fedorowa,** *Kristallstruktur von $CoHO_2$.* $CoHO_2$ entsteht als dunkelbraunes Pulver bei der Oxydation von feuchtem $Co(OH)_2$ an der Luft bei 100°. Das Kristallgitter stellt eine Folge von aufgefüllten Oktaedern u. ungefüllten trigonalen Prismen dar u. gehört (als erstes Beispiel eines Hydroxyds $MeHO_2$) zum Typ von $NaHF_2$. Folgende Parameter wurden aus Pulveraufnahmen ermittelt: $a = 2{,}849 \pm 0{,}001$ kX, $c = 13{,}131 \pm 0{,}005$ kX, $D_{röntg.}$ 4,92, Z = 3, Raumgruppe D_{3d}^5. (Доклады Академии Наук СССР [Ber. Akad. Wiss. UdSSR] [N. S.] **94.** 229–31. 11/1. 1954. Wiss. Forsch.-Inst. für Akkumulatoren.) R. K. MÜLLER. 195

A. R. G. Brown, A. R. Hall und **W. Watt,** *Dichte von Kohlenstoffniederschlägen.* Es wurden 1–2 mm dicke Kohlenstoffniederschläge durch elektr. Erhitzen eines *Graphit*-Stabes in einer *CH_4*-Atmosphäre erzeugt. Die D. der Ndd. wurde in Abhängigkeit von der Temp. (1600—2400°) des Graphitstabes u. der Anfangskonz. des CH_4 nach einer Flotationsmeth. bestimmt. Bei hohen Tempp. wurde eine maximale D. (2,22 g/cm³) erreicht, die angenähert der D. von Graphit entspricht. Bei tieferen Tempp. ist möglicherweise eine untere Dichtegrenze vorhanden. Die Röntgenunters. ergab für die Hochtemperatur-Ndd. Schichten von graphit. C mit Orientierung der c-Achse entlang des Graphitstabes, sonst aber nur mäßiger Orientierung. Die Tieftemperatur-Ndd. hatten ähnliche Struktur mit weniger ausgeprägter c-Achsen-Orientierung u. Anteilen an nichtgraphit. Kohlenstoff. Mikroskop. waren keine Unterschiede festzustellen. Der elektr. Widerstand ist von der D. abhängig u. liegt für Hochtemperatur-Ndd. mit $35 \cdot 10^{-5}$ Ohm·cm zwischen natürlichem u. künstlichem Graphit. (Nature [London] **172.** 1145—46. 19/12. 1953. Farnborough, Hants., Royal Aircraft Establ.) KARUTZ. 196

Ulrich Dehlinger, *Zur Systematik der Legierungsstrukturen im Zusammenhang mit der Bildungswärme.* Auf Grund ihrer wichtigsten Strukturen werden die meisten Legierungen in zwei Klassen eingeordnet, nämlich Legierungen mit dichter Packung, zu denen bes. die Mischungsgruppe der kub. flächenzentrierten Metalle u. die Legierungen mit LAVES-Phasen gehören, u. Legierungen mit offenen Strukturen, d. h. Koordinationszahlen von ungefähr 8, die durch heteropolare Bindungsanteile erzeugt werden. Zu ihnen gehören bes. die HUME-ROTHERY-Legierungen u. die ZINTLschen Legierungen. Es wird gezeigt, daß sich die beiden Klassen scharf durch den Verlauf der Bildungswärmen mit der Atomkonz. unterscheiden. Bei der ersten Klasse ist diese Kurve stets parabol., bei der zweiten ist sie aus Stücken von Geraden zusammengesetzt. (Z. Metallkunde **43.** 109—11. April 1952. Stuttgart, TH., Inst. für theoret. u. angewandte Physik, u. Max-Planck-Inst. für Metallforschung.) HOCHSTEIN. 197

Ernst Raub, *Die Legierungen der Platinmetalle mit Molybdän.* Röntgenograph. u. mkr. Unters. der Legierungen des Mo mit *Ru, Rh, Pd, Os, Ir* u. *Pt.* Außer einer Beschreibung der Löslichkeitsverhältnisse für die einzelnen Systeme werden in Tabellen die Gitter u. Gitterkonstanten mitgeteilt, Gefügeaufnahmen gezeigt u. Härtewerte angegeben. Es ergab sich, daß die Pt-Metalle in festem Zustand Mo unter Mischkristallbldg. aufnehmen, während die Pt-Metalle in Mo prakt. unlösl. sind. Die Sättigungsgrenze der kub. flächenzentrierten α-Mischkristalle steigt von Rh über Ir nach Pt u. Pd stark an. Nur die Pt-Mischkristalle wandeln sich unter Bldg. einer übernormalen, flächenzentrierten α_1-Phase um. Die Gitterkonstante des Pt u. Pd sinkt bei Zugabe von Mo, um nach Durchlaufen eines Minimums wieder anzusteigen. Mit Ausnahme des Pd, bei dem nur die beiden Grenzphasen auftreten, ist eine hexagonal dichtest gepackte Kristallart mit weitem Homogenitätsbereich zu beobachten. Das Syst. Ir–Mo weist eine 2. intermediäre Phase auf bei der Zus. $IrMo_3$, welche kub. im β-Wolframtyp kristallisiert. Im Syst. Os–Mo wurde außer Os_3Mo_5 noch die Verb. $OsMo_3$ festgestellt. Die Legierungen sind zum Teil sehr hart. Die höchste Härte besitzt Os_3Mo_5 mit 1670 VICKERS-Einheiten. Es folgen $IrMo_3$ mit 1470 u. Ru_3Mo_5 mit 1260 VICKERS-Einheiten. (Z. Metallkunde **45.** 23—30. Jan. 1954. Schwäb. Gmünd, Forschungsinst. für Edelmetalle.) APEL. 197

Hansheinz Lange und **Kurt Lücke,** *Störungen der Gleitung bei Aluminiumeinkristallen.* 1. Mitt. *Untersuchung der Verfestigung und des Laue-Asterismus.* Zur Unters. des Mechanismus der Verfestigung in kub. flächenzentrierten Metallen wurden an Reinstaluminium-Einkristallen ausgewählter Orientierung Dehnungsverss. durchgeführt. Dabei wurden die Verfestigung mit Hilfe der fokussierenden Meth. von GUINIER, der LAUE-Asterismus u. mkr. das Gleitlinienbild der Oberfläche je in Abhängigkeit von der Dehnung verfolgt. Die Verfestigung (Schubspannung–Abgleitungs-Kurve) u. der LAUE-Asterismus zeigen in ihrer Größe u. ihrem Verlauf mit der Dehnung eine sehr starke Abhängigkeit von der Orientierung. (Z. Metallkunde **44.** 183—91. Mai 1953. Göttingen, Univ., Inst. für allg. Metallkunde.) APEL. 200

Werner Sautter, Albert Kochendörfer und **Ulrich Dehlinger,** *Über die Gesetzmäßigkeit der plastischen Verformung von Metallen unter einem mehrachsigen Spannungszustand.* 1. Mitt. *Theoretische Grundlage.* Nach einer Darst. der wichtigsten mathemat. Plastizitätstheorien wird die Deformationstheorie, die einen eindeutigen Zusammenhang zwischen dem Spannungs- u. Deformationszustand annimmt u. mit der Elastizitätstheorie übereinstimmt, mit der Fließtheorie verglichen, nach der der Spannungsdeviator proportional zum Tensor der Fließgeschwindigkeit ist. Experimentelle Ergebnisse werden an Hand beider Theorien besprochen. (Z. Metallkunde **44.** 442—49. Okt. 1953. Stuttgart, Max-Planck-Inst. für Metallforsch. u. T. H. Inst. für theoret. u. angewandte Phys.) APEL. 200

A_7. Gleichgewichte. Kinetik.

Sture Fronæus, *Über die Verwendung von Anionenaustauschern für die Untersuchung von Komplexsystemen.* Es wird die Möglichkeit der Verwendung von Anionenaustauschern für die Unters. der Bldg. von Anionenkomplexen geprüft. Die theoret. Behandlung des Problems zeigt, daß, wenn in einem Syst. Anionenkomplexe gebildet werden, die Verteilung der Zentralgruppe zwischen dem mit Anionenliganden gesätt. Austauscher u. der umgebenden Lsg. ein Maximum erreicht, wenn die Ligandenzahl in der Lsg. einem ungeladenen Komplex entspricht, u. abnimmt bei höheren Konzz. der Liganden. Andererseits ist die Sorption, wenn im Syst. keine Anionenkomplexe gebildet werden, bei allen untersuchten Konzz. der Liganden unspezifisch. Die Meth. wird unter Verwendung von *Amberlite IRA-400* als Anionenaustauscher auf das $CdBr_2$-, CdJ_2- u. *Cer(III)-acetat*-Syst. angewendet. Die mit den Cadmiumsystemen erzielten Resultate stehen in voller Übereinstimmung mit den bereits bekannten Ergebnissen. Die Messungen beim Cer(III)-acetatsyst. zeigen, daß entweder keine Anionenkomplexe in diesem Syst. auftreten können oder daß sie in der Harzphase aus Raummangel nicht gebildet werden. (Svensk kem. Tidskr. **65.** 1—8. 1953. Lund, Univ. of Lund, Chem. Inst., Dep. of Inorg. and Phys. Chem.) GEDSCHOLD. 223

J. E. B. Randles, *Kinetik von schnellen Elektrodenreaktionen.* 2. Mitt. *Geschwindigkeitskonstanten und Aktivierungsenergien von Elektrodenreaktionen.* Methoden zur Best. der Geschwindigkeitskonstante einer Redox-Rk. an einer inerten Elektrode werden diskutiert. Gefordert wird hierbei, daß die Geschwindigkeitskonstante in direkter Beziehung zum Austauschstrom an einer Elektrode steht, die sich im Gleichgewicht mit einer Lsg. befindet, in der beide Reaktionspartner gleiche Konz. haben. Die Aktivierungsenergie wird aus der Temperaturabhängigkeit dieser Konstanten ermittelt u. bezieht sich auf das Elektrodenpotential, das der Rk. eine symm. Energieschwelle verleiht. (Trans. Faraday Soc. **48.** 828—32. Sept. 1952. Birmingham, Univ., Dep. of Chem.) KLAFFKE. 225

Frank S. Stone und **Hugh S. Taylor,** *Die thermische und photochemische Zersetzung von H_2O_2-Dampf in Gegenwart fremder Gase.* Die therm. Zers. u. die Photolyse durch UV-Bestrahlung wurde an H_2O_2-Dampf bei Tempp. über 90° u. bei Ggw. von N_2, CO, CH_4 u. C_2H_6 untersucht. Die therm. Zers. war im wesentlichen von der Strömungsgeschwindigkeit des H_2O_2 abhängig. Bei Ggw. von CO wurde CO_2 erhalten, bei Ggw. von CH_4 u. C_2H_6 wurden organ. Prodd. festgestellt, die nicht näher identifiziert werden konnten. Die möglichen Reaktionsmechanismen werden diskutiert. (J. chem. Physics **20.** 1339—41. Aug. 1952. Princeton, N. J., Univ., Frick Chem. Labor.) KLAFFKE. 225

Walther Krauss, *Über die katalytische Ammoniakoxydation.* 1. Mitt. *Die Kinetik der Primärreaktion und die Lebensdauer des Hydroxylamins am Kontakt.* Zur Aufstellung einer allg. Kinetik für die NH_3-Verbrennung unter besonderer Berücksichtigung der Primär-Rk. hat Vf. den Einfl. der Strömungsgeschwindigkeit, der Gaszus. O_2/NH_3 u. des Drucks auf den NH_3-Umsatz sowie die Ausbeuten an NH_3O u. HNO_2 untersucht. Am Pt bei kleinen Drucken kann der NH_3-Umsatz prakt. vollständig der Rk. $NH_3 + O \rightarrow NH_3O$ zugeschrieben werden. Es ergibt sich eine alleinige Abhängigkeit des relativen Umsatzes vom Verhältnis NH_3/O_2. Unter der Annahme schneller Desorption der Reaktionsprodd. ergibt sich die Beziehung $(dNH_{3u}/dt)/(dNH_{3a}/dt) = 1/(1 + {}^1/_2 NH_3/O_2)$. Die Primär-Rk. besteht also in einem Stoß der NH_3-Moll. gegen die O-Atome des Kontaktes. Maßgebend für den quantitativen Verlauf der Rk. ist demnach die Nachlieferung der Reaktionsteilnehmer. Eine Abnahme des Umsatzes bei Gasmischungen mit $O_2/NH_3 > 1$ kann auf die Begünstigung einer O-verbrauchenden Rk., etwa $NH_3O + HNO \rightarrow N_2 + H_2O$ zurückgeführt werden. Für eine Best. der Lebensdauer des gebildeten NH_3O am Kontakt sind die folgenden Rkk. zu berücksichtigen. $NH_3O + O_2 \rightarrow HNO_2 + H_2O$ (k_{O_2}); $NH_3O + NH_3 \rightarrow N_2 + H_2O + 2 H_2$ (k_{N_2}), $NH_3O \rightarrow$ Zerfall (k_Z) u. $NH_3O \rightarrow$ Verdampfung (k_v). Die Adsorptionswärme des NH_3O am Pt wird auf 23 kcal geschätzt, die Aktivierungswärme zwischen 200 u. 400° auf ~5 kcal. Unter Benutzung dieser Werte u. des experimentellen Materials erhält Vf. für die mittlere Lebensdauer $\tau' = 3 \cdot 10^{-12}$ exp. (5000/RT). Eine Berechnung der Zerfallskonstanten, $k_Z = 3 \cdot 10^{11}$ exp. (—5000/RT) sec^{-1}, zeigt, daß der Zerfall geschwindigkeitsbestimmend u. maßgebend für die Folge-Rkk. ist, die in Zeiten $< \tau'$ ablaufen müssen. Wenn die Konz. an O-Atomen am Kontakt so klein ist, daß die O-Atom-Rkk. des NH_3O vernachlässigt werden können, ergibt sich für die NO-Bldg. die Beziehung: $(dNO/dt)/(dNH_{3a}/dt) = 1/[(1 + {}^1/_2 NH_3/O_2) \cdot (k_Z/k_{O_2}[O_2]) + 1 + (NH_3/O_2)]$. Eine Berücksichtigung der O-Rkk. des NH_3O kann durch Einführen eines Gliedes $k_Q(O)/k_{O_2}(O_2)$ im Nenner des 2. Faktors u. Streichung von $^1/_2$ im 1. Glied erfolgen. (Z. Elektrochem. angew. physik. Chem. **54.** 264—72. Juli 1950. Gillersheim.) WOBLK. 227

Kurt Heinle und **Klaus Krogmann,** *Katalyse an Nickelsinterkörpern in Abhängigkeit von der Vorbehandlung.* Carbonyl-Nickel der BASF, Korngröße 6—8 μ, wurde bei verschied. Drucken gepreßt u. in Reihen gleicher Preßddrucke bei verschied. Tempp. unter Ar gesintert. Sinterdauer 2 Std. bei Tempp. oberhalb 600°, 24 Std. bei niedrigeren Temperaturen. Als Test-Rk. für die Wirksamkeit des Katalysators diente der Zerfall von *Ameisensäure.* Gemessen wurden die Reaktionsgeschwindigkeiten (RG) bei 203° in Abhängigkeit von der relativen Sinterungstemp. (= absol. Sinterungstemp./absol. Schmelztemp.), Aktivierungsenergie (AE.) u. Aktivitätskonstanten (AK.) von Präpp. mit 1,5 u. 20 t/cm² Preßdruck. Ergebnis: 1. der Anstieg der AE. beginnt erst bei höheren Sintertempp. als der Abfall der Aktivität. 2. Bei hohen Sintertempp. sinkt die AE. wieder ab. 3. mit zunehmendem Preßdruck verschieben sich die Kurven nach tieferen Tempp. u. erhalten schärfere Maxima. 4. AE. u. AK. gehorchen der Cremer-Constable-Regel (vgl. Cremer, C. **1950.** I. **1056**). 5. Messung der röntgenograph. Primärteilchengröße u. der Koerzitivkraft zeigen bei anderen Tempp. als die katalyt. Eigg. die beginnende Sinterung an. (Naturwissenschaften **40.** 528—29. Okt. 1953. Stuttgart, TH., Labor. für anorgan. Chem.) M. Schenk. 227

B. Anorganische Chemie.

H. J. Emeléus, *Neuere Fortschritte in der Fluorchemie.* Zusammenfassung der Unterss. des Vf. über Umsetzungen in fl. BrF_3 u. JF_5, Darst. von CF_3J durch Fluorierung von CJ_4 mit JF_5 u. Umsetzungen von CF_3J mit Hg, P, As, Sb, S u. Se zu zahlreichen metallorgan. u. metalloidorgan. Verbb. mit CF_3-Gruppen. (Fortschr. chem. Forsch. **2.** 609—18. 1953. Cambridge, England, Univ., Chem. Labor.) Forche. 246

Tivadar Kikindai, *Über das Nitrat des dreiwertigen Jods.* Beim Schütteln von feingepulvertem J_2 mit einem 50—100fachen Überschuß an 99,6%iger HNO_3 entsteht ein sehr voluminöser, gelber Nd., dessen Analyse (Zers. durch H_2O) die Zus. $JONO_3$ ergibt. (C. R. hebd. Séances Acad. Sci. **238.** 1229—31. 15/3. 1954.)
M. Schenk. 249

Erich Thilo, Günther Schulz und **Eva-Maria Wichmann,** *Zur Chemie der kondensierten Phosphate und Arsenate.* 9. Mitt. *Die Konstitution des Grahamschen und Kurrolschen Salzes* $(NaPO_3)_x$. (8. vgl. C. **1954.** **4111.**) In Ergänzung zu der C. **1954.** **5476** unvollständig referierten Arbeit ist nachzutragen, daß auf Grund der l. c. angegebenen Beobachtungen sich folgende Thesen aufstellen lassen: 1. Die Anionen des Grahamschen, Kurrolschen u. Maddrellschen Salzes u. der Metaarsenatophosphate haben prinzipiell den gleichen Bau. Sie sind lange, unverzweigte Ketten aus PO_4-Tetraedern, unterscheiden sich aber wahrscheinlich in ihrer durchschnittlichen Kettenlänge. 2. Trimetaphosphatringe treten als eventuelle Bausteine in diesen Anionen nicht auf, sondern bilden sich erst beim Vorgang der Hydrolyse in neutraler Lösung. 3. Voraussetzung für die Bldg. von Trimetaphosphat bei der Hydrolyse kondensierter Phosphate ist aber eine — bisher allerdings noch nicht bekannte — bestimmte Mindestlänge der Anionenketten. — Eine Vorstellung für den Mechanismus der Trimetaphosphatbldg. läßt sich relativ leicht finden, wenn man annimmt, daß die langen Anionenketten in der Lsg. gefaltet oder (wahrscheinlicher) spiralig aufgewunden vorliegen. Eine ausschließlich dreigliedrige Faltung bzw. das Vorliegen dreigliedriger Spiralwindungen ist auch nicht unwahrscheinlich, weil an den aus Lsgg. gefällten Schwermetallpolyphosphaten jeweils ein Mol. H_2O pro 3 PO_3-Gruppen bes. fest gebunden zu sein scheint. Die im Gegensatz zur prakt. Identität ihrer Lsgg. große Verschiedenheit der hochmol. Polyphosphate im festen Zustand legt folgendes Bild nahe: Im glasigen Grahamschen Salz u. den Graham-analogen glasigen Metaarsenatophosphaten liegen die Ketten verknäult vor. Die beiden Formen des Kurrolschen Salzes bestehen gemäß den vorläufigen Angaben von Plieth u. Wurster (C. **1953.** 979) wahrscheinlich aus gestreckten Ketten. Im in W. prakt. unlösl. Maddrellschem Salz sind die Ketten vielleicht in Form dreigliedriger Spiralen aufgewunden. Hierfür scheint die Beobachtung an jetzt erhaltenen Einkristallen von Maddrellschen Salz zu sprechen, daß sie fast ident. Debye- u. Drehkristallaufnahmen wie der Wollastonit geben. — In einem Anhang wurde eine Meth. zur direkten Best. von Trimetaphosphat, sowie eine Meth. zur Best. von Di- u. Triphosphat in hochmol. Anionen enthaltenden Lsgg. angegeben. (Z. anorg. allg. Chem. **272.** 182—200. Febr. 1953. Berlin, Humboldt-Univ., I. Chem. Inst.) Klever. 264

N. A. Toropow, A. I. Borissenko und **P. W. Schirokowa,** *Untersuchung des Systems Tricalciumsilicat–Tricalciumphosphat.* Gemische von $3\,CaO \cdot SiO_2$ (I) mit 2—80% $Ca_3(PO_4)_2$ (II) werden auf 1450° erhitzt u. ihre Veränderung laufend mkr. u. chem. (auf

Geh. an freiem *CaO* = III) untersucht. Der III-Geh. erreicht bei den Proben mit 2 bis 20% II nach 60 Min. ein Maximum, nach 70 Min. ein Minimum u. steigt nach 80 Min. auf einen Höchstwert, der nach 100—140 Min. konstant bleibt. III stammt aus der durch die Ggw. von II beschleunigten Dissoziation von I: $3\,CaO \cdot SiO_2 \rightarrow 2CaO \cdot SiO_2 + CaO$. Neben III tritt auch $4CaO \cdot P_2O_5$ (IV) (aus II + III) in zunehmendem Maße auf; seine offenbar rasch erfolgende Bldg. dürfte das Minimum nach 70 Min. verursachen. Nach 80 Min. ist auch *Silicocarnotit* ($5CaO \cdot P_2O_5 \cdot SiO_2$ = V) mkr. nachzuweisen. Der konstante Wert des III-Geh. ist am größten (11,47%) beim Gemisch mit 20% II, nimmt bei höheren II-Gehh. ab u. ist von 60% II an gleich null; der Menge des zers. I ist er in keiner Probe äquivalent. V u. *Nagelschmidtit* (VI) lösen bis 0,3 Mol III zu $5{,}3\,CaO \cdot P_2O_5 \cdot SiO_2$ bzw. $7{,}3\,CaO \cdot P_2O_5 \cdot 2\,SiO_2$. In Gemischen mit 60 u. 66,7% II werden als Endprodd. nur V + IV bzw. VI + IV gefunden. (Доклады Академии Наук СССР [Ber. Akad. Wiss. UdSSR] [N. S.] **92.** 1015—18. 11/10. 1953.) R. K. MÜLLER. 283

M. W. Goloschtschapow, *Reziproke Löslichkeit im System* $Ca(NO_3)_2$–$Mg(NO_3)_2$–H_3BO_3–H_2O. Die reziproke Löslichkeit des Syst. wurde nach dem polytherm. u. isotherm. Verf. untersucht, wobei die Isothermen für die Tempp. —30 bis +20 (jede 10°) u. +60° für 4 Querschnitte des Syst. hinsichtlich der Zus. analysiert wurden. Ca u. Mg wurden wie üblich, H_3BO_3 durch Titration mit Alkali in Ggw. von Mannit bestimmt. Die Querschnitte waren: 1. $Ca(NO_3)_2$ 65,4% — $Mg(NO_3)_2$ 34,6% — H_3BO_3 — H_2O; 2.—4.: $Ca(NO_3)_2$ 14,0—36,5—5,9% (Rest: H_2O) — H_3BO_3 — $Mg(NO_3)_2$ in allen drei Schnitten 60,7% (Rest: W.). — Es wurden 2 Übergangspunkte bei —7,1 u. —21° gefunden sowie ein quart. eutekt. Punkt bei —35,8°, dessen Zus.: $Ca(NO_3)_2$ 17,4%, $Mg(NO_3)_2$ 23%, H_3BO_3 weniger als 0,25%. — Die industrielle Abscheidung der H_3BO_3 nach dem Nitratverf. ist daher gut anwendbar: man führt die Konz. der Mutterlauge möglichst nahe an das Eutektikum heran u. läßt bei starker Kühlung ausfrieren; mit sinkender Temp. scheidet sich bedeutend mehr H_3BO_3 aus, die Nitrate [bes. $Ca(NO_3)_2$] wirken aussalzend (sie können zu Düngezwecken verwendet werden). (Журнал Прикладной Химии [J. angew. Chem.] **26.** 303—10. März 1952. Woronesh, Univ., Labor. für physikochem. Analyse.) v. WILPERT. 283

F. F. Wolf und **Ss. I. Kusnetzow,** *Diagramm der Gleichgewichtszustände des Systems* Al_2O_3–Na_2O–H_2O. Auf Grund von Literaturangaben wird das Gleichgewichtsdiagramm für das Syst. Al_2O_3–Na_2O–H_2O neu aufgebaut. Kontrollverss. der Vff. bestätigen die Ergebnisse der Arbeit von MAGARSCHAK (Легкие Металлы [Leichtmetalle] **7.** [1938.] 12), jedoch nicht die Unstimmigkeit hinsichtlich der Löslichkeit des Böhmits in akal. Lösungen. Krit. Bemerkungen zur Herst. des Al_2O_3 nach dem hydroalkal. Verfahren. (Журнал Прикладной Химии [J. angew. Chem.] **26.** 298—302. März 1953. Uraler Polytechn. Kirow-Inst.) v. WILPERT. 294

W. Schwab und **K. Wintersberger,** *Über Darstellung und Eigenschaften von Calciumaluminiumhydrid* $Ca(AlH_4)_2$. Die Darst. des erstmalig von FINHOLT (C. **1952.** 2238) beschriebenen *Calciumaluminiumhydrids* (I), $Ca(AlH_4)_2$, konnte durch die Umsetzung von handelsüblichem, feingemahlenem CaH_2 mit möglichst eisenfreiem $AlCl_3$ in *Tetrahydrofuran* (II)-Lsg. wesentlich vereinfacht werden. Die Ausbeute erreicht 85%, wenn man 0,5—1% J_2 oder besser 5—10 Vol.-% I-Lsg. als Katalysator zufügt. Die Rk. verläuft in 2 Stufen: 1. $3\,CaH_2 + 2AlCl_3 \rightarrow 2AlH_3 + 3CaCl_2$ u. 2. $CaH_2 + 2AlH_3 \rightarrow Ca(AlH_4)_2$. Die Lsg. von I in II wird filtriert u. II zuerst im Vakuum der Wasserstrahlpumpe bei 80—90°, dann im Ölpumpenvakuum bei 120° abgedampft. Der feste Rückstand (III) enthält dann 60% an I; II läßt sich nicht ohne Zers. von I weiter entfernen. III kann sich an feuchter Luft entzünden u. brennt dann ruhig ab; mit W. werden 8 H_2 pro Mol entwickelt. Es löst sich nicht in Ae., Bzl., Dioxan. Die Lsgg. in II sind unter Luftabschluß haltbar. $AlCl_3$ wird bei 20° rasch u. quantitativ in AlH_3 übergeführt: $3\,Ca(AlH_4)_2 + 2AlCl_3 \rightarrow 8AlH_3 + 3CaCl_2$. III red. RCOOH u. RCHO zu RCH_2OH, RCN zu RCH_2NH_2. (Z. Naturforsch. **8b.** 690—91. Nov. 1953. Ludwigshafen/Rh., BASF, Hauptlabor.) WANNAGAT. 294

M. F. Nasarenko und **W. A. Swiridenko,** *Der mineralisierende Einfluß einiger Zusätze auf den Prozeß der Mullitbildung.* Untersucht wurde der Einfl. von 12 Kationen aus 4 Gruppen des period. Syst. auf die *Mullit* (I)-Bldg. beim Brennen (1400°) eines Gemisches von γ-Al_2O_3 u. β-SiO_2 im Mol.-Verhältnis 3:2. Die zugesetzte Mineralisatormenge betrug 0,5 u. 1,0%, bezogen auf 1 g Mol I. Nach der steigenden mineralisierenden Wrkg. gilt die Reihe: Li^+ (als LiF) — $Mg^{2+}[Mg(HCO_3)]_2$ — Li^+ (LiCl) — Mn^{4+} — Ca^{2+} (CaF_2) — Ca^{2+} ($CaCO_3$) — Na^+ (NaCl) — Ti^{4+} (TiO_2). Die in der Literatur gemachte Annahme, wonach die Aktivität des Mineralisators um so größer ist, je größer die Ladung u. je geringer der Ionenradius, wird dahin ergänzt, daß dies bes. für die Kationen in der Mitte der jeweiligen Reihe gilt. (Вестник Академии Наук Казахской ССР [Nachr. Akad. Wiss. KasachSSR] **10.** Nr. 11. 85—98. Nov. 1953.) LEBTAG. 294

Je. A. Nikitina, O. N. Ssokolowa und **I. I. Angelow,** *Über die Gewinnung von Phosphorwolframsäure aus Phosphor- und Wolframsäure.* Es wird gezeigt, daß das gelbe Monohydrat von H_2WO_4 (I) mit H_3PO_4 (II) prakt. keine Komplexbldg. eingeht. Die Fähigkeit von I zur Komplexbldg. nimmt mit dem Alter stark ab. Zur Herst. von $H_7 \cdot [P(W_2O_7)_6]$ (III) aus I u. II wird die aus Na_2WO_4 u. HNO_3 gewonnene I nach der Filtration mit W. von 60—70° gewaschen, auf den Wassergeh. untersucht u. sofort für die III-Synth. verwendet. Um die Filtration zu beschleunigen, wird nach beendeter Synth. auf $^3/_4$ des Vol. eingedampft, heiß durch eine dünne Schicht von gewaschener I filtriert, bis zum Auftreten von Kristallen eingedampft u. auf Zimmertemp. abgekühlt. Die ausgefällten III-Kristalle werden sofort abgetrennt. Das vorgeschlagene Verf. ist die erste direkte III-Synth. aus I u. II ohne Anwendung von Äther. Die Ausbeute beträgt 33% der eingesetzten I. Die nicht ausgenutzte I wird mit NaOH in Na_2WO_4 umgewandelt u. bei der weiteren III-Synth. verwandt. (Журнал Общей Химии [J. allg. Chem.] **23** (**85**). 1437—42. Sept. 1953. Inst. für chem. Reagentien.) Lebtag. 337

M. I. Kotschnew und **T. N. Saidman,** *Über die Dissoziationsspannung und die Phasenumwandlungen von Kupfertellurid.* Beim Erhitzen von Cu_2Te (I) über 500° treten in der Dissoziationsspannung in der Höhe ansteigende Maxima bei 575, 600, 815 u. 860° u. Minima bei 590, 610 u. 830° auf. Diese Schwankungen, denen die der Erhitzungsgeschwindigkeit bei konstanter Wärmezufuhr entsprechen, lassen auf Phasenumwandlungen des I schließen, die sich der Dissoziation nach $Cu_2Te = 2\,Cu_{fest} + {}^1/_2\,Te_{2Gas}$ überlagern. Die Gleichgewichtskonstante K_p der Dissoziation folgt zwischen 600 u. 750°, von diesen Abweichungen abgesehen, der Gleichung $\log K_p = \log P_{Te_2}^{0,5}$ (at) $= -(3133/T) + 0{,}46$; $\Delta H_{500-750°} = 14290$ cal/Mol. (Доклады Академии Наук СССР [Ber. Akad. Wiss. UdSSR] [N. S.] **94.** 65—67. 1/1. 1954. Inst. für Chem. u. Metallurgie der Ural-Zweigstelle der Akad. der Wiss. der UdSSR.) R. K. Müller. 358

C. Mineralogische und geologische Chemie.

W. A. Frank-Kamenetzki, *Gesetzmäßige Verwachsungen von Goethitkristallen in der feinen Fraktion devonischer Tone.* Die röntgenograph. u. chem. Unters. der Feinfraktion der Sedimente (Teilchengröße $< 2\,\mu$) aus verschied. devon. Ablagerungen im Gebiet des Onegasees ergab, daß in den dunkler gefärbten Varietäten neben *Hydroglimmer* vom Hydromuskovittyp feine *Goethit* (I)-Kristalle vorkommen, die nadelförmige Mikroverwachsungen aufweisen. Diese I-Mikroverwachsungen sind den größeren Verwachsungen von Kassiterit u. Diaspor sehr ähnlich. Die I-Verwachsungen sind ein indirekter Hinweis auf die genet. Bedingungen der Mineralbldg. in den devon. Tonen. Da die Bldg. von Zwillingen durch eine erhöhte Viscosität der Lsg. stimuliert wird, ist anzunehmen, daß die Mikroverwachsungen von I bei dessen Kristallisation aus einer zähen koll. Lsg. entstanden sind. (Доклады Академии Наук СССР [Ber. Akad. Wiss. UdSSR] [N. S.] **94.** 765—68. 1/2. 1954. Leningrad, Shdanow-Univ.) Lebtag. 372

G. G. Lemmlein und **M. O. Klija,** *Veränderungen flüssiger Einschlüsse unter dem Einfluß zeitweiligen Überhitzens eines Kristalls.* (Vgl. C. **1953.** 4823.) Bei prim. Glaseinschlüssen in *Quarzen* aus *Quarzporphyr* finden sich solche mit kleiner Gasblase u. andere mit ziemlich großer Gasblase u. einer Aureole aus feinstverteiltem Einschlußmaterial. Für diese letzteren Einschlüsse wird angenommen u. in Modellverss. experimentell wahrscheinlich gemacht, daß sie durch zeitweises Überhitzen oder period. Temperaturschwankungen in der Vorgeschichte des Kristalls entstanden sind, wobei die geschmolzene Glasmasse in Risse eindringt, die durch Gitterdeformation des Grundmaterials entstanden sind, u. bei der Wiederabkühlung Kontraktion erleidet, also nicht mehr den vorher eingenommenen Raum erfüllt. Ähnliche Einschlüsse mit anomalem Vol. der gasförmigen Phase finden sich auch in anderen Mineralien, wie *Gips, Baryt* oder *Korund.* (Доклады Академии Наук СССР [Ber. Akad. Wiss. UdSSR] [N. S.] **94.** 233—36. 11/1. 1954. Inst. für Kristallographie der Akad. der Wiss. der UdSSR.) R. K. Müller. 372

B. J. Skinner, *Einige Betrachtungen über Flüssigkeitseinschlüsse als geologische Thermometer.* An brasilian. *Quarz*-Kristallen wurde die Beständigkeit von Flüssigkeitseinschlüssen untersucht, indem der Quarz hohem äußerem Wasserdruck ausgesetzt wurde, so daß W. in die Hohlräume eindrang, bzw. indem die Kristalle über die Füllungstemp. der Hohlräume erhitzt wurden, wodurch W. aus den Hohlräumen austrat. Es wird angenommen, daß die Wasserdiffusion entlang den Störungen des Realkristalls vor sich geht. Danach müßte die Menge u. Zus. der Fl. in den Hohlräumen von Druck u. Temp. während der verschied. geolog. Zeiten abhängen u. brauchte nicht die Originalfüllung bei der Bldg. darzustellen. (Econ. Geol. **48.** 541—50. Nov. 1953. Cambridge, Mass., Harvard Univ., Div. of Geol. Science.) Hiller. 378

John R. Menke, *Geologische Bedeutung der stabilen Isotopenhäufigkeit.* Das Verhältnis der beiden Isotopen ^{3}He u. ^{4}He kann zur Beurteilung geolog. Vorgänge herangezogen werden. Das He bildet sich beim Zerfall von U, wobei sowohl ^{4}He als auch Neutronen entstehen. Letztere reagieren mit dem Gangmaterial unter Bldg. von ^{3}He (aus Li usw.), oder aber sie werden vom U aufgenommen, wobei kein ^{3}He entsteht. In Ggw. großer Mengen U ist also das Verhältnis ^{3}He/^{4}He sehr niedrig u. umgekehrt. (Econ. Geol. **48.** 728—29. Dez. 1953. White Plains, N. Y.) ENSSLIN. 378

A. Ss. Powarennych, *Zur Frage der Zeolithisierung basischer Gesteine.* Auf Grund der mkr. Unters. verschied. bas. Gesteine wird festgestellt, daß die autohydrolyt. Zeolithisierung weit verbreitet ist. Aus der opt. Unters. von *Nephelin* (I), *Albit* (II), *Sodalith* u. *Mikroklinperthit* wird ein Reaktionsschema für die Zeolithisierung von I u. II abgeleitet, wonach diese bei II von der Ausscheidung von freiem SiO_2 begleitet ist, während bei I SiO_2 aufgenommen wird. Die autolyt. Zeolithisierung ist demnach eine Kontakt-Rk. vom bimetasomat. Typ. Während der Hydrolyse der benachbarten Mineralien verschied. Zus. erfolgt eine Angleichung der chem. Potentiale ihrer wenig beweglichen Elemente. Bei I u. II ist Si das wenig bewegliche Element, das als Folge des Potentialunterschiedes von II zu I wandert. Die Zeolithisierung besteht demnach in der Hydrolyse der Al-Silicate u. in der Neuverteilung von Si u. Al bei beweglichem Verh. der Alkalien. Der Potentialabfall des Si von II nach I erklärt die bevorzugte Ersetzung von I durch Natrolith u. von II durch Analcim. (Доклады Академии Наук СССР [Ber. Akad. Wiss. UdSSR] [N. S.] **94.** 761—64. 1/2. 1954. Kriwoi Rog, Berg- u. Erz-Inst.) LEBTAG. 378

Harold L. James, *Herkunft der weichen Eisenerze von Michigan.* Entgegen der Ansicht von MANN (C. **1954.** 8068) nimmt Vf. an, daß bei der Bldg. der weichen Eisenerze die beiden Vorgänge der Silizierung des ursprünglichen *Siderit*-Gesteins u. die hydrothermale Oxydation u. die Auslaugung der SiO_2 nacheinander getrennt erfolgten. Die für die hydrothermale Verwitterung angeblich typ. Mineralien Kaolin u. Talk sind nicht charakterist. für diesen Vorgang. Die *Pyrite* sind sicher jünger als die Eisenerze. (Econ. Geol. **48.** 726—28. Dez. 1953. Iron River, Michigan, U. S. Geol. Surv.) ENSSLIN. 378

J. A. Dunn, *Gebänderte Eisenerzformationen.* (Econ. Geol. **48.** 729—30. Dez. 1953. Toorak, Melbourne.) ENSSLIN. 380

Philip W. Guild, *Eisenlagerstätten des Congonhas-Distrikts, Minas Gerais, Brasilien.* Die *Itabirite* sind schiefrige Quarz–Eisenoxydgesteine mit mehr oder weniger Dolomit präkambr. Alters. Eisen u. SiO_2 wurden rhythm. in einem abgeschlossenen Becken aus schwach sauren Lsgg. gefällt. Durch Fällung u. Regionalmetamorphose entstanden Quarz u. *Hämatit* mit etwas *Magnetit.* Hydrothermale Zers. der Breccienzone im Itabirit lieferte hochwertigen, von Verunreinigungen mehr oder weniger freien Hämatit. Diese Lsgg. zirkulierten auf Bruchspalten. Durch Auslaugung u. Zementation der Eisenformation u. der Hämatite entstanden dann die heutigen Erze verschied. Qualität. (Econ. Geol. **48.** 639—76. Dez. 1953. Washington, D. C., U. S. Geol. Survey.) ENSSLIN. 380

Paul Ramdohr, *Ulvöspinell und seine Bedeutung für die titanhaltigen Eisenerze.* Ulvöspinell (Fe_2TiO_4) kommt in fast allen *Magnetit*-Erzen der magmat. Formationen mehr oder weniger verbreitet vor. Durch seine Ggw. wird die gewinnbare Menge Ti aus Titanerzen oft erheblich herabgesetzt. Die mineralog. Best. des Ulvöspinells ist schwierig, da die netzförmigen oder mosaikartigen Einlagerungen in Magnetit nur bei starker Vergrößerung u. die Unterscheidung von dem ebenso angeordneten Ilmenit mit Hilfe des Reflexionspleochroismus oder der Anisotropie unter gekreuzten Nicols des letzteren nur mit guter opt. Ausrüstung möglich ist. Die Magnetisierbarkeit entspricht der des Magnetits u. ist größer als die des Ilmenits. (Econ. Geol. **48.** 677—88. Dez. 1953. Heidelberg.) ENSSLIN. 380

D. King, *Ursprung der Alunitlagerstätten von Pidinga, Südaustralien.* Die Alunite kommen in Tonen, welche im Tertiär den Grund abgeschlossener Salzlagunen bildeten, vor. Die Tonsubstanz lieferte die Verwitterung präkambr. Granitgneiße, ebenso wurden die bei der Verwitterung entstandenen Lsgg. in der Lagune konz. u. führten zur Entstehung der Alunite. Der Alunit ist an laterit. Decken der Tone gebunden. (Econ. Geol. **48.** 689—703. Dez. 1953. Adelaide, Australien, Geol. Survey of S. Austral.) ENSSLIN. 380

W. C. Stoll, *Bemerkungen über Chromitlager in Samar, Philippinen.* In der Nähe der Ostküste von Samar, 13—16 km südlich u. südwestlich von Borongan, sind einige kleine, aber reichhaltige Chromitlager. Sie liegen in grünem *Serpentin,* der stark zerbrochen u. gepreßt ist u. der kleine *Quarz*-Adern enthält. Sie sind vom Sackformtypus.

Der Chromit ist schwarz bis braun, zerreiblich mit Korngrößen von 1 bis mehreren mm. Von 5 Stellen ergab die Durchschnittsanalyse: Cr_2O_3 56,27; Cr 38,50; Fe 12,43; SiO_2 1,47%; Cr/Fe 3,09. Von einem anderen Vork., 6—7 km den Suribaro River aufwärts, ergab die Analyse: Cr_2O_3 54,54; Cr 37,32; Fe 12,10; SiO_2 1,44%; Cr/Fe 3,08. (Econ. Geol. **48.** 598—99. Nov. 1953. Balatoc, Philippinen.) HILLER. 380

G. I. Gorbunow und **N. A. Kornilow,** *Über einen neuen Fund von Ilvait in Kupfer-Nickelsulfid-Erzen.* Als Körner von 0,05—0,2 mm wurde der *Ilvait* (I) zusammen mit Einschlüssen von *Magnetit* (II) u. Fe-haltigem Carbonat im *Pyrrhotin-Pentlandit-Chalkopyrit*-Erz beobachtet. In einzelnen Schliffen erreichte die I-Menge 0,5%. Bes. charakterist. ist die enge Assoziation mit **II.** Auf Grund der spektro- u. röntgenograph. Unters. ist folgende Reihenfolge der Ausscheidung festzustellen: **II–I** — Mineralien der Epidot–Zoisitgruppe — Sulfide. Das Fehlen von I im Einschlußgestein läßt vermuten, daß I ein frühes hydrothermales Mineral ist, das vor den Sulfiden ausgeschieden wurde. (Доклады Академии Наук СССР [Ber. Akad. Wiss. UdSSR] [N. S.] **94.** 323—25. 11/1. 1954.) LEBTAG. 380

Bartholomew Nagy, *Das Strukturdiagramm der Serpentine.* Bei der Unters. von Serpentinen zeigte sich, daß sie entweder aus *Chrysotil* oder *Antigorit* oder aus Gemengen beider Mineralien bestehen. Diese Gemenge wurden elektronenmkr., durch die HCl-Löslichkeit, durch Röntgenstrahlen u. durch Differentialthermoanalyse festgestellt. Es wird angenommen, daß der Antigorit durch Umkristallisation aus Chrysotil entsteht. Es ist möglich, daß faseriger Antigorit, der in dünnen Adern die größeren Antigoritkörner umgibt bzw. durchdringt, durch einen solchen Prozeß gebildet wurde. (Econ. Geol. **48.** 591—97. Nov. 1953. State College, Pa., Pennsylvania State College.) HILLER. 380

H. H. Smith, *Sichtbarer Turmalin in norwegischem Pyrit.* Beschreibung des Vork. u. der Eigg. von in Pyrit eingesprengten Turmalinkristallen. (Bull. Instn. Mining Metallurgy Nr. 553. Trans. **62.** 109—10. Dez. 1952.) WESLY. 380

Vladi Marmo und **Lauri Hyvarinen,** *Molybdänhaltige Granite und Granodiorite, Rautio, Finnland.* Die Gesteine unterlagen einer Myrmekitisierung als Endpunkt einer metasomat. Verwitterung des Albits. Das verbleibende Na_2O bewirkte eine Albitisierung des *Kalifeldspats.* MoS_2 wurde unter den obigen Bedingungen ausgeschieden. Ihm folgte bei etwas niedrigeren Tempp. die Abscheidung von *Kupferkies* mit *Cubanit*-Lamellen. Die Hauptmenge des Kupferkieses wurde bei noch niedrigeren Tempp. gebildet, bei denen die Epidotisierung des *Anorthits* u. die Chloritisierung des *Biotits* stattfand. (Econ. Geol. **48.** 704—14. Dez. 1953. Helsinki, Finnland.) ENSSLIN. 385

Robert H. Arndt und **Paul K. Kuroda,** *Radioaktivität von Flüssen und Seen in Teilen von Garland und Hot Springs Counties, Arkansas.* Die Radioaktivität auf Flüssen u. Seen von Hot Springs u. Potash Sulphur Springs, Garland Co., Ark., wurde gemessen. Der Rn-Geh. auf Flüssen bewegte sich von 0,0084—1,07 mμC pro Liter W. u. der von Seen zwischen weniger als 0,001—0,123. Flüsse, die über ordoviz., schwarze Tonschiefer fließen, zeigen einen Durchschnitt von 0,275, die über schwarze Stanley-Tonschiefer von mississipp. Alter fließen, einen Durchschnitt von 0,046. Der Rn-Geh. im Potash Sulphur Creek, wo dieser über U-haltige Gesteine des Potash Sulphur Springs-Syenitkomplexes fließt, schwankt zwischen 0,09—3,16. Grundwasser aus einem Bohrloch in U-haltigem Gestein zeigte einen Durchschnitt von 58,75. Die Meth. der Rn-Best. könnte zur Prospektion Anwendung finden bei niedriggradigen U-haltigen Lagerstätten. (Econ. Geol. **48.** 551—67. Nov. 1953. Fayettville, Ark., Univ. of Arkansas, Inst. of Sci. u. Technol.) HILLER. 393

Howel Williams and others, Petrography; an introduction to the study of rocks in thin sections. San Francisco: W. H. Freeman. 1954. (416 S. m. Abb.) $ 6,50.

N. Wooster, Semi-precious stones. Baltimore: Penguin Bks. 1954. (47 S. m. Abb.) $ —,95.

D. Organische Chemie.

D_1. Allgemeine und theoretische organische Chemie.

Claude Vroelant, *Über gewisse, als Biradikale angesehene Strukturen alternierender Kohlenwasserstoffe.* Nach LONGUET-HIGGINS besitzen alternierende KW-stoffe mit π-Elektronen, die in KEKULÉ-Formeln nicht untergebracht werden können, biradikal. Bau, sind paramagnet., ihr Grundzustand ist ein Triplett. Vff. zeigen an den Beispielen folgender Strukturen: 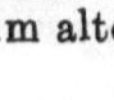 (I) u. 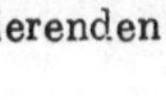 (II), daß diese Annahmen nicht immer zutreffen, sondern daß als Kriterium die Ungleichheit der Zahl der Spinzustände α u. β, die man den Atomen im alternierenden Spinzustand zuordnet, vorzuziehen sind.

So wird gezeigt, daß von **I** der stabilste ein Triplettzustand ist, während für **II** ein Singulettzustand zutrifft, die Zahl der α-Spinzustände ist bei **I** nicht gleich der der β-Zustände, **I** hat also wahren biradikal. Charakter, im Gegensatz zu **II**, bei dem die Zahl der α- u. β-Spinzustände gleich ist. Vff. schlagen vor, beim Fehlen vollständiger Mol.-Berechnungen allg. nur solche alternierenden KW-stoffe als Biradikale zu betrachten, deren Zahl an α- u. β-Spinzuständen um zwei verschieden ist. (C. R. hebd. Séances Acad. Sci. **234**. 2072—73. 19/5. 1952.) GNAUCK. D 10

G. Wilse Robinson, *Ein Acetaldehyd zuzuschreibendes Emissionsspektrum.* Mittels Hochfrequenzentladung (ohne Elektroden) unter hohem Druck wurde bei *Bzl.* oder *Toluol* ein komplexes Emissionsspektr. ab 3500 Å mit Maximum bei 4200 Å erzielt, das *Acetaldehyd* (**I**) zugeschrieben wird. Aceton, Essigsäure u. Propionaldehyd zeigten nicht das gleiche Spektr., wohl aber reiner **I** u. Bzl.-**I**-Mischungen. (J. chem. Physics **22.** 1147. Juni 1954. Rochester, N. Y., Univ., Dep. of Chem.) GNAUCK. D 118

Panos Grammaticakis und **Janine Chauvelier,** *Bemerkungen über die Ultraviolettabsorption von Äthylen- und Acetylenverbindungen.* Die UV-Spektren folgender Verbb. wurden in alkoh. Lsgg. bei verschied. Konzz. (zwischen n/10 u. n/20000) gemessen: *Styrol, Phenylacetylen, Zimtsäure* (F. 137°), *Phenylpropiolsäure, Dibenzylidenaceton, Bis-phenäthinyl-keton, Mesityläthylen, Mesitylacetylen, Bis-mesityläthenyl-keton* (F. 172°, durch alkal. Behandlung von Aceton u. Mesitylaldehyd; dieser aus Mesityl–MgBr u. Orthoameisensäureester) u. *Bis-mesityläthinyl-keton.* Beim Übergang von den Phenyläthylen (**I**)- zu den Phenylacetylenverbb. (**II**) zeigt sich ein hypso- u. hypochromer Effekt, ohne daß die Form der Kurven geändert wird. Die Kurven der Mesitylverbb. sind ähnlich; die Maxima der Mesitylenverbb. sind etwas stärker u. wenig zum Sichtbaren verschoben. Im allg. absorbieren die **I** stärker als die **II**, sofern sie nicht o-methyliert sind. (C. R. hebd. Séances Acad. Sci. **238.** 1232—35. 15/3. Berichtigung: 1518. 5/4. 1954.) J. ROTHE. D 118

Keihei Ueno, *Synthese und Ultraviolettabsorptionsspektren von Polyazobenzolen.* Im Hinblick auf ihre größere Beständigkeit u. ihre leichtere Zugänglichkeit wurden eine Anzahl trans-Isomerer der p-, m- u. o-Polyazobenzole hergestellt, indem Nitronitrosobenzol zunächst mit einer Aminoverb. kondensiert wurde, das entstandene Reaktionsprod. red. u. dieses erneut mit Nitrosobenzol umgesetzt wurde. Durch Chromatographie an Al_2O_3 wurden die Verbb. spektralrein erhalten. — Steigende Anzahl der p-Phenylazogruppen in den Farbstoffen ließ sowohl einen erhöhten bathochromen Effekt wie ein regelmäßiges Ansteigen des Extinktionskoeff. erkennen. Reines *trans-Azobenzol* besitzt eine starke Bande bei 319 mμ (K-Bande), die der Bindung zwischen Azogruppe u. Benzolkern zukommt, u. eine schwächere bei 470 mμ (R-Bande), die von der Azogruppe allein hervorgerufen wird. Durch Eintritt weiterer Azogruppen wird die R-Bande durch den Einfl. der starken Chromophore überdeckt, so daß die höheren Homologen der p-Polyazobenzolserie nur eine einzige starke Absorptionsbande zeigen. — Bei den m-Polyazobenzolen stellen Vff., ähnlich wie bei den p-Verbb., ein lineares Ansteigen des Extinktionskoeff. mit Zunahme der m-Phenylazogruppen fest, zugleich zeigt die schwächere Bande von 470 mμ im Gegensatz zu den p-Verbb. eine regelmäßige Zunahme. — Bei den gemischten p- u. m-Polyazobenzolen wird das Maximum der Absorption durch die Anzahl der p-ständigen Azogruppen bestimmt, wohingegen die Intensität der Absorption nahezu proportional der Gesamtzahl der Azogruppen ist. — Die Absorption von *1.2-Bis-[phenylazo]-benzol* ist völlig verschieden von den bisher genannten Verbb., eine Deutung des Spektr. wird nicht gegeben.

Versuche: *3.4'-Bis-[phenylazo]-azobenzol,* $C_{24}H_{18}N_6$ (**I**), hellbraun, F. 164,5 bis 165° (Eisessig), durch Rk. von 3-Aminoazobenzol u. p-Nitronitrosobenzol (**V**) in A./Eisessig zu *3-[p-Nitrophenylazo]-azobenzol* [$F._{roh}$ 168—170°, 95,5% (Ausbeute)], das in alkoh. Lsg. bei 80° mit 50%ig. Na-Hydrosulfitlsg. red. wird zu *3-[p-Aminophenylazo]-azobenzol* (**IV**, F. 124,5—125,5°; 79%). Die Aminoverb. wird mit Nitrosobenzol in warmer Eisessiglsg. zu **I** kondensiert (12 Std.); 69%; λ_{max} 362 mμ, $\varepsilon \cdot 10^{-3} = 43{,}0$. — *3-Phenylazo-4'-[p-phenylazophenylazo]-azobenzol* (**II**), $C_{30}H_{22}N_8$, F. 212 bis 212,5° (Bzl.), analog **I** aus **IV** über *3-Phenylazo-4'-[p-nitrophenylazo]-azobenzol* (hellbrauner Körper, F. 210—210,5°; 95%) u. *3-Phenylazo-4'-[p-aminophenylazo]-azobenzol* [F. 180—182° (A.); 64,5%]. Hellbraune Kristalle; 82%. λ_{max} 390 mμ, $\varepsilon \cdot 10^{-3} = 66{,}0$. — *1.3-Bis-[p-phenylazophenylazo]-benzol* (**III**), $C_{30}H_{22}N_8$, F. 167,0 bis 168,0° (Bzl.), aus 4-Aminoazobenzol u. m-Nitronitrosobenzol in Eisessig zu *3-Nitro-4'-phenylazoazobenzol* (F. 180—181°; 83%), daraus *3-Amino-4'-phenylazoazobenzol* (F. 161—162°; 60%), daraus mit **V** in Eisessig nach 12std. Stehen *3-[p-Nitrophenylazo]-4'-phenylazoazobenzol* (braune Kristalle, F. 204—205°; 48%); *3-[p-Aminophenylazo]-4'-phenylazoazobenzol* (rotbraune Kristalle aus Pyridin, F. 118—120°; 46%), daraus **III**; 82%. λ_{max} 370 mμ, $\varepsilon \cdot 10^{-3} = 50{,}0$. Ferner wurden untersucht: *Azobenzol,*

F. 67,5—68,0° [λ_{max} (mμ)] 319, 440; [$\varepsilon \cdot 10^{-3}$] 20,5, 0,5. — *4-Phenylazobenzol*, F. 168,5 bis 169,0; 363; 39,5. — *4.4'-Bis-[phenylazo]-azobenzol*, F. 236—236,5°; 388; 60,2. — *3-Phenylazobenzol*, F. 80—80,5°; 325; 445; 41,4; 1,0. — *3.3'-Bis-[phenylazo]-azobenzol*, F. 163,5—164,0°; 325, 448; 60,7; 1,9. — *1.2-Bis-[phenylazo]-benzol*, F. 106,5 bis 107,0°; 305; 35,0. (J. Amer. chem. Soc. **74.** 4508—11. 20/9. 1952. Kumamotoshi, Japan, Dojiado & Co., Res. Labors., u. Kyushu Univ., Dep. of Appl. Chem.)
KÜHNEL. D 118

Harold P. Stephenson, *Lösungsspektren und Oscillatorstärken der Elektronenübergänge von Pyridin und einigen monosubstituierten Derivaten.* Es wurden die UV-Absorptionsspektren von *Pyridin* (I), *2-* (Kp. 129,44°), *3-* (Kp. 143,0—143,5°) u. *4-Picolin* (Kp. 144,5—145,0°), *2-* u. *3-Fluor-*, *2-* u. *3-Chlor-*, sowie *2-* u. *3-Brompyridin* in Isooctan (**II**) u. 95%ig. A. im Spektralbereich von 34000—48000 cm^{-1} aufgenommen. Im Bereich des Elektronenüberganges I zwischen 34000 u. 37500 cm^{-1} nimmt die Absorption von **I** in A. gegenüber der in **II** ab, was auf Bldg. von H-Bindungen mit den nicht gebundenen sp^2-Elektronen des N u. damit einer Verschiebung des n–π^*-Übergangs zum Violett zugeschrieben wird; Entsprechendes gilt auch für die Picoline u. die 3-Halogenpyridine. Bei den 2-Halogenverbb. ist die Absorption in den Bereichen niedriger Energie in A. u. **II** prakt. gleich; es scheint, als ob der Lösungsmitteleinfl. für die Zuordnung des Übergangs I als einem Übergang nichtgebundener Elektronen für o-substituierte Verbb. nicht herangezogen werden kann. Am Dampfspektr. wurde aber gezeigt, daß diese Verbb. in dem untersuchten Bereich keine Singulett–Singulett–n–π^*-Übergänge besitzen. Für die π–π^*- (Übergang II) u. die n–π^*-Übergänge (I) wurden die Oscillatorstärken ermittelt, die für den Übergang II von **I** u. von den Picolinen mit der SKLARschen Theorie (J. chem. Physics **10.** [1942.] 135) gut übereinstimmen, wenn das N-Atom als m-dirigierender Substituent angesehen wird. Die Intensitätsverteilung der Übergangs I kann nicht mit den Voraussagen SKLARs in Einklang gebracht werden, was darauf zurückgeführt wird, daß der Übergang nicht durch π-, sondern durch die freien Elektronen am N verursacht wird. Das Fehlen des Übergangs I bei o-Halogenpyridinen wird in Zusammenhang gebracht mit dem induktiven Effekt der Halogensubstituenten, wodurch die Bindungsenergie der freien Elektronen am N erhöht wird u. dadurch die n–π^*-Übergänge in den Spektralbereich der π–π^*-Übergänge oder noch weiter verschoben sind. Die Daten der Dampfspektren der 3-Halogenpyridine zeigen an, daß der Termwert des nichtgebundenen Elektronenzustandes mit steigender Elektronegativität des Halogenatoms anwächst. Der Zuwachs an Bindungsenergie ist hier jedoch nicht so groß, daß die n–π^*- bis in den Bereich der π–π^*-Übergänge verschoben werden. (J. chem. Physics **22.** 1077—82. Juni 1954. Durham, N. C., Duke Univ., Dep. of Phys.) GNAUCK. D 118

M. P. V. Boarland und **J. F. W. McOmie,** *Pyrimidine.* 2. Mitt. *Die Ultraviolettabsorptionsspektren einiger monosubstituierter Pyrimidine.* (1. vgl. C. **1954.** 3024.) Es werden die UV-Absorptionsmaxima u. teilweise auch $p_{K\alpha_1}$ u. $p_{K\alpha_2}$-Werte in wss. Pufferlsgg. u./oder in A. von *Pyrimidin* (**XV**) u. folgenden Pyrimidinen tabellar. angegeben: *2-* (**I**) u. *4-Methyl-*, *2-Phenyl-* (**II**), *2-Chlor-* (**III**), *4-Chlor-*(*Hydrochlorid*, **IV**), *5-Chlor-* (**V**), *5-Brom-* (**VI**), *2-Methylmercapto-* (**VII**), *2-Methoxy-* (**VIII**), *2-*, *4-* u. *5-Amino-*, *2-* (**XIII**) u. *4-Oxy-* (**XIV**), *2-* (**IX**) u. *4-Mercapto-* (**X**), *4-* (**XI**) u. *5-Carboxy-* (**XII**). Von **I—VIII** werden die Spektren in neutraler u. saurer Lsg., von **IX—XII** außerdem auch in alkal. Lsg. graph. angegeben. Die Ergebnisse von MARSHALL u. WALKER (C. **1953.** 6483) über die Spektren von Pyrimidinen mit Gruppen, die tautomer reagieren können, werden bestätigt, z. B. ähnelt die Extinktionskurve von **VII** in neutraler Lsg. sehr der von **IX** in alkal. Lsg. u. ist sehr verschieden von der des neutralen **IX**, die wiederum der des 1.4.6-Trimethylpyrimidinthions-(2) ähnlich ist. **IX** liegt also in neutraler Lsg. hauptsächlich in der Thionform vor, gleiches wird für **X** gelten, u. ebenso liegen **XIII** u. **XIV** hauptsächlich in der Pyrimidonform vor. Kernsubstitution an **XV** hat einen bathochromen Effekt; die Banden längerer Wellenlängen haben geringere Intensität als die der kürzeren. Aus der durch die einzelnen Substituenten hervorgerufenen, gegenüber dem **XV**-Absorptionsmaximum bathochromen Verschiebung (Tabelle), die auch von der Stellung des Substituenten abhängt, wird für Substituenten in 2-Stellung folgende Reihe wachsenden bathochromen Effekts aufgestellt: $CH_3 < CH_3S < C_6H_5 < Cl < CH_3O < S^- \ll O^- < NH_2$; für Substituenten in 4-Stellung: $CH_3 < Cl < COO^- < O^- < NH_2 \ll S^-$.

Versuche: *2-Methylmercaptopyrimidin* (**VII**), Kp.$_{28}$ 109°, durch 2std. Schütteln von **IX** mit Dimethylsulfat in $NaHCO_3$-Lsg. u. Ausäthern; n_D^{14} 1,5880; 62% (Ausbeute). — *2-Methoxypyrimidin* (**VIII**), Kp.$_{22}$ 72,5°, durch mehrstd. Rk. von **III** in CH_3OH mit $NaOCH_3$-Lsg.; n_D^{16} 1,5023; 63%. (J. chem. Soc. [London] **1952.** 3716—22. Okt. Bristol, Univ.) NITZSCHKE. D 118

M. P. V. Boarland und **J. F. W. McOmie**, *Pyrimidine*. 3. Mitt. *Die Ultraviolettabsorptionsspektren einiger polysubstituierter Pyrimidine.* (2. vgl. vorst. Ref.) Von den nachst. polysubstituierten P y r i m i d i n e n , die nicht mehr als eine Gruppe enthalten, welche tautomer reagieren kann, werden die UV-Absorptionsmaxima in Pufferlsgg., teilweise bei verschied. p_H-Werten, teilweise auch in A., tabellar. angegeben: *4.6-Dimethyl-*, *4-Methyl-2-methylmercapto-*, *4.6-Dimethyl-2-methylmercapto-*, *2.4.6-Trimethyl-*, *2-Phenyl-4.6-dimethyl-*, *2-Phenyl-4-methyl-*, *4.6-Dichlor-*, *2-Chlor-4.6-dimethyl-*, *2-Methyl-4.6-dichlor-*, *2.4-Dichlor-*, *6-Methyl-2.4-dichlor-*, *5-Brom-2-methylmercapto-*, *4-Oxy-6-methyl-* (Anion), *2.4.6-Trichlor-*, *2-Methoxy-4-oxy-6-methyl-* (Anion), *2-Methoxy-4-methyl-*, *2-Methoxy-4.6-dimethyl-*, *4-Amino-6-methyl-*, *4-Amino-2.6-dimethyl-*, *2-Methyl-5-brom-*, *4-Methyl-2-mercapto-* (Anion), *4.6-Dimethyl-2-mercapto-* (**I**) (Anion), *2.5-Dichlor-*, *2-Methyl-4-amino-*, *2-Chlor-4-amino-*, *4-Oxy-6-methyl-2-methylmercapto-* (Anion), *2-Phenyl-4-oxy-6-methyl-* (Anion), *2.4.5.6-Tetrachlor-*, *2-Mercapto-5-chlor-* (Anion), *2-Phenyl-4-oxy-6-chlor-* (Anion), *2-Methylmercapto-4-amino-6-methyl-*, *2-Methylmercapto-4-amino-*, *2-Methylmercapto-4-oxy-5-brom-6-methyl-* (Anion), *2-Amino-4.6-dimethyl-* (**IV**), *2-Amino-4-methyl-*, *2-Oxy-4.6-dimethyl-* (Anion), *2-Oxy-4-methyl-* (Anion), *2-Amino-4-chlor-6-methyl-*, *4-Mercapto-6-methyl-* (Anion), *4-Methyl-5-amino-*, *2-Amino-4-chlor-*, *2-Amino-4.6-dichlor-*, *2-Amino-4.6-dimethyl-5-brom-*, *2-Amino-5-chlor-*, *2-Oxy-5-chlor-* (Anion), *2-Amino-5-brom-*, *2-Oxy-5-brom-* (Anion), *2.4-Dichlor-5-amino-* (bis hierher in der Reihenfolge wachsender Wellenlänge des Absorptionsmaximums), *2.4.5-Trichlor-*, *4-Chlor-5-phenyl-*, *2-Methyl-4.6-dichlor-5-phenyl-* u. *2-Phenyl-4.6-dimethyl-* (die letzten 4 nur in A.). Es zeigt sich, daß, wenn nicht mehr als eine Gruppe vorliegt, die tautomer reagieren kann, der Effekt der Substituenten sowohl auf die Wellenlänge der maximalen Absorption als auch auf den Extinktionskoeff. ε annähernd additiv ist; in den Tabellen ist für jede Verb. die Differenz zwischen der berechneten (durch Addition der Summe aus der durch jeden einzelnen Substituenten bewirkten Verschiebung zur Wellenlänge der maximalen Extinktion in der mittleren Bande des Pyrimidinspektr.) u. der gefundenen Wellenlänge maximaler Extinktion angegeben, ebenso die Differenz zwischen berechnetem u. gefundenem ε. Methylgruppen u. Cl-Atome in 4- oder 6-Stellung scheinen den bathochromen Effekt anderer Substituenten in 2- oder 4-Stellung zu mindern, eine Differenz zwischen dem beobachteten u. berechneten ε besteht jedoch kaum im Gegensatz zu Verbb., die in 2-Stellung eine Phenyl- oder Methylmercaptogruppe u. in 4-Stellung eine NH_2- oder HO-Gruppe tragen, bei denen das beobachtete ε wesentlich niedriger ist als das berechnete, weil beide Gruppen mit dem Ring in Konjugation treten können; in diesen Fällen ist der bathochrome Effekt groß. Pyrimidine mit 5-ständigem Cl- oder Br-Atom haben bes. hohes ε, wenn in 2-Stellung eine Mercapto- oder Methylmercaptogruppe vorliegt, ein mit dem berechneten jedoch recht gut übereinstimmendes, wenn in 2-Stellung CH_3, Cl, NH_2 oder O^- steht, da diese Gruppen bzw. Atome im Gegensatz zu jenen mit dem Ring kaum in Konjugation treten u. bei jenen ein 5-ständiger, stark elektronegativer Substituent diese Konjugation noch begünstigt. — Bei der Darst. von I nach EVANS [1893] fällt als Nebenprod. eine aus 2 Mol Thioharnstoff (**III**) u. 1 Mol Acetylaceton gebildete Verb. an, die EVANS „Dithiourimidoacetylaceton" nannte u. der er die Konst. $H_2NCSN{=}C\cdot(CH_3)CH_2C(CH_3){=}NCSNH_2$ zuerteilte; Vff. weisen papierchromatograph. u. durch das UV-Spektr. nach, daß es sich bei der Verb., die von HALE [1915] auch aus I u. III erhalten wurde u. für die dieser die Konst. II vorschlug, um einen 1 : 1-Mol.-Komplex handelt; 2 weitere solche Komplexe werden dargestellt.

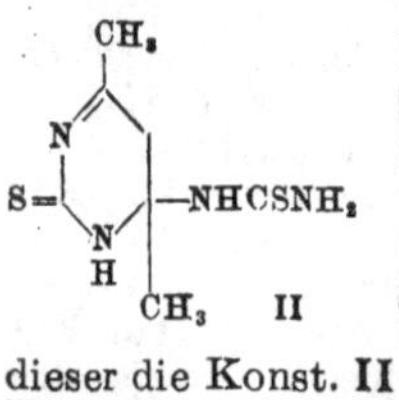

II

V e r s u c h e: *4.6-Dioxy-2-methylpyrimidin*, wie die 2-Äthylverb. (vgl. HUBER u. HÖLSCHER, C. **1938**. I. 1783); 77% (Ausbeute). — *4.6-Dichlor-2-methylpyrimidin*, F. 49° nach Sublimation bei 65°/18 mm, durch 2½std. Kochen vorst. Verb. mit $POCl_3$ u. Dimethylanilin, Einengen u. Gießen auf Eis; Nadeln; 84%. — *S-[4-Mercaptopyrimidyl-(6)]-thiuroniumchlorid*, $C_5H_7N_4ClS_2$, F. 214° (Zers.), durch 1std. Kochen von 4.6-Dichlorpyrimidin u. III in A.; aus wss. A.–Ae. blaßgelbes Pulver; 99%. — *4.6-Dimercaptopyrimidin*, $C_4H_4N_2S_2$, F. 245—246° (Zers.), durch 1¼std. Erhitzen vorst. Verb. in n-NaOH u. Zugabe von HCl; aus W. gelbe prismat. Nadeln; 68%. — *5-Chlor-2-mercaptopyrimidin*, $C_4H_3N_2ClS$, F. 218° (Zers.), durch 4½std. Kochen von 2.5-Dichlorpyrimidin u. III in A., Eindampfen, 1std. Erhitzen mit n-NaOH, Ansäuern u. Sublimation bei 140°/18 mm; 61%. — *2-Mercapto-4.6-dimethylpyrimidin* (**I**), F. 209—210°, blaßgelbes Pulver nach Sublimation bei 130°/0,5 mm. — **I**-*Thioharnstoff* (**III**)-*Komplex*, F. 196° (Zers.), durch Zusammengeben der Komponenten in heißem W.; leuchtend gelbe Prismen; 65%; läßt sich ebenso wie der von BRAY u.

Mitarbeitern (Biochem. J. **48.** [1951.] 400) beschriebene *2-Amino-4.6-dimethylpyrimidin* (**IV**)-*Harnstoff-Komplex* papierchromatograph. aufspalten. Gleiches gilt für den **IV–III**-*Komplex*, $C_8H_9N_3 \cdot CH_4N_2S$, aus A. große Prismen, F. 159–160°. (J. chem. Soc. [London] **1952.** 3722–28. Okt.) NITZSCHKE. D 118

Robert H. Schuler, *Die Wirkung von Jod auf die Infrarotspektren von Alkyljodiden.* Um Solvatationseffekte zu ermitteln, nahm Vf. die Infrarotspektren von 14,2 Mol *Methyljodid* (**I**) + 1,94 Mol J_2 u. von 11,0 Mol *Äthyljodid* (**II**) + 1,94 Mol J_2 zwischen 6 u. 26 μ auf. Die C—J-Valenzschwingungen (530 cm^{-1} für **I**, 508 cm^{-1} für **II**) sowie die schwache Bande von **II** bei 990 cm^{-1} treten dabei nur wenig nach längeren Wellen verschoben auf. Die Spektren von **II** mit u. ohne J_2 sind kaum zu unterscheiden, **II** mit J_2 absorbiert unter 19,9 μ schwächer u. darüber etwas stärker als reines **II**; Entsprechendes gilt auch für CH_3J. Es ist also kein Nachw. über eine Änderung im Bindungscharakter, sondern nur eine Störung der C—J-Valenzschwingung bei Ggw. von J_2 zu erkennen. (J. chem. Physics **22.** 947. Mai 1954. Upton, Long Island, N. Y.; Brookhaven, Nat. Labor., Chem. Dep.) GNAUCK. D 120

A. W. Ioganssen und **W. M. Tatewski,** *Berechnung der Elastizitätskoeffizienten des Tetrachlorkohlenstoffmoleküls.* Die Berechnung der Konstanten der potentiellen Energie u. Schwingungsfrequenzen bei den Halogenderivv. des Methans ist von STEPANOW (Доклады Академии Наук СССР [Ber. Akad. Wiss. UdSSR] [N. S.] **40.** [1943.] Nr. 7; Журнал Экспериментальной и Теоретической Физики [J. exp. theoret. Physik] **15.** [1945.] Nr. 1–2) nach der Meth. von JELJASCHEWITSCH (Журнал Физической Химии [J. physic. Chem.] **14.** [1940.] 1381; **15.** [1941.] 831. 847) durchgeführt worden. Die Feinstruktur der Linien im RAMAN-Spektr. von CCl_4 wurde zuerst von LANGSETH (Z. Physik **72.** [1931.] 350) experimentell untersucht, der glaubte, die Linienaufspaltung nicht auf einen Isotopeneffekt, sondern auf Störung der Tetraedersymmetrie des CCl_4 zurückführen zu müssen. In vorliegender Arbeit werden die Frequenzen für $C^{35}Cl_4$, $C^{35}Cl_3{}^{37}Cl$, $C^{35}Cl^{37}Cl_3$ u. $C^{37}Cl_4$ berechnet. Unter Benutzung der STEPANOWschen Konstanten ergeben sich bei einzelnen Frequenzen Unterschiede zwischen berechneten u. experimentellen Werten, die sich aber darauf zurückführen lassen, daß diese Konstanten unzuverlässig sind; hierbei wurden die Linien im Spektr. des gewöhnlichen CCl_4 den vorst. Isotopenmoll. zugeordnet. Daher werden die besten Näherungswerte für die 5 quasielast. Konstanten des CCl_4 mittels der Meth. der kleinsten Quadrate (8 Bestimmungsgleichungen liegen vor) neu ermittelt. Die hieraus berechneten Frequenzen sind mit den beobachteten in guter Übereinstimmung. Der Höchstfehler beträgt 0,3% gegen 5% nach STEPANOW. Die von diesem aufgestellte Behauptung, daß sich die Konstanten der C—Cl-Bindung in der Reihe CH_3Cl, CH_2Cl_2, $CHCl_3$, CCl_4 von Mol. zu Mol. ändern, ist anzuzweifeln; auch in diesen Fällen sind die Konstanten offenbar ungenau. Für das *$CHCl_3$*-Mol. werden analoge Rechnungen mit guter Übereinstimmung von beobachteten u. berechneten Frequenzen durchgeführt. (Журнал Физической Химии [J. physik. Chem.] **24.** 394–402. April 1950. Moskau, Lomonossow-Univ.) LEBTAG. D 120

J. Rud Nielsen, C. Y. Liang und **D. C. Smith,** *Ultrarot- und Raman-Spektren fluorierter Äthane.* 6. Mitt. *Die Reihe CF_3CH_3, CF_3CH_2Cl, CF_3CHCl_2 und CF_3CCl_3.* (5. vgl. C. **1954.** **7614.**) Es werden die Ultrarotspektren von 2—38 μ u. die RAMAN-Spektren mit Depolarisationsfaktoren von gasförmigem u. fl. *CF_3CH_2Cl* u. *CF_3CHCl_2* mitgeteilt. Eine ausführliche Diskussion unter Verwertung der Daten von CF_3CH_3 u. CF_3CCl_3 ermöglicht eine vollständige Zuordnung der Frequenzen zu den Grundschwingungen u. damit auch eine Berechnung der thermodynam. Funktionen für verschied. Tempp. zwischen 167 u. 800° K. (J. chem. Physics **21.** 1060—69. Juni 1953. Norman, Okla., Univ., Dep. Phys.; Washington, D. C., Naval Res. Labor.) GOUBEAU. D 120

J. Rud Nielsen, C. Y. Liang, D. C. Smith und **Morris Alpert,** *Ultrarot- und Raman-Spektren fluorierter Äthane.* 7. Mitt. *CCl_3CF_2Cl und CCl_3CFCl_2.* (6. vgl. vorst. Ref.) Im Bereich von 2—38 μ wird das Ultrarotspektr. von fl. *CCl_3CF_2Cl* u. von *CCl_3CFCl_2* als Glas u. in CS_2-Lsg. aufgenommen, außerdem das RAMAN-Spektr. mit Depolarisationsfaktoren beider Substanzen im fl. Zustand bei 50 bzw. 120°. Es wird eine vollständige Zuordnung der Frequenzen zu den Grundschwingungen u. die Berechnung der thermodynam. Funktionen für verschied. Tempp. zwischen 200 u. 700° K durchgeführt. (J. chem. Physics **21.** 1070—76. Juni 1953.) GOUBEAU. D 120

B. M. Bishui, *Das Raman-Spektrum des 1.3-Dibrompropans und des 1.2.3-Trichlorpropans im festen Zustand.* Es werden die RAMAN-Spektren von *1.3-Dibrompropan* (**I**) u. *1.2.3-Trichlorpropan* (**II**) im fl. u. festen Zustand aufgenommen u. miteinander verglichen. Während bei I einige starke Linien im festen Zustand verschwinden, bleiben bei II alle erhalten. Zur Erklärung dieser Befunde werden für I Rotationsisomere angenommen, dagegen müssen für II andere Gründe für das Auftreten von überzähligen Linien im fl. Zustand bestehen. (Indian J. Physics Proc. Indian Assoc. Cultivat. Sci. **27/36.** 90—94. Febr. 1953. Calcutta, Ind. Assoc. Cultivat. Sci., Optics Dep.) GOUBEAU. D 120

Kenneth S. Pitzer und **J. L. Hollenberg,** *cis- und trans-Dichloräthylen. Die Infrarotspektren von 130—400 cm⁻¹ und die thermodynamischen Eigenschaften.* Vff. nahmen mit einem früher beschriebenen Spektrographen (vgl. BOHN u. Mitarbeiter, J. chem. Physics **21.** [1953.] 719) das Infrarotspektr. von *cis-* (I, F. —80°) u. *trans-Dichloräthylen* (II) zwischen 130 u. 400 cm^{-1} auf (angegeben sind nur Spektr. u. Bandentabelle mit Zuordnungen von II sowie die Grundschwingungen mit Zuordnungen von I), wobei das Spektr. von I jenseits der schwachen Bande bei 173 cm^{-1} keine besonderen Merkmale zeigte. Vff. kritisieren die von BERNSTEIN u. RAMSAY (C. **1950.** I. 2212) getroffenen Zuordnungen, die Banden bei 192 u. 265 cm^{-1}, die μ_7 (A_u) bzw. μ_{12} (B_u) zugeordnet worden waren, konnten nicht wieder gefunden werden. Die Bande bei 227 cm^{-1} (Q-Zweig) wird der Grundschwingung ν_7 (A_u), die Schulter bei 250 cm^{-1} ν_{12} (B_u) zugeordnet.

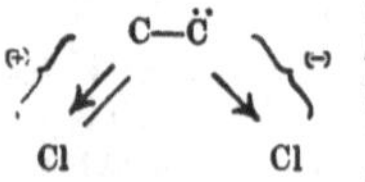

Vff. berechnen ferner die Bindungspotentialkonstanten für I u. II u. die thermodynam. Funktionen C_p^0, $H^0 - H_0^0$, $-(F^0 - H_0^0)/T$ u. S^0 zwischen 200 u. 1500° K, ferner die Isomerisierungsenergie I ⇌ II ΔH_0^0 zu 445 ± 20 cal/Mol, II hat demnach einen höheren Energieinhalt. Die anomale Stabilität von I wird mit verschied. Ladungen an den Cl-Atomen in obenst. mesomeren Grenzformen erklärt. (J. Amer. chem. Soc. **76.** 1493—96. 20/3. 1954. Berkeley, Calif., Univ., Dep. of Chem. and Chem. Engng.) GNAUCK. D 120

John H. Wotiz, Foil A. Miller und **Robert J. Palchak,** *Die Ultrarotspektren von Propargylalkoholen und -bromiden.* Die Ultrarotspektren von 2—15 μ von 18 Propargylalkoholen u. Propargylbromiden werden abgebildet. Sie zeigen neben der bekannten C≡C-Schwingung bei 2100—2280 cm^{-1} eine Bande im „Doppelbindungsgebiet", die bei prim. substituierten R—C≡C—CH_2X bei 1700—1740 cm^{-1} liegt, bei sek. R—C≡C—CHX—CH_3 oder R—CHX—C≡CH bei 1650—1700 cm^{-1}, bei tert. R—C≡C—$CX(CH_3)_2$ bei 1600—1630 cm^{-1}. Es wird diskutiert, ob diese Banden einem Oberton oder Kombinationston angehören, ob sie von einer C=O-Verunreinigung stammen, ob sie zu Isomeren mit Doppelbindungen gehören können oder ob es sich um charakterist. Grundschwingungen der Moll. in der angegebenen Strukturformel handelt. Eine Entscheidung zwischen den 4 Möglichkeiten kann nicht getroffen werden. Im einzelnen wurden untersucht (vgl. auch J. Amer. chem. Soc. **71.** [1949.] 3441): *Propargylalkohol* u. *-bromid, γ-n-Butylpropargylalkohol* ($Kp._{28}$ 98°, n_D^{25} 1,4523) u. *-bromid* ($Kp._4$ 54°, n_D^{25} 1,4844), *γ-n-Propyl-* ($Kp._4$ 38°, n_D^{25} 1,4886) u. *γ-n-Amylpropargylbromid* ($Kp._4$ 68°, n_D^{25} 1,4818), *γ-Phenylpropargylalkohol* ($Kp._2$ 107°, n_D^{25} 1,5835) u. *-bromid* ($Kp._1$ 93°, n_D^{25} 1,6195), *α-Methyl-γ-n-butylpropargylalkohol* ($Kp._4$ 66°, n_D^{25} 1,4452) u. *-bromid* (I, $C_8H_{13}Br$, $Kp._2$ 57°, n_D^{25} 1,4805), *α-Methyl-γ-n-amylpropargylalkohol* ($Kp._2$ 63°, n_D^{25} 1,4409) u. *-bromid* (II, $C_9H_{15}Br$, $Kp._{<1}$ 56°, n_D^{25} 1,4800), *α-n-Butylpropargylalkohol* ($Kp._{18}$ 69°, n_D^{25} 1,4360) u. *-bromid* (III, $C_7H_{11}Br$, $Kp._{20}$ 64°, n_D^{25} 1,4695), *α.α-Dimethyl-γ-n-butylpropargylalkohol* ($Kp._{33}$ 97°, n_D^{25} 1,4418) u. *-bromid* (IV, $C_9H_{15}Br$, $Kp._1$ 49°, n_D^{25} 1,4755), *α.α-Dimethyl-γ-n-amylpropargylalkohol* (V, $C_{10}H_{18}O$, $Kp._4$ 73°, n_D^{25} 1,4420) u. *-bromid* (VI, $C_{10}H_{17}Br$, $Kp._{<1}$ 78°, n_D^{25} 1,4920). — Die Bromide I—IV u. VI wurden aus den entsprechenden Alkoholen mit PBr_3 in Ae. bei Ggw. von Pyridin dargestellt, V aus der acetylen. GRIGNARD-Verb. mit Aceton. (J. Amer. chem. Soc. **72.** 5055—58. Nov. 1950. Pittsburgh, Pa., Univ., Dep. of Chem., u. Mellon Inst.) A. REUTER. D 120

S. K. Mukerji, L. Singh und **R. S. Singh,** *Über das Raman-Spektrum und die Struktur des 1.3.5-Triphenylbenzols.* In CS_2-, CCl_4-, Essigsäure- u. $CHCl_3$-Lsg. wurde das RAMAN-Spektr. des *1.3.5-Triphenylbenzols* (F. 170°) aufgenommen u. mit den Spektren von Diphenyl u. den verschied. Diphenylbenzolen verglichen. Bes. groß ist die Ähnlichkeit mit m-Diphenylbenzol. Daraus wird der Schluß gezogen, daß auch das Triphenylbenzol planar gebaut ist. (Indian J. Physics Proc. Indian Assoc. Cultivat. Sci. **27/36.** 341—46. Juli 1953. Agra, Coll., Dep. Phys.) GOUBEAU. D 120

Billy B. DeMore, W. S. Wilcox und **J. H. Goldstein,** *Mikrowellenspektrum und Dipolmoment von Pyridin.* Vff. untersuchten das Mikrowellenspektr. des *Pyridins* im Bereich zwischen 20000 u. 40000 MHz. 12 Linien wurden identifiziert u. den entsprechenden Übergängen zugeordnet. Aus der Analyse des Spektr. folgt, daß das Dipolmoment (gefunden für den Dampfzustand aus quantitativen Unterss. des

STARK-Effekts: 2,15 ± 0,05 D) in der a-Achse liegt. Die Rotationskonstanten ergaben sich zu a = 6039,436 MHz; b = 5804,997 MHz; c = 2959,210 MHz; $\varkappa$ = +0,847781. Auf Grund der Ergebnisse wird ein Molekülmodell mit teilweise verkürzten Atomabständen diskutiert. (J. chem. Physics **22**. 876—77. Mai 1954. Emory, Ga., Univ.) J. ROTHE. D 121

Harold J. Groh jr., *Die Fluorescenz von Diacetyldampf.* Die Fluorescenzabklingung von dampfförmigem Diacetyl nach Blitzlichtanregung mit 3650 Å besteht aus einer schnellen (mittlere Abklingzeit $\tau_1 = 8 \cdot 10^{-6}$ sec) u. einer langsamen ($\tau_2 = 2 \cdot 10^{-3}$ sec) exponentiellen Komponente. Die Messungen der Fluorescenzauslöschung Q bei verschied. Drucken p des Diacetyldampfes u. bei verschied. Tempp. T (30—200°) mit u. ohne O_2-Beimengung verschied. Konz. C zeigen lineare Zunahme von 1/Q mit C bei kleinen C-Werten u. Sättigungswerte von 1/Q bei höherem C. Bei T = 200° sind nur die C-unabhängigen Sättigungswerte von 1/Q beobachtbar. Dieses Verh. u. der Verlauf der reziproken Fluorescenzausbeuten mit p kann dadurch gedeutet werden, daß entsprechend den Übergängen von Elektronen von zwei etwas verschied. oberen Niveaus zwei Fluorescenzen auftreten: die eine Fluorescenz mit längerer Abklingung ist in der Hauptsache bei Raumtemp. vorhanden u. wird durch O_2 stark, bei 200° ganz gelöscht, die andere wird durch O_2 nicht beeinflußt u. erscheint auch bei 200° noch. (J. chem. Physics **21**. 674—77. April 1953. Rochester, N. Y., Univ., Dep. of Chem.) RUDOLPH. D 125

J. L. Franklin und **F. H. Field**, *Die Ionisierungspotentiale von substituierten Acetylenen, bestimmt durch Elektronenstoßversuche.* Vff. bestimmten mittels der Elektronenstoßmeth. die Appearance-Potentiale von *Acetylen* zu 11,46 ± 0,01, *Propin-(1)* (I) zu 10,48 ± 0,06, *Butin-(1)* zu 10,34 ± 0,1, *Butin-(2)* zu 9,85 ± 0,07, *Pentin-(1)* zu 10,39 ± 0,01, *3-Methylbutin-(1)* zu 10,35 ± 0,03, *Vinylacetylen* (II) zu 9,90 ± 0,09 u. *Diacetylen* zu ca. 10,9 eV (aus der Rk. von II: $C_4H_4 \rightarrow C_4H_2^+ + H_2$ zu 12,88 ± 0,14 eV). Der Wert für I weicht von dem von PRICE u. WALSH (Trans. Faraday Soc. **41**. [1945.] 381) spektroskop. ermittelten (11,30 eV) stark ab, die möglichen Gründe für diese Diskrepanz werden diskutiert. (J. Amer. chem. Soc. **76**. 1994—97. 5/4. 1954. Baytown, Tex., Humble Oil and Refining Co.) L. FISCHER. D 131

R. S. Phadke, *Studien über die Dielektrizitätskonstanten von Fettsäuren. 2. Mitt. Beziehung zwischen der Struktur und der Dielektrizitätskonstanten von Fettsäuren.* (1. vgl. C. **1954**. 6689.) Bei einer Frequenz von 1000 kHz werden die DK., die Dichten u. Brechungsexponenten von *Propionsäure*, *n-* u. *Isobuttersäure*, *Isovaleriansäure*, *n-Capronsäure*, *Isocapronsäure*, *Caprylsäure*, *Ölsäure*, *Elaidinsäure*, *Ricinol-* u. *Ricinelaidinsäure* gemessen. Die DKK. der n. Fettsäuren nehmen mit der C-Zahl ab u. steigen linear mit der Temp. an. Der Temperaturkoeff. nimmt mit wachsender Zahl der C-Atome ab, woraus folgt, daß die Assoziation in diesen homologen Reihen mit wachsendem Mol.-Gew. abnimmt. Die Isosäuren verhalten sich ähnlich. Auch der Einfl. der Einführung einer Doppelbindung, einer OH-Gruppe u. der cis-trans-Isomerie wird entsprechend erörtert. (J. Indian Inst. Sci. **34**. 293—304. Okt. 1952. Bangalore, Indian Inst. of Sci., Dep. of Gen. Chem.) K. L. WOLF. D 132

Robert W. Crowe und **Charles P. Smyth**, *Das dielektrische und molekulare Verhalten von 1.3-Dipalmitin, 1.3-Distearin, Tripalmitin, Tristearin und Tetradecylpalmitat.* Die Temperaturabhängigkeit der DK. der beiden Diglyceride in der Nähe der FF. bei 50 kHz u. der Triglyceride von —140 bis +80° bei 0,5, 5 u. 50 kHz wird in Diagrammen wiedergegeben, zum Vgl. auch die DK. von *Tetradecylpalmitat* von —50 bis +50°. Die Leitfähigkeit u. dielektr. Verluste sind im festen Zustand sehr klein. Bei den Diglyceriden werden zwei feste Formen (βa: F. 71,7 bzw. 77,7°; βb: F. 72,8 bzw. 78,5°) beobachtet, die keine Dipolorientierung im festen Zustand zeigen. Die Triglyceride haben 3 feste Formen (α: F. 44 bzw. 54°; β': — bzw. F. 65°; β: F. 65,8 bzw. 72,5°), von denen die α-Formen von —140 bis —10° eine deutliche Frequenzabhängigkeit der DK. zeigen. Diese breite Verteilung der Relaxation wird Bewegungen von verschieden großen Teilen der Kettenmoll. zugeschrieben. (J. Amer. chem. Soc. **72**. 5281—87. Nov. 1950. Princeton, N. J., Univ., Frick Chem. Labor.) A. REUTER. D 132

Helmuth Kainer und **Karl H. Hausser**, *Über Radikalsalze mit temperaturabhängigem magnetischem Moment.* Die aus 4.4'-Dimethoxydiphenylamin (**IV**) u. $SbCl_5$ von WIELAND u. WECKER [1910] dargestellte Verb. ist ein Radikalsalz. Der Cl-Geh. der Verb. entspricht der Formel $C_{14}H_{15}O_2N \cdot SbCl_4$; sie wäre demnach als *4.4'-Dimethoxydiphenylaminiumtetrachloroantimonat* (**I**) zu bezeichnen. Für diese Formulierung sprechen jodometr. Bestimmungen des Oxydationswertes u. Ultrarotspektr., das deutlich bei 3,15 μ die für die NH-Gruppe charakterist. Absorptionsbande aufweist. — Aus N-Methyl-4.4'-dimethoxydiphenylamin (**V**) u. $SbCl_5$ wurde die ähnliche Verb. (**II**), $C_{15}H_{17}O_2N^{(+)}$

$^1/_2(SbCl_4^{(-)} + SbCl_6^{(-)})$ dargestellt, deren UV-Spektr. Übereinstimmung mit dem von I zeigt. — Die von WIELAND [1907] aus Tritolylamin u. $SbCl_5$ dargestellte Verb. setzt sich mit IV zu einer Verb. $C_{14}H_{15}O_2N^+ \cdot {}^1/_2(SbCl_4^- + SbCl_6^-)$ (III) um. III ähnelt in Eigg. I u. besitzt nahezu gleiches Absorptionsspektrum. Bei Einw. von blauem Tritolylaminiumperchlorat auf V konnte auch ein krist. blaugrünes *Perchlorat*, $C_{15}H_{16}O_2N^{(+)} \cdot ClO_4^{(-)}$ dargestellt werden. — Bei der Einw. von $SbCl_5$ auf Tetraanisylhydrazin (dessen Darst. verbessert wurde) bildet sich I. — Vff. untersuchen das Verh. von I, II u. III bei jeweils 295, 200 u. 77° K. I $\chi_{m,\,para} \cdot 10^6 = 756$, 806, 756; III 626, 618, 938; II 1011, 1528, 3673; (vgl. dagegen: $\chi_{m,\,para}$ theoret. 1270, 1860, 4800). I u. III folgen also nicht dem CURIE-WEISSschen Gesetz u. unterscheiden sich somit von sämtlichen bis jetzt untersuchten monomol. vorliegenden organ. Radikalen u. Radikalsalzen mit einem ungepaarten Elektron. Dagegen folgt II im untersuchten Temperaturbereich innerhalb der Fehlergrenze dem CURIE-WEISSschen Gesetz. — Zur Erklärung der Eigg. von I u. III scheidet nach Vff. die Möglichkeit der Dimerisierung im festen Zustand unter Ausbldg. einer N.N-Atombindung aus, da sich diese Dimerisierung durch eine Änderung des Absorptionsspektr. zu erkennen geben würde, diese jedoch für I, III wie II bei 20° u. —190° ident. sind. Die Annahme eines kombinierten Spin–Bahn-Momentes zur Deutung der magnet. Temperaturanomalie lehnen Vff. ebenfalls ab (vgl. MÜLLER, Fortschr. chem. Forsch. **1.** [1949.] 325). Dagegen diskutieren sie Abnahme des Paramagnetismus bei tiefen Tempp. ohne Postulierung eines Bahnmomentes durch eine Wechselwrkg. der ungepaarten Elektronen bei tiefen Tempp., wobei sich ihre Spins gegenseitig (z. B. über Wasserstoffbrücken) absättigen, ohne daß es zur Ausbldg. einer Atombindung kommen kann; dies steht auch mit dem n. Temperaturverhältnis von II in Einklang, bei dem eine Annäherung der Radikalzentren aus ster. Gründen kaum erfolgen kann. — Auch Pyocyaniniumperchlorat u. andere Phenaziniumsalze zeigen ähnliche Temperaturanomalie der magnet. Susceptibilität.

Versuche: *4.4'-Dimethoxydiphenylaminiumtetrachloroantimonat* (I), $C_{14}H_{15} \cdot O_2N^{(+)} \cdot SbCl_4^{(-)}$, F. 116—118°, aus je 1 g IV u. $SbCl_5$ in Chlf., ca. 50% (Ausbeute). — *N-Methyl-4.4'-dimethoxydiphenylamin* (V), $C_{15}H_{17}O_2N$, F. 89° (A.), aus IV u. Dimethylsulfat, 1 Std. bei 100°, 86%. — *Verb.* II, $C_{15}H_{17}O_2N^{(+)} \cdot {}^1/_2(SbCl_4^{(-)} + SbCl_6^{(-)})$, blaugrüne Nadeln aus Chlf./Ae., F. 80—81°, aus je 1 g V u. $SbCl_5$ in Chlf. unter Kühlung, *Verb.* $C_{14}H_{15}O_2N^{(+)}\ {}^1/_2(SbCl_4^{(-)} + SbCl_6^{(-)})$ (III), grünblaue Nadeln aus Chlf./PAe., F. ~90° (Zers.), aus IV u. Tritolylaminiumhexachlorantimonat in Chlf. in der Kälte. — *Tetraanisylhydrazin*, $C_{28}H_{28}O_4N_2$, F. 87° (Bzl.–Bzn.), aus 4 g IV in absol. Ae., 5 g akt. PbO_2 u. 10 g geglühtem Na_2SO_4, 1 Std. Schütteln, Abdest. des Ae. unter 20°, 2,2 g. — Einw. von $SbCl_5$ auf vorst. Verb. gibt I. (Chem. Ber. **86.** 1563—70. 1953. Heidelberg, Max-Planck-Inst. für Med. Forsch., Inst. für Chemie.) MINSINGER. D 137

Alwyn G. Evans, A. Price und **J. H. Thomas,** *Der Lösungsmitteleinfluß auf die Ionisierung von organischen Halogeniden.* 1. Mitt. *Ionisierung in Nitrobenzol und m-Nitrotoluol.* (Vgl. EVANS u. Mitarbeiter, C. **1954.** 6197.) Vff. untersuchen spektroskop. bei ~20° die Thermodynamik des Gleichgewichtes RCl (gelöst) $\rightleftharpoons R^+Cl^-$ (gelöst) in den Lösungsmitteln Nitrobenzol (IV) u. m-Nitrotoluol (V) für *Triphenyl-, p-Tolyldiphenyl-* (I), *Di-p-tolylphenyl-*(II) u. *Tri-p-tolylmethylchlorid* (III) u. finden, daß p-Methylgruppen die Ionisation erhöhen; ihr Einfl. auf die Änderung der freien Energie ist additiv. Die Dissoziation von RCl nimmt weiterhin mit steigender DK. des Lösungsm. zu. In einigen Fällen wird von Vff. ein Vgl. angestellt zwischen dem Lösungsmitteleinfl. auf die Ionisation von RCl u. dem Einfl. auf die Aktivierung von S_N1-Rkk.; zwischen beiden Effekten besteht eine enge Parallelität. — Einzelergebnisse: I in IV, (K) $3{,}1 \cdot 10^{-4}$, (Δ H) 0,5 kcal/Mol, (Δ S) —14,4 cal/Grad·Mol; I in V, $4{,}0 \cdot 10^{-5}$, 1,2, —16,1. — II in IV, $1{,}3 \cdot 10^{-3}$, —0,2, —14,0; II in V, $2{,}0 \cdot 10^{-4}$, 0,8, —14,0. — III in IV, $7{,}9 \cdot 10^{-3}$, —0,6, —11,6; III in V, $1{,}1 \cdot 10^{-3}$, 0,2, —13,0. (Trans. Faraday Soc. **50.** 568—74. Juni 1954. Cardiff, Univ. Coll., Chem. Dep.) G. WINKLER. D 139

L. Je. Ter-Minassjan, *Elektrolytische Reduktion von o-Nitranilin.* Es wurde eine Meth. der Elektrored. von o-Nitranilin zu *o-Phenylendiamin* in wss. alkoh. Lsg. (50% A.) u. 4% NaOH (50%) entwickelt u. der Einfl. des Kathodenmaterials (Pb), der Temp. (40—70°) u. der Stromdichte (14 A/dm²) für die optimalen Bedingungen untersucht. Es konnten bis 89,9% der theoret. Menge umgewandelt werden. (Журнал Физической Химии [J. physik. Chem.] **27.** 719—23. Mai 1953. Erewan, Labor. für pharmazeut. Chem. der Akad. der Wiss. der ArmenSSR.) A. KUNZE. D 141

Cecil H. Hale und **Margie N. Hale,** *Polarographie von Salicylsäure.* Das Halbwellenpotential von *Salicylsäure* (I) wurde in 0,2 mol. Methyltributylammoniumhydroxyd bzw. 0,2 mol. Tetrabutylammoniumhydroxyd zu —2,39 V gegen gesätt. Hg_2Cl_2 gefunden. Konzentrationsänderungen zwischen 0,001 u. 0,012 mol. I hatten keinen Einfl.

auf die Lage des Potentials. Die m- u. p-Isomeren, Benzoesäure, sowie o- u. p-Aminobenzoesäure waren unter den Versuchsbedingungen nicht reduzierbar. (Analytic. Chem. **26.** 1078–79. 21/6. 1954. Austin, Tex., Southwestern Analyt. Chemicals.) MOISAR. D 142

F. Ender, E. Fahrbach und **H. J. Teuber,** *Polarographische Kennzeichnung organischer Strukturtypen.* 1. Mitt. *Unterscheidung zwischen Indolen, Indoleninen und α-Methylendihydroindolen.* Eine Unterscheidung zwischen Indolen, Indoleninen u. α-Methylendihydroindolen („FISCHER-Basen") ist auf Grund der Lage ihrer Halbwellenpotentiale möglich. Während die vollaromat. reagierenden Indole, wie auch Dihydroindole u. Tetrahydrocarbazole, erwartungsgemäß polarograph. nicht reduzierbar sind, geben Indol- u. Carbazolenine eine Stufe bei –1,70 V. „FISCHER-Basen" sowie N-Vinylcarbazole, deren C–C-Doppelbindungen durch das freie N-Elektronenpaar mit dem aromat. Kern in Konjugation stehen, sind leichter reduzierbar u. geben bereits bei –1,30 V (gegen n.-Kalomel) eine Stufe. (Angew. Chem. **66.** 293. 7/6. 1954. Heidelberg, Univ., Physikal.-chem. u. Chem. Inst.) MOISAR. D 142

George D. Oliver, S. Blumkin und **C. W. Cunningham,** *Einige physikalische Eigenschaften von Hexadekafluorheptan.* Im Anschluß an eine frühere Arbeit (C. **1952.** 3628) untersuchten Vff. weitere Eigg. des reinen *Hexadekafluorheptans*: F. 221,87 ±0,05° K, Kp. 82,51 ±0,05° bei 760,0 ±0,1 mm Hg, krit. Daten t_c = 201,7°, p_c = 16,0 at, D_c = 0,584 g/ml. Jeweils bei 20, 25 u. 30° wurden Dichte, Brechungsindex (Na_D-, Hg_E-, Hg_G-, H_C- u. H_F-Linie), Oberflächenspannung u. Parachor gemessen. Außerdem wurde das Infrarotabsorptionsspektr. sowie das RAMAN-Spektr. aufgenommen. (J. Amer. chem. Soc. **73.** 5722–25. Dez. 1951.) KARUTZ. D 146

Alfred P. Mills und **Charles A. MacKenzie,** *Die Anwendung der Bindungsparachorwerte auf die Organosiliciumchemie.* Unter Benutzung des von VOGEL u. Mitarbeitern (Chem. and Ind. **1950.** 358) entwickelten Syst. der organ. Bindungsparachorwerte wurden folgende Bindungsparachorwerte (in ml/Mol) auf Grund der an 20 Verbb. gemessenen Parachorwerte erhalten: Si–C (Si nicht an F, O oder Cl gebunden) 11,8; Si–C_{Aryl} 9,2; Si–C (ein O oder bis zu 3 Cl an Si gebunden) 12,6; Si–C (2 O an Si gebunden) 14,2; Si–O 12,7; Si–Cl 60,3; Si–J 107,9; Si–H (kein F, O oder Cl an Si gebunden) 25,0; Si–H (1–3 O oder Cl an Si gebunden) 29,1; C–C (in Si-Äthyl oder -Propyl außer SiR_4-Verbb.) 3,0; C–C [in Si-$(Äthyl)_4$ oder -$(Propyl)_4$] 2,3; C–C (in SiO-Äthyl oder -Propyl) 2,6; C–O (in SiOR) 16,0. Bei der Anwendung dieser Werte auf 34 andere Verbb. ergab sich eine mittlere Abweichung der berechneten Werte von den gemessenen von 0,56%. – $Si(OC_2H_5)_4$, $Kp._{20}$ 73,3°, $D.^{20,0}_4$ 0,9334, $n_D^{20,2}$ 1,3829. – *Tetra-n-propylorthosilicat*, $Kp._{20}$ 120°, $D.^{20,0}_4$ 0,9176, $n_D^{18,3}$ 1,4019. $[(CH_3)_3Si]_2O$, Kp. 99,4°, $D.^{20,0}_4$ 0,7640, $n_D^{21,8}$ 1,3769. – $[(CH_3)_2SiO]_4$, Kp. 174,5°, $D.^{20,0}_4$ 0,9558, $n_D^{10,3}$ 1,3964. – $[(CH_3)_2SiO]_5$, $Kp._{20}$ 102°, $D.^{20,0}_4$ 0,9584, $n_D^{20,0}$ 1,3976. – $(CH_3)_4Si$, Kp. 25,5°, $D.^{20,0}_4$ 0,6399, $n_D^{20,0}$ 1,3588. – $(C_2H_5)_4Si$, Kp. 152,7, $n_D^{21,2}$ 1,4259. – $(CH_3)_3SiCl$, Kp. 57,2°, $D.^{25,5}_4$ 0,8528, $n_D^{27,5}$ 1,3837. (J. Amer. chem. Soc. **76.** 2672–73. 20/5. 1954. Coral Gables, Fla., Univ. of Miami, u. Tulane Univ., Dep. of Chem.) L. FISCHER. D 148

N. Koslow, *Physikalisch-chemische Eigenschaften organischer Verbindungen und ihre Molekularstruktur.* 5. Mitt. *Siedetemperaturen der Monochlorderivate der aliphatischen Reihe.* (4. vgl. Журнал Общей Химии [J. allg. Chem.] **20 (82).** [1950.] 1019.) Vf. stellte bei den Monochlorderivv. gesätt. u. einfach ungesätt. KW-stoffe fest, daß eine Beziehung zwischen Kp. u. Molekularstruktur besteht. Der Kp. läßt sich mit Hilfe folgender Formel berechnen: $T = T' - (n_A \cdot A + n_B \cdot B + n_C \cdot C + \ldots)$. T ist hierbei der Kp. der Verb., T' der Kp. des prim. Cl-Deriv. mit n. gesätt. Kette u. gleicher C-Zahl; A, B, C usw. sind Strukturfaktoren; n_A, n_B, n_C usw. gibt an, wie oft diese Struktur in der Formel der Verb. vorkommt. Die Strukturfaktoren betragen z. B. bei CH_3–CHCl- 10°, CH_3–CH_2–CHCl- 7°, R–CHCl–$CH(CH_3)$- 8°, R–CHCl–CH_2–$CH(CH_3)$ u. bei weiterer Vergrößerung des Abstandes Cl–Verzweigungsstelle 7°, –$C(CH_3)Cl$- 10°; R = H oder n-Alkyl. Weitere Strukturfaktoren werden für Verbb. mit einer Doppelbindung angegeben; hierbei ist die Stellung von Cl u. (vorkommendenfalls) einer CH_3-Gruppe als Seitenkette von Bedeutung. Mit Hilfe vorst. Formel meint Vf. in der Lage zu sein, auf Ungenauigkeiten bei Kp.-Angaben der Literatur hinweisen zu können sowie die Kpp. noch nicht synthetisierter Verbb. vorauszusagen. (Tabellen mit 56 berechneten Siedepunkten.) (Журнал Общей Химии [J. allg. Chem.] **20 (82).** 1615–20. Sept. 1950. Molotow, Pädagog. Inst.) H. v. PEZOLD. D 150

D. Sette, *Ultraschallabsorption in Mischungen von Flüssigkeiten und Struktureffekte.* Vf. untersucht die Schallabsorption folgender bin. Gemische: *W.–n-Propylalkohol* (**I**), *Nitrobenzol–Äthylalkohol* (**II**) u. *Nitrobenzol–n-Hexan* (**III**) in Abhängigkeit von der Temp. u. für **I** u. **III** in Abhängigkeit von der Frequenz zwischen 7 u. 36 MHz. Diese

Fll. zeigen bei einem bestimmten Verhältnis der Konz. ein Maximum der Absorption, welches bei **III** etwa bei dem gleichen Wert auftritt wie das Maximum der Löslichkeitskurve. Der Absorptionskoeff. aller 3 Mischungen nimmt in seinem Maximum mit steigender Temp. ab. Zur Zeit ist aber noch nicht zu übersehen, ob der Relaxationsmechanismus in allen Fällen der gleiche ist. Im Falle maximaler Absorption ist die Fl. nicht mehr homogen, sondern von Anhäufungen inhomogener Teile verschied. Zus. u. Größe durchsetzt. Es kann angenommen werden, daß dabei Dichteschwankungen resultieren, die die durch die Viscosität bedingten Verluste erhöhen, oder es besteht die Möglichkeit, daß die Störung des Gleichgewichtes zwischen den Inhomogenitäten u. der Ausgangssubstanz durch die Schallwelle Relaxationseffekte auslöst. Da die Inhomogenitäten unterschiedlicher Größe u. Zus. sind, sind mehrere Relaxationszeiten zu erwarten. (J. chem. Physics **21.** 558. März 1953. Washington, D. C., Catholic Univ., Dep. of Phys.) H. JACOB. D 159

B. A. Raschkowan und **A. G. Nogajewa,** *Zusammengesetzte Emulsionsstabilisatoren. 2. Mitt. Änderung der Emulsionsdispersität in Gegenwart organischer Verbindungen.* (1. vgl. C. **1951.** I. 2128.) Der Dispersionsgrad von *Baumwollöl*-Emulsionen in 35%ig. NaOH in Ggw. von Alkoholen, Aldehyden u. aromat. Oxyverbb. ändert sich mit der angewendeten oberflächenakt. Komponente. Es wird festgestellt, daß sich die Dispersität erhöht, wenn sich die Grenzflächenspannung Öl–wss. Schicht infolge der Ggw. der verschied. akt. Stoffe erniedrigt. In der Reihe Acetaldehyd, x-Naphthol, Isoamylalkohol, Phenol, Butylalkohol, A., x-Nitrophenol, Hydrochinon, Sulfanilsäure steigt die Grenzflächenspannung (fällt der Dispersionsgrad). Formaldehyd u. Resorcin zeigen geringe Abweichungen von dieser Regel. (Коллоидный Журнал [Colloid-J.] **12.** 370–74. Sept./Okt. 1950, Frunse, Kirgis. Med. Inst.) LEBTAG. D 166

D. A. Posspechow, *Abhängigkeit der Viscosität von Flüssigkeiten von der neuen reduzierten Temperatur.* (Vgl. C. **1953.** 2081; **1954.** 23.) Die Kurven η/η_F (Viscosität bei der gegebenen Temp. bzw. beim F.) als Funktion von Θ, der neuen red. Temp. nach BAUER u. Mitarbeitern (J. Physique Radium, **7.** [1936.] 441) für die *Halogene, n-Fettsäuren* (*Essig-, Propion-, Butter-* u. *Valeriansäure*) u. *Alkanole* (*Methylalkohol, A.*), bilden innerhalb einer homologen Reihe keine gemeinsame Kurve, sondern ein Kurvenbüschel. Bei den *n-Alkanen* bilden *Butan, Hexan* u. *Octan* eine gemeinsame Kurve. Dasselbe beobachtet man bei *Propyl-* u. *Butylacetat.* Die Alkane mit ungerader C-Zahl (*Propan, n-Pentan* u. *n-Heptan*) geben keine gemeinsame Kurve, ebenso *Methyl-* u. *Äthylacetat.* (Журнал Прикладной Химии [J. angew. Chem.] **26.** 644–48. Juni 1953.) LEBTAG. D 172

Gustave Vavon und **Bernard Gastambide,** *Bedeutung des sterischen Faktors bei der Chromatographie. Verhalten von Menthol und Neomenthol an verschiedenen Adsorbentien.* Wie in einer Reihe von Adsorptionsverss. aus PAe. (Kp. 35–60°) an Aktivkohle, SiO_2-Gel u. säureaktivierter Tonerde gezeigt wird, ist, in Übereinstimmung mit früheren Verss. an Al_2O_3 (vgl. C. R. hebd. Séances Acad. Sci. **229.** [1949.] 655), auch im Falle des Substanzpaares *Menthol* ($[\alpha]_{578}$ −51,8° [c = 0,05, A.])-*Neomenthol* (durch Hydrierung von Menthon in Ggw. von Pt, $[\alpha]_{578}$ +15,4°), der ster. Faktor für das Ausmaß der Adsorption bedeutsam. Im Parallelvers. zeigte dagegen gefälltes $CaSO_4$ nur schwache Adsorptionskraft u. geringes Trennvermögen. Allg. kann gesagt werden, daß die am wenigsten verzweigte Verb. am stärksten adsorbiert wird. (C. R. hebd. Séances Acad. Sci. **231.** 1151–53. 20/11. 1950.) LIPPOLD. D 176

Kazuhisa Tomita, *Zustände von festem Methan, erschlossen aus der kernmagnetischen Resonanz.* Eine theoret. Analyse der Beobachtungsdaten von THOMAS, ALPERT u. TORREY (C. **1951.** II. 2855) ergibt, daß unterhalb 20° K die CH_4-Moll. auf den Schwingungsgrundzustand der Rotation beschränkt sind; die C—H-Bindungen liegen dann in Richtung der Diagonalen der Würfel, die von den C-Atomen gebildet werden, können aber leicht von einer Gleichgewichtslage in eine benachbarte übergehen. Auch oberhalb 20° ist keine freie, sondern nur behinderte Rotation möglich, u. erst oberhalb 65° K rotieren die Moll. unabhängig voneinander. (Physic. Rev. [2] **89.** 429–38. 15/1. 1953. Kyoto, Univ., Fac. of Sci., Dep. Phys.) KIRSCHSTEIN. D 182

Cecily Darwin Littleton, *Eine Strukturbestimmung des Gluconations.* Es wurden röntgenograph. das *Na-, K-* u. *Rb-*Salz der *Gluconsäure* untersucht; die Strukturbest. wurde mit dem K- u. Rb-Salz durchgeführt. Das Na-Salz krist. monoklin mit den Dimensionen a = 8,28 Å; b = 8,71 Å; c = 5,22 Å; β = 104°42′; Raumgruppe ist $P\,2_1$; Z = 2. Die rhomb. kristallisierenden K- u. Rb-Salze haben a = 23,63 Å; b = 7,46 Å; c = 5,05 Å bzw. a = 23,94 Å; b = 7,52 Å; c = 5,63 Å. Raumgruppe für beide Salze $P\,2_12_12_1$; Z = 4. PATTERSON-Projektionen u. FOURIER-Synthesen ergaben für das K-Salz die folgenden Parameter: K (x =) 0,465; (y =) 0,828; (z =) 0,035; C_1: 0,440; 0,162; 0,467; C_2: 0,383; 0,242; 0,560; C_3: 0,388; 0,448; 0,558; C_4: 0,330; 0,550; 0,583;

C_5: 0,344; 0,750; 0,537; C_6: 0,286; 0,840; 0,558; O_0: 0,472; 0,077; 0,627; O_1: 0,449; 0,167; 0,227; O_2: 0,372; 0,180; 0,825; O_3: 0,435; 0,509; 0,702; O_4: 0,321; 0,545; 0,873; O_5: 0,361; 0,772; 0,268; O_6: 0,242; 0,758; 0,407. Ganz allg. wurde festgestellt, daß die Konfiguration des Gluconations vollkommen mit der Darst. von FISCHER übereinstimmt. Das Ion enthält eine sechsgliedrige Zickzack-C-Kette, die nahezu eben ist. Die 5 O-Atome der OH-Gruppen u. die beiden O-Atome der Carboxylgruppe liegen oberhalb u. unterhalb der Ebene der C-Atome. Die C—C-Abstände liegen zwischen 1,53 u. 1,57 Å, der C—OH-Abstand beträgt im Mittel $1{,}43_6$ Å. Die beiden C—O-Entfernungen der Carboxylgruppe sind 1,28 bzw. 1,23 Å. Die Struktur des Salzes ist sehr fest. Sie enthält geriffelte Schichten von K-Ionen in der bc-Ebene, die $^1/_2$ a voneinander entfernt sind. Jede solche Schicht wird hauptsächlich durch Ionenkräfte zwischen den K-Ionen u. den O-Atomen der Carboxylgruppe zusammengehalten. Jedes K-Ion wird verzerrt oktaedr. von O-Atomen umgeben; 4 von ihnen sind Carboxyl–O-Atome von 4 verschied. Carboxylgruppen u. bilden ein rohes Quadrat. Andererseits ist jede Carboxylgruppe an 4 K-Ionen u. jedes O-Atom an 2 K-Ionen gebunden. Außer diesen Ionenbindungen bildet jedes Carboxyl–O-Atom eine H-Bindung zu einem OH-O-Atom eines anderen Moleküls. Die H-Bindungen verbinden die einzelnen Moll. in nahezu allen Richtungen. Es wird zum Schluß kurz auf die Beziehung zu der Struktur der α-Glucose eingegangen. Acta crystallogr. [Copenhagen] **6.** 775—81. 10/10. 1953. Philadelphia, Pa., Inst. for (Cancer Res. u. Lankenau Hospital Res. Ind.) GOTTFRIED. D 195

G. A. Golder, G. Ss. Shdanow und **M. M. Umanski,** *Röntgenographische Bestimmung der Struktur von Pikrylchlorid.* Um die Bindungsart der NO_2-Gruppen in Pikrylchlorid in Abhängigkeit von der Stellung der NO_2-Gruppe zum Cl-Atom zu klären, wurde eine röntgenograph. Unters. vorgenommen. Aus der Summe der kovalenten Radien ergibt sich eine Bindungslänge für C—N = 1,51 Å. Die Best. der Bindungslänge der o—NO_2-Gruppe ergibt 1,46 Å. Für die p-Gruppe ist C—N = 1,38 Å (starke Verkürzung). Dies beweist die Abhängigkeit der Länge der C—N-Bindung vom Orientierungswinkel der NO_2-Gruppe gegenüber der Ringebene. (Доклады Академии Наук СССР [Ber. Akad. Wiss. UdSSR] [N. S.] **92.** 311—14. 11/9. 1953. Physikal.-Chem. Karpow-Inst.) LEBTAG. D 195

Maria Przybylska und **W. H. Barnes,** *Die Kristall- und Molekularstruktur von α-Isosparteinmonohydrat.* Zweck der vorliegenden Unters. war, durch Best. der Kristallstruktur des *α-Isosparteinmonohydrats* (I), die von MARION u. LEONARD (vgl. Canad. J. Chem. **29.** [1951.] 22) vorgeschlagenen stereochem. Formeln der Thermopsin–Anagyringruppe der C_{15}-Lupinalkaloide zu prüfen. Durch Kristallisation aus Aceton wurden von I rhomb., nach der c-Achse gestreckte prismat. Kriställchen erhalten. Die Elementarzelle hat die Dimensionen a = 20,18 ± 0,04 Å; b = 10,61 ± 0,02 Å; c = 6,84 ± 0,02 Å. Raumgruppe ist $D_2{}^5$ —C 222_1; Z = 4 $C_{15}H_{26}N_2 \cdot H_2O$. Mit Z = 4 muß jedes Mol. eine zweizählige Symmetrieachse besitzen; die asymmetr. Struktureinheit ist daher ein halbes Molekül. Hieraus folgt, daß die parallel der a- oder b-Achse verlaufenden zweizähligen Achsen durch die O-Atome des H_2O-Mol. gehen u. mit den zweizähligen Achsen der Alkaloidmoll. koinzidieren müssen. Aus Packungsüberlegungen folgte, daß alle Ringe des Mol. die Sesselform haben, in den Moll. liegen die äußeren Ringe in trans-Stellung zu der Methylenbrücke u. zweizähligen Achsen parallel der a-Achse. Hierauf wurden durch verschied. FOURIER-Synthesen die Parameter festgelegt. Sie betragen (wegen der Bezifferung s. die nebenst. Figur): N_1: (x =) 0,133; (y =) 0,133; (z =) 0,077; C_2: 0,104; 0,240; 0,142; C_3: 0,058; 0,306; 0,003; C_4: 0,098; 0,340; —0,180; C_5: 0,131; 0,222; —0,238; C_6: 0,177; 0,161; —0,084; C_7: 0,211; 0,047; —0,164; C_8: 0,255; 0; 0;

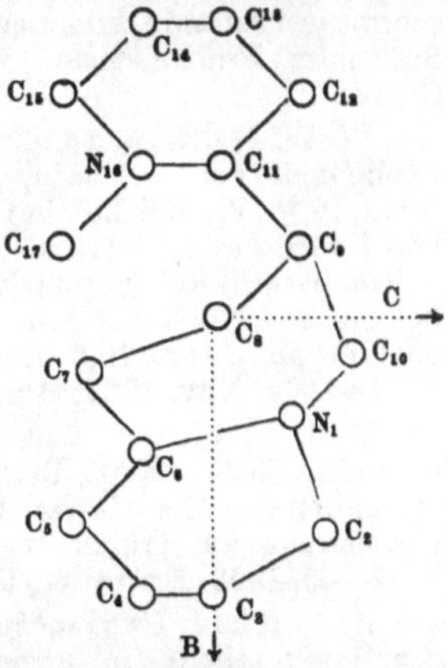

C_{10}: 0,170; 0,067; 0,229; O: 0; 0; 0. Die C—C-Abstände im Mol. liegen zwischen 1,47 u. 1,55 Å, die 3 Abstände C_6—N_1; N_1—C_{10} u. N_1—C_2 betragen 1,45; 1,46 u. 1,35 Å. Die kürzesten C—C-Abstände zwischen benachbarten Moll. liegen zwischen 3,97 u. 4,20 Å, woraus geschlossen werden kann, daß nur VAN DER WAALSsche Kräfte beim Zusammenhalten der Struktur beteiligt sind. Weiter wurde festgestellt, daß zwischen dem Alkaloidmol. u. dem H_2O-Mol. H-Bindungen nicht bestehen. Ganz allg. konnte die von MARION u. LEONARD (vgl. l. c.) vorgeschlagene stereochem. Konfiguration bestätigt merden. (Acta crystallogr. [Copenhagen] **6.** 377—84. 10/5. 1953. Ottawa, Nat. Res. Council, Phys. Div.) GOTTFRIED. D 195

Elias Elkik und **Henry Gault**, *Untersuchung der Gleichgewichtsreaktion zwischen organischen Säuren und Säureanhydriden.* 2. Mitt. *Acetanhydrid und Propion- und n-Buttersäure.* (1. vgl. C. **1952.** 2483.) Vff. stellten aus Keten u. Propionsäure das gemischte Anhydrid *Acetopropionanhydrid* (I), $Kp._1$ 25—27° (ca. 23% Ausbeute) dar, daneben bildeten sich ca. 35% *Propionanhydrid* (II), $Kp._1 > 29°$. I ergab mit trockenem Anilin (III) eine Mischung beider Anilide vom F. 96—97°, entsprechend einem Geh. von 90—91% *Propanilid*; mit W. gesätt. III führte dagegen mit I zu einer Mischung mit 32—33% *Acetanilid*. I reagiert also je nach Milieu — wahrscheinlich in Abhängigkeit von der DK. — verschieden. Die hohe Ausbeute an II zeigt an, daß I schnell in die einfachen Anhydride disproportioniert (vermutlich in der Dampfphase bei der Dest.), das gebildete Acetanhydrid konnte wegen seines tiefen Kp. bei 1 mm nicht quantitativ isoliert werden. — Die Schmelzkurve des Syst. *Acetanilid–n-Butyranilid* ist angegeben. (C. R. hebd. Séances Acad. Sci. **238.** 2428—30. 21/6. 1954.)
GNAUCK. D 221

Suzanne Valladas-Dubois, *Beitrag zur Untersuchung von Komplexen des Histidins und des Silberions.* Vf. untersuchte zwischen p_H 5,5 u. 7 die Bldg. von *Ag–Histidin-Komplexen* spektrophotometr. (bei 2450—2500 Å) an *Histidin*-(= AH, I)-$AgNO_3$-Lsgg. (je 10^{-1} bis 10^{-3}mol.) u. fanden einen 2:1-(I:Ag)-Komplex ($pK_1 = 7,48$, bei $\mu = 0,5$) gemäß der Gleichung $2AH + Ag^+ \rightleftharpoons [(AH)_2Ag]^+$. Ferner wurden die Titrationskurven von I ($2 \cdot 10^{-3}$mol.) mit 0—10^{-3}mol. $AgNO_3$ potentiometr. aufgenommen (Wendepunkt zwischen p_H 7 u. 9), sie konvergieren auf die Punkte, die der Zugabe von 1 Äquivalent Säure bzw. Base entsprechen u. unterstützen die Annahme des 2:1-Komplexes in neutralem Medium. Im alkal. Medium (p_H 11) bei Konzz. von $2,5 \cdot 10^{-3}$ bis $5 \cdot 10^{-4}$mol. (bei höheren Konzz. traten Ndd. auf) wurde spektrophotometr. (2750—2800 Å) ein 1:2-Komplex gemäß der Rk. $A^- + 2Ag^+ \rightleftharpoons (AAg_2)^+$ ($pK_2 = 9,62$) gefunden. Durch potentiometr. Unters. wurden 2 weitere Komplexe entdeckt, deren Existenz von der mol. Konz. an I abhängt: 1. ein neutraler 1:1-Komplex gemäß $A^- + Ag^+ \rightleftharpoons [AAg]$ ($pK_3 = 7,34$) u. 2. ein weiterer 2:1-Komplex durch $2A^- + Ag^+ \rightleftharpoons [A_2Ag]^-$ ($pK_4 = 8,9$. pK-Werte bei 17°). Ferner wurden bei 34,7 u. 25,3° mit dem gleichen Syst. bei p_H 11 viscosimetr. Messungen durchgeführt. Die Viscosität zeigt ein Maximum beim Mol.-Verhältnis 2:1, wodurch die Existenz des Komplexes $[A_2Ag]^-$ erneut nachgewiesen wurde. Da die Viscosität dieser Mischung während der ersten Stunden noch ansteigt, später konstant ist, wird vermutet, daß eine Polymerisation dieses Komplexes erfolgt. Vf. vermutet, daß der in saurem Milieu gefundene Komplex $[(AH)_2Ag]^+$ unter Mitwrkg. der NH_2-Gruppe, während das im Alkal. stabilste Komplexion $[A_2Ag]^-$ durch Chelation, Wechselwrkg. mit den α-Amino- u. den Imidazolaminogruppen, zustande kommen. — Ausführliche Wiedergabe der Berechnungen. (Bull. Soc. chim. France, Mém. [5] **21.** 831—36. Juni 1954. Paris, Fac. des Sci., Labor. de Chimie C.)
GNAUCK. D 223

W. W. Monblanowa und **W. M. Rodionow**, *Löslichkeit einiger β-Aminosäuren.* Die Löslichkeit von *β-Alanin, β-Phenylalanin, β-[α-Naphthyl]-β-alanin* (I) u. *N-Methyl-β-alanin* in W. bei 25° beträgt 6,125, 0,1200, 0,00226 u. 0,759 Mol/Liter. Im Falle von I wird gezeigt, daß sich die Löslichkeit mit Erhöhung der H-Ionenkonz. erhöht, jedoch besteht keine einfache Abhängigkeit. Die Konstante der Säuredissoziation von I bei 0,00866 Mol/Liter I u. 0,00870 Mol/Liter HCl ist 3,21, bei 0,061 Mol/Liter I u. 0,02956 Mol/Liter HCl 2,99. (Журнал Общей Химии [J. allg. Chem.] **23** (**85**). 1799—1802. Nov. 1953. Moskau, 2. Medizin. Stalin-Inst.) ULMANN. D 224

P. J. C. Fierens und **M. Matzner**, *Die 1.2-Umlagerungen.* 2. Mitt. (1. vgl. C. **1953.** 5316.) Krit. Betrachtung älterer Theorien der 1.2-Umlagerungen, Besprechung der Theorie von WHITMORE (J. Amer. chem. Soc. **54.** [1932.] 3274) u. deren Anwendung auf früher (vgl. 1. Mitt.) angeführte Beispiele. (Ind. chim. belge **17.** 1159—65. 1952. Bruxelles, Univ. Libre, Serv. de Chim. Organ.) MANTHEY. D 225

N. A. Khan, *Untersuchungen über den die Oxydation von Methyllinolenat einleitenden Prozeß mittels der Infrarotspektren.* Kurzbericht. Unter Anknüpfung an die bereits veröffentlichten Resultate über den Primärprozeß der Autoxydation von Methyllinolat (PRIVETT u. Mitarbeiter, C. **1954.** 219) werden analoge Verss. mit *Methyllinolenat* (I) ausgeführt. Darst. des I aus den Methylestern von Leinöl auf dem Wege der wiederholten Fraktionierung über die Harnstoffaddukte (Kristallisation bei 20 bis —10°), aus dem verbleibenden fl. Rückstand wird durch fraktionierte Dest. ein 89%ig. reines cis.cis.cis-I erhalten. I wird bei 10° der Autoxydation (Durchleiten von O_2) unterworfen, bis ca. 3% davon autoxydiert sind (Peroxydwert 200 Milliäquivalente/1 kg). Die gebildeten Hydroperoxyde werden durch Gegenstromverteilung (10—15°) zwischen Skelly F u. A (87%ig.) angereichert zu einem Präp. mit dem Peroxydwert 6025 Milliäquivalente/1 kg; Red. dieser instabilen Hydroperoxyde mit $SnCl_2$, wobei die Struktur unverändert bleibt. Unters. der gebildeten Oxyverbb. durch Infrarotabsorptionsmessungen. Es werden 2 Haupttypen von Isomeren als anwesend vermutet, nämlich 1. das cis–trans-konjugierte (948 cm^{-1}) u. 2. das trans.trans-konjugierte (988 cm^{-1}). Es wird abgeleitet, daß im Primärprozeß zunächst nur 1 der beiden zwischen den 3 Lückenbindungen der Linolensäure liegenden Methylengruppen autoxydiert wird; während dieser Phase verhält sich I wie Methyllinolat; wird die zweite Methylengruppe angegriffen, dann treten Komplikationen auf. Der Ablauf der Autoxydation wird schemat. folgendermaßen dargestellt: 4 Isomere entstehen, die

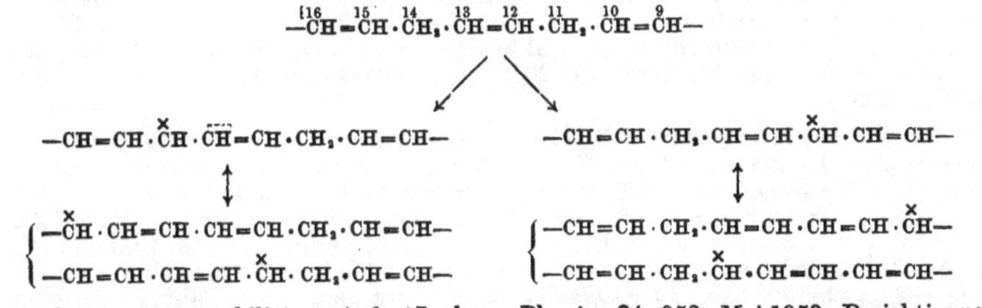

durch Resonanz stabilisiert sind. (J. chem. Physics **21**. 952. Mai 1953. Berichtigung: **22**. 764. April 1954. Austin, Minn., Hormel Inst.) TÄUFEL. D 225

G. R. Yohe, D. R. Hill, J. E. Dunbar und **F. M. Scheidt**, *Kohleoxydation. Vergleichende Untersuchungen an Phenolen.* Mono-, di- u. trisubstituierte Phenole (P.) wurden in 5% NaOH mit O_2 behandelt; die Oxydationsbedingungen waren dabei die gleichen, wie sie auch bei der Rk. von Kohle angewandt worden waren (vgl. YOHE u. BLODGETT, C. **1947**. E. 466). Nach starker O_2-Aufnahme in den beiden ersten Tagen konnte noch bis zu 30 Tagen eine allmählich verminderte Oxydation der 12 geprüften P. gefunden werden. Als Oxydationsprodd. wurden solche des Phenolabbaus isoliert, die teilweise auf Ringspaltung schließen ließen (Oxalsäure, Acetessigsäure, Trimethylessigsäure), wie auch solche mit höheren Mol.-Geww., die auf Kondensation zurückzuführen sind. Einige alkalilösl. u. säurefällbare Prodd. von brauner Färbung werden als Humussäuren angesehen u. deren mögliche Entstehung in der Natur auf diesem Wege diskutiert. Diagramme zeigen die qualitative Ähnlichkeit zwischen der Oxydation von P. u. Kohle. Im einzelnen wurden untersucht: *Phenol, o-, m-* u. *p-Kresol, Mesitol, 4-tert.-Butylphenol, 2.6-Di-tert.-butyl-4-methylphenol* (I), *2.4.6-Tri-tert.-butylphenol*, *α-* u. *β-Naphthol*. Bei der Oxydation von I (300 g) bei 90° während 41 Std. wurden 1 g *3.3'.5.5'-Tetra-tert.-butylstilben-4.4'-chinon* (II, $C_{30}H_{42}O_2$, rote Stäbchen aus Eisessig, F. 310—311°) u. 30,7 g *3.3'.5.5'-Tetra-tert.-butyl-4.4'-dioxy-α.β-diphenyläthan* (III, $C_{30}H_{46}O_2$, aus Dioxan, F. 170—171°) erhalten. III kann durch Oxydation mit Benzoylperoxyd in Chlf. in II, dieses durch Red. mit $LiAlH_4$ in III übergeführt werden, durch Abspaltung der tert.-Butylgruppen durch Kochen in Tetralin bei Ggw. von H_2SO_4 entsteht aus III *4.4'-Dioxy-α.β-diphenyläthan* (IV), F. 197,8—199° (Bzl.), diese Gruppen können auch an P. übertragen werden. Konstitutionsbeweis von II u. III erfolgte durch Darst. von IV, a) auf dem Wege: Luftoxydation von p-Nitrotoluol in methanol. KOH → *4.4'-Dinitro-α.β-diphenyläthan* (F. 180—182°, 19% [Ausbeute]), Red. mit Sn u. HCl ⇌ *4.4'-Diamino-α.β-diphenyläthan* (F. 134—135°; 92%), Umkochung des Diazoniumsalzes → IV (38%), oder b) aus Anisoin durch CLEMMENSEN-Red. zu *4.4'-Dimethoxy-α.β-diphenyläthan* (F. 125,5—127°; 5%) u. Hydrolyse mit HBr–Essigsäure (4%). (J. Amer. chem. Soc. **75**. 2688—93. 5/6. 1953. Urbana, Ill., State Geol. Survey.) SPEYER. D 225

H. Harry Szmant, Hugh F. Harnsberger und **Francis Krahe**, *Kinetik der Oxydation des Phenylsulfoxyds. Phenylsulfoxyd* (I, F. 70—71°) wurde a) mit *Perbenzoesäure* (II) in Aceton bei 30,4°, b) mit stabilisierter *Peressigsäure* (III) in Eisessig bei 29,0° oxydiert. In beiden Fällen wurde die Abnahme der Persäure laufend durch jodometr. Titration verfolgt. Die Rkk. sind 2. Ordnung. Die Reaktionsgeschwindigkeitskonstanten k wurden für eine Reihe von Verss. berechnet, bei denen die Konzz. der Reaktionspartner geändert bzw. wechselnde Mengen Benzoesäure (IV), bei den Verss. mit III auch H_2SO_4, zugegeben wurden. Die Oxydation von I mit II wird durch die Ggw. von IV katalyt. beschleunigt. Daher nehmen Vff. an, daß der Mechanismus in einem nucleophilen Angriff von II auf das S-Atom von I besteht, wobei I durch die Ggw. von IV in einer reaktionsbegünstigenden Weise polarisiert ist. — Bei den Verss.

mit **III** waren die k-Werte 3—4mal kleiner als bei den Verss. mit **II**. Hierfür werden 1. auf Grund der Ergebnisse von OVERBERGER u. CUMMINS (C. **1954.** 1917) die größere Oxydationsstärke von **II** gegenüber **III**, die durch den im Vgl. mit CH_3 stärker elektronegativen Charakter des C_6H_5 bedingt ist, 2. eine stärkere Solvatation von **I** in Eisessig u. 3. die Ggw. geringer Mengen von H_2SO_4, die hemmend wirkt, in der **III**-Lsg. verantwortlich gemacht. Der Einfl. der H_2SO_4 ist nicht groß u. scheint einen konstanten Wert zu erreichen, wenn die Konz. der H_2SO_4 die von **I** übersteigt. Dieser Effekt wird auf eine Salzbldg. der H_2SO_4 mit **I** zurückgeführt. Zugabe von **IV** bei den Verss. mit **III** bewirkte, daß die k-Werte zuerst sehr groß (ca. $8 \cdot 10^{-3}$) waren, dann kleiner wurden u., nachdem die Rk. zur Hälfte abgelaufen war, einen konstanten Wert (ca. $2 \cdot 10^{-3}$) erreichten. Es wird ein Gleichgewicht zwischen **III** u. **IV** angenommen, wobei **II** entsteht, die, zumal in Ggw. von H_2SO_4, schneller mit **I** reagiert. (J. Amer. chem. Soc. **76.** 2185—87. 20/4. 1954. Pittsburgh, Pa., Duquesne Univ., Dep. of Chem.) CLEVE. D 225

Sidney Udenfriend, Carroll T. Clark, Julius Axelrod und **Bernard B. Brodie,** *Ascorbinsäure für die aromatische Hydroxylierung.* 1. Mitt. *Ein Modellsystem für die aromatische Hydroxylierung.* Vff. untersuchten die Wrkg. von 142 μmol. Ascorbinsäure (**I**), 15μmol. $FeSO_4$ u. 80μmol. Äthylendiaminotetraessigsäure (**II**, EDTA) zwischen p_H 1 u. 8 auf je 60μmol. Tyramin (**III**), Acetanilid (**IV**) bzw. Chinolin (**V**), die bei 35° u. Schütteln in O_2 zu *3.4-Dioxyphenyläthylamin,* einer Mischung von *o-* u. *p-Oxyacetanilid* bzw. *3-Oxychinolin* oxydiert wurden. **I** geht dabei in *Dehydroascorbinsäure* (**VI**) über. Der für die Oxydation optimale p_H-Wert beträgt für **III** ca. 4, für **IV** ca. 6 u. für **V** ca. 5,5; über p_H 7,5 wird, vermutlich wegen der Zers. der **I**, die Rk. stark verzögert. Die Geschwindigkeit der Oxydation nimmt mit [**I**] zu, Ggw. von **II** ist für den Eintritt der Rk. nicht nötig, beschleunigt aber bedeutend. Katalyse durch Metallionen ist dagegen notwendig; Fe^{2+} u. Fe^{3+} sind dabei gleichwertig; Cu^+, Cu^{2+} u. Co^{2+} waren etwa nur 5—10% so wirksam wie jene. Da 1. nach BARRON u. Mitarbeitern (J. biol. Chemistry **112.** [1935/36.] 625) bei der Oxydation von **I** zu **VI** H_2O_2 gebildet wird, dieses aber nicht gefunden wurde, 2. H_2O_2 selbst bei Abwesenheit von **I** nicht hydroxylierend wirkte, wird angenommen, daß H_2O_2 sehr schnell mit einem Reaktionsprod. unter Bldg. der eigentlichen, die Substrate **III**—**V** oxydierenden Verb. reagiert. Unter N_2 oxydierte **I** auch nur bei Ggw. von H_2O_2, wobei die maximale Oxydationsgeschwindigkeit beim Mol.-Verhältnis **I**: H_2O_2 = 1 : 2 erzielt wurde. Es wird daraus geschlossen, daß 1 Mol. H_2O_2 **I** in **VI** überführt u. ein 2. Mol. H_2O_2 eine Hydroperoxyverb. bildet. Da **I** nicht durch **VI** in N_2 ersetzt werden konnte u. Diketobernsteinsäurediäthylesterhydroperoxyd keine oxydierende Wrkg. bei Ggw. von Fe^{2+} u. **II** unter N_2 besitzt, wird vermutet, daß **I** selbst in die wirksame Hydroperoxyverb. übergeführt wird. **I** konnte bei Ggw. von O_2 ersetzt werden durch folgende Endiole bzw. Diketone: D-Isoascorbinsäure (**VII**), Dioxymaleinsäure (**VIII**), Ninhydrin (**IX**), L-Dehydroascorbinsäure (**X**), Diketogulonsäure (**XI**), Diketobernsteinsäurediäthylester (**XII**) u. Alloxan (**XIII**), wobei **VII, VIII, XI** u. **XII** sowie **X** (unter p_H 6) so wirksam waren wie **I, IX** u. **XIII** jedoch weniger. In anaeroben Systemen zeigten jedoch nur die Endiole hydroxylierende Wrkg., andere, Autoxydationen unterliegende Verbb., wie Cystein, Glutathion, Thioglykolsäure u. Hydrochinon konnten **I** bei Abwesenheit von O_2 nicht ersetzen. Vff. vermuten, daß **I** auch im tier. Körper in aromat. Verbb. die Hydroxylgruppe einführt. (J. biol. Chemistry **208.** 731—39. Juni 1954. Bethesda, Md., Nat. Heart Inst., Nat. Inst. of Health, U. S. Dep. of Health, Educat. and Welfare, Labor. of Chem. Pharmacol.) GNAUCK. D 225

Bernard B. Brodie, Julius Axelrod, Parkhurst A. Shore und **Sidney Udenfriend,** *Ascorbinsäure für die aromatische Hydroxylierung.* 2. Mitt. *Produkte der Reaktion von Substraten mit Ascorbinsäure, Ferroion und Sauerstoff.* (1. vgl. vorst. Ref.) Mittels 14mmol. Ascorbinsäure, 1,3mmol. $FeSO_4 \cdot 7\,H_2O$, 6,5mmol. EDTA bei p_H 6,7 (Phosphatpuffer) wurden durch 2std. Schütteln unter O_2 bei 37° je 6mmol. Acetanilid (**I**), Anilin (**II**), p-Äthoxyacetanilid (**V**), Salicylsäure (**III**), Antipyrin (**IV**), Theophyllin (**VI**), Chinolin (**VII**) u. Tyramin (**VIII**) oxydiert. Aus **I** entstand *N-Acetyl-p-aminophenol* (**IX**, F. 170°) sowie die *o-*, nicht aber die m-Verb., was spektroskop. bzw. durch Vgl. der Verteilungsverhältnisse zwischen Äthylendichlorid u. W. bei p_H 8—13 festgestellt wurde. **II** ergab *p-Aminophenol,* **III** *Gentisinsäure* (F. 200—201,5° [Äthylendichlorid]), **IV** *4-Oxyantipyrin* (F. 181—182° [Toluol]), **V** unter Desäthylierung **IX**, **VI** *1.3-Dimethylharnsäure,* **VII** *3-Oxychinolin* (F. 198° [10%ig. A.]) u. **VIII** *3-Oxytyramin.* Diese Prodd. sind mit den in vivo gebildeten ident., woraus Vff. schließen, daß **I** bei entsprechenden Rkk. in vivo eine Rolle spielt. Vff. schlagen **I** als Hydroxylierungsmittel bes. für die Einführung der OH-Gruppe in den Benzolring des Indols vor, da hierbei der Pyrrolring nicht angegriffen wird. Bemerkenswert ist, daß I OH-Gruppen an elektronegativen Stellen des aromat. bzw. heterocycl. Ringes einführt. (J. biol. Chemistry **208.** 741—50. Juni 1954.) GNAUCK. D 225

Thomas I. Crowell, *Die Reaktionsfähigkeit von primären Alkylhalogeniden mit Natriumthiocyanat.* Kinet. Unters. der Rk. von Alkylhalogeniden u. Na-Rhodanid zu Alkylrhodaniden u. Na-Halogenid. Durch Vgl. der Geschwindigkeitskonstanten der Rkk. ist ersichtlich, daß *n-Butylbromid* (I) in der fortlaufenden Reihe der geradkettigen Alkylbromide ein Minimum der Reaktionsgeschwindigkeit zeigt (vgl. BROWN, TAYLOR u. SUJISHI, C. **1953.** 5155). Vom Amylbromid an steigen die Reaktionsgeschwindigkeiten leicht an, um dann nahezu konstant zu bleiben. Die Konstante der Rk. des *Octylbromids* (II) ist 11% größer als die des I. In der Reihe verzweigter Alkylhalogenide zeigt die Unters. ein bedeutendes Anwachsen der Reaktionsgeschwindigkeiten in der Reihe *Isobutyl-*, *Isoamyl-*, *Isohexylbromid* (III, *1-Brom-4-methylpentan*); $k \cdot 10^5$ (Liter·Mol^{-1}·sec^{-1}) bei 25°: 0,05; 0,73; 1,23. III reagiert mit gleicher Geschwindigkeit wie sein geradkettiges Isomeres. k^{25}-Werte [$\cdot 10^5$] der n-Alkylbromide: *Äthyl-* 1,67; *Propyl-* 1,15; *Amyl-* 1,20; *Hexyl-* 1,22; *Heptyl-* 1,24; *Decyl-* 1,23; *Cetylbromid* 1,20; I 1,14; II 1,27. (J. Amer. chem. Soc. **75.** 6046—47. 5/12. 1953. Charlottesville, Va., Univ., Cobb Chem. Labor.) EBERHARDT. D 225

Paul D. Bartlett und **Harry F. Herbrandson,** *Kinetik und Mechanismus der Reaktion zwischen Thionylchlorid und Dibutylsulfit.* Vff. untersuchten die Kinetik der Rk. von *$SOCl_2$* mit *Di-n-butylsulfit* (I) in Nitrobenzol (n_D^{25} 1,5500) bei 25°, die zu *n-Butylchlorsulfinat* führt, durch Messung der Menge des aus HCOOH u. überschüssigem $SOCl_2$ entwickelten CO. In einem typ. Vers. wurde, ausgehend von [I] = 0,256, [$SOCl_2$] = 0,275 Mol·Liter^{-1}, nach 717 Min. eine 90%ig. Rk. gefunden, wobei Cl^--Spuren angenommen wurden; dagegen hatte bei völliger Abwesenheit von Cl^- nach 147 Min. keine wahrnehmbare Rk., bei Zusatz von Benzylpyridiniumchlorid (II; 0,0016 mol.) in der gleichen Zeit eine vollständige Rk. stattgefunden. Zusatz oder Fehlen von mol. HCl war ohne Wirkung. Bei [I] zwischen 0,098 u. 0,494, [$SOCl_2$] zwischen 0,122 u. 0,516, [Cl^-] als II zwischen 0,000218 u. 0,000870 ergaben sich k_a-Werte zwischen $7{,}02 \cdot 10^{-5}$ u. $2{,}7 \cdot 10^{-4}$ sec^{-1}; der Durchschnittswert für $k = k_a/[II]$ ist 0,325, d. h. die Reaktionsgeschwindigkeit ist etwa der Konz. von II proportional. Die Rk. war nur dann rein 1. Ordnung, wenn [I] u. [$SOCl_2$] angenähert gleich waren; in den anderen Ansätzen schien eine lineare Beziehung zwischen log [I] u. der Zeit, nicht dagegen zwischen [$SOCl_2$] u. der Zeit zu bestehen. Auf Grund dieser Tatsachen nehmen Vff. folgenden Reaktionsmechanismus an: (1) $(C_4H_9O)_2SO + Cl^- \xrightarrow{k_1} C_4H_9 \cdot OSOCl + C_4H_9O^-$; (2) $SOCl_2 + C_4H_9O^- \xrightarrow{k_2} C_4H_9OSOCl + Cl^-$. Der obige k-Wert ist nach der allg. Reaktionsgleichung gleich $k_1 k_2/(k_1 + k_2)$. — Diskutiert wird auch der unter Anlagerung des Cl^- zu $[(C_4H_9O)_2SOCl]^-$ verlaufende Reaktionsmechanismus. — *n-Butanol,* Kp. 116°, n_D^{25} 1,3980. — *n-Butylchlorsulfinat,* Kp.$_{9,5}$ 53,5°, aus vorst. Verb. u. $SOCl_2$ (mehrtägiges Stehenlassen); n_D^{25} 1,4572; 86% Ausbeute. (J. Amer. chem. Soc. **74.** 5971—74. 5/12. 1952. Cambridge, Mass., Harvard Univ., Converse Mem. Labor.) J. ROTHE. D 225

Max Rottenberg, *Der Mechanismus der Silbersalz–Brom-Reaktion.* Vf. diskutiert an Hand der neueren Literatur den stereo- u. strukturchem. Verlauf der Ag-Salz–Br_2-Rk. bei aliphat. Carbonsäuren. Da die besprochene Rk. keiner ster. Hinderung unterworfen ist, wird ein unimol. Reaktionsverlauf unter Erhaltung der Konfiguration als wahrscheinlich angenommen. Der Chemismus von ARCUS, CAMPBELL u. KENYON (C. **1949.** E. 226) wird ausgeschlossen. (Experientia [Basel] **7.** 432—33. 15/11. 1951. Lund, Schweden, Univ., Dep. of Physiol. Chem.) J. MATTNER. D 225

W. J. Svirbely und **Beverley W. Lewis,** *Die alkalische Hydrolyse des Monoäthylmalonations in isodielektrischen Medien.* (Vgl. C. **1951.** II. 1413.) Die Kinetik der alkal. Hydrolyse des Na-Salzes von *Malonsäuremonoäthylester* wird bei 25,08° in folgenden Lösungsmitteln untersucht: Dioxan–W. mit DK. von 60—70; Aceton–W., Isopropylalkohol–W. u. A.–W. mit DK. von 50—75. Die Rk. ist 2. Ordnung. Die aus den Ergebnissen nach SCATCHARD (Chem. Reviews **10.** [1932.] 229) berechneten Werte für die Radien des Komplexes hängen von der Natur des Lösungsm. ab, die SCATCHARDsche Beziehung ist im übrigen für die höheren Werte der DK. für alle geprüften Systeme erfüllt. Während sich früher (l. c.) die Verwendung des Molenbruchs als Konzentrationsmaß als notwendig herausstellte, können bei den vorliegenden Lösungsmitteln auch die Volumenkonzz. verwendet werden. Die Existenz eines prim. Salzeffektes wird nachgewiesen. Mit Methanol–W. als Lösungsm. werden keine konstanten Werte für k erhalten. (J. physic. Chem. **56.** 1006—08. Nov. 1952. College Park, Md., Univ., Dep. of Chem.) SACKMANN. D 225

F. Brown und **D. Alma Holland**, *Isotopeneffekte: Reaktion an der Carbonylgruppe. Benzophenon* mit ^{14}C an der Carbonylgruppe (I) reagiert mit 2.4-Dinitrophenylhydrazin (Rk. in A. in Ggw. von konz. H_2SO_4) langsamer als n. Benzophenon. Das Verhältnis der Geschwindigkeitskonstanten beträgt bei 27,8° 1,099 ± 0,011. I wurde auf dem Wege $^{14}CO_2$ (aus $Na_2{}^{14}CO_3$ u. $PbCl_2$ durch Erhitzen) + Phenyl-MgBr → Benzoesäure-^{14}C + $SOCl_2$ → Benzoylchlorid-^{14}C + Bzl. + $AlCl_3$ → I hergestellt. (Canad. J. Chem. **30**. 438—42. Mai 1952. Chalk River, Ontario, Nat. Res. Counc. of Canada, At. Energy Projekt, Chem. Branch.) R. MATTNER. D 225

P. Zuman, *Die Reaktion der Carbonylverbindungen mit primären Aminen.* Vf. verfolgt polarograph. die Rk. zwischen Carbonylverbb. u. NH_3 oder prim. Aminen. An dieser Rk. nimmt nur die bas. Form des Amins teil. Am Beispiel verschied. Carbonylverbb. zeigt Vf., daß sich in konz. gepufferten Lsgg. von NH_3 u. von prim. Aminen bei einem p_H nahe pK_b (K_b = bas. Dissoziationskonstante des Amins) zwischen der Carbonylverb. u. dem Reaktionsprod. mit dem Amin ein Gleichgewicht, dessen Einstellung im Vgl. mit der Geschwindigkeit des elektrolyt. Vorganges unter den gegebenen Experimentalbedingungen langsam ist, einstellt. Auf der polarograph. Kurve treten 2 Stufen auf, die den Charakter eines Diffusionsstroms haben, deren Summe konstant bleibt u. der analyt. Konz. der Carbonylverb. proportional ist. Die Welle bei negativeren Potentialen gehört der Red. der Form der Carbonylverb., die dem p_H der Lsg. entspricht, an. Diese ist in manchen Fällen durch die Red. des Grundelektrolyts verdeckt. Die Welle bei positiveren Potentialen, deren Höhe mit steigender Konz. des Amins auf Kosten der zweiten Welle wächst, ist durch Red. des Reaktionsprod. der Carbonylverb. u. des Amins verursacht. Daß die durch die beschriebene Kondensation entstandene Iminoverb. gewöhnlich bei positiveren Potentialen als die korrespondierende Carbonylverb. red. wird, geht auch aus Literaturangaben hervor. Daraus, daß an der Rk. nur die Amine, welche am N-Atom zwei substituierbare H-Atome u. ein freies Elektronenpaar besitzen u. deshalb nucleophil sind, teilnehmen u. daß diese Rk. für die elektrophile Carbonylgruppe charakterist. ist, folgt, daß das N-Atom eine Doppelbindung formen u. mit dem Carbonyl reagieren muß. Die Notwendigkeit einer der Kondensation vorgelagerten Enolisation schließt Vf. aus, da die Rk. auch in Lsgg. von Carbonylverbb., wo die Existenz einer Enolform ausgeschlossen ist, beobachtet wurde. Als Schema des elektrolyt. Reduktionsvorganges wird $RRC{=}NR + H^+ \rightleftharpoons RRC{=}\overset{+}{N}RH$ u. $RRC{=}\overset{+}{N}RH + 2e + 2H^+ = RRCH{-}\overset{+}{N}RH_2$ vorgeschlagen. Als Carbonylverbb. wurden benutzt: *Brenztraubensäure, Phenylglyoxylsäure,* die Oxydationsprodd. der *Ascorbinsäure* (I) u. des *Cumarindiols, Aceton* (II), *Cyclohexanon* (III), *Acetaldehyd, Benzaldehyd* u. *Diacetyl.* Als Reaktionspartner dienten folgende Amine: *NH_3, Glycin, Alanin, Colamin, Histamin* u. *Histidin.* Die polarograph. Kriterien für die Best. der Zahl der Moll., die an der Rk. teilnehmen, werden angeführt. In den Lsgg. von NH_3 oder der prim. Amine ist die polarograph. Best. von **II, III** u. dem Oxydationsprod. von **I** möglich. Die beschriebene Rk. ist für prim. Amine u. für die meisten Carbonylverbb. charakterist. u. kann zu ihrem Nachw. dienen. (Collect. Trav. chim. Tchécoslov. **15**. 839—73. 1950. Prag, Karls-Univ., Physikal.-chem. Inst.) J. MATTNER. D 225

Lewis H. Gevantman und **Russell R. Williams jr.**, *Entdeckung und Identifizierung freier Radikale bei der Radiolyse von Paraffinen und Alkyljodiden.* Vff. untersuchten die durch γ-Strahlen, Röntgenstrahlen u. Elektronenstrahlen bewirkte Radiolyse von Paraffinen u. Alkyljodiden. Die hierbei entstehenden Radikale wurden mit elementarem J, das einen hohen %-Satz an radioakt. ^{131}J enthielt, zur Rk. gebracht. Die entstandenen Prodd. wurden nach Hinzufügen der entsprechenden Alkyljodide durch fraktionierte Dest. getrennt. Durch Messung der spezif. Aktivität konnte die Radikalausbeute bestimmt werden. Es zeigte sich, daß bei Alkyljodiden im wesentlichen die ursprüngliche Substanz entstand, was durch die leichte Angreifbarkeit der C—J-Bindung zu erklären ist. Bei den Paraffinen trat im wesentlichen immer das Methylradikal auf, die Beobachtungen standen zum Teil im Gegensatz zu massenspektroskop. Versuchsergebnissen. Einige mögliche Reaktionsmechanismen wurden diskutiert. (J. physic. Chem. **56**. 569—74. Mai 1952. Notre Dame, Ind., Univ., Dep. of Chem.) KLAFFKE. D 226

J. P. Manion und **Milton Burton**, *Radiolyse von Kohlenwasserstoffgemischen. Bzl.* (I), *Toluol* (II), *Cyclohexan* (III) u. *Cyclohexen* (**IV**) wurden ebenso wie die Mischungen **I-II, I-IV, III-IV** u. **I-III** mit Kathodenstrahlen von 1,5 MeV behandelt. Hierbei wurden bei fl. Substanzen u. Gemischen im wesentlichen H_2 neben kleineren Anteilen von CH_4, C_2H_2 u. C_2H_6 erhalten. Bei I stieg der Anteil von C_2H_2 auf nahezu

40% der Gesamtausbeute, während bei II die CH_4-Ausbeute größer war als bei den anderen Stoffen. Bei den Gemischen zeigte sich, daß die Gasausbeuten nicht dem Mittelwertsgesetz, bezogen auf die Anteile der Komponenten, gehorchten. Hieraus werden Reaktionsmechanismen abgeleitet, in denen Ionisations- u. Anregungsübertragung eine wesentliche Rolle spielen. Danach geben angeregte oder ionisierte Moll. der Komponente mit höherer Anregungsenergie bzw. mit höherem Ionisationspotential an die Moll. der anderen Komponente Energie ab, worauf die chem. Rk. im wesentlichen an der anderen Komponente einsetzt. Außerdem kann, bes. im Falle I–IV, eine gegenseitige Schutzwrkg. der Komponenten aufeinander angenommen werden. Bei der Unters. von gasförmigem I, III u. I–III wurden anders als bei der Radiolyse fl. Stoffe größere Ausbeuten an C_2H_2 u. C_2H_4 gefunden, was auf die heftige Rk. freier Atome zurückgeführt wird, die in der Dampfphase eine größere Rolle spielen. (J. physic. Chem. **56**. 560—69. Mai 1952. Notre Dame, Ind., Univ., Dep. of Chem.) KLAFFKE. D 226

E. J. Casey und **K. J. Laidler**, *Die Molekularkinetik von pepsinkatalysierten Reaktionen.* Vff. untersuchen bei verschied. Tempp. u. Substratkonzz. die pepsinkatalysierte Hydrolyse von *Carbobenzoxy-l-glutamyl-l-tyrosin* (**I**) u. seinem *Äthylester* (**II**). Dabei wird zwischen Substrat u. Enzym Komplexbldg. angenommen. Die Bildungswärme dieses Komplexes Δ H beträgt bei I 3,0 [kcal/Mol], bei II 2,4; die Aktivierungswärme für seine Zers. ΔH_0^x beträgt bei I 17,2, bei II 20,7; die Aktivierungswärme des Übergangs von den Reaktanten zum aktivierten Komplex (ΔH^x) beträgt bei I 20,2 u. bei II 23,1. Die entsprechenden Entropiewerte betragen für I Δ S = 24,4 [cal/Mol · Grad]; ΔS_0^x —19,8 u. ΔS^x 4,6 u. für II 20,6; —4,5 u. 16,1. Es zeigen sich Ähnlichkeiten des hier untersuchten Syst. mit dem Harnstoff-Urease-Syst. (vgl. LAIDLER u. HOARE, C. **1950**. I. 2335). Es wird angenommen, daß ein Strukturwechsel im Enzymmol. während der Komplexbldg. erfolgt. (J. Amer. chem. Soc. **72**. 2159—64. Mai 1950. Washington, D. C., Catholic Univ. of America, Dep. of Chem.) J. MATTNER. D 227

D₂. Präparative organische Chemie. Naturstoffe.

Allen J. Barduhn und **Kenneth A. Kobe**, *Reduktion von Säuren zu Aldehyden mittels Ameisensäure.* Es gelang Vff. nicht, die von DAVIES u. HODGSON (J. chem. Soc. [London] **1943**. 84) berichtete Red. von Säuren zu Aldehyden mittels HCOOH zu reproduzieren, obwohl sie einen weiten Bereich verschied. Reaktionsbedingungen untersuchten (150—300°; 275—1400 lbs. in.$^{-2}$; Zusatzstoffe; Katalysatoren: Rutil; Anatas; Oxyde von Mn, Th, V, Co auf TiO_2). (J. chem. Soc. [London] **1954**. 1651. Mai. Austin, Tex., Univ., Dep. of Chem. Engng.) J. ROTHE. 460

K. T. Potts, *Eine Jodierungsmethode.* Als HJ-Acceptor bei Jodierungen vieler Verbb. ist *Äthylendiamin* gut geeignet. Das Ausmaß der Jodierung hängt von der Reaktionsfähigkeit der zu jodierenden Verb. ab: *Phenol* gibt, auch bei Anwendung nur eines Äquivalents Reagens, stets die *Trijodverb.*; Äther, z. B. *Anisol* u. *Methyl-β-naphthyläther*, reagieren nicht; auch *Acetanilid*, *p-Nitranilin* u. *Thiophen* reagieren kaum. Für die Darst. von *p-Jodanilin* ist das Verf. wertvoll.

Versuche: 0,1 Mol einer 4n J_2-Lsg. in KJ wurde nach u. nach zu 0,1 Mol der aromat. Verb. in einer 60%ig. Lsg. von 0,5 Mol Äthylendiamin gegeben; nach 2 Std. wurde in wss. $Na_2S_2O_3$-Lsg. gegossen u. das Festprod. aus A. oder Eisessig umkrist. oder, wenn das Reaktionsprod. als Öl anfällt, alkalisiert u. mit Dampf destilliert. Es wurden erhalten: *p-Jodanilin*, F. 61—62°, aus Anilin; 76% (Ausbeute). — *3-Jod-p-toluidin*, F. 40°, aus p-Toluidin; 35%. — *p-Joddimethylanilin*, F. 78—79°, aus Dimethylanilin; 86%. — *2.4.6-Trijodphenol*, F. 155—156°, aus Phenol; 72%. — *4.6-Dijod-o-kresol*, F. 67°, aus o-Kresol; 100%. — *2.4.6-Trijod-m-kresol*, F. 121°, aus m-Kresol; 73%. — *2.6-Dijod-p-kresol*, F. 60°, aus p-Kresol; 100%. — *1-Jod-2-naphthol*, F. 92°, aus β-Naphthol; 96%. — *2.4-Dijod-6-nitrophenol*, F. 96°, aus o-Nitrophenol; 66%. — *2.6-Dijod-4-nitrophenol*, F. 153—155°, aus p-Nitrophenol; 34%. — *3.5-Dijod-4-oxybenzoesäure*, F. 264—265° (J-Abspaltung ab 200°), aus p-Oxybenzoesäure; 53%. — *3.5-Dijodsalicylsäure*, Zers. zwischen 220—240°, aus Salicylsäure. — *2-Amino-5-jodbenzoesäure*, F. 212°, aus Anthranilsäure; 76%. — *Tetrajodpyrrol*, Zers. zwischen 150 u. 160°, aus Pyrrol; 41%. (J. chem. Soc. [London] **1953**. 3711—12. Nov. Sydney, Univ.) NITZSCHKE. 460

Fritz Kröhnke, *Synthesen mit Hilfe von Pyridiniumsalzen.* Zusammenfassung: Farb-Rkk.; Synth. von *Carbonsäuren* durch Abbau; *Pyridiniumbetaine* als Zwischenprodd.; Synthesen über *Nitrone* (*Aldehyde, Ketone, α-Ketoaldehyde, α-Ketosäuren, Acyldiphenylmethane*); Synthesen von *Pyridiniumäthanolen*, Hydraminspaltungen,

Isatogene; Synthesen von *Vinylpyridiniumsalzen*, ihr Verh. gegen alkal. Mittel (*Isatogene, Enamine, Desoxybenzoine, α-Aminoalkohole*); Synthesen durch therm. Zers.; Synthesen mit N-Acylpyridiniumsalzen; Synthesen von *Pyridiniumsalzen* mit Hilfe anderer Pyridiniumsalze; Synthesen über Öffnung des Pyridiniumringes. — 277 Literaturangaben. (Angew. Chem. **65.** 605—26. 21/12. 1953. Säckingen, Baden, Dr. A. Wander A.-G., Forschungsinst.) MINSINGER. 460

Fritz Kröhnke und **Konrad Ellegast**, *Umphenacylierungen am Pyridinstickstoff.* Bei Tempp. von 150—200° dissoziieren substituierte Phenacylcyclammoniumhalogenide in Ggw. von Methylketonen in Phenacylhalogenid u. Cyclamin (Phase 1), das substituierte ω-Halogenketon setzt sich mit Methylketon ins Gleichgewicht (Phase 2). Unter 150° erfolgt Phase 1 allg. nicht, über 200° wird die „Umphenacylierung" von anderen Rkk. (z. B. Kondensationen) überholt; ferner ist Phase 1 abhängig von der Stärke der Cyclaminbase, je stärker diese ist, desto höhere Reaktionstemp. ist notwendig. Picolinium-, Phenacyltrialkyl- u. -dimethylphenylammonium- so wie Benzylpyridiniumsalze sind der Umphenacylierung nicht fähig, letztere deshalb nicht, da Phase 2 ausbleibt.

Versuche: *p-Bromphenacyl-[3-brompyridinium]-bromid*, F. 247° (A.), aus Phenacyl-[3-brompyridinium]-bromid u. p-Bromacetophenon (I), 6 Std. bei 150° (Schmelze); 80% (Ausbeute). — *p-Bromphenacylpyridiniumbromid*, F. 232° (A.), aus Phenacyl-[2-chlorpyridinium]-bromid u. I, 2 Std. bei 150°, dann Zusatz von Pyridin; 79% (bei 120° 70%). — *p-Bromphenacylisochinoliniumbromid*, F. 241—242° (A.), aus Phenacylisochinoliniumbromid u. I, 6 Std. bei 180°; 78%. — *p-Bromphenacyl-[3-bromchinolinium]-bromid*, F. 247°, aus Phenacyl-[3-bromchinolinium]-bromid u. I, 6 Std. bei 150°; 3%. — *p-Methylphenacylpyridiniumbromid*, F. 205°, aus m-Nitrophenacylpyridiniumbromid u. p-Methylacetophenon, 1 Std. bei 200° u. ½ Std. bei 280°; 25%. — *p-Nitrophenacylpyridiniumbromid*, F. 252°, aus Acetonyl-[2-chlorpyridinium]-bromid u. p-Nitroacetophenon in Propionsäure, 115 Min. gekocht; 56%. — *p-Bromphenacylpyridiniumbromid*, F. 230°, aus Phenacylbenzothiazoliumbromid u. I, in Propionsäure gekocht, dann Zusatz von Pyridin; 38%. (Chem. Ber. **86.** 1554—56. 1953. Säckingen, Baden, Dr. A. Wander A.-G., Forschungsinst.) MINSINGER. 460

G. W. Issaguljanz und **O. A. Golowina**, *Synthese von mit radioaktivem Kohlenstoff markiertem Acetaldehyd und Äthylalkohol.* (Vgl. C. **1953.** 4670.) Einfacher als in der zugeschmolzenen Ampulle läßt sich mit *^{14}C markierter Acetaldehyd* (I) durch Hydratation von $H^{14}C\,CH$ in der Schüttelente bei 15—18° in Ggw. von HgO herstellen (angewandt: 5 cm³ konz. H_2SO_4, 11 cm³ W., 0,5 g HgO). Das Reaktionsprod. stellt einen feinen, farblosen oder schwach gelblichen Nd. dar, aus dem I unter Rückflußkühlung mit Wasserdampf ausgetrieben u. in einer mit fl. N_2 gekühlten Vorlage kondensiert wird. Die Ausbeute an I, bezogen auf C_2H_2, beträgt 75—85%. Durch Hydrierung über RANEY-Ni bei 170° wird daraus *markierter A.* mit einer, ebenfalls auf C_2H_2 bezogenen, Ausbeute von 60—75% gewonnen. Der I-Partialdruck darf bei der Hydrierung 12,5—20% des H_2-Drucks nicht überschreiten; der H_2-Druck soll ca. 500 mm Hg betragen; Hydrierdauer 50—60 Minuten. (Доклады Академии Наук СССР [Ber. Akad. Wiss. UdSSR] [N. S.] **93.** 659—61. 1/12. 1953.) R. K. MÜLLER. 480

L. N. Owen und **S. P. Whitelaw**, *Methansulfonsäureanhydrid.* Vff. stellen fest, daß *Methansulfonsäureanhydrid* in guter Ausbeute aus Methansulfonsäure (I) u. sd. $SOCl_2$ erhalten werden kann.

Versuche: *Methansulfonsäureanhydrid*, F. 70—71°, durch 3std. Kochen von I mit $SOCl_2$, Eindampfen u. Ausziehen mit sd. absol. Ae.; aus absol. Ae. Prismen; Ausbeute 82%; bei Rk. des I-Na-Salzes mit sd. $SOCl_2$ oder bei Umsetzung von I oder dem Na-Salz mit Methansulfonylchlorid bei 160° oder bei Rk. des Chlorids mit der halbmol. Menge W. bei 160° werden weniger als 20% erhalten. (J. chem. Soc. [London] **1953.** 3723. Nov. London, Imp. Coll. of Sci. and Technol., Dep. of Organ. Chem.) NITZSCHKE. 600

A. W. Kirssanow und **Ju. M. Solotow**, *Methylierung von Imido-bis-[sulfamid].* Es wird die Synth. von *Methylderivv.* des *Imido-bis-[sulfamids]* (I) beschrieben. — a) 2,82 g trocknes I-Ag-Salz läßt man mit 2 ml CH_3J 24 Std. im Dunklen stehen, verdampft überschüssiges CH_3J im Vakuum u. extrahiert den Rückstand erschöpfend mit Ae.; man verdampft den Auszug im Vakuum zur Trockne, extrahiert den Rückstand mit 50 ml Ae., der unverändertes I zurückläßt, verdampft zur Trockene u. kocht mit Bzl. aus; beim Abkühlen der Lsg. fällt *Methyl-[imido-bis-sulfamid]* (II), $CH_7O_4N_3S_2$, F. 114—115°; flache, harte Prismen, in ca. 26%ig. Ausbeute aus. Nach Verdampfen der Benzolmutterlauge erhält man eine ölige Fl., anscheinend ein Gemisch von II mit *Dimethylimido-bis-[sulfamid]* u. höheren *Methylierungsprodukten.* b) Bei der Umsetzung von I mit etwa äquimol. Menge Diazomethan in absol. Ae. bis zur bleibenden

Gelbfärbung während 1 Min. werden 75,7% II u. aus den Mutterlaugen anscheinend *Polymethylimido-bis-[sulfamide]* erhalten. II hat bitteren Geschmack; die wss. Lsgg. werden infolge Hydrolyse schnell sauer; Bzl. löst bei 20° 0,033%, Aceton bei 20° 46,9—49,3%, Ae. bei 18° 2,86%. (Журнал Общей Химии [J. allg. Chem.] **21** (**83**). 642—45. April 1951. Dnepropetrowsk, Metallurg. Stalin-Inst., Lehrstuhl für organ. Chem.) v. PEZOLD. 600

E. Waldmann und **V. Prey**, *Zur Kenntnis des Dioxyacetons.* Vff. untersuchen eingehend die günstigsten Reaktionsbedingungen für die Darst. von *Dioxyaceton* (I) aus symm.-Dichloraceton (II) mit PbO, $Pb(OH)_2$, $PbCO_3$, $CaCO_3$, $MnCO_3$, Cu_2O, NaH_2PO_4, $Fe(OH)_3$, $Al(OH)_3$ u. $Pb(NO_3)_2$, des *Diacetylderiv.*, des *1.3-Ditrityl-* u. *1.3-Dibenzyläthers* von I. Es gelang Vff. nicht, nennenswerte Mengen von I nach vorst. Methoden zu erhalten [im alkal. Gebiet tritt Verharzung, im sauren Gebiet Bldg. von Methylglyoxal (III) ein]. Dagegen wurde beim Versetzen einer wss.-alkoh. Lsg. von II mit überschüssiger NaOH in der Kälte u. Neutralisation nach einigen Min. I in 76%ig. Ausbeute erhalten, das über die Bisulfitverb. gereinigt wurde.

Versuche: *Diacetyldioxyaceton*, F. 46°, durch Zusammenschmelzen von 44 g wasserfreiem Na-Acetat, 0,4 g Cu-Acetat, 12 g Acetanhydrid u. 24 g Eisessig, Eintragen von 24 g II in 20 g Eisessig in die erkaltete Schmelze unter Rühren u. 7 Min. Kochen unter Rühren; 14,7 g; läßt sich bei der Oxydation von *α.α'-Diacetylglycerin* ($Kp._{10}$ 145—146, aus Glycerin u. Eisessig oder aus α.α'-Glycerindichlorhydrin u. Na-Acetat, $D.^{20}$ 1,1874, n_D^{20} 1,44456) mit CrO_3 nicht isolieren, da das Ausgangsprod. nicht einheitlich; liefert bei 32 std. Erwärmen mit W. auf 95° im Quarzkolben 44,7% III. — *1.3-Ditritylglycerin*, F. 178° (Ae.), aus Glycerin in Pyridin u. Tritylchlorid; 54%. — *Ditrityldioxyaceton*, F. 136° (Ae.), aus vorst. Verb. in Bzl. durch 24 std. Oxydation mit CrO_3/Eisessig; 64,3%; liefert bei katalyt. Hydrierung in Aceton über Pd–$BaSO_4$ (5%ig.) bei 50° während 26 Std. *Triphenylmethan* u. 23% III. — *α.α'-Glycerindibenzyläther*, $Kp._2$ 198—199°, aus Glycerin, NaOH u. Benzylchlorid; $D.^{20}$ 1,1107, n_D^{20} 1,55269; 22—27%. — *Dibenzyldioxyaceton*, aus vorst. Verb. durch Oxydation mit CrO_3/Eisessig, $D.^{20}$ 1,1058, n_D^{20} 1,55446; liefert bei katalyt. Hydrierung einen Sirup, der FEHLINGsche Lsg. reduziert. — *Dioxyaceton* (I), $Kp._{0,3-0,4}$ 125—130°, F. 65—72,5°, durch rasche Zugabe von NaOH zu II in A./W. unter Kühlung u. Rühren u. Neutralisation nach 1½ Min., Reinigung über die Bisulfitverb.; 60% (76% Rohprod.). *Dibenzoylderiv.*, F. 121°. (Mh. Chem. **82.** 861—67.; S.-B. österr. Akad. Wiss., math.-naturwiss. Kl., Abt. IIb. **160.** 861—67. 1951. Wien, TH, Inst. für Organ. Chem.)

G. WINKLER. 740

A. P. Terentjew und **A. N. Kosst**, *Synthesen mit Hilfe von Acrylonitril.* 14. Mitt. *Herstellung von Bernsteinsäuredinitril.* (13. vgl. C. **1952.** 7478.) *Bernsteinsäuredinitril* (I) entsteht mit 80—85%ig. Ausbeute bei Einw. von Acrylonitril (II) auf gesätt. wss. Lsg. eines Gemisches von KCN u. $MgSO_4$. Dadurch kann das Arbeiten mit HCN vermieden werden. — Man gibt zu 150 g $MgSO_4 \cdot 7\,H_2O$ in 250 cm^3 W. unter Kühlen in 10—15 Min. eine Lsg. von 80 g 95%ig. KCN in 95 cm^3 W. zu, trägt tropfenweise bei 0—5° 53 g II ein, rührt 3 Std. bei 20—30°, läßt über Nacht stehen, neutralisiert mit 50%ig. H_2SO_4 u. extrahiert Nd. u. Lsg. mit Butylacetat; der Extrakt wird mit W. u. 5%ig. Sodalsg. gewaschen, über $CaCl_2$ getrocknet u. im Vakuum dest.; F. 53°; $Kp._{17}$ 155—156°; Ausbeute 64—68 g. (Журнал Общей Химии [J. allg. Chem.] **21** (**83**). 1867—69. Okt. 1951. Moskau, Univ., Zelinsky-Labor. für organ. Chem.) TROFIMOW. 820

James Cason, Kenneth L. Rinehart jr. und **Stephen D. Thornton jr.**, *Die Darstellung von β-Ketoestern aus Nitrilen und α-Bromestern.* Vff. untersuchten die präparative Anwendung der schon lange bekannten Rk. der Nitrile mit dem Zn-Reagens von α-Bromestern, die sich zur einstufigen Darst. von höheren α-substituierten β-Ketoestern eignet. Als Zwischenprod. der Rk. wird ein Bromzinkiminoester RC(:NZnBr)·CR_2'COOR'' angenommen, der sauer hydrolysiert wird zum *β-Ketoester.* Bromessigsäureester ergeben keine isolierbaren Mengen von β-Ketoestern, α-Brompropionsäure- u. der α-Bromisobuttersäureester dagegen Ausbeuten zwischen 30 u. 60%. Die Anwesenheit einer Alkylgruppe in α-Stellung des Bromesters begünstigt die Kondensation, ein weiterer Substituent erhöht die Ausbeute in nur geringem Maße. Bei Verwendung von Bromestern sek. Alkohole ergeben sich bessere Ausbeuten als bei n-Alkylestern; Ester tert. Alkohole sind wegen der Zers. bei der Dest. wenig geeignet. Unter den Nitrilen reagieren am besten aromat. u. normalkettige Nitrile, etwas weniger gut α- oder β-Alkylnitrile. Als Neben-Rk. tritt die Selbstkondensation der Nitrile nur beim Acetonitril ein, sie scheint jedoch bei den Estern, vor allem ster. gehinderten, bedeutender zu sein, wie die Isolierung von *α-Propionylpropionsäureäthylester* u. *-sek.-butylester* zeigt; weitere Kondensationen scheinen den verhältnismäßig großen Destillationsrückstand zu verursachen, in dem sich nach der Hydrolyse *Ketone* nachweisen lassen. — Die Umesterung von β-Ketoestern mit überschüssigem Methanol verläuft übermäßig langsam u. mittels Säurekatalysator nur in unbefriedigender Ausbeute.

Versuche (FF. korr.): Allg. Meth.: Zu 0,1 g $CuBr_2$ u. 0,15 Mol Zn-Folie (oberflächenfrisch) in absol. Bzl. werden schnell 0,10 Mol Nitril u. 0,15 Mol Bromester gegeben, 45 Min. wird erhitzt, 15 Min. gekühlt, eiskalte 12 n H_2SO_4 zugegeben u. 45 Min. bei Zimmertemp. gerührt; außer den β-Ketoestern wurden kleine Mengen unverändertes Nitril u. Nebenprodd. erhalten. Folgende *β-Ketoester* wurden dargestellt (in Klammern: mol. Verhältnis Nitril : Bromester : Zn): *α-Acetylpropionsäureäthylester*, Kp.$_{12}$ 68—75°, (1 : 1,5 : 1), 40 (Min. Reaktionsdauer)/5 (Min. Hydrolysedauer); 16% (Ausbeute). — *α-Benzoylisobuttersäureäthylester*, Kp.$_{13}$ 132—135°, (1 : 1,5 : 1), 40/5; 50%; oder (1 : 1,5 : 1,5), 45/45; 57%. — *α-Benzoylpropionsäureäthylester*, Kp.$_{12}$ 140—143°, (1 : 1,5 : 1), 40/5; 40%. — *α-Isocaproylisobuttersäureäthylester*, Kp.$_{13}$ 115—120°, (1:1,5:1), 40/5; n_D^{25} 1,4307; 49%. — *α-Isocaproylpropionsäureäthylester*, Kp.$_{12}$ 113 bis 115°, (1:1,5:1), 40/5; n_D^{25} 1,4288; 38%. — *α-n-Caproylpropionsäureäthylester* (**II**), Kp.$_{12}$ 118—120°, (1 : 1,5 : 1,5), 45/45; n_D^{25} 1,4312; 33%; oder (1 : 3 : 3), 20/50; 36%; oder (1 : 1 : 1,8) (der Bromester wurde tropfenweise während 30 Min. zugegeben), 45/45; 30%. — *α-n-Caproylpropionsäure-sek.-butylester* (**III**), $C_{13}H_{24}O_3$, Kp.$_{11,5}$ 133—134°, (1 : 1,5 : 1,5), 45/45; n_D^{25} 1,4302; 52%; oder (2 : 1 : 1), 45/45; 37%. — *α-n-Caproylpropionsäurepentyl-(3)-ester*, $C_{14}H_{26}O_3$, Kp.$_{3,9}$ 125—127°, (1 : 1,5 : 1,5), 45/45; n_D^{25} 1,4333; 57%. — *$\alpha.\gamma$-Dimethyl-β-oxocaprinsäurepentyl-(3)-ester*, $C_{17}H_{32}O_3$, Kp.$^{\mathrm{I}}_{,6}$ 138 bis 139°, (1 : 1,5 : 1,5), 45/45; n_D^{25} 1,4381; 29%. — *2.5-Dimethyl-3-oxoundecansäurepentyl-(3)-ester*, $C_{18}H_{34}O_3$, Kp.$_{0,6}$ 134—136°, (1 : 1,5 : 1,5), 45/1140; n_D^{25} 1,4403; 38%, bei 45 Min. Hydrolyse nur 3%. — Benzoylessigsäureäthylester [(1 : 1,5 : 1), 40/5] u. α-n-Caproylessigsäurepentyl-(3)-ester [(1 : 1,5 : 1,5), 45/45)] konnten nicht dargestellt werden. — Als Nebenprodd. wurden folgende red. Bromester (bei den höhersd. Estern sek. Alkohole) identifiziert: *Essigsäurepentyl-(3)-ester*, Kp.$_{30}$ 49—52°, u. *Propionsäurepentyl-(3)-ester*, Kp.$_{12}$ 44—46°, n_D^{25} 1,4029; ferner die Ketoesterkondensationsprodd. der red. Bromester, die mit $FeCl_3$ blauviolette Farbe zeigen: *α-Propionylpropionsäureäthylester*, Kp.$_{12}$ 85—88°, u. *α-Propionylpropionsäure-sek.-butylester*, Kp.$_{4,5}$ 80—92°. — Die erhaltenen β-Ketoester zeigten die für α-Alkyl-β-ketoester typ. blauviolette Farbe mit $FeCl_3$. — *3-n-Amyl-4-methyl-1-phenylpyrazolon-(5)*, $C_{15}H_{20}ON_2$, F. 80,4—82,9° (Hexan), Kp.$_{1,6}$ 187—189°, aus Phenylhydrazin u. **III** durch 2 std. Erhitzen auf dem Dampfbad, dann 6 Std. auf 180°; 66%. — Ebenso wurde **II** identifiziert. — *n-Amyläthylketon*, Kp.$_{14}$ 59—61°, aus 10 g Destillationsrückstand der Darst. von **III** u. Aufnehmen in Bzl.; durch 2 std. Erhitzen mit 18 n H_2SO_4; n_D^{25} 1,4142; 3,3 g. *Semicarbazon*, F. 111,0—112,0°. — *α-Isocaproylpropionsäure-tert.-butylester*, $C_{13}H_{24}O_3$, Kp.$_7$ 110—113°, aus 9,6 g Isocapronitril (**IV**), 30,4 g α-Brompropionsäure-tert.-butylester (**V**) u. 6,5 g Zn in Bzl. durch 25 Min. Erhitzen, Kühlen u. Zugeben von 6 n H_2SO_4; n_D^{25} 1,4266; 23%, daneben 2,1 g unverändertes **IV** u. 5,1 g **V**. — **V**, $C_7H_{13}O_2Br$, Kp.$_{30}$ 80,3—83°: Zu Propionsäure (**VI**) PBr_3 geben, 30 Min. auf 50—60° erhitzen, bei 60—70° Br_2 langsam zufügen u. 30 Min. bei 90—100° halten; zu dem rohen *α-Brompropionylbromid* (Kp.$_{20}$ 55 bis 70°; 72%) Dimethylanilin, dann tert.-Butylalkohol während 20 Min. unter Kühlung zugeben; nach mehreren Std. in Bzl. aufnehmen; n_D^{25} 1,4370; 39% (bezogen auf **VI**). — *α-Brompropionsäure-sek.-butylester*, $C_7H_{13}O_2Br$, Kp.$_{39}$ 97,0—98,3°, aus α-Brompropionsäureäthylester (**VII**), sek.-Butylalkohol u. konz. H_2SO_4, durch Erhitzen unterhalb einer Fraktionierkolonne bei Abdest. von A. u. Ausziehen mit Bzl.; n_D^{25} 1,4420; 82%. — *α-Brompropionsäurepentyl-(3)-ester*, $C_8H_{15}O_2Br$, Kp.$_{30}$ 98—100°, aus **VII**, Pentanol-(3) (**VIII**) u. konz. H_2SO_4 wie vorst.; n_D^{25} 1,4453; 77%. — *Bromessigsäurepentyl-(3)-ester*, $C_7H_{13}O_2Br$, Kp.$_{28}$ 98—100°, aus Bromessigsäureäthylester, **VIII** u. konz. H_2SO_4; n_D^{25} 1,4489; 89%. — *α-Methylcaprylsäure*, Kp.$_{14}$ 137—139°, aus Na-Methylmalonsäurediäthylester u. n-Hexylbromid über den *n-Hexylmethylmalonsäurediäthylester* (**IX**, $C_{14}H_{26}O_4$, Kp.$_{6,5}$ 132—133°; n_D^{25} 1,4280; 68%) u. dessen Verseifung u. Decarboxylierung; n_D^{25} 1,4281; 93% (bezogen auf **IX**). — *α-Methylcaprylamid*, F. 76,5—77,3°, aus vorst. Verb. nach Bishop (C. **1946**. I. 1214); 95% roh. — *α-Methylcaprylonitril*, Kp.$_{17,5}$ 95—97°, aus vorst. Verb. u. $POCl_3$; n_D^{25} 1,4186; 77%. — *3-Methylnonansäureamid*, $C_{10}H_{21}ON$, F. 88,0—88,8° (Aceton/W.), aus 3-Methylnonansäure wie bei vorst. Amid; 96% (roh). — *3-Methylnonansäurenitril*, $C_{10}H_{19}N$, Kp.$_{10}$ 101—103°, Darst. wie bei vorst. Nitril; n_D^{25} 1,4277; 97%. — *α-n-Caproylpropionsäuremethylester*, $C_{10}H_{18}O_3$, Kp.$_{12}$ 114—115°, aus 11,4 g **III**, 48 g CH_3OH u. 1 cm^3 konz. H_2SO_4; 24 std. Erhitzen; n_D^{25} 1,4302; 3,8 g (41%), u. 2,1 g **III** zurück; ohne H_2SO_4 (44 Std. Kochen) entsteht kein Methylester. — *α-Isocaproylpropionsäuremethylester*, $C_{10}H_{18}O_3$, Kp.$_{17}$ 114—115°, aus α-Isocaproylpropionsäure-sek.-butylester (**I**), CH_3OH u. H_2SO_4-Katalysator; 69 std. Stehen bei Zimmertemp.; n_D^{25} 1,4298; 23%, daneben 49% unverändertes **I**.

(J. org. Chemistry **18.** 1594–1600. Nov. 1953. Berkeley, Calif., Univ. of California, Chem. Labor.) Fechter. 870

Israël Marszak, Roland Epsztein und **Martin Olomucki,** *Untersuchungen über β-, γ- und δ-Acetylenamine.* Vorl. Mitt. zu der C. **1954.** 3678 referierten Arbeit. (C. R. hebd. Séances Acad. Sci. **235.** 1409–10. 1/12. 1952.) Liebig. 910

T. Lies, R. E. Plapinger und **T. Wagner-Jauregg,** *Darstellung von N-dialkylphosphoryliertem Glycin.* Durch Verseifung von N-Dialkylphosphorylglycinestern mit $Ba(OH)_2$ bei Zimmertemp. erhalten Vff. die *Monobariumsalze* der *N-Dialkylphosphorylglycine,* die als *Guanidinsalze* charakterisiert wurden. *N-Diäthylphosphorylglycin* (**I**) konnte als freie Säure mit Hilfe eines Ionenaustauschers erhalten werden. **I** u. *N-Diisopropylphosphorylglycin* wurden auch durch Hydrogenolyse der Benzylester erhalten. Die Verseifung des N-Diphenylphosphorylglycinäthylesters mit $Ba(OH)_2$ zum Ba-Salz des N-Diphenylphosphorylglycins ließ sich nicht durchführen, weil sich Phenol abspaltet. Die N-Dialkylphosphorylglycinester werden aus Glycin u. Dialkylphosphorylchlorid erhalten. I-*Äthylester* (**II**) erhält man auch aus Glycinester u. Tetraäthylpyrophosphat (TEPP). Die früher (Wagner-Jauregg u. Mitarbeiter, J. Amer. chem. Soc. **73.** [1951.] 5202) dabei vermutete Bldg. des N.N-Bis-diäthylphosphorylglycinesters, $H_5C_2O_2CCH_2N[PO(OC_2H_5)_2]_2$, tritt nicht ein, es bildet sich vielmehr ein Gemisch von ca. 2 Mol **II** mit 1 Mol TEPP.

V e r s u c h e: *N-Diäthylphosphorylglycinäthylester* (**II**), $C_8H_{18}O_5NP$, Kp.$_{0,3}$ 123 bis 128°, aus Glycin u. Diäthylphosphorylchlorid (vgl. l. c.); n_D^{30} 1,4338. — *N-Diäthylphosphorylglycin, Ba-Salz,* $C_{12}H_{26}O_{10}N_2P_2Ba$, aus **II** durch Verseifung mit $Ba(OH)_2$ in W.; aus absol. A. durch Fällen mit Äther. *Guanidinsalz,* $C_7H_{19}O_5N_4P$, F. 159–160° (A.); 51% (Ausbeute). — *Guanidinsalz des N-Diisopropylphosphorylglycins,* $C_9H_{23}O_5 \cdot N_4P$, F. 167–168,5° (A.), analog aus N-Diisopropylphosphorylglycinäthylester; 50%; oder aus N-Diisopropylphosphorylglycinmethylester (Kp.$_{0,1-0,2}$ 114–120°, n_D^{27} 1,4314). — *Guanidinsalz des N-Dibutylphosphorylglycins,* $C_{11}H_{27}O_5N_4P$, F. 156,5–157° (A./Ae.), aus N-Dibutylphosphorylglycinmethylester (Kp.$_{0,15}$ 145–147°, n_D^{26} 1,4392). — *N-Diisopropylphosphorylglycinbenzylester,* $C_{15}H_{24}O_5NP$, aus Glycinbenzylester u. Diisopropylchlorphosphat in trocknem Ae. in der Kälte; gelbes Öl. — *N-Diisopropylphosphorylglycin,* $C_8H_{18}O_5NP$, aus vorst. Verb. durch Hydrogenolyse mit Pd in absol. A.; viscoses Öl. — *N-Diäthylphosphorylglycinbenzylester,* $C_{13}H_{20}O_5NP$. — *N-Diäthylphosphorylglycin* (**I**), $C_6H_{14}O_5NP$, aus vorst. Ester durch Hydrogenolyse oder aus dem Guanidinsalz mit Dowex 50. In wss. Lsg. tritt langsame Verseifung der N-Phosphorylgruppe ein. (J. Amer. chem. Soc. **75.** 5755–56. 20/11. 1953. Army Chem. Center, Md., Chem. Corps Med. Labor., Med. Chem. Branch.) W. Lorenz. 950

Robert E. Plapinger und **T. Wagner-Jauregg,** *Eine Stickstoff → Sauerstoff-Phosphorylwanderung: Darstellung von dl-Serinphosphorsäure und Threoninphosphorsäure.* Behandlung der N-Diisopropylphosphorylderivv. des dl-Serinmethylesters u. dl-Threoninmethylesters mit wss. HCl führte zu *dl-Serinphosphorsäure* bzw. „*Threoninphosphorsäure*" (stereochem. Zuordnung nicht bekannt). Analog ist *Äthanolaminphosphorsäure* aus N-Diisopropylphosphoryläthanolamin zugänglich. Die Synth. der Cysteinphosphorsäure aus N-Diisopropylphosphoryl-l(+)-cysteinmethylester gelang dagegen nicht. Die intermediären O-Ester konnten nicht isoliert werden.

V e r s u c h e: *N-Diisopropylphosphoryl-dl-serinmethylester,* $C_{10}H_{22}O_6NP$, F. 48 bis 50°, u. *N-Diisopropylphosphoryl-dl-threoninmethylester* wurden aus Diisopropylphosphorylchlorid (**I**) u. Serin- bzw. Threoninmethylester hergestellt (vgl. vorst. Ref. l. c.). — *N-Diisopropylphosphoryl-l(+)-cysteinmethylester,* $C_{10}H_{22}O_5NSP$, F. ~22°, aus l(+)-Cysteinmethylesterhydrochlorid ($C_4H_{10}O_2NClS$, F. 145°) u. **I** in Ggw. von Triäthylamin. — *N-Diisopropylphosphoryläthanolamin,* $C_8H_{20}O_4NP$, Kp.$_{0,8}$ 151°, aus Äthanolamin u. **I** in Chlf. in Ggw. von Triäthylamin; n_D^{23} 1,4400. — *Äthanolaminphosphorsäure,* $C_2H_8O_4NP$, F. 242°, aus vorst. Verb. mit 5–7%ig. HCl 6 Std. unter Rückfluß, Eindampfen im Vakuum, Aufnehmen in W. u. Zugabe von A. bis zur Trübung; 18% (Ausbeute). — *dl-Serinphosphorsäure,* $C_3H_8O_6NP$, F. 166–167°, analog; 21–26%. — *Threoninphosphorsäure,* $C_4H_{10}O_6NP$, F. 184°; 52%. (J. Amer. chem. Soc. **75.** 5757–58. 20/11. 1953.) W. Lorenz. 950

A. Ss. Schpitalnyi, Je A. Meoss und **K. Je. Perepelkin,** *Über die Öffnung des ε-Caprolactamringes durch Dicarbonsäuren der Fettreihe und Amine.* Bei der Umsetzung von ε-Caprolactam (I) mit Anilin u. Hexamethylendiamin werden unter Öffnung des Lactamringes *Mono-* bzw. *Diamine* gebildet. Bei der Einw. von Äthylendiamin entsteht hingegen *2-[ε-Aminopentyl]-4.5-dihydroimidazol.* Die Prodd., die als solche nicht isoliert wurden, konnten als *Benzoylderivv., Pikrate oder Oxalate* charakterisiert werden.

V e r s u c h e: *2-[ε-Aminopentyl]-4.5-dihydroimidazol;* durch Erhitzen äquimol. Mengen **I** + $NH_2CH_2CH_2NH_2$ im zugeschmolzenen Rohr 24 Std. auf 200°, danach

1 Std. auf 150°/8 mm. *Dibenzoylderiv.*, $C_{22}H_{25}O_2N_3$, F. 141°. *Dipikrat*, $C_{20}H_{23}O_{14}N_9$, F. 190—200° (Zers.). *Dioxalat*, $C_{12}H_{21}O_8N_3 \cdot 2H_2O$, F. 204—206° (Zers.). — *ε-Aminocapronsäure-ζ-aminohexylamid*; aus I u. $NH_2[CH_2]_6NH_2$ analog Vorstehendem. *Dibenzoylderiv.*, $C_{26}H_{35}O_3N_3$, F. 118°. — *ε-Aminocapronsäurephenylamid*; aus I u. $C_6H_5 \cdot NH_2$. *Benzoylderiv.*, $C_{19}H_{22}O_2N_2$, F. 102—103°. (Журнал Общей Химии [J. allg. Chem.] **23** (85). 1382—83. Aug. 1953. Leningrad, Kirow-Textilinst., Lehrstuhl für Kunstfasern.) HENSEL. 950

Franz Runge und **Wolfgang Zimmermann**, *Über Chlormethylchlorsilane.* Die Chlorierung von Methyltrichlorsilan (I) im UV-Licht lieferte Trichlormethyltrichlorsilan, ohne daß Zwischenstufen gefaßt werden konnten. Beim Vers., aus dem Reaktionsgemisch niedriger chlorierte Derivv. durch Dest. zu isolieren, trat Rk. nach $Cl_3SiCCl_3 + Cl_3SiCH_3 = SiCl_4 + Cl_2Si(CH_3)(CCl_3)$ ein. Diese Rk. wurde dadurch bewiesen, daß äquivalente Mengen von Cl_3SiCCl_3 u. Cl_3SiCH_3 beim Erhitzen im Autoklaven ebenfalls unter Bldg. von *Methyltrichlormethyldichlorsilan* umgesetzt werden konnten. Beim Dimethyldichlorsilan (II) werden maximal 5, beim Trimethylchlorsilan (III) 8 H-Atome ersetzt. Die höheren Chlorierungsstufen von **II** u. **III** wurden aus den rein dargestellten niederen Chlorierungsprodd. erhalten, indem vorsichtig stufenweise weiterchloriert wurde. Die Konstitutionsaufklärung der Chlorierungsprodd. erfolgte durch Hydrolyse u. Best. der Spaltprodukte.

Versuche: *Trichlormethyltrichlorsilan*, CCl_6Si, F. 121°, aus I durch Chlorieren in Chlf. bei Zimmertemp., sublimiert bei Zimmertemp., sintert zu wachsartiger M. zusammen; 95% (Ausbeute). — *Methyltrichlormethyldichlorsilan*, $C_2H_3Cl_5Si$, aus vorst. Verb. u. I im Autoklaven bei 120°, neben $SiCl_4$. — *Dimethylchlormethylchlorsilan*, $C_3H_8Cl_2Si$, Kp. 114,5°, durch Chlorierung von 5 Mol **III** bis zur Bldg. von 5 Mol HCl; $D.^{20}_4$ 1,0789; n_D^{20} 1,4369; 49%. Daneben *Dimethyldichlormethylchlorsilan* (**IV**), $C_3H_7Cl_3Si$, F. —48°, Kp. 148,5°; $D.^{20}_4$ 1,2369; n_D^{20} 1,461; 24%. — *Dimethyltrichlormethylchlorsilan* (**V**), $C_3H_6Cl_4Si$, F. 122°, aus mol. Mengen **IV** u. Cl_2 in Chlf., bei 15 Torr sublimierbar; 49%. — *Methylchlormethyldichlormethylchlorsilan* (**VI**), $C_3H_6Cl_4Si$, F. —45°, Kp. 195°, aus den Destillationsnachläufen bzw. -rückständen vorst. Verb.; $D.^{20}_4$ 1,3920; n_D^{20} 1,4920; 5%. — *Methylchlormethyltrichlormethylchlorsilan*, $C_3H_5Cl_5Si$, F. 62°, aus **V** in Chlf. unter Kühlung, neben höheren Chlorierungsprodd., bei 40° sublimierbar; 62%. — *Bis-chlormethyl-trichlormethylchlorsilan*, $C_3H_4Cl_6Si$, sublimiert bei Raumtemp., analog vorst. Verb.; 29%. — *Chlormethyldichlormethyltrichlormethylchlorsilan*, $C_3H_3Cl_7Si$, F. 73°, sublimiert bei 50°, aus vorst. Verbindung. — *Bis-dichlormethyl-trichlormethylchlorsilan*, $C_3H_2Cl_8Si$, F. 67°, bei 55° sublimierbar, aus vorst. Verb.; 42%; entsteht außerdem aus Chlormethyl-bis-dichlormethyl-chlorsilan mit 2 Mol Cl_2; 50%. — *Dichlormethyl-bis-trichlormethyl-chlorsilan*, C_3HCl_9Si, F. 85°, bei 60° sublimierbar, aus vorst. Verb.; 75%. — *Bis-chlormethyl-dichlormethylchlorsilan*, $C_3H_5Cl_5Si$, F. ca. —36°, Kp. 215°, aus **VI** neben höheren Chlorierungsstufen; $D.^{20}_4$ 1,546; n_D^{20} 1,5320; 33%. — *Chlormethyl-bis-dichlormethyl-chlorsilan*, $C_3H_4Cl_6Si$, F. 47—52°, Kp. 49—54°, aus vorst. Verb.; 50%. (Chem. Ber. **87**. 282—87. 1954. Halle, Univ., Inst. für techn. Chemie.) SEITZ. 980

W. A. Ponomarenko und **W. F. Mironow**, *Eine neue Methode zur Synthese von α-Jodalkyltrialkylsilanen.* Beim Kochen von CH_3SiCl_3 (300 g) wird in das aus dem Rückflußkühler abtropfende Kondensat unter Belichtung mit der Quarzlampe Cl_2 (60—100 Blasen/Min.) eingeleitet, bis die Temp. im Kolben 110—112° erreicht (ca. 22 Std.); fraktionierte Dest. liefert 53% (auf umgesetztes Ausgangsmaterial bezogen) *Chlormethyltrichlorsilan* (I), Kp. 117—118,5°. Aus $(CH_3)_2SiCl_2$ wird analog in 14 Std. 75% *Chlormethylmethyldichlorsilan* (**II**), Kp. 120,5—121,5°, aus $ClSi(CH_3)_3$ in 8 Std. 77,2% *Chlormethyldimethylchlorsilan* (**III**), $Kp._{757}$ 113,9°, erhalten. Aus $Si(C_2H_5)_4$ + SO_2Cl_2 + Benzoylperoxyd erhält man bei 60—70° in 2—3 Std. 50% *α-Chloräthyltriäthylsilan* (**IV**), $Kp._{750}$ 194,6°; n_D^{20} 1,4535, neben *Triäthylchlorsilan* u. einer Fraktion vom Kp.233—233,3°; $D.^{20}_4$ 0,9619; n_D^{20} 1,4590, die mit 0,1n NaOH langsam HCl abspaltet. Langsame (1 Std.) Zugabe von 184 g I zur äther. Lsg. von CH_3MgJ (85 g Mg), Abdampfen des Ae., Erhitzen des Rückstands auf dem sd. Wasserbad (9 Std.), Wiederzugabe des Ae. u. Behandeln mit W. liefert 52% *Jodmethyltrimethylsilan* (**V**), $Kp._{750}$ 139,5°; n_D^{20} 1,4895, neben 9% *Chlormethyltrimethylsilan* (**VI**), $Kp._{750}$ 97°; n_D^{20} 1,4172; bei Verwendung von 96 g I u. 48,3 g Mg (7 Std.; ohne Abdampfen des Ae.) betragen die Ausbeuten an **V** 25%, an **VI** 50%, bei Verwendung von 74 g I u. 36 g Mg (3 Std., ebenso) 69,5% **VI**. Analog (mit Abdampfen des Ae.) werden aus 46 g I u. C_2H_5MgJ (**VII**) (22 g Mg) in 10 Std. 37 g *Jodmethyltriäthylsilan*, Kp. 216—218°; $D.^{20}_4$ 1,3418; n_D^{20} 1,5036; Mol.-Refr. ($[MR]_D$) 56,50 erhalten, aus 52,2 g I u. C_2H_5MgBr (24,6 g Mg) in 25 Std. 29 g *Chlormethyltriäthylsilan*, Kp_{740} 179°; $D.^{20}_4$ 0,9101; n_D^{20} 1,4480; $[MR]_D$ 48,45, aus 51,8 g II u. **VII** (19 g Mg) in 9 Std. bei 100° 81% *Jodmethyldiäthylmethyl-*

silan, $Kp._{750}$ 194,6°; $D.^{20}_{4}$ 1,3690; n_D^{20} 1,5005, aus 140 g **III** u. **VII** (12 g Mg) bei 100° in 8 Std. 63% *Jodmethyldimethyläthylsilan*, $Kp._{763}$ 169,5°; $D.^{20}_{4}$ 1,3937; n_D^{20} 1,4955; $[MR]_D$ 47,77, aus 45 g **IV** u. MgJ_2 (aus 6 g Mg u. 63,5 g J_2 in Ae.) in 10 Std. auf dem Wasserbad 67% *α-Jodäthyltriäthylsilan*, $Kp._9$ 97°; $Kp._5$ 86—88°; $D.^{20}_{4}$ 1,2959; n_D^{20} 1,5053; $[MR]_D$ 61,88. (Доклады Академии Наук СССР [Ber. Akad. Wiss. UdSSR] [N. S.] **94.** 485—88. 21/1. 1954. Zelinsky-Inst. für organ. Chem. der Akad. der Wiss. der UdSSR.) R. K. MÜLLER. 980

William S. Gump und **Edward J. Nikawitz,** *2.6-Dichlor-3.5-xylenol.* 4-Brom-3.5-xylenol (**II**) wurde zu *4-Brom-2.6-dichlor-3.5-xylenol* (**III**) chloriert u. daraus mit Zn u. Alkali Brom zu *2.6-Dichlor-3.5-xylenol* (**I**) abgespalten. Gegen *S. typhosa* u. *M. pyogenes var. aureus* zeigte **I** eine geringere baktericide Aktivität als das isomere 2.4-Dichlor-3.5-xylenol (**IV**).

V e r s u c h e: *4-Brom-2.6-dichlor-3.5-xylenol* (**III**), $C_8H_7OCl_2Br$, F. 183—184° (Bzn.), durch Chlorieren (150 g Cl_2) von 78 g **II** in CCl_4 bei 70—75° u. Extraktion des Rückstands der organ. Schicht mit sd. verd. NaOH; 37 g (Ausbeute). Bei Anwendung der theoret. Chlormenge resultierte als Hauptprod. *4-Brom-2-chlor-3.5-xylenol.* — *2.6-Dichlor-3.5-xylenol* (**I**), $C_8H_8OCl_2$, F. 87—88° (Bzn.), $Kp._1$ 105—110°, aus 34 g **III** in 20%ig. KOH mit Zn-Staub bei 90°; 26 g. *Benzoat*, $C_{15}H_{12}O_2Cl_2$, F. 143 bis 145°. — **IV**-*Benzoat*, F. 114—115°. (J. Amer. chem. Soc. **75.** 6311—12. 20/12. 1953. Delawanna, N. J., Givaudan Corp., Res. Labors.) PREISS. 1060

William E. Truce und **Oscar L. Norman,** *Die Metallierung von Diarylsulfonen.* 2. Mitt. *Phenyl-[p-tolyl]-sulfon und Dimesitylsulfon.* (1. vgl. C. **1953.** 5498.) *Phenyl-[p-tolyl]-sulfon* lieferte nach Metallierung mit n-Butyl-Li u. nachfolgende Carbonierung ein Gemisch der beiden *o-Carboxysulfone*, das in *2-Methylthioxanthon-10-dioxyd* übergeführt werden konnte. Als Nebenprod. entstand eine geringe Menge einer Dicarbonsäure, vermutlich *2.2'-Dicarboxy-4-methyldiphenylsulfon.* Die CH_3-Gruppe hat also einen wesentlich geringeren dirigierenden Einfl. als das Br-Atom (vgl. 1. Mitt., l.c.). — Entsprechend wurde aus *Dimesitylsulfon* (**I**) ein *Carboxydimesitylsulfon* (**II**) erhalten. *3-Carboxydimesitylsulfon* (**III**) wurde aus Brommesitylensulfonylchlorid über *3-Bromdimesitylsulfon* u. *3-Cyandimesitylsulfon* dargestellt. Chlormethylierung von Mesityl-m-xylylsulfid (**IV**), Rk. mit NaCN u. Verseifung des Nitrils führten zu einem carboxymethylierten Sulfid, dessen Konst. durch Decarboxylierung nicht geklärt werden konnte. Rk. mit H_2O_2 ergab ein Sulfon, das ebensowenig wie **III** mit **II** ident. war. *Dimesitylsulfid*, das aus Mesityl-MgBr u. Mesitylensulfenylchlorid (**V**) erhalten wurde, konnte glatt mit H_2O_2 zu **I** oxydiert werden. Bei der Darst. von **V** durch Chlorierung von Thiomesitol entstand als Nebenprod. *Trichlormesitylen.*

V e r s u c h e (FF. korr.): Durch Zugabe von n-Butyl-Li in Ae. zu 23,2 g Phenyl-[p-tolyl]-sulfon (F. 126—126,5°) in Ae. unter Kühlung, Stehen bei Raumtemp., Zugabe von Trockeneis, Hydrolyse mit 3nHCl, Extraktion der äther. Schicht mit 5%ig. NaOH, Ansäuern der alkal. Lsg., Aufnehmen in Bzl. u. Eindampfen wurden 13,5 g eines Gemisches aus 41% *2-Carboxy-4-methyldiphenylsulfon* (**VI**) u. 59% *2-Carboxy-4'-methyldiphenylsulfon* (**VII**) erhalten; F. 122—132°; die Zus. wurde durch Aufnahme der F.-Kurve von **VI** + **VII** bestimmt. *2-Methylthioxanthon-10-dioxyd*, $C_{14}H_{10}O_3S$, F. 197—198°, durch Behandlung des Gemisches mit konz. H_2SO_4 bei 190°; 72% (Ausbeute). *2.2'-Dicarboxy-4-methyldiphenylsulfon*, F. 245—251° (W.), aus dem benzolunlösl. Rückstand; 1,9 g. — **VI**, $C_{14}H_{12}O_4S$, F. 168,5—169° (Bzl.), durch 3,5std. Kochen von 0,025 Mol K-2-Brom-5-methylbenzoat, 0,044 Mol K-Benzolsulfinat, Cu-Pulver u. n-Amylalkohol, Zugabe von W., Ansäuern der wss. Schicht, Ausäthern, Eindampfen u. ½std. Erhitzen im Vakuum auf dem Dampfbad; 41%. — **VII**, $C_{14}H_{12}O_4S$, F. [illegible]1—162° (Bzl.), Darst. wie vorst. beschrieben; aus o-brombenzoesaurem K u. p-[illegible]oluolsulfinsaurem K; 31%. — Durch Metallierung von **I** entsteht ein *Carboxydimesitylsulfon* (**II**), $C_{19}H_{22}O_4S$, F. 265—267° (Zers.; Eisessig); 25%. — *3-Bromdimesitylsulfon*, $C_{18}H_{21}O_2BrS$, F. 137—138°, aus Brommesitylensulfochlorid, Mesitylen, $AlCl_3$ u. CS_2; 52%. — *3-Cyandimesitylsulfon*, $C_{19}H_{21}O_2NS$, F. 156—157,5° (CH_3OH), durch 6std. Erhitzen vorst. Verb. mit CuCN u. wenig $CuSO_4 \cdot 5H_2O$ auf 250° u. Extraktion mit A.; 49%. — *3-Carboxydimesitylsulfon* (**III**), $C_{19}H_{22}O_4S$, F. 177,5—179,5° (CH_3COOH), durch Zugabe von NaOH zu vorst. Verb. in 95%ig. A. (Lackmus), dann von 30%ig. H_2O_2, 7std. Erwärmen im Chloroformdampfbad, Neutralisation mit 5%ig. H_2SO_4, Eindampfen, Zugabe von W. u. Hydrolyse des Nd. (F. 189—192° [W.-CH_3COOH]); 48%. — *2.4-Dimethylthiophenol*, $Kp._{15}$ 92—94°, aus 2.4-Dimethylbenzolsulfonylchlorid u. Zn-Staub; 71%. — *2.4-Dimethylbenzolsulfenylchlorid*, $Kp._3$ 92 bis 96°, durch 3std. Einleiten von Cl_2 in die Lsg. der vorst. Verb. in CCl_4 im Dunkeln bei —3°; 86%. — *Mesityl-[2.4-dimethylphenyl]-sulfid* (**IV**), $C_{17}H_{20}S$, $Kp._4$ 173—174°,

F. 58—59°, durch Zugabe vorst. Verb. in Ae. zu Mesityl-MgBr u. Hydrolyse nach Stehen über Nacht; 77%. — *Mesityl-[m-xylyl]-sulfon*, $C_{17}H_{20}O_2S$, F. 156—157,5° (CH_3OH), durch Oxydation vorst. Verb. mit 30%ig. H_2O_2 in Eisessig. — *Carboxymethyliertes* **IV**, $C_{19}H_{22}O_2S$, F. 163—164° (W.-CH_3OH), durch Einleiten von HCl in die Lsg. von **IV** in Eisessig-konz. HCl bei 60—65°, Zugabe von Trioxymethylen, Gießen auf Eis, Extraktion mit Ae., Eindampfen, 5std. Kochen mit NaCN, W. u. A., Gießen auf Eis, Ausziehen mit Ae., 6std. Kochen des Ätherrückstands mit H_2SO_4, Gießen auf Eis, Extraktion mit Ae., alkal. Extraktion der Ätherlsg. u. Ansäuern; 18%. Kochen mit Cu-Bronze in Chinolin, Erhitzen des Na-Salzes mit NaOH im Vakuum auf 195—210° oder Erhitzen mit Fe auf 195° ergab kein alkaliunlösl. Produkt. *Sulfon*, $C_{19}H_{22}O_4S$, F. 156—158° (wss. CH_3COOH, dann CH_3OH), a) durch Rk. des Sulfids mit $KMnO_4$ in 80%ig. CH_3COOH; b) durch 1,5std. Kochen des Sulfids mit H_2O_2 in Eisessig. — *Thiomesitol*, $Kp._{18}$ 109,5—111,5°, durch Red. von Mesitylensulfonylchlorid; 66%. — *Mesitylensulfenylchlorid* (**V**), $Kp._{2,5-3,5}$ 95—101°, durch Behandlung vorst. Verb. in CCl_4 mit Cl_2 bei —8 bis —10°. Daneben *Trichlormesitylen*, F. 209,5 bis 210,5°. — *Dimesitylsulfid*, $C_{18}H_{22}S$, F. 91—92° (A.), $Kp._2$ 173—174°, durch Zugabe vorst. Verb. in Ae. zu Mesityl-MgBr. — *Dimesitylsulfon* (**I**), F. 202,5—204°, durch Oxydation des Sulfids mit H_2O_2 in Eisessig. (J. Amer. chem. Soc. **75**. 6023—25. 5/12. 1953. Lafayette, Ind., Purdue Univ., Dep. of Chem.) HILDEGARD BAGANZ. 1090

David Libermann, *Über p-Nitrosalicylchlorid und 4-Amino-4'-[p-aminosalicylamino]-diphenylsulfon.* Im gewissen Gegensatz zu den Angaben von MOUREU u. Mitarbeitern (Bull. Soc. chim. France, Mém. [5] **18**. [1951] 743) wird festgestellt, daß *p-Nitrosalicylchlorid* (**I**) zwar instabil ist, daß man es aber bei frischer Darst. aus p-Nitrosalicylsäure u. $SOCl_2$ in Bzl. zu Derivv. umsetzen kann. *4-Nitro-4'-(nitrosalicylamino]-diphenylsulfon* wurde aus **I** dargestellt u. durch Red. mit Fe in Ggw. von NH_4Cl in die *Diaminoverb.* übergeführt. Bei mehrtägigem Stehen lagert sich **I** in *2.6-Dinitrodisalicylid* um. Da diese Rk. durch Pyridin beschleunigt wird, haben MOUREU u. Mitarbeiter, die in dessen Ggw. arbeiteten, **I** nicht erhalten können.

V e r s u c h e: *p-Nitrosalicylchlorid* (**I**), $C_7H_4O_4NCl$, F. 62° (Cyclohexan), durch 5std. Kochen von p-Nitrosalicylsäure u. $SOCl_2$ in Bzl., Eindampfen im Vakuum, erneute Zugabe von Bzl. u. Eindampfen. — *4-Nitro-4'-[p-nitrosalicylamino]-diphenylsulfon*, $C_{19}H_{13}O_8N_3S$, durch 1std. Kochen von **I**, 4-Nitro-4'-aminodiphenylsulfon u. Aceton in Ggw. von K_2CO_3. — *4-Amino-4'-[p-aminosalicylamino]-diphenylsulfon*, $C_{19}H_{17}O_3N_3S$, F. 279—280°, durch allmähliche Zugabe vorst. Verb. zu Fe, W. u. NH_4Cl bei 80°, 5std. Erwärmen auf 80—85°, Aufnehmen in Aceton, Eindampfen des Filtrats, Aufnehmen in sd. Pyridin u. Zugabe von sd. Wasser. (C. R. hebd. Séances Acad. Sci. **234**. 107—08. 2/1. 1952.) HILDEGARD BAGANZ. 1090

F. Bell, *2-Methyl-p-benzochinon-1-toluol-p-sulfonimid.* Vf. erhielt bei der Rk. von 5-Methoxy-2-toluol-p-sulfonamidotoluol mit HNO_3 an Stelle des erwarteten 3-Nitroderiv. *2-Methyl-p-benzochinon-1-toluol-p-sulfonimid*, dagegen gibt 4-Toluol-p-sulfonamidophenetol bei analoger Rk. *3-Nitro-4-toluol-p-sulfonamidophenetol.*

V e r s u c h e: *5-Methoxy-2-toluol-p-sulfonamidotoluol*, $C_{15}H_{17}O_3NS$, F. 95° (A.), aus 2-Amino-5-methoxytoluol. — *2-Methyl-p-benzochinon-1-toluol-p-sulfonimid*, $C_{14}H_{13}O_3NS$, F. 149° (Bzl.). 10 g vorst. Verb. werden mit 10 cm^3 HNO_3 (D. 1,4) u. 100 cm^3 W. 30 Min. auf dem Wasserbad erwärmt; orangerote Prismen; 6,2 g (Ausbeute); Erhitzen in Essigsäure → *p-Toluchinon* (F. 69°) u. *Toluol-p-sulfonamid* (F. 137°; *Acetylderiv.*, F. 139°); Lösen in Acetanhydrid mit 1 Tropfen H_2SO_4 → wahrscheinlich *4.5-Diacetoxy-N-acetyl-2-methyl-N-toluol-p-sulfonylanilin*, $C_{20}H_{21}O_7NS$, F. 178—180° (A.). — *3-Nitro-4-toluol-p-sulfonamidophenetol*, F. 93° (A.), aus p-[Toluol-p'-sulfonamido]-phenetol mit verd. HNO_3 gelbe Nadeln; Hydrolyse mit kalter H_2SO_4 → *4-Amino-3-nitrophenetol*, F. 113°, rote Prismen. (J. chem. Soc. [London] **1953**. 4181. Dez. Edinburgh, Heriot-Watt Coll.) H. ULRICH. 1190

Charles D. Hurd und **Ludwig Bauer**, *Eine neue Umlagerung von Hydroxamsäuren unter Verwendung von Sulfonylchloriden.* Die Na-Salze von Hydroxamsäuren lagern sich um beim Behandeln mit aromat. Sulfochloriden wie p-Toluol (**I**)- oder Benzolsulfochlorid (**II**) unter Bldg. eines Diacylhydroxylamins, ohne daß man das prim. gebildete Acylierungsprod. zu isolieren braucht. So entsteht aus Benzhydroxamsäure (**III**) *Benz-[phenylcarbamylhydroxamsäure]*, $C_6H_5CONHOOCNHC_6H_5$, aus Hydrocinnamhydroxamsäure (**IV**) *Hydrocinnam-[phenäthylcarbamylhydroxamsäure]*; Succindihydroxamsäure (**V**) gibt dagegen mit **II** *3-Benzolsulfonoxy-5.6-dihydrouracil*, das sich weiter in *Äthylendiamin* umlagert.

V e r s u c h e: *Benz-[phenylcarbamylhydroxamsäure]*, $C_{14}H_{12}O_3N_2$, Zers. bei 180° [zu *symm. Diphenylharnstoff* (**VI**), F. 232°], Nadeln (A.); a) aus 3,2 g des Na-Salzes von **III** u. **I** in Chlf. [30 Min. bei anfangs 10°; 2,45 g (Ausbeute)]; b) aus 1,6 g des Na-Salzes von **III** u. Phenylisocyanat in Chlf. (1 Std.; Kühlung; 1,6 g). 30 Min. bei 100° mit wss. NaOH → **VI**, F. 235° (A.). — *Hydrocinnamhydroxamsäure* (**IV**), F. 82°, Platten (Bzl.); aus Hydrozimtsäureäthylester, H_2NOH u. $NaOC_2H_5$. *Benzoylderiv.*, F. 131°, lagert sich um in *symm.-Diphenäthylharnstoff* (**VII**), F. 137°. — *Hydrocinnam-[phenäthylcarbamylhydroxamsäure]*, $C_{18}H_{20}O_3N_2$, F. 133—134° (Zers.; Bzl.); aus 2 g des Na-Salzes von **IV** u. **I** in Chlf. (1 Std. bei 5—10°); 0,8 g. 30 Min. bei 100° mit wss. NaOH → **VII**, Platten (Isopropanol). — *3-Benzolsulfonoxy-5.6-dihydrouracil*, $C_{10}H_{10}$·O_5N_2S, F. 158—160°, Platten (W. oder Isopropanol); aus 2,4 g des Na-Salzes von **V** u. **II** in Chlf. (45 Min. bei 25°); 0,9 g. (J. Amer. chem. Soc. **76.** 2791—92. 20/5. 1954. Evanston, Ill., Northwest. Univ., Chem. Labor.) J. ROTHE. 1210

John R. Corrigan, Marie-Jo Sullivan, Howard W. Bishop und **A. Wayne Ruddy**, *Substituierte 1-Phenyl-2-alkylaminoäthanole und -propanole.* Um den näheren Zusammenhang zwischen Molekülbau u. bronchienerweiternder oder gefäßverengender Wrkg. aufzuklären, wurden 21 *Oxy-* u. *Methoxyphenylalkylaminoäthanole* u. *-propanole* dargestellt u. untersucht. Ihre Aktivität nimmt ab, wenn eine phenol. OH-Gruppe als Methyläther blockiert ist oder wenn die sek. Amine in tert. übergeführt werden. Die Propanole sind weniger akt. als die entsprechenden Äthanole. Die wirksamste Verb. ist *1-[3.4-Dioxyphenyl]-2-isopropylaminoäthanol.*

Versuche (FF. korr.): *α-Brom-3-methoxyacetophenon*, $C_9H_9O_2Br$, durch Bromierung von 3-Methoxyacetophenon in CH_2Cl_2 oder Chlf.; F. 63,0—64,3°; 65% (Ausbeute). — *Cyclopentylamin*, Kp. 106—108°, durch Aminierung von Cyclopentanon mit überschüssigem NH_3 in Ggw. von RANEY-Ni bei 50 lbs. H_2 u. 50°; n_D^{25} 1,4478; 84%. — *Benzylcyclopentylamin*, $Kp._5$ 114—116°, durch 1std. Rk. vorst. Verb. mit Benzaldehyd in CH_3OH, Verdünnen mit CH_3OH, PtO_2-Hydrierung bei 40 lbs., Ansäuern des Filtrats mit HCl, Einengen im Vakuum u. Alkalisieren; n_D^{25} 1,5264; 92%. *Hydrochlorid*, $C_{12}H_{17}N \cdot HCl$, F. 221,5—223,5°. — Folgende Acetophenone wurden nach früher beschriebenen Verff. (vgl. C. **1949.** II. 1289 u. früher) in Isopropanol oder Chlf. als Lösungsm. in 40—90%ig. Ausbeute gewonnen (*HCl* = Hydrochlorid, *HBr* = Hydrobromid): *α-Isopropylamino-3-methoxy-*, *HCl*, $C_{12}H_{17}O_2N \cdot HCl$, F. 176,6—178,4° (Zers.). — *α-Isopropylamino-3-benzoxyloxy-*, *HBr*, $C_{18}H_{19}O_3N \cdot HBr$, F. 196—198° (Zers.) (unkorr.). — *α-Isopropylamino-3-oxy-*, *HCl*, $C_{11}H_{15}O_2N \cdot HCl$, F. 213—216° (Zers.) (unkorr.). *HBr*, F. 235—237° (Zers.) (unkorr.). — *α-[N-Benzyl-N-cyclopentylamino]-3-oxy-*, *HCl*, $C_{20}H_{23}O_2N \cdot HCl$, F. 192,7—194° (Zers.). — *α-n-Butylamino-3-benzoxyloxy-*, *HBr*, $C_{19}H_{21}O_3N \cdot HBr$, F. 190—191° (Zers.) (unkorr.). — *α-n-Butylamino-3-oxy-*, *HBr*, $C_{12}H_{17}O_2N \cdot HBr$, F. 194,4—195,6° (Zers.). — *α-Isopropylamino-4-methoxy-*, *HBr*, $C_{12}H_{17}O_2N \cdot HBr$, F. 178,4—179,8° (Zers.). — *α-Benzylamino-4-methoxy-*, *HBr*, $C_{16}H_{17}O_2N \cdot HBr$, F. 187,7—189,4° (Zers.). — *α-[N-Benzyl-N-cyclopentylamino]-4-oxy-*, *HCl*, $C_{20}H_{23}O_2N \cdot HCl$, F. 122,5—124,5° (Zers.). — *α-Cyclohexylamino-4-oxy-*, *HBr*, $C_{14}H_{19}O_2N \cdot HBr$, F. 294—297° (Zers.). — *α-Diäthylamino-4-oxy-*, *HBr*, $C_{12}H_{17}O_2N \cdot HBr$, F. 204,5—206° (Zers.). — *α-Diisopropylamino-4-methoxy-*, *HBr*, $C_{15}H_{23}O_2N \cdot HBr$, F. 207,2—208,5° (Zers.). — Daraus durch Entmethylierung mit HBr *α-Diisopropylamino-4-oxy-*, *HBr*, $C_{14}H_{21}O_2N \cdot HBr$, F. 228—230° (Zers.) (unkorr.). — *α-[N-Methyl-N-benzylamino]-4-methoxy-*, *HBr*, $C_{17}H_{19}O_2N \cdot HBr$, F. 183,4 bis 184,5° (Zers.). — Folgende Propiophenone wurden nach dem Verf. von BOCKMÜHL u. Mitarbeitern (C. **1939.** II. 3149) dargestellt, wobei die Reaktionszeit durch Rk. des Bromketons mit 2 Äquivalenten Amin in absol. A. abgekürzt werden konnte; Kristallisation der Salze aus A. u. Ae.; Ausbeuten 67—80%: *α-Isopropylamino-3-benzyloxy-*, *HCl*, $C_{19}H_{23}O_2N \cdot HCl$, F. 211,5—212,9° (Zers.). — *α-Isopropylamino-4-benzyloxy-*, *HBr*, $C_{19}H_{23}O_2N \cdot HBr$, F. 230,5—232° (Zers.). — *α-Isopropylamino-3.4-dibenzyloxy-*, *HCl*, $C_{26}H_{29}O_3N \cdot HCl$, F. 212,7—214,5° (Zers.). — *α-Isopropylamino-3.4-dimethoxy-*, *HBr*, $C_{14}H_{21}O_3N \cdot HBr$, F. 242,8—244,8° (Zers.). — *α-Isopropylamino-3.4-dioxy-*, *HBr*, $C_{12}H_{17}O_3N \cdot HBr$, F. 158—160° (Zers.) (unkorr.), durch Demethylierung vorst. Verb. mit HBr. — *α-Cyclopentylamino-3.4-dibenzyloxy-*, *HCl*, $C_{28}H_{31}O_3N \cdot HCl$, F. 208—210° (Zers.). — Nachst. Äthanole wurden durch Hydrierung der entsprechenden Aminoketonsalze mit Pd-Kohle in W. (bei Benzyloxyverbb. in CH_3OH) in 50—95%ig. Ausbeute erhalten: *2-Isopropylamino-1-[3'-methoxyphenyl]-*, $C_{12}H_{19}O_2N$, F. 91—92° (unkorr.). *HCl*, $C_{12}H_{19}O_2N \cdot HCl$, F. 143,5—144,6°. — *2-Isopropylamino-1-[3'-oxyphenyl]-*, F. 123—124,5° (unkorr.). *HCl* ist hygroskopisch. *Acetat*, $C_{11}H_{17}O_2N \cdot C_2H_4O_2$, F. 152,3—154°. *Sulfat*, $(C_{11}H_{17}O_2N)_2 \cdot H_2SO_4$, F. 210,4—123,6°. — *2-n-Butylamino-1-[3'-oxyphenyl]-*, *HCl*, $C_{12}H_{19}O_2N \cdot HCl$, F. 119 bis 120° (unkorr.). — *2-Cyclopentylamino-1-[3'-oxyphenyl]-*, *HCl*, $C_{13}H_{19}O_2N \cdot HCl$, F. 143,3—145,1°. — *2-Isopropylamino-1-[4'-methoxyphenyl]-*, $C_{12}H_{19}O_2N$, F. 89—90° (unkorr.). *HCl*, $C_{12}H_{19}O_2N \cdot HCl$, F. 123,6—124,8°. — *2-Cyclopentylamino-1-[4'-oxy-*

phenyl]-, *HCl*, $C_{13}H_{19}O_2N \cdot HCl$, F. 159,2–161,4°. — *2-Cyclohexylamino-1-[4'-oxyphenyl]-*, $C_{14}H_{21}O_2N$, F. 172–174° (unkorr.). *HCl*, $C_{14}H_{21}O_2N \cdot HCl$, F. 179,2–180,6°. — *2-Diäthylamino-1-[4'-oxyphenyl]-*, *Acetat*, $C_{12}H_{19}O_2N \cdot C_2H_4O_2$, F. 170–172° (unkorr.). — *2-Diisopropylamino-1-[4'-methoxyphenyl]-*, *HCl*, $C_{15}H_{25}O_2N \cdot HCl$, F. 172,2–173,4°. — *2-Benzylamino-1-[4'-methoxyphenyl]-*, *HCl*, $C_{18}H_{19}O_2N \cdot HCl$, F. 185–187° (Zers.) (vgl. dagegen GRUBER u. RENNER (C. **1954**. 6465), aus dem Keton durch Red. mit Al-Isopropylat nach BURGER u. DEINET (J. Amer. chem. Soc. **67**. [1945.] 566). — Ebenso *2-Diisopropylamino-1-[4'-oxyphenyl]-*, *HBr*, $C_{14}H_{23}O_2N \cdot HBr$, F. 178,6–179,8° (Zers.). — Ebenso *2-[N-Methyl-N-benzylamino]-1-[4'-methoxyphenyl]-*, *HCl*, $C_{17}H_{21}O_2N \cdot HCl$, F. 150–152° (unkorr.). — *2-[N-Methyl-N-isopropylamino]-1-[4'-oxyphenyl]-*, *HCl*, $C_{12}H_{19}O_2N \cdot HCl$, F. 171,5–172,3°, durch reduktive Alkylierung des entsprechenden sek. Aminoalkohols mit HCHO. — Ebenso *2-[N-Methyl-N-isopropylamino]-1-[4'-methoxyphenyl]-*, *HCl*, $C_{13}H_{21}O_2N \cdot HCl$, F. 134–135° (unkorr.). — Folgende P r o p a n o l e wurden in 75–85%ig. Ausbeute dargestellt: *2-Isopropylamino-1-[3'-oxyphenyl]-*, *HCl*, $C_{12}H_{19}O_2N \cdot HCl$, F. 226,9–228° (Zers.). — *2-Isopropylamino-1-[4'-oxyphenyl]-*, *HBr*, $C_{12}H_{19}O_2N \cdot HBr$, F. 228,2–228,8° (Zers.). — *2-Isopropylamino-1-[3'.4'-dioxyphenyl]-*, *HBr*, $C_{12}H_{19}O_3N \cdot HBr$, F. 216–218° (Zers.) (unkorr). *HCl*, $C_{12}H_{19}O_3N \cdot HCl$, F. 217,8–218° (Zers.). — *2-Isopropylamino-1-[3'.4'-dimethoxyphenyl]-*, *HBr*, $C_{14}H_{23}O_3N \cdot HBr$, F. 169,6–170,8°. — *2-Cyclopentylamino-1-[3'.4'-dioxyphenyl]-*, *HCl*, $C_{14}H_{21}O_3N \cdot HCl$, F. 208–208,5° (Zers.). (J. Amer. chem. Soc. **75**. 6258–60. 20/12. 1953. Rensselaer, N. Y., Sterling-Winthrop Res. Inst.)

EBERHARDT. 1320

Gilm Kamai und **N. A. Tschadajewa,** *Ester der p-nitrophenylarsenigen und α-naphthylarsenigen Säure mit α-Glykolen.* Zur Darst. der *Glykolester* nebenst. Formel (R^1 = *p-Nitrophenyl* oder *α-Naphthyl*; R^2 = *H*, CH_2OCH_3 oder $CH_2 \cdot OC_2H_5$) wurden α-Glykole mit p-nitrophenylarseniger Säure (**I**) durch Erhitzen bzw. mit α-Naphthyldichlorarsin (**II**) in absol. Ae. in Ggw. von Pyridin umgesetzt. Die Ester sind leicht hydrolysierbar.

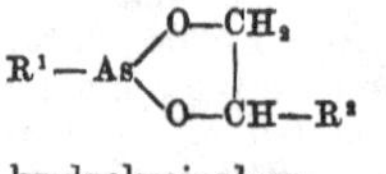

V e r s u c h e: *p-Nitrophenylarsenige Säure. Äthylenglykolester*, $C_8H_8O_4NAs$, F. 119–121°, Kp.₅ 170–174°; man erhitzt 13 g **I** mit 12 g Äthylenglykol im Vakuum langsam auf 80° (Badtemp.) u. fraktioniert das Reaktionsprod. bei 5–12 mm; aus CCl_4 Kristalle; 7,8 g (Ausbeute). *α-Methoxypropylenglykolester*, $C_{10}H_{12}O_5NAs$, F. 54 bis 55°, Kp.₂ 188–190°; hellgelbe Kristalle; 13,6 g aus 21,3 g **I**. *α-Äthoxypropylenglykolester*, $C_{11}H_{14}O_5NAs$, Kp.₃ 184–185°; Öl; D^{20}_4 1,4793; n_D^{20} 1,5700; 5,2 g aus 10 g **I**. — *α-Naphthylarsenige Säure. Äthylenglykolester*, $C_{12}H_{11}O_2As$, Kp.₄ 169–170°; aus 14 g **II** u. 4 g Äthylenglykol in Ggw. von 7,9 g Pyridin in viel Ae., anfangs bei 0°, dann unter Erwärmen auf dem Wasserbad; dickes Öl; D^{30}_4 1,5043; n_D^{30} 1,6677; 5,55 g. *α-Methoxypropylenglykolester*, $C_{14}H_{15}O_3As$, Kp.₃ 185–186°; D^{20}_4 1,4209; n_D^{20} 1,6282; 7 g aus 14 g **II**. (**Журнал Общей Химии** [J. allg. Chem.] **23** (**85**). 1431–32. Aug. 1953. Kasan, Chem. Arbusow-Inst. der Akad. der Wiss. der UdSSR.) HENSEL. 1380

A. F. McKay und **H. I. Bolker,** *Bis-[β-chloräthyl]-cyclohexylaminhydrochlorid.* Bis-[β-oxyäthyl]-cyclohexylamin wurde in das Hydrochlorid übergeführt u. in benzol. Lsg. mit $SOCl_2$ zu *Bis-[β-chloräthyl]-cyclohexylaminhydrochlorid*, $C_{10}H_{20}NCl_3$, umgesetzt; F. 176–178° (Zers.) (Aceton); Ausbeute 80,5%. (J. Amer. chem. Soc. **72**. 5343. Nov. 1950. Kingston, Ontario, Can., Queen's Univ., Dep. of Chem.)

FAASS. 2110

E. O. Fischer und **W. Hafner,** *Dicyclopentadienylchrom.* $[Cr(NH_3)_6](C_5H_5)_3$ (vgl. FISCHER u. JIRA, Z. Naturforsch. **8b**. [1953.] 327) zers. sich bei 80–120° in uneinheitlicher Rk. unter NH_3- u. Cyclopentadienabspaltung. Dabei entsteht in geringer Menge *Dicyclopentadienylchrom* (**I**), das bei –80° aus dem Gasstrom kondensiert werden kann. **I**, durch Hochvakuumsublimation bei 60–80° rein darstellbar, krist. in tiefroten Rauten oder Nadeln, F. 173°, lösl. in Bzl. u. Ae. mit roter Farbe, bei O_2-Ausschluß beständig, wird von W. nicht angegriffen. DEBYE-SCHERRER-Diagramm, F. u. Kristallform bewiesen die Strukturanalogie zu den Dicyclopentadienylverbb. des Fe, Co u. Ni. (Z. Naturforsch. **8b**. 444–45. Aug. 1953. München, TH, Anorgan.-chem. Labor.) WANNAGAT. 2180

Peter B. Russell, *cis- und trans-2-Benzylcyclohexanole: Die Reduktion von 2-Benzyliden- und 2-Benzylcyclohexanon.* Vf. erhielt durch katalyt. Red. von 2-Benzylcyclohexanon (**I**) mit Pt in $CH_3OH \cdot HCl$ *cis-2-Benzylcyclohexanol* (**II**), dessen Konfiguration nach der SKITAschen Regel sowie nach Überführung in das *3.5-Dinitrobenzoat* (F. 129°; trans-Verb. F. 133–135°) u. Oxydation mit Chromsäure zu **I** als sicher angesehen wird. **II** konnte auch aus 2-Benzylidencyclohexanon (**III**) analog der Darst. aus **I**, oder aus **III** durch Red. mit $LiAlH_4$ über *2-Benzylidencyclohexanol* (**IV**) u. katalyt. Hydrierung mit Pt-Kohle oder Red. mit Pt in methanol. HCl gewonnen werden. I, das aus III durch Hydrierung mit Pt-Kohle in Methanol erhalten wurde, ergab mit $LiAlH_4$ oder Na-Äthylat *trans-2-Benzylcyclohexanol* (V). Bei der Hydrierung von III mit Pt bei Ggw. von wenig K_2CO_3 erfolgte langsam Bldg. von 60% IV, 30% II u. wenig V. I wurde unter den gleichen Bedingungen nicht red., mittels RANEY-Ni in Methanol wird es nur schwer unter Bldg. von hauptsächlich II hydriert.

Versuche: *2-Benzylcyclohexanon* (I), $Kp._{12}$ 160°, aus 18,6 g III in Methanol unter 30 lbs./sq.in. H_2 schütteln mit Pt-Kohle; 15 g (Ausbeute); *Semicarbazon*, F. 168°. — *cis-2-Benzylcylohexanol* (II), $C_{13}H_{18}O$, $Kp._{0,15}$ 90—95°, a) aus 9 g I in $CH_3 \cdot OH \cdot HCl$ schütteln mit PtO_2 nach ADAMS; 7,5 g (daneben wenig V); b) aus 9,3 g III wie a); 9 g; c) aus 5 g IV mit Pt–Kohle bei 30 lbs./sq.in. H_2 in CH_3OH 11 Std. schütteln, daneben wenig V sowie vermutlich *Benzylcyclohexan*, $C_{13}H_{18}$, $Kp._{0,2}$ 40—45°; II-*3.5-Dinitrobenzoat*, $C_{20}H_{20}O_6N_2$, F. 129° (Ae.–Hexan, A. oder CH_3OH). — *trans-2-Benzylcyclohexanol* (V), F. 77° (Pentan), aus 9 g I in Ae. u. $LiAlH_4$ 2 Std. rühren, 4 Std. am Rückfluß, mit W. zers.; 8 g, daneben wenig II; *3.5-Dinitrobenzoat*, F. 134° (A.). — *trans-2-Benzylcyclohexyl-p-toluolsulfonat*, $C_{20}H_{24}O_3S$, F. 94—95° (Ae.–Ligroin), aus V u. Tosylchlorid in Pyridin 48 Std. bei n. Temperatur. — *2-Benzylidencyclohexanol* (IV), $C_{13}H_{16}O$, F. 63—64°, aus 9 g III in Ae. u. $LiAlH_4$ 1 Std. rühren, 2 Std. am Rückfluß; λ_{max} 243 mμ (ε = 14500; in A.); 8,7 g. (J. chem. Soc. [London] **1954.** 1771—74. Juni. Tuckahoe, N. Y., Wellcome Res. Labors.) GNAUCK. 2260

Nelson R. Easton und **Samuel J. Nelson**, *Synthese des 2.2-Diphenylcyclopentanons und einiger seiner Derivate.* Diphenylacetonitril (I) läßt sich mit γ-Chlorbuyronitril (II) zu *2.2-Diphenyladiponitril* (VI) kondensieren. Cyclisiert man dieses mit Na-tert.-Butylat u. verseift u. decarboxyliert anschließend, so erhält man *2.2-Diphenylcyclopentanon* (IV) in guter Ausbeute. IV liefert mit dem Br_2–Ae.-Addukt glatt das *5-Bromderiv.* (V), nicht dagegen mit Br_2 in CCl_4. Aus V wurde mit Dimethylamin *2.2-Diphenyl-5-dimethylaminocyclopentanon* gewonnen. IV geht mit CH_2O u. Dimethylamin keine MANNICH-Rk. ein.

Versuche: *2.2-Diphenyladiponitril* (VI), $C_{18}H_{16}N_2$, F. 66—67° (aus CH_3OH, anschließend sublimiert), durch 1—2std. Rühren u. Kochen von I mit $NaNH_2$ in Bzl., Abkühlen, Zufügen von II in Bzl. u. 6std. Kochen; 50% (Ausbeute). — *5-Cyan-2.2-diphenylcyclopentanonimin* (III), $C_{18}H_{16}N_2$, F. 149—150° (CH_3OH), a) gelegentlich als Neben- oder Hauptprod. bei der Darst. von VI; b) durch 3½std. Kochen von VI in absol. tert.-Butanol bei Ggw. von Na-tert.-Butylat. — *2.2-Diphenylcyclopentanon* (IV), $C_{17}H_{16}O$, F. 87,5—89,5°, durch Erhitzen von 27,5 g III (roh) mit 140 cm³ H_2SO_4 u. 48 cm³ W. auf 100° (¼ Std. länger, als zur Auflösung nötig), Zufügen von 250 cm³ W. u. 18std. Kochen u. Rühren; 81% (bezogen auf VI). *2.4-Dinitrophenylhydrazon*, $C_{23}H_{20}O_4N_4$, F. 182,0—182,5° (Bzl./A.). — *2.2-Diphenylcyclopentanon-5-carbonsäureamid*, $C_{18}H_{17}O_2N$, F. 132—133° (CH_3OH), neben IV bei nur 8—10std. Kochen von III mit H_2SO_4, aus dem nichtflüchtigen Anteil durch Auskochen mit Bzl.; liefert beim Kochen mit verd. H_2SO_4 IV. — *2.2-Diphenylcyclopentanonimin-5-carbonsäureamid*, $C_{18}H_{18}ON_2$, F. 229—232° (aus Eisessig, dann sublimiert bei 175°/1 mm), als benzolunlösl. Anteil neben vorst. Verb. oder durch bas. Hydrolyse von III. — *5-Brom-2.2-diphenylcyclopentanon* (V), $C_{17}H_{15}OBr$, F. 99,5—100,5° (CH_3OH), durch Zutropfen des bei Tempp. < 20° bereiteten Adduktes aus Br_2 u. Ae. zur äther. Lsg. von IV; 76%; Bromierung von IV in CCl_4 gab nur ein unreines Dibromderivat. — *5-Dimethylamino-2.2-diphenylcyclopentanonhydrochlorid*, $C_{19}H_{21}ON \cdot HCl$, F. 201 bis 204° (absol. A./Ae.), durch 2½ std. Erwärmen von V in A. mit Dimethylamin (4 Mol) auf 40° unter Rühren; 33%; mit 20 Mol Dimethylamin 81% roh. (J. Amer. chem. Soc. **75.** 640—41. 5/2. 1953. Bethlehem, Pa., Lehigh Univ., Wm. H. Chandler Chem. Labor.) PRACEJUS. 2360

Hermann Stetter und **Horst-Jürgen Krause**, *Notiz über die Synthese von 3.3-Dimethyl-1.5-diphenylpentandion-(1.5).* Vff. synthetisieren *3.3-Dimethyl-1.5-diphenylpentandion-(1.5)* aus dem *β.β-Dimethylglutarsäuredichlorid* (II) (dieses wird am besten aus β.β-Dimethylglutarsäureanhydrid mit PCl_5 erhalten) durch FRIEDEL-CRAFTS-Rk. mit Bzl. u. ferner durch Einw. von C_6H_5MgBr (I) auf β.β-Dimethylglutarsäurediäthylester; ster. Hinderung durch die CH_3-Gruppen führt, auch bei großem I-Überschuß, zu keiner weiteren Reaktion.

Versuche (FF. korr. u. unter dem F.-Mikroskop bestimmt): *β.β-Dimethylglutarsäuredichlorid* (II), $Kp._2$ 74—76°; β.β-Dimethylglutarsäureanhydrid u. PCl_5 auf dem Dampfbad erhitzen bis zur Homogenität; 78,4% (Ausbeute). — *Dianilid*, $C_{19}H_{22}O_2N_2$, F. 149°. — *3.3-Dimethyl-1.5-diphenylpentandion-(1.5)*, $C_{19}H_{20}O_2$, F. 93° (Ligroin): a) benzol. Lsg. von II bei 0° in $AlCl_3$–Bzl. (thiophenfrei) geben, 2 Std. nachrühren u. in Eis/konz. HCl geben; 69,3%; b) aus I u. β.β-Dimethylglutarsäurediäthylester in Ae. in 30 Min. unter Rühren, Zers. mit verd. HCl unter Kühlung u. ausäthern; 96,4%; leicht lösl. in Ae., Bzl., Chlf., A., wenig in CCl_4, CH_3OH, schwer in PAe. u. Ligroin. *2.4-Dinitrophenylhydrazon*, $C_{31}H_{28}O_8N_8$, F. 196° (CH_3OH). (Chem. Ber. **87**. 209—11. 1954. Bonn, Univ., Chem. Inst.) LIEBIG. 2370

Walter Freund und **Alfred Komzak**, *Eine neue Synthese von Arsonsäuren. 4. Mitt. Stilben-3-arsonsäure.* (3. vgl. C. **1953**. 3875.) Nach Zugabe von m-Arsanilsäure in wss. $NaHCO_3$ zu $NaNO_2$ in W., Diazotierung mit 25%ig. HCl, Zugabe der filtrierten Lsg. zu Zimtsäure in Aceton + CH_3COONa, Schütteln bis zur Einstellung auf p_H 6 u. trofenweise Zugabe von $CuCl_2$ in W. entsteht *Stilben-3-arsonsäure*, $C_{14}H_{13}O_3As$, aus Essigsäure blaßgelbe Platten, die bis 300° nicht schmelzen. (J. chem. Soc. [London] **1953**. 3707. Nov. Hobart, Tasmania, Univ.) NITZSCHKE. 2580

S. A. Faseeh, *Untersuchungen mit Phenylbutadien. 1. Mitt. Eine neue Synthese von Naphthalin.* 4-Phenylbutadien-1-carbonsäure gibt bei der Chlorierung im Sonnenlicht zunächst *2.3-Dichlor-5-phenylpenten-(4)-säure*, dann *2.3.4.5-Tetrachlor-5-phenylpentansäure*. Erstere liefert beim Erhitzen mit Sodalsg. *1-Chlor-4-phenylbutadien*, das mit $SnCl_2$ in ausgezeichneter Ausbeute zu *Naphthalin* cyclisiert werden kann.

Versuche: *2.3-Dichlor-5-phenylpenten-(4)-säure*, $C_{11}H_{10}O_2Cl_2$, F. 126—127°, durch Einleiten von Cl_2 in die Lsg. von 4-Phenylbutadien-1-carbonsäure in CCl_4 im Sonnenlicht bei 37° unter Selbsterwärmung auf 57°, Einengen an der Luft u. Digerieren mit Leichtbenzin–Xylol; 80% (Ausbeute). — *2.3.4.5-Tetrachlor-5-phenylpentansäure*, $C_{11}H_{10}O_2Cl_4$, F. 180°, bei längerem Stehen der chlorierten Lsg. im Sonnenlicht; 95%. — *1-Chlor-4-phenylbutadien*, $C_{10}H_9Cl$, $Kp._{2-3}$ 113°, durch 2std. Erhitzen der Dichlorsäure in 5%ig. Sodalsg. u. Ausäthern; 92%. — *Naphthalin*, F. 79° (A.), durch 2std. Erhitzen vorst. Verb. mit im Vakuum getrocknetem $SnCl_2$ auf 95°, ½ Std. auf 220°, Erhitzen mit W. u. Ausäthern; 82%. *Pikrat*, $C_{16}H_{11}O_7N_3$, F. 149°. (J. chem. Soc. [London] **1953**. 3708. Nov. Lahore, Pakistan, Univ. of Panjab, Univ. Inst. of Chem.) NITZSCHKE. 2700

S. C. Sen Gupta und **D. N. Chatterjee**, *Katalytische Dehydrierung von alkylierten Spirokohlenwasserstoffen.* (Vgl. SEN GUPTA u. CHATTERJEE, J. Indian chem. Soc. **29**. [1952.] 438.) Vff. untersuchen die katalyt. Dehydrierung (über Pt–Kohle) von *1.2.3.4-Tetrahydronaphthalin-2.2-spiro-[2'-äthylcyclopentan]* u. finden statt der erwarteten Dehydrierungsprodd. 1-Äthylphenanthren oder -anthracen als Reaktionsprod. *Pyren*.

Versuche: *α.α-Spiro-[2'-äthylcyclopentan]-β-benzoylpropionsäure*, F. 114°, durch Kondensation von Bzl. mit dem Anhydrid von 2-Äthylcyclopentan-1-carboxy-1-essigsäure in Ggw. von $AlCl_3$. — *α.α-Spiro-[2'-äthylcyclopentan]-γ-phenylbuttersäure*, F. 95—96°, aus vorst. Verb. durch Red. nach CLEMMENSEN. —*1-Keto-1.2.3.4-tetrahydronaphthalin-2.2-spiro-[2'-äthylcyclopentan]*, $Kp._5$160—162°, aus vorst. Verb. durch Cyclisierung mit 85%ig. H_2SO_4. — *1.2.3.4-Tetrahydronaphthalin-2.2-spiro-[2'-äthylcyclopentan]*, aus vorst. Verb. durch Red. nach CLEMMENSEN. (Sci. and Cult. **18**. 494. April 1953. Krishnagar, West Bengal, Coll., Chem. Labor.) G. WINKLER. 2700

Heinz Dannenberg und **Heinrich Brachert**, *Synthese des 1-Methylpyrens und des 1.2-Dimethylpyrens.* 4-Oxo-1.2.3.4-tetrahydrophenanthren (**I**) wurde durch REFORMATSKI-Rk. mit α-Jodpropionsäureäthylester (**VII**) in *α-[4-Oxy-1.2.3.4-tetrahydrophenanthryl-(4)]-propionsäureäthylester* verwandelt (mit α-Brompropionsäureäthylester blieb die Rk. häufig aus), der durch Erhitzen mit $POCl_3$ in Pyridin–Bzl. oder durch trockenes Erhitzen auf 100° u. anschließende Dest. bei 120—125°/0,001 Torr zu *α-[1.2.3.4-Tetrahydrophenanthryliden-(4)]-propionsäureäthylester* (**II**) dehydratisiert wurde (beim Erhitzen über 150° entstanden durch Spaltung **I** u. *Propionsäureäthylester*). **II**, der wahrscheinlich ein Isomerengemisch ist u. nicht krist. werden konnte, ergab bei der Hydrierung mit PtO_2 in Methanol den öligen *α-[1.2.3.4-Tetrahydrophenanthryl-(4)]-propionsäureäthylester*, dessen Verseifung zu *α-[1.2.3.4-Tetrahydrophenanthryl-(4)]-propionsäure* nur mit KOH in Butanol (in A. oder CH_3OH war die Verseifung nur unvollkommen) gelang. Cyclisierung der Säure durch Überführung in das *Säurechlorid* u. Behandeln mit $SnCl_4$ in Bzl. lieferte ein Gemisch zweier isomerer *1-Oxo-2-methyl-1.2.2a.3.4.5-hexahydropyrene* (**IIIa** u. **IIIb**); die Trennung beider gelang durch Chromatographie u. fraktionierte Kristallisation (Spektren vgl. Original). Durch Erhitzen auf 200° wird **IIIa** in **IIIb** verwandelt. Eindeutigen Beweis für die Stereoisomerie von **IIIa** u. **IIIb** lieferte die Hydrierung mit $LiAlH_4$ zu 2 verschied. *1-Oxy-2-methyl-1.2.2a.3.4.5-hexahydropyrenen* (**IVa** u. **IVb**), von denen trotz Ausbildung eines weiteren Asymmetriezentrums (OH-Gruppe in cis- oder trans-Stellung zur CH_3-Gruppe) nur jeweils eine ster. einheitliche Verb. gebildet wurde. Aus dem farblosen **IIIa** entstand ein weder durch Acetanhydrid noch Keten acetylierbares **IVa**, aus dem gelben, stabileren **IIIb** das glatt acetylierbare **IVb**. **VIa** u. **IVb** konnten durch Oxydation mit CrO_3 + Eisessig wieder in **IIIa** u. **IIIb** zurückverwandelt werden. Das unterschiedliche Verh. von **IVa** u. **IVb** gegenüber Acetylierungsmitteln gestattet die quantitative Trennung von **IIIa** u. **IIIb**, indem diese zunächst red., dann acetyliert, durch Chromatographie getrennt, verseift u. oxydiert wurden. Wasserabspaltung aus **IVa** u. **IVb** mit $POCl_3$ in Pyridin + Bzl. führte nicht zum gleichen 2-Methyl-2a.3.4.5-tetrahydropyren, sondern zu einem Gemisch krist. KW-stoffe, das zu 30—40% *1-Methylpyren* (**V**) enthielt (Spektr.). Dieses Gemisch war gegen Luft u. Licht empfindlich, färbte sich bald braun u. wurde ölig; Dehydrierung mit Pt-Kohle ergab reines **V**. Die GRIGNARD-Rk. von **IIIa** u. **IIIb** mit CH_3MgJ lieferte *1.2-Dimethyl-2a.3.4.5-tetrahydropyren* (**VI**); die als Zwischenprodd. auftretenden Carbinole konnten nicht gefaßt werden. Das sehr luft-, licht- u. wärmeempfindliche **VI** hat ein ähnliches Spektr. wie Perinaphthen mit einer Verschiebung um 6 mμ nach Rot infolge vermehrter Substitution. Dehydrierung von **VI** mit Pt-Kohle bei 300° ergab *1.2-Dimethylpyren* (charakterisiert durch Spektr., *Pikrat* u. *Trinitrobenzolat*). Nach WOLFROM u. KARABINOS (C. **1946**. I. 907) wurden **IIIa** u. **IIIb** über ihre *Mercaptale* durch Kochen mit RANEY-Ni in Dioxan in verschied. *2-Methyl-1.2.2a.3.4.5-hexahydropyrene* (**VIIIa** u. **VIIIb**) verwandelt (weiterer Beweis für die Stereoisomerie von **IIIa** u. **IIIb**). Bei der Red. von **IIIa** u. **IIIb** nach CLEMMENSEN erfolgte unter Umlagerung von **IIIa** in **IIIb** nur die Bldg. von **VIIIb**; als Nebenprod. bildete sich in geringer Menge eine O-haltige Verb. vom F. 231—232°, deren Spektr. auf Pyrenstruktur deutete. **VIIIa** u. **VIIIb** lieferten erwartungsgemäß bei der Dehydrierung mit Pt–Kohle **V** (Gesamtausbeute an **V** bezogen auf **I** 40%).

Versuche: *α-[4-Oxy-1.2.3.4-tetrahydrophenanthryl-(4)]-propionsäureäthylester*, $C_{19}H_{22}O_3$, F. 85—86,5° (A.), durch Erwärmen von **I** mit thiophenfreiem Bzl., absol. Ae., entfetteter Zn-Wolle, **VII** u. wenig J_2 auf 65°, Zufügen weiterer Zn-Wolle nach je $^3/_4$ Std. u. nach $1^1/_2$ Std. weiteren Esters, nach 4 Std. Lösen des Additionsprod. durch Zufügen von wenig CH_3OH + Eisessig, Gießen in W., Ansäuern u. Abdampfen der abgetrennten organ. Schicht; 92% (Ausbeute); liefert bei 1std. Erhitzen auf 150°/12 Torr **I**, F. 67—69°; 100%. — *α-[1.2.3.4-Tetrahydrophenanthryliden-(4)]-propionsäureäthylester* (**II**), $Kp._{0,001}$ 120°, aus vorst. Verb. a) durch $^1/_2$std. Kochen in trockenem Pyridin + Bzl. mit $POCl_3$, Gießen in verd. HCl u. Ausäthern; 97%; b) durch 1std. Erhitzen auf dem sd. Wasserbad bei 12 Torr; 97,5%. — *α-[1.2.3.4-Tetrahydrophenanthryl-(4)]-propionsäure*, $C_{17}H_{18}O_2$, F. 138,5—140° (Bzl.), durch $4^1/_2$ Std. Schütteln von **II** mit vorhydriertem PtO_2 in CH_3OH unter H_2, Abfiltrieren, Eindampfen, 2std. Kochen mit KOH in Butanol, Zufügen von W., Ausäthern, Ansäuern der wss. Lsg. u. Abdampfen; 94%. — *1-Oxo-2-methyl-1.2.2a.3.4.5-hexahydropyren* (**IIIa** u. **IIIb**), aus vorst. Verb. durch 3std. Stehen in absol. Bzl. mit $POCl_3$ bei 10°, Erhitzen, Abkühlen auf 0°, Zufügen von $SnCl_4$ + Bzl. unter Schütteln, Gießen in Eis + HCl, Ausäthern, Abdampfen, Kochen des Rückstandes mit Bzn. u. Chromatographie an Al_2O_3; 90%. **IIIb**, $C_{17}H_{16}O$, F. 140—142°, aus dem Gemisch durch Aufnehmen in Essigester u. fraktionierte Kristallisation; gelbe mono- oder trikline Prismen; fluoresciert in Lsg. grün. *Oxim*, $C_{17}H_{17}ON$, F. 240—242° (Zers.), aus A. gelbe Kristalle. **IIIa**, $C_{17}H_{16}O$, F. 141—142°, aus der Mutterlauge von **IIIb** durch Chromatographie; hexagonale Nadeln aus Essigester; fluoresciert blau. *Oxim*, $C_{17}H_{17}ON$, F. 241—242° (Zers.; A.). — *1-Oxy-2-methyl-1.2.2a.3.4.5-hexahydropyrene* (**IV**). **IVa**, $C_{17}H_{18}O$, F. 188—189° (Essigester), aus **IIIa** durch Red. mit $LiAlH_4$ in Ae. in der SOXHLET-App., Zers. mit Eis + HCl u. Ausäthern; 84%; gibt mit Acetanhydrid oder Keten kein Acetat; gibt bei 12std. Oxydation mit CrO_3 in Eisessig bei 20°, Gießen in W. u. Ausäthern wieder **IIIa**. **IVb**, $C_{17}H_{18}O$, F. 172—174° (Essigester), aus **IIIb** durch Red. wie vorst.; Nadeln; 79%; Misch-F. mit **IVa** 158—172°. *Acetat*, $C_{19}H_{20}O_2$, F. 150—152°, aus **IVb** durch Stehen mit Acetanhydrid in Pyridin oder Einleiten von Keten in eine alkoh. Lösung. **IVb** wird bei CrO_3-Oxydation wie vorst. zu **IIIb** oxydiert. — *KW-stoffgemisch vom F. 94—96°*, aus **IVa** durch $^1/_2$std. Erwärmen mit $POCl_3$ u. Pyridin + Bzl., Gießen in verd. HCl, Erhitzen, Ausäthern u. Chromatographie aus Bzn. an Al_2O_3; aus dem Eluat durch Abdampfen u. Stehen in Aceton bei —10° gelbliche Prismen; 22%; empfindlich gegen Luft, Licht u. Wärme; das Spektr. beweist die Anwesenheit von 30% **V**. *KW-stoffgemisch* vom F. 103—104°, aus **IVb** wie vorst.; leicht zersetzlich; enthielt 40% **V**. 15 Min. Dehydrierung von 25 mg der Gemische mit 17%ig. Pt-Kohle bei 300° ergab nach Extraktion mit Bzn. u. Chromatographie 20 mg **V**, F. 147—148°. — *1.2-Dimethyl-2a.3.4.5-tetrahydropyren* (**VI**), $C_{18}H_{18}$, F. 111—113°, a) durch Zufügen von **IIIa** zu CH_3MgJ in Ae., 24std. Stehen, Zers. mit Eis + HCl, Ausäthern u. Chromatographie aus Bzn.; 70%; b) analog aus **IIIb**. — *1.2.-Dimethylpyren*, $C_{18}H_{14}$, F. 210,5—211,5°, aus **VI** durch Erhitzen mit 17%ig. Pt-Kohle unter CO_2 auf 300°,

Ausziehen mit Bzl., Abdest. u. Kristallisation aus Essigester; blaßgelbe Prismen; 73,5%. *Pikrat*, $C_{18}H_{14}\cdot C_6H_3O_7N_3$, F. 238–240°, dunkelrote Nadeln (A.). *Trinitrobenzolat*, $C_{18}H_{14}\cdot C_6H_3O_6N_3$, F. 250–260° (KOFLER-Block). — *2-Methyl-1.2.2a.3.4.5-hexahydropyrene* (**VIII**). **VIIIa**, $C_{17}H_{18}$, F. 103–104°, durch 20std. Stehen einer Mischung von **IIIa** mit Na_2SO_4, $ZnCl_2$ u. C_2H_5SH in trockenem Bzl. bei 5°, dann 4 Std. bei 20°, Gießen in Eiswasser, Abdampfen der filtrierten wss. Lsg., Chromatographie aus Bzn., Eluieren mit Bzn. + Bzl., Abdampfen, 4std. Kochen in Dioxan mit RANEY-Ni, Filtrieren, Abdest., Aufnehmen in Bzn., Chromatographie, Eindampfen u. Verreiben mit Aceton; Prismen; 63%. **VIIIb**, $C_{17}H_{18}$, F. 111–112°, a) aus **IIIb** wie vorst.; 58%; b) durch 24std. Kochen von **IIIa** u. **IIIb** mit amalgamierten Zn-Spänen, konz. HCl, Toluol + CH_3OH (gelegentliches weiteres Zufügen von Zn u. HCl), Abgießen, Ausziehen mit Bzl., Abdampfen u. Chromatographie aus Bzn.; 70%; färbt sich am Licht braun u. ist dann in Bzn. unlöslich. Als Nebenprod. aus dem Eluat eine *Verb. vom F. 231–232°*, Nadeln aus Aceton; 0,65%; ist licht- u. luftempfindlich. — *1-Methylpyren* (**V**), $C_{17}H_{12}$, F. 147–148,5°, a) durch ½std. Erhitzen von **VIIIb** unter CO_2 mit Pt-Kohle auf 300°, Ausziehen mit Bzl. u. Abdest.; gelbliche Kristalle aus A.; 82%; b) ebenso aus **VIIIa**. *Pikrat*, $C_{17}H_{12}\cdot C_6H_3O_7N_3$, F. 226–227°, aus A. rote Nadeln. (Chem. Ber. **84**. 504–17. 1951. Tübingen, Max-Planck-Inst. für Biochem.) LEHWALD. 2950

Douglas Lloyd und **Frederick Rowe**, *Azulene*. 1. Mitt. *Eine Synthese von Azulen*. Das nach der Meth. von ISLAM u. RAPHAEL (C. **1954**. **8800**) dargestellte *Bicyclo-[5.3.0]-decen-(7)-on-(9)* wurde über den *Alkohol* u. das *Dien* durch dessen Dehydrierung in *Azulen* übergeführt, dessen Konst. durch das UV-Spektr. sichergestellt ist (Tabelle).

Versuche: *1-Acetonyl-2-oxocycloheptan-1-carbonsäureäthylester*, Kp.$_2$ 134°, nach der Meth. von ISLAM u. RAPHAEL (l. c.) über den durch Kondensation von Propargylbromid mit der Na-Verb. des 2-Oxocycloheptan-1-carbonsäureäthylesters zugänglichen 2-Oxo-1-propargylcycloheptan-1-carbonsäureäthylester. *Bis-2.4-dinitrophenylhydrazon*, $C_{25}H_{28}O_{10}N_8$, gelbe Prismen aus CH_3OH–Essigester, F. 175°. *Disemicarbazon*, $C_{15}H_{26}O_4N_6$, F. 223° (Zers.). — *Bicyclo-[5.3.0]-decen-(7)-on-(9)*, Kp.$_2$ 94°, durch 6std. Kochen vorst. Verb. mit wss. KOH unter N_2; 76% (Ausbeute). *Dinitrophenylhydrazon*, $C_{16}H_{18}O_4N_4$, F. 185°, aus Leichtbenzin Nadeln. — *Bicyclo-[5.3.0]-decen-(7)-ol-(9)*, Kp.$_2$ 88–92°, durch $LiAlH_4$-Red. vorst. Verb.; 76,5%. Die Verb. konnte mit S, Se, Chloranil u. Pd-Kohle nicht dehydriert werden. — *Bicyclo-[5.3.0]-decadien-(7.9)*, Kp.$_2$ 80–90°, durch Erhitzen von 1,2 g vorst. Verb. mit $KHSO_4$; 0,3 g. — *Azulen*, durch Dest. vorst. Verb. bei 1 mm über auf 350° erhitzte 20%ig. Pd-Kohle im N_2-Strom u. Reinigung an Al_2O_3. (J. chem. Soc. [London] **1953**. 3718–19. Nov. St. Andrews, Univ., United Coll. of St. Salvator and St. Leonard.)

NITZSCHKE. 2950

Cyrus O. Guss, **Rudolph Rosenthal** und **Ronald F. Brown**, *Reaktion von trans-Stilbenoxyd und 1.1-Diphenyläthylenoxyd mit Naphthol-(2)*. Die Unterss. über Rkk. von Olefinoxyden mit Phenolen (vgl. GUSS, C. **1953**. 4359 u. früher) wurden auf trans-Stilbenoxyd (**II**) u. 1.1-Diphenyläthylenoxyd (**VII**) einerseits u. β-Naphthol (**III**) andererseits ausgedehnt. **II** gibt mit **III** in saurem Medium *1.2-Diphenyl-1.2-dihydronaphtho-[2.1:b]-furan* (**I**), dessen Struktur aus der Dehydrierbarkeit zu *1.2-Diphenylnaphtho-[2.1:b]-furan* folgt. Wahrscheinlich entsteht bei dieser Rk. prim. *2-[2-Oxynaphthyl-(1)]-1.2-diphenyläthanol* (**VI**), jedoch ist auch der Weg über *2-[β-Naphthoxy]-1.2-diphenyläthanol* (**V**) denkbar. Sowohl **V** als auch **VI** können bei der analogen Rk. in alkal. Milieu gefaßt u. mit Säuren zu **I** cyclisiert werden. — Bei der Rk. von **VII** mit Na-β-Naphtholat konnte nur 1 Prod., nämlich *2-[2-Oxynaphthyl-(1)]-2.2-diphenyläthanol* (**IX**) in schlechter Ausbeute isoliert werden. Die gleichen Reaktionspartner liefern bei der Einw. von Säure ein Gemisch von **I** (Hauptmenge) mit einem Isomeren von **I** (**VIII**). **VIII** ist nicht ident. mit der bekannten 1.1-Diphenylverb. (**X**) u. kann daher nur ein Stereoisomeres von **I** oder (wahrscheinlicher) die 2.2-Diphenylverb. sein. **X** wurde im Reaktionsgemisch nicht aufgefunden, obgleich es leicht aus **IX** entsteht. Vff. halten daher einen direkten Angriff von **VII** auf **III** für unwahrscheinlich u. vermuten vielmehr, daß der H^+-katalysierten Rk. eine Isomerisierung von **VII** zu Diphenylacetaldehyd vorausgeht, aus dem dann mit **III** *1-[2-Oxynaphthyl-(1)]-2.2-diphenyläthanol* gebildet wird. Bei der cyclisierenden Dehydratisierung dieses sek. Alkohols wandert dann entweder ein Phenylrest oder ein H, wobei **I** bzw. **VIII** entstehen. Da bei solchen Rkk. bekanntlich der Phenylrest stärker als H zur Wanderung neigt, wird das Überwiegen von **I** gegenüber

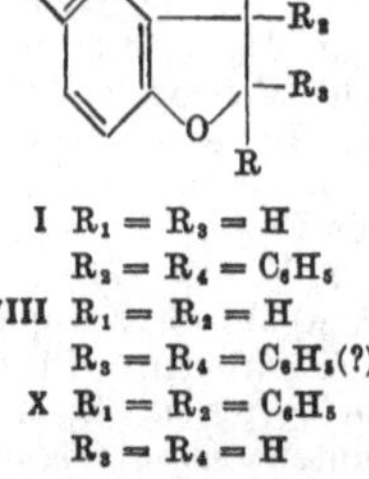

I $R_1 = R_3 = H$, $R_2 = R_4 = C_6H_5$

VIII $R_1 = R_2 = H$, $R_3 = R_4 = C_6H_5$(?)

X $R_1 = R_2 = C_6H_5$, $R_3 = R_4 = H$

VIII im Reaktionsgemisch verständlich. Vorst. Reaktionsmechanismus wird dadurch gestützt, daß auch bei der direkten Rk. von III mit Diphenylacetaldehyd I — u. nicht, wie BUTTENBERG [1894] annahm, X oder VIII — entsteht. — Die Bldg. kernalkylierter Prodd. aus Phenolen u. Olefinoxyden scheint ein Kennzeichen dafür zu sein, daß der eigentlichen Kondensation eine unimol. Ringöffnung vorangeht. Bes. die Bldg. von IX läßt sich nur auf diese Weise deuten, da bei einer bimol. Rk. III aus ster. Gründen sicher am prim. C-Atom von VII angreifen würde.

V e r s u c h e : *1.2-Diphenyl-1.2-dihydronaphtho-[2.1:b]-furan* (I), $C_{24}H_{18}O$, F. 140,5 bis 141,5° (Eisessig), durch Eintragen von II (F. 69—70°) in überschüssiges, geschmolzenes III bei Ggw. von p-Toluolsulfonsäuremonohydrat (IV) bei 120° u. $^1/_4$std. Rühren bei 105°; 69,9% (Ausbeute); keine anderen reinen Prodd. isoliert. — *1.2-Diphenylnaphtho-[2.1:b]-furan*, $C_{24}H_{16}O$, F. 103—104° (verd. Essigsäure u. verd. CH_3OH), a) durch 3std. Rk. von I mit S bei 280—300° u. anschließende Sublimation; b) durch 10 Min. Kochen von I mit N-Bromsuccinimid u. einer Spur Benzoylperoxyd in CCl_4, Filtrieren, Abdampfen u. 3std. Kochen mit K-Acetat in Eisessig; c) nach DISCHENDORFER u. OFENHEIMER (Mh. Chem. **74.** [1943.] 135). — *2-[β-Naphthoxy]-1.2-diphenyläthanol* (V), $C_{24}H_{20}O_2$, F. 118,5—119,5° (Heptan), durch 28std. Erhitzen (Dampfbad) u. Rühren von II mit Na-β-Naphtholat in III–W. unter N_2 u. Extraktion der alkaliunlösl. Anteile mit Bzl.; 46,5% roh bzw. 41,2% rein. *Phenylurethan*, $C_{31}H_{25}O_3N$, F. 163—164°. — *2-[2-Oxynaphthyl-(1)]-1.2-diphenyläthanol* (VI), $C_{24}H_{20}O_2$, F. 151 bis 152° (Heptan), aus der bei vorst. Rk. gewonnenen alkalilösl. Fraktion durch Ansäuern, Aufnehmen in Bzl. u. Auswaschen des überschüssigen III mit kalter 4%ig. NaOH; 14,7 bzw. 22,4%, wenn VI in Form des Cyclisierungsprod. I isoliert wurde. — V u. VI gaben bei 3std. Kochen in Ggw. von IV in Bzl. I (75 bzw. 67,8%). — I, durch Zusammenschmelzen von III mit VII u. etwas IV bei 120° u. $^1/_4$std. Rk. bei 100°; 59%. — *2.2-Diphenyl-1.2-dihydronaphtho-[2.1:b]-furan* (oder Stereoisomeres von I; VIII), $C_{24}H_{18}O$, F. 155—156° (absol. A.), aus der alkoh. Mutterlauge von I bei vorst. Rk.; 20,2%; reagiert nur sehr träge mit N-Bromsuccinimid, Dehydrierungsprodd. konnten nicht isoliert werden. — *2-[2-Oxynaphthyl-(1)]-2.2-diphenyläthanol* (IX), F. 200—202° (Heptan), durch 10std. Erhitzen von VII mit Na-β-Naphtholat wie VI (CCl_4 statt Bzl.); 6,0%; weitere 9,4% in Form des Cyclisierungsprod. *1.1-Diphenyl-1.2-dihydronaphtho-[2.1:b]-furan* (X; F. 170—172°), durch Ansäuern der alkal. Mutterlauge u. 2std. Kochen des Rohprod. mit IV in Bzl.; keine anderen alkalilösl. Prodd. isoliert. (J. Amer. chem. Soc. **75.** 2393—95. 20/5. 1953. Los Angeles, Calif., Univ., Dep. of Chem.)

PRACEJUS. 3061

I. A. Ssolowjewa und **G. I. Arbusow,** *Über die Einwirkung von Chlorsulfonsäure auf 2-Cyanacetylcumaron.* Bei der Sulfonierung von 2-Cyanacetylcumaron (I) mit der 5fachen Menge $ClSO_3H$ bei 40° erhält man *2-Cyanacetylcumaronsulfonylchlorid-(5)* (II) mit 78%ig. Ausbeute. Die Konst. wurde durch Oxydation mit alkal. $KMnO_4$-Lsg. bewiesen, bei der *5-Sulfosalicylsäure,* identifiziert als *Diphenylester,* gebildet wurde.

V e r s u c h e : *2-Cyanacetylcumaronsulfonsäure-(5)-chlorid* (II), $C_{11}H_6O_4NClS$, F. 134—135°; durch 5std. Verrühren von 18,5 g I mit 93,2 g $ClSO_3H$ bei 40°; aus Bzl. hellgelbe Prismen. *Anilid,* $C_{17}H_{12}O_4N_2S$, F. 83—84°; aus II u. Anilin in Dimethylanilin bei Zimmertemp.; aus W. hellgelbe Kristalle; 67,6% (Ausbeute). *p-Toluidid,* $C_{18}H_{14}\cdot O_4N_2S$, F. 126—127°; aus II u. p-Toluidin in Bzl.; hellgelbe Prismen aus 80%ig. Essigsäure; 70,4%. (Журнал Общей Химии [J. allg. Chem.] **21** (**83**). 765—67. April 1951. Allunions-Wiss. Kinophoto-Forschungsinst., Synthet. Labor.)

H. v. PEZOLD. 3061

Charles D. Hurd und **Hugh J. Anderson,** *Thienol-(2).* Im Anschluß an eine frühere Mitt. (vgl. C. **1952.** 364) werden 2 weitere Synthesen von *Thienol-(2)* (I) beschrieben, die allerdings eine geringere Ausbeute als die früher (l. c.) angegebene liefern: I entsteht aus Thienyl-(2)-Li u. 1.2.3.4-Tetrahydronaphthyl-(1)-hydrogenperoxyd (II) in 10%ig. u. aus Thienyl-(2)-MgBr u. II in 5%ig. Ausbeute. Die Rk. von Thienyl-(2)-dimethylcarbinol mit 30%ig. H_2O_2 in Eisessig in Ggw. von $AlCl_3$, $ZnCl_2$ oder $TiCl_4$ liefert kein I.

V e r s u c h e : *Thienol-(2)* (I), Kp.$_8$ 82—87°, a) durch langsame Zugabe von 0,1 Mol Thienyl-(2)-Li in Ae. zu 0,05 Mol II in Ae. in der Kälte, mehrstd. Stehen bei —10°, Gießen auf CO_2, Zers. mit verd. H_2SO_4, Sättigen der wss. Schicht mit Salz, weiteres Ausäthern, Ausziehen der äther. Lsgg. mit 20%ig. NaOH, Neutralisieren der bas. Lsg., Aussalzen u. erneutes Ausäthern; 1 g (Ausbeute); *Benzoat,* F. 43—44°; bei Anwendung der gleichen Meth. auf Phenyl-Li entstehen 75% *Phenol*; b) ähnlich aus Thienyl-(2)-MgBr; ca. 5%. (J. Amer. chem. Soc. **75.** 5124—25. 20/10. 1953. Evanston, Ill., Northwestern Univ., Chem. Labor.)

NITZSCHKE. 3071

M. N. Kolossow und **N. A. Preobrashenski,** *Synthetische Untersuchungen in der Reihe der Indolderivate.* 1. Mitt. *Synthese von Urethanen des 1-Methyl-5-oxyindolins und des 1.3-Dimethyl-5-oxyindolins (Dihydrophysostigmols).* (4. vgl. C. **1954.** **9047.**) Zwecks Auffindung eines besser haltbaren u. weniger giftigen Ersatzes für Eserin von gleicher physiol. Wrkg. wurden die Synthesen von Indolinderivv. durchgeführt, die einige seiner Strukturelemente enthalten. 1.3-Dimethyl-5-methoxyindolinon-(2) (I) gab bei der Red. mit Na in Butylalkohol mit guter Ausbeute *1.3-Dimethyl-5-methoxyindol* (II), aus dem durch reduzierende Verseifung *1.3-Dimethyl-5-oxyindolin* (III) entstand; letzteres wurde mit Methylisocyanat bzw. Dimethylcarbaminsäurechlorid in das *Methyl-* (IV) bzw. *Dimethylurethan* (V) übergeführt. Die Übertragung dieser Meth. auf 1-Methyl-5-methoxyindolinon-(2) gelang nicht, da bei der Red. mit Na in Butylalkohol gleichzeitig Kondensation zweier Moll. unter Bldg. von *Bis-[1-methyl-5-methoxyindolinyl-(x)]* statt des erwarteten 1-Methyl-5-methoxyindols erfolgte. Um *1-Methyl-5-oxyindolin* (VI) zu gewinnen, wurde nach der Fischerschen Indolsynth. *1-Methyl-2-carboxy-5-äthoxyindol* hergestellt, das nach Decarboxylierung u. reduzierender Verseifung VI lieferte. Auch dieses wurde in das *Methylurethan* (VII) übergeführt. IV, V u. VII wurden auf myot. Wrkg. beim Kaninchen geprüft. Bei den *Hydrochloriden* von IV, V u. VII sind die Schwellenwerte der Konz. 1 : 100000, $<$ 1 : 1000 u. 1 : 2000, bei den *Jodmethylaten* $<$ 1 : 1000, $<$ 1 : 1000 u. 1 : 1000.

Versuche: *1-Methyl-5-methoxyindolinon-(2)*, $C_{10}H_{11}O_2N$, F. 96—97°; Kp.$_1$ 132 bis 136°; aus 1-Methyl-5-oxyindolinon-(2) u. Dimethylsulfat in KOH. Hieraus bei der Red. mit Na u. Butanol *Bis-[1-methyl-5-methoxyindolyl-(x)]*, $C_{20}H_{20}O_2N_2$ F. 136 bis 136,5°; aus A. Kristalle. *Pikrat,* F. 109°; aus A. dunkelrote Kristalle. — *N^α-Methyl-[p-äthoxyphenylhydrazin]*, Kp.$_6$ 137 bis 140°; aus N-Methylphenetidin; 55% (Ausbeute). — *Brenztraubensäure-N^α-methyl-[p-äthoxyphenylhydrazon]*, $C_{12}H_{16}O_3N_2$, F. 70,5—71°; aus Brenztraubensäure u. vorst. Verb.; gelbliche Kristalle aus wss. Methanol; 90,3%. — *1-Methyl-2-carboxy-5-äthoxyindol*, $C_{12}H_{13}O_3N$, F. 188° (Zers.); aus vorst. Verb. bei kurzem Erwärmen in Eisessig auf 60—65°, nach Zusatz von W. noch $^1/_4$ Std. auf 60°; Nadeln aus A.; 41,4%. — *1-Methyl-5-äthoxyindol*, $C_{11}H_{13}ON$, F. 85—86°; Kp.$_7$ 145—148° ;aus vorst. Verb. bei 205—210°; aus Ae. Kristalle; 41,4%. *Pikrat,* F. 96—96,5°; aus A. dunkelrote Schuppen. — *1-Methyl-5-oxyindolin* (VI), $C_9H_{11}ON$, F. 83—84°; Kp.$_1$ 120 bis 122°; aus vorst. Verb. durch Erhitzen mit amalgamierten Zn-Granalien u. konz. HCl; Pulver aus Ae.; 39%. *Pikrat,* F. 154—155° (Zers.); aus A. gelbe Kristalle. *Hydrochlorid,* $C_9H_{12}ONCl$, F. 200—201°; aus Alkohol. Hieraus das *Methylurethan* (VII), $C_{11}H_{14}O_2N_2$, F. 95,5—96,5°; Kristalle aus Ae.; 83,6%. VII-*Pikrat,* F. 138—139°. VII-*Hydrochlorid,* $C_{11}H_{15}O_2N_2Cl$, F. 152—153°; Pulver aus Butanol. VII-*Jodmethylat,* F. 205—206°; Kristalle aus Butanol. — *1.3-Dimethyl-5-methoxyindolinon-(2)* (I), $C_{11}H_{13}O_2N$, F. 86°; Kp.$_{15}$ 180—182°; aus 1.3-Dimethyl-5-oxyindol u. Dimethylsulfat analog Vorst.; 65%. — *1.3-Dimethyl-5-methoxyindol* (II), F. 60—61°; Kp.$_{14}$ 159—162°; aus I durch Red. mit Na u. Butanol; 79,3%. *Pikrat,* F. 116—117°; dunkelrote Kristalle. — *1.3-Dimethyl-5-oxyindolin* (III), $C_{10}H_{13}ON$, F. 99°; aus II durch Behandeln mit amalgamiertem Zn u. HCl; Kristalle aus Ae.; 51%. *Pikrat,* F. 165—166°. *Hydrochlorid,* $C_{10}H_{14}ONCl$, F. 169—170°; aus Alkohol. *Methylurethan* (IV), $C_{12}H_{16}O_2N_2$, F. 75—76°; Kristalle; 83,7%. IV-*Pikrat,* F. 127°; aus 80%ig. A. Kristalle. IV-*Jodmethylat,* F. 178 bis 178,5° (Zers.); Kristalle. IV-*Hydrochlorid,* $C_{12}H_{17}O_2N_2Cl$, F. 168—168,5° (Zers.); aus A. Prismen. *Dimethylurethan* (V); durch Erhitzen von III mit Dimethylcarbaminsäurechlorid in Pyridin auf 140—145°; dickes Öl. V-*Hydrochlorid,* $C_{13}H_{19}O_2N_2Cl$, F. 188,5—189°; aus A. Kristalle. V-*Pikrat,* F. 123,5—124°; aus A. gelbe Nadeln. V-*Jodmethylat,* $C_{14}H_{21}O_2N_2J$, F. 206—207°; aus A. Nadeln. (Журнал Общей Химии [J. allg. Chem.] **23** (**85**). 1563—69. Sept. 1953. Moskau, Lomonossow-Inst. für feinchem. Technol.) Dawydoff. 3081

Jean-Claude Traynard, *Einwirkung von N-Bromphthalimid auf Äthylenkohlenwasserstoffe.* Das Additionsprod. aus N-Bromphthalimid u. Cyclohexan (vgl. Ziegler, Liebigs Ann. Chem. **551.** [1942.] 80; F. 132,5°, hexagonal) wurde unter Beachtung folgender Bedingungen in 30—35%ig. Ausbeute erhalten: Abwesenheit von Peroxyden bzw. von UV-Strahlen, genügend tiefe Temp., trockene Prodd.; 10—15 Tage bei 30°. (C. R. hebd. Séances Acad. Sci. **239.** 63—64. 5/7. 1954.) J. Rothe. 3081

Gunnel Westöö, *Untersuchungen über Pyrazolone.* 1. Mitt. *Lichtabsorption und Konstitution einiger 4-Halogenpyrazolone-(5).* (Vgl. auch Biquard u. Grammaticakis, C. **1941.** II. 3050.) *1-Phenyl-3-methyl-* (I) u. *1-Phenyl-3.4-dimethyl-4-halogenpyrazolone-(5)* (II), *1-Phenyl-3-methyl-4.4-dihalogenpyrazolone-(5)*, *Antipyrinperbromid* (IV) u. *1-Phenyl-3.4-dimethylpyrazolon-(5)* (V) werden dargestellt. Ihre Absorptionsspektren sowie das von 1-Phenyl-2.3-dimethyl-4-brompyrazolon-(5) (**VI**), u. die der Bromide u. sauren Sulfate werden gemessen. Auf die Messung der Spektren der Jodverbb. wurde wegen der Lichtempfindlichkeit verzichtet. Die **I** u. **V** besitzen ein bewegliches H-Atom, das leicht durch Br substituiert werden kann; die entsprechenden Hydrobromide besitzen diese Eig. nicht. Die Unters. der Lichtabsorption ergab, daß diesen Salzen, ebenso wie dem Hydrobromid von **VI**, die Pyrazolstruktur **VII** zugeschrieben werden muß (vgl. auch KITAMURA u. SUNAGAWA, C. **1940**. II. 1289); sie entspricht der von 1-Phenyl-3- methyl-5-chlorpyrazol (**VIII**) u. 1-Phenyl-3-methyl-5-methoxypyrazol. Die von WALJASCHKO u. BLIZNYKOW (Журнал Общей Химии [J. Chim. gén.] **11**. [1941.] 23. 559) beschriebene Bldg. von **VIII** aus 1-Phenyl-3-methylpyrazolon-(5) (**IX**) u. HCl ist auf eine Salzbldg. gemäß **VII** (R′ u. R″ = H) zurückzuführen. Obwohl die **II** u. 1-Phenyl-3.4-dimethyl-4-oxypyrazolon-(5) der Pyrazolonstruktur entsprechen, bringt die Einführung von Halogen- oder Oxygruppen eine deutliche Verschiebung der Absorption nach längeren Wellenlängen mit sich (2400 Å), die durch die Polarisierbarkeit der Halogenatome verursacht wird (Antipyrinstruktur **X**); *1-Phenyl-3-methyl-4.4-dichlorpyrazolon-(5)* (**III**) wird durch HJ leicht zu **IX** reduziert. Die Unters. der Lichtabsorption der Salze in Chlf., A. u. Eisessig ergab, daß z. B. **I** (Hal = Br) in allen Lösungsmitteln die gleiche Konst. (**VII**) besitzt, während das Hydrobromid von **VI** in wechselnden Konzz. mit mindestens zwei Isomeren im Gleichgewicht steht, von denen eine der Konst. **XI** entspricht. Die Annahme der Konst. **XI** steht in Übereinstimmung mit der Bldg. von **IV** durch weitere Br-Substitution.

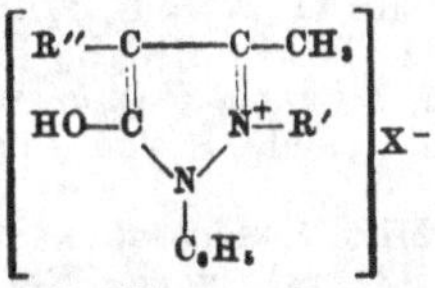

VII

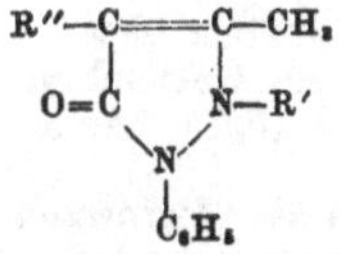

X

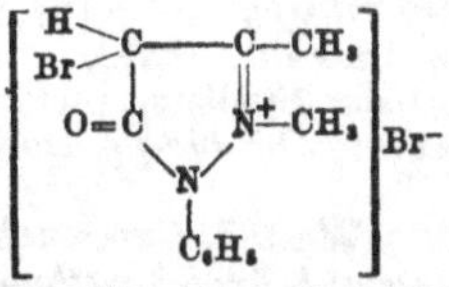

XI

V e r s u c h e: *1-Phenyl-3.4-dimethyl-4-chlorpyrazolon-(5)*, $C_{11}H_{11}ON_2Cl$, F. 68° (A.), aus **V** in Essigsäure durch Einleiten von Chlor; 98%. — *1-Phenyl-3.4-dimethyl-4-brompyrazolon-(5)*, $C_{11}H_{11}ON_2Br$, F. 83°, analog aus **V** u. Brom, gelb; 100%. — *1-Phenyl-3.4-dimethylpyrazolon-(5)* (**V**)*-hydrobromid*, $C_{11}H_{12}ON_2 \cdot HBr \cdot 2\,H_2O$, wie vorst. mit 1 Mol Br_2 u. Eindampfen der Lsg. oder aus **V** u. konz. HBr; aus 95%ig. A. mit Ae. Kristalle. — *1-Phenyl-3.4-dimethyl-4-jodpyrazolon-(5)*, $C_{11}H_{11}ON_2J$, F. 70° (aus Eisessig mit Eis), aus dem Na-Salz von **V** u. wss. Jodjodkalium; gelbe Kristalle; 98%. Liefert beim Erhitzen, leichter als die entsprechende Br-Verb., *Bis-[1-phenyl-3.4-dimethylpyrazolon-(5)-yl-(4.4′)]*. — *1-Phenyl-3-methyl-4.4-dichlorpyrazolon-(5)* (**III**), $C_{10}H_8 \cdot ON_2Cl_2$, F. 65° (A.), aus **IX** in Eisessig u. Chlor; 95—98%. — *1-Phenyl-3-methyl-4.4-dibrompyrazolon-(5)*, aus **IX** in Eisessig u. einer Lsg. von Br_2 in Eisessig; 100%. — *1-Phenyl-3-methyl-4-brompyrazolon-(5)-hydrobromid*, $C_{10}H_9ON_2Br \cdot HBr$, wie **V**-Hydrobromid. — *1-Phenyl-3-methyl-4.4-dijodpyrazolon-(5)*, $C_{10}H_8ON_2J_2$, aus **IX** u. wss. **Jodjodkalium**, gelber Nd.; empfindlich gegen Licht u. schwer zu reinigen. — *1-Phenyl-3-methyl-4-chlorpyrazolon-(5)*, $C_{10}H_9ON_2Cl$, F. 153° (A.), a) aus **IX** u. Cl_2 in Eisessig, b) besser aus **III** in A. u. Jod; 88%. — *1-Phenyl-3-methyl-4-brompyrazolon-(5)*, $C_{10}H_9 \cdot ON_2Br$, aus **IX** u. einer äquivalenten Menge Brom u. Zers. des entstandenen Hydrobromids; aus Chlf. Kristalle. — *1-Phenyl-3-methyl-4-jodpyrazolon-(5)*, $C_{10}H_9ON_2J$, aus **IX** in wss.-alkoh. NaOH u. wss. Jodjodkalium; gelbe Kristalle. — *1-Phenyl-2.3-dimethyl-4-brompyrazolon-(5)* (**VI**)*-hydrobromid*, $C_{11}H_{11}ON_2Br$, aus 1-Phenyl-2.3-dimethylpyrazolon-(5) in Eisessig u. Brom u. Fällen mit Ae.; aus 95%ig. A. mit Ae. als Monohydrat. — *Antipyrinperbromid* (**IV**), $C_{11}H_{11}ON_2Br_3 \cdot C_{11}H_{12}ON_2Br_2$, F. 171 bis 172°, aus Antipyrin in Eisessig u. Brom; orangegelbe Kristalle. — Die Bromierung von 1.3-Diphenylpyrazolon-(5) in Eisessig mit Brom u. Fällen mit Ae. liefert das Hydrobromid; die Mutterlauge enthält 1.3-Diphenyl-4.4-dibrompyrazolon-(5). (Acta chem. scand. **6**. 1499—1515. 1952. Lund, Schweden, Univ., Inst. für Chem.) GOLD. 3122

Gunnel Westöö, *Untersuchungen über Pyrazolone*. 2. Mitt. *Kondensationsreaktionen zwischen 1-Phenyl-3.4-dimethylpyrazolon-(5) und 1-Phenyl-3.4-dimethyl-4-halogenpyrazolonen-(5)*. (1. vgl. vorst. Ref.) In A. u. in Ggw. von Na-Acetat liefert die Umsetzung von 1-Phenyl-3.4-dimethyl-4-halogenpyrazolonen-(5) (**I**) mit 1-Phenyl-3.4-dimethylpyrazolon-(5) (**II**) *1.1′-Diphenyl-3.3′.4.4′-tetramethyl-5.5′-dioxo-bis-pyrazolinyl-(4.4′)* (**III**). Die Reaktionsfähigkeit der **I** nimmt in der Reihenfolge R = Cl < Br < J zu. Die Konst. von **III** ergab sich aus der Absorptionsmessung. — **III**, $C_{22}H_{22}O_2N_4$, F. 165° (Essigsäure), aus **II** u. **I** (Halogen = Br) in A. mit 1,8 n Na-Acetatlsg. (+ wenig $CuSO_4$), (1 Tag, Nd.; 95%. (Acta chem. scand. **7**. 352—54. 1953.) GOLD. 3122

Gunnel Westöö, *Untersuchungen über Pyrazolone. 3. Mitt. Michael-Kondensationen von Pyrazolblau mit 1-Phenyl-3-methylpyrazolon-(5), 1-[p-Bromphenyl]-3-methyl-pyrazolon-(5) und 1-Phenyl-3-methyl-4-brompyrazolon-(5)* (2. vgl. vorst. Ref.) Bei der Umsetzung von Pyrazolblau (I) in Chlf. mit 1-Aryl-3-methylpyrazolonen-(5) tritt unter Entfärbung MICHAEL-Addition ein u. Bldg. von Trispyrazolonen der Konst. II; als Katalysator werden Amine u. Na-Alkoholate verwendet. 1-Phenyl-3-methylpyrazolon-(5) (III) entfärbt I nur bei Verwendung eines Überschusses; das Addukt II (R = C_6H_5, R″ = H) ist unbeständig u. zerfällt leicht wieder in die Komponenten. Auch beim Bromieren von II (R′ = C_6H_5, R″ = H) wird die sofortige Bldg. von I beobachtet. Die Einw. von HNO_2 auf die Additionsprodd. II wird beschrieben.

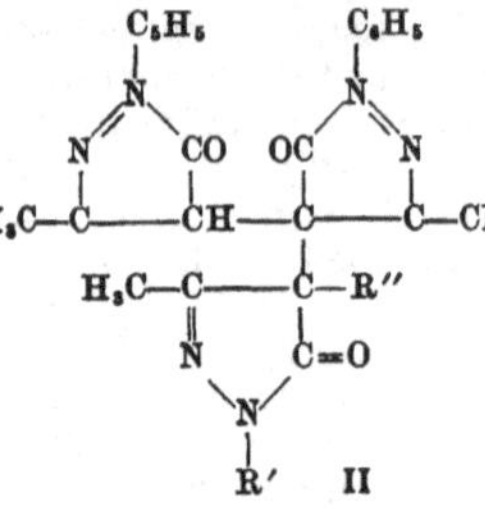

II

Versuche: *1.1′.1″-Triphenyl-3.3′.3″-trimethyl-[terpyrazolin-(4.4′.4″)]-trion-(5.5′.5″)* (II, R′ = C_6H_5, R″ = H), $C_{30}H_{26}O_3N_6$, F. ca. 200° (Zers.), aus I u. 1 Mol III in sd. Chlf. oder mit überschüssigem III bei Zimmertemp.; hygroskop. Pulver; aus A. stabile Kristalle. — *1.1′-Diphenyl-1″-[p-bromphenyl]-3.3′.3″-trimethyl-[terpyrazolin-(4.4′.4″)]-trion* (II, R′ = p-BrC_6H_4, R″ = H), $C_{30}H_{25}O_3N_6Br$, F. > 200° (Zers.), aus I u. 1-[p-Bromphenyl]-3-methylpyrazolon-(5) in Chlf.; hygroskop. Masse. — *1-Phenyl-3-methyl-4-nitropyrazolon-(5)*, $C_{10}H_9O_3N_3$, F. 129° (Zers.), aus II (R′ = C_6H_5, R″ = H) u. HNO_2 in verd. H_2SO_4; Nadeln, neben 99% I. — II (R′ = p-BrC_6H_4, R″ = H) liefert bei der Spaltung mit HNO_2 ein Gemisch von I u. *1-Phenyl-1′-[p-bromphenyl]-3.3′-dimethyl-[$\Delta^{4,4'}$-bis-pyrazolin]-dion-(5.5)*. (Acta chem. scand. 7. 355—59. 1953.)
GOLD. 3122

Gunnel Westöö, *Untersuchungen über Pyrazolone. 4. Mitt. Kondensationsreaktionen mit gewissen 1-Aryl-3-methyl-4-halogenpyrazolonen-(5).* (3. vgl. vorst. Ref.) Durch intermol. Kondensation von 1-Aryl-3-methyl-4-halogenpyrazolonen-(5) werden einige gelbe Verbb. hergestellt, die 3 Pyrazolonmoll. enthalten. So liefert 1-Phenyl-3-methyl-4-brompyrazolon-(5) (I) durch Neutralisieren in Ggw. katalyt. Mengen von $CuSO_4$ einen gelben Nd. von *1.1′.1″-Triphenyl-3.3′.3″-trimethylfurlon* (II), das als „Furlongelb" bezeichnet wird. Das gleiche Prod. entsteht unter ähnlichen Bedingungen auch aus Pyrazolblau (III) u. I. Eine Reihe weiterer gelbgefärbter Furlonderivv. wird dargestellt; Absorptionsspektren vgl. Original.

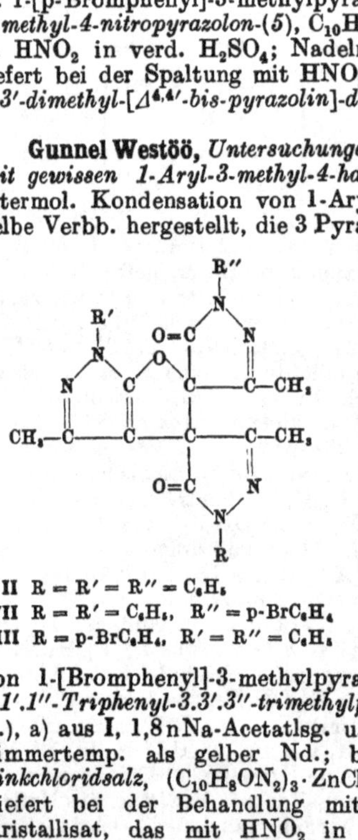

II R = R′ = R″ = C_6H_5
VII R = R′ = C_6H_5, R″ = p-BrC_6H_4
VIII R = p-BrC_6H_4, R′ = R″ = C_6H_5

Versuche: *1-[o-Tolyl]-3-methyl-4-brompyrazolon-(5)* (IV), $C_{11}H_{11}ON_2Br$, F. 147—149° (Chlf.), Darst. vgl. drittvorst. Referat. — *1-[p-Tolyl]-3-methyl-4-brompyrazolon-(5)* (V), $C_{11}H_{11}ON_2Br$, F. 144° (Zers., A.). — *1.1′-Bis-[p-bromphenyl]-3.3′-dimethyl-[$\Delta^{4,4'}$-bi-Δ^2-pyrazolin]-dion-(5.5′)* (VI), $C_{20}H_{14}O_2N_4Br_2$, F. 248° (Zers.), durch Oxydation von 1.1′-Bis-[p-bromphenyl]-3.3′-dimethyl-[4.4′-bi-Δ^2-pyrazolin]-dion-(5.5′) (erhalten durch Oxydation von 1-[Bromphenyl]-3-methylpyrazolon-(5)] mit HNO_2 nach KNORR [1887). — *1.1′.1″-Triphenyl-3.3′.3″-trimethylfurlon* (*Furlongelb*, II), $(C_{10}H_8ON_2)_3$, F. 158° (Zers., A.), a) aus I, 1,8nNa-Acetatlsg. u. 1,8nEssigsäure in A. in Ggw. von wss. $CuSO_4$ bei Zimmertemp. als gelber Nd.; b) aus III u. I wie nach a); 65% bzw. 70%. *Zinkchloridsalz*, $(C_{10}H_8ON_2)_3 \cdot ZnCl_2 \cdot 2\,HCl \cdot 2\,H_2O$, aus II u. $ZnCl_2$ in konz. HCl. Liefert bei der Behandlung mit gasförmiger HCl in Ae. zunächst ein farbloses Kristallisat, das mit HNO_2 in III übergeht. — *1.1′-Diphenyl-1″-[p-bromphenyl]-3.3′.3″-trimethylfurlon* (VII), $C_{30}H_{23}O_3N_6Br$, F. 147° (Zers.), aus III u. 1-[p-Bromphenyl]-3-methyl-4-brompyrazolon-(5) in Chlf. + A. wie II, nach fraktioniertem Fällen aus Bzl. mit A. als schwerer lösl. Fraktion u. Chromatographieren in Bzl. an Silicagel gelbe Kristalle. — *p-Brompyrazolblau*, $C_{20}H_{15}O_2N_4Br$, F. 219° (Zers.), aus VII, äther. HCl u. HNO_2, wie für II beschrieben. — *1-[p-Bromphenyl]-1′.1″-diphenyl-3.3′.3″-trimethylfurlon* (VIII), $C_{30}H_{23}O_3N_6Br$, F. 161° (Zers.), aus I u. 1-Phenyl-1′-[p-bromphenyl]-3.3′-dimethyl-[4.4′-bi-Δ^2-pyrazolin]-dion-(5.5′) wie VII. Liefert bei der Zers. mit äther. HCl u. HNO_2 33% III — *1.1′-Diphenyl-1″-[o-tolyl]-3.3′.3″-trimethylfurlon*, $C_{31}H_{26}O_3N_6$, F. 161° (Zers.), aus III u. IV wie II, nach mehrfacher Kristallisation aus A. gelbe Kristalle; 20%. Enthält 1.1′.1″-Tris-[o-tolyl]-

3.3'.3''-trimethylfurlon als Verunreinigung. — *1.1'-Diphenyl-1''-[p-tolyl]-3.3'.3''-trimethylfurlon*, $C_{31}H_{26}O_3N_6$, F. 134° (Zers.), aus **V** mit überschüssigem **III** wie **II**; 41%. — *1.1'-Bis-[p-bromphenyl]-1''-[o-tolyl]-3.3'.3''-trimethylfurlon*, $C_{31}H_{24}O_3N_6Br_2$, F. 164° (Zers.), aus **VI** u. **IV** wie **II**; 47%. (Acta chem. scand. **7**. 360—73. 1953.) GOLD. 3122

Gunnel Westöö, *Untersuchungen über Pyrazolone. 5. Mitt. Reaktionsprodukte aus Pyrazolblau und Alkohol.* (4. vgl. vorst. Ref.) Pyrazolblau (**I**) addiert bei Zimmertemp. unter dem Einfl. von Alkalien Alkohole unter Entfärbung u. Bldg. von *1.1'-Diphenyl-3.3'-dimethyl-4-alkoxy-[4.4'-bi-Δ²-pyrazolin]-dionen-(5.5')* (**II**). Die von KNORR (Liebigs Ann. Chem. **238**. [1887.] 154) durch Kochen von **I** in A. erhaltene Verb. erwies sich als *1.1'.1''-Triphenyl-3.3'.3''-trimethyl-[4.4'.4''-ter-Δ²-pyrazolin]-trion-(5.5'.5'')*.

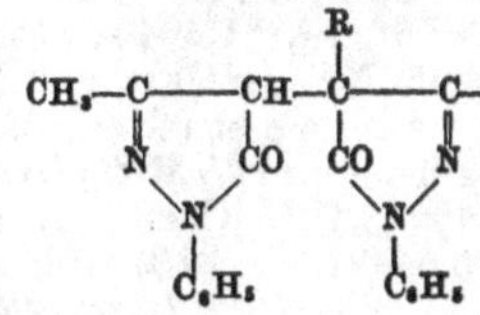
II

Versuche: *1.1'-Diphenyl-3.3'-dimethyl-4-äthoxy-[4.4'-bi-Δ²-pyrazolin]-dion-(5.5')* (**II**, R = OC_2H_5), $C_{22}H_{22}O_3N_4$, zers. sich bei 94° ohne zu schm., aus **I** in A. u. 2,5nNaOH u. Fällen der gelben Lsg. mit W. u. verd. H_2SO_4; 92%, oder aus **I** durch Schütteln mit A. in Chlf. (10 Tage) u. Abdampfen der Lösungsmittel bei Zimmertemperatur. Liefert bei der Zers. in einem REIHLEN-WEINBRENNER-Ofen bei 100° **I** u. A. zurück. — Ferner folgende **II**: R = *Methoxy*, $C_{21}H_{20}O_3N_4$, analog; 96%. R = *n-Propoxy*, $C_{23}H_{24}O_3N_4$, aus A. Kristalle, die sich beim Erhitzen ohne zu schm. zersetzen. — *1.1'.1''-Triphenyl-3.3'.3''-trimethyl-[4.4'.4''-ter-Δ²-pyrazolin]-trion-(5.5'.5'')*, $C_{30}H_{26}O_3N_6$, F. 200° (Zers., A.), aus **I** in sd. A. (9 Std.) u. Waschen des mit W. u. verd. H_2SO_4 erhaltenen Nd. mit Ae.; 64%. Neben wenig **II**, R = OC_2H_5. — Absorptionsspektren vgl. Original. (Acta chem. scand. **7**. 449—52. 1953.) GOLD. 3122

Gunnel Westöö, *Untersuchungen über Pyrazolone. 6. Mitt. 1.1'.1''-Tris-[p-tolyl]-3.3'.3''-trimethylfurlon und 1.1'.1''-Tris-[o-tolyl]-3.3'.3''-trimethylfurlon.* (5. vgl. vorst. Ref.) Nach dem in der 4. Mitt. beschriebenen Verf. werden die Furlongelb-Verbb. **I** u. **II** dargestellt; durch die Verwendung von Aceton statt A. als Lösungsm. wird die Ausbeute erhöht. Die Absorption (vgl. Original) von **II** ist gegenüber **I** mit geringerer Extinktion nach kürzeren Wellenlängen verschoben.

Versuche: *1.1'.1''-Triphenyl-3.3'.3''-trimethylfurlon*, $(C_{10}H_8ON_2)_3$, F. 158 (A.), aus 1-Phenyl-3-methyl-4-brompyrazolon-(5) in Aceton mit Essigsäure u. wss. Na-Acetat (+ wenig $CuSO_4$), gelbe Kristalle; 87%. — *1.1'.1''-Tris-[p-tolyl]-3.3'.3''-trimethylfurlon* (**I**), $(C_{11}H_{10}ON_2)_3$, F. 172° (Zers., A.), analog; 83%. — *1.1'.1''-Tris-[o-tolyl]-3.3'.3''-trimethylfurlon* (**II**), $(C_{11}H_{10}ON_2)_3$, F. 162,5—163,5° (Zers., A.); 51%. (Acta chem. scand. **7**. 453—55. 1953.) GOLD. 3122

Gunnel Westöö, *Untersuchungen über Pyrazolone. 7. Mitt. Die bromierende Wirkung von 1-Phenyl-3-methyl-4.4-dibrompyrazolon-(5) und 1-Phenyl-3.4-dimethyl-4-brompyrazolon-(5).* (6. vgl. vorst. Ref.) Bei der Umsetzung von 1-Phenyl-3-methylpyrazolon-(5) (**I**) mit 1-Phenyl-3-methyl-4.4-dibrompyrazolon-(5) (**II**) unter den Bedingungen der Furlonbldg. entsteht *Furlongelb* (**III**) als einzigstes Reaktionsprodukt. Das direkte Kondensationsprod. von **I** u. **II**, Pyrazolblau, wurde nicht gefunden; die prim. quantitative Bldg. von 1-Phenyl-3-methyl-4-brompyrazolon-(5) (**IV**) als Bromierungsprod. von **I** durch **II** konnte wahrscheinlich gemacht werden. In ähnlicher Weise entstand aus **II** u. den 4-Alkylsubstitutionsprodd. von **I** ebenfalls **III** über **IV** als Zwischenstufe. **I** wird durch 1-Phenyl-3.4-dimethyl-4-brompyrazolon-(5) (**V**) in A. gleichfalls zu **IV** bromiert; als weitere Umsetzungsprodd. entstanden *Pyrazolblau* u. *1.1'-Diphenyl-3.3'.4.4'-tetramethyl-[4.4'-bi-Δ²-pyrazolin]-dion-(5.5')*.

Versuche: *Furlongelb* (**III**), $(C_{10}H_8ON_2)_3$, F. 157° (Zers., A.), aus **II** u. **I** oder den 4-Methyl- oder 4-Äthyl-Substitutionsprodd. von **I** in mit Na-Acetat/Essigsäure gepufferter alkoh. Lsg. in Ggw. von $CuSO_4$, gelbe Kristalle; 59% (Ausbeute). — *1.1'-Diphenyl-3.3'.4.4'-tetramethyl-[4.4'-bi-Δ²-pyrazolin]-dion-(5.5')*, F. 165° (Eisessig), aus **I** u. **V** wie für **III** beschrieben. (Acta chem. scand. **7**. 456—60. 1953.) GOLD. 3122

Charles K. Bradsher, Frances C. Brown und **R. Jack Grantham**, *Synthese und fungistatische Wirksamkeit einiger 5-[1-Methyl-2-alkylmercaptoäthyliden]-rhodanine.* 5-[1'-Alkyläthyliden]-rhodanine (vgl. C. **1951**. II. 1281) zeigen eine beträchtliche fungistat. Wrkg. gegen Aspergillus niger, mit einem Maximum für die 1'-Äthyl- u. -Propylverbindung. Um den Einfl. eines dritten S-Atoms festzustellen, wurden *5-[1'-Methyl-2'-alkylmercaptoäthyliden]-rhodanine* aus den entsprechenden Alkylacetonylsulfiden dargestellt. Von den Verbb. erreicht nur das Methylmercaptoderiv. die Wrkg. der maximal wirksamen 1'-Alkyläthylidenverbindungen. Vff. weisen darauf hin, daß in beiden Reihen ein Wirkungsmaximum erreicht wird, wenn die Seitenkette 3 Glieder enthält, wobei ein S-Atom einer CH_2-Gruppe entspricht.

Versuche: Folgende Acetonylsulfide wurden durch tropfenweise Zugabe von Chloraceton zu der Lsg. des entsprechenden Mercaptans in C_2H_5ONa–A. dargestellt: *Methyl-*, C_4H_8OS, Kp. 152,5–153°; n_D^{25} 1,4713; 54% (Ausbeute). — *Äthyl-*, Kp. 168–172°; 54%. — *n-Propyl-*, $Kp._{48}$ 101–101,5°; n_D^{25} 1,4681; 60%. *Semicarbazon*, $C_7H_{15}ON_3S$, F. 153,5–154°; Nadeln aus verd. Alkohol. — *Isopropyl-*, $Kp._{48}$ 92–92,5°; n_D^{25} 1,4627; 69%. *Semicarbazon*, $C_7H_{15}ON_3S$, F. 155–155,5°; Nadeln aus A.-Wasser. — *n-Butyl-*, $Kp._{50}$ 115–119°. — *Isobutyl-*, $C_7H_{14}OS$, $Kp._{48}$ 109–109,5°; n_D^{25} 1,4621; 60%. — *tert.-Butyl-*, $C_7H_{14}OS$, $Kp._{48}$ 103,5–104°; n_D^{25} 1,4632; 73%. — *Amyl-*, $C_8H_{16}OS$, $Kp._{48}$ 133–133,5°; n_D^{25} 1,4647; 75%. — *Hexyl-*, $C_9H_{18}OS$, $Kp._{48}$ 147,5 bis 148,5°; n_D^{25} 1,4646; 77%. — Durch Kondensation der vorst. Verbb. mit Rhodanin in alkoh. NH_3 in Ggw. von NH_4Cl wurden folgende 5-[1'-Methyläthyliden]-rhodanine erhalten, die in gelben Nadeln aus Cyclohexan oder Bzl.–Cyclohexan kristallisieren: *2'-Methylmercapto-*, $C_7H_9ONS_3$, F. 110–110,5°; 48%. — *2'-Äthylmercapto-*, $C_8H_{11}ONS_3$, F. 127–128°; 31%. — *2'-[n-Propylmercapto]-*, $C_9H_{13}ONS_3$, F. 90,5–91,5°; 31% roh. — *2'-Isopropylmercapto-*, $C_9H_{13}ONS_3$, F. 112–112,5°; 21%. — *2'-[n-Butylmercapto]-*, $C_{10}H_{15}ONS_3$, F. 106,5–107,5°; 44%. — *2'-sek.-Butylmercapto-*, $C_{10}H_{15}ONS_3$, F. 112–112,5°; 21%. — *2'-tert.-Butylmercapto-*, $C_{10}H_{15}ONS_3$, F. 127,5–128°; 30%. — *2'-Amylmercapto-*, $C_{11}H_{17}ONS_3$, F. 91–91,5°; gelbe Schuppen; 14%. — *2'-Hexylmercapto-*, $C_{12}H_{19}ONS_3$, F. 91,5–92°; 76%. (J. Amer. chem. Soc. **76**. 114–15. 5/1. 1954. Durham, N. C., Duke Univ., Dep. of Chem.) GOMPPER. 3142

L. Ss. Efross und **R. M. Lewit**, *Nitrierung von Piazthiol.* Bei Piazthiol (I), dessen Kristallstruktur von LUZZATI (vgl. C. **1952**. 4431) ermittelt wurde, muß der heterocycl. Ring eine größere Verwandtschaft zu Elektronen besitzen als der anellierte Benzolring. Obgleich das hieraus zu folgernde Vorhandensein einer positiven Ladung am $C_{(5)}$- u. $C_{(6)}$-Atom die Einführung der NO_2-Gruppe in 4-Stellung begünstigen muß, teilten CHALETZKI u. PESSIN (vgl. C. **1951**. II. 220) mit, daß die Nitrierung zu 5-Nitropiazthiol (II) führe; zur Bestätigung ihrer Ansicht setzten sie 4-Nitrophenylendiamin-(1.2) (III) mit $SOCl_2$ um, wobei angeblich ebenfalls **II** erhalten wurde. Die in vorliegender Arbeit durchgeführten Verss. zeigten jedoch, daß bei der Nitrierung von **I** *4-Nitropiazthiol* (**IV**) entsteht, das auch aus 3-Nitrophenylendiamin-(1.2) (**V**) gewonnen wird, womit die Konst. gesichert ist. Die Beweisführung der genannten Vff. bzgl. der Konst. des Nitrierungsprod. von **I** ist als mißglückt anzusehen, weil die Identifizierung des aus **III** mit $SOCl_2$ erhaltenen Prod. wegen der Verwendung gar zu geringer Substanzmengen tatsächlich unmöglich wurde. Bei der Red. von **IV** mit Zn u. HCl wurde *1.2.3-Triaminobenzol* mit guter Ausbeute erhalten.

Versuche: *Piazthiol* (**I**), F. 42–44°; $Kp._5$ 79–80°; aus o-Phenylendiamin u. $SOCl_2$ in Toluol; 86,5% (Ausbeute). — *4-Nitropiazthiol* (**IV**), F. 107–108°; a) zu 20 g **I** in 56 ml konz. H_2SO_4 werden unter Rühren bei 0° 12 ml HNO_3 (D. 1,4) + 18 ml konz. H_2SO_4 zugetropft; 90,5%; b) aus 1 g **V** mit 2 g $SOCl_2$ in 30 ml Toluol, 6 Std. im Ölbad; 67,8%. Aus W. oder A. hellgelbe Kristalle. — *1.2.3-Triaminobenzol*, 2,5 g **IV** in 100 ml W. + 30 ml konz. HCl werden heiß durch möglichst schnelle Zugabe von 12 g Zn-Staub red.; Isolierung als *Dihydrochlorid*; 67%. Bei der Kondensation mit Phenylessigsäure entsteht *4-Amino-2-benzylbenzimidazol*, F. 154°. (Журнал Общей Химии [J. allg. Chem.] **23** (**85**). 1552–55. Sept. 1953. Leningrad, Technolog. Lensowjetinst., Porai-Koschitz-Labor. für Technol. organ. Farbstoffe.) DAWYDOFF. 3173

A. N. Nessmejanow, N. K. Kotschetkow und **M. I. Rybinskaja**, *Synthese von 2-Alkylnaphtho- und 2-Alkylbenzopyryliumsalzen auf der Basis von β-Chlorvinylketonen.* Die früher (vgl. C. **1952**. 2327) beschriebene Darst. von *2-Methylnaphtho-[1'.2':5.6]-pyryliumtetrachloroferrat* (**I**) aus β-Naphthol (**II**) u. Methyl-β-chlorvinylketon (**III**) in Ggw. von $FeCl_3$ wurde verbessert; es wurden weitere *2-alkylsubstituierte Naphthopyryliumsalze* (**IV**) hergestellt. Bei Verwendung von sublimiertem $FeCl_3$ werden Ausbeuten von 50–90% erzielt. Verss. mit anderen sauren Kondensationsmitteln ergaben keine Pyryliumsalze. Mit konz. $HClO_4$ allein wurde eine krist. *Verb. vom F. 230°* u. unbekannter Struktur erhalten. Das oben angegebene Verf. hat gegenüber dem von JOHNSON u. MELHUISH (vgl. C. **1948**. II. 56), das mit Methyläthinylketon arbeitet, den Vorzug der leichteren Zugänglichkeit der Ausgangsprodukte. Die Rk. könnte über Alkyl-[β-aryloxyvinyl]-ketone auch zu 4-alkylsubstituierten **IV** führen. Dies ist aber nicht der Fall; denn bei der Einw. von wss. Na-Acetat auf **I** entsteht eine Pseudobase, die bei alkal. Hydrolyse 2-Oxynaphthaldehyd-(1) liefert. 4-alkylsubstituiertes **IV** mußte unter diesen Bedingungen 1-Acylnaphthol-(2) liefern. Läßt man unmittelbar Alkalihydroxyd oder NH_3 auf **I** einwirken, so entsteht wiederum die *Verb. vom F. 230°*. In Anwendung der obigen Synth. auf Phenol u. **III** wurde mit 15%ig. Ausbeute *2-Methyl-5.6-benzopyryliumtetrachloroferrat*, ident. mit einem nach DECKER u. v. FELLENBERG (Liebigs Ann. Chem. **356.** [1907.] 281) aus 2 Oxybenzalaceton dargestellten Prod., erhalten.

Versuche: *2-Methylnaphtho-[1'.2':5.6]-pyryliumtetrachloroferrat* (**I**), $C_{14}H_{11}O \cdot Cl_4Fe$, F. 151—152°; durch Zugabe einer Lsg. von sublimiertem $FeCl_3$ in konz. HCl zu einer Lsg. von **II** u. **III** in Eisessig; dunkelgrüne Nadeln aus Eisessig; 74% (Ausbeute). Die mit Na-Acetatlsg. frei gemachte u. durch Extraktion mit Ae. gewonnene *Pseudobase* wird mit 20%ig. NaOH bis zur Entfärbung gekocht; beim Ansäuern fällt *2-Oxynaphthaldehyd-(1)* (F. 80°; *Oxim*, F. 156°) aus. — *2-Methylnaphtho-[1'.2':5.6]-pyryliumperchlorat*, $C_{14}H_{11}O_5Cl$, F. 179—180°; durch Einw. von 70%ig. $HClO_4$ auf die Eisessiglsg. der Pseudobase; dunkelgrüne Kristalle aus Eisessig; 52,9%. — *2-Propylnaphtho-[1'.2':5.6]-pyryliumtetrachloroferrat*, $C_{16}H_{15}OCl_4Fe$, F. 124°; aus **II** u. Propyl-β-chlorvinylketon; hellgrüne Kristalle aus Eisessig; 93%. — *2-Isopropylnaphtho-[1'.2':5.6]-pyryliumtetrachloroferrat*, $C_{16}H_{15}OCl_4Fe$, doppelter F. 100,5 u. 157°; aus **II** u. Isopropyl-β-chlorvinylketon; gelbe Nadeln; 71,4%. — *2-Isobutylnaphtho-[1'.2':5.6]-pyryliumtetrachloroferrat*, $C_{17}H_{17}OCl_4Fe$, F. 103°; aus **II** u. Isobutyl-β-chlorvinylketon; gelbe Tafeln; 73%. — *2-n-Amylnaphtho-[1'.2':5.6]-pyryliumtetrachloroferrat*, $C_{18}H_{19}OCl_4Fe$, F. 74°; aus **II** u. n-Amyl-β-chlorvinylketon; rotbraune Tafeln; 50%. — *2-Methyl-5.6-benzopyryliumtetrachloroferrat*, F. 125°; aus Phenol u. **III**; preißelbeerrote Kristalle aus Eisessig; 15%. (Известия Академии Наук СССР, Отделение Химических Наук [Nachr. Akad. Wiss. UdSSR, Abt. chem. Wiss.] **1953.** 479—83. Mai/Juni. Moskau, Lomonossow-Univ.) HENSEL. 3211

Frank J. Villani, Nathan Sperber, Joseph Lang und **Domenick Papa,** *Amide von Äthylendiamin.* 1. Mitt. *Amide von Äthylendiamin als Antihistaminagentien.* Aus Dialkylaminoäthylchloridhydrochlorid u. Aminen wird eine Anzahl *Diamine HN(R')·CH₂CH₂NR''R''* dargestellt. Das auf diesem Wege nicht darstellbare *N'-Benzyl-N.N-dimethyläthylendiamin* entsteht durch Kondensation von Benzaldehyd mit N.N-Dimethyläthylendiaminhydrochlorid u. anschließende RANEY-Ni-Hydrierung. Durch Einw. von Säurechloriden auf die Diamine entstehen bei Ggw. tert. Amine die entsprechenden *Amide* des Typs *RCON(R')CH₂CH₂NR''R''*, die weniger gut aus den Säureestern erhältlich sind. — Über die Antihistaminwrkg. der Verbb. wird kurz berichtet.

Versuche: Nachst. Äthylendiamine wurden durch 8std. Kochen von 1,5 Mol des entsprechenden Amins mit 1 Mol Dialkylaminoäthylchloridhydrochlorid u. 2 Mol wasserfreier Soda in absol. A., Eindampfen des Filtrats im Vakuum, Aufnehmen in W., Alkalisieren u. Ausäthern gewonnen: *N.N-Dimethyl-N'-phenyl-*, $Kp._1$ 90—98°; n_D 1,535; 52% (Ausbeute). — *N.N-Dimethyl-N'-[p-tolyl]-*, $C_{11}H_{18}N_2$, $Kp._1$ 100—103°; n_D 1,530; 45%. *Pikrat*, F. 172,8—173,8°. — *N.N-Dimethyl-N'-[m-chlorphenyl]-*, $C_{10}H_{15}N_2Cl$, $Kp._1$ 105—110°; n_D 1,551; 39%. *Pikrat*, F. 146,5—150°. — *N.N-Dimethyl-N'-[p-chlorphenyl]-*, $C_{10}H_{15}N_2Cl$, $Kp._{1,5}$ 115—117°; n_D^{25} 1,5519; 53%. — *N.N-Dimethyl-N'-[o-methoxyphenyl]-*, $C_{11}H_{18}ON_2$, $Kp._{0,5}$ 100—105°; n_D^{20} 1,5420; 40%. — *N.N-Diäthyl-N'-phenyl-*, $Kp._1$ 110—118°; 59%. — *N.N-Dimethyl-N'-benzyl-*, $C_{11}H_{18}N_2$, $Kp._1$ 104—110°, a) durch langsame Zugabe von N.N-Dimethyläthylendiamin zu C_6H_5CHO in Bzl., 4std. Kochen u. Red. des entstandenen *N'-Benzyliden-N.N-dimethyläthylendiamins* ($Kp._3$ 98—103°; 61%) mit RANEY-Ni in A. bei n. Temp. u. 40—50 lbs. Anfangsdruck; n_D^{25} 1,5129; 85%; b) durch portionsweise Zugabe von 1,6 Mol $NaNH_2$ in Toluol zu je 0,8 Mol Dimethylaminoäthylchloridhydrochlorid u. Benzylamin in Toluol, 24std. Kochen, Zugabe von W., Ausziehen der organ. Schicht mit HCl, Alkalisieren u. Ausäthern; 22%. — Nach dem letzteren Verf. wurden ferner dargestellt: *N.N-Dimethyl-N'-[pyridyl-(2)]-*, $Kp._1$ 103—110°; n_D^{27} 1,5420; 34%. — *N.N-Dimethyl-N'-[thiazolyl-(2)]-*, $Kp._2$ 105—112°; n_D^{25} 1,5562; 7%. — *N.N-Diäthyl-N'-benzyl-*, $C_{13}H_{22}N_2$, $Kp._{0,5}$ 115—119°; n_D 1,499; 57%. — Die nachst. N.N-Dimethyl-N'-picolinoyläthylendiamine wurden durch Zufügen von $SOCl_2$ zu 0,15 Mol Picolinsäure, 2std. Rühren bei 0—5°, Abdampfen des überschüssigen $SOCl_2$ mit Bzl. im Vakuum, Zufügen von Bzl. u. 40 g Triäthylamin, dann von 0,15 Mol des entsprechenden Diamins in Bzl. unter Rühren u. 8std. Kochen, Eindampfen, Gießen auf Eis u. übliche Aufarbeitung gewonnen: *N.N-Dimethyl-N'-picolinoyläthylendiamin*, $C_{10}H_{15}ON_3$, $Kp._1$ 113—124°; n_D^{25} 1,5140; 29%. — *N'-Phenyl-*, $C_{16}H_{19} \cdot ON_3$, $Kp._2$ 177—178°; n_D 1,565; 27%; aus Picolinsäureäthylester (60 Std. bei 170—190°); 13%. — *N'-[p-Tolyl]-*, $C_{17}H_{21}ON_3$, $Kp._1$ 185—190°; n_D 1,563; 53%. — *N'-[m-Chlorphenyl]-*, $C_{16}H_{18}ON_3Cl$, $Kp._2$ 182—186°; n_D 1,571; 69%. — *N'-[p-Chlorphenyl]-*, $C_{16}H_{18}ON_3Cl$, $Kp._{1,5}$ 185—190°; n_D 1,5760; 33%. — *N'-[o-Methoxyphenyl]-*, $C_{17}H_{21} \cdot O_2N_3$, $Kp._1$ 183—186°; n_D^{22} 1,5648; 28%. — *N'-Benzyl-*, $C_{17}H_{21}ON_3$, $Kp._2$ 195—200°; n_D^{25} 1,5789; 47%. — *N'-[Pyridyl-(2)]-*, $C_{15}H_{18}ON_4$, $Kp._1$ 175—179°, bei Ggw. von Dimethylanilin; n_D^{25} 1,5672; 18%. — Mit Pyridin statt $(C_2H_5)_3N$ wurden folgende

N.N-Dimethyläthylendiamine dargestellt: *N'-Benzoyl-N'-phenyl-*, $C_{17}H_{20}ON_2$, Kp.$_1$ 158—159°; n_D^{25} 1,5654; 80%. — *N'-Benzoyl-N'-[p-tolyl]-*, $C_{18}H_{22}ON_2$, Kp.$_{0,5}$ 159—162°; n_D^{25} 1,5627; 78%. — *N'-Benzoyl-N'-[pyridyl-(2)]-*, $C_{16}H_{19}ON_3$, Kp.$_1$ 155—158°; n_D^{25} 1,5692; 74%. — *N'-Nicotinoyl-*, $C_{10}H_{15}ON_3$, Kp.$_1$ 140—143°; n_D^{24} 1,5332; 32%. — *N'-Nicotinoyl-N'-phenyl-*, $C_{16}H_{19}ON_3$, Kp.$_1$ 187—190°; n_D 1,565; 51%. — *N'-Nicotinoyl-N'-[p-tolyl]-*, $C_{17}H_{21}ON_3$, Kp.$_{0,5}$ 180—189°; F. 73—73,5° (Ligroin); 64%. — *N'-Nicotinoyl-N'-[m-chlorphenyl]-*, $C_{16}H_{18}ON_3Cl$, Kp.$_2$ 176—185°; F. 74—75° (Ligroin); 80%. — *N'-Nicotinoyl-N'-[p-chlorphenyl]-*, $C_{16}H_{18}ON_3Cl$, Kp.$_1$ 185—187°; F. 73—75° (Ligroin); 74%. — *N'-Nicotinoyl-N'-[o-methoxyphenyl]-*, $C_{17}H_{21}O_2N_3$, Kp.$_1$ 188—192°; n_D^{21} 1,5670; 80%. — *N'-Nicotinoyl-N'-benzyl-*, $C_{17}H_{21}ON_3$, Kp.$_2$ 193—197°; n_D 1,513. — *N'-[Thenoyl-(2)]-N'-benzyl-*, $C_{16}H_{20}ON_2S$, Kp.$_{0,5}$ 187—193°; n_D^{27} 1,5721; 44%. — *N'-Nicotinoyl-N'-[thiazolyl-(2)]-*, $C_{13}H_{18}ON_4S$, Kp.$_{0,5}$ 164—169°; n_D^{25} 1,5899; 52%. — *N'-Nicotinoyl-N'-benzyl-N.N-diäthyläthylendiamin*, $C_{19}H_{25}ON_3$, Kp.$_1$ 193—196°; n_D 1,552; 81%. — *N'-Nicotinoyl-N'-phenyl-N.N-diäthyläthylendiamin*, $C_{18}H_{23}ON_3$, Kp.$_{0,5}$ 187—189°; aus Nicotinoylchlorid durch 18std. Erhitzen mit dem Diamin in Bzl. ohne tert. Amin; n_D 1,553; 62%. — Nachst. Verbb. wurden durch 6std. Kochen des entsprechenden Säurechlorids mit dem entsprechenden Amin u. Pyridin erhalten: *N-Nicotinoyl-N-[pyridyl-(2)]-anilin*, $C_{17}H_{13}ON_3$, F. 177—178° (Bzl.); 51%. — *N-Picolinoyl-N-[pyridyl-(2)]-anilin*, $C_{17}H_{13}ON_3$, F. 107—108° (Hexan); 18%. — *N-Nicotinoyl-β-[pyridyl-(2)]-β-phenyläthylamin*, $C_{19}H_{17}ON_3$, Kp.$_{0,5}$ 184—187°; n_D^{27} 1,5832; 19%. — *N-Picolinoyl-β-[pyridyl-(2)]-β-phenyläthylamin*, $C_{19}H_{17}ON_3$, Kp.$_2$ 191—196°; n_D^{27} 1,6021; 32%. (J. Amer. chem. Soc. **72**. 2724—27. Juni 1950. Bloomfield, N. J., Schering Corp., Chem. Res. Div.)

Lehwald. 3231

D. W. Ockenden und **K. Schofield,** *Indole.* 4. Mitt. *Synthetische Anwendung der oxydativen Spaltung der $C_{(2)}$—$C_{(3)}$-Bindung in Indolen.* (3. vgl. C. **1954**. **3465**.) Während das Phenyl- u. das p-Tolylhydrazon des 2-Phenacylpyridins (**III**) sich mit HCl glatt zu *2-Phenyl-* (**I**) bzw. *5-Methyl-2-phenyl-3-pyridyl-(2')-indol* cyclisieren lassen, konnte das p-Nitrophenylhydrazon nicht cyclisiert werden. **I** läßt sich zu *2-[o-Benzamidobenzoyl]-pyridin* ozonisieren, womit *2-[o-Aminobenzoyl]-pyridin* gut zugänglich geworden ist, — $ZnCl_2$, noch besser BF_3, sind die besten Katalysatoren für die zu *3-Benzyl-2-methylindol* (**II**) führende Fischer-Reaktion. Bei der CrO_3-Oxydation von **II** konnte kein krist. Prod. erhalten werden; die *5-* u. *7-Nitroverb.* gaben nur geringe Ausbeuten an nicht identifizierten Verbindungen. **II** u. einige Substitutionsprodd. sowie die **II** entsprechende Naphthylverb. wurden jedoch durch Ozonisation u. anschließende Hydrolyse in die entsprechenden *o-Aminophenylbenzyl-* bzw. *-naphthylmethylketone* übergeführt. — *4'.5'-Dimethylpyrrolo-[3'.2':7.8]-chinolin* (**V**) wurde aus Äthylmethylketonchinolyl-(8)-hydrazon dargestellt; es gibt bei Ozonisation *8-Acetamido-7-acetylchinolin*, das zur *8-Acetamido-7-äthylverb.* hydriert wurde. Das homologe Prod. konnte aus *4'-Äthyl-5'-methylpyrrolo-[3'.2':7.8]-chinolin* nicht erhalten werden.

Versuche: *Methylphenyläthylketon* (**IV**)-*p-nitrophenylhydrazon*, F. 111—112°, durch 1std. Erhitzen der Komponenten auf 95°; aus A. kupferfarbene Nadeln; 65% (Ausbeute). *o-Nitrophenylhydrazon*, F. 85—86°, rötlichbraune Nadeln aus A.; 74%. — *2-Phenacylpyridin* (**III**)-*p-nitrophenylhydrazon*, $C_{19}H_{16}O_2N_4$, F. 147—149°, durch ³/₄std. Erhitzen der Komponenten auf 135°; aus A. dunkelorangefarbene Blättchen. — *2-Phenyl-3-[pyridyl-(2')]-indol* (**I**), $C_{19}H_{14}N_2$, F. 201—202°, durch 3std. Kochen von 11,5 g **III**-Phenylhydrazon mit konz. HCl, Einengen u. Zugeben von NH_4OH; aus wss. A. Nadeln; 7,9 g; oder aus 0,87 g Hydrazon, Essigsäure u. 0,46 g BF_3-Ätherat durch 3std. Kochen; 0,42 g. — *5-Methyl-2-phenyl-3-[pyridyl-(2')]-indol*, $C_{20}H_{16}N_2$, F. 194 bis 196°, aus 1 g **III**-p-Tolylhydrazon mit HCl; aus wss. A. rehfarbene Nadeln; 0,61 g. Werden 1,57 g Hydrazon in Essigsäure mit 0,79 g BF_3-Ätherat 3 Std. gekocht u. wird dann eingeengt, werden aus wss. A. rehfarbene Nadeln des Indols (0,34 g) u. gelbe Prismen, F. 160—170° (Zers.), erhalten (0,55 g), die ident. sind mit dem beim Kochen des Indols mit BF_3 in Essigsäure erhaltenen Produkt. — Nach 4tägigem Kochen des **III**-p-Nitrophenylhydrazons mit BF_3 in Essigsäure, Eindampfen u. Chromatographieren des Prod. in Bzl. an Al_2O_3 werden kleine blaßgelbe Nadeln, F. 150—151°, erhalten, die auch bei der gleichen Rk. von **III** entstehen. — *2-[o-Benzamidobenzoyl]-pyridin*, $C_{19}H_{14}O_2N_2$, F. 113—114°, durch Rk. von 3mal 8 g **I** in Essigester mit 3 Äquivalenten O_3; aus wss. A. Blättchen; 18,6 g. — *2-[o-Aminobenzoyl]-pyridin*, $C_{12}H_{10}ON_2$, F. 143 bis 145°, durch 24std. Kochen von 18,6 g vorst. Verb. mit konz. HCl, Einengen u. Alkalisieren; aus CH_3OH lange goldene Blätter; 10 g. — *3-Benzyl-2-methylindol* (**II**), $C_{16}H_{15}N$, F. 119—120°, durch 6std. Kochen von 8 g **IV**-Phenylhydrazon (Kp.$_2$ 180 bis 184°) mit 5 g BF_3-Ätherat u. Essigsäure; aus CH_3OH glitzernde Nadeln; 4,95 g; auch durch Erhitzen von 9,6 g Hydrazon mit 6,6 g $ZnCl_2$, Dampfdest. u. Ausziehen des Rückstandes mit Ae.; 4,9 g. — *3-Benzyl-2.5-dimethylindol*, $C_{17}H_{17}N$, F. 114—116°, aus IV-p-Tolylhydrazon nach dem ersteren der vorst. Verff.; aus CH_3OH Flocken; 57%. — *3-Benzyl-2-methyl-5-nitroindol*, $C_{16}H_{14}O_2N_2$, F. 160—161°, durch 5std. Erhitzen von 6,5 g IV-p-Nitrophenylhydrazon mit konz. HCl auf 95°; aus CH_3OH gelbe Blättchen; 3,55 g; 50% mit der BF_3-Methode. — *3-Benzyl-2-methyl-7-nitroindol*, $C_{16}H_{14}O_2N_2$, F. 137—138°, aus IV-o-Nitrophenylhydrazon; aus CH_3OH orangefarbene Nadeln; 2,5 g. — *2-Methyl-3-[naphthyl-(1)]-methylindol*, $C_{20}H_{17}N$, F. 147—149°, durch 3std. Erhitzen von 10,5 g Naphthyl-(1)-äthylmethylketonphenylhydrazon mit 5,3 g BF_3-Ätherat in Essigsäure, Eindampfen, Chromatographie in Bzl. u. Zugabe von Leichtbenzin zum eingeengten Eluat; aus Bzl.-Leichtbenzin Prismen; 4,95 g. — Nach Rk. des entsprechenden Indols mit der theoret. Menge O_3 in Essigester bei 0° u. Einengen bei n. Temp. oder in Essigsäure bei nachherigem Ansäuern u. Ausäthern wurden folgende Ketone erhalten: *[o-Acetamidophenyl]-benzyl-*, $C_{16}H_{15}O_2N$, F. 97 bis 98°, gelbe Nadeln aus Ae.-Leichtbenzin; 40% (in Essigester) bzw. 60% (in Essigsäure). — *[2-Acetamido-5-methylphenyl]-benzyl-*, $C_{17}H_{17}O_2N$, F. 81—83°, Nadeln aus Ae.-Leichtbenzin; in beiden Lösungsmitteln 35%. — *[2-Acetamido-5-nitrophenyl]-benzyl-*, $C_{16}H_{14}O_4N_2$, F. 174—175°, gelbe Prismen aus wss. A.; in beiden Lösungsmitteln 45%. — *[o-Acetamidophenyl]-naphthyl-(1)-methyl-*, $C_{20}H_{17}O_2N$, F. 148—149°, rehfarbene Platten aus Ae.-Leichtbenzin; 47% in Essigsäure. — Daraus durch 3std. Kochen mit sd. wss.-alkoh. HCl, Einengen u. Alkalisieren folgende Ketone: *[o-Aminophenyl]-benzyl-*, $C_{14}H_{13}ON$, F. 103—104°, Blättchen aus Leichtbenzin; 83%. — *[2-Amino-5-methylphenyl]-benzyl-*, $C_{15}H_{15}ON$, F. 104—106°, aus A. rehfarbene Platten; 80%. — *[2-Amino-5-nitrophenyl]-benzyl-*, $C_{14}H_{12}O_3N_2$, F. 163—165°, goldene Nadeln aus A.; 74%. — *[o-Aminophenyl]-naphthyl-(1)-methyl-*, $C_{18}H_{15}ON \cdot {}^1/_4\, H_2O$, F. 133—135°, Blätter aus A.; 75%. — *4'.5'-Dimethylpyrrolo-[3'.2':7.8]-chinolin* (V), $C_{13}H_{12}N_2$, F. 156—158°, durch 3std. Kochen von Äthylmethylketonchinolyl-(8)-hydrazon mit konz. HCl u. CH_3COOH, Einengen u. Alkalisieren; aus A. citronengelbe Platten; 73%. — Ebenso *4'-Äthyl-5'-methylpyrrolo-[3'.2':7.8]-chinolin*, $C_{14}H_{14}N_2$, F. 123—125°, aus Methyl-n-propylketonchinolyl-(8)-hydrazon; gelbe Platten aus Leichtbenzin + etwas Bzl.; 70%. — *8-Acetamido-7-acetylchinolin*, $C_{13}H_{12}O_2N_2$, F. 157—158,5°, durch Ozonisierung von 0,5 g V in Essigester; blaßgelbe Nadeln; 0,13 g, in Essigsäure 0,2 g. — *7-Acetyl-8-aminochinolin*, $C_{11}H_{10}ON_2$, F. 107—109°, durch 2std. Kochen vorst. Verb. mit halbkonz. HCl u. Alkalisieren; aus Leichtbenzin + etwas Bzl. gelbe Kristalle. — *8-Amino-7-äthylchinolin*, durch Hydrierung von 0,4 g vorst. Verb. in Essigsäure + $HClO_4$ mit Pd-$BaSO_4$ bei 90°, Einengen, Alkalisieren, Kochen des Öls mit 6nHCl, Alkalisieren u. Ausäthern als Öl; 0,2 g. *Pikrat*, F. 203 bis 204° (Zers.). (J. chem. Soc. [London] **1953**. 3440—43. Nov. Exeter, Washington Singer Labors.) NITZSCHKE. 3231

John T. Braunholtz und **Frederick G. Mann**, *Die Darstellung von Bis-[2-cyanäthyl]-derivaten von aromatischen primären Aminen und ihre Umwandlung in 1.6-Diketojulolidine.* 3. Mitt. (2. vgl. J. chem. Soc. [London] **1953**. 1817.) Die durch Monocyclisierung von N.N-Bis-[cyanäthyl]-anilinen entstehenden *1-[2-Cyanäthyl]-1.2.3.4-tetrahydro-4-oxochinoline* bzw. die daraus durch alkal. Hydrolyse erhaltenen Säuren sind unzers. destillierbar u. konnten nicht zu 1-Äthyl-1.2.3.4-tetrahydro-4-oxochinolinen abgebaut werden. Weitere Unterss. über das Verhältnis von Mono- zu Dicyclisierung ergaben, daß p-Chlor-N.N-bis-[2-cyanäthyl]-anilin (I) mit $AlCl_3$ bei 170° 74% *6-Chlor-1-[2-cyanäthyl]-1.2.3.4-tetrahydro-4-oxochinolin* (II), u. 6,5% *8-Chlor-1.6-dioxojulolidin*, bei 195° (in o-Dichlorbenzol) dagegen nur letztere Verb. (50%) liefert. N.N-Bis-[2-cyanäthyl]-m-toluidin (III) ergibt bei 150° (Chlorbenzol) 40% *7-Methyl-1.6-dioxojulolidin* u. bei 170° 19% dieser Verb. u. 29% *1-[2-Cyanäthyl]-1.2.3.4-tetrahydro-7-methyl-4-oxochinolin* (IV). Die Stellung der Methylgruppe in IV ist nicht völlig gesichert, jedoch wird ein homogenes Prod. erhalten, u. die Bldg. des 5-Methylisomeren ist aus ster. Gründen unwahrscheinlich. Bei saurer Hydrolyse entstehen aus IV bzw. II unter Abspaltung der Seitenkette *7-Methyl-* bzw. *6-Chlor-1.2.3.4-tetrahydro-4-oxochinolin* (F. 125,5 —126°); für letztere Verb. geben ELDERFIELD u. MAGGIOLO (vgl. C. **1950**. II. 296) F. 112° an u. für β-p-Chloranilinopropionsäure, die ebenfalls aus II entstanden sein könnte, F. 125°. Da das von Vff. erhaltene Prod. jedoch ein *2.4-Dinitrophenylhydrazon* gibt u. sein UV-Spektr. dem von II ähnelt, wird diese Möglichkeit ausgeschlossen. Ein von dem der Analogen abweichendes Verh. zeigen 1-[2-Cyanäthyl]- (V) u. 1-[2-Carboxyäthyl]-1.2.3.4-tetrahydro-5.6-benzo-4-oxochinolin (VI). Beide geben bei Dest. unter vermindertem Druck *1.2.3.4-Tetrahydro-4-oxo-5.6-benzochinolin* (VII) u. bei saurer Hydrolyse *β-[2-Naphthylamino]-propionsäure* (VIII). Bei versuchter Decarboxylierung von VI durch Erhitzen mit Natronkalk oder $Ba(OH)_2$ entstand *5.6-Benzochinolin*; die Pyrolyse von VI-Ag-Salz führte zu *4-Oxy-5.6-benzo-chinolin*, welches in neutraler u. alkal. Lsg. als *4-Oxo-1.4-dihydro-5.6-benzochinolin* vorliegt, was sich aus den UV-Spektren in A., wss. 0,1 n NaOH bzw. wss. 0,1 n HCl ergibt. — Untersucht wird ferner die Nitrierung von N.N-Bis-[2-cyanäthyl]-(**IX**) u. von N.N-Dimethylanilin (**X**), wobei unter verschied. Bedingungen aus **IX** *N.N-Bis-[2-cyanäthyl]-2.4-dinitroanilin, N.N.N'.N'-Tetrakis-[2-cyanäthyl]-benzidin* bzw. dessen *3.5.3'.5'-Tetranitroderiv.* u. aus **X** *N.N.N.'N'-Tetramethyl-3.5.3'-trinitro-* bzw. *-3.5.3'.5'-tetranitrobenzidin* erhalten werden. — Zum Strukturbeweis werden die Infrarotspektren von **VII** u **VIII** u. die UV-Spektren von **V**, **VII**, **VIII**, *β-Naphthylamin* (**XI**) sowie von allen Nitrierungsprodd. u. von *Benzidin* u. *Dimethyl-2.4-dinitroanilin* herangezogen u. diskutiert.

Versuche: *N-[2-Cyanäthyl]-m-nitroanilin*, $C_9H_9O_2N_3$, F. 97,5° (A.), durch 13 st. Kochen von m-Nitroanilin u. Vinylcyanid in Ggw. von CuCl in Essigsäure u. Gießen in wss. NH_4OH; orangefarben; 70% (Ausbeute). — *N-[2-Cyanäthyl]-β-naphthylamin* (**XII**) $C_{13}H_{12}N_2$, F. 99—100° (A.), analog vorst. Verb. (4 std. Kochen) aus **XI**. — *p-Chlor-N.N-bis-[2-cyanäthyl]-anilin* (**I**), F. 91—92° (A.), aus p-Chloranilin (vgl. 2. Mitt.; aber 18 std. Erhitzen); 27%. — *6-Chlor-1-[2-cyanäthyl]-1.2.3.4-tetrahydro-4-oxochinolin* (**II**), F. 136—137°, durch 8 std. Erhitzen von **I** mit $AlCl_3$ u. etwas konz. HCl in Chlorbenzol auf 170°; aus A. gelbe Blättchen; 74%. Daneben *8-Chlor-1.6-dioxojulolidin*, $C_{12}H_{10}O_2$·NCl, F. 200—201°; glänzende gelbe Blättchen; 6,5%; dieses auch als einziges Prod. bei $3^1/_2$ std. Erhitzen von **I** mit $AlCl_3$ in o-Dichlorbenzol auf 190—195°; 50%. *Bis-phenylhydrazon*, $C_{24}H_{22}N_5Cl$, F. 283° (Zers.; verschlossenes Röhrchen), glänzend gelb. — *1-[2-Cyanäthyl]-1.2.3.4-tetrahydro-7-methyl-4-oxochinolin* (**IV**), $C_{13}H_{14}ON_2$, F. 114,5° (A.), analog **II** aus **III** bei $8^1/_2$ std. Rk. bei 170° in Chlorbenzol; hellgelb; 29%. *Semicarbazon*, $C_{14}H_{17}ON_5$, F. 207°, aus wss. A. Nadeln. Aus den äthanol. Mutterlaugen von **IV** *7-Methyl-1.6-dioxojulolidin*, F. 116—118°; 19%; dieses als Hauptprod. bei Verwendung von weniger $AlCl_3$, bei 4 std. Rk. bei 190—195° in o-Dichlorbenzol oder bei 9 std. Erhitzen auf 150°; 45, 70 bzw. 35—45%. — *1-[2-Cyanäthyl]-1.2.3.4-tetrahydro-6.7-dimethyl-4-oxochinolin*, $C_{14}H_{16}ON_2$, F. 144,5—145°, analog **II** aus N.N-Bis-[2-cyanäthyl]-3.4-dimethylanilin, $8^1/_2$ Std. bei 170° in Chlorbenzol; aus A. hellgelbe Blättchen; 35%. *Semicarbazon*, $C_{15}H_{19}ON_5$, F. 216,5° (wss. A.). — *1-[2-Carboxyäthyl]-6-chlor-1.2.3.4-tetrahydro-4-oxochinolin* (**XIII**), $C_{12}H_{12}O_3NCl$, F. 154—155° (wss. A.), durch 4 std. Kochen von **II** in wss.-alkoh. KOH u. Ansäuern; hellgelb; 81%. *Ag-Salz*, $C_{12}H_{11}O_3NClAg$, F. 135° (Zers.). — *1-[2-Carboxyäthyl]-7-methyl-1.2.3.4-tetrahydro-4-oxochinolin* (**XIV**), $C_{13}H_{15}O_3N$, F. 140,5—142,5°, analog aus **IV**; 77%. — *1-[2-Carboxyäthyl]-1.2.3.4-tetrahydro-4-oxo-5.6-benzochinolin* (**VI**), $C_{16}H_{15}O_3N$, F. 161—161,5°, aus **V**; gelb; 93%. *Ag-Salz*, $C_{16}H_{14}O_3NAg$, F. 158,5° (Zers.); hellgelb. — **II**, **IV**, **XIII**, **XIV** sowie 6-Methoxy-1-[2-cyanäthyl]-1.2.3.4-tetrahydro-4-oxochinolin dest. oder sublimieren unzers. bei 0,1 mm; **V** oder **VI** geben bei 250°/0,1 mm *1.2.3.4-Tetrahydro-4-oxo-5.6-benzochinolin* (**VII**), $C_{13}H_{11}ON$, F. 138°; aus wss. A. hellgelbe Nadeln; fast 100%. *2.4-Dinitrophenylhydrazon*, F. 247° (Zers.; unrein), orangefarbene Nadeln. **VII**-*Hydrochlorid* (mit HCl-Gas in Aceton; gelbe Blättchen) ist sehr instabil. — 1.2.3.4-Tetrahydro-4-oxochinolin (Hydrochlorid, $C_9H_9ON \cdot HCl$, F. 145°, cremefarben, hygroskop.) bzw. 1.6-Dioxojulolidin werden nach 4 std. Kochen in konz. HCl–W. (1:1) zu 80 bzw. 60% zurückgewonnen. — **IV** gibt bei analogem Verf., Alkalisieren u. Ausäthern *1.2.3.4-Tetrahydro-7-methyl-4-oxochinolin*, $C_{10}H_{11}ON$, F. 100—101° (wss. A.); hellgelb; 60%. Daneben durch Ansäuern der Mutterlauge u. Aufnehmen in Chlf. **XIV**; 14%. — Durch saure Hydrolyse (4—14 Std.) von **II** u. Isolierung bei p_H 4 erhält man *6-Chlor-1.2.3.4-tetrahydro-4-oxochinolin*, C_9H_8ONCl, F. 125,5—126°, aus wss. A., dann Bzl.–Cyclohexan hellgelbe Nadeln; 91%; entsteht auch bei 2 std. Kochen von **XIII** in Ggw. von Cu-Bronze in Chinolin, Gießen in W., Dampfdest. u. Aufarbeiten des Rückstands; 7%. *2.4-Dinitrophenylhydrazon*, $C_{15}H_{12}O_4N_5Cl$, F. 282° (Zers.); tiefrote Blättchen. — *β-p-Chloranilinopropionsäure*, $C_9H_{10}O_2NCl$, F. 121,5° (wss. A.), durch alkal. Hydrolyse von p-Chlor-N-[2-cyanäthyl]-anilin u. Einstellen auf p_H 5. — Bei $6^1/_2$ std. Kochen von **V**, **VI** oder **VII** in wasserkonz. HCl (1:1) u. Neutralisieren entsteht *β-[2-Naphthylamino]-propionsäure* (**VIII**), $C_{13}H_{13}O_2N$, F. 128—128,5°, aus Bzl., dann wss. A. cremefarbene Blättchen; 75%; auch durch alkal. Hydrolyse von **XII**; gibt kein Benzoyl- oder p-Toluolsulfonylderiv. unter n. Bedingungen. — Pyrolyse von **XIII**–Ag-Salz bei 220—225°/0,1 mm (1 Std.) ergibt *6-Chlor-4-oxychinolin*, $C_9H_6ONCl \cdot {}^1/_2 H_2O$, F. 261—262° (wss. A.); 69%; blutrote $FeCl_3$-Rk.; kein 2.4-Dinitrophenylhydrazon. — Analog (250°) liefert **VI**–Ag-Salz *4-Oxy-5.6-benzochinolin*, $C_{13}H_9ON$, F. 272—273° (A.; verschlossenes Röhrchen; vgl. dagegen Mueller u. Hamilton, J. Amer. chem. Soc. **65**. [1943.] 1017); 67%. *Hydrochlorid*, $C_{13}H_9ON \cdot HCl$; Nadeln ohne definierten F.; kein Acetyl- oder p-Toluolsulfonylderivat. Mit sd. $POCl_3$ entsteht *4-Chlor-5.6-benzochinolin*, $C_{13}H_8$·NCl, F. 58—60° (wss. A.). — Bei 5 std. Erhitzen von **VI** mit viel $Ba(OH)_2$ bei 300—320°/0,03 mm sublimiert rohes *5.6-Benzochinolin* (F. 68—78°), welches auch in 60%ig. Ausbeute durch SKRAUPsche Synth. aus **XI** erhalten wird. *Pikrat,* $C_{13}H_9N \cdot C_6H_3O_7N_3$, F. 251—252°, gelb. *Hydrochlorid,* $C_{13}H_9N \cdot HCl$, F. 230° (Zers.), aus äthanol. Aceton hygroskop. Nadeln. — *N.N.N'.N'-Tetrakis-[2-cyanäthyl]-benzidin,* $C_{24}H_{24}N_6$, F. 180° (Aceton–Bzl., dann Aceton), in geringer Ausbeute bei langsamer Zugabe von rauchender HNO_3 zu **IX** in auf 0—5° gekühlter Essigsäure–konz. H_2SO_4 <25°, ½std. Rk. bei Raumtemp. u. Gießen auf Eis; hellgelb. — *N.N-Bis-[2-cyanäthyl]-2.4-dinitroanilin,* $C_{12}H_{11}O_4N_5$, F. 134—135° (Aceton–Bzl.), durch Zugabe von **IX** zu konz. HNO_3, 1½std. Rk. bei Raumtemp., Gießen auf Eis, Extrahieren mit sd. Bzl., dann Aceton–Bzl. u. Fällen aus dem Extrakt mit Cyclohexan; orangegelb; 55%; im Rückstand *N.N.N'N'-Tetrakis-[2-cyanäthyl]-3.5.3'.5'-tetranitrobenzidin,* $C_{24}H_{20}O_8N_{10}$, F. 225,5° (Zers.; Aceton); orangefarben; 28%. — *N.N.N'.N'-Tetramethyl-3.5.3'.5'-tetranitrobenzidin,* $C_{16}H_{16}O_8N_6$, F. 271° (Zers.; Dioxan), durch Zugabe von **X** zu verd. HNO_3 (D. 1,11) bei —5°, ½std. Rk. bei —5°, mehrstd. Stehen bei Raumtemp. u. Waschen mit viel sd. A.; orangefarben; 20%. — *N.N.N'.N'-Tetramethyl-3.5.3'-trinitrobenzidin,* $C_{16}H_{17}O_6N_5$, F. 198,5°, in geringer Ausbeute bei Zugabe von **X** zu verd. HNO_3 (D. 1,13) u. 2std. Rk. bei 5—10° u. Gießen auf Eis; aus äthanol. Aceton scharlachfarbene Nadeln. Aus den alkoh. Filtraten bei der Isolierung dieser u. vorst. Verb. *Dimethyl-2.4-dinitroanilin.* (J. chem. Soc. [London] **1954.** 651—58. Febr. Cambridge, Univ., Chem. Labor.)

W. HOFFMANN. 3231

A. Dobrowsky, *Synthetische Versuche in der Isochinolinreihe.* 1. Mitt. Vf. untersuchte die spasmolyt. Wirksamkeit zahlreicher Isochinolinderivate. — Es wurden folgende Derivv. des *1-Benzylisochinolins* (**I**) dargestellt: *3'.4'.6.7-Tetramethoxy-* (*Papaverin*) (**II**), *3'.4'.6.7-Tetraäthoxy-* (*Perparin*), *3'.4'-Methylendioxy-6.7-dimethoxy-* (**III**), *3'.4'-Dimethoxy-6.7-methylendioxy-* (**IV**) u. *3'.4'; 6.7-Bis-[methylendioxy]-* (**V**), sowie *Papaverinol* (CHOH an Stelle der CH_2-Gruppe in **II**). Um ein fünf Methoxygruppen tragendes **I** aufzubauen, wurde Mezcalin mit Homoveratroylchlorid (**IX**) acyliert u. das Amid zum *8-Methoxy-3.4-dihydropapaverin* ringgeschlossen; die Dehydrierung war jedoch wegen der niedrigen Zersetzungstemp. der Verb. nicht möglich. — Von den Derivv. von **I**, die im Benzylrest keine Alkoxygruppen enthalten, wurden dargestellt: *1.2.3.4-Tetrahydro-N-methyl-* aus **I** durch Hydrierung u. Methylierung; aus Homoveratrylamin u. Phenylessigsäure *6.7-Dimethoxy-;* ferner *6-Äthoxy-7-methoxy-*, *6-Isoamyloxy-7-methoxy-* u. *6.7-Äthylendioxy-***I**. Zur Gewinnung der letzten drei Verbb. wurde der entsprechende Aldehyd mit Malonsäure (**X**) zum *Zimtsäurederiv.* umgesetzt, nach Hydrierung das *Amid* nach HOFMANN abgebaut, das *Phenyläthylaminderiv.* mit Phenylacetylchlorid (**XI**) umgesetzt u. ringgeschlossen. — *1-Phenylisochinolin* wurde untersucht u. außerdem, ausgehend vom Acetylbrenzcatechindiäthyläther, das *1-Phenyl-3'.4'.6.7-tetraäthoxyisochinolin* dargestellt. — Für die Synth. von Derivv. des *1-Benzyl-3-methylisochinolins* (**VI**) mit Alkoxygruppen im Benzylrest ließ sich die erforderliche β-Phenyläthylaminkomponente leicht aus Safrol bzw. Eugenolmethyläther gewinnen, indem HBr angelagert u. das Br-Atom gegen die NH_2-Gruppe ausgetauscht wurde unter Bldg. von Safrylamin (**XII**) bzw. Eugenylaminmethyläther (**XIII**). Es wurden die *3-Methylverbb.* von **II**, **III**, **IV** u. **V** (*Eupaverin*; **VII**) dargestellt, letzteres auch aus Nitroäthan u. Piperonal, sowie aus **VII** die *1.2.3.4-Tetrahydro-* u. *N-Acetonyltetrahydroverbindung.* — Ferner konnten folgende Derivv. von **VI** ohne Alkoxygruppen im Benzylrest hergestellt werden: *6.7-Dimethoxy-* u. *6.7-Methylendioxy-***I**. — Auch *1-[α-Äthylbenzyl]-* u. *1-[α-Phenylbenzyl]-3-methyl-6.7-methylendioxyisochinolin,* letzteres aus **XII** u. Diphenylessigsäure bereitet, wurden untersucht. — Über die pharmakol. Eigg. der Verbb. wird berichtet.

Versuche: *3.4-Dihydropapaverin,* F. 102° (Ae.), geht in Lsg. leicht in *3.4-Dihydropapaveraldin* (**VIII**), Prismen aus A., F. 195°, über. *Hydrochlorid,* enthält Kristallwasser, F. 180° (Zers.). — *Papaverin* (**II**), aus der Dihydroverb. durch Dehydrierung mit Pd oder Pd-Kohle, bei letzterer Meth. als Nebenprod. **VIII.** — *1-Benzyl-3'.4'.6.7-tetraäthoxyisochinolin* (*Papaverolintetraäthyläther*), $C_{24}H_{29}O_4N$, F. 102° (Ae. + PAe.), aus 35 g Papaverolin in absol. A. u. 114 g Diäthylsulfat unter Rühren <40° in alkal. Milieu; 13,4 g (Ausbeute). — *Homoveratroylmezcalin,* $C_{21}H_{27}O_6N$, F. 138° (Bzl.), aus Mezcalin u. **IX** in Bzl. u. Zugabe von Alkali; nahezu quantitative Ausbeute. — *8-Methoxy-3.4-dihydropapaverin,* F. 140°, durch Kondensation vorst. Verb. mit $POCl_3$ in Toluol; Prismen; Zers. bei ≈160°. — *1-Benzyl-1.2.3.4-tetrahydro-N-methylisochinolin,* $C_{17}H_{19}N$, $Kp._{14}$ 215—218°, aus 33,4 g 1-Benzyl-3.4-dihydroisochinolin durch 2std. Erhitzen mit CH_3J auf 70° im Rohr (fast quantitative Bldg. des in gelben Kristallen sich abscheidenden Jodmethylates) u. Hydrierung von 50 g in Methanol mit PtO_2 bei 60°; 26,8 g gelbes Öl. *Pikrat,* F. 168° (A.). — *Hesperetinsäureäthyläther,* $C_{12}H_{14}O_4$, F. 176°, durch Zusammenschmelzen äquimol. Mengen von Isovanillinäthyläther u. **X** auf dem Wasserbad u. Versetzen mit einigen Tropfen konz. H_2SO_4; 81,2%. — *Dihydrohespere-*

tinsäureäthyläther, F. 104°, durch Hydrierung vorst. Verb. in A. mit PdO_2. — *Dihydrohesperetinsäureäthylätheramid*, F. 122°. — *N-[Phenylacetyl]-β-[p-methoxy-m-äthoxyphenyl]-äthylamin*, F. 103°, durch Abbau vorst. Verb. nach HOFMANN u. Umsetzung mit **XI**. — *1-Benzyl-6-äthoxy-7-methoxy-3.4-dihydroisochinolin*, F. 61° (Ae.-PAe.). — *1-Benzyl-6-äthoxy-7-methoxyisochinolin*, $C_{19}H_{19}O_2N$, F. 127°, *Hydrochlorid*, F. 140°, unter Kristallwasserabgabe. — *Isovanillinisoamyläther*, Kp.$_{15}$ 186—187°, aus 152 g Isovanillin, 200 g Isoamyljodid u. 23 g Na in absol A. durch 6std. Kochen; 57 g. — *m-Isoamyloxy-p-methoxyzimtsäure*, F. 172° (A.), aus vorst. Verb. u. **X**. — *m-Isoamyloxy-p-methoxyhydrozimtsäure*, $C_{15}H_{22}O_4$, Blättchen aus Bzl., F. 100°. — *m-Isoamyloxy-p-methoxydihydrozimtsäureamid*, F. 114° (Methanol), aus vorst. Verb. u. NH_3 bei 180°. — *β-[m-Isoamyloxy-p-methoxyphenyl]-äthylamin*, Kp.$_{15}$ 192—195°: 19 g vorst. Verb. mit 20%ig. NaOH u. Br_2 kalt schütteln u. mit weiterem Alkali 1 Std. kochen; 4,1 g. — *N-[Phenylacetyl]-β-[m-isoamyloxy-p-methoxyphenyl]-äthylamin*, $C_{22}H_{29}O_3N$, F. 102° (A.). — *1-Benzyl-6-isoamyloxy-7-methoxy-3.4-dihydroisochinolin*, F. 82°: 5,4 g vorst. Verb. in Toluol mit $POCl_3$ 2 Std. kochen; 2,8 g. — *1-Benzyl-6-isoamyloxy-7-methoxyisochinolin*, $C_{22}H_{25}O_2N$, F. 87°. — *Brenzcatechinäthylenäther*, Kp. 103—105°, aus Brenzcatechin in heißer konz. KOH u. Äthylenbromid durch 1$^1/_2$std. Erwärmen u. Dampfdest.; 36%. — *Protocatechualdehydäthylenäther*, nach GATTERMANN aus vorst. Verb.; 40%. — *Kaffeesäureäthylenäther*, $C_{11}H_{10}O_4$, F. 182° (A.), aus vorst. Verb. u. **X**; gelbliche Kristalle; 57%. — *Dihydrokaffeesäureäthylenäther*, F. 65°, durch Hydrierung vorst. Verb. in Methanol in Ggw. von Pd bei 40°. *Amid*, F. 117°. — *β-[3.4-Äthylendioxyphenyl]-äthylamin*, Kp.$_{15}$ 170—173°, aus 33,4 g Amid; 20,1 g. — *N-[Phenylacetyl]-β-[3.4-äthylendioxyphenyl]-äthylamin*, F. 92°, aus 24,7 g vorst. Verb. in Bzl., **XI** u. NaOH; 30,2 g. — *1-Benzyl-6.7-äthylendioxy-3.4-dihydroisochinolin*, F. 100° (Bzl. + PAe.), aus 27 g vorst. Verb. 23,6 g Rohprodukt. — *1-Benzyl-6.7-äthylendioxyisochinolin*, F. 135°, aus 4,4 g vorst. Verb. mit 2 g Pd-MOHR nach 2 Std. bei 180°; 1,4 g. — *Acetylbrenzcatechindiäthyläther*, F. 53° (Ae.-PAe.), Kp.$_{15}$ 188—192°, aus Brenzcatechindiäthyläther u. Acetylchlorid nach FRIEDEL-CRAFTS. *Isonitrosoverb.*, aus 69 g vorst. Verb. in absol. A. mit $NaOC_2H_5$ u. Amylnitrit; 16 g. — *3.4-Diäthoxy-ω-aminoacetophenonhydrochlorid*, F. 178°, durch Red. von 86 g vorst. Na-Verb. mit $SnCl_2$ in HCl; 31 g. — *α-[3.4-Diäthoxyphenyl]-β-aminoäthanol*, durch Hydrierung vorst. Verb. in A. in Ggw. von PdO_2. *Hydrochlorid*, F. 146° (Zers.). — *[3.4-Diäthoxybenzamidomethyl]-[3.4-diäthoxyphenyl]-carbinol*, $C_{23}H_{31}O_6N$, F. 144° (A.), aus vorst. Amin u. 3.4-Diäthoxybenzoylchlorid. — *1-Phenyl-3'.4'.6.7-tetraäthoxyisochinolin*, $C_{23}H_{27}O_4N$, F. 107°, aus 6,5 g vorst. Verb.; 0,8 g. *Hydrochlorid*, F. 205° (Zers.), gelbe Kristalle. — *3-Methyl-3.4-dihydropapaverin*, aus **XIII** u. Homoveratrumsäure (**XIV**) durch 6std. Erhitzen auf 190° unter Durchleiten von N_2 u. anschließendem Ringschluß in Toluol mit $POCl_3$; orangefarbener Sirup; 57%. — *3-Methylpapaverin* (*1-[3'.4'-Dimethoxybenzyl]-3-methyl-6.7-dimethoxyisochinolin*), $C_{21}H_{23}O_4N$, F. 136°, durch Dehydrierung vorst. Verb.; 65%. *Hydrochlorid*, F. 234°, kristallwasserhaltiges Prod. schm. beim raschen Erhitzen bei 90—95° u. krist. in Nadeln. — *N-Homopiperonoyleugenylaminmethyläther*, F. 110° (A.), aus Homopiperonylsäure (**XV**) u. **XIII** durch Zusammenschmelzen. — *1-[3'.4'-Methylendioxybenzyl]-3-methyl-6.7-dimethoxy-3.4-dihydroisochinolin*, F. 114° (Ae.). *Hydrochlorid*, F. 144° (A.). — *1-[3'.4'-Methylendioxybenzyl]-3-methyl-6.7-dimethoxyisochinolin*, F. 168—169° (Ae.). *Hydrochlorid*, mit 1 Mol H_2O, F. 159—160° (Aufschäumen), wasserfrei F. 233°. — *N-Homoveratroylsafrylamin*, F. 123° (A.), aus **XII** u. **XIV**. — *1-[3'.4'-Dimethoxybenzyl]-3-methyl-6.7-methylendioxy-3.4-dihydroisochinolin*, orangefarbenes Öl. — *1-[3'.4'-Dimethoxybenzyl]-3-methyl-6.7-methylendioxyisochinolin*, $C_{20}H_{19}O_4N$, F. 125° (Ae.); 80%. *Hydrochlorid*, F. 220°. — *N-Homopiperonoylsafrylamin*, F. 128° (A.), aus gleichen Teilen **XV**, **XII** u. Dekalin durch Erhitzen. — *1-[3'.4'-Methylendioxybenzyl]-3-methyl-6.7-methylendioxy-3.4-dihydroisochinolin*, Öl. *Hydrochlorid*, F. 237°. — *1-[3'.4'-Methylendioxybenzyl]-3-methyl-6.7-methylendioxyisochinolin* (**VII**), $C_{19}H_{15}O_4N$, F. 140° (Methanol), auch auf nachst. beschriebene Art dargestellt, seidenglänzende Nadeln. *Hydrochlorid*, wasserfrei F. 255°, kristallwasserhaltig F. 160°. *Tartrat*, F. 118°. — *Nitroäthan*, aus 306 g α-Brompropionsäure durch Neutralisation mit gesätt. K_2CO_3-Lsg., Versetzen mit 300 g $NaNO_2$ u. 900 cm³ W. u. Dest.; 42 g. — *Piperonylidennitroäthan*, Kp.$_{15}$ 208—213°, nach KNOEVENAGEL [1904]. — *1-[β-Nitro-α-methoxypropyl]-3.4-methylendioxybenzol*, Kp.$_{13}$ 185—190°, aus vorst. Verb. mit Na in Methanol nach mehrstd. Stehen, Ansäuern u. Ausäthern; 68%. — *1-[β-Amino-α-methoxypropyl]-3.4-methylendioxybenzol*, Kp.$_{12}$ 160—165°, durch Red. vorst. Verb. in 85%ig. HCOOH mit verkupfertem Zn-Staub unter Eiskühlung u. abschließendem 90minütigem Erwärmen auf 55—60°; 57%. — *1-[β-(N-Homopiperonoylamino)-α-methoxypropyl]-3.4-methylendioxybenzol*, F. 150° (A.) aus 2 Mol vorst. Verb. u. 1 Mol **XV**-Chlorid in Bzl. durch 24std. Stehen; daraus durch Ringschluß nach der üblichen Meth. **VII**; 64%.

— *Homopiperonylsäureamid*, F. 173° (Xylol). Aus 1 kg **XV** u. konz. NH_4OH Ammoniumsalz herstellen u. dies 3 Std. auf 150° u. 5 Std. auf 175° erhitzen; 162 g. — *N-Benzylhomopiperonylamid*, F. 120°, aus der Na-Verb. vorst. Verb. u. Benzylchlorid im indifferenten Lösungsm.; nahezu quantitativ. Mit Bromhydrosafrol gibt die Na-Verb. dagegen NaBr u. Isosafrol. — *1-[3'.4'-Methylendioxybenzyl]-3-methyl-6.7-methylendioxy-1.2.3.4-tetrahydroisochinolin*, $C_{19}H_{19}O_4N$, F. 118° (Ae.), durch katalyt. Hydrierung von **VII** oder der Dihydroverb.; liefert beim 2std. Erhitzen auf 180° mit Pd-Mohr in 50%ig. Ausbeute **VII** zurück. *Hydrochlorid*, F. 255°. — *N-Phenylacetyl-l-norephedrin*, F. 133° (Toluol), aus l-Norephedrin (F. 50°) u. W. durch Zutropfen von **XI** unter Rühren. — *1-Benzyl-3-methylisochinolin* (**VI**), durch Ringschluß vorst. Verb.; Öl. *Hydrochlorid*, F. 222° (verd. HCl). — *N-Phenylacetyleugenylaminmethyläther*, F. 118° (A.). — *1-Benzyl-3-methyl-6.7-dimethoxy-3.4-dihydroisochinolin*, $C_{19}H_{21}O_2N$, F. 62° (Ae.). *Hydrochlorid*, kristallwasserhaltig, F. 178° (Aufschäumen). — *1-Benzyl-3-methyl-6.7-dimethoxyisochinolin*, $C_{19}H_{19}O_2N$, F. 110°. — *N-Phenylacetylsafrylamin*, F. 101° (A.). — *1-Benzyl-3-methyl-6.7-methylendioxy-3.4-dihydroisochinolin*, F. 208°, Reinigung über das Oxalat. *Hydrochlorid*, F. 184°. — *1-Benzyl-3-methyl-6.7-methylendioxyisochinolin*, $C_{18}H_{15}O_2N$, F. 116°. *Hydrochlorid*, F. 265°. — *N-[α-Phenylbutyryl]-safrylamin*, F. 138° (A.), aus Phenyläthylessigsäurechlorid (Kp.$_{12}$ 135—137°). — *1-[α-Äthylbenzyl]-3-methyl-6.7-methylendioxy-3.4-dihydroisochinolin*, F. 125° (A.), aus 200 g vorst. Verb. 143 g. — *1-[α-Äthylbenzyl]-3-methyl-6.7-methylendioxyisochinolin*, $C_{20}H_{19}O_2N$, F. 143°, blättrige Kristalle. *Hydrochlorid*, kristallwasserhaltig, F. 80°, Nadeln. — *N-Diphenylacetylsafrylamin*, F. 158° (70%ig. A.), durch Zusammenschmelzen von **XII** u. Diphenylessigsäure. —*1-Diphenylmethyl-3-methyl-6.7-methylendioxy-3.4-dihydroisochinolin*, $C_{24}H_{21}O_2N$, F. 156° (A.). — *1-Diphenylmethyl-3-methyl-6.7-methylendioxyisochinolin*, $C_{24}H_{19}O_2N$, F. 182°. *Hydrochlorid*, mit 1 Mol H_2O, F. 121—122° (Aufschäumen), büschelförmige Prismen. (Mh. Chem. **82.** 122—39. 1951. S.-B. österr. Akad. Wiss., math.-naturwiss. Kl., Abt. IIb **160.** 122—39. 1951.) L. FISCHER. 3231

A. J. Nunn und **K. Schofield**, *Cinnoline*. 32. Mitt. *Weitere Experimente zu dem Einfluß von heterocyclischen Ringen als Substituenten bei der Widman-Stoermer-Synthese*. (31. vgl. ALFORD u. SCHOFIELD, J. chem. Soc. [London] **1953.** 1811.) Vff. stellen aus den entsprechenden o-Aminoaryläthylenen durch Diazotierung *4-Aryl-3-pyridyl-*, *-3-chinolyl-* u. *4-Pyridylcinnoline* dar. Das Vorhandensein von bas. heterocycl. Substituenten in den als Ausgangsstoffen dienenden Äthylenen erlaubt eine Unters. über den Einfl. des p_H-Wertes auf die WIDMAN-STOERMER-Synth.; in einer Tabelle werden die Ausbeuten an allen dargestellten Cinnolinen in Abhängigkeit von der Säurekonz. (0,2—8 n HCl, teilweise H_2SO_4) angegeben. Die Cyclisierung von diazotiertem *1-[o-Aminophenyl]-1-[p-methoxyphenyl]-2-[pyridyl-(2')]-* u. *-2-[chinolyl-(2')]-äthylen* ist vom p_H-Wert so gut wie unabhängig, in letzterem Fall sinkt die Ausbeute in sehr verd. Säure; der Reaktionsmechanismus wird diskutiert. Die Geschwindigkeit dieser Cyclisierungen ist groß u. wesentlich größer als beim Vorliegen anderer Substituenten als $-OCH_3$. Die Bldg. von *4-Phenyl-3-[pyridyl-(2')]-*(**I**) u. *-3-[chinolyl-(2')]-cinnolin* (**II**) ist sehr abhängig vom p_H-Wert; die Ausbeute nimmt mit steigender Säurekonz. erheblich ab (bei **II** von 34,9% bei Verwendung von 0,2 n H_2SO_4 auf 1,9% bei n H_2SO_4; bei **I** bilden sich bei stärker konz. HCl als 0,2 n nur teerige Prodd.; auch in sehr verd. Säure ist die Reaktionsgeschwindigkeit gering). Von den *4-Pyridylcinnolinen* werden die *Pyridyl-(3')-Verbb.* leichter gebildet als die *Pyridyl-(4')-* u. *-(2')-Verbb.*; in letzterem Fall wirkt eine nachher in 3-Stellung des Cinnolins stehende Methylgruppe fördernd auf die Cyclisierung. Während die Ausbeute an **II** in H_2SO_4 mit steigender Säurekonz., wie erwartet, schnell abnimmt, nimmt sie in HCl mit steigender Säurekonz. zu (52% bei 8 n HCl), wofür noch keine Erklärung gefunden werden konnte. In verd. Säure entsteht **II** nur in geringem Maße, daneben eine ebenfalls als Pikrat isolierbare Verb., die wahrscheinlich *3-Phenyl-1.2-benzacridin* ist, da ein Vgl. mit authent. *1.1-Diphenyl-2-[chinolyl-(2')]-äthylenpikrat* das Vorliegen dieser Verb. ausschließt u. auch *1-[o-Oxyphenyl]-1-phenyl-2-[chinolyl-(2')]-äthylen* kaum vorliegen dürfte; dieses konnte nicht durch Demethylierung der Methoxyverb. gewonnen werden. — Die aus 4-Methylcinnolin (**III**) u. p-Nitrosodimethylanilin dargestellte SCHIFFsche Base konnte nicht zu Cinnolin-4-aldehyd hydrolysiert werden; bei der Oxydation von **III** wurde ebensowenig ein homogenes Prod. erhalten wie bei der Hydrolyse von 4-[3.3.3-Trichlor-2-oxypropyl]-cinnolin. — Die bakteriostat. Wrkg. von **I** u. **IV**—**VIII** gegenüber hämolyt. Streptococcus, Staph. aureus u. B. coli werden tabellar. angegeben; gegenüber P. berghei u. T. equiperdum sind die Verbb. unwirksam; **IV**, **I** u. **V** zeigen 1/20000 bzw. 1/10000 bzw. 1/5000 der spasmolyt. Wirksamkeit von Atropin.

V e r s u c h e : Folgende Ä t h y l e n e wurden durch Erhitzen des entsprechenden Alkohols (vgl. C. **1952.** 7339) mit H_2SO_4 auf 95°, Alkalisieren u. Ausäthern dargestellt:

1-[o-Aminophenyl]-1-[p-tolyl]-2-[pyridyl-(2')]-, gelbes Öl, mit 50%ig. H_2SO_4, 1 Std. (Reaktionszeit); 2 g (Ausbeute) aus 2 g (Alkohol). — *1-[o-Aminophenyl]-1-[p-tolyl]-2-[chinolyl-(2')]-*, $C_{24}H_{20}N_2$, F. 161—162°, mit 50%ig. H_2SO_4, $^1/_2$ Std.; gelbe Prismen aus A.; 0,5 g aus 0,5 g. — *1-Phenyl-1-[2''-amino-5''-chlorphenyl]-2-[pyridyl-(2')]-*, gelbes Öl, mit konz. H_2SO_4, $^1/_2$ Std.; 1,9 g aus 2 g. — *1-Phenyl-1-[2''-amino-5''-chlorphenyl]-2-[chinolyl-(2')]-*, $C_{23}H_{17}N_2Cl$, F. 147—148°, mit konz. H_2SO_4, 1 Std.; gelbe Prismen aus wss. A.; 0,89 g aus 1 g. — *1-[o-Aminophenyl]-1-[p-methoxyphenyl]-2-[pyridyl-(3')]-*, gelbes Öl, mit 20%ig. H_2SO_4, 1 Std.; 0,48 g aus 0,5 g. — *1-[o-Aminophenyl]-1-[pyridyl-(3')]-*, gelbes Öl, mit konz. H_2SO_4, $^3/_4$ Std.; 1,94 g aus 2 g. *Pikrat*, $C_{13}H_{12}N_2 \cdot C_6H_3O_7N_3$, F. 125—126°, aus wss. CH_3OH gelbe Nadeln. — *1-[o-Aminophenyl]-1-[pyridyl-(4')]-*, gelbes Öl, mit konz. H_2SO_4, $^1/_2$ Std.; 0,22 g aus 0,24 g. — *1-[o-Aminophenyl]-1-[thienyl-(2')]-*, gelbes Öl, mit 20%ig. H_2SO_4, 1 Std.; 0,48 g aus 0,5 g. — P r o p y l e n e - (1): *1-[o-Aminophenyl]-1-[pyridyl-(2')]-*, gelbes Öl, mit konz. H_2SO_4, $^1/_2$ Std.; 1,84 g aus 2 g. — *1-[o-Aminophenyl]-1-[pyridyl-(3')]-*, gelbes Öl, mit konz. H_2SO_4, $^1/_2$ Std.; 1,72 g aus 2 g. — C i n n o l i n e: *4-[p-Methoxyphenyl]-3-[pyridyl-(2')]-*(**IV**), F. 157—158°, durch Diazotieren des entsprechenden Äthylens in HCl (in 10 Min. beendet), Neutralisieren nach 4tägigem Stehen u. Kristallisation aus CH_3OH; 88—91% roh je nach der Säurekonzentration. — *4-[p-Methoxyphenyl]-3-[chinolyl-(2')]-* (**V**), F. 151—152°; Diazotierung nach 45 Min. beendet; Platten; 48% in 0,2nHCl, 73—85% in 2n—8nHCl. — *4-Phenyl-3-[pyridyl-(2')]-* (**I**), $C_{19}H_{13}N_3$, F. 145—146°, blaßgelbe Kristalle nach Filtration in Bzl. über Al_2O_3; 49,7% in 0,2nHCl. — *4-Phenyl-3-[chinolyl-(2')]-* (**II**), $C_{23}H_{15}N_3$, F. 162—163°, aus wss. A. gelbe Prismen; Diazotierung in H_2SO_4; 34,9—1,9% in 0,2n bis nH_2SO_4. Nach Diazotierung des Äthylens in HCl, Aufarbeitung nach 3 Wochen u. Rk. mit Pikrinsäure in A. wurde als leichter lösl. Komponente ein rotes *Pikrat* $C_{23}H_{15}N \cdot C_6H_3O_7N_3$, F. 94—95°, erhalten, vielleicht *3-Phenyl-1.2-benzacridinpikrat*; Nadeln. **II**-*Pikrat*, $C_{23}H_{15}N_3 \cdot C_6H_3O_7N_3$, gelbe Prismen aus A., F. 219—220°. — *1.1-Diphenyl-2-[chinolyl-(2')]-äthylenpikrat*, $C_{23}H_{17}N \cdot C_6H_3O_7N_3$, aus CH_3OH gelbe Platten, F. 215—216°. — *3-[Pyridyl-(2')]-4-[p-tolyl]-*, $C_{20}H_{15}N_3$, F. 164—165°, Aufarbeiten nach 11 Tagen; Reinigung durch Filtrieren in Bzl. über Al_2O_3; 72,2% in 2nHCl. — *3-[Chinolyl-(2')]-4-[p-tolyl]-*, $C_{24}H_{17}N_3$, F. 153—154°, Aufarbeitung nach 11 Tagen; aus wss. A. u. Bzl.-Leichtbzn. gelbe Nadeln; 60% in 2nHCl. — *6-Chlor-4-phenyl-3-[pyridyl-(2')]-*, $C_{19}H_{12}N_3Cl$, F. 143—144°; Diazotierung in 0,4nHCl, Isolierung nach 15 Tagen; aus wss. A. gelbe Prismen; 53,3%. — *6-Chlor-4-phenyl-3-[chinolyl-(2')]-* (**VI**), $C_{23}H_{14}N_3Cl$, F. 205—206°; Diazotierung in 2nH_2SO_4 (mit 2nHCl konnte kein Prod. erhalten werden), Aufarbeitung nach 6 Wochen; aus A. gelbe Nadeln; 46,6%. — *4-[p-Methoxyphenyl]-3-[pyridyl-(3')]-*, $C_{20}H_{15}ON_3$, F. 145—146°; Rk. in 2nHCl nach 1 Std. beendet; aus wss. A. gelbe Nadeln; 74%. — *4-[Pyridyl-(2')]-*, F. 125—126°, Reinigung über das *Pikrat*, F. (roh) 196—199° (CH_3OH); 34,1% in 2n HCl, 16,1% in nH_2SO_4, 2,5% in 0,2nHCl. — *3-Methyl-4-[pyridyl-(2')]-*, $C_{14}H_{11}N_3$, F. 155—156°; Isolierung nach 4 Tagen; blaßgelbe Prismen aus Bzl.-Leichtbzn.; 43,2% in 0,2nH_2SO_4, in nH_2SO_4 entstehen nur Harze. — *4-[Pyridyl-(3')]-* (**VII**), $C_{13}H_9N_3$, F. 141—142°, in 0,4nHCl nach 11 Tagen; aus Bzl.-Leichtbzn. gelbe Nadeln; 46%. — *3-Methyl-4-[pyridyl-(3')]-* (**VIII**), F. 192—193°, aus A. gelbe Prismen; 77,3% in 0,2n H_2SO_4. — *4-[Pyridyl-(4')]-*, *Pikrat*, $C_{13}H_9N_3 \cdot C_6H_3O_7N_3$, F. 276—278°, bei Diazotierung in 2nHCl u. Rk. der teerigen M. nach 6 Tagen mit alkoh. Pikrinsäure; gelbe Prismen aus CH_3OH; 20,4%. — *4-[Thienyl-(2')]-*, $C_{12}H_8N_2S$, F. 85—86°, in 0,4nHCl nach 4 Tagen, Ausziehen mit sd. Ae.; gelbe Prismen aus Ae.; 0,2 g aus 0,4 g des Äthylens. — *4-[p-Oxyphenyl]-3-[pyridyl-(2')]-*, $C_{19}H_{13}ON_3$, F. 265—266°, durch 1std. Kochen von 1 g **IV** mit HBr (D. 1,5) u. Alkalisieren; gelbe Prismen aus A.; 0,86 g. — *2-[o-Aminophenyl]-3-[pyridyl-(2')]-propylen*, gelbes Öl, aus dem entsprechenden A. mit konz. H_2SO_4. *Dipikrat*, $C_{14}H_{14}N_2 \cdot 2\,C_6H_3O_7N_3$, aus CH_3OH gelbe Prismen; F. 174—175°. Die Diazotierung des Äthylens gibt nur in 0,2nH_2SO_4 Spuren von gelben Kristallen, F. 149—151°, sonst nur teerige Massen. — Nach Diazotierung von 1-[o-Aminophenyl]-1-[p-methoxyphenyl]-2-[pyridyl-(2')]-äthylen in 0,2nHCl u. schneller Zugabe der Lsg. zu CH_3COONa, W. u. Cu-Pulver oder zu wss. Dimethylamin u. Soda werden nur geringe Mengen **IV** erhalten; nach schnellem Diazotieren von 1,85 g des Äthylens in 2nHCl, schneller Zugabe von Cu-Pulver u. Erwärmen entsteht unter N_2-Entw. der *Komplex* $C_{20}H_{15}ON_3Cl_2Cu$, grüne Prismen aus A., F. 222—223°, 2,48 g, der mit NH_4OH (D. 0,88) **IV** gibt. — *Cinnolin-4-aldehyd-p-dimethylaminoanil*, $C_{17}H_{16}N_4$, F. 196—197°, aus 4 g **III**, 8 g p-Nitrosodimethylanilin, Soda u. A. durch 7std. Kochen; aus A. rote Blättchen; 2,2 g; wird durch 40%ig. HCl nicht hydrolysiert. — *1-[o-Methoxyphenyl]-1-phenyl-2-[chinolyl-(2')]-äthanol*, $C_{24}H_{21}O_2N$, F. 122,5—123°,5, durch 1std. Kochen von 3 g o-Methoxybenzophenon in Ae. mit Chinolyl-(2)-methyl-Li u. 4std. Rühren bei n. Temp.; aus Ae. oder wss. CH_3OH solvatisierte Prismen, die bei 160°/0,5 mm getrocknet werden; 3,4 g. —

1-[o-Methoxyphenyl]-1-phenyl-2-[chinolyl-(2')]-äthylen, aus 0,2 g vorst. Verb. durch 2std. Erhitzen mit 20%ig. H_2SO_4 auf 95°, Alkalisieren u. Ausäthern; 0,18 g. *Pikrat*, $C_{24}H_{19}ON \cdot C_6H_3O_7N_3$, dünne gelbe Prismen aus A., F. 209—211° (nach Sublimation bei 197°). (J. chem. Soc. [London] **1953**. 3700—06. Nov. Exeter, Washington Singer Labors.) NITZSCHKE. 3272

D. W. Ockenden und **K. Schofield**, *Cinnoline*. 33. Mitt. *Einige 3-Aryl-4-oxycinnoline*. (32. vgl. vorst. Ref.) [o-Aminoaryl]-benzylketone könnten bei der Diazotierung sowohl Cinnoline bilden als auch die PSCHORR-Rk. eingehen; es zeigt sich jedoch, daß die von Vff. untersuchten Ketone bei der Diazotierung in konz. HCl u. Cyclisierung ausschließlich *Cinnoline* bilden. Während die Diazotierung von 1-[o-Aminophenyl]-2-[α-naphthyl]-1-phenyläthylen je nach den Bedingungen zu 3-[α-Naphthyl]-4-phenylcinnolin oder 2-Phenylchrysen führt (vgl. SIMPSON, C. **1944**. I. 1178), gibt o-Aminophenyl-α-naphthylmethylketon weder bei Diazotierung u. Cyclisierung, noch bei Zers. des Diazoniumborfluorids Chrysenol-(2), sondern immer *4-Oxy-3-[α-naphthyl]-cinnolin*. Offenbar ist in den verwendeten Aminoketonen die CH_2-Gruppe so sehr aktiviert, daß die Cinnolinbldg. schnell genug verlaufen kann, um die PSCHORR-Cyclisierung auszuschließen.

Versuche: Die nachst. Cinnoline wurden durch Diazotierung des entsprechenden o-Aminoarylbenzyl- bzw. -naphthylmethylketons bei 0°, 3std. Erhitzen auf 60° u. 4tägiges Stehen bei n. Temp. dargestellt; die Behandlung der Diazoniumsalzlsg. aus o-Aminophenylbenzylketon oder o-Aminophenyl-α-naphthylmethylketon mit Cu-Pulver oder Na-Hypophosphit oder die Diazotierung in alkoh. H_2SO_4 mit Amylnitrit u. Zugabe von Cu-Pulver gab geringere Ausbeuten. — *4-Oxy-3-phenyl-*, $C_{14}H_{10}ON_2$, F. 265—267°, Blättchen; 90% (Ausbeute). — *4-Oxy-6-methyl-3-phenyl-*, $C_{15}H_{12}ON_2$, F. 310—312°, cremefarbene Platten; 86%. — *4-Oxy-6-nitro-3-phenyl-*, $C_{14}H_9O_3N_3$, F. 347—348°, kleine gelbe Nadeln; 61%. — *4-Oxy-3-[α-naphthyl]-*, $C_{18}H_{12}ON_2$, F. 285—286°, kleine Platten; 87%. (J. chem Soc. [London] **1953**. 3706—07. Nov.) NITZSCHKE. 3272

M. P. V. Boarland, J. F. W. McOmie und **R. N. Timms**, *Pyrimidine*. 4. Mitt. *Versuche zur Synthese von Pyrimidin und 4.6-Dimethylpyrimidin*. (3. vgl. C. **1954**. **9248**.) Vff. untersuchen direkte u. indirekte Methoden zur Entfernung von Halogen aus dem Pyrimidinring. So läßt sich nach der Meth. von ALBERT u. Mitarbeitern (J. chem. Soc. [London] **1949**. 1284 u. früher) Benzolsulfonhydrazid mit 2.4-Dichlorpyrimidin (**III**) kondensieren u. das entstandene *Bis-benzolsulfonhydrazinoderiv.* alkal. zu Pyrimidin (**I**) hydrolysieren. Die Oxydation von 2.4-Dihydrazinopyrimidin (**IX**) zu **I** brachte nur sehr geringe Ausbeuten, die Entschwefelung von Dithiouracil in A. gab kein **I**, die von 2-Mercaptopyrimidin (**II**) ca. 17% **I**. **II** konnte nicht direkt durch Kondensation von Na-Malondialdehyd u. Harnstoff in Ggw. von $NaOC_2H_5$ dargestellt werden. RANEY-Ni beseitigt nicht nur die Alkylmercaptogruppe, sondern entfernt auch Halogen: Aus 5-Brom-2-methylmercaptopyrimidin wurde so etwas **I** erhalten. Die katalyt. Red. von **III** gibt unter verschied. Bedingungen keine reproduzierbaren Ergebnisse. 2-Chlorpyrimidin (**IV**) läßt sich am besten mit MgO als HCl-Acceptor u. mit $Pd/SrCO_3$, Pd-Kohle oder $Pd/BaSO_4$ zu **I** red.; auch mit Pd auf Polyvinylalkohol verläuft die Red. recht gut, RANEY-Ni liefert dagegen nur geringe Ausbeuten. In jedem Fall muß die Hydrierung bei Aufnahme von 1 Mol H_2 abgebrochen werden. Da **IV** aus 2-Aminopyrimidin leicht zugänglich ist, scheint damit die beste Meth. zur Darst. kleiner Mengen **I** gegeben zu sein. **I** wurde in jedem Fall als *$HgCl_2$-Komplex* isoliert, der in wss. NaCl-Lsg. u. verd. HCl lösl. ist. — 2-Hydrazino-4.6-dimethylpyrimidin (**VIII**) läßt sich mit $CuSO_4$ gut zu *4.6-Dimethylpyrimidin* (**V**) oxydieren. **V** ist ebenfalls gut erhältlich bei Entschwefelung von 2-Mercapto-4.6-dimethylpyrimidin (**VII**) mit RANEY-Ni in wss. Lsg. (in ca. 70%ig. Ausbeute) oder in saurem A.; in letzterem Fall ist die Ausbeute zwar geringer (ca. 50%), aber **V** kann direkt isoliert werden. Die beste Meth. zur Darst. von **V** wird jedoch die katalyt. Hydrierung von 2-Chlor-4.6-dimethylpyrimidin (**X**) unter Druck sein. — **I** gibt mit *2'-Oxy-2.4.4.7.4'-pentamethylflavan* (**VI**) u. W. einen 1:2:2-*Komplex*, **V** einen 1:2:1-*Komplex*. *2-Methylpyrimidin* gibt zwar mit **VI** kein Addukt, wohl aber einen 1:2-*Komplex* mit *2'-Oxy-2.4.4.6.5'-pentamethylflavan*. In Form dieser Komplexe können Pyrimidinderivv. gut aus ihren verd. wss. Lsgg. isoliert werden; durch Dest. können sie daraus rein erhalten werden. — Folgende Verbb. erwiesen sich als mehr oder weniger gut wirksam gegenüber Staph. aureus (Tabelle): **II**, **VII**, *S-[4.6-Dimethylpyrimidyl-(2)]-thiuroniumchlorid, 2.4-Dimercapto-, 5-Chlor-2-mercapto-* u. *4.6-Dimercaptopyrimidin, S-[4-Mercaptopyrimidyl-(6)]-thiuroniumchlorid*, **VIII** u. **IX**; folgende Pyrimidine sind unwirksam: *2-* u. *4-Oxy-, 4.6-Dioxy-, 4-Oxy-2-mercapto-, 5-Amino-4-oxy-, 5-Amino-2-äthylmercapto-4-oxy-, 2-Amino-, 2-Amino-4.6-dimethyl-*, ferner [*4.6-Dimethylpyrimi-*

dyl-(2)-mercapto]-essigsäure, *4-Oxypyrimidin-5-carbonsäure* u. *4-Oxy-2-mercaptopyrimidin-5-carbonsäure.*

Versuche: *2.4-Bis-benzolsulfonhydrazinopyrimidin*, F. 219° unter Zers. (unrein), durch 2 std. Kochen von 3 g **III** u. 10,8 g Benzolsulfonhydrazid in A. u. Einengen; 6,9 g (Ausbeute). Daraus entsteht durch 1 std. Erhitzen mit der 10 fachen Menge n NaOH, Dest. u. Rk. mit gesätt. $HgCl_2$-Lsg. der *Pyrimidin* (**I**)*–$HgCl_2$-Komplex*; 66%. — *2.4-Dihydrazinopyrimidin* (**IX**), $C_4H_8N_6$, F. 211—212° (Zers.), durch langsame Zugabe von Hydrazinhydrat zu 4 g **III** in A.; Prismen aus W.; 1,4 g; mit Metallionen entstehen tieffarbige Komplexe. Nach tropfenweiser Zugabe von 10%ig. $CuSO_4$-Lsg. zu **IX** in sd. W., $^1/_2$ std. Erhitzen, Alkalisieren des Filtrats u. Dest. wurden nur wenige mg **I**-$HgCl_2$-Komplex erhalten. — Nach Suspendieren von 2.4-Dithiouracil in W. bei 50°, Einstellen auf p_H ca. 7 mit Soda, 2 std. Kochen mit Raney-Ni u. Dest. des Filtrats kann der **I**–*$HgCl_2$-Komplex* gewonnen werden; 17,2%. — 0,5 g **II** geben bei $1^1/_2$ std. Erhitzen mit Raney-Ni in wss. A., Alkalisieren des Filtrats u. Dest. 0,7 g **I**–*$HgCl_2$-Verbindung.* — Nach $1^1/_4$ std. Hydrierung von 2 g **III** mit Pd/$SrCO_3$ u. bernsteinsaurem Na in A. bei 110 lbs./sq.in., Ansäuern des Filtrats u. Rk. mit der gesätt. wss. Lsg. von Reinecke-Salz wurde ein *Reineckat* $C_{10}H_{19}N_{10}S_4Cr$ erhalten; F. 284—286° (Zers.), aus wss. Aceton rosafarbene Prismen; 3,1 g; die daraus erhaltene, nicht mit Dampf flüchtige Base wurde nicht näher untersucht. — *2-Hydrazino-4.6-dimethylpyrimidin* (**VIII**), $C_6H_{10}N_4$, F. 165°, aus **X** u. Hydrazinhydrat in A.; aus W. Nadeln; 88%; gibt in sd. W. nach tropfenweiser Zugabe von 10%ig. $CuSO_4$-Lsg. u. Aufarbeiten den *4.6-Dimethylpyrimidin* (**V**)*–$HgCl_2$-Komplex*; 62%. — **VII** läßt sich am besten in A. u. konz. HCl durch 2 std. Kochen mit Raney-Ni, Einengen des Filtrats, Alkalisieren mit NaOH u. Ausäthern zu **V** entschwefeln; gelbes Öl, $Kp._{746}$ 156—157°; 54%. In neutralem CH_3OH konnte nicht entschwefelt werden, da **VII** mit Ni den 2:1-Komplex $C_{12}H_{14}N_4S_2Ni$ bildet, der in methanol. NH_3 lösl. (Grünlichblaufärbung), in NaOH unlösl. ist. — In 56%ig. Ausbeute entsteht **V**, F. ca. 0°, durch Zugabe von 2,5%ig. Pd-Kohle u. $CH_3 \cdot COONa$ zu **X** in A., 7 std. Hydrierung bei 100 lbs./sq.in., Alkalisieren des Filtrats, Abdest. u. Ausäthern. — **V**–*$CuCl_2$-Komplex*, $(C_6H_8N_2)_2CuCl_2$, aus 0,7 g wasserfreiem $CuCl_2$ in A. u. **V**; violette Nadeln aus A.; 1,1 g. Mit wss. Flaviansäure, Pikrinsäure, Oxalsäure u. 2.4.7-Trinitrofluorenon konnten aus **V** keine Komplexverbb. erhalten werden. — *Flavankomplexe* (unter Mitarbeit von **R. F. Curtis**): **I**–*2'-Oxy-2.4.4.7.4'-pentamethylflavan* (**VI**)*-Komplex*, $(C_{20}H_{24}O_2)_2 \cdot 2\,H_2O \cdot C_4H_4N_2$, F. 80—82° (Zers.), durch 1 std. Schütteln von 10%ig. wss. **I**-Lsg. mit dem Flavan in PAe. u. 12 std. Stehen; aus PAe. u. je einem Tropfen A. u. W. rechteckige Prismen; in Abwesenheit von W. wird der Komplex nicht gebildet. — **V**—**VI**-*Komplex*, $(C_{20}H_{24}O_2)_2 \cdot H_2O \cdot C_6H_8N_2$, F. 105—107°, durch Rk. von 1 g **VI** in Leichtbzn. mit 0,5 cm³ rohem **V**; dünne Rhomben; 1,12 g. — *2-Methylpyrimidin-2'-Oxy-2.4.4.6.5'-pentamethylflavan-Komplex*, $(C_{20}H_{24}O_2)_2 \cdot C_5H_6N_2$, F. 94—96°, aus PAe. große Rhomben. — *[4.6-Dimethylpyrimidyl-(2)-mercapto]-essigsäure*, $C_8H_{10}O_2N_2S \cdot H_2O$, F. 112—113°, durch tropfenweise Zugabe von 0,7 g Chloressigsäure in W. (vorher mit Soda neutralisiert) zu 1 g **VII** in NaOH u. Ansäuern mit HCl nach mehreren Std.; aus W. prismat. Nadeln; 0,7 g (roh). — *[4.6-Dioxypyrimidyl-(2)-mercapto]-essigsäure*, $C_6H_6O_4N_2S$, F. 205° (Zers.), aus 4.6-Dioxy-2-mercaptopyrimidin; aus W. Nadeln. (J. chem. Soc. [London] **1952**. 4691—95. Dez. Bristol, Univ.) Nitzschke. 3272

M. P. V. Boarland und **J. F. W. McOmie**, *Pyrimidine.* 5. Mitt. *Die Synthese von 5-Amino-4-oxypyrimidin, einem neuen Isomeren des Cytosins.* (4. vgl. vorst. Ref.) 4-Oxypyrimidin läßt sich weder nitrieren noch mit Amylnitrit–C_2H_5ONa oder –HCl nitrosieren, auch nicht mit Äthylnitrat–C_2H_5ONa oder –$AlCl_3$; ebensowenig gelang der Vers. der Nitrosierung von 2-Thiouracil mit $NaNO_2$ in verd. Essigsäure oder verd. HCl. *5-Benzamido-4-oxypyrimidin* ist aus Methylthiuroniumsulfat u. dem Na-Salz des Benzamidoformylessigsäureäthylesters bei anschließender Entschwefelung der zunächst entstehenden *2-Methylmercaptoverb.* (**II**) mit Raney-Ni gut zugänglich u. gibt bei saurer Hydrolyse die theoret. Menge *Benzoesäure*, doch konnte *5-Amino-4-oxypyrimidin* (**I**) nicht isoliert werden. — Rk. von **II** mit $POCl_3$ führt zu *2'-Methylmercapto-2-phenylpyrimidino-[5'.4':4.5]-oxazol*, dessen Methylmercaptogruppe mit Raney-Ni entfernt werden kann; wird statt $POCl_3$ Acetanhydrid verwendet, entsteht *5-Acetamido-4-oxy-2-methylmercaptopyrimidin* in geringer Menge, aber kein Oxazol. — Bei dem von Johnson (1905) aus dem Na-Salz von Carbäthoxyaminoformylessigsäureäthylester u. Äthylthiuroniumbromid erhaltenen u. als trans-α-Carbäthoxyamino-β-[S-äthylthioureido]-acrylsäure bezeichneten Prod. handelt es sich, wie das UV-Spektr. u. die Papierchromatographie ergaben, um ein Gemisch von *5-Carbäthoxyamino-* (**V**) u. *5-Formamido-2-äthylmercapto-4-oxypyrimidin* (**IV**); **IV** entsteht wahrscheinlich aus Formamidoformylessigsäureäthylester, welcher Nebenprod. des bei der Formylierung von Carbäthoxyaminoessigsäureäthylester entstehenden Na-Salzes ist. **IV** u. **V** wurden aus dem Gemisch durch Hydrolyse u. Umsetzung mit Chlorameisensäureäthylester bzw. Amylformiat rein dargestellt. Die Angabe von JOHNSON (l. c.), daß aus seiner als Acrylsäurederiv. bezeichneten Verb. mit Acetanhydrid **V** entsteht, konnte bestätigt werden; offenbar reinigt Acetanhydrid das Kondensationsprodukt. — Wird 5-Amino-2-äthylmercapto-4-oxypyrimidin (**VI**) mit RANEY-Ni in W. entschwefelt (in A. gelingt die Rk. nicht), entsteht **I**; es zeigt gegenüber Staph. aureus keine Wirksamkeit. — Die UV-Spektren von **I** in 0,1 nNaOH u. n-HCl, von **III** u. *2-Phenylpyrimidino-[5'.4':4.5]-oxazol* in A. u. von **IV**, **V** u. **VI** in 0,1 nNaOH werden graph. angegeben.

Versuche: *5-Benzamido-4-oxy-2-methylmercaptopyrimidin* (**II**), F. 268°, durch Zugabe des Na-Salzes von Benzamidoformylessigsäureäthylester zu Methylthiuroniumsulfat u. wss. KOH, 2tägiges Stehen des Filtrats bei 37° u. Ansäuern mit CH_3COOH; aus wss. Dioxan prismat. Nadeln; 91% (Ausbeute). — *5-Acetamido-4-oxy-2-methylmercaptopyrimidin*, $C_7H_9O_2N_3S$, F. 236°, durch 1 std. Kochen von **II** mit Acetanhydrid, Einengen, Gießen in W., Kristallisation aus A. (blaßgelb, F. 220—221° unter Zers., 1,2 g) u. Sublimation bei 100°/0,3 mm (30 mg *Benzoesäure*); aus A. Nadeln. — *5-Benzamido-4-oxypyrimidin*, $C_{11}H_9O_2N_3$, F. 245—246°, durch 3½std. Kochen von 10 g **II** in wss. Dioxan mit RANEY-Ni; aus wss. A. feine Nadeln; 4,7 g roh. — *2'-Methylmercapto-2-phenylpyrimidino-[5'.4':4.5]-oxazol* (**III**), $C_{12}H_9ON_3S$, F. 155—156°, durch 3std. Kochen von **II** mit $POCl_3$, Einengen u. Gießen auf Eis; aus A. gelbe Nadeln; 77%. — *2-Phenylpyrimidino-[5'.4':4.5]-oxazol*, $C_{11}H_7ON_3$, F. 114°, durch 3std. Kochen von **III** mit RANEY-Ni in A., Einengen des Filtrats, wobei zunächst etwas **III** zurückgewonnen wird, Kristallisation aus wss. A. u. Sublimation bei 110°/0,1 mm; Nadeln; 62%. — *Carbäthoxyaminoformylessigsäureäthylester*, als *Na-Salz* durch Zugabe von 14 ml Ameisensäureäthylester u. 20 g Carbäthoxyaminoessigsäureäthylester zu Na in Bzl., ³/₄std. Erhitzen u. Zugabe von Ae.; 22,5 g. — Nach 15std. Rk. von 37,3 g vorst. Na-Salz mit 28 g Äthylthiuroniumbromid u. KOH in W. u. Ansäuern mit Essigsäure entsteht ein Prod. vom F. 200—256° (Zers.), 16,8 g, das auch nach mehrfacher Kristallisation aus viel 50%ig. A. über einen weiten Bereich schm. u. sich papierchromatograph. u. nach dem UV-Spektr. als Gemisch von **IV** u. **V** erweist. — *5-Amino-2-äthylmercapto-4-oxypyrimidin* (**VI**), F. 159°, durch 20 Min. Kochen von 6,3 g des vorst. Gemisches mit NaOH u. Ansäuern mit Essigsäure; aus W. feine Nadeln; 4,1 g. — *2-Äthylmercapto-5-formamido-4-oxypyrimidin* (**IV**), $C_7H_9O_2N_3S$, F. 269—270° (Zers.), durch Erwärmen von 0,4 g **VI** mit Amylformiat (Kp. 121°); aus viel 50%ig. A. prismat. Nadeln; 0,35 g. — *5-Carbäthoxyamino-2-äthylmercapto-4-oxypyrimidin* (**V**), $C_9H_{13}O_3N_3S$, F. 190—191°, a) durch Lösen von 1 g des **IV**–**V**-Gemisches in warmem Acetanhydrid u. Verdünnen mit W.; aus 15%ig. Essigsäure Prismen; 0,2 g; b) durch Zugabe von $ClCOOC_2H_5$ zu **VI** u. Soda in W. in der Kälte; 90%. — *5-Amino-4-oxypyrimidin* (**I**), $C_4H_5ON_3$, F. 211—212°, durch 3std. Erhitzen von 2 g **VI** mit RANEY-Ni in W.; aus A. Prismen; 0,8 g. (J. chem. Soc. [London] **1952**. 4942—45. Dez.)

NITZSCHKE. 3272

J. F. W. McOmie und **I. M. White**, *Pyrimidine*. 6. Mitt. *5-Brompyrimidin*. (5. vgl. vorst. Ref.) 5-Brom-2-methylpyrimidin-4-carbonsäure (**IV**) wurde zu *5-Brom-2-methylpyrimidin* (**I**) decarboxyliert u. dieses mit Benzaldehyd zu *5-Brom-2-styrylpyrimidin* (**II**) umgesetzt; dieses gibt bei der Oxydation *5-Brompyrimidin-2-carbonsäure* (**III**), welche zu *5-Brompyridin* decarboxyliert wurde. Im Gegensatz zur entsprechenden Cl-Verb. (vgl. BUDEŠINSKÝ, C. **1950**. II. 1949) läßt sich **IV** weder mit HNO_3 noch mit $KMnO_4$ zu 5-Brompyrimidin-2.4-dicarbonsäure oxydieren. — *5-Brom-2-methylmercaptopyrimidin-4-carbonsäure* (**V**) ist aus Mucobromsäure u. S-Methylthiuroniumsulfat am besten mit 1-Äthylpiperidin oder Triäthylamin als Kondensationsmittel zugänglich. In dieser Verb. ist das Br-Atom labiler als die CH_3S-Gruppe, denn bei vorsichtiger Behandlung mit RANEY-Ni entsteht *2-Methylmercaptopyrimidin-4-carbonsäure* (**VI**), bei energischerer Red. *Pyrimidin-4-carbonsäure*; ebenso gibt 5-Brom-2-methylmercaptopyrimidin mit RANEY-Ni bei gleichzeitiger Entschwefelung u. Enthalogenierung *Pyrimidin*. **I** zers. sich beim Erhitzen mit wss. $Ba(OH)_2$. — Die UV-Maxima von **II** in A., von **III** in 0,1 nHCl u. in 0,1 nNaOH u. von **IV**–**VI** in 0,1 nNaOH werden tabellar. angegeben.

Versuche: *5-Brom-2-styrylpyrimidin* (**II**), $C_{12}H_9N_2Br$, F. 138—140°, durch 5—6std. Erhitzen von **I** mit C_6H_5CHO u. $ZnCl_2$ auf 150—160°, Dampfdest. u. Aufnehmen in Chlf.; aus Leichtbenzin Nadeln; 44% (Ausbeute). — *5-Brompyrimidin-2-carbonsäure* (**III**), $C_5H_3O_2N_2Br \cdot \frac{1}{2} H_2O$, F. 192—193° (Bzl.), durch 1 std. Zugabe von $KMnO_4$ in W. zu **II** in wss. Pyridin bei 14—15°, Verdünnen des Filtrats u. Ansäuern; 71%. — *5-Brompyrimidin*, $C_4H_3N_2Br$, F. 75—76°, durch 1½std. Erhitzen von **III** auf 250° Badtemp. im Rohr u. Sublimation bei 80—90° Badtemp./20 mm; Prismen; 85%. — *5-Brom-2-methylmercaptopyrimidin-4-carbonsäure* (**V**), $C_6H_5O_2N_2BrS$, F. 176 bis 177° (Zers.), durch 1std. Addition von Triäthylamin zu S-Methylthiuroniumsulfat, Mucobromsäure u. W. bei 18°, dann von konz. HCl nach mehreren Std.; aus W. blaßgelbe Prismen; 37%. — Nach $1^3/_4$std. Kochen von **V** in W. mit RANEY-Ni u. Einengen des Filtrats wird *pyrimidin-4-carbonsaures Ni*, $C_{10}H_6O_4N_4Ni \cdot 2\,H_2O$, erhalten; blaugrüne Prismen; 47,5%; aus 0,65 g entstehen mit H_2S 0,3 g *Säure*, F. 236—237° (Zers.). Nach $1^1/_4$std. Rk. von 1 g **V** mit RANEY-Ni in W. scheiden sich aus der filtrierten Lsg. 0,31 g eines *Ni-Salzes* in grünen Prismen ab, die mit H_2S *2-Methylmercaptopyrimidin-4-carbonsäure* (**VI**), $C_6N_6O_2N_2S$, F. 214—215° (Zers.), geben; aus Bzl. Nadeln; 0,048 g. — *5-Brom-2-methylmercaptopyrimidin*, $C_5H_5N_2BrS$, F. 67—68° (wss. A.), durch Erhitzen von **V** über den F. u. Sublimation; 85%; gibt nach $2^1/_2$std. Kochen mit RANEY-Ni in A. u. NH_4OH u. Zugabe von gesätt. $HgCl_2$-Lsg. den *Pyrimidin–$HgCl_2$-Komplex*, F. 230—237°; 38%. (J. chem. Soc. [London] **1953**. 3129—31. Okt.)

NITZSCHKE. 3272

Pierre Chabrier, Germaine Thuillier und **Klaudia Smarzewska**, *Einwirkung von Jod auf organische Verbindungen (Diphenylhydantoin und Diphenylthiohydantoin)*. Bei der Einw. von Jod auf 5.5-Diphenylthiohydantoin in Anwesenheit von NH_3, prim. Aminen, z. B. Benzylamin, oder sek. Aminen, z. B. Morpholin oder Piperidin im Überschuß, nicht aber tert.-Aminen, z. B. Pyridin, entstehen die entsprechenden in 2-Stellung *substituierten 4.4-Diphenyl-Δ^2-imidazolinone-(5)*, während 5.5-Diphenylhydantoin (**I**) mit Jod unter den gleichen Bedingungen mit z. B. Morpholin nur unter teilweiser Umwandlung des letzteren zu *N-Jodmorpholinhydrojodid* reagiert u. **I** quantitativ zurückgewonnen wird. *4.4-Diphenyl-2-morpholino-Δ^2-imidazolinon-(5)*, F. 317° (MAQUENNE-Block) (Eisessig) (an anderer Stelle des Originals F. 311°, der Referent) wird durch Zugabe einer alkoh. Jodlsg. zu Diphenylthiohydantoin in A. mit einem Überschuß Morpholin u. 3—4std. Kochen in 65%ig. Ausbeute dargestellt. — Analog folgende 4.4-Diphenyl-Δ^2-imidazolinone-(5): *2-Amino-*, F. 348°. — *2-Benzylamino-*, F. 160°. — *2-Piperidino-*, F. 317°. (C. R. hebd. Séances Acad. Sci. **237**. 1531—32. 9/12. 1953.)

BUCHTA. 3282

Alexander Mackie und **A. Anthony Cutler**, *Darstellung von 2.3-Dihydro-3-oxobenzo-1.4-thiazinderivaten als mögliche Anthelminthica*. 2. Mitt. (1. vgl. C. **1953**. 57.) Vff. stellen in *6-Stellung substituierte 2.3-Dihydro-3-oxobenzo-1.4-thiazine* her. Die für die Darst. einiger dieser Verbb. benötigten in p-Stellung substituierten *o-Nitrophenylmercaptoessigsäuren* wurden aus dem entsprechenden diazotierten o-Nitroamin u. Mercaptoessigsäure bei nachheriger Zers. der *Phenyldiazomercaptoessigsäure* gewonnen. *6-Brom-2.3-dihydro-3-oxobenzo-1.4-thiazin* (**I**) konnte nicht durch SANDMEYER-Rk. oder durch Zers. des Diazoniumperbromids gewonnen werden. Verss., *6-Chlor-2.3-dihydro-3-oxobenzo-1.4-thiazin* mit 2-Diäthylaminoäthylamin u. die *6-Aminoverb.* (**II**) mit 10-Chloracetylphenothiazin zu kondensieren, verliefen ebenso ergebnislos wie die versuchte Darst. der 6.7-Dichlor- aus der 6.7-Dioxyverbindung. — Gegenüber Ascaris lumbricoides zeigen die dargestellten Verbb. keine oder nur eine geringe Wrkg., einige wirken paralysierend gegenüber Fasciola hepatica in vitro, bes. **I** (1 : 20000).

Versuche: 2.3-Dihydro-3-oxobenzo-1.4-thiazine: *6-Chloracetamido-*, $C_{10}H_9O_2N_2ClS$, F. 240—241° (Zers.), aus 7 g 6-Amino-2.3-dihydro-3-oxobenzo-1.4-thiazin (**II**) in sd. Eisessig durch langsame Zugabe von 6 g Chloracetylchlorid, $^1/_2$std. Kochen u. Eingießen in W.; aus wss. A. Nadeln; 4 g (Ausbeute). — *6-Benzamido-*, $C_{15}H_{12}O_2N_2S$, F. 269—270° (Zers.), aus 5 g **II** in NaOH u. C_6H_5COCl; aus Essigsäure Nadeln; 3 g. — *6-[p-Toluolsulfonamido]-*, $C_{15}H_{14}O_3N_2S_2$, F. 235—236° (Zers.), aus 4,5 g **II** in Pyridin durch 2std. Kochen mit 7 g p-Toluolsulfonylchlorid, Lösen des Nd. in 0,1 n NaOH, Verdünnen u. Ansäuern des Filtrats; aus wss. A. Nadeln; 3 g. — *6-[p-Acetamidobenzolsulfonamido]-*, $C_{16}H_{15}O_4N_3S_2$, F. 305° (Zers.), durch 1std. Kochen von 6 g p-Acetamidobenzolsulfonylchlorid mit 4,5 g **II** in Pyridin, Kochen des Prod. mit Aceton, heiße Filtration u. Zugabe von W.; aus Nitrobenzol blaßgelbe federartige Nadeln; 5 g. — *6.7-Diäthoxy-*, $C_{12}H_{15}O_3NS$, F. 136—137°, durch 2—3std. Kochen von 5 g der 6.7-Dioxyverb. (vgl. 1. Mitt. l. c.) in äthanol. C_2H_5ONa mit 12 g Diäthylsulfat in inerter Atmosphäre, Verdünnen mit W., Lösen in heißem Bzl. u. Fällen mit Leichtbenzin; aus wss. A. blaßgelbe rechteckige Prismen; 0,3 g. — *6-Brom-* (**I**), C_8H_6ONBrS, F. 204—205°, durch Diazotieren von 40 g 4-Brom-2-nitroanilin, Zugabe der Lsg. zu 25 g Mercaptoessigsäure u. CH_3COONa in W., Aufnehmen des Öls in wss. Sodalsg., Erwärmen, Ansäuern u. Red. der ausgefallenen *4-Brom-2-nitrophenylmercaptoessigsäure* ($C_8H_6O_4NBrS$, F. 216—217°, aus wss. A. gelbe Nadeln, 19 g); **I** krist. aus wss. A. in Nadeln; 8 g. — *4-Methyl-2-nitrophenylmercaptoessigsäure*, $C_9H_9O_4NS$, F. 182—183°, aus 20 g 3-Nitro-4-aminotoluol; aus wss. A. gelbe Nadeln;

6 g. — Daraus *6-Methyl-*, C_9H_9ONS, F. 178—179° (teilweise Zers.), aus wss. CH_3COOH cremefarbene Nadeln; 4 g. — *4-tert.-Butyl-2-nitrophenylmercaptoessigsäure*, $C_{12}H_{15}\cdot O_4NS$, F. 162—163°, aus 10 g 4-tert.-Butyl-2-nitroanilin; gelbe Nadeln aus wss. A.; 1 g. — Daraus *6-tert.-Butyl-*, $C_{12}H_{15}ONS$, F. 170—171° (wss. A.), Platten; 0,2 g. (J. chem. Soc. [London] **1953.** 3716—17. Nov. Edinburgh, Heriot-Watt Coll.)

NITZSCHKE. 3292

Roy L. Whistler, H. E. Conrad und **L. Hough,** *2-O-[4-O-Methyl-α-D-glucopyranosyl-uronsäure]-D-xylose aus der Hemicellulose B von Maisähren. Hemicellulose B* (**I**) aus Maisähren (vgl. Arch. Biochemistry **19.** [1948.] 25) wurde nach Reinigung durch Umfällung mit Essigsäure/A. aus 0,5%ig. KOH-Lsg., Autoklavieren (½ Std. bei 15 lbs.) u. Zentrifugieren mit Aceton in 13 Fraktionen zerlegt. Die Hydrolyse der Fraktionen ließ auf eine Zunahme von Glucose u. Galaktose bei den löslicheren Anteilen schließen, während das Verhältnis Xylose: Arabinose abnahm u. der Uronsäuregeh. bei der 6. Fraktion ein Maximum erreichte (Tabelle). Eine Lsg. von in Formamid/Pyridin mit Acetanhydrid acetylierter **I** in Chlf./A. (4 : 1) wurde durch PAe. fraktioniert. Der Uronsäuregeh. nahm bei diesen Fraktionen mit der Fällbarkeit langsam ab (Tabelle). — 50 g **I** wurden in 2 Liter W. mit 500 ml 20%ig. H_2SO_4 6 Std. bis zur prakt. Konstanz der opt. Drehung u. des Reduktionsvermögens bei 80° hydrolysiert, mit $Ba(OH)_2$ neutralisiert, mit Ionenaustauschern behandelt, die absorbierten Uronsäuren mit 2n H_2SO_4 ausgewaschen u. diese Lsg. nach Behandlung mit Amberlite IR-120 zum Sirup (3 g) eingedampft. Der Sirup lieferte bei der Papierchromatographie (Essigester/Essigsäure/W./Ameisensäure 18 : 3 : 4 : 1 [**B**]) 4 Flecken mit R_{Xylose} 0,79, 0,46, 0,32 u. 0,14 (Rotfärbung mit p-Anisidinhydrochlorid) u. ließ sich an einer Cellulosesäule mit Essigester/Essigsäure/W. (9 : 2 zu 2) in 4 Fraktionen mit obigen R_x-Werten zerlegen. Die 1. Fraktion (0,9 g) erwies sich als *2-O-[4-O-Methyl-α-D-glucopyranosyluronsäure]-D-xylose* (**II**), $C_{12}H_{20}O_{11}$, $[\alpha]_D^{25}$ + 95°; R_x in **B** 0,79. *Hexamethylderiv.*, $C_{18}H_{32}O_{11}$, aus 0,82 g **II** durch 2malige Methylierung mit Dimethylsulfat/NaOH, Ansäuern, Extraktion mit Chlf. u. 2malige Behandlung des Extraktes mit CH_3J/Ag_2O; $[\alpha]_D^{25}$ +90° (c = 2,18; Chlf.); 0,44 g. Die Substanz gab durch Red. mit $LiAlH_4$ in Ae. u. Methylierung mit CH_3J/Ag_2O 0,39 g einer sirupösen *Heptamethylglucosylxylose*, $C_{18}H_{34}O_{10}$; $[\alpha]_D^{25}$ +94,5° (c = 2,98; Chlf.). Bei der Hydrolyse von **II** mit n-H_2SO_4 wurde in 24 Std. der größte Teil des Uronsäureanteils zersetzt. Ein anderer Teil von **II** wurde 6 Std. mit 2%ig. methanol. HCl gekocht, mit Ag_2CO_3 neutralisiert, das erhaltene Methylestermethylglykosid in Tetrahydrofuran 1 Std. mit $LiAlH_4$ red., mit Essigester u. W. behandelt, das Filtrat entsalzt, 10 Std. mit n-H_2SO_4 bei 100° hydrolysiert u. mit Amberlite IR-4B neutralisiert. Der erhaltene Sirup (0,82 g) gab bei der Trennung an WHATMAN 1 (Butanol-1/A./W. 40 : 11 : 19 [**A**]) 0,22 g *D-Xylose* [F. u. Misch-F. 143° (Methanol), $[\alpha]_D^{25}$ +58° (c = 1,6; W.)] u. sirupöse *4-O-Methyl-D-glucose* (**III**), $C_7H_{14}O_6$, R_x 1,80 in **A**, 1,19 in **B**, 1,15 in Essigester/Pyridin/W. (2 : 1 : 2 [**D**]). *Phenylosazon*, $C_{19}H_{24}O_4N_4$, F. 159°, Misch-F. 158° (Bzl.), aus 78 mg **III** in wss. Essigsäure mit Phenylhydrazin (3 Std.; 80°); $[\alpha]_D^{25}$ +25° → +4° (konstant; c = 1,21; A.); 57 mg; röntgenograph. identifiziert. — 0,37 g des Hexamethylderiv. von **II** wurden 15 Std. mit sd. 4%ig. methanol. HCl u. nach Entfernen des Methanols 6 Std. bei Zimmertemp. mit n-H_2SO_4 bei 100° hydrolysiert; die papierchromatograph. Trennung des Gemisches lieferte 162 mg *2.3.4.6-Tetra-O-methyl-D-glucose* [$C_{10}H_{20}O_6$, F. u. Misch-F. 96° (Ae./Pentan); $[\alpha]_D^{25}$ +83° (c = 1,02, W.); röntgenograph. identifiziert. *Anilid*, F. 114° (PAe.); $[\alpha]_D^{25}$ +207° (c = 1,06; Aceton)] u. 72,2 mg *3.4-Di-O-methyl-D-xylose*, Sirup, R_x 0,77 in **A**, 0,83 in **B**, 0,33 in Bzl./A./W. (169 : 47 : 15) u. 0,85 in **D**. — *3.4-Di-O-methyl-D-xylonolacton*, $C_7H_{12}O_5$, F. 68—69° (Ae.), aus 65 mg vorst. Verb. u. Br_2; $[\alpha]_D^{25}$ —53° (c = 2,8; W.) → —22° (40 Std.); röntgenograph. identifiziert; 56 mg. — Im partiellen Hydrolysat von **I** wurden außer **II** noch erhalten: 0,1 g einer Aldobiuronsäure ($[\alpha]_D^{25}$ +53°, Mol.-Gew. 321, R_x 0,46 in **B**), 1,4 g eines Gemisches zweier Aldobiuronsäuren ($[\alpha]_D^{25}$ +59°, Mol.-Gew. 352, R_x 0,32 in **B**) u. 0,5 g einer Aldotriuronsäure, $[\alpha]_D^{25}$ +39°, Mol.-Gew. 478, R_x 0,14 in **B**. (J. Amer. chem. Soc. **76.** 1668—70. 20/3. 1954. Lafayette, Ind., Purdue Univ., Dep. of Biochem.)

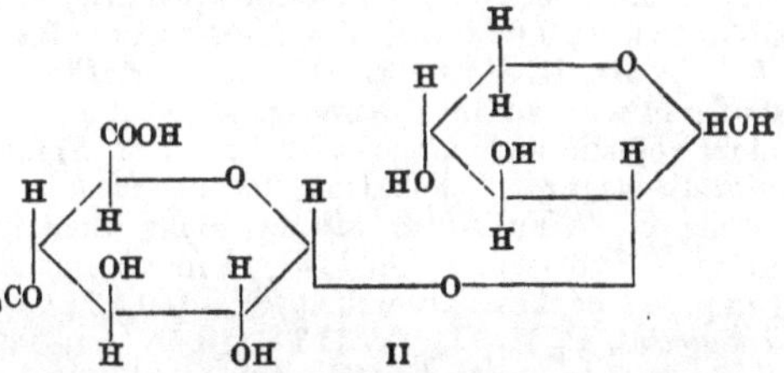

WILLENBERG. 3400

Roy L. Whistler und **John L. Hickson,** *Maltotetraose und kristalliner Pentadekaacetylmaltotetrait.* In Maissirup mit 42 Dextroseäquivalenten (CORN PRODUCTS

REFINING CO.) sind ca. 7% der Trockensubstanz an Maltotetraose (**I**) vorhanden. **I** wurde daraus durch Chromatographie (Chr.) an Holzkohle u. Cellulose krist. gewonnen. Der Verbrauch an $NaJO_4$ (7,1 Mol JO_4^-/Mol **I** unter Bldg. von 3,1 Mol HCOOH u. 1,3 Mol Formaldehyd) vor u. nach der Hydrolyse bewies die Tetrasaccharidstruktur von **I**. β-Amylase lieferte aus **I** 87% Maltose. Aus **I** wurde die *Maltotetraonsäure* (**II**) dargestellt, die bei der Hydrolyse Maltose u. Maltobionsäure gab. Demnach hat **I** die Struktur der *O-α-D-Glucopyranosyl-⟨1.4⟩-O-α-D-glucopyranosyl-⟨1.4⟩-O-α-D-glucopyranosyl-⟨1.4⟩-D-glucopyranose.* Durch Hydrierung u. Acetylierung erhält man hieraus *Pentadekaacetylmaltotetrait.* Das 1-Phenylflavazolderiv. ließ sich im Gegensatz zum entsprechenden Deriv. der Maltotriose nicht krist. erhalten.

Versuche: *Maltotetraose* (**I**), durch Adsorption von Maissirup an einer Holzkohlesäule, Elution der kleineren Moll. mit W. u. 3,5 bzw. 7,5%ig. A., Chr. des mit 15%ig. A. eluierten Anteils an Cellulose mit Essigester/Pyridin/W. (10 : 4 : 3) u. Reinigung der geeigneten Fraktionen durch erneute Chr. u. mittels Aktivkohle in 25%ig. A.; amorphes Pulver; $[\alpha]_D^{25}$ +165,5° (c = 5,0; W.). Nach 6std. Hydrolyse von **I** mit sd. n-H_2SO_4 erhöhte sich das Reduktionsvermögen auf das 3,74fache, bei hydrolysierter Maltose unter gleichen Bedingungen auf das 1,90fache. — 0,67 g **I** wurden in 16 ml W. u. 1,6 ml Acetatpuffer (p_H 4,8) mit einer Lsg. von 0,5 mg krist. β-Amylase (aus süßen Kartoffeln) in 25 ml W. 93 Std. bei 37° abgebaut, entsalzt u. die Lsg. durch Chr. an Cellulose fraktioniert: 1. Fraktion, < 10 mg, kein Kohlenhydrat; 2. Fraktion, 0,57 g *Maltose;* 3. Fraktion, 40 mg Tetrasaccharid; 4. Fraktion, 20 mg nicht identifizierte Substanz. Aus der Maltose u. Acetanhydrid/Na-Acetat (ca. 25 Min. bei 130°) *Oktaacetyl-β-maltose,* F. u. Misch-F. 158—158,5°; röntgenograph. identifiziert; 0,62 g (roh). — *Maltotetraonsäure* (**II**), durch 2tägige Oxydation von **I** in W. mit Br_2 in Ggw. von Ba-Benzoat, Sirup, $[\alpha]_D^{27}$ +146,2° (c = 2,09; W.); 82%. 0,68 g **II** wurden mit β-Amylase abgebaut u. an Cellulose fraktioniert: 1. u. 2. Fraktion nicht reduzierend, nicht identifiziert; 3. Fraktion, 30 mg *Glucose;* 4. Fraktion, 120 mg *Maltobionsäure;* 5. Fraktion, 200 mg *Maltose* (*Brucinsalz,* F. 155—157°); 6. Fraktion, 40 mg **II**; 7. Fraktion, 140 mg nicht identifizierte Substanz. — *Maltotetrait,* durch 9tägige Hydrierung von 1,33 g **I** in W. mit PtO_2 unter 50 lbs./sq.in. H_2 bei Zimmertemp.; amorphes Pulver; $[\alpha]_D^{27}$ +149,9° (c = 2,09; W.); 1,45 g. — *Maltotetraitpentadekaacetat,* $C_{54}H_{74}O_{36}$, F. 113—113,5° (Ae.–PAe.), durch Acetylierung von 1 g vorst. Verb. mit Acetanhydrid/Na-Acetat wie oben, Extraktion mit Chlf. u. Chr. in Bzl. an Silene EF/Kieselgur (tert.-Butanol/Bzl. 1 : 35); $[\alpha]_D^{25}$ +52,6° (c = 0,49, Chlf.); 1,07 g (roh). — *3-[1'-(O-α-D-Glucopyranosyl-⟨1.4⟩-O-α-D-glucopyranosyl)-d-erythro-trioxypropyl]-1-phenylflavazol,* $C_{30}H_{36}O_{13}N_4$, F. 180—182° (Eisessig), durch 9std. Kochen von Maltotriose in W. mit o-Phenylendiamin, Phenylhydrazin u. Essigsäure unter CO_2; gelbe Kristalle; $[\alpha]_D^{25}$ +87,0° (c = 0,5, Pyridin); röntgenograph. identifiziert; 12% (roh). (J. Amer. chem. Soc. **76.** 1671—73. 20/3. 1954. Lafayette, Ind., Purdue Univ., Dep. of Biochem.) WILLENBERG. 3400

R. Cernătescu und **Margareta P. Poni,** *Halogenderivate organischer Basen mit Stickstoff im Kern.* Pyridin u. analoge Verbb. mit N im Kern liefern Derivv. der allg. Zus. Base·JCl_3 (JCl_3 am N), wenn man die Base in wss. Lsg. (oder, wenn in W. nicht lösl., in Ggw. von HCl als Hydrochlorid) mit wss. HJO_3-Lsg. behandelt u. dann konz. HCl zugibt; es scheidet sich, zuweilen erst nach Kochen u. Wiederabkühlen, ein gelber Nd. aus, der mit 15—50%ig. HCl gewaschen u. an der Luft u. über KOH getrocknet wird. Die Verbb. haben schwachen Cl_2-Geruch u. sind in W., Aceton u. A. löslich. — *Trichlorjodpyridin,* $C_5H_5N·JCl_3$, F. 178—180°; 63% (Ausbeute). — *Trichlorjod-α-picolin.* — *Trichlorjod-β-picolin.* — *Trichlorjod-2.5-lutidin;* 60%. — *Trichlorjodchinolin,* $C_9H_7N·JCl_3$, F. 168°; 86%. — *Trichlorjod-γ-lepidin,* F. 140° (Zers.); 68,5%. — *Trichlorjodpiperidin,* $C_5H_{11}N·JCl_3$, F. 160—162°. — *Bis-[trichlorjod]-nicotin,* $C_{10}H_{14}N_2·(JCl_3)_2$; 83,5%. — *Trichlorjodspartein,* $C_6H_{10}N·(CH_2)_3·C_6H_{10}N·JCl_3$. — *Bis-[trichlorjod]-spartein,* $Cl_3J·NC_6H_{10}·(CH_2)_3·C_6H_{10}N·JCl_3$, F. 104—106°; 50%. — *Trichlorjodpilocarpin,* $C_{11}H_{16}O_2N_2·JCl_3$, F. 104—106°; 62%. — Die Prodd. wirken oxydierend u. halogenierend. In alkal. Lsg. oxydieren sie z. B. Fe^{2+}-, Mn^{2+}-Salze usw. u. fällen die höheren Hydroxyde. Gegenüber Pyrit-S wirkt Py·JCl_3 leicht oxydierend wie JCl u. JCl_3. Bei Basen, deren N sich in einer offenen Kette befindet, wird keine Additionsverb. der genannten Art gefällt. Sie reagieren, ebenso wie auch Phenole, Aminophenole usw., heftig mit den Verbb. Base·JCl_3. Die aceton. Lsg. von Py·JCl_3 fällt aus einer aceton. Lsg. von Anisidin oder Naphthylamin deren Hydrochloride, während die entstandenen substituierten Derivv. in Lsg. bleiben. *Mekonin* gibt einen orangegelben Nd., *Brucin* bei tropfenweiser JCl_3-Zugabe zuerst einen karmesinroten, dann einen gelben Nd., *Thebain* einen roten, *Berberin* einen braunen Nd.; *Narcotin* reagiert mit JCl_3, *Narcein* nicht. Von den übrigen untersuchten Verbb. gaben positive Rk.: *Chinin,*

Cinchonin, Conchinin, Cinchonidin, Cinchonamin, Papaverin, Emetin, Strychnin, Piperin, Atropin, Cocain, Solanin, Daturin, Aconitin, Veratrin, Ergotinin, Bebeerin, Delphinin, Morphin u. *Kodein*. Die Rk. war negativ bei *Cantharidin, Salicin, Digitalin, Jalapin, Pikrotoxin, Nerolin, Cubebin, Asparagin, Colchicin, Theobromin, Coffein, Theophyllin* u. *Podophyllin*. (An. Acad. Republicii Populare române, Ser. Mat., Fizică, Chim. Nr. 6. 1—22. 1950. Iași, Inst. de Chim. al Acad. R. P. R., Labor. de Chim. anorg.) R. K. MÜLLER. 3500

Henry Rapoport, Henry D. Baldridge jr. und **Emil J. Volcheck jr.**, *Der Lactonring des Carpains*. Früher (C. **1953**. 6489) wurde die Struktur des *Carpains* (**I**) bis auf den Angriffspunkt des Lactonringes aufgeklärt. Durch Oxydation des Hydrolyseprod. von **I**, *Carpamsäure* (**II**), mit Bleitetraacetat konnte nachgewiesen werden, daß in **II** eine 1.2-Aminoalkoholstruktur vorliegen muß. Oxydation von **II** mit Perjodat trat nicht ein, vermutlich deswegen, weil **II** nur in stark alkal. Lsg. in genügender Konz. als freie Base vorliegt, während die bei der Perjodoxydation anzunehmende intermediäre Esterbldg. in dieser stark alkal. Lsg. nicht eintreten kann. Der endgültige Strukturbeweis für **I** gelang auf folgende Weise: **I** wurde zu *N-Methylcarpamsäuremethylestermethojodid* (**IV**) methyliert, das durch HOFMANN-Abbau u. Hydrierung in der früher (C. **1951**. II. 3026) beschriebenen Weise u. Oxydation mit Chromsäure *Dodecandisäure* u. *12-Ketotetradecansäure* (**III**) lieferte. Beide Säuren wurden durch Misch-FF. mit den synthet. erhaltenen Verbb. identifiziert. **I** hat demnach nebenst. Struktur.

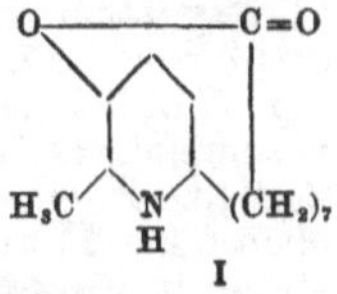

I

V e r s u c h e (FF. korr.) *N-Methylcarpamsäuremethylestermethojodid* (**IV**), $C_{17}H_{34}O_3NJ$, F. 113—114°, aus **I** mit Methyljodid in Methanol in Ggw. von wasserfreiem K_2CO_3; $[\alpha]_D^{21}$ —13,5° (c = 0,93 in A.); 90% (Ausbeute). *Dodecandisäure*, F. 125—126°, u. *12-Ketotetradecansäure* (**III**), $C_{14}H_{26}O_3$, F. 81,3—81,9°, aus **IV** durch Abbau (vgl. l. c.) u. Oxydation mit CrO_3 in Eisessig. **III**-*Semicarbazon*, $C_{15}H_{29}O_3N_3$, F. 142—143°. **III**-*Äthylester*, $C_{16}H_{30}O_3$-Kp.$_{1,5}$ 149—150°, F. 34,5—35,8°, aus Dodecandisäureäthylesterchlorid u. Diäthylcadmium; 58%; *Semicarbazon*, $C_{17}H_{33}O_3N_3$, F. 86,5—88°. (J. Amer. chem. Soc. **75**. 5290—92. 5/11. 1953. Berkeley, Calif., Univ., Dep. of Chem. and Chem. Engng., u. Naval Med. Res. Inst.) G. MEIER. 3500

A. Stoll und **E. Jucker**, *Neuere Untersuchungen von natürlichen und synthetischen Tropanderivaten*. Überblick über stereochem. Unterss. u. Konfigurationsbeweise von *Tropin, Pseudotropin, Valeroidinalkamin* (*3.6-Dioxytropan*), *Scopin, Teloidin* u. *Ekgonin*, über partialsynthet. u. vom Äpfelsäuredialdehyd bzw. seinen O-Alkylderivv. ausgehende totalsynthet. Arbeiten auf dem *Tropangebiet* sowie über die pharmakol. Prüfung der synthet. *6-Alkoxytropinderivate*. — 11 Tabellen, 77 Literaturangaben. (Angew. Chem. **66**. 376—86. 15/7. 1954. Basel, Sandoz A.-G., Pharmazeut.-Chem. Labor.) J. ROTHE. 3500

E. Schlittler, J. A. Schneider und **A. J. Plummer**, *Über Rauwolfia-Alkaloide*. Überblick über die Inhaltsstoffe von *Rauwolfia serpentina* (Darst., pharmakol. Wrkg., Syntheseverss.). — 2 Tabellen, 101 Literaturangaben. (Angew. Chem. **66**. 386—90. 15/7. 1954.) J. ROTHE. 3500

Louis F. Fieser, *Cholesterin und Begleiter*. 1. Mitt. *Partielle Dichromatoxydation zu Δ^4-Cholesten-6β-ol-3-on*. Die von MAUTHNER u. SUIDA [1896] durchgeführte Oxydation von Cholesterin (**I**) mit CrO_3 wurde mit Lsgg. von Na-Dichromatdihydrat (**Ia**) in Bzl.-Essigsäure wiederholt u. das von MAUTHNER neben Δ^4-Cholesten-3.6-dion (**VII**) u. Cholestan-3.6-dion-5α-ol isolierte „*α-Oxycholestenol*" als *Δ^4-Cholesten-6β-ol-3-on* (**II**) durch Red. zu *Δ^4-Cholesten-3-on* (**IIIa**), durch Oxydation von Δ^4-Cholesten-3β.6β-diol (**IV**) zu **II** u. durch Isomerisation von **II** zu *Cholestan-3.6-dion* (**V**) identifiziert. **II, V** u. **VII** gehen mit alkoh. Alkali in die Enolate über. **II**-Acetat (**III**) wurde durch Chlf.-HCl in das epimere *Δ^4-Cholesten-6α-ol-3-on-6-acetat* (**VIII**) umgelagert. Der Strukturbeweis wurde analog dem der 6β-epimeren Verb. **II** geführt; ein von RIVETT u. WALLIS (C. **1950**. II. 2072) als **VIII** bezeichnetes Prod. muß eine andere Struktur haben. Die OH-Gruppe an $C_{(6)}$ des durch mikrobiol. Oxydation aus Progesteron neben 11α-Oxyprogesteron erhaltenen 6.11α-Dioxyprogesterons (vgl. FRIED u. Mitarbeiter, J. Amer. chem. Soc. **74**. [1952.] 3962) ist nach einem Vgl. seiner Konstanten mit denen von **II** β-orientiert. — Das 4. durch Oxydation von **I** erhaltene Neutralprod. erwies sich als ein aus **II** u. *Epicholesterin* (**X**) (1:1) bestehender Komplex. Die Darst. weiterer Komplexe zwischen 3-Ketonen u. 3-Epialkoholen wird beschrieben. Ein Reaktionsmechanismus für die Epimerisierung von **I** über ein cycl. Chromat (an $C_{(3)}$ u. $C_{(5)}$) wird diskutiert. Die Oxydation von **I** zu **II** verläuft über *Δ^5-Cholesten-3-on* (**VI**).

V e r s u c h e: *Δ^4-Cholesten-6β-ol-3-on* (**II**), $C_{27}H_{44}O_2$, F. 193—194°. a) Zu einer Lsg. von 5 g **I** in Essigsäure wurde eine Lsg. von 5,1 g $Na_2Cr_2O_7 \cdot 2H_2O$ (**Ia**) in 50 cm³

Essigsäure bei 16—20° zugegeben, nach 5std. Stehen mit W. verd. u. mit Ae. extrahiert. Die neutrale Fraktion gab aus Methanol 1,35 g *Δ⁴-Cholesten-3.6-dion* (**VII**; F. 117—119,5°), die Mutterlauge lieferte nach Einengen 1,4 g eines Prod. vom F. 123 bis 140°, von dem der in Ligroin unlösl. Anteil aus Methanol 30 mg *Cholestan-3.6-dion-5α-ol* (F. 237°, nach Erweichen bei 228°) gab. Einengen der Ligroinmutterlauge lieferte 0,4 g rohes **II**, daraus in Pyridin mit Essigsäureanhydrid *Δ⁴-Cholesten-6β-ol-3-on-6-acetat* (**III**), $C_{29}H_{46}O_3$, F. 102—103° (CH_3OH). Verseifung mit alkoh. KOH gab 80 mg **II**, aus Ligroin Nadeln, $[\alpha]_D$ +26,7 ±0,3° (Chlf.). Die beste Ausbeute an **II** wurde nach folgendem Verf. erhalten: 20 g **I** wurden in Bzl. bei 25° gelöst, es wurde mit 100 cm³ Essigsäure verd., auf 20° abgekühlt, eine Lsg. von 10,2 g oder 15,3 g **Ia** in 50 cm³ Essigsäure zugegeben u. nach 4 Std. Stehen bei 10—20° bei Raumtemp. über Nacht stehengelassen; 16—17% (Ausbeute). b) Aus Cholestenonenolacetat (F. 79—80°) in Essigsäure mit **Ia**. c) Auf 90° erhitzte Essigsäure wurde auf **IV** gegossen, die Lsg. zum Sieden erhitzt, mit einer Lsg. von **Ia** in Essigsäure versetzt, gekühlt, mit W. verd. u. mit Ae. extrahiert. d) Eine auf 90° erhitzte Lsg. von **Ia** in Essigsäure wurde auf 2 g **VI** gegossen u. die Temp. auf ca. 80° gehalten; nach üblicher Aufarbeitung aus A. u. Ligroin 0,31 g **V**. Chromatographie der Mutterlaugen lieferte neben 0,64 g **VII** 0,29 g **II**. Oxydation von **VI** in Bzl. mit **Ia** in Essigsäure–Bzl. (2:1) bei 0° gab nach Chromatographieren **IIIa**, **VII** u. **II**. Die mit SeO_2 in W.–Essigsäure durchgeführte Oxydation von **VI** in Bzl. gab nach Stehen über Nacht bei 25° ein mit einer rechtsdrehenden Verb. verunreinigtes **II**, das als Acetat **III** identifiziert wurde. — *Δ⁴-Cholesten-3-on* (**IIIa**), $C_{27}H_{44}O$, F. 80—81°, aus **III** in Essigsäure durch 15std. Kochen mit Zn-Staub oder ebenso aus **II** neben **V**. — *11α-Oxyprogesteron*, F. 162—163°, aus 6β.11α-Dioxyprogesteron in Eisessig durch 2¼std. Kochen mit Zn-Staub u. Extraktion mit $CHCl_3$. — **V**-*2.4-Dinitrophenylhydrazon*, $C_{33}H_{48}O_5N_4$, F. 238,5—239,5° (aus Dioxan–A. rote Nadeln), aus **II** in alkoh. HCl mit 2.4-Dinitrophenylhydrazin. — **III**-*2.4-Dinitrophenylhydrazon*, $C_{35}H_{50}O_6N_4$, F. 168—171° (Hexan–Bzl.), aus **III** wie vorstehend. — *Δ⁴-Cholesten-6α-ol-3-onacetat* (**VIII**), $C_{29}H_{46}O_3$, F. 103—104° (Methanol–W.). Durch eine Lsg. von **III** in Chlf., das 0,7% A. enthielt, wurde 1½ Std. HCl durchgeleitet; die Lsg. wurde nach Waschen u. Eindampfen chromatographiert u. mit PAe.–Bzl. (1:1) eluiert. — *Δ⁴-Cholesten-6α-ol-3-on* (**VIIIa**), $C_{27}H_{44}O_2$, F. 155—156,5° (Ligroin), aus **VIII** mit alkoh. KOH; $[\alpha]_D^{23}$ +81,3 ±0,3° (Chlf.). — **II**–**X**-*Komplex*, $C_{27}H_{44}O_2 \cdot C_{27}H_{46}O$, F. 187,5—188° (Ligroin). Zu einer auf 50° erwärmten Lsg. von **I** in Bzl. wurde rasch eine auf 90° erwärmte Lsg. von **Ia** in Essigsäure zugegeben, nach üblicher Aufarbeitung u. Abdampfen der Lösungsmittel wurde der Rückstand in Ae. bei 40° stehengelassen; $[\alpha]_D^{25}$ —7,5 ±0,2° (Chlf.); 10,3%. Die Mutterlauge wurde nach Einengen chromatographiert u. lieferte neben **I** 20% *Δ⁵-Cholesten-3-on* (**VI**), $C_{27}H_{44}O$, F. 127—128° (A.). **VI** in Methanol gab mit 1 Tropfen konz. HCl nach 15 Min. Kochen **IIIa**. — Das nach Acetylierung des vorst. Komplexes in Pyridin erhaltene Öl wurde chromatographiert, wobei die erste mit PAe. eluierte Fraktion *Epicholesterylacetat* [**IX**; $C_{29}H_{48}O_2$, F. 86 bis 87° (Aceton–W.), $[\alpha]_D^{22}$ —11,4 ±0,4° (Chlf.)], die zweite mit Bzl. eluierte Fraktion **III** lieferte. Verseifung von **IX** mit alkoh. NaOH gab *Epicholesterin* (**X**), $C_{27}H_{46}O$, F. 142—143° (Methanol; $[\alpha]_D^{23}$ —42,2 ±0,3° (Chlf.). Hydrierung von **X** in Essigester in Ggw. von $HClO_4$ u. PtO_2 lieferte *Epicholestanol* (**XI**), $C_{27}H_{48}O$, F. 181—182° (Methanol); $[\alpha]_D^{21}$ +28 ±0,05°. — 19std. Kochen des **II**–**X**-Komplexes in Essigsäure u. Chromatographie ergab **IX** u. *Cholestan-3.6-dion* (**V**), $C_{27}H_{44}O_2$, F. 171—172° (Ligroin); $[\alpha]_D^{22}$ +1,8 ±0,3° (Chlf.). Ebenso wurde **V** sowohl durch 17std. Kochen des Komplexes in Essigsäure–Pyridin als auch durch 1std. Kochen in A. mit etwas konz. HCl erhalten. Chromatographie aus PAe.–Bzl. (1:1) zerlegte den Komplex in **X** u. **II**. Die Synth. des Komplexes erfolgte aus **II** u. **X** in heißem C_2H_5OH. — Oxydation von Cholestanol mit einer 90° heißen Lsg. von **Ia** in Essigsäure u. Chromatographieren lieferte *Cholestanon*, F. 130—131° (Methanol). — **II**–**XI**-*Komplex*, $C_{27}H_{44}O_2 \cdot C_{27}H_{48}O$, F. 179—180° (Methanol), aus **II** u. **XI** in heißem A.; $[\alpha]_D^{22}$ +25,7 ±0,4° (Chlf.). — **VIIIa**–**X**-*Komplex*, $C_{27}H_{44}O_2 \cdot C_{27}H_{46}O$, F. 161—162°. — **IIIa**–**X**-*Komplex*, $C_{27}H_{44}O \cdot C_{27}H_{46}O$, F. 123—124°; $[\alpha]_D^{23}$ +22,9 ±0,3° (Chlf.). — *Cholestanon*–**X**-*Komplex*, $(C_{27}H_{46}O)_2$, F. 121—122° (Methanol); $[\alpha]_D^{23}$ —1,2 ±0,2° (Chlf.). — **II** bildet mit **I**, Cholestanol, Koprostanol u. Epikoprostanol keine Komplexe. — Analog der Darst. von **II** aus **IV** nach c) wurde **I** oxydiert, wobei **VII**, **II** u. *Cholestan-3β.5α-diol-6-on* isoliert wurden, aus den Mutterlaugen nach Chromatographieren u. Eluieren mit PAe.–Bzl. (1:3) ein noch nicht identifiziertes *Prod.* $C_{27}H_{46}O$, F. 122—123° (Methanol); $[\alpha]_D$ —40,4° (c = 0,70 in Chlf.), u. mit Bzl. ein weiteres unbekanntes *Prod.* $C_{27}H_{42}O_3$, F. 129—130° (Methanol), $[\alpha]_D$ —32,4° (Chlf.). — *Δ⁷-Cholesten-3.6-dion-5α-ol*, $C_{27}H_{42}O_3$, F. 240—242° (aus Methanol Platten), aus 7-Dehydrocholesterin in Bzl. mit einer auf 5° gekühlten Lsg. von **Ia** in Essigsäure–Bzl. u. 15std. Stehen bei 0°; $[\alpha]_D$ +67°

(c = 1,43 in Chlf.). — **V**, aus **II** in 95%ig. A. mit konz. HCl durch $1^3/_4$std. Kochen; 96%. — UV- u. Infrarotmaxima vgl. Original. (J. Amer. chem. Soc. **75**. 4377—85. 20/9. 1953. Cambridge, Mass., Harvard Univ., Chem. Labor.) SCHORRE. 3700

Louis F. Fieser, *Cholesterin und Begleiter*. 2. Mitt. *Erschöpfende Dichromatoxydation.* (1. vgl. vorst. Ref.) Die Oxydation von Cholesterin (**I**) in Essigsäure–Bzl. mit einem Überschuß an $Na_2Cr_2O_7 \cdot 2H_2O$ (**II**) liefert als Hauptprod. *Δ⁴-Cholesten-3.6-dion* (**III**) u. als Nebenprod. *Cholestan-3.6-dion-5α-ol* (**IV**). Das aus **III** mit Diazomethan erhaltene Pyrazolinderiv. ging durch Erhitzen über den F. in *4-Methyl-Δ⁴-cholesten-3.6-dion* (**V**) über. Red. von **V** mit Zn–Essigsäure führte zu den epimeren *4-Methylcholestan-3.6-dionen* (**VIa** u. **VIb**). Oxydation des Cholesterylacetat-β-oxyds mit **II** liefert ausschließlich *Cholestan-3β.5α-diol-6-on-3-acetat.* Die von WINDAUS [1906] aus **I** mit CrO_3 u. die von DIELS u. AUDERHALDEN [1903] aus **I** mit NaOBr erhaltene *3.4-Seco-Δ⁵-cholesten-3.4-disäure* (DIELS-*Säure*; **VIII**) wurde vom Vf. aus **I** mit **II** neben *6.7-Seco-Δ⁴-cholesten-3-on-6.7-disäure* (BUTENANDT-*Säure*; **IX**) gewonnen. **IX** wurde von BUTENANDT u. HAUSMANN (Ber. dtsch. chem. Ges. **70.** [1937.] 1154) aus **III** mit CrO_3 dargestellt, aber als 2.3-Seco-Δ⁴-cholesten-6-on-2.3-disäure angesehen. Red. von **IX** mit Zn/Essigsäure führte zu *B-Norkoprostan-3.6-dion* (BUTENANDT-*Keton*; **X**) u. *6.7-Secokoprostan-3-on-6.7-disäure* (*Dihydro*-BUTENANDT-*Säure*; **XI**). **XI** wurde sowohl nach WOLFF-KISHNER als auch über das Äthylenthioketal (**VII**) zur *6.7-Secokoprostan-6.7-disäure* reduziert. **X** wurde nach HUANG-MINLON u. über das Bis-äthylenthioketal zu dem von WINDAUS u. RESAU [1915] erhaltenen *B-Norkoprostan* reduziert.

Versuche: *Δ⁴-Cholesten-3.6-dion* (**III**), $C_{27}H_{42}O_2$, F. 124—125°, u. *Cholestan-3.6-dion-5α-ol* (**IV**), F. 230—233°. Zu einer Lsg. von 20 g **I** in 200 cm³ Bzl. u. 200 cm³ Essigsäure wurde bei 15° eine Lsg. von 51,2 g **II** in 200 cm³ Essigsäure zugegeben, über Nacht bei 9° stehengelassen, mit W. verd. u. mit Ae. extrahiert. Der Ae.-Rückstand wurde mit sd. Hexan behandelt, **IV** (408 mg) abfiltriert u. das nach Einengen der Mutterlauge erhaltene rohe **III** (8,3 g) erneut mit Hexan digeriert. Das Filtrat von 29 mg **IV** wurde eingeengt u. lieferte zusammen mit den ersten Mutterlaugen 8,6 g (42%) **III**, aus Methanol Platten; $[\alpha]_D$ —40° (c = 2,43 in Chlf.), —23° (c = 2,19 in Dioxan). — **III**-*Oxyd*, $C_{27}H_{42}O_3$, F. 120—121° (PAe.). **III** in 95%ig. A. wurde mit CLAISENs Alkali u. 30%ig. H_2O_2 unter Kühlen versetzt, der Nd. abfiltriert, das Filtrat mit W. verd. u. mit Ae. extrahiert; $[\alpha]_D$ —41° (c = 2,37 in Chlf.). — **III** lieferte mit Perbenzoesäure in Chlf. durch 3tägiges Stehen bei —9° ein *Lacton* $C_{27}H_{42}O_3$, F. 171 bis 172°; $[\alpha]_D$ +148° (c = 1,945 in Chlf.). — **III**-*2.4-Dinitrophenylhydrazon*, $C_{33}H_{46}O_5N_4$, F. 263—265° (Dioxan; Zers.). — *Pyrazolinderiv.* $C_{28}H_{44}O_2N_2$, F. 135—137° (Zers.; A.), aus **III** in Ae. mit Diazomethan; $[\alpha]_D^{23}$ +205° (c = 2,34 in Chlf.). — *4-Methyl-Δ⁴-cholesten-3.6-dion* (**V**), $C_{28}H_{44}O_2$, F. 114—115° (Essigsäure–W.), aus vorst. Verb. durch Erhitzen über den F. u. Chromatographieren; $[\alpha]_D^{22}$ +25° (c = 2,68 in Chlf.). — *4-Methylcholestan-3.6-dione* (**VIa** u. **VIb**), $C_{28}H_{46}O_2$. **V** in Essigsäure wurde mit Zn-Staub gekocht, das erhaltene Epimerengemisch gab aus Hexan **VIa**, F. 189—190°; $[\alpha]_D^{21}$ —92,3° (c = 2,29 in Chlf.); die Mutterlaugen lieferten durch Chromatographie an Al_2O_3 u. Elution mit PAe.–Bzl. (3:1) **VIb**, F. 123—124°; $[\alpha]_D^{21}$ —18,7° (c = 2,73 in Chlf.). — **IV**, a) aus 20 g **I** in 200 cm³ Bzl. u. 400 cm³ Essigsäure bei 15° mit 20,6 g CrO_3; 1,05 g (Ausbeute); b) aus 100 mg **I**-α-Oxyd in Essigsäure mit 100 mg **II**; 90 mg; c) aus 0,84 g Cholestan-3β.5β-diol-6-on in Essigsäure mit 240 mg **II** bei 30°; 0,80 g. Der F. von **IV** schwankt je nach dem zur Kristallisation benutzten Lösungsm. zwischen 232 u. 253°. — *Cholestan-3β.5α-diol-6-on-3-acetat*, F. u. Misch-F. 230—231° (Methanol), aus 300 mg **I**-Acetat-β-oxyd in Essigsäure mit 150 mg **II** bei 25°; 50 mg. — *Cholestanon*, F. 129—130,5°, a) aus 2 g Cholestanol mit 0,76 g **II** in 20 cm³ Essigsäure durch 10 Min. Erwärmen; 86%; b) aus 4,3 g Cholestanol mit 1 g CrO_3 in 35 cm³ Essigsäure durch 5 Min. Erwärmen auf 40° u. 10 Min. auf 60°; 83%. — *3.4-Seco-Δ⁵-cholesten-3.4-disäure* (DIELS-*Säure*; **VIII**), F. 285° (Aceton), a) aus 20 g **I** mit 20,4 g **II**, 1½std. Stehen bei 20°, als saure Fraktion; 1,9%; 6std. Stehen bei 25° lieferte 2,9%; b) aus 1 g Δ⁵-Cholesten-3β.4β-diol mit 1 g **II** in 20 cm³ Essigsäure; 42 mg. *Monomethylester*, F. 124—125° (Methanol–W.), aus **VIII** in Methanol mit BF_3-Ätherat. *Dimethylester*, F. 68—69°; $[\alpha]_D^{22}$ —40,5° (c = 2,16 in Chlf.). — *Dihydro*-DIELS-*Säuredimethylester*, F. 124—126°; $[\alpha]_D^{22}$ —10° (c = 1,51 in Chlf.). — *3.4-Seco-Δ⁵-cholesten-7-on-3.4-disäuredimethylester*, $C_{29}H_{46}O_5$, F. 75—76°. Die nach WINDAUS [1908] aus **VIII** mit $KMnO_4$ erhaltene *freie Säure* wurde mit Diazomethan verestert, das Prod. an Al_2O_3 chromatographiert u. mit PAe.–Bzl. (4:1) eluiert; aus Methanol–W. Nadeln; $[\alpha]_D^{21}$ —55,3° (c = 3,00 in Chlf.). — *6.7-Seco-Δ⁴-cholesten-3-on-6.7-disäure* (BUTENANDT-*Säure*; **IX**), F. 185—187° (Ae.–PAe.). 12 g **III** in Essigsäure wurden bei 25° mit einer Lsg. von 16 g **II** in Essigsäure versetzt, es wurde 1 Std. bei 27° u. 3 Std. bei 28° stehengelassen, nach 3 Tagen mit W. verd., mit Ae. extrahiert, mit großen Mengen W. gewaschen u. mit Bicarbonatlsg. extrahiert. Einengen der Ae.-Lsg. führte zu **IV**. Das nach Ansäuern der Bicarbonatlsg. erhaltene Öl wurde in Ae. aufgenommen, die Ae.-Lsg. eingeengt u. mit PAe. versetzt; 0,87 g. Eine Gesamtausbeute von 35% wurde durch 17std. Stehen mit einer größeren Menge **II** erzielt. *Dimethylester* (**IXa**), $C_{29}H_{46}O_5$, F. 140—141,5°, a) aus 5 g **I** in Bzl.–Essigsäure mit 7,7 g **II**, 24std. Stehen, Verestern mit Diazomethan u. Chromatographieren; aus Methanol Nadeln; $[\alpha]_D$ +49° (c = 1,36 in Chlf.); 227 mg; b) aus **III**-Enoläthyläther mit **II**. *Monomethylester* (**IXb**), $C_{28}H_{44}O_5 \cdot H_2O$, F. 122—125° (Ae.–PAe.), aus **IXa** in A. mit 25%ig. NaOH durch ½std. Stehen bei 25°; $[\alpha]_D$ +50° (c = 3,08 in Chlf.). — *Anhydro*-BUTENANDT-*Säure*, $C_{27}H_{40}O_4$, F. 219—220° (Ae.–PAe.), a) 480 mg **IX** wurden in 4 cm³ Chinolin mit 50 mg Cu-Chromit 20 Min. auf 210—220° erhitzt, das Gemisch in Ae. aufgenommen, mit HCl gewaschen, mit Sodalsg. extrahiert, angesäuert u. ausgeäthert; $[\alpha]_D$ +21,4° (c = 1,78); 170 mg; b) aus **IX** mit Essigsäureanhydrid u. BF_3-Ätherat, c) aus **IXb** wie bei a). — *6.7-Secokoprostan-3-on-6.7-disäure* (*Dihydro*-BUTENANDT-*Säure*; **XI**), $C_{27}H_{44}O_5$, F. 203 bis 204° (Ae.–PAe.). **IXa** wurde in Essigsäure mit einem Überschuß an Zn-Staub über Nacht gekocht, die mit Ae. extrahierte Lsg. nach Waschen mit W. u. Bicarbonat eingeengt, das erhaltene Öl in Methanol mit 25%ig. wss. NaOH erwärmt u. das ausgefallene Na-Salz angesäuert u. **XI** mit Ae. extrahiert; $[\alpha]_D^{22}$ +2,5° (c = 1,61 in A.). *Dimethylester*, $C_{29}H_{48}O_5$, F. 108—109° (Methanol), aus **XI** mit Diazomethan. *Äthylenthioketal von* **XI**(**VII**), $C_{29}H_{48}O_4S_2$, F. 280° (Zers.; Essigsäure), aus **XI** in Essigsäure mit Äthandithiol u. BF_3-Ätherat. *Dimethylester*, $C_{31}H_{52}O_4S_2$, F. 144—145°. — *6.7-Secokoprostan-6.7-disäure*, $C_{27}H_{46}O_4$, F. 246—247° (Ae.–PAe.). a) Das Na-Salz von **XI** wurde mit 85%ig. Hydrazinhydrat u. KOH in Diäthylenglykol gekocht, eingeengt, mit W. verd., angesäuert u. mit Ae. extrahiert; $[\alpha]_D^{22}$ +13° (c = 1,53 in A.); b) durch Desulfurierung von **VII** mit RANEY-Ni (geringe Ausbeute). *Dimethylester*, $C_{29}H_{50}O_4$, F. 72—73° (Methanol–W.). — *Dihydro*-BUTENANDT-*Säureanhydrid*, $C_{27}H_{42}O_4$, F. 112 bis 113° (Methanol), aus **IXb** in Essigsäure durch Kochen mit Zn-Staub neben **XI**; $[\alpha]_D^{22}$ —10° (c = 2,37 in Chlf.), —14° (c = 1,80 in A.). — *B-Norkoprostan-3.6-dion* (BUTENANDT-*Keton*; **X**), $C_{26}H_{42}O_2$, F. 115—116° (Methanol), a) aus **IX** in Essigsäure durch Kochen mit Zn-Staub neben **XI**; $[\alpha]_D$ —35,6° (c = 2,81 in Chlf.); 28%. b) Eine Lsg. von 150 g **II** in Essigsäure wurde mit einer Lsg. von 40 g **I** in Essigsäure–Bzl. (1:1) eine Std. bei 15° u. 20 Std. bei Raumtemp. stehengelassen, mit W. verd., mit Ae. extrahiert, mit W. gewaschen u. die mit Bicarbonatlsg. ausgeschüttelte Lsg. angesäuert u. mit Ae. extrahiert. Der nach Eindampfen des Lösungsm. erhaltene Rückstand wurde 2 Std. in Essigsäure mit 20 g Zn-Staub gekocht u. das nach üblicher Aufarbeitung erhaltene Öl mit Methanol verrieben; 7,5%. *2.4-Dinitrophenylhydrazon*, $C_{32}H_{46}O_5N_4$, F. 255—258° (Zers.; Dioxan–A.). *Bis-äthylenthioketal*, $C_{30}H_{50}S_4$, F. 199 bis 200°, aus Dioxan–Methanol Nadeln, aus **X** mit Äthandithiol u. BF_3-Ätherat; $[\alpha]_D$ —30,7° (c = 1,82 in Chlf.; 96%. Desulfurierung mit RANEY-Ni lieferte *B-Norkoprostan*, $C_{26}H_{46}$, F. 44—45° (Essigsäure), $[\alpha]_D$ +10° (c = 1,47 in Chlf.), das auch durch Red. von **X** nach HUANG-MINLON u. aus **I**-Acetat durch Oxydation u. Pyrolyse des rohen Säuregemisches zu $\Delta^{3.5}$-*B-Norcholestadien* (F. 73,5—74,5°) u. Hydrierung entstand. — UV-Maxima vgl. Original. (J. Amer. chem. Soc. **75**. 4386—94. 20/9. 1953.)

SCHORRE. 3700

Louis F. Fieser, *Cholesterin und Begleiter*. 3. Mitt. *Cholestanol, Lathosterin und Keton 104*. (2. vgl. vorst. Ref.) Bei der Suche nach den Vorläufern für die früher (1. Mitt., vorvorst. Ref.) bei der Oxydation von Cholesterin (**I**) in kleinen Mengen isolierten zwei Prodd. $C_{27}H_{46}O$ u. $C_{27}H_{42}O_3$ wurden statt dessen als Begleiter von **I** (aus Rinderrückenmark u. -gehirn gewonnen) *Cholestanol* (**IV**) u. Δ^7-*Cholestenol* (**II**) isoliert. Für **II** wird wegen seines natürlichen, bisher noch nicht entdeckten Vork. die Bezeichnung *Lathosterin* vorgeschlagen. Vf. isolierte ferner als Oxydationsprod. eines bisher noch nicht aufgefundenen Begleiters von **I** eine *Verb.* $C_{27}H_{44}O_3$ (**III**), die vorläufig als *Keton 104* bezeichnet wird. **II** u. **IV** wurden durch Chromatographieren der angereicherten Mutterlaugen erhalten, die aus den fraktionierten Kristallisationen des **I**–Essigsäure-Komplexes stammten. Die Oxydation von **II**-Acetat (**IIa**) mit CrO_3 lieferte ein leicht trennbares Gemisch von *8α.14α-* (**V**) u. *8α 9α-Oxido-3β-acetoxycholestan-7-on* (**VI**), die bei der Red. mit Zn-Staub in Essigsäure *3β-Acetoxy-*$\Delta^{8.14}$*-cholesten-7-on* bzw. *3β-Acetoxy-*Δ^{8}*-cholesten-7-on* gaben. Durch Behandlung mit $Na_2Cr_2O_7$ wird freies **II** über Δ^7-*Cholesten-3-on* (**IX**) zu *8α.9α-Oxidocholestan-3.7-dion* (**VII**) oxydiert. Da sich **IX** u. **VII** von den Verbb. $C_{27}H_{46}O$ u. $C_{27}H_{48}O_3$ unterscheiden, kann **II** nicht deren Vorläufer sein. — **II** wird im Gegensatz zu **I** schon bei tiefer Temp. (0—25°) durch SeO_2 oxydiert; an einer Reihe von Steroiden wurde festgestellt, daß die Tieftemperaturoxydation mit SeO_2 spezif. ist für 5α- oder Δ^5-Steroide, die eine zu $C_{(14)}$ benachbarte

Doppelbindung besitzen. — Zur Isolierung von **III** u. Cholestanon (**VIII**) aus dem Dichromatoxydationsgemisch wurde eine neue Phasentrennungsmeth. entwickelt u. eine Trennung mit GIRARD-Reagens — das unter milden Bedingungen nur mit **VIII** reagiert — durchgeführt. Das über das Dibromid gereinigte **I** enthält außer dem Vorläufer von **III** keine Begleitstoffe.

Versuche: *Cholesterin* (**I**), F. 149,5—150° (evakuiertes Röhrchen); $[\alpha]_D^{21}$ —39,6 u. —39,9° (c = 1,49 bzw. 1,73 in Chlf.), —35,0° (c = 1,11 u. 1,52 in Dioxan), wurde durch mehrfache schnelle Kristallisation des Handelsprod. aus Essigsäure rein erhalten; bei längerer Einw. von heißer CH_3COOH entsteht I-Acetat, F. 115—116°; $[\alpha]_D$ —42,5° (c = 2,75 in Chlf.). — *Cholestanylacetat*, F. u. Misch-F. 110—111°, aus den Mutterlaugen von **I** durch fraktionierte Kristallisation aus Essigsäure. — *Lathosterylacetat* (Δ^7-*Cholestenylacetat*; **IIa**), $C_{29}H_{48}O_2$, F. 119—120°, aus Methanol Platten; $[\alpha]_D$ +2,4° (Chlf.), +9,4° (Dioxan). — *Lathosterin* (Δ^7-*Cholestenol*; **II**), $C_{27}H_{46}O$, F. 125 bis 126° (Methanol); $[\alpha]_D^{27}$ +5,7° (Chlf., c = 1,95). — $\Delta^{7.9,11}$-*Cholestadienylacetat*, $C_{29}H_{46}O_2$, F. 118—119,5°, aus **IIa** in Methanol–Ae. (1:2) in Ggw. von Pyridin mit Bromsuccinimid bei Zimmertemp. (2 Std.). — *SeO_2-Test.* 1 mg der Probe wird in 0,5 cm³ Bzl. gelöst, mit 1 cm³ einer Lsg., die aus 1,29 g seleniger Säure oder 1,11 g SeO_2 in 2 cm³ W., mit Essigsäure auf 100 cm³ aufgefüllt, hergestellt wird, versetzt. In 1—8 Min. tritt bei positiver Rk. eine Gelbfärbung auf u. in 10—20 Min. eine Ausfällung von Se. Die Rk. war positiv bei **IIa**, **IX**, *5-Dihydroergosterylacetat*, *Dihydroxymosterylacetat*, *Ergosterinacetat*, *7-Dehydrocholesterinacetat* u. $\Delta^{7.9,11}$-*Cholestadienylbenzoat*, negativ bei Δ^7-*Lithocholensäuremethylester*, Δ^8-*Lithocholensäure-3-acetatmethylester*, $\Delta^{9,11}$-*Lithocholensäure-3-acetatmethylester*, Δ^{14}-*Lithocholensäure-3-cathylatmethylester*, *Apocholsäure*, $\Delta^{8,14}$-*Lithocholensäure-3-acetatmethylester*, $\Delta^{7.9,11}$-*Lithocholadiensäureacetatmethylester*, $\Delta^{8,14}$-*Cholestadienylacetat*, $\Delta^{8,14}$-*Lithocholadiensäure-3-acetatmethylester* u. *Ergosterin-B_3-acetat*; weitere, von anderen Autoren untersuchte Beispiele für beide Gruppen werden angeführt. — Δ^7-*Cholesten-3-on* (**IX**), F. 146—147° (CH_3OH), u. *8α.9α-Oxidocholestan-3.7-dion* (**VII**), $C_{27}H_{42}O_3$, F. 180,5—181,5° (CH_3OH). **II** in Bzl.–Essigsäure (1:2) wurde bei 5° mit einer Lsg. von $Na_2Cr_2O_7 \cdot 2H_2O$ in Essigsäure versetzt u. nach 6 std. Stehen wie üblich aufgearbeitet u. chromatographiert; die mit PAe.–Bzl. (1:1) eluierten Fraktionen lieferten **IX** u. die mit Bzl. eluierten Anteile **VII**; $[\alpha]_D$ —13° (Chlf.). — *3β-Acetoxy-8α.9α-oxidocholestan-7-on* (**VI**), $C_{29}H_{46}O_4$, F. 177,5 bis 178°, aus **IIa** in Essigsäure mit CrO_3 in W.–Essigsäure (1:2) bei 25—30°, Stehen über Nacht u. Versetzen mit W.; aus Methanol Blätter; $[\alpha]_D$ —32,2 ±0,3° (Chlf.). — *3β-Acetoxy-8α.14α-oxidocholestan-7-on* (**V**), $C_{29}H_{46}O_4$, F. 142—142,5°. Die Mutterlauge von **VI** (essigsaure Lsg.) wurde mit Ae. extrahiert u. der Ae.-Rückstand chromatographiert; aus PAe. Nadeln; $[\alpha]_D$ —69,8 ±0,8° (Chlf.). — *3β-Acetoxy-Δ^8-cholesten-7-on*, $C_{29}H_{46}O_3$, F. 155—156° (Methanol), aus **VI** in Essigsäure durch 1 std. Kochen mit Zn-Staub; $[\alpha]_D^{25}$ —32,3 ±0,8° (Chlf.); 72% (Ausbeute). — *3β-Acetoxy-$\Delta^{8,14}$-cholesten-7-on*, $C_{29}H_{46}O_3$, F. 142—144°, aus **V** wie vorst.; $[\alpha]_D$ —60 ±1° (Chlf.); 69%. — *Cholestan-3β.5α.6β-triol-3.6-diacetat*, F. u. Misch-F. 167—168° (Methanol), aus Cholesterylacetat-α.β-oxyd in Essigsäure durch 24 std. Kochen mit Zn-Staub. — *Keton 104* (**III**), $C_{27}H_{44}O_3$, F. 123,5—124,5°; $[\alpha]_D$ —36,6 u. 37,6° (c = 1,07 u. 1,33 in Chlf.), wurde nach verschied. Verff. (Einzelheiten vgl. Original) als Nebenprod. bei der Oxydation von **I** verschied. Reinheitsgrades gewonnen; am günstigsten erwies sich die Oxydation von über das Dibromid gereinigtem **I**, da der Vorläufer von **III** mit der I-Dibromid-Verb. ausgefällt wird. (J. Amer. chem. Soc. **75**. 4395—4403. 20/9. 1953.)

SCHORRE. 3700

Louis F. Fieser und **Guy Ourisson**, *Cholesterin und Begleiter*. 4. Mitt. *Oxydation von Δ^7-Stenolen mit Selendioxyd.* (3. vgl. vorst. Ref.) Das durch Oxydation von Δ^7-Cholestenylacetat (**I**) mit SeO_2 in Essigsäure–Bzl. bei 0° erhaltene $\Delta^{8,14}$-*Cholesten-3β.7α-dioldiacetat* (**II**) wurde mit $LiAlH_4$ zum Diol (**III**) desacetyliert. OPPENAUER-Oxydation führte **III** in $\Delta^{7,14}$-*Cholestadien-3-on* über. Als Konstitutionsbeweis für **II** wurde **III** mit Perbenzoesäure in das bekannte *8α.14α-Oxidocholestan-3β.7α-diol* übergeführt. Das aus **III** mit Chlorameisensäureester erhaltene *3-Monocathylat* (vgl. C. **1953**. 1656) wurde mit $POCl_3$–Pyridin zu $\Delta^{7,14}$-*Cholestadienylcathylat* (**VIII**) dehydratisiert. Das analoge *Benzoat* wurde sowohl aus **VIII** als auch aus **III**-Dibenzoat gewonnen. Sowohl 7-Dehydrocholesterin (**VII**) als auch **II** wurden mit A.–HCl zum $\Delta^{8,14}$-*Cholestadienol* isomerisiert. Oxydation von **I** mit SeO_2 bei Zimmertemp. führte zu den Acetaten von $\Delta^{7.9,11}$-*Cholestadienol* u. $\Delta^{7,14}$-*Cholestadienol*. Durch Oxydation von **II** mit CrO_3 entstand *8α.14α-Oxidocholestan-3β-ol-7-onacetat*. Das aus 5-Dihydroergosterin (**IX**) mit SeO_2 in A. erhaltene Prod. ist nicht, wie von CALLOW u. ROSENHEIM (J. chem. Soc. [London] **1933**. 387) angenommen, ein Oxyd, sondern *3β-Oxy-7α-äthoxy-$\Delta^{8,14,22}$-ergostadien*, es wurde über das *3-Acetat* (**V**) in *Ergosteryl-B_3-acetat* (**IV**) übergeführt u. mit

CrO_3 zu *8α.14α-Oxido-Δ²²-ergosten-3β-ol-7-onacetat* oxydiert. SeO_2-Oxydation von **IX**-Acetat in Essigsäure–Bzl. führte zu *Δ⁸,¹⁴,²²-Ergostadien-3β.7α-dioldiacetat*, das mit $LiAlH_4$ nicht das **III** entsprechende Diol, sondern unter Wasserabspaltung Ergosterin-B_3, isoliert als **IV**, lieferte. Die ster. Zuordnungen für die beschriebenen Verbb. erfolgten auf Grund der Mol.-Rotationen. Als Primärschritt für die Oxydation von Δ⁷-Stenylderivv. mit SeO_2, Persäuren oder CrO_3 wird eine Allylhydroxylierung an $C_{(14)}$ u. $C_{(9)}$ angenommen, auf die je nach den Bedingungen eine Allylumlagerung u. Acetylierung oder Alkylierung der an $C_{(7)}$ gebildeten OH-Gruppe, eine Dehydratation oder eine Oxydation zu Ketooxyden folgen kann.

Versuche (FF. korr.; opt. Drehungen bei 25° in 1–2%ig. Chloroformlsgg.): *Δ⁸,¹⁴-Cholesten-3β.7α-dioldiacetat* (**II**), $C_{31}H_{50}O_4$, F. 138,8–139,2° (Ae.–Methanol). 5 g **I** (F. 151–153°) wurden in Bzl.–Essigsäure (1:2) 16 Std. bei 0–5° mit 60 cm³ einer 0,1 mol. Lsg. von SeO_2 in Essigsäure behandelt, nach Aufarbeitung wurde mit Ag — zur Entfernung des Se — 1 Std. gekocht; $[\alpha]_D$ –4,4°; 55% (Ausbeute). — *Δ⁸,¹⁴-Cholesten-3β.7α-diol* (**III**), $C_{27}H_{46}O_2$, F. 157–158°, aus **II** in Ae. durch 1std. Kochen mit $LiAlH_4$; aus Methanol Nadeln; $[\alpha]_D$ –21°. Reacetylieren in Pyridin mit Essigsäureanhydrid lieferte **II**. *Dibenzoat*, $C_{41}H_{54}O_4$, F. 152,5–153,5° (Chlf.–Aceton). — *Δ⁷,¹⁴-Cholestadienylcathylat* (**VIII**), $C_{30}H_{48}O_3 \cdot {}^1\!/_2 CH_3OH$, F. 81–82°. Zu **III** in Bzl.–Pyridin (1:1) wurde bei 0° eine Lsg. von Chlorameisensäureäthylester in Bzl. zugetropft u. nach ½std. Stehen bei 0° u. 2std. Stehen bei 25° solange auf 60° erwärmt, bis die CO_2-Entw. aufhörte. Die Lsg. wurde auf 0° abgekühlt u. mit einer Lsg. von $POCl_3$ in Bzl. 1 Std. bei 25° stehengelassen, das Gemisch auf Eis–$KHCO_3$ gegossen, mit Ae. extrahiert, an Al_2O_3 chromatographiert u. mit PAe.–Bzl. (8:2) eluiert; aus Ae.–Methanol Nadeln; $[\alpha]_D$ –156°. — *Δ⁷,¹⁴-Cholestadienylbenzoat*, F. 151–152°, a) 20 mg **VIII** in A. wurden mit 1 Tropfen 25%ig. NaOH behandelt, mit W. verd., das in Ae. aufgenommene Prod. in Bzl.–Pyridin mit Benzoylchlorid behandelt u. die Substanz in Ae.–Bzl. (8:2) über Al_2O_3 filtriert; aus Methanol 15 mg Nadeln; b) **III**-Dibenzoat wurde mit Dimethylanilin über Nacht erhitzt u. mit Ae., W. u. Essigsäure behandelt; aus Chlf.–Methanol Platten; $[\alpha]_D$ –150°; 47%. — *Δ⁷,¹⁴-Cholestadien-3-on*, $C_{27}H_{42}O$, F. 129–129,4°, aus **III** in Toluol mit Cyclohexanon u. Al-Isopropylat, Chromatographieren an Al_2O_3 u. Eluieren mit PAe.–Bzl. (1:1); aus Methanol–Aceton Nadeln; $[\alpha]_D$ –147°. — *Δ⁸,¹⁴-Cholestadienylacetat* (*Cholestadienyl-B_1-acetat*), $C_{29}H_{46}O_2$, F. 99 bis 99,4° (Ae.–Methanol). a) **II** in A. wurde mit 36%ig. HCl 2 Std. gekocht, eingeengt u. der Rückstand in Bzl.–Pyridin mit Essigsäureanhydrid acetyliert; $[\alpha]_D$ –21,6°; 55%; b) ebenso aus **VII**. — *Δ⁸,¹⁴-Cholestadienol*, F. 116–117° (Methanol); $[\alpha]_D$ –12°. — *8α.14α-Oxidocholestan-3β.7α-diol*, F. 186–187° (Methanol), aus **III** in Chlf. durch 8tägiges Stehen mit Perbenzoesäure bei 3°; $[\alpha]_D$ +7,0°. *Diacetat*, F. 162–163° (CH_3OH); $[\alpha]_D$ –13,4°. — **III**, aus Δ⁸,¹⁴-Cholesten-3β-ol-7-on in Ae. mit $LiAlH_4$. — Oxydation von **I** in Bzl.–Essigsäure durch 15std. Stehen bei 25° mit 0,1 mol. SeO_2-Lsg. führte zu einem Gemisch der *Acetate* von *Δ⁷,⁹,¹¹-Cholestadienol* u. von Δ⁷,¹⁴-Cholestadienol; Chromatographie des Rohprod. an Al_2O_3 führte lediglich zu einer Anreicherung der beiden Komponenten. Δ⁷-Cholestenylbenzoat gab analog ein Gemisch der *Cholestadienylbenzoate*. — *8α.14α-Oxidocholestan-3β-ol-7-onacetat*, $C_{29}H_{46}O_4$, F. 142–142,5°, aus **II** mit CrO_3 in Essigsäure; aus Methanol–W. Platten. — *3β-Acetoxy-7α-äthoxy-Δ⁸,¹⁴,²²-ergostadien* (**V**), F. 108–109°. **IX** (F. 177–177,5°; $[\alpha]_D$ –20°) in Bzl. wurde mit SeO_2 in A. 20 Std. auf 35° erwärmt, das nach üblicher Aufarbeitung erhaltene Prod. in Bzl.–Pyridin mit 3.5-Dinitrobenzoylchlorid behandelt u. der nach Verseifung erhaltene Alkohol acetyliert; aus Methanol Nadeln. — *3β-Acetoxy-7α-methoxy-Δ⁸,¹⁴,²²-ergostadien*, $C_{31}H_{50}O_3$, F. 114–115,5° (Methanol), analog in CH_3OH an Stelle von A.; $[\alpha]_D^{24}$ –35,7°. — *Ergosterin-B_3-acetat* (**IV**), F. 138–140° (Chlf.–Methanol). **V** in Bzl.–Pyridin wurde mit $POCl_3$ über Nacht bei 25° stehengelassen; $[\alpha]_D$ –217°; 80%. — *8α.14α-Oxido-Δ²²-ergosten-3β-ol-7-onacetat*, F. 152–155°, a) aus **V** in Essigsäure mit CrO_3, Chromatographie u. Elution mit PAe.–Bzl.; $[\alpha]_D$ –98°; b) durch Oxydation von **IX**-Acetat nach STAVELY u. BOLLENBECK (J. Amer. chem. Soc. **65**. [1943.] 1290) neben *8α.9α-Oxido-Δ²²-ergosten-3β-ol-7-onacetat*, F. 220–221° (A.) — *Δ⁸,¹⁴,²²-Ergostadien-3β.7α-dioldiacetat*, $C_{32}H_{50}O_4$, F. 123,5–124,5° (Methanol). **IX**-Acetat wurde in Bzl.–Essigsäure mit 0,1 mol. SeO_2-Lsg. bei 25° über Nacht oxydiert, die Ae.–Bzl.-Lsg. eingeengt u. in wenig Methanol aufgenommen; Behandlung mit $LiAlH_4$ in Ae. u. Acetylierung lieferte **IV**. — Oxydation von γ-Diosgeninacetat in Bzl.–Essigsäure mit 0,1 n SeO_2-Lsg. bei 0–5° (15 Std.) führte zu einem Gemisch von Δ⁷,¹⁴- u. *Δ⁷,⁹,¹¹-22-Isospirostadien-3β-olacetat* (**VI**) ($C_{29}H_{42}O_4$), aus dem durch Chromatographie **VI** (F. 210–211°; $[\alpha]_D$ –36,5°) isoliert wurde. — *Δ⁷,⁹,¹¹-22-Isospirostadien-3β.14-diol-3-acetat*, $C_{29}H_{42}O_5$, F. 195–197° (Methanol), aus **VI** in Bzl.–Essigsäure durch Oxydation mit 0,1 n SeO_2-Lsg. bei 0–5° (17 Std.), Chromatographieren an Al_2O_3 u.

Eluieren mit PAe.-Bzl. (8:2); $[\alpha]_D$ —11° (Chlf.); 26%. — *$\Delta^{7,9,11}$-22-Isoallospirostadien-3β.14-diol*, $C_{27}H_{40}O_4$, F. 195—198° (Essigester); $[\alpha]_D$ —13°. (J. Amer. chem. Soc. **75.** 4404—14. 20/9. 1953.) SCHORRE. 3700

Koji Nakanishi, Bidyut Kamal Bhattacharyya und **Louis F. Fieser,** *Cholesterin und Begleiter.* 5. Mitt. *Mikrobestimmung von Δ^7-Stenolen.* (4. vgl. vorst. Ref.) Die in der 3. Mitt. beschriebene Oxydation von Lathosterin mit SeO_2 in Ggw. von Cholesterin (I), das unangegriffen bleibt, wurde zu einer Mikrobest. von Δ^7-Stenolen ausgearbeitet. Das ausgefallene Se wurde jodometr. bestimmt. Das aus verschied. Geweben isolierte I, das nach dieser Meth. untersucht wurde, enthielt 0,3—3% Δ^7-Stenol. (J. Amer. chem. Soc. **75.** 4415—17. 20/9. 1953.) SCHORRE. 3700

Louis F. Fieser und **Bidyut Kamal Bhattacharyya,** *Cholesterin und Begleiter.* 6. Mitt. *Lathosterin, Cholestantriol und Keton 104 verschiedener Herkunft.* (5. vgl. vorst. Ref.) *Lathosterin* (F. 121—122°) wurde als Begleiter des *Cholesterins* (II) aus Gallensteinen durch fraktionierte Kristallisation des II-Essigsäure-Komplexes u. des II-Oxalsäure-Komplexes aus den Mutterlaugen durch Acetylierung u. Chromatographie als *Lathosterylacetat* [F. 118—119°, $[\alpha]_D$ +1,9° (c = 4,2 in Chlf.)] isoliert. Das Vork. von *Cholestanol* als Begleiter von II derselben Herkunft wurde durch Oxydation der Mutterlaugen von II mit $Na_2Cr_2O_7 \cdot 2H_2O$ in Bzl.-Essigsäure u. Isolierung von *Cholestanon* [$C_{27}H_{46}O$, F. 129—130°, $[\alpha]_D$ +39,8° (c = 1,18 in Chlf.)] nachgewiesen. Als weiterer natürlicher Begleiter von II in Gallensteinen, Eidotter u. menschlichem Gehirn wurde *Cholestan-3β.5α.6β-triol* [F. 231—235° (Zers.); *3.6-Diacetat*, F. 166—167°, $[\alpha]_D$ —44,7° (c = 1,10 in Chlf.)] isoliert, u. zwar im letzten Fall unter Bedingungen, die eine Bldg. bei der Aufarbeitung ausschließen. — *Keton 104* (I; $C_{27}H_{44}O_3$) wurde in Ausbeuten von 44—136 mg/20 g II aus den Oxydationsprodd. von 10 verschied. II-Sorten isoliert. Es wurde durch sein Infrarotspektr. (in CS_2) u. durch nachst. Derivv. charakterisiert: *Oxim*, $C_{27}H_{45}O_3N$, F. 194,6—195,2° (verd. Methanol). *2.4-Dinitrophenylhydrazon*, $C_{33}H_{48}O_6N_4$, F. 182—182,4°, aus Methanol-Ae. gelbe Nadeln. *Äthylenthioketal*, $C_{29}H_{48}O_2S_2$, F. 103—104° (Methanol-Aceton). *Desoxoderiv.*, $C_{27}H_{46}O_2$, F. 54,8—55,8° (Methanol-Aceton), aus vorst. Ketal durch 5std. Kochen in A. mit RANEY-Ni u. weiteres 2std. Kochen nach Zugabe von Aceton; $[\alpha]_D$ +2,9° (c = 1,62 in Chlf.). *Alkohol-104-acetat*, $C_{29}H_{48}O_4$, F. 101—101,5°, aus I in Ae. mit $LiAlH_4$ durch 1std. Kochen u. Acetylierung mit Essigsäureanhydrid in Pyridin; aus Methanol Nadeln; $[\alpha]_D$ —32,6° (c = 1,85 in Chlf.); 74% (Ausbeute). Verseifung des Acetats mit methanol. KOH führte zu dem nichtkrist. *Alkohol*; $[\alpha]_D$ —22,5° (c = 1,33 in Chlf.), dessen Oxydation wieder I lieferte. I-*Enolacetat*, $C_{29}H_{46}O_4$, F. 115,6—116°, aus I in Essigsäureanhydrid mit $AlCl_3$, 4 Std. kochen, mit Eis zersetzen u. mit Ae. extrahieren; aus Methanol Prismen; 60%. *Lacton* $C_{27}H_{44}O_4$, F. 89—90°. Eine Lsg. von Perbenzoesäure u. I in Chlf. wurde 24 Std. bei 5—7° u. 18 Std. bei 25° stehengelassen, mit W. u. Ae. behandelt u. das nach Eindampfen des Ae. erhaltene Öl in Methanol mit CLAISENs Alkali 1 Std. gekocht; die nach Verdünnen mit W. erhaltene Lsg. wurde mit Ae. ausgeschüttelt u. die wss. Lsg. mit HCl angesäuert, das gummiartige Prod. wurde mit Ae. extrahiert u. der nach Einengen der Ae.-Lsg. erhaltene Rückstand in Methanol im Eisbad gekühlt; $[\alpha]_D$ +8,9° (c = 1,48 in Chlf.), aus Methanol Nadeln. — I ist gegen die Einw. von konz. H_2SO_4, NaOBr, Br_2, GIRARDs Reagens T u. $POCl_3$ resistent. (J. Amer. chem. Soc. **75.** 4418—24. 20/9. 1953.) SCHORRE. 3700

A. F. Ssemetschkina und **N. N. Schorygina,** *Zersetzung von Lignin durch metallisches Natrium in flüssigem Ammoniak.* 6. Mitt. *Einwirkung von metallischem Natrium in flüssigem Ammoniak auf Tannenholz.* (5. vgl. C. **1954.** 1963.) Geht man bei der Spaltung von Lignin (I) durch Na in fl. NH_3 statt von isoliertem I von Tannenholzspänen aus, die vorher durch A.-Bzl. (1:1) u. 5%ig. NaOH extrahiert worden waren, so findet man von den ursprünglichen 30% I des extrahierten Holzes nur noch 9,2% wieder. 7,5% des Holzes oder 24,6% der ursprünglichen I-Menge werden als in Ae. lösl. niedrigmol. Abbauprodd. erhalten, aus denen sich *Dihydroeugenol*, das früher auch beim Behandeln von isoliertem I mit Na in NH_3 entstand, isolieren ließ. Dies weist auf die Ähnlichkeit von isoliertem u. natürlichem I hin. An *Cellulose* wurden 34,4%, an *Hemicellulosen* 8,3% erhalten; beide Prodd. besaßen Methoxylgruppen; 0,99 bzw. 2,03%. Журнал Общей Химии [J. allg. Chem.] **23** (**85**). 1593—97. Sept. 1953. Inst. für organ. Chem. der Akad. der Wiss. der UdSSR.) ULMANN. 3950

D_3. Makromolekulare Chemie.

Guy Mesnard und **Lucien Eyraud,** *Änderungen der Dielektrizitätskonstante von einigen plastischen Stoffen in Abhängigkeit vom elektrischen Feld.* An einer Reihe von plast. Stoffen (*Vinylchlorid, Polyäthylen, Cellophan, Kautschukhydrochlorid, Cellulose-*

acetat, Celluloseisobutyrat) wird mit einem im einzelnen beschriebenen Verf. die Abhängigkeit der DK. von der Feldstärke untersucht. Bei einer Frequenz von einigen MHz wird eine relative Genauigkeit von der Größenordnung $5 \cdot 10^{-6}$ erreicht. Es wird so u. a. für reines Vinylchlorid verschied. Polymerisationsgrades (= 3,8 u. 5,15) von 12000 V/cm an eine Zunahme der DK. mit der Feldstärke beobachtet, die bei 50000 V/cm die Größenordnung 10^{-4} erreicht. Ebenso werden an den anderen Stoffen zum Teil kompliziertere u. mit Hysteresis verbundene Effekte beobachtet. (C. R. hebd. Séances Acad. Sci. **237.** 1406–07. 30/11. 1953.) K. L. WOLF. 4000

R. C. Bowers, W. C. Clinton und **W. A. Zisman,** *Reibungseigenschaften von Kunststoffen. Verhalten von Polyäthylen, Polytetrafluoräthylen und halogenhaltigen Derivaten.* Mittels einer BOWDEN-LEBEN-App. untersuchten Vff. die Reibung von *Polyäthylen* (**I**), *Polyvinylchlorid, Polyvinylidenchlorid, Polytrifluorchloräthylen* (**II**), *Polytetrafluoräthylen* (**III**), *Polyvinylfluorid* sowie **II–III**- u. **I–III**-Mischpolymerisaten verschied. Zus. unter verschied. Bedingungen (Stahl/Polymerisat, Polymerisat/Polymerisat u. Polymerisat/Stahl bei polierten bzw. geschliffenen Oberflächen). Die Befunde werden hinsichtlich der Struktur der untersuchten Prodd. erörtert. Bei Substitution von Cl gegen H in **I** tritt Zunahme der Reibung ein, während die Substitution von F eine Abnahme der Reibung verursacht. Der Effekt von Cl ist bei F- u. Cl-Substitution vorherrschend. Die Hauptkomponente der Reibungskraft scheint bei jedem Kunststoff, mit Ausnahme von **III**, die zur Scherung des kompakten Materials erforderliche Kraft zu sein. Materialübertragung tritt bei einigen gleitenden Kombinationen ein; die Orientierung dieses übertragenen Materials zeigt, daß die Möglichkeit einer gewissen Scherung der Kunststoff–Metall-Grenzfläche nicht unberücksichtigt bleiben kann. Der überraschend niedrige Reibungskoeff. von **III** stellt einen guten Beweis dafür dar, daß bei **III** die Scherung in der Tiefe des Materials nur von untergeordneter Bedeutung sein muß. Die Unterss. über die Reibung der dünnen Polymerisatfilme auf Stahl zeigen, daß die Reibungskraft immer sehr viel kleiner ist als bei dem dickeren Material. Leichte Materialübertragung in Verbindung mit niedriger Scherfestigkeit ist auf **I** u. **III** beschränkt. **III** ist wegen der geringen Adhäsion u. der guten Temperaturbeständigkeit für viele Anwendungen als „Trockenschmiermittel" sehr geeignet. Bei Anwendung von **III** in einem Syst., das die leichte Materialübertragung des **III** ausnützt, wird der Reibungskoeff. 0,04 wie bei der reinen **III**/**III**-Reibung. Da dieser Wert beträchtlich niedriger ist als bei den üblichen Trockenschmiermitteln MoS_2 u. Graphit, bringt eine Kombination von **III** mit diesen Stoffen bei n. Bedingungen keine Vorteile. (Mod. Plastics **31.** Nr. 6. 131–32. 135. 136. 138. 140. 142. 144. 210. 213. 220. 223. 225. Febr. 1954. Washington, D. C., Naval Res. Labor., Chem. Div., Surface Chem. Branch.) SCHÄFF. 4010

K. L. Berry und **J. H. Peterson,** *Untersuchung der Redoxpolymerisation und des Molekulargewichts von „Teflon" (Polytetrafluoräthylen) mit Hilfe radioaktiver Indicatoren.* Vff. untersuchten die Emulsionspolymerisation von *Tetrafluoräthylen* (**I**) in Ggw. eines mit radioakt. S gek. Aktivatorsyst. aus $K_2S_2O_8$ mit/ohne $NaHSO_3$ u. Fe(II)-Ionen. Diese Meth. wurde zur Best. der Endgruppen u. des Mol.-Gew. des unlösl. u. unschmelzbaren Polymerisats u. zum Studium der Redoxaktivierung ausgewertet. Die mit $K_2S_2O_8$ therm. oder durch Rk. mit Fe^{2+} oder $NaHSO_3$ aktivierten Polymerisate enthalten überraschenderweise keine S-haltigen Gruppen aus dem $K_2S_2O_8$. Mit radioakt. $NaHSO_3$ u. $K_2S_2O_8$ bzw. Fe^{3+} werden dagegen Polymerisate mit nichthydrolysierbaren, S-haltigen Endgruppen aus dem $NaHSO_3$ erhalten. Diese Befunde werden erörtert u. folgende Start-Rkk. (in der Reihenfolge abnehmender Geschwindigkeit) angenommen: 1. $S_2O_8^{2-} + Fe^{2+} \rightarrow Fe^{3+} + SO_4^{2-} + SO_4^{-*}$; 2. $HSO_3^- + Fe^{3+} \rightarrow Fe^{2+} + HSO_3^*$; 3. $S_2O_8^{2-} + HSO_3^- \rightarrow SO_4^{2-} + SO_4^{-*} + HSO_3^*$. Unter der Annahme, daß Kettenübertragung u. Disproportionierung bei der **I**-Polymerisation nicht stattfinden u. der Kettenabbruch durch Radikalkombination erfolgt, wurden Zahlenmittel-Mol.-Geww. von 142000–534000 berechnet. Vermutlich weist handelsübliches **I**-Polymerisat (Teflon) ein viel höheres Mol.-Gew. auf. (J. Amer. chem. Soc. **73.** 5195–97. Nov. 1951. Wilmington, Del., E. I. du Pont de Nemours & Co., Chem. Dep., Exp. Stat.) SCHÄFF. 4010

S. L. Madorsky, V. E. Hart, S. Straus und **V. A. Sedlak,** *Thermische Zersetzung von Tetrafluoräthylen- und Hydrofluoräthylenpolymerisaten im Vakuum.* Vff. untersuchten den therm. Abbau von *Polytetrafluoräthylen* [**I**, Teflon u. mehrere Photopolymerisate mit $(CF_3)_2Hg$, Benzoylperoxyd, CF_3J u. Di-tert.-butylperoxyd als Katalysator bzw. ohne Katalysator], *Polytrifluoräthylen* (**II**, Photopolymerisat mit Di-tert.-butylperoxyd), *Polyvinylidenfluorid* (**III**) u. *Polyvinylfluorid* (**IV**) im Vakuum zur Ermittlung ihrer relativen therm. Beständigkeit, der Art u. Menge der flüchtigen Spaltprodd. u.

der Zersetzungsgeschwindigkeit. I ergibt bei 423—513° nahezu zu 100% monomeres $CF_2=CF_2$. Die Geschwindigkeit der Bldg. des Monomeren bei einer gegebenen Temp. entspricht einer Rk. 1. Ordnung u. ist unabhängig von der Art der Herst. des I oder seinem ursprünglichen Durchschnittsmolekulargewicht. Die Aktivierungsenergie wurde nach 2 verschied. Methoden übereinstimmend zu 80,5 kcal bestimmt. Eine Vorerhitzung des I auf 400—470° in Luft ändert die Zersetzungsgeschwindigkeit bei anschließendem Erhitzen im Vakuum kaum. II, III u. IV wurden im Temperaturbereich von 372—500° zersetzt. Die flüchtigen Prodd. waren in allen Fällen HF u. ein wachsartiges Material geringer Flüchtigkeit. II u. IV zers. sich vollständig in flüchtige Verbb., während III sich nach ca. 70% Gewichtsverlust prakt. nicht mehr weiter zers. (von 460—530° nur noch ca. 5% Gewichtsverlust). Bei IV liegt eine Rk. 1. Ordnung u. bei II eine Rk. 0. Ordnung vor, während bei III die Reaktionsordnung nicht bestimmt werden konnte. Die therm. Beständigkeit der untersuchten Prodd. im Vgl. zu Polymethylen (V) steigt in folgender Reihenfolge: IV < V < II < III < I. (J. Res. nat. Bur. Standards **51.** 327—33. Dez. 1953. Washington, D. C., Nat. Bur. Stand.) SCHÄFF. 4010

Joseph Byrne, T. W. Costikyan, C. B. Hanford, D. L. Johnson und W. L. Mann, *Das Entweichen von Halogen aus halogenierten Kunststoffen bei γ-Bestrahlung.* Vff. bestimmten die Menge an abgespaltenem Halogen (F_2 u. Cl_2) u. die Änderung der physikal. Eigg. von weichgemachtem u. nichtweichgemachtem *Polytrifluorchloräthylen* (I, Fluorothen) u. Hart-*Polyvinylchlorid* (II) bei definierter γ-Bestrahlung. Dabei wurde festgestellt, daß das abgespaltene Halogen starke Korrosion hervorrufen kann. Die Geschwindigkeit der Abspaltung beträgt 7 mMol Halogen pro g Material pro 10^9 Röntgeneinheiten. II behält seine physikal. Festigkeit besser bei als I. (Ind. Engng. Chem. **45.** 2549—52. Nov. 1953. Massachusetts Inst. Technol., Engng. Practice School, u. Oak Ridge, Tenn., Carbide & Carbon Chem. Co.) SCHÄFF. 4010

Thomas G. Harris, Gino J. Frisone und Harvey A. Neville, *Modifizierte Phenol-Formaldehyd-Harze.* 2. Mitt. *Modifizierung durch Epichlorhydrin.* (1. vgl. C. **1954.** 6114.) Bei der Unters. der Modifizierung von Zwischenprodd. der Phenol–CH_2O-Kondensation (Resolen) mit Epichlorhydrin (I) wurde gefunden, daß die Epoxydgruppen von I unter geeigneten Bedingungen nicht verbraucht werden, so daß sie für Folge-Rkk. mit anderen Verbb., wie organ. Säuren, Aminen u. Phenolen, noch verfügbar sind. Diese Rkk. u. die dabei erhaltenen Prodd. werden kurz beschrieben. Das Ausmaß der Blockierung der phenol. OH-Gruppen kann in weiten Grenzen variiert werden. Bei vollständig durchgeführter Rk. besitzen die Harze ausgezeichnete Farbe, Alkalibeständigkeit u. Flexibilität. (Mod. Plastics **31.** Nr. 6. 146. 149. 150. 226. Febr. 1954. Wilmington, Del., Atlas Powder Co.; Nashua, N. H., Chemtan Co.; Bethlehem, Pa., Lehigh Univ., Dep. of Chem.) SCHÄFF. 4010

H. P. Wohnsiedler, *Polymerisation in gepreßten Melamin–Formaldehyd-Harzen.* Zum Studium des Durchschnittspolymerisationsgrades DP n. der Struktur von Melamin (I)–Formaldehyd (II)-Harzen wurde für je ein Polymerisationsmodell mit geraden, verzweigten bzw. vernetzten Ketten eine Beziehung zwischen DP u. einem Faktor L_m für das Ausmaß der Kondensations-Rk. abgeleitet [L_m = (Moll. Kondensationswasser)/(Moll. I)]. Für DP-Werte zwischen 2 u. 1000 wurden die entsprechenden L_m-Werte berechnet u. graph. aufgetragen. Damit wurden experimentelle Befunde an I-II-Harzen (I : II = 1 : 2 Mol) in 2 verschied. Kondensationsstufen verglichen u. ausgewertet. Unter der Annahme des Vorliegens eines geraden oder verzweigten Kettenpolymeren ist der DP-Wert von ca. 3,2 durch die Härtung auf ca. 1000 gestiegen. Diese Befunde werden erörtert u. bestimmte Strukturen ausgeschlossen. (Ind. Engng. Chem. **45.** 2307—11. Okt. 1953. Stamford, Conn., Amer. Cyanamid Co., Res. Labor.) SCHÄFF. 4010

Emerson B. Fitzgerald, *Zersetzung von Alkydharzfilmen.* Die Zers. eines Alkydharzfilms durch Lichteinw. (λ < 3000 Å) in einem O_2-Strom scheint eine nahezu quantitative Verbrennung mit der Bldg. von CO_2, CO, W. u. geringen Mengen anderer flüchtiger Verbb. zu sein. Diese Rk. findet in einer äußerst dünnen Oberflächenschicht statt, die während der Rk. verschwindet u. — bei pigmentierten Filmen — eine kreidige Schicht hinterläßt. Die Geschwindigkeit dieser Oberflächenerosion kann durch Gasanalyse oder interferometr. ermittelt werden. Außer dieser Oberflächen-Rk. findet eine Rk. in der M. statt (wahrscheinlich eine Dehydrierung oder Dehydratisierung, da das H/C-Verhältnis in der Gasmischung viel größer ist als im reinen Harz). Die Geschwindigkeit der Gasbldg. nimmt mit der Zeit langsam ab; es wird also eine neue, stabilere Struktur gebildet. Bei Filmen mit 20% Rutil- oder Anataspigmentierung ist diese Geschwindigkeit um 20% geringer als mit klaren Filmen (das Pigment ist also ein inerter Füllstoff). Eine ähnliche quantitative Oberflächen-Rk. findet bei Bestrahlung mit Licht ($\lambda < 3000$ Å) in einem N_2-Strom statt. Die Geschwindigkeit der Gasbldg. ist jedoch geringer, u. der O_2 in der CO_2–W.-Mischung stammt aus O_2-haltigen Gruppen im Harz. Bei pigmentierten Filmen erscheint die kreidige Schicht zum gleichen Zeitpunkt wie bei der Rk. in O_2, das H/C-Verhältnis ist aber viel größer u. die Vergilbung stärker. Bei Lichteinw. ($\lambda > 3000$ Å) wird die Oberflächenerosion zum größten Teil unterdrückt, während die Rk. in der M. weiter langsam unter Bldg. von CO_2 u. W. bei großem H/C-Verhältnis fortschreitet. (Ind. Engng. Chem. **45.** 2545–48. Nov. 1953. Philadelphia, Pa., E. I. du Pont de Nemours & Co., Marshall Labor.) Schäff. 4010

N. W. Michailow und **W. O. Klessman,** *Über zwei Strukturmodifikationen synthetischer Polyamide in festem Zustande. Polycaprolactam* wird in fester Form einerseits durch Verdampfen des Lösungsm. aus seiner Lsg. in Ameisensäure (Präp. **I**), andererseits durch rasches Abkühlen der Schmelze (Präp. **II**) erhalten. **I** ist krist. (ebenso ein Präp. aus langsam gekühlter Schmelze), **II** dagegen glasig. **I** zeigt einen Übergangsbereich, bei langsamem Erhitzen (3–5°/Min.) bei 206–216°, bei raschem Erhitzen (20–25°/Min.) bei 218–233°. **II** hat bei langsamem Erhitzen 2 Übergangstempp. (120–150° u. 216–222°), bei raschem Erhitzen nur eine (216–223°); die Temp. 120 bis 150° entspricht der Entglasung. Die Unabhängigkeit der höheren Übergangstemp. von der Erhitzungsgeschwindigkeit bei **II** wird als Zeichen für einheitlichere Struktur erklärt. Die thermograph. Ergebnisse werden durch Röntgenunterss. bestätigt. (Доклады Академии Наук СССР [Ber. Akad. Wiss. UdSSR] [N. S.] **91.** 99–102. 1/7. 1953. Allunions wiss. Forschungsinst. für Kunstfasern.) R. K. Müller. 4010

George T. Furukawa und **Robert E. McCoskey,** *Calorimetrische Eigenschaften von 41° und 122° F-Polybutadienen.* (Vgl. C. **1954.** 6962.) Die Wärmekapazität eines 41° F (5° C)-Polybutadiens (**I**) u. eines 122° F (50° C)-Polybutadiens (**II**) wurde von 15–330° K gemessen. **I** besitzt eine höhere Einfriertemp. (195° K) als **II** (187° K). Ferner zeigt **I** eine stärkere Kristallisationsneigung als **II**. Die Kristallisationstemp. von **I** liegt im Bereich von 200–295° K u. die von **II** im Bereich von 200–270° K. Die Befunde werden tabellar. u. graph. wiedergegeben u. im Vgl. zu früheren Befunden an Butadien–Styrol-Mischpolymerisaten (l. c.) erörtert. **I** wurde nach einer Cumolhydroperoxyd/Zucker-Rezeptur bei 41° F (5° C) u. **II** nach der üblichen GR–S-Rezeptur bei 122° F (50° C) polymerisiert. (J. Res. nat. Bur. Standards **51.** 321–26. Dez. 1953. Washington, D. C., Nat. Bur. Stand.) Schäff. 4030

I. L. Hopkins, *Die Ferry-Reduzierung und die Aktivierungsenergie für viscoses Fließen.* Vf. zeigt, daß die von Ferry u. Mitarbeitern (C. **1952.** 6701) vorgeschlagene Funktion zur Reduzierung dynam. Daten von einer gegebenen Temp. auf eine andere Temp. u. die Beziehung für den Einfl. der Frequenz u. der Temp. auf die dynam. Eigg. bestimmter Polymerisate zu einer Meth. zur Berechnung der Aktivierungsenergie für viscoses Fließen aus Messungen der Relaxation, des Kriechens u. der dynam. Steifheit u. Viscosität führen. So wurden bei Butylkautschuk, Polyisobutylen, rohem u. vulkanisiertem Hevea-Kautschuk Aktivierungsenergien im Bereich von 12 bis 24 kcal/Mol, abhängig von der Temp., gefunden. Die Werte stimmen annähernd mit den Werten der Leaderman-Smith-Gleichung für stationäres Fließen (C. **1952.** **1174**) überein. Die Anwendbarkeit dieser Meth. u. ihre Grenzen werden erörtert. Die Ferry-Reduzierung erklärt einerseits die beobachtete Zunahme des dynam. Moduls u. der Viscosität mit der Temp. u. erhält andererseits dadurch ihre Stütze. (J. appl. Physics **24.** 1300–04. Okt. 1953. Murray Hill, N. J., Bell Telephone Labor., Inc.) Schäff. 4030

Avery A. Morton, Frank H. Bolton, Frances W. Collins und **Edward F. Cluff,** *Einfluß assoziierter Salze auf die Polymerisation von Butadien durch Organonatriumverbindungen.* Die Polymerisation von Butadien durch Organometallverbb., wie *Allyl-Na* (**I**), u. der Einfl. der bei einem Alfinkatalysatorsyst. (Morton, C. **1951.** I. 402) assoziierten Salze, wie *Na-Propylat* (**II**) u. *NaCl*, auf die Polymerisationsgeschwindigkeit u. die Struktur der Polymerisate wurden untersucht. **I** allein katalysiert schlecht u. liefert ein Polymerisat mit einer Viscositätszahl unter 1 u. ca. 70% seitenständigen Doppelbindungen (also hohem Anteil an 1.2-Struktur). Durch die Ggw. von **II** u. NaCl ergibt die gleiche Menge **I** eine außerordentlich hohe Polymerisationsgeschwindigkeit u. Prodd. mit Viscositätszahlen von 12 u. mehr u. 70–80% 1.4-Struktur. NaCl ist hierbei ebenso wesentlich wie **I** u. **II**. Optimale Ergebnisse erhält man nur durch die Kombination der 3 Verbindungen. Der Ersatz von NaCl durch andere Salze, wie NaBr, KCl u. a., ist möglich. Das Kation ist ebenfalls von spezif. Wrkg.; Na kann durch K ersetzt werden, wodurch manchmal höhere Polymerisationsgeschwindigkeiten erzielt werden. Li ist im allg. ungeeignet; LiJ ist etwas aktiver als LiCl. (Ind. Engng. Chem. **44.** 2876—82. Dez. 1952. Cambridge, Mass., Inst. of Technol., Dep. of Chem.) Schäff. 4030

M. Ss. Schulman, *Zur Elektrochemie der Stärke. 3. Mitt. Die elektrische Leitfähigkeit von Stärkelösungen bei verschiedenen Bedingungen der Verkleisterung und Alterung.* (2. vgl. C. **1952.** 5903.) Erhöhung der Temp. u. Verlängerung der Verkleisterungsdauer rufen infolge Zerstörung des P-Komplexes der *Kartoffelstärke* (**I**) eine Erhöhung der Leitfähigkeit bei 6 std. Erhitzen einer 2%ig. Lsg. auf 100° um 10%, auf 120° um 60% hervor. Läßt man bei 120° gewonnene Lsgg. altern, so sinkt deren Leitfähigkeit, dagegen steigt sie leicht an bei den bei 100° erhaltenen Lösungen. (Коллоидный Журнал [Kolloid-J.] **15.** 216—18. Mai/Juni 1953. Allunions Wiss. Forschungsinst. der Spritind.) Ulmann. 4050

E. Husemann, *Über natürliche und synthetische Amylose.* Zwecks Klärung der Frage des Mol.-Gew. von Amylose (**I**), das gewöhnlich auf Grund von bei Amyloseacetaten gefundenen Werten berechnet wird, untersucht Vf. eingehend den Verlauf der homogenen Acetylierung in Formamid, wobei sich ergab, daß auch bei schonendem Arbeiten die Rk. nicht polymeranalog verläuft, sondern ein Abbau stattfindet. Man hat bei natürlicher **I** mit einem Polymerisationsgrad von mindestens 6000 zu rechnen. Aus verschied. Viscositätsunterss. wird fernerhin geschlossen, daß die **I**-Moll. nicht formbeständig sind, sondern sich in wss. Lsg. u. bei Lagerung kontrahieren. Im Gegensatz zu natürlicher **I** besitzt synthet. **I** einen Polymerisationsgrad von nur 100—200. Während natürliche **I** im Stärkekorn in gestreckter Form vorliegt, findet bei dem synthet. Prod. während oder nach der Bldg. eine Kontraktion unter erheblicher Verschlechterung der Löslichkeit statt. (Stärke **6.** 2—5. Jan. 1954. Freiburg/Br., Univ., Chem. Labor. u. Staatl. Forschungsinst. für makromol. Chem.) Ulmann. 4050

Henri Lenormant und **Elkan R. Blout,** *Die Infrarotspektren von Proteinen in Lösung, Wirkung des p_H und der Temperaturerhöhung.* (Vgl. auch Blout u. Lenormant, J. opt. Soc. America **43.** [1953.] 1093.) Vff. untersuchten die Infrarotspektren von *Serumalbumin* (**I**), *Ovalbumin, γ-Globulin* (**II**), *Trypsin* (**III**) u. *Insulin* in D_2O zwischen 1175 u. 700 bzw. 1750 u. 1250 cm^{-1}, von **I**—**III** zwischen 750 u. 1550 cm^{-1} auch von durch Wärme denaturiertem Material sowie von **I** u. denaturiertem **I** zwischen 1750 u. 1300 cm^{-1} bei p_H 2—11. Zwischen 1200 u. 700 cm^{-1} finden sich nur schwache Banden, die weder durch Änderung des p_H noch durch Denaturierung geändert werden. Starke Banden wurden dagegen bei 1650 u. 1450 (mit Schulter bei 1400—1410), mittlere bei 1575 u. 1550 u. eine schwächere zwischen 1325 u. 1350 cm^{-1} gefunden. Die Bande bei 1650 hat 2 Spitzen bei ca. 1660 u. 1640 cm^{-1}, wobei die letzte die stärkere ist u. die erste als Schulter auftritt; **I** zeigt am isoelektr. Punkt hier nur 1 Maximum bei 1650 cm^{-1}. Der Ansicht von Ambrose u. Elliot (Proc. Roy. Soc. [London], Ser. A **208.** [1951.] 75), daß das Auftreten beider Banden eine teilweise Denaturierung anzeige, wird widersprochen. Vielmehr tritt durch Wärmeeinw. eine Bande bei 1625—1630 cm^{-1} auf. Die Verdopplung der 1650 cm^{-1}-Bande kann vielleicht mit Unterschieden in der Peptidkettenanordnung erklärt werden. Die Banden bei 1575 u. die schwächere bei 1400 cm^{-1} wird der ionisierten Carboxylgruppe zugeschrieben, im sauren Gebiet tritt für diese entsprechend die (schwache) Bande der undissoziierten COOH-Gruppe bei 1710—1715 cm^{-1} auf. Die 1575 cm^{-1}-Bande, verglichen mit der Peptidbande bei 1650 cm^{-1}, verändert sich übrigens im gleichen Sinne wie die Zahl der titrierbaren COOH-Gruppen. Dagegen tritt die Bande bei 1550 cm^{-1} nur im sauren Gebiet auf u. kann nach alkal. Behandlung nicht reproduziert werden, bei Wärmeeinw. (4 Min. bei 90°) verschwindet sie ebenfalls, bei längerem Erhitzen tritt eine Bande bei 1620 cm^{-1} (β-Struktur der Proteine) auf. Vff. schließen, daß die Bande bei 1550 cm^{-1} jene Peptidbindungen wiedergibt, die nur im Alkal. H gegen D vollständig austauschen, wodurch diese Bande nach 1450 cm^{-1} verschoben wird, im sauren u. neutralen Gebiet erfolgt der H—D-Austausch nur bei erhöhter Temp. vollständig, wobei vielleicht spektrochem. wirksame Strukturänderungen der Peptidkette parallel laufen. (Bull. Soc. chim. France, Mém. [5] **21.** 859—62. Juni 1954. Boston, Mass., Children's Cancer Res. Found.) Gnauck. 4070

Richard M. Badger und **A. D. E. Pullin,** *Das Infrarotspektrum und die Struktur von Kollagen.* Vff. untersuchten das Infrarotspektr. u. die Polarisationsverhältnisse von geringfügig desorientiertem *Kollagen* (2 μ-Schnitt aus unter Druck getrocknetem Känguruhschwanz) zwischen 1450—1700 u. 2500—3700 cm^{-1} (Spektren mit dichroit. Verhältnissen sind angegeben). In der NH-Valenzschwingung ist die Richtung der Dipolmomentänderung nicht ganz parallel der NH-Bindung, sondern weicht maximal 8° gegen die Projektion der C—N-Peptidbindung ab. Im Bereich der Amid-I-Schwingung (Nomenklatur nach Randall, Fowler, Fuson u. Dangl) ist die Richtung nicht parallel der C=O-Bindung, sondern nahezu parallel der O—N-Valenzrichtung (vgl. Price u. Fraser, C. **1953.** 7825). Vff. vermuten, daß die Amid-II-Schwingung ihre Aktivität zum großen Teil dem Beitrag der N—H-Bande verdankt. Dieser Annahme entspricht, daß die Grundschwingung nahezu senkrecht zur N—H-Bindung u. die erste Oberschwingung dieser Bindung fast parallel polarisiert ist, was bei der Bande bei 3080 cm^{-1} beobachtet wurde. Vff. nehmen an, daß im Kollagenmol. die Amidogruppen in trans-Stellung vorliegen, u. lehnen die Annahme von cis-Strukturen, wie eine 8-gliedrige Ringform nach Crick (J. chem. Physics **22.** [1954.] 347), ab. (J. chem. Physics **22.** 1142. Juni 1954. Pasadena, Calif., Inst. of Technol., Gates and Crellin Labors. of Chem.) Gnauck. 4070

A. Distèche, *Einige theoretische Betrachtungen über Löslichkeitskurven mit variablem p_H und konstanter Ionenstärke bei der Untersuchung von Proteingemischen im „salting out"-Bereich.* Die Löslichkeitskurven von Proteingemischen von variablem p_H u. konstanter Ionenstärke, jedoch für verschied. Werte der letzteren, wurden im Hinblick auf die Anwendung zur Fraktionierung von Proteinen diskutiert. (Bull. Cl. Sci., Acad. roy. Belgique [5] **38.** 1182—94. 1952. Liège, Univ., Fac. des Sci., Labor. de Biol. générale.) K. F. Müller. 4070

Hans Brockmann und **Hans Musso,** *Zur Synthese höhermolekularer Polypeptide* Die Polykondensation von Aminosäureestern u. den Methylestern von Tri- u. Pentapeptiden zu höhermol. Polypeptiden gelingt bes. leicht in Bzl. oder Ae. mit Protonenacceptoren, wie Na-Alkoholat, $NaNH_2$, bes. Na- oder K-Trityl, als Katalysatoren bei Zimmertemperatur. Die gebildeten Polypeptidester fallen aus der Lsg. aus u. werden damit der weiteren Umsetzung entzogen. Der Kondensationsgrad hängt von der Löslichkeit ab; er ist um so niedriger, je weniger lösl. die Reaktionsprodd. sind. Die durch Verseifen des Reaktionsprod. erhaltenen Polypeptide können durch Papierchromatographie, Hochspannungselektrophorese oder fraktionierte Gegenstromverteilung (200 Stufen) getrennt werden. — Glycinester gab in Ae. mit Na-Trityl ein wasserunlösl. *Polyglycin* (n = 12—13) in 35%ig. Ausbeute, DL-Alaninester analog ein wasserlösl. *Poly-DL-alanin,* Glycyl-DL-alanyl-DL-phenylalaninmethylester in Bzl.-Ae. (1 : 1) mit Na-Trityl ein in W. u. A. unlösl. *Polymeres* vom Mol.-Gew. 1800 (n = 5—6). (Naturwissenschaften **40.** 553—54. Nov. 1953. Göttingen, Univ., Organ.-chem. Inst.) Jutz. 4070

János Nyilasi und **Zoltán Kováts,** *Mikrobiologische Untersuchung der Racemisierung des Edestins.* Vff. untersuchten nach der Meth. von Groh u. Nyilasi (C. **1953.** 1185), welche Aminosäuren u. in welchem Maße bei der alkal. Behandlung des Edestins enolisieren bzw. racemisieren. Asparaginsäure, Valin, Leucin, Serin, Threonin u. Methionin werden weder in 0,1 n noch in n NaOH-Lsg. racemisiert. Vollständig racemisieren n NaOH-Lsg. *Arginin, Histidin, Lysin, Alanin, Prolin* u. *Phenylalanin; Glutaminsäure* enolisiert bis zu 61,8%. In 0,1 n NaOH-Lsg. racemisieren binnen 500 Std. Arginin, Lysin, Glutaminsäure, Alanin, Prolin u. Phenylalanin vollständig. Die Ergebnisse zeigen, daß diese Meth. zur Charakterisierung verwandter Eiweißstoffe vorteilhafter ist als die bisher angewendeten Methoden (Drehvermögen, Absorptionsspektren). (Magyar Kémiai Folyóirat [Ung. Z. Chem.] **58.** 289—91. Okt. 1952. Budapest, Univ., Allg. Chem. Inst.) Plank. 4070

K. W. Bentley, The chemistry of morphine alkaloids. London: Clarendon Pr. 1954. (454 S.) 50 s.

J. H. Wilkinson, Semi-micro organic preparations. London: Oliver & B. 1954. (104 S. m. Abb., Diagr.) 8 s 6 d.

Karl Ziegler, Hrsg. Präparative organische Chemie. T. 3. Weinheim/Bergstr.: Verl. Chemie. 1953. = Naturforschung und Medizin in Deutschland. 1939—1946. Bd. 38. 3. (352 S.). DM 20,—.

E. Biologische Chemie. Physiologie. Medizin.

E_1. Allgemeine Biologie und Biochemie.

Niilo Rautanen, *Die Anwendung von Isotopen als Indicatoren in der biochemischen Forschung.* Übersicht. (Suomen Kemistilehti A **25.** 95—104. 1952.) Beckmann. 4100

Virginia J. Evans, John E. Shannon jr., Jay C. Bryant, Helen K. Waltz, Wilton R. Earle und **Katherine K. Sanford,** *Eine quantitative Untersuchung über die Wirkung einiger chemisch definierter Medien auf die Proliferation in vitro von einem L-Zellenstamm von Mäusen.* Das Wachstum von Zellen einer 12 Jahre alten, in Pferdeserum, Embryonalextrakt u. Nährsalzen gezüchteten Fibroblastenkultur von Mäusen wurde in verschied. Medien untersucht. Die Zahl der Zellkerne stieg bei Züchtung in einem Gemisch aus 20% Embryonalextrakt mit 80% Earles Salz u. noch stärker nach

Zusatz von 40% Pferdeserum am 6. u. 11. Tag bis auf 2800% des Ausgangswertes an. Bei Verwendung von 100% EARLEs Salz, auch in Ggw. von 40% Serum, fiel die Zellkernzahl, u. die Zellkerne zeigten degenerative Veränderungen. (J. nat. Cancer Inst. **13.** 773—84. Febr. 1953. Bethesda, Md., Nat. Canc. Inst., Tissue Cult. Unit., Labor. of Biol.) KLINGMÜLLER. 4150

R. J. Flipse, *Stoffwechsel des Rindersamens.* 1. Mitt. *Aufnahme von Glucose-^{14}C durch Rinderspermatozoen.* Die Aufnahme von *Glucose* (I) durch Rinderspermatozoen wurde unter Verwendung von mit ^{14}C markierter I untersucht. Die Ggw. von Samenplasma verursachte eine scheinbare Red. in der Aufnahme von ^{14}C-I durch die Spermatozoen. Das Aufnahmevermögen an Radioaktivität durch gewaschene Spermatozoen war 5—8 mal größer als durch mit HCHO inaktivierte, wenn die Spermatozoensuspensionen mit ^{14}C-I bei 37° unter Luft oder N_2 bebrütet wurden. (J. Dairy Sci. **37.** 425—30. April 1954. Pennsylvania State Univ., State Coll., Dairy Cattle Breeding Res. Center.) PATZSCH. 4150

D. R. Kreger, *Beobachtungen an Zellwänden von Hefen und einigen anderen Pilzen durch Röntgenstrahlbeugung und Löslichkeitsteste.* Zellwände, die durch mechan. Zerstörung intakter Zellen gewonnen wurden, werden vor u. nach Behandlung mit 60° warmer 3%ig. NaOH u./oder heißer 2%ig. HCl röntgenograph. untersucht. Die Zus. der Wände bei den Hefen u. Pilzen in bezug auf Glucan, Mannan u. Chitin ist sehr verschieden. Es wurden auch Interferenzen von noch unbekannten Wandbestandteilen gefunden. (Biochim. biophysica Acta [Amsterdam] **13.** 1—9. Jan. 1954. Delft, Niederlande, Techn. Univ., Labor. of Techn. Bot., u. Labor. of Techn. Phys., X-ray Dep.) WERGIN. 4150

Ian M. Dawson und **Harold Stern,** *Struktur in der Zellwand der Bakterien während der Zellteilung.* Isolierte Zellwände von Staphylococcus aureus u. Streptococcus faecalis lassen den Verlauf der Zellteilung elektronenopt. erkennen. Zuerst wird an der Zellwand eine querlaufende Scheidewand gebildet, die zentripetal wächst, sich in zwei Schichten trennt u. zusammenzieht. Teilweise wurden vorangehende cytoplasmat. Membranscheidewände beobachtet. (Biochim. biophysica Acta [Amsterdam] **13.** 31—40. Jan. 1954. Glasgow, Scotland, Univ., Dep. Chem. u. Dep. Bacter.) WERGIN. 4150

A. G. Everson Pearse, *Anwendung der alkalischen Tetrazoliumreaktion zur Untersuchung von reduzierenden Gruppen in Gewebsschnitten.* Durch bei p_H 12,8 u. 60° durchgeführte alkal. Hydrolyse von mit Formalin fixierten Gewebsschnitten in Ggw. von *Tetrazolium*-Salzen können infolge Bldg. von unlösl. Formazanverbb. folgende Gewebskomponenten sichtbar gemacht werden: *Cystin* enthaltende, *Lipide* oder *Lipofuscin* enthaltende u. *red. Zucker* enthaltende Gewebsteile. (J. Pathol. Bacteriol. **67.** 129—36. Jan. 1954. London, Postgrad. Med. School, Dep. of Pathol.) KRUSEN. 4150

Alexander Symeonidis und **Prosper Loustalot,** *Uterusempfindlichkeit für Progesteron (Deciduoma-Reaktion) bei Mäusen mit hoher und niedriger Mammatumorrate.* Bei 3 Stämmen von ovarektomierten Mäusen, die 9 Tage lang *Progesteron* (I) in einer Gesamtmenge von 0,45—4,5 mg erhalten haben u. bei denen am 5. Tag der I-Behandlung der Uterus traumatisiert wurde, zeigten A- u. C57 BL-Mäuse eine stärkere Empfindlichkeit, gemessen am Uterusgewicht u. an der Ausbildung von Decidua, als C3H-Mäuse. Das Auftreten von Mammatumoren verhält sich entgegengesetzt. (J. nat. Cancer Inst. **13.** 851—57. Febr. 1953. Bethesda, Md., Nat. Canc. Inst.) KLINGMÜLLER. 4160

P. R. Peacock, S. Beck und **J. G. Chalmers,** *Magenkrebs: Mögliche diätische Carcinogene.* Wenn man an Mäuse Baumwollfett verfüttert, das ca. 2½ Std. bei 320° in einer Fe-Pfanne erhitzt wurde, treten häufiger hyperplast. Veränderungen (2 mal Carcinom) auf, als wenn das Öl nicht in Ggw. von Fe erhitzt wurde. Als carcinogene Verbb. kommen durch Fe-Katalyse gebildete Ketone u. Polymerisationsprodd., verschied. Oxydationsprodd. u. Glycidylstearate in Frage, ferner N-haltige Verbb., die aus Proteinen beim Erhitzen in Ggw. von Fett entstehen. Bei Kombination von Öldiät mit subcutanen Histamininjektionen wurden Degenerationen am Mäusemagen, aber keine Carcinome beobachtet. (J. nat. Cancer Inst. **13.** 931—47. Febr. 1953. Glasgow, Glasgow Royal Canc. Hosp., Res. Dep.) KLINGMÜLLER. 4160

Paul Kotin, Hans L. Falk, Paul Mader und **Marilyn Thomas,** *Aromatische Kohlenwasserstoffe.* 1. Mitt. *Vorkommen in der Luft von Los Angeles und carcinogene Wirkung der atmosphärischen Extrakte.* Bei der Analyse der in der Atmosphäre von Los Angeles vorhandenen Luftverunreinigungen konnten carcinogene KW-stoffe nachgewiesen werden, mit denen sich experimentell an der schwarzen C57-Maus Hautpapillome u. Hautkrebs erzeugen ließen. Bei der qualitativen Analyse waren *Chrysen, Pyren,*

1.2-Benzpyren, 3.4-Benzpyren, 1.12-Benzpyren, 1.12-Benzperylen u. eine Verb. Y festzustellen. Die Ggw. von aromat. KW-stoffen u. ihrer Oxydationsprodd. werden als bedeutungsvoll für die Pathogenese des Lungenkrebses angesehen. Auf die theoret. mögliche Bldg. von ungesätt. Verbb. u. Diepoxyden wird hingewiesen, deren carcinogene Wrkg. im Tiervers. bereits bekannt ist. (A. M. A. Arch. ind. Hyg. occupat. Med. **9.** 153—63. Febr. 1954. Los Angeles, Calif., Univ. of Southern California, School of Med., Dep. of Pathol. and Biochem.) ZELLER. 4160

Paul Kotin, Hans L. Falk und **Marilyn Thomas,** *Aromatische Kohlenwasserstoffe.* 2. Mitt. *Vorkommen in Auspuffgasen von Benzinmotoren und die carcinogene Wirkung der Auspuffgasextrakte.* (1. Mitt. vgl. vorst. Ref.) Bei der Analyse der unter verschied. Bedingungen gewonnenen Auspuffgase u. Rußpartikel von Benzinmotoren wurden carcinogene KW-stoffe nachgewiesen. Benzolextrakte dieser Stoffe führten bei lang dauernder Pinselung an der Haut von schwarzen C57-Mäusen zu Hautpapillomen u. Hautkrebs. Im Ruß von Benzinmotoren konnten u. a. *Pyren, 3.4-Benzpyren, 1.2-Benzpyren, 1.12-Benzpyren, Anthanthren, Coronen* u. außerdem eine nicht zu identifizierende gelbe Verb. (= Verb. X) nachgewiesen werden. Auf die mögliche Rolle dieser in der Luft der Städte in immer größerem Maße auftretenden Stoffe für die Entstehung u. die Zunahme des Lungenkrebses wird hingewiesen. (A. M. A. Arch. ind. Hyg. occupat. Med. **9.** 164—77. Febr. 1954. Los Angeles, Calif., Univ. of Southern California, School of Med., Dep. of Pathol. and Biochem.) ZELLER. 4160

P. Aboulker und **G. Smagghe,** *Blasentumoren bei Farbstoffarbeitern.* Zusammenfassender Bericht über 21 Fälle von Blasentumoren (davon 5 maligne) bei in Farbstofffabriken Beschäftigten, vermutlich hervorgerufen durch verschied. aromat. Amine. Zur frühzeitigen Erkennung von Blasenschäden empfehlen Vff. neben regelmäßiger Unters. auf Hämaturie wiederholte Cystoskopie. In Tierverss. zeigte reines Anilinhydrochlorid keine cancerogene Wrkg.; Vff. verweisen daher auf die bei Industrieprodd. vorkommenden Verunreinigungen als mögliche cancerogene Stoffe. (Arch. Maladies profess. Méd. Travail Sécurité soc. **14.** 380—86. 1953.) KRUSEN. 4160

G. Mayor, *Radiokobalt bei der Behandlung maligner Blasentumoren.* Die örtliche Behandlung von malignen Blasentumoren mit radioakt. Kobalt (^{60}*Co*; Gesamtdosis 11000—12000 r) gab in Verbindung mit dem chirurg. Eingriff bessere therapeut. Ergebnisse als die bisherigen Methoden (Krankengut von 60 Patienten). (Schweiz. med. Wschr. **84.** 510—12. 1/5. 1954. Zürich, Univ., Clin. chirurg.) K. MAIER. 4160

A. Jentzer und **R. Weyeneth,** *Kobalt, Blasenkrebs und künstlicher Winterschlaf.* Es wird über 2 Fälle von Blasenkrebs berichtet. Bei einer 67jährigen Patientin wurde ein atyp. Blasencarcinom, das als Rezidiv eines operativ entfernten nach mehr als 2 Jahren auftrat, durch lokale Einw. von ^{60}*Co*-Strahlung (60 mc, 3360 mgrhs, 7000 r) zum Verschwinden gebracht. Nach 1½ Jahren kein Rezidiv. Bei einem 52jährigen Patienten wurde ein ausgedehntes inoperables Neoplasma der Blase, das 2 Jahre nach der Resektion eines Adenocarcinoms auftrat, 6 Tage unter künstlichem Winterschlaf lokal mit 8700 r ^{60}*Co* mit Erfolg behandelt. (Schweiz. med. Wschr. **84.** 515. 1/5. 1954. Genève, Univ., Clin. de Chir.) K. MAIER. 4160

S. Neukomm, J. Rivier und **P. Lerch,** *Verhalten und Wirkung kolloidalen radioaktiven Goldes in Pleura- und Peritonealexsudaten.* Bei einem Fall (49jährige Patientin) von Peritonealcarcinose mit Ascites, die sich im Anschluß an ein operiertes Ovarialepitheliom entwickelte, wurde die Ascites-Fl. vor u. nach 50 mc koll. radioakt. *Au* cytol., sowie die Fixierung der Koll. in den Histiocyten untersucht. Die Strahlung bewirkte vorübergehend eine deutliche Hemmung des cancerösen Prozesses. Bei der Autopsie wurden zahlreiche Metastasen (Bauchhöhle, Pleura) festgestellt. Vff. empfehlen zur Behandlung derartiger Carcinosen sich rasch wiederholende Behandlungen mit nicht zu niedrigen *Au*-Dosen. (Schweiz. med. Wschr. **84.** 512—14. 1/5. 1954. Centre anticancer. romand, Service des recherches exp.) K. MAIER. 4160

H. K. Parchwitz, *Untersuchungen über Pflanzentumoren.* 1. Mitt. *Vergleichende fluorescenzmikroskopische Untersuchungen über das pathologische Wachstum an der Pflanze.* Fluorescenzmkr. Unters. an Pflanzengeweben (*Datura tatula, Solanum lycopersicum*) zeigten, daß *Pseudomonas tumefaciens*-Tumorgewebe hinsichtlich der räumlichen Ordnung des vasculären Syst. grundsätzliche Unterschiede gegenüber Gewebsbildungen, die als regeneratives (mechan. Verletzung, Injektion von Essigsäure), hormonales (Heteroauxininjektion) u. infektiöses (Injektion von *Bacterium coli*) Wachstum zu betrachten sind, aufweist. — 37 Literaturangaben. (Arch. Geschwulstforsch. **7.** 1—15. 1954. Berlin-Buch, Deutsche Akad. der Wiss., Inst. für Med. u. Biol.) K. MAIER. 4160

H. K. Parchwitz, *Untersuchungen über Pflanzentumoren. 2. Mitt. Über den Einfluß der Wirtspflanze auf die Wuchsform des Pflanzentumors.* (1. vgl. vorst. Ref.) Pfropfungsverss. mit *Pseudomonas tumefaciens* infizierten *Datura metel*-Pflanzen an *D. tatule* u. *Solanum lycopersicum* als Pfropfunterlage ergaben das Vorliegen verschied. pflanzenabhängiger Wuchsformen der durch den gleichen „cancerogenen" Reiz ausgelösten Tumoren u. weisen auf die Bedeutung endogener Faktoren der Wirtspflanze für den Reifegrad der sich auf ihr entwickelnden Geschwulst hin. (Arch. Geschwulstforsch. **7.** 15—23. 1954.) K. Maier. 4160

A. Graffi, H. K. Parchwitz und **E. J. Schneider,** *Untersuchungen über Pflanzentumoren. 3. Mitt. Cytochrom- und Brenzcatechinoxydaseaktivität in pflanzlichen Geschwülsten und Normalgewebe.* (2. vgl. vorst. Ref.) Zur Unters. von Stoffwechselleistungen pflanzlicher, durch *Bacterium pseudomonas tumefaciens* hervorgerufener Tumoren wurde der Geh. an *Cytochromoxydase* (**I**) u. *Brenzcatechinoxydase* (**II**) folgender Gewebsfraktionen von Tumor- u. n. Stengelgewebe der Tomate ermittelt. Gewebesuspension vor der Zentrifugation (**A**), bei 2000 Umdrehungen/Min. gewonnene Fraktion (große Plastiden u. Zellkerne; **B**), 4000 Umdrehungen/Min.-Fraktion (mittlere u. kleine Plastiden; σ), 15000 Umdrehungen/Min.-Fraktion (Mitochondrien u. gegebenenfalls Plastiden- bzw. Proplastidenbruchstücke; **D**), Überstand (lösl. Zellproteine u. andere lösl. Zellkomponenten, einschließlich bei 15000 Umdrehungen nicht mehr sedimentierbarer Teilchen; **E**). In n. Gewebe fand sich die Hauptmenge **I** in **D**, während die Atmungsfähigkeit der übrigen Fraktionen $<$ als 50% der **D**-Fraktion betrug, die zum Teil wohl auf verunreinigenden Mitochondrien beruhte. Die relativ hohe Atmungstätigkeit von **E** ist noch nicht geklärt. Bei Bezug des Atmungswertes auf *N* konnte zwischen n. u. Tumorgewebe kein wesentlicher Unterschied des **I**-Geh. festgestellt werden. **I**-Verteilung u. verbrauchte O_2-Menge zeigten bei beiden Gewebsarten große Ähnlichkeit. Im Gegensatz hierzu waren Verteilung u. Aktivität von **II** in Tumor- u. Normalgewebe wesentlich voneinander verschieden. In ersterem wiesen außer **D**, **B** u. σ starke **II**-Aktivität auf, **E** etwas geringere, während in n. Gewebe **D** den höchsten O_2-Verbrauch zeigte. Sämtliche Tumorgewebefraktionen besaßen etwa das 10—20fache der Aktivität entsprechender Fraktionen des Normalgewebes. **B**, σ u. **D** des letzteren wiesen eine intensivere Grünfärbung als die analogen Tumorfraktionen auf. (Arch. Geschwulstforsch. **7.** 23—27. 1954.) K. Maier. 4160

H. K. Parchwitz, A. Graffi und **E. J. Schneider,** *Untersuchungen über Pflanzentumoren. 4. Mitt. Zur Frage der Stärkebildung in normalen Assimilationsorganen und Tumororganoiden von Datura metel.* (3. vgl. vorst. Ref.) Die Unters. der *Stärke*-Bldg. in Blättern n. *Datura metel*-Pflanzen u. in als Organoide anzusprechenden Blättern, die aus *Pseudomonas tumefaciens*-Tumoren hervorgegangen sind, ergaben, daß das morpholog. Bild einen physiol. Zustand widerspiegelt. Normal- u. Tumorgewebe zeigen beträchtliche Differenzen ihrer physiol. Funktion. Die Stärkebldg. fehlt in Tumorgewebe oder ist mangelhaft ausgebildet. Die physiol. unterwertigen Tumororganoide sind allein, ohne Mithilfe der Assimilationsleistungen n. Organe, nicht in der Lage, die Wirtspflanze zu erhalten. (Arch. Geschwulstforsch. **7.** 28—33. 1954.) K. Maier. 4160

H. W. Kölle, *Zur Bedeutung des Ultraschalls in der Geschwulstforschung.* Bericht über photograph. Unterss. mit Ultraschall (US) zum Nachw., ob Luminescenz an das Auftreten von Cavitation gebunden ist. Nach Vf. beruht die Luminescenz des von US durchsetzten Mediums auf Gasentladungen in okkludierten oder gelösten Fremdgasen, sie können dann überall dort auftreten, wo Mediumsprünge möglich sind. Besprechung des Ursprungs u. Berechnung der zur Anregung der Gasblasen notwendigen Energie. (Arch. Geschwulstforsch. **6.** 197—208. 1954. Berlin-Buch, Deutsche Akademie der Wiss., Inst. für Med. u. Biol.) Dossmann. 4160

J. B. S. Haldane, The biochemistry of genetics. London: Allen & U. 1954. (144 S.) 15 s.

Emanuele Pàdoa, Biologia generale. Torino. Ed. Scientifiche Einaudi. 1953. (707 S. m. Abb.) **L.** 8000,—.

E$_2$. Enzymologie. Gärung.

René Wurmser, *Der Mechanismus der Enzymwirkungen.* Übersichtsref.: Kinetik der Enzym-Rkk., Konst. der Enzyme, Mechanismus der Aktivierung. — 31 Literaturangaben. (Cahiers de Physique **1954.** Nr. 47. 55—69. Jan.) K. Maier. 4200

M. A. Jermyn, *Die Faktoren, die die Papierchromatographie einiger Enzyme des Aspergillus oryzae und einiger verwandter Enzyme beeinflussen.* Während der Papierchromatographie wurde der Einfl. einer Anzahl von Faktoren, wie Konz. der Enzyme, Eigg., Zus. u. Konz. von Pufferlsgg., Wasserstoffionenkonz., Ggw. verschied. Lösungsmittel u. Ggw. organ. Verbb. (*p-Dimethylaminoanilin*, *6-Amino-α-naphthol-3-sulfon-*

säure, Arsanilsäure, p-Phenylendiamin, p-Aminobenzoesäure, β-Naphthylamin-6.8-disulfonsäure) auf das Verh. verschied. Enzyme, wie *Proteinase, Amylase, Katalase, Esterase, saure Phosphatase, p-Nitrophenyl-β-glucosilase, Salicinase* u. *Invertase*, die im Kulturfiltrat des Aspergillus oryzae vorhanden sind, untersucht. Die untersuchten Enzyme bestanden aus mehreren Komponenten, die nicht weiter bekannt sind, von denen aber vermutet wird, daß sie bei der Aufarbeitung entstanden. Die Enzyme des Aspergillus oryzae wurden mit Enzymen aus Handelspräpp. verglichen. Ihre Komponenten besaßen ähnliche Aktivitäten wie die der Pilzenzyme. (Austral. J. biol. Sci. **6.** 77—79. Febr. 1953. Melbourne, C. S. I. R. L., Biochem. Unit, Wool Textile Res. Labor.) KATHEN. 4210

Leon Levintow und **G. David Novelli,** *Die Synthese von Coenzym A aus Pantethein: Darstellung und Eigenschaften der Pantetheinkinase.* Das die Phosphorylierung von *Panthethin* (**I**) bewirkende Enzym *Pantetheinkinase* (**II**) wurde von frisch hergestellten Taubenleberextrakten ausgehend, teilweise gereinigt u. von den die nachfolgenden Stufen der *Coenzym A*-Synth. katalysierenden Enzymen durch Protaminsulfatfällung abgetrennt u. durch Adsorption des Phosphatpufferextraktes (p_H 7,0) des Nd. an Ca-Phosphat-Gel, Eluierung mit 0,2 mol. K_2HPO_4 u. Dialyse gegen 0,04 mol. KCl-**Lsg.** bei 5° teilweise gereinigt (16fach; Ausbeute 50%). **I** wird bei 25° innerhalb 4 Std. großenteils, bei 50° innerhalb 10 Min. vollständig inaktiviert, während es eingefroren bei —10° relativ haltbar ist. **II** benötigt 2wertige Kationen ($Mn^{2+} > Mg^{2+} > Ca^{2+}$, Co^{2+}, Cu^{2+} u. Fe^{2+} sind inakt.). Fehlen von Phosphationen vermindert die Reaktionsgeschwindigkeit um etwa die Hälfte. Maximale Aktivität wird mit Mn^{2+} bei p_H 6,5, mit Mg^{2+} bei 7,2 u. $2 \cdot 10^{-4}$ mol. **I** u. $6 \cdot 10^{-3}$ mol. *Adenosintriphosphat* (**III**) erzielt. Das

$$O{=}P(OH)_2{-}O{-}CH_2{-}C(CH_3)_2{-}CHOH{-}C(O){-}NH{-}CH_2{-}CH_2{-}C(O){-}NH{-}CH_2{-}CH_2{-}SH{-}$$

Reaktionsprod. aus **I** u. **III** ist ***4'-Phosphopantethein* (IV)**. **IV wird durch Prostata**-*Phosphomonoesterase* in **I** zurückverwandelt. (J. biol. Chemistry **207.** 761—65. April 1954. Boston, Mass., General Hosp., Biochem. Res. Labor., u. Harvard Med. School, Dep. of Biol. Chem.) K. MAIER. 4210

Robert Main Burton und **E. R. Stadtman,** *Die Oxydation von Acetaldehyd zu Acetylcoenzym A.* Ein gereinigtes *Aldehyd–Dehydrogenase*-Präp. aus Clostridium kluyveri katalysiert die DPN-gebundene Oxydation von Acetaldehyd (**I**) in Ggw. von Coenzym A zu *Acetylcoenzym A* (**II**). Die **I**-Oxydation ist reversibel; die DPN-gebundene Überführung von **I** in **II** liefert bei p_H 7,0 ca. 4200 cal. Die Aldehyddehydrogenase katalysiert auch die Oxydation von *Propion-, Butyr-* u. *Glykolaldehyd* zu den entsprechenden Acylcoenzym-A-Derivaten. (J. biol. Chemistry **202.** 873—90. Juni 1953. Bethesda, Md., Nat. Heart Inst., Nat. Inst. of Health, Unit. States Publ. Health Serv., Sect. on Cellular Physiol.) GOEBEL. 4210

Marvis Richardson, I. Forest Huddleson, Mary Trustdorf und **Rachel Bethea,** *Untersuchung der Katalase in Erythrocyten und Bakterien.* 3. Mitt. *Die Katalaseaktivität von menschlichen und tierischen Erythrocyten bei verschiedenen pathologischen Zuständen.* (2. vgl. C. **1953.** 9192.) In Blutproben von 152 Personen mit verschied. Krankheiten wurde nur in 1 Fall ein außerhalb der n. Grenzen liegender *Katalase* (**I**)-Index festgestellt, bei 22 kranken Kühen ebenfalls in 1 Fall. Die **I**-Indices der Blutproben von 5 von 44 kranken Hunden lagen etwas unter der Norm. Bei einem Hund mit Anämie lag der Wert deutlich höher. Die **I**-Indices von 2 Pferden, 14 Schweinen u. 5 Meerschweinchen, die verschied. Erkrankungen aufwiesen, lagen innerhalb des n. Bereiches. Da bei n. Individuen der **I**-Index in weiten Grenzen schwankt, können im einzelnen bei den untersuchten Fällen bestimmte signifikante Veränderungen vorgelegen haben, ohne daß sie als Abweichung von der Norm zu erkennen gewesen wären. (Arch. Biochem. Biophysics **47.** 338—45. Dez. 1953. East Lansing, Mich., State Coll., Dep. of Bacter. and Public Health.) K. MAIER. 4210

Marvis Richardson und **I. Forest Huddleson,** *Untersuchung der Katalase in Erythrocyten und Bakterien.* 4. Mitt. *Die Wirkung der Wasserstoffperoxydkonzentration auf die Katalaseaktivität von Bakterien.* (**3.** vgl. vorst. Ref.) Es wurde die zum Nachw. der maximalen *Katalase* (**I**)-Aktivität intakter *Brucella-* u. *Micrococcus lysodeikticus*-Zellen erforderliche H_2O_2-Konz. ermittelt. Beim Genus *Brucella* war hierzu eine um so größere H_2O_2-Konz. notwendig je größer die **I**-Aktivität war. Die maximale **I**-Aktivität von *M. lysodeikticus*-Zellen, die stets eine höhere Aktivität als *Brucella* aufwiesen, wurde mit 1,2n H_2O_2 erhalten. Die quantitative Messung der für maximale **I**-Aktivität intakter Bakterienzellen erforderlichen Substratkonz. ist nach den Befunden nicht nur für jede Species oder Varietät, sondern auch für die gleiche, aber unter verschied. Bedingungen gewachsene Art jeweils gesondert zu ermitteln. Die Verfügbarkeit des Substrats bildet bei der Messung intracellulärer **I** in Zellen des Genus *Brucella* mit mäßiger

u. hoher I-Aktivität u. in *M. lysodeikticus*-Zellen einen begrenzenden Faktor. Die Messung der maximalen I-Aktivität in unbehandelten Zellen erforderte eine größere H_2O_2-Konz. als diejenige in Zellen erhöhter Permeabilität u. in Extrakten zerkleinerter Zellen. (Arch. Biochem. Biophysics **47**. 346—58. Dez. 1953. East Lansing, Mich., State Coll., Dep. of Bacter. and Public Health.) K. MAIER. 4210

J. Jensen und **E. Thofern,** *Chlorhämin (Ferriporphyrinchlorid) als Bakterienwuchsstoff.* 3. Mitt. *Kompetitive Hemmung der Hämatinfermentsynthese.* (2. vgl. Z. Naturforsch. **8b**. 604. Okt. 1953.) Eine Variante von *Staphylokokken*, die nur funktionsfähige Hämatinfermente synthetisiert, wenn das Nährsubstrat *Hämin* (**I**) enthält, wurde statt mit **I** mit einem *Protoporphyrin-Kobalt-Komplex* (**II**) incubiert. Dieser blockiert das Apoferment, so daß ein nachträglicher **I**-Zusatz keine Atmungssteigerung bewirkt. Dagegen wird die Katalaseaktivität nicht verändert. Die Bindung der prosthet. Gruppe in der Katalase muß somit völlig anders sein als in den Atmungsfermenten. Die Bindung des **II** oder auch des **I** an das Apoferment ist irreversibel. (Z. Naturforsch. **8b**. 697. Nov. 1953. Göttingen, Univ., Hyg. Inst.) SCHELER. 4210

Morris London, Martin Cohen und **Perry B. Hudson,** *Einige allgemeine Grundzüge der Schaumfraktionierung von Enzymen.* Die Schaumreinigung von *Urease* (**I**) u. *Katalase* (**II**) wurde unter verschied. Bedingungen untersucht. **I** u. **II** waren aus unreinen Gemischen in erheblichem Maße voneinander, sowie von Begleitproteinen abtrennbar. Der optimale Proteinkonzentrationsbereich für die Schaumtrennung liegt zwischen ca. 0,01—0,2%, wobei sich im Schaum anreichernde Proteine am besten bei höheren, im Rückstand verbleibende am günstigsten bei niedrigen Konzz. reinigen lassen. Das p_H-Optimum liegt bei 4,8—5,6 u. fällt mit dem Gebiet des isoelektr. Punktes u. der maximalen Stabilität der meisten Eiweißkörper zusammen. Normale Schwankungen der Raumtemp. beeinflussen die Schaumfraktionierung nicht wesentlich. Hinsichtlich Gasgeschwindigkeit, Gasblasengröße u. Säulendimensionen werden die besten Ergebnisse unter Bedingungen erzielt, die die Bldg. maximal großer Blasen in Säulen von maximalem Durchmesser ermöglichen u. gleichzeitig den Zerfall der Blasen möglichst unterdrücken. Die Flüssigkeitshöhe in der Säule ist niedrig zu halten. Bei der Reinigung oberflächenempfindlicher, verd. Lsgg. u. selbstschäumender Proteine können Zusätze von *Tween 80* u. anderen nichtion. Dispergiermitteln zweckmäßig sein. (Biochim. biophysica Acta [Amsterdam] **13**. 111—20. Jan. 1954. New York, N.Y., Francis Delafield Hosp., u. Columbia Univ., Coll. of Phys. and Surg., Inst. of Cancer Res.) K. MAIER. 4210

J. Goksöyr, E. Boeri und **R. K. Bonnichsen,** *Die Veränderung der ADH- und Katalaseaktivität während der Keimung der grünen Erbse* (*Pisum sativum*). Während der ersten 12 Tage der Keimung der grünen Erbse wurden die Veränderungen der *Alkoholdehydrogenase* (ADH) u. *Katalase* sowie die Konzz. an Protein, Gesamt-N u. schnell meßbaren, durch mol./100 K_2HPO_4-Lsg. extrahierbaren SH- u. SS-Gruppen ermittelt. In den ersten 3 Tagen entspricht der ADH-Aktivität eine Abnahme der meßbaren SH-Gruppen. Zur gleichen Zeit steigt die Katalaseaktivität an. Die Fähigkeit der Erbsen, A. zu bilden, steht in Korrelation zur ADH-Aktivität. (Acta chem. scand. **7**. 657—62. 1953. Stockholm, Med. Nobel-Inst., Biochem. Dep.) KATHEN. 4210

N. E. Tolbert und **Marjorie S. Cohan,** *Aktivierung von Glykolsäureoxydase in Pflanzen.* Der Geh. an *Glykolsäureoxydase* (**I**) in Blättern verschied. Monokotyledonen (Gerste, Weizen, Flachs, Hafer, Ajax, Reis, Mais, Hirse, Roggen) wurde ermittelt u. dabei festgestellt, daß die Enzymaktivität zunächst im allg. gering war u. dann nach Belichtung (100 foot candles/24 Std.) der etiolierten Pflanzen anstieg. Mit 1000 foot candles 10 Min. lang belichtete Blätter etiolierten Weizens zeigten nach 20 bis 24 Std. ein Maximum der **I**-Aktivität. Durch Zugabe von Glykolsäure zum Substrat wurde das Enzym sowohl in vivo als auch in vitro im Dunkeln in Blättern etiolierten Weizens u. etiolierter Gerste aktiviert. (J. biol. Chemistry **204**. 639—48. Okt. 1953. Beltsville, Md., Bureau of Plant Ind.) KATHEN. 4210

Lawrence M. Marshall und **Felix Friedberg,** *In vitro-Kohlendioxydfixierung an Succinat.* Vff. untersuchen den aeroben u. anaeroben Einbau von ^{14}C aus $NaH^{14}CO_3$ in Succinat durch Rattenleberhomogenate. In einer modifizierten KREBS-RINGER-Lsg. dienten als Substrat: *Succinat, 3-Phosphorglycerinsäure* u. *Brenztraubensäure,* teilweise mit *Adenosinmono-* bzw. *-triphosphat* oder *Diphosphopyridinnucleotid* als Phosphatacceptoren. Nach einer Bebrütungsdauer von nicht mehr als 20 Min. wurden die getrockneten Extrakte in Pentanol/Chlf. aus Silicagel chromatographiert u. die Aktivität der Fraktionen bestimmt. Nach anaerob. Bebrütung war die Aktivität der Succinatfraktion größer als die irgendeiner anderen Säure. Das aerob. Verh. eines brenztraubensauren Substrates weicht von dem mit 3-Phosphoglycerinsäure ab.

(Biochim. biophysica Acta [Amsterdam] **13.** 61—65. Jan. 1954. Washington, Howard Univ., School of Med., Dep. of Biochem.) GENEST. 4210

G. W. E. Plaut und **Shan-Ching Sung,** *Diphosphopyridinnucleotid-Isocitronensäuredehydrogenase aus tierischen Geweben.* Eine mit *Diphosphopyridinnucleotid* (I) verknüpfte *Isocitronensäuredehydrogenase* (II) wurde in wss. Extrakten der Acetontrockenpulver von Mitochondrien verschied. Gewebe (Meerschweinchen-, Rinder-, Taubenherz, Taubenbrustmuskel, Rattenniere, -leber) nachgewiesen. Aus Rinderherzextrakt wurde eine 40—50fache Anreicherung von I–II erzielt. Bei der Rk. zwischen I u. *Isocitrat* entstanden $I_{red.}$ u. *α-Ketoglutarat* (III) in äquivalenten Mengen. I–II wurde durch Mn^{2+} u. Mg^{2+} aktiviert. K_s war ca. $4{,}5 \cdot 10^{-4}$ Mol; das p_H-Optimum lag bei 6,5 (für *Triphosphopyridinnucleotid*–II bei 7,8). Im Gegensatz zur Hefe–I–II war *Adenosin-5-phosphat* nicht für die Aktivität erforderlich, wirkte jedoch zeitweilig stimulierend. Bei Verwendung gereinigter I–II konnte $I_{red.}$ nicht durch III u. Bicarbonat oder *Oxalsuccinat* reoxydiert werden. Die II-Einheit wurde als die Menge definiert, die unter Bedingungen, bei denen die Geschwindigkeit der Zunahme der opt. D. (340 mμ) mindestens 5 Min. linear verläuft, eine Zunahme der opt. D. von 0,01/Min. hervorruft. (J. biol. Chemistry **207.** 305—14. März 1954. Madison, Wis., Univ. of Wisconsin, Inst. for Enzyme Res.) K. MAIER. 4210

N. L. Edson und **F. B. Cousins,** *Lactatoxydierende Systeme in Mycobakterien.* Die Annahme, daß es sich beim *lactatoxydierenden Enzym* (I) um ein Flavoprotein handeln könnte, erwies sich als falsch. Aus Mycobacterium phlei, M. smegmatis u. M. stercoris wurde ein gereinigtes L-I extrahiert u. gereinigt. Das aktivste Präp. aus M. smegmatis hat Q_{O_2} (pro mg N) = 166000 beim p_H-Optimum 5,2 u. 38°; es ist 6 mal so akt. wie ein von YAMAMURA u. Mitarbeiter (C. **1953.** **2296**) dargestelltes Präparat. Konz. Lsgg. des teilweise gereinigten Enzyms sind orangegelb gefärbt u. zeigen 3 elektrophoret. Komponenten; der Farbstoff wandert mit dem Enzym. Das UV-Absorptionsspektr. weist typ. Proteinbanden u. daneben die dem Farbstoff zukommende Absorption bei 380—403 mμ auf; es besteht die Möglichkeit, daß der Farbstoff eine prosthet. Gruppe des Enzyms ist, jedoch nimmt die Färbung mit zunehmender Reinigung ab. Reaktionsmechanismus: Bei der Rk. $CH_3CHOH \cdot COOH + O_2 \rightarrow CH_3COOH + CO_2 + H_2O$ scheinen O_2-Verbrauch u. CO_2-Bldg. nicht verändert zu werden durch Zugabe von Katalase mit oder ohne A.; dies zeigt, daß Katalase die Lactatoxydation nicht hemmt u. daß keine gekoppelte Oxydation in Ggw. von Katalase + A. abläuft; H_2O_2 wird nicht gebildet. (Nature [London] **171.** 702. 18/4. 1953. New Zealand, Univ. of Otago, Med. School, Travis Labor., Dep. of Biochem.) GOEBEL. 4210

Jekisiel Szulmajster, Marianne Grunberg-Manago und **Colette Delavier-Klutchko,** *Die Eigenschaften einer aus den „Partikeln" von E. coli isolierten Milchsäuredehydrogenase.* Aus *E. coli*-Zellen einer 17—18 Std.-Kultur wurde durch Waschen mit $^1/_{15}$ mol. Phosphatpufferlsg. (I) (p_H 7,5), Ultraschalleinw. (in I, 12 Min.; kalt), trypt. Verdauung (Pankreatin oder Trypsin u. NaF; je 1% Endkonz.; 10—12tägige Bebrütung, wobei Zerstörung des Cytochromsyst. erfolgt), Zentrifugieren, Waschen des Nd. mit dest. W., Suspendieren des Nd. in I, Extraktion mit der halben Menge Isobutanol, Abtrennung der wss. Schicht nach Zentrifugieren, Dialyse gegen $^1/_{45}$ mol. I (p_H 7,3, 4—5°) u. fraktionierte Fällung der zentrifugierten Lsg. mit $(NH_4)_2SO_4$ eine gereinigte *Milchsäuredehydrogenase* (II)-Lsg. erhalten. Das p_H-Optimum liegt bei p_H 7,5 (37°). II ist spezif. auf *dl-* u. *l-Lactat* eingestellt. Auf Grund der Nichthemmung durch KCN, N_3Na u. 8-Oxychinolin stellt II kein Schwermetallenzym dar. Die Unwirksamkeit von Monojodessigsäure spricht gegen eine Beteiligung von *SH*-Gruppen bei der II-Wirkung. 40std. Aufbewahren bei 20° bedingt keinen Aktivitätsverlust, 15 Min. Erwärmen auf 55° einen 75%igen. II wird nicht durch *Diphosphopyridinnucleotid* (III) aktiviert u. kann in Ggw. von *Pyruvat* (IV) $III_{red.}$ nicht oxydieren, während eine aus Rinderherz extrahierte II $III_{red.}$ sofort oxydiert. Die während der Reinigung der *E. coli*-II beim Zentrifugieren nach der trypt. Verdauung erhaltene Lsg. oxydiert jedoch $III_{red.}$ in Ggw. von IV. *E. coli* enthält demnach eine durch III aktivierbare, sehr lösl. II u. eine nichtaktivierbare, fester an die Bakterienpartikeln gebundene. Weitere Unterss. zeigten, daß letztgenannte II vom *Cytochrom*-Syst. unabhängig ist. (Bull. Soc. Chim. biol. **35.** 1381—93. 1953. Inst. de Biol. physico-chim., Service de Biochim., u. Centre Nat. de la Recherche Sci.) K. MAIER. 4210

M. A. Jermyn und **R. Thomas,** *Transferaseaktivität der β-Glucosidasen des Aspergillus oryzae.* Die *p-Nitrophenyl-β-glucosidase* des Aspergillus oryzae ist imstande, abgespaltene Glucose in Methanol, A. u. in Butanol umzuwandeln. Die Enzyme, die Salicin u. Cellobiose hydrolysieren, sind nicht so gut wirksam wie die β-Nitrophenyl-β-glucosidase; sie können aber abgespaltene Glucosemoll. in komplizierte Zucker überführen. (Austral. J. biol. Sci. **6.** 70–76. Febr. 1953. Melbourne, Biochem. Unit, Wool Textile Res. Labor.) KATHEN. 4210

Gertrude E. Glock und **Patricia McLean,** *Weitere Untersuchungen über die Eigenschaften und Bestimmung von Glucose-6-phosphatdehydrogenase und 6-Phosphogluconatdehydrase aus Rattenleber.* Die *Glucose-6-phosphat* (I)- u. die *6-Phosphogluconatdehydrase* (II) sind ausschließlich im lösl. Anteil der Rattenleber vorhanden. Für die Wrkg. dieser Enzyme wird als Aktivitätseinheit die Menge Dehydrogenase vorgeschlagen, die bei 20° 0,01 μMol *Triphosphopyridinnucleotid* pro Min. reduziert. Für I erhält man bei p_H 7,6 46 ± 3, u. für II bei p_H 7,6 u. 9,0 59 ± 8 u. 147 ± 10 Einheiten/g Leber von männlichen Tieren. Bei weiblichen Ratten liegen die Werte erheblich höher. Beide Enzyme werden durch *Mg*-, *Ca*- u. *Mn*-Ionen aktiviert u. durch *Hg*-Ionen inaktiviert. II wird außerdem noch durch *Cu*- u. *Zn*-Ionen inhibiert. Die Ggw. von akt. Sulfhydrylgruppen beeinflußt die Wrkg. der Enzyme stark. ATP wirkt für II als Inhibitor, nicht aber für I. (Biochem. J. **55.** 400–408. Okt. 1953. London, Middlesex Hosp., Med. School.) NIEMANN. 4210

Paul Guth, S. A. Komarov und **Harry Shay,** *Bestimmung von Pankreasamylase durch photometrische Trübungsmessung.* Vff. haben nach der photometr. Trübungsmessungsmeth. von WALDRON u. 2 Modifikationen davon ein Verf. für *Pankreasamylse* ausgearbeitet. Das Maß der Stärkehydrolyse ist proportional dem log der Amylasekonzentration. Die Ergebnisse zeigen, daß das Verhältnis Amylase: Protein-N-konz. konstant ist. Genaue Beschreibung der Meth. mit Kurven u. Tabellen. (Amer. J. Physiol. **173.** 461–66. Juni 1953. Philadelphia, Pa., Samuel S. Fels Res. Inst., Temple Univ., School of Med.) GOEBEL. 4210

Philip Feigelson und **Frank P. Conte,** *Studien über adaptive Fermentbildung bei Säugetieren.* 1. Mitt. *Galaktoseabbau.* Erwachsene Albinoratten erhielten 4 Wochen eine 0–20% *Galaktose* (I) enthaltende Kost. Der I-Abbau wurde durch I-Best. im Harn nach oralen Testgaben, nach Injektion von $^{14}C_{(1)}$-Galaktose an Hand der $^{14}CO_2$-Ausscheidung u. durch direkte Best. der glucolyt. u. galaktolyt. Aktivität der rohen Blutzellen verfolgt. Gleiche Werte bei allen Versuchsreihen machen eine adaptive Fermentbldg. wenig wahrscheinlich. (J. biol. Chemistry **207.** 187–92. März 1954. Oak Ridge, Tenn., Biol. Div., Oak Ridge Nat. Labor.) M. W. ROTHE. 4210

Carlos E. Cardini und **Luis F. Leloir,** *Enzymatische Phosphorylierung von Galaktosamin und Galaktose.* Extrakte aus Leber, Hirn u. *Saccharomyces fragilis* katalysieren die Phosphorylierung, d. h. die Übertragung von Phosphat aus Adenosintriphosphat auf *Galaktosamin* (I) u. *Galaktose* (II). Das hier wirksame Enzym ist nach Ansicht der Vff. *Galaktokinase.* Das p_H-Optimum der Phosphorylierung für I liegt bei p_H 7,3, für II bei p_H 7,7.

V e r s u c h e : Enzymextrakt aus Rattenleber durch $(NH_4)_2SO_4$-Fraktionierung (30 u. 50%). Der Nd. wird in dest. W. gelöst u. zentrifugiert. *Hirnenzymextrakt:* Aceton u. Ae. getrocknetes Rattenhirn wird in 0,06 mol. Na_2HPO_4-Lsg. homogenisiert. Unlösl. Anteil wird verworfen. *Hefeenzymextrakt* aus *Saccharomyces fragilis,* gewachsen in Hefeextrakt–Agar, enthaltend 2% Glucose oder Lactose. Temperierung bei 30°/48 Std.; Extraktion bei 5° (NEUBERG u. LUSTIG, Arch. Biochem. **1.** [1942.] 191). (Arch. Biochem. Biophysics **45.** 55–64. Juli 1953. Buenos Aires, Fundacion Campomar, Inst. de Invest. Bioquim.) BRATFISCH. 4210

Michinori Nakamura, *Wirkung eines zugefügten Initiators auf die Phosphorylase der Limabohne.* Nach der Meth. von GREEN u. STUMPF (J. biol. Chemistry **142.** [1942.] 355) wurde die *Phosphorylase* der Limabohne gereinigt (spezif. Aktivität bei 37°/mg Protein = 0,62). Es ließ sich beweisen, daß das gewonnene Enzympräp. noch Spuren eines Initiators enthielt, der durch Behandeln des gekochten Limabohnenenzyms mit gereinigter frischer Kartoffel-β-Amylase entfernt werden konnte. Aus den Unterss. ergab sich, daß die Phosphorylase für die Synth. von Stärke aus Glucose-1-phosphat einen schon vorhandenen Polysaccharidinitiator benötigt. (Nature [London] **171.** 795–96. 2/5. 1953. Tokyo, Dep. Agric. Chem.) KATHEN. 4210

J. E. Courtois und **Tran Van Ai,** *Über einige Eigenschaften der Phosphatase aus den Blättern der Kastanie.* Blätter der Kastanie wurden Ende Mai, Anfang Oktober u. Anfang November auf ihre Phosphataseaktivität geprüft. Diese besitzt in allen 3 Fällen zwischen p_H 4,5 u. 6,0 ein Maximum. Der Einfl. der Mg^{2+}-, Zn^{2+}- u. Mn^{2+}-Ionen zeigt keine jahreszeitlichen Unterschiede. Der größte Anteil (80%) der Phosphataseaktivität läßt sich nicht ohne weiteres mit W. extrahieren. (Bull. Soc. Chim. biol. **35.** 721–30. 1953. Paris, Labor. de Chim. Biol.) KATHEN. 4210

W. Bartley, *Wirkungsgrad der oxydativen Phosphorylierung während der Oxydation von Brenztraubensäure.* Der Phosphorylierungsquotient (P/Q) (Äquivalente gebildetes organ. Phosphat)/(verbrauchte Grammatome O_2) wurde durch Messung der Aufnahme von ^{32}P in Adenosintriphosphat (ATP) für die Oxydation der *Brenztraubensäure* (I) gemessen. Bei der vollständigen Oxydation von I in Ggw. von Hydrogencarbonat (II) betrug der Mittelwert für P/Q = 2,23 u. stieg bei unvollständiger Oxydation auf 3,92. Aus der Regressionsgeraden, die beim Auftragen von P/Q gegen das Verhältnis O_2/I erhalten wurde, ergab sich für die Oxydation von I zu Acetat (III) P/Q = 4. Wenn die Oxydation über III hinausgehen soll, muß entweder II oder Oxalessigsäure (IV) oder eine ihrer Vorstufen vorhanden sein. P/Q beträgt bei Ggw. von Fumarsäure 1,7 bei Ggw. von IV 2,13. Bei p_H 7—8 wird außer ATP oder Orthophosphat noch eine andere Phosphatverb., wahrscheinlich Pyrophosphat, gebildet. (Biochem. J. **54.** 677—82. Juli 1953. Sheffield, Univ., Dep. of Biochem., Med. Res. Council for Res. in Cell Metabolism.) HEYNS. 4210

Nicole Etling, *Die Wirkung von Hypnoticis auf den Kohlenhydratstoffwechsel des Rückenmarks.* 1. Mitt. *Bildung und Abbau der Hexosephosphate im normalen Rückenmarkgewebe.* Im Rückenmark der Ratte wurden alle Enzyme gefunden, die die ersten Stufen der phosphorylierenden Glykolyse katalysieren: Phosphorylase, Phosphoglucomutase, Oxoisomerase, Hexokinase u. Phosphohexokinase. Es wurde gezeigt, daß die Zucker im Rückenmark denselben Phosphorylierungs-Rkk. unterworfen sind wie in den anderen Organen der Säugetiere. (Bull. Soc. Chim. biol. **35.** 751—58. 1953. Paris, Inst. de Biol. physico-chim.) HEYNS. 4210

O. E. Pratt, *Der Anteil der durch histologische Methoden im Gehirn nachweisbaren Phosphataseaktivität.* Vf. bestimmte die *Phosphatase* (I)-Aktivität in Mikrotomschnitten durch Fällung des Phosphats mit Pb oder Ca u. stellte Vgll. mit frischen Gewebssuspensionen unter Bedingungen histolog. Methoden an. Die Aktivitäten von saurer u. alkal. I, 5-Nucleotidase, Adenosintriphosphatase u. Aneurinpyrophosphatase sind in Gefrier-, Trocken- u. Paraffingehirnschnitten von ähnlicher Größenordnung wie in Frischgeweben. Die Werte sind oft bedeutend höher als bisher in der Literatur berichtet; dies dürfte daher rühren, daß ohne A. oder Aceton gearbeitet wurde. In den histolog. untersuchten Präpp. war nur eine minimale Pyrophosphataseaktivität nachweisbar, da dieses Enzym in Salzmedien lösl. ist. Genaue Beschreibung der Methodik; Tabellen, Kurven. (Biochem. J. **55.** 140—45. Aug. 1953. London, Maudsley Hosp., Inst. of Psych., Dep. of Biochem. and Neuropathol.) GOEBEL. 4210

Henry Z. Sable, Patricia Bryan Wilber, Arthur E. Cohen und **Milton R. Kane,** *Desoxyadenylsäure als Acceptor für energiereiches Phosphat.* Kombinationen gereinigter Enzyme (*Pyruvatphosphokinase, Myokinase* [III], *Milchsäuredehydrogenase*), die die Bldg. von *Adenosindiphosphat* (I) u. *Adenosintriphosphat* aus *Adenosin-5-phosphat* (II) u. *Phosphoenolpyruvat* katalysieren, bilden, wie sich papierchromatograph. zeigen ließ, bei Incubationen mit *2'-Desoxyadenosin-5'-phosphat* (IV) in Ggw. geringer Mengen I wahrscheinlich durch die Wrkg. von III *2'-Desoxyadenosindiphosphat* u. anscheinend auch das entsprechende *Desoxyadenosintriphosphat.* Auch die phosphatübertragenden Enzyme der Nierenmitochondrien (aus homogenisierter Kaninchennierenrinde) können IV an Stelle von II verwerten. (Biochim. biophysica Acta [Amsterdam] **13.** 156—58. Jan. 1954. Boston, Mass., Tufts Coll. Med. School, Dep. of Biochem. and Nutrit.) K. MAIER. 4210

B. H. J. Hofstee, *Spezifität von Esterasen.* 3. Mitt. *Kritische Substratkonzentrationen.* (2. vgl. C. **1953.** 7831.) Die Aktivität–Substratkonz.-Kurven einer gereinigten Pferdeleber-*Esterase* (I) zeigen bei bestimmten krit. Konzz. des Substrats, *m-[n-Heptanoyloxy]-benzoesäure* (II), 2 ziemlich scharf ausgeprägte Diskontinuitätsstellen, die nicht auf Ggw. von 2 oder mehr Enzymen zurückzuführen sind. Eine (bei höherer Konz.) beruht auf einer Substratveränderung: II hat seifenähnliche Eigenschaften. Bei bestimmten Konzz. erfolgt Bldg. von Micellen, die möglicherweise von I nicht angegriffen werden. Die andere Diskontinuität ist anscheinend durch die Struktur des I-Mol. bedingt. *NaF* hemmt I wahrscheinlich durch Konkurrenz mit II. Die Konzentrationskurven des Inhibitors lassen prakt. keine Diskontinuität erkennen. Darst. von II nach C. **1953.** **7830.** **7831;** F. 78°. (J. biol. Chemistry **207.** 211—18. März 1954. Palo Alto, Calif., Med. Res. Found.) K. MAIER. 4210

B. H. J. Hofstee, *Spezifität von Esterasen.* 4. Mitt. *Das Verhalten der Pferdeleberesterase gegenüber einer homologen Reihe von n-Fettsäureestern.* (3. vgl. vorst. Ref.) Die Unters. des Verh. einer gereinigten Pferdeleber-*Esterase* gegenüber einer homologen Reihe von *n-Fettsäureestern* der *m-Oxybenzoesäure* (I) als Substrat ergab, daß die K_M-Werte der Systeme durch die *C*-Kettenlänge der Fettsäurekomponente des Substrats von C_3—C_9 oder höher, ausgenommen die K_M-Werte für die C_6- u. C_7-Verbb., nur geringfügig beeinflußt werden. Die katalyt. Konstante 1. Ordnung V_M/K_M nimmt dagegen mit steigender Zahl der C-Atome exponentiell von C_3-C_6 (Faktor 2,5) u. von C_6 bis mindestens C_9 (Faktor 2) zu. Bei niedrigen Substratkonzz. liegt die maximale Hydrolysegeschwindigkeit bei C_{12} oder mehr C-Atomen der Fettsäure. Darst. der I-*Fettsäureester* (C_2-C_{14}) nach J. biol. Chemistry **199.** [1952.] 357. 365; I-C_2, F. 1E0°; I-C_3, F. 86°; I-C_4, F. 94°; I-C_5, F. 84°; I-C_6, F. 83,5°; I-C_7, F. 78°; I-C_8, F. 83,5°; I-C_9, F. 81,5°; I-C_{10}, F. 86,5°; I-C_{11}, F. 84°; I-C_{12}, F. 88°; I-C_{14}, F. 89,5°; krist. nicht; hygroskop. Pulver; die Geschwindigkeit der nichtenzymat. Hydrolyse (p_H 8,0, 30°) beträgt ca. $^1/_3$ der entsprechenden *o*-I-Verbindungen. (J. biol. Chemistry **207.** 219—24. März 1954. Palo Alto, Calif., Med. Res. Found.) K. MAIER. 4210

Oscar Gawron, Chester J. Grelecki und **Marjorie Duggan,** *Die Wirkung von Substituenten auf die Hydrolyse von Phenylacetat durch Weizenkeimlipase.* Die Wrkg. der *Weizenkeimlipase* auf die Hydrolyse von Phenylacetat, in dem ein H durch CH_3, CH_3O, OH, CN, Cl oder NO_2 substituiert war, wurde untersucht. Die enzymat. katalysierte Hydrolyse dieser Substrate folgte der gewöhnlichen MICHAELIS-MENTEN-Gleichung. (Arch. Biochem. Biophysics **44.** 455—67. Juni 1953. Pittsburgh, Pa., Dep. of Chem.) KATHEN. 4210

C. Martius, *Der Mechanismus des Aufbaus und Abbaus der Fettsäuren.* Vortrag. Es wird unter Hinweis auf Arbeiten von LYNEN u. LIPMAN die Bedeutung des aktivierenden Faktors *Coenzym A* (I) bei der Synth. u. beim Abbau der Fettsäuren im Organismus gezeigt. Ein Schema für die Wirkungsmechanismen wird angegeben. I ist auch für die Bldg. der Neutralfette u. Phospholipoide von Bedeutung. (Fette u. Seifen, Anstrichmittel **55.** 1—2. Jan. 1953. Tübingen, Univ., Physiol.-chem. Inst.) RODERICH KÖNIG. 4210

Oliver G. Lien jr. und **David M. Greenberg,** *Identifizierung der enzymatisch aus Threonin gebildeten α-Aminobuttersäure.* In der Rattenleber bildet sich aus *Threonin* α-Aminobuttersäure, die durch Chromatographie rein dargestellt werden konnte. Die Identifizierung gelang durch Vgl. mit einem authent. Präp. der L-Form. Beide Stoffe hatten gleiche R_F-Werte u. gleiche Spektren. Die aus mit ^{15}N-Threonin gewonnene α-Aminobuttersäure zeigte nur noch 5% des zu erwartenden ^{15}N-Gehaltes. Es ist also eine Umaminierung bei der enzymat. Rk. anzunehmen. (J. biol. Chemistry **200.** 367—71. Jan. 1953. Berkeley, Calif., Univ. of California.) NIEMANN. 4210

C. M. Francis, *Histochemischer Nachweis von Aminoxydase in Leber. Aminoxydase* (II)-Aktivität kann in Gefrierschnitten mit Tetrazoliumverbb. als H^+-Acceptor nachgewiesen werden; die Meth. ist jedoch nicht spezifisch. Es wurde gefunden, daß die Rk. besser mit *Neotetrazolium* (I) gelingt. Fettkörper werden durch I rot gefärbt u. geben im Gemisch mit II eine Purpurfärbung; die rote Fettfärbung kann durch Behandeln der Schnitte mit Aceton herausgelöst werden, zurück bleibt eine Blaufärbung von II. Das blaue Präcipitat wurde immer im Zellcytoplasma gefunden; der Nucleus wird nicht angefärbt. Octylalkohol verhindert die Farb-Rk., KCN hat keinen Einfluß. (Nature [London] **171.** 701—02. 18/4. 1953. Cambridge, Univ., Physiol. Labor.) GOEBEL. 4210

Wm. M. Govier, Bennett G. Howes und **Anna J. Gibbons,** *Die oxydative Desaminierung von Serotonin und anderen 3-β-Aminoäthylindolen durch Monaminoxydase und der Einfluß dieser Verbindungen auf die Desaminierung von Tyramin.* Verschied. Derivv. des *Serotonins* werden durch Meerschweinchenleberhomogenate schneller desaminiert als *Tyramin* (manometr. Best. des O_2-Verbrauchs). Die Einführung einer einzelnen Methylgruppe in die Seitenkette hemmt die Desaminierung (Da.) nicht, wohl aber Dimethyl-, Isopropyl-, Benzyl- u. Diäthylsubstitution des Aminoäthyl-N u. der Austausch der Äthylgruppe des β-C-Atoms. Durch diese nicht desaminierten Derivv. wird die Da. von Tyramin gehemmt (35—90%). Es wird angenommen, daß diese Stoffe bei oraler Anwendung (als Vasoconstrictoren) bes. akt. sind, da sie durch die Leber nicht desaminiert werden. Allerdings kann auch Tyramin nach oraler Verabreichung im Urin wiedergefunden werden. Entweder liegt Reaminierung vor oder die Da. findet in vivo nicht immer statt. (Science [Washington] **118.** 596—97. 13/11. 1953. Kalamazoo, Mich., Upjohn Comp., Dep. of Pharmacol.) HANS THIELE. 4210

James W. Holleman, *Die Synthese von Glutathion und Cysteinylglykokoll durch lösliche Enzyme der Rattenleber.* Nach Incubation der überstehenden Fl. eines zentrifugierten Rattenleberhomogenisats zusammen mit *Glutaminsäure* (I), *Cystein* (II) u. *Glykokoll* in Ggw. von Adenosintriphosphat, Fumarsäure oder Glycerophosphat bei 37,5° waren im Trichloressigsäurefiltrat papierchromatograph. das Dipeptid *Cysteinylglykokoll* (III) u. *Glutathion* (IV) nachweisbar. Bei Ausführung des gleichen Vers. ohne I entstand nur III. Die Bldg. von *γ-Glutamylcystein* aus I u. II war nicht nachweisbar (vgl. dagegen JOHN u. Mitarbeiter, J. biol. Chemistry **199.** [1952.] 407). Anscheinend stellt II eine Zwischenstufe bei der Synth. von IV durch die lösl. Rattenleberenzyme dar. (C. R. hebd. Séances Acad. Sci. **238.** 1360–61. 22/3. 1954.) K. MAIER. 4210

Erwin Sheppard und **A. D. McLaren,** *Untersuchungen über kristallisiertes Trypsin, Sojabohnentrypsininhibitor und Inhibitor–Trypsin-Verbindung mit der Ultrazentrifuge.* (Vgl. SHEPPARD, MCLAREN u. JOHNSON, J. Polymer Sci. **5.** [1950.] 375.) Es wird über Unterss. von *Trypsin* (**I**), *Sojabohnentrypsininhibitor* (**II**) u. die *Inhibitor–Trypsin-Verb.* (**III**) mit der Ultrazentrifuge berichtet, in denen die Stöchiometrie der Rk. zwischen **I** u. **II**, die Stabilität der Verb. u. die Art der Bindung zwischen den Komponenten untersucht wurden. Gemische von **I** u. **II** zeigen Komplexbldg. bei p_H 6,0, aber nicht bei p_H 2,8 in Phosphatpuffer; das Maximum liegt bei p_H 6 in Gemischen, in denen etwa gleiche Mengen **I** u. **II** vorhanden sind; die Verb. **III** ist konstant. Die krist. **I** + **II**-Verb. (**III**) wurde dargestellt u. ihre Sedimentation als Funktion von Proteinkonz., p_H u. Ionenstärke festgestellt. **III** dissoziiert in ihre Komponenten bei p_H $<3{,}0$; ihre Sedimentationskonstante bei p_H 3,6–10,4 beträgt $S_{20,w} = 2{,}9$ S; unter p_H 3,0 $S_{20,w} = 2{,}5$ S, Werte, die mit denen von **I** u. **II** vergleichbar sind. Dimerisation oder Konzentrationsabhängigkeit von s konnte nicht beobachtet werden; bei 72std. Stehen in 3 mol. Salzlsgg. zeigte sich keine Dissoziation. Es wird gezeigt, daß sich **III** auch in Ggw. des trypt. Inhibitors *Benzoyl-L-arginin* bildet. Die Mol.-Geww. von krist. **III**, **I** u. **II** werden diskutiert. – Tabellen, Sedimentationsdiagramme u. Kurven werden angegeben. (J. Amer. chem. Soc. **75.** 2587–91. 5/6. 1953. Brooklyn, N. Y., Polytechn. Inst. of Brooklyn, Dep. of Chem.) GOEBEL. 4210

E. V. Rowsell, *Acetylcholinstoffwechsel in elektrisch gereizten Schnitten der Großhirnrinde.* Durch elektr. Anregung wird komplex gebundenes *Acetylcholin* (**I**) in Schnitten der Großhirnrinde von Meerschweinchen frei. Die Schnitte werden nach einer Incubationszeit von 60–75 Min. bei 37° 15–20 Min. dem elektr. Strom ausgesetzt u. dann der **I**-Geh. bestimmt. Er beträgt bei unbehandelten Schnitten 2,85 ± 0,32 (µg **I**/g Substanz) u. bei behandelten 3,50 ± 0,28. Ein weiterer Beweis für die Anregung der Dissoziation durch Elektrobehandlung wird erbracht durch die Tatsache, daß in unbehandelten Schnitten der Geh. an komplex gebundenem **I** höher ist als bei in behandelten [4,91 (µg/g Schnitt) u. 3,49]. Eine Neubldg. von **I** in angeregten Schnitten ist nicht ausgeschlossen. (Biochem. J. **55.** V–VI. Aug. 1953. London, Univ., Brit. Postgraduate Med. Federat., Maudsley Hosp. S. E. 5, Biochem. Labor., Inst. of Psych.) U. BAUMANN. 4210

S. T. Deolalkar und **Kamala Sohonie,** *Thiaminase von Süßwasser-, Brackwasser- und Salzwasserfisch.* Der Einfl. des p_H auf die Wirksamkeit von *Thiaminase* (**I**) wird untersucht. Während **I** beim Süßwasserfisch ein p_H-Optimum von 7,0 besitzt, zeigen die Diagramme von Brackwasser- u. Salzwasserfischextrakten Maxima bei p_H 3,6, 5,6 u. 7,0; was die Existenz mehrerer Thiamin zerstörender Fermente wahrscheinlich macht. Dialyse der Extrakte hemmt alle 3 Fermente; durch Zusatz von Mn- oder Co-Salz werden die **I** der p_H-Optima 3,6 u. 5,6 regeneriert. (Nature [London] **173.** 489–90. 13/3. 1954. Bombay, Biochem. Dep. Inst. of Sci.) M. W. ROTHE. 4210

D. Gross, *Papierelektrophorese der durch Hefeinvertase aus Saccharose gebildeten Oligosaccharide.* Vergleichende papierchromatograph. u. papierelektrophoret. Unterss. teilhydrolysierter Saccharoselsgg.; Nachw. von Di- u. Trisacchariden. (Nature [London] **173.** 487–89. 13/3. 1954. Ravensbourne, Keston, Kent., Res. Labor. Tate and Lyle Ltd.) M. W. ROTHE. 4270

Piotr P. Slonimski, *Über die Wirkungsweise von Benzimidazol auf Hefe. Benzimidazol* (**I**) hemmt bei nicht in Proliferation befindlichen Zellsuspensionen von *Saccharomyces cerevisiae* die adaptive Bldg. von *Atmungsenzymen* (*Cytochromoxydase, Cytochrom a, b, c, cf*). $3 \cdot 10^{-3}$ mol. **I**-Konz. bewirkt bei p_H 6,3 eine 50%ig. Hemmung. Der Hemmungsgrad ist eine lineare Funktion der Konzentration. Die Hemmung kann durch p_H-Erniedrigung auf 4 aufgehoben werden. Die Hefezellen halten bei p_H 8 ca. 10mal mehr **I** zurück als bei p_H 3. Nur das nichtionisierte **I**-Mol. ist wirksam. Anscheinend ist die Zellwand für **I**-Ionen nicht passierbar. *Adenin* u. *Guanin* beeinflussen die **I**-Hemmung nicht. Das Hefewachstum wird durch **I** ebenfalls gehemmt, wobei H^+-Ionen auf die **I**-Wrkg. einen antagonist. Effekt ausüben u. Purine ohne Einfl. sind. Auf Grund der bislang bekannten Tatsachen ist die **I**-Hemmung nicht als eine *Antimetabolit*-Wrkg. deutbar. (C. R. hebd. Séances Acad. Sci. **238.** 1361–63. 22/3. 1954.) K. MAIER. 4270

E₃. Mikrobiologie. Bakteriologie. Immunologie.

Gerda Nilsson und **Per Eric Nilsson,** *Einige Beobachtungen über den Gebrauch von Zylindern aus verschiedenen Materialien in der Zylinder–Platten-Methode.* Da sowohl Glas- als auch Stahlzylinder ziemlich teuer sind, versuchten Vff., Aluminiumzylinder für den Plattentest einzuführen. Es zeigte sich aber, daß solche Zylinder je nach Art der Sterilisierung u. Reinigung Hemmungszonen von 15—35 mm Durchmesser bilden (*Staphylococcus aureus*). Daher ist Al für solche Teste unbrauchbar. (Arch. Mikrobiol. **20.** 109—10. 1954. Uppsala, Inst. of Microbiol.) HANS THIELE. 4300

J. Malgras, J. Meyer, R. Sartory und **C. Clavelin,** *Nachweis und Bestimmung einiger Wachstumsfaktoren in einem Nährmedium auf der Basis von Proteinhydrolysaten.* Die Wachstumsfaktoren *Pantothensäure, Folsäure, Riboflavin, Thiamin, Biotin, Vitamin PP, p-Aminobenzoesäure* u. *Pyridoxin* werden in Verbindung mit einem Nährmedium aus 2%ig. Proteinhydrolysat (vgl. SARTORY u. Mitarbeiter, Ann. Inst. Pasteur **81.** [1951.] 88) quantitativ ermittelt. Es zeigt sich, daß dieses Milieu für das Wachstum von Keimen, die namentlich Vitamin PP, Biotin u. p-Aminobenzoesäure u. in etwas geringerem Grade Folsäure, Pantothensäure, Riboflavin u. Thiamin benötigen, sehr günstig ist. (Ann. Inst. Pasteur **85.** 664—66. Nov. 1953. Straßburg, Pharmazeut. Fak., Mikrobiol. Labor.) HEYNS. 4310

Mary C. Lanning und **Seymour S. Cohen,** *Der Mechanismus der Ribosebildung in Escherichia coli.* Es wurde eine Meth. zur Isolierung eines reinen Deriv. der *Ribose* (**I**)-Komponente kleiner *Ribosenucleinsäure*-Mengen entwickelt. Aus der Nucleotidlsg. wird durch Wasserdampfdest. in Ggw. von H_2SO_4 (9n Lsg.) Furfural abgespalten (aus Uridylsäure 75—80%, aus Cytidylsäure 60—65% der theoret. Ausbeute), in das *2.4-Dinitrophenylhydrazon* (rote u. gelbe Form) übergeführt u. dieses durch Chromatographie an Al_2O_3 aus Chlf.-C_6H_6 (1 : 1) gereinigt. Die Meth. diente zur Unters. des Aktivitätsgeh. von **I**, die von *E. coli* aus *$^{14}C_{(1)}$-D-Glucose* (**II**) als alleiniger *C*-Quelle aufgebaut wurde. Die Befunde (niedriger ^{14}C-Geh. von **I**) sprechen für eine bevorzugte **I**-Synth. aus **II** unter Verlust des $C_{(1)}$-Atoms von **II**. Daneben scheinen noch andere Reaktionsmechanismen beteiligt zu sein. (J. biol. Chemistry **207.** 193—99. März 1954. Philadelphia, Pa., Children's Hosp., Dep. of Pediatr., u. Univ. of Pennsylvania, School of Med., Dep. of Physiol. Chem.) K. MAIER. 4320

F. V. Gray, A. F. Pilgrim und **R. A. Weller,** *Umwandlung von Pflanzenstickstoff in mikrobiellen Stickstoff im Schafpansen.* Aus N_2- u. Ligninbestimmungen im Futter (Weizenheu) u. im Pansen geschlachteter Schafe wird die Umwandlung von Pflanzen-N_2 in mikrobiellen N_2 ermittelt. Da Lignin nicht verdaut wird, kann das Ausmaß der N_2-Umwandlung aus der Beziehung mg N_2/g Lignin bestimmt werden. Vff. finden, daß im Pansen von Schafen, die mit Weizenheu gefüttert wurden, der Pflanzen-N_2 zur Hälfte in mikrobiellen umgewandelt wird. — Bei allen Unterss. ist der Gesamtstickstoffgeh. des Futters gleich dem im Pansen. (Nature [London] **172.** 347—48. 22/8. 1953. Adelaide, Univ., Commonwealth Sci. and Ind. Res. Organ., Div. of Biochem. and Gen. Nutrit.) E. HAAS. 4320

Guy Fauconneau und **Louis Chevillard,** *Die Umwandlung von Lysin, Cystin und Methionin durch Bakterien des Schafspansen in vitro.* Die Bilanzen der drei Aminosäuren Lysin, Cystin u. Methionin für Luzerneheu u. frische Luzerne beim Bebrüten mit Bakterien des Schafspansen werden ermittelt. (C. R. Séances Soc. Biol. Filiales **147.** 69—71. Jan. 1953. Coll. de France, École pratique des Hautes Études, u. I. N. R. A.) HEYNS. 4320

Jay S. Roth, Herbert J. Eichel und **Eileen Ginter,** *Die Oxydation von Aminosäuren durch Tetrahymena pyriformis W.* Vff. bestimmten den Einfl. von 39 Aminosäuren auf die O_2-Aufnahme von Tetrahymena pyriformis W (früher als Tetrahymena geleii bezeichnet). Die Atmung wurde durch folgende Aminosäuren (geordnet nach fallender Aktivität) stimuliert: *L-Phenylalanin* (**I**), *L-Tyrosin, L-Cystein* (**II**), *D-Cystein, L-Prolin, L-Isoleucin, 1.1-DL-Aminopropansulfonsäure, L-Leuciu* u. *D-Leucin.* Es wurden ebenfalls die Wirkungen wechselnder Mengen **I, II** u. Gemische von Aminosäuren auf die Respiration untersucht. In zellfreien Homogenaten konnte unter Verwendung von **I, II** oder *L-Alanin* als Substrat keine Aminosäureoxydaseaktivität festgestellt werden. Unterss. über das Verschwinden von **I** in Beziehung zur O_2-Aufnahme u. NH_3-Bldg. wurden durchgeführt. (Arch. Biochem. Biophysics **48.** 112—19. Jan. 1954. Philadelphia, Pa., Hahnemann Med. Coll., Div. of Biol. Chem., William Goldman Isotope Labor.) NEHRING. 4320

N. Wichrowa, *Anwendung der Chromatographie bei Antibioticis.* Zusammenfassende Übersicht über Abscheidung, Reinigung, Trennung u. Identifizierung auf Grund der nichtsowjet. Literatur. — 74 Literaturhinweise. (Антибиотики [Antibiotika] **7.** 3—15. 1954.) LEBTAG. 4340

H. Sarlet und **H. Lempereur,** *Bestimmung der Diffusionskonstanten des von Streptomyces S-67 gebildeten Actinomycins.* Nach dem Verf. von OTH (Bull. Soc. chim. Belge **58.** [1949.] 377; Wachstumshemmung von Bacillus subt. in Petrischalen) wird für den Diffusionskoeff. des *Actinomycins* in W. bei 20° ein Wert von $2{,}23 \cdot 10^{-6}$ $cm^2 \cdot sec^{-1}$

gefunden. (Bull. Soc. chim. Belge **62.** 640—44. Okt./Dez. 1953. Lüttich, Univ., Labor. Biochim.) HENTSCHEL. 4340

Harry Eagle, *Die Bindung von Penicillin in Beziehung zu seiner cytotoxischen Wirkung.* 1. Mitt. *Wechselwirkung zwischen der Penicillinempfindlichkeit in Verbindung mit der Aktivität intakter Bakterien und zellfreier Extrakte.* Beschreibung der Versuchsmeth. u. der Herst. der Bakteriensuspensionen von 5 Species; werden diese mit ^{14}*C*- oder ^{35}*S-Penicillin* (I) angesetzt, so findet I-Bindung u. I-Anreicherung statt, die von der Konz. abhängt. Bei niedrigen Konzz., 0,001—0,01 μg/ml, hängt die I-Menge von der I-Empfindlichkeit des Stammes ab, hochempfindliche Organismen, wie Str. pyogenes speichern I 200fach; die gebundene I-Menge war durch Auswaschen der Bakteriensuspension nur in geringem Maße zu entfernen. Bei Inaktivierung von I durch *Penicillinase, HCl* oder heiße H_2SO_4 keine ähnlichen Feststellungen. Trotz unterschiedlicher I-Empfindlichkeit entsprechende I-Bindung bei 4 der 5 untersuchten Stämme. Die letale intracelluläre Konz. lag im Mittel bei 1,7—4 μg/g u. 1,6—3,3·10^3 Mol/Zelle. Bakterien in der log. Wachstumsphase, ruhende Organismen u. durch Beschallung zellfreie Extrakte zeigten etwa die gleiche I-Reaktionsfähigkeit. Nur bei E. coli Inaktivierung von I innerhalb der Zellen. Bei hohen I-Konzz., 1—10^3 μg/ml, lag in keinem Fall eine spezif. I-Bindung u. ein Zusammenhang mit der I-Empfindlichkeit der Bakterien vor. I-Spaltprodd., wie *Penicillamin, Penicilloin-* (penicilloic) u. *Penillsäure,* verhalten sich wie I. (J. exp. Medicine **99.** 207—26. 1/3. 1954. Bethesda, Md., Nat. Inst. of Health, Nat. Microbiol. Inst., Labor. of Infect. Diseases.) DOSSMANN. 4340

I. M. Lockhart, G. G. F. Newton und **E. P. Abraham,** *Die Konstitution des Bacitracins A.* 2 *Bacitracin A* (I)-Präpp. (47 u. 72 I.E./mg) wurden bei 37° 1—6 Tage mit 11nHCl hydrolysiert u. die gebildeten *Peptide* (II) elektrophoret. u. papierchromatograph. getrennt u. charakterisiert. Nur ein Teil der II stimmt mit der von PORATH (Nature [London] **172.** [1953.] 871) vorgeschlagenen Aminosäurefolge des I-Mol. überein. 6tägige Hydrolyse ergab beträchtliche Mengen *Histidin, Ornithin* (III), *Asparaginsäure* u. *Glutaminsäure* (IV), *Leucylglutaminsäure, β-Sulfoalanylleucin* u. *Isoleucylcysteinsäure,* ein Tripeptid aus *Cysteinsäure* (V), *Leucin* (VI) u. IV (V*N*-endständig), sowie ein Tetrapeptid aus *Isoleucin* (VI), V, VI u. IV (VI *N*-endständig), woraus sich die Anordnung *—iso-Leu—Cy*(*S*—)*—Leu—Glu* ergibt. Auf Grund weiterer Unterss. setzt sich die linke Seite durch ein III, *Phenylalanin* u. VI enthaltendes Peptid (III *N*-endständig) fort. Die Hydrolyse von *Dinitrophenyl*-I lieferte ein sich wie *Dinitrophenyl*-VI verhaltendes Deriv., Handels-I, das etwas *Bacitracin B* enthält, zusätzlich eine sich wie *Dinitrophenylvalin* verhaltende Substanz. Beim Abbau von I nach EDMAN entstanden nur ca. 5% der von N-endständigem VI zu erwartenden Menge an *3-Phenyl-2-thiohydantoin.* (Nature [London] **173.** 536—37. 20/3. 1954. Oxford, Univ., Sir William Dunn School of Pathol.) K. MAIER. 4340

James D. Dutcher, Gerald Boyack und **Sidney Fox,** *Herstellung und Eigenschaften von kristallinem Fungicidin* (*Nystatin*). Bericht über die Darst. von kristallinem *Fungicidin* = *Nystatin* (I) von Streptomyces noursei. I entspricht etwa der Formel $C_{46}H_{83}NO_{18}$; das Mol. enthält bas. u. saure Gruppen; große Ähnlichkeit von I mit *Rimocidin* (II) u. *Ascosin* (III), aber keine Identität, was bei II durch verschied. opt. Drehung, bei III durch abweichende UV-Absorptionskurve nachzuweisen ist. I, II, III zeichnen sich durch ihre Wrkg. auf Fungi aus. (Antibiotics Annu. **1953/54.** 191—94. New Brunswick, N. J., Squibb Inst. for Med. Res.) DOSSMANN. 4340

Milton N. Donin, Joseph Pagano, James D. Dutcher und **Clara M. McKee,** *Methymycin, ein neues kristallines Antibioticum.* Bericht über *Methymycin* (I), seine Isolierung, bakterielle Wirksamkeit sowie seine chem. u. physikal. Eigenschaften. Die Elementaranalyse ergab die Formel $C_{25}H_{43}O_7N$, die mit derjenigen von *Pikromycin* u. den *Proactinomycinen* übereinstimmt, deren Eigg. aber von I abweichen. Angabe der Isolierung der kristallin. I-Base, der I-Titration mit H_2SO_4, der Darst. von I-Sulfat, I-Hydrosulfat, I-Methojodid, der katalyt. Hydrierung von I in A. u. von I bzw. Dihydro-I in Essigsäure. (Antibiotics Annu. **1953/54.** 179—85. New Brunswick, N. J., Squibb Inst. for Med. Res.) DOSSMANN. 4340

Jesse Charney, W. P. Fisher, Charles Curran, Roy A. Machlowitz und **Alfred A. Tytell,** *Streptogramin, ein neues Antibioticum.* Beschreibung von *Streptogramin* (I), einem von Streptomyces graminofaciens isolierten Antibioticum mit der angenäherten Formel $C_{24}H_{33}N_3O_7$; ein kristallines I-Präp. liegt noch nicht vor. Spezif. Wrkg. von I auf grampositive Bakterien u. Haemophilus pertussis; Art der Wirksamkeit u. die langsame Resistenzentw. sind vergleichbar mit den entsprechenden Eigg. von *Penicillin.* Toxizität DL_{50} bei der Maus = 450 mg/kg. (Antibiotics Annu. **1953/54.** 171—73. West Point, Pa., Sharp and Dohme Div., Merck and Co., Inc.) DOSSMANN. 4340

R. C. Pittenger, R. N. Wolfe und **Phoebe Nelms Marks,** *Die Wirkung von Erythromycin gegenüber Mikrococcus pyogenes var. aureus in vitro.* Nach Festlegung einer biol. Wirkungseinheit wurden *Erythromycin* (I), *Penicillin* (II), *Chlortetracyclin* (III), *Oxytetracyclin* (IV) u. *Streptomycin* (V) bzgl. ihrer Hemmwrkg. gegenüber Mikrococcus pyogenes var. aureus verglichen. Die Reihenfolge ihrer nicht sehr stark voneinander abweichenden Aktivität ergab sich folgendermaßen: III, II, I, IV, dagegen war V bei den geschilderten Versuchsbedingungen 26 mal unwirksamer als III. Der Einfl. einer Reihe von Faktoren, die das Ergebnis beeinflussen können, wird diskutiert. Die Resistenzentw. von I ist derjenigen von II analog. (Antibiotics Annu. **1953/54.** 449—59. Indianapolis, Ind., Lilly Res. Labor.) DOSSMANN. 4340

R. E. Rhodes und **R. J. Ferlauto,** *Die Wirksamkeit von Polymyxin-, Neomycin- und Gramicidinkombinationen.* Bericht über Testverss. in vitro mit einer Kombination von 50 E. *Polymyxin-B* (I)-Sulfat, 4 E. *Neomycin* (II)-Sulfat u. 1 μg *Gramicidin* (III) u. den Komponenten allein gegenüber gramnegativen u. -positiven Bakterien. Potenzierung der I-Aktivität durch III bei gramnegativen Bakterien. II + III war bes. akt. bei grampositiven Organismen. Keine Potenzierung durch I + II oder I + III bei gramnegativen Erregern. (Antibiotics Annu. **1953/54.** 565—69. Philadelphia, Pa., Smith, Kline and French Labor.) DOSSMANN. 4340

William M. M. Kirby, Wayne S. Waddington und **Glenn M. Doornink,** *Auftreten antibioticaresistenter gramnegativer Bacillen bei Harnwegsinfektionen.* Austestung von coliformen Bakterienstämmen von Patienten mit Harnwegsinfektionen gegenüber *Streptomycin, Chlor-* u. *Oxytetracyclin, Chloramphenicol* u. *Polymyxin* ergab entsprechend Resistenz von 43, 29, 29, 2 u. 3%. (Antibiotics Annu. **1953/54.** 285—90. Seattle, Wash., Univ. of Washington, School of Med., Dep. of Med. u. King County Hosp.) DOSSMANN. 4340

K. Baalsrud und **Kjellrun S. Baalsrud,** *Untersuchungen über Thiobacillus denitrificans. Thiobacillus denitrificans* (I) zeigt in Abwesenheit von NH_4-Salzen u. Fe kein Wachstum. Als obligat chemoautotropher Organismus kann I S u. S-Verbb. (Thiosulfat, Tetrathionat) aerob oder anaerob oxydieren, wobei dann NO_3 red. wird. Nitrit hemmt in Konzz. von $3{,}5 \cdot 10^{-4}$ mol. das Enzymsystem. In Ggw. von $S_2O_3^{2-}$ wird NO_2^- zu NO u. weiter zu N_2 reduziert. CO_2-Assimilation findet statt, wie mit $^{14}CO_2$ festgestellt wurde. (Arch. Mikrobiol. **20.** 34—62. 1954. Pacific Grove, Calif., Stanford Univ., Hopkins Mar. Stat.) HANS THIELE. 4350

A. G. Harbour, *Ein Schnelltest für Lecithinasebildung.* Der zur Identifizierung von Clostridium welchii von anderen Clostridia-Arten von NAGLER empfohlene *Lecithinase* (I)-Test kann wie folgt schnell durchgeführt werden: 10 ml einer Emulsion von Eidotter in steriler NaCl-Lsg. (1 : 1) werden zu 100 ml Nähragar gegeben u. ausgegossen. Kontrollschalen werden mit 4—5 Tropfen Cl. welchii-Antitoxin besprüht. Zur Prüfung eines Organismus werden Test- u. Kontrollschalen auf einem Fleck von 2—3 mm Durchmesser beimpft, diese unter Vermeidung der Luftblasenbldg. mit einem sterilen Deckgläschen bedeckt u. 2—4 Std. bei 37° incubiert. Entw. eines undurchsichtigen Fleckes deutet auf durch Cl. welchii gebildete I, wenn er nur auf der Testschale entsteht. (J. Pathol. Bacteriol. **67.** 253—54. Jan. 1954. Manchester, Monsall-Hosp.) KRUSEN. 4350

Roy Markham, *Die Chemie einiger funktioneller Komponenten der Viren.* Übersichtsref. bzgl. des chem. Baues von Viren. *Nucleinsäuren* (I), *Ribonucleinsäuren, Desoxyribonucleinsäuren,* Beziehung zwischen I u. *Virusproteinen.* — Etwa 40 Literaturangaben. (Cold Spring Harbor Sympos. quantitat. Biol. **18.** 141—48. 1953. Cambridge, England, Molteno Inst., Agric. Res. Council, Plant Virus Res. Unit.) K. MAIER. 4374

H. Lüdecke und **Luise Stange,** *Beitrag zur Frage nach den Störungen des Stoffwechsels in den Blättern vergilbungskranker Zuckerrüben.* Im Verlauf von Unterss. über den Vergilbungsvirus der Zuckerrüben wurden an Blättern von kranken u. gesunden Pflanzen vergleichende Bestimmungen der Zucker u. Proteine durchgeführt. Die Zucker wurden papierchromatograph. getrennt: **Glucose** u. **Fructose** wurden mit Triphenyltetrazoliumchlorid entwickelt u. die entstandenen Farbstoffe nach Extraktion mit Methanol colorimetriert; **Sacharose** u. Fructose wurden mit Phloroglucin entwickelt, die Farbstoffe konnten aber wegen ihrer Unlöslichkeit nicht extrahiert werden u. wurden deshalb auf dem Papier colorimetriert. Zur Ermittlung des Eiweißgeh. wurde der Stickstoff nach KJELDAHL bestimmt u. die nach Säurehydrolyse anfallenden Aminosäuren unter Verwendung von Butanol–Eisessig–W. u. wassergesätt. Phenol papierchromatograph. getrennt u. mit Ninhydrin in A. entwickelt. Es wurde gefunden, daß in den Blattspreiten der kranken Pflanzen erheblich größere Zuckermengen vorhanden sind als in den Spreiten gesunder Pflanzen. Während in gesunden Pflanzen Glucose, Fructose u. Saccharose etwa in gleichen Mengen vorliegen, überwiegen bei vergilbungskranken Pflanzen Glucose u. Fructose. Der Eiweißgeh. (Stickstoff nach KJELDAHL) nimmt mit steigendem Zuckergeh. ab, u. zwar vermindern sich die Mengen der einzelnen Aminosäuren in gleichem Maße. (Zucker **6.** 551–58. 1/12. 1953. Inst. für Zuckerrübenforsch.) KOBLITZ. 4374

Willibald Rother, *Einfluß von β-Indolylessigsäure und wasserlöslichen Wirkstoffen des Maisscutellums auf Keimung und Wachstum von Phykomyces blakesleeanus.* Im Scutellumextrakt (I) liegen offensichtlich Stoffe vor, die wie bei Kressewurzeln u. Petuniapollenschläuchen die Hemmung durch starke Konzz. β-Indolylessigsäure (**II**) aufzuheben vermögen. Für diese Wrkg. sind *Hypoxanthin* u. *Guanin* verantwortlich, die beide im Extrakt vorkommen. Daneben wurden 9 Aminosäuren, *Glucose, Fructose Saccharose* u. *Vitamin* B_1 nachgewiesen. Nach dem 5. Kulturtag spricht *Phykomyces blakesleeanus* nicht mehr auf **I** an. **I** u. **II** greifen an verschied. Plasmaorten an u. kompensieren sich also in ihrer Wirkung. (Arch. Mikrobiol. **20.** 89–108. 1954. Freiburg/Br., Univ., Bot. Inst.) HANS THIELE. 4380

A. D. Gardner, Bacteriology for medical students and practitioners. 4th ed. New York: Oxford. 1954. (280 S. m. Abb.) $ 3,—.

E_4. Pflanzenchemie. Pflanzenphysiologie. Pflanzenpathologie.

W. S. Ferguson und **R. A. Terry,** *Purine in Weidepflanzen.* Die proteinfreie stickstoffhaltige Fraktion von Weidepflanzen enthält ein Gemisch verschied. Purine, von denen 4 (*Adenin* (**I**), *Guanin* (**II**), *Xanthin* (**III**) u. *Hypoxanthin* (**IV**)) identifiziert werden (Papier- u. Ionenaustauschchromatographie). — Aus dem Saft der Weidepflanzen werden Proteine, Chloroplasten usw. durch Hitze u. Behandlung mit A. entfernt. Die Purine werden aus dem geklärten Saft mit ammoniakal. $AgNO_3$-Lsg. gefällt u. nach Entfernung des Ag mit HCl in 2 n Säure gelöst; die saure Lsg. wird durch eine Zeo-Karb-216-Säule geschickt u. mit 2 n Säure eluiert. Die Unters. der Fraktionen durch UV-Absorption zeigt die Ggw. von **I**–**IV**, die jedoch wegen Überschneidung nicht quantitativ bestimmt werden können. — Wahrscheinlich sind auch die Pyrimidine Thymin u. Uracil im Weidepflanzensaft enthalten. (Nature [London] **172.** 346–47. 22/8. 1953. Bracknell, Berks., I. C. I. Ltd.; Jealott's Hill Res. Stat.) ERIKA HAAS. 4420

D. M. Eny, *Farblose Polyene in grünen Blättern und im Latex.* Aus frischen Blättern einjähriger Heveapflanzen ließen sich durch Extraktion mit Hexan, das 30% Aceton enthielt, die farblosen Polyene *Phytoen* u. *Phytofluen* isolieren. Aus unvorbehandeltem Latex reifer, 10 Jahre alter Heveabäume, konnten diese Polyene neben α- u. β-Carotin nach Vorbehandlung mit 0,1 n HCl u. Extraktion mit Aceton, das 15% Hexan enthielt, abgetrennt werden. (Arch. Biochem. Biophysics **46.** 18–21. Sept. 1953. Beltsville, Md., Bur. of Plat. Ind.) KATHEN. 4420

Katashi Makino, Takeo Kinoshita, Tadashi Sasaki und **Takeo Shioi,** „*Atoxopyrimidin*". Vff. erhalten durch Fällung des schwefelsauren wss. Extraktes von Reiskleie mit Phosphorwolframsäure einen Nd., der (mit $Ba(OH)_2$ behandelt, durch 4 maliges Umfällen gereinigt, in Aceton gelöst u. daraus mit W. gefällt) *Atoxopyrimidin* enthält, das die bei Mäusen u. Ratten durch *Toxopyrimidin* (*2-Methyl-6-amino-(?)-oxymethylpyrimidin*) verursachten Krämpfe verhindert. Weitere Reinigung durch Gegenstromverteilung u. Papierchromatographie. Die UV-Absorptionsspektren der gereinigten Ndd. ähneln bei nahezu allen p_H-Werten denen des Uridins. Sie enthalten 23–30% eines uridinähnlichen Stoffes. R_F-Werte (Papierchromatogramm im UV): 0,15 (Butanol–W.), 0,63 (80%ig. A.), 0,25 (mit 1% NH_3 gesätt. Butanol). Durch Erhitzen mit 6 n HCl keine Veränderung der R_F-Werte; adsorbierbar an saurem Ton u. Holzkohle. — In verschied. Vitaminen u. Aminosäuren, die ebenfalls Atoxopyrimidinwrkg. zeigen, wird *Pyridoxamin* als wirkendes Prinzip des Atoxopyrimidins gefunden, das wahrscheinlich aus Pyridoxin gebildet wird. — *2-Methyl-4-oxy-5-oxymethylpyrimidin* zeigt auch Atoxopyrimidinwrkg., jedoch schwächer als Pyridoxamin. (Nature [London] **173.** 34–35. 2/1. 1954. Kumamoto, Japan, Univ., Med. School, Dep. of Biochem.) ERIKA HAAS. 4420

Arthur Scheunert und **Ernst Theile,** *Ein Beitrag zur Kenntnis des Vitamin-C-Gehaltes in grünen Pflanzen unter besonderer Berücksichtigung des Gehaltes an Dehydroascorbinsäure.* Bei einer Unters. der Blätter verschied. Pflanzen u. verschied. Samen konnten die teilweise sehr hohen Gehh. an *Dehydroascorbinsäure* (**I**), wie sie von SEYBOLD u. MEHNER (S.-B. Heidelberger Akad. Wiss., math.-naturwiss. Kl. Nr 10 [1948.] 5. 17) angegeben, wurden, nicht bestätigt werden. Die Werte lagen fast durchweg unter 20 mg%, häufig sogar unter 10 mg%. Bei den Samen ergab sich eine bessere Übereinstimmung. Junge Samen wiesen geringere, alte hohe I-Konzz. auf. Unterschiede in der Methodik bestanden im wesentlichen nur in der Extraktion mit einem

Gemisch von 2%ig. Metaphosphorsäure (II)-1%ig. HCl, während obige Autoren 5%ig. II verwendeten, u. Best. des Restreduktionswertes nach $CuSO_4$-Behandlung. (Pharmazie 7. 776–80. Dez. 1952. Potsdam-Rehbrücke, Anst. für Vitaminforsch. u. Vitaminprüfung.) K. MAIER. 4425

Brigitte Schröder, *Untersuchungen über den Einfluß verschiedener Neutralsalze auf Wachstum, Zellform und Fadenbildung von Stichococcus bacillaris und einigen anderen Grünalgen.* Die Alge *Stichococcus bacillaris* zeigt normalerweise folgenden Entwicklungsgang: Wenigzeller — kurze Fäden — lange Fäden — kurze Fäden u. Wenigzeller — Einzelzellen. Neben der Jahreszeit haben gewisse Salze großen Einfl. auf die Entwicklung. Alkalisalze beschleunigen den Zellzerfall, Erdalkalisalze hemmen ihn, während NH_4-Salze den Zerfall völlig verhindern u. Krümmungen der Fäden bewirken. *Scenedesmus* reagiert auf hohe Salzkonzz. mit Bldg. von Einzelzellen. Andere Grünalgen reagieren in gleicher Weise oder gar nicht. (Arch. Mikrobiol. **20.** 63–88. 1954. Göttingen, Univ., Pflanzenphysiol. Inst.) HANS THIELE. 4450

A. N. Meiss, *Die Bildung von Asparagin in etiolierten Keimlingen von Lupinus albus L.* Die auffallende Speicherung von *Asparagin* (I) in etiolierten *Lupinus albus*-Keimlingen stellt anscheinend die Folge einer n., jedoch obligator. Verwertung von Samenprotein als Atmungssubstrat dar. Die I-Speicherung verläuft nach einem bestimmten Schema, das 3 mehr oder weniger unterscheidbare Stufen erkennen läßt: 1. rasche I-Speicherung in Verbindung mit n. Wachstum u. Stoffwechsel, 2. ein Hungerstadium, während dessen Wachstum u. I-Speicherung sich mit stark red. Geschwindigkeit fortsetzen, 3. physiol. Gewebsabbau mit gleichzeitigem Verschwinden von I. Im 1. Stadium, in dem die Hauptmenge I gebildet wird, besteht zwischen dem Stoffwechsel belichteter u. etiolierter Keimlinge nur ein geringer Unterschied. Die Hauptquelle des I-*C* bildet das Samenprotein. Eiweiß u. Lipoide sind als Quelle des Atmungs-CO_2 möglicherweise von annähernd gleicher Bedeutung. Zwischen den Kohlenhydratfraktionen u. I-Bldg. besteht anscheinend kein direkter Zusammenhang. *Glutamin* wird nicht gespeichert, bildet aber eine Zwischenstufe der I- u. Eiweißsynthese. In der Fraktion der „organ. Säuren" waren *Citronensäure, Äpfelsäure, Phosphorsäure* u. eine unbekannte organ. Säure nachweisbar. Ein im Anschluß an den Tricarbonsäurecyclus aufgestelltes biochem. Schema bietet eine hypothet. Grundlage zur Deutung der bei Unters. der I-Speicherung erhaltenen Daten. — Etwa 70 Literaturangaben. (Connecticut agric. Exp. Stat., New Haven, Bull. **553.** 1–74. Jan. 1952. New Haven, Conn., Agric. Exp. Stat.) K. MAIER. 4460

D. P. Hopkins, *Spurenelemente und Nutzpflanzen.* (Chem. Products chem. News **16.** 409–12. Nov. 1953.) RANG. 4470

A. J. Vlitos und **L. J. King,** *Schicksal von Natrium-2.4-dichlorphenoxyäthylsulfat im Boden.* Unterss. an *Natrium-2-[2'.4'-dichlorphenoxy]-äthylsulfat* (I) haben ergeben, daß I unter sauren Bedingungen leicht hydrolysiert zu *2-[2'.4'-Dichlorphenoxy]-äthanol* (II) u. $NaHSO_4$. Bacillus cereus var. mycoides (FLÜGGE) SMITH, GORDON u. CLARK bildet ein Enzym, das diese Hydrolyse katalysiert, u. zwar sowohl im Boden als auch in vitro. I wird im Boden quantitativ in II übergeführt, das als sehr starker Wurzelhemmstoff wirkt. II kann im Boden zu *2.4-Dichlorphenoxyessigsäure* (*2.4-D*) oxydiert werden, u. es ist daher unmöglich, zu unterscheiden, ob eine herbicide Wrkg. bei I-Anwendung auf II oder *2.4-D* zurückzuführen ist. (Nature [London] **171.** 523. 21/3. 1953. Jonkers, N. Y., Boyce Thompson Inst. for Plant Res., Inc.) GOEBEL. 4495

E₅. Tierchemie. Tierphysiologie. Tierpathologie.

Rodolfo R. Brenner, *Die chemische Zusammensetzung der Depotfette des Prochilodus lineatus.* 1. Mitt. *Rückenfett.* Es wurde die Zus. der Fettsäuren verschied. Depotfette des in Argentinien zur industriellen Fettgewinnung benutzten Süßwasserfisches Prochilodus lineatus untersucht. Im Rückenfett wurden die folgenden Fettsäuren gefunden: C_{14} 4%, C_{16} 22,9%, C_{18} 6,2%, C_{20} 0,7%, C_{14}–2 H 1,4%, C_{16}–2H 15,4%, C_{16}–6H 0,6% sowie Gemische von C_{18}—2,7H 38,8%, C_{20}–6,6H 10,0%. Das Vorhandensein von C_{22} ungesättigten Fettsäuren ist wahrscheinlich. Die Jodzahl der Depotfette liegt zwischen 88,9 u. 112,8, die Verseifungszahl zwischen 193,8 u. 197,5. Die Fettverteilung bei weiblichen Fischen wurde bei verschied. Alter u. Gewicht bestimmt. (An. Asoc. quím. argent. **41.** 61–73. März 1953. Buenos Aires, Univ., Fac. de Cienc. Exact., Cátedra de bromatol. y Analisis Ind.) v. KEREKJARTO. 4520

Sidney Roberts und **Clara M. Szego** (unter techn. Mitarbeit von **Annette V. Terzian**), *Der Einfluß von Steroiden auf die Respiration und Glykolyse des Uterus.* Nach intravenöser Injektion von *Östradiol* (I) bei der kastrierten Ratte wird nach 4 Std. am isolierten Uterusgewebe eine erhöhte aerobe u. anaerobe Glykolyse festgestellt, die wahrscheinlich auf eine erhöhte Permeabilität zurückzuführen ist. Dieser Effekt wird durch *Verb. F-Acetat* (II) inhibiert (Erniedrigung der Permeabilität), dagegen nicht durch *Desoxycorticosteronacetat* (III). Eine erhöhte Respiration tritt nach 4 Std. noch nicht auf. Die Erhöhung des Verbrauchs von O_2 u. exogenem Kohlenhydrat nach 20 Std. wird auf die Erhöhung der proliferativen Aktivität durch I zurückgeführt, wobei wieder II, aber nicht III inhibierend wirkt. Eine erhöhte Wirksamkeit der Glykolyse der proliferativen Phase gegenüber der ersten Rk. wird auch durch ein geringeres Auftreten von Lactat unter aeroben Bedingungen bewiesen. (J. biol. Chemistry **201.** 21–30. März 1953. Los Angeles, Calif., Univ. of California, Dep. of Zool., School of Med., Dep. of Physiol. Chem.) H.-J. KOCH. 4558

John G. Wiswell und **Leo T. Samuels**, *Die Verwandlung von Progesteron durch Lebergewebe in vitro.* Rattenleberhomogenate können *Progesteron* abbauen, offenbar unter Zerstörung der α.β-ungesätt. Ketongruppierung in Ring A (UV-Absorptionsmaximum bei 240 mμ), die Seitenkette scheint dagegen erhalten zu bleiben. Die offenbar durch Schwermetallionen inhibierte Rk. wird durch Citronensäure, Isocitronensäure, cis-Aconitsäure u. andere metallbindende Verbb. bedeutend beschleunigt u. besteht wahrscheinlich in einer Red. am Ring A. Das wirksame Enzymsyst. scheint von dem Testosteron- u. Methyltestosteron-abbauenden verschieden zu sein, da deren Zerstörung unter anaeroben Bedingungen merklich verzögert wird, was bei vorliegender Rk. ohne Einfl. bleibt. Ein Zusatz von Adenosintriphosphat oder Adenosin-5-phosphat hat keine Wrkg. auf die Reaktionsgeschwindigkeit. (J. biol. Chemistry **201.** 155–60. März 1953. Salt Lake City, Ut., Univ. of Utah, Coll. of Med., Dep. of Biol. Chem.) H.-J. KOCH. 4559

A. E. Kellie, E. R. Smith und **A. P. Wade**, *Harnsteroide.* 1. Mitt. *Bildung und Bestimmung der 3.5-Dinitrobenzoate von alkoholischen Steroiden.* Zur quantitativen Best. der alkoh. Steroide des Harns untersuchten Vff. die Extinktion der *3.5-Dinitrobenzoate* einiger Steroide unter verschied. Bedingungen. Die Bestimmungen wurden mit 0,1–0,5 mg des Esters ausgeführt u. dabei gefunden, daß die Extinktion proportional der Anzahl der Dinitrobenzoylreste bei Mono- u. Polyoxyverbb. ist.

Versuche: Darst. der *3.5-Dinitrobenzoate*: Die vollkommen von A. befreite Steroidfraktion (ca. 10 mg) wird mit *3.5-Dinitrobenzoylchlorid* (50 mg) u. Pyridin (0,1 cm^3) versetzt u. ½ Min. auf dem Wasserbad erhitzt, mit Bzl. verd., mit nHCl u. n-NaOH gewaschen u. eingedampft. Es wurden dargestellt die 3.5-Dinitrobenzoate von ($[\alpha]_D^{20-25}$ in Chlf. [c = 1,0]): *Androsteron*, $C_{26}H_{32}O_7N_2$, F. 181–182°; *3β-Oxyandrostan-17-on*, $C_{26}H_{32}O_7N_2$, F. 235–236°; *3β-Oxy-Δ⁵-androsten-17-on*, $C_{26}H_{30}O_7N_2$, F. 221 bis 222°; *Pregnan-3α.20α-diol*, $C_{35}H_{40}O_{12}N_4$ (Diester), F. 245–246°, $[\alpha]_D$ +14,5°; *5α-Pregnan-3α.20α-diol*, $C_{35}H_{40}O_{12}N_4$, F. 200–201°, $[\alpha]_D$ +6,5°. Best. der opt. D.: Die ca. 0,08 mg Dinitrobenzoylrest äquivalente Menge des Esters wird in 0,8 cm^3 Aceton u. 0,2 cm^3 0,1%ig. KOH in A. gelöst, nach 5 Min. 9 cm^3 A. oder Aceton zugegeben u. die Extinktion der roten Lsg. mit einem Photometer (ILFORD 606-Filter) gemessen u. die Estermenge an Hand einer Eichkurve bestimmt. (Biochem. J. **53.** 578–82. März 1953. London, Middlesex Hosp., Med. School, Courtauld Inst. of Biochem.) H. SCHEURLEN. 4559

A. E. Kellie und **A. P. Wade**, *Harnsteroide.* 2. Mitt. *Chromatographie von 3.5-Dinitrobenzoaten: Anwendung auf die ketonfreie alkoholische Fraktion.* (1. vgl. vorst. Ref.) *3.5-Dinitrobenzoate* von *Cholesterin*, *Pregnan-3α.20α-diol*, *5α-Pregnan-3α.20α-diol*, *Androstan-3α.17β-diol*, *Δ⁵-Androsten-3β.17β-diol*, *Pregnan-3α.12α.20-triol*, *5α-Pregnan-3β.16α.20β-triol* lassen sich an Al_2O_3 u. etwas weniger gut an Silicagel chromatograph. durch Elution mit PAe.-Bzl.-Gemischen trennen. Die Unters., der ketonfreien Fraktion des Urins von Frauen vor u. nach der Menopause, von Männern u. von Patienten mit CUSHING-Syndrom u. Nebennierentumor u. -hyperplasie (Trennung mit Digitonin in 3α- u. 3β-Alkohole, Veresterung mit 3.5-Dinitrobenzoylchlorid, Chromatographie an Al_2O_3 u. Best. der Extinktion der einzelnen Fraktionen) zeigte, daß bei den patholog. Fällen die Ausscheidung der Steroid-3α-alkohole stark erhöht ist, u. daß in diesen Fällen, im Gegensatz zu den Befunden am Gesunden, auch eine relativ hohe Ausscheidung von *3β*-Steroidalkoholen stattfindet. (Biochem. J. **53.** 582–88. März 1953. London, Middlesex Hosp., Med. School, Courtauld Inst. of Biochem.) H. SCHEURLEN. 4559

R. I. Cox und **G. F. Marrian**, *Die Isolierung von Pregnan-3α.17α.20α-triol aus dem Harn gesunder Menschen.* Aus dem Chloroformextrakt des Harns Gesunder wurde nach Incubation mit *β-Glucuronidase* u. Verteilungschromatographie *Pregnan-3α.17α.20α-triol* in einer Menge isoliert, die einer täglichen Ausscheidung von ca. 1–2 mg entspricht. Daneben konnte noch die Ggw. von 2 weiteren mit H_5JO_6 Acetaldehyd liefernden Steroiden nachgewiesen werden. Hemmung der *β*-Glucuronidase mit Saccharat zeigte, daß alle 3 Steroide ursprünglich als Glucuronide vorlagen. (Biochem. J. **54.** 353—56. Juni 1953. Edinburgh, Univ., Dep. of Biochem.) H. SCHEURLEN. 4559

G. Schaible und **E. Schlüren,** *Ergebnisse mit einem neuen biochemischen Schwangerschaftstest (Richardson).* Vff. überprüften den Test von RICHARDSON (C. **1952.** 1355), der auf der Rk. von *Östron* mit 2.4-Dinitrophenylhydrazin beruht, u. fanden in 220 Fällen nur 68% richtige Ergebnisse bei Graviden u. 51% bei Nichtgraviden. (Dtsch. med. Wschr. **77.** 1609—10. 19/12. 1952. Reutlingen, Kreiskrankenhaus.) P. LOCH. 4559

Jean Vivien, *Erklärungsversuch für die Wirkungsweise des radioaktiven Phosphors auf den hypophysär-genitalen Komplex der Cyprinodonten.* Vf. kommt nach seinen Unterss. zur Auffassung, daß ^{32}P auf die neurosekretor. Elemente der magnocellulären diencephalen Kerne, die die hypophysären Funktionen kontrollieren, einwirkt. Es kommt zu einer Hemmung der hypophysären Funktionen mit Verlangsamung oder Stillstand des somat. Wachstums u. Blockierung der Keimzellmitosen in den Gonaden. Die lokale Wrkg. von ^{32}P auf die Keimzellen würde später auftreten u. die Zellen im ruhenden Zustande treffen. Die Wrkg. des ^{32}P auf die Keimzellen ist nicht grundsätzlich unterschiedlich von der der Röntgenstrahlen. (C. R. Séances Soc. Biol. Filiales **147.** 1462—64. Aug./Sept. 1953. Strasbourg, Labor. de Biol. animale, Fac. des Sci.) K. BÖHM. 4560

D. W. Woolley und **R. B. Merrifield,** *Hohe Strepogeninaktivität von synthetischem Oxytocin und von gereinigtem Vasopressin.* Durch Anwendung des Gegenstromverf. u. der Ionenaustauschchromatographie gelingt es, aus Partialhydrolysaten des Insulins (24 Std. bei 37° mit konz. HCl) 8 verschied. Peptide (**I**) zu isolieren, die sich bei mehrfacher hochselektiver Fraktionierung als einheitliche Substanzen erweisen u. eine hohe Strepogeninaktivität (S.A.) gegen Lactobacillus casei aufweisen. Gegenüber standardisiertem Leberextrakt (**II**) war S.A. 100—780fach erhöht. Bei den höchstakt. **I** wurden bei vollständiger Hydrolyse *Cystin, Glutaminsäure, Glycin* (**III**), *Serin* (**IV**), *Valin* u. die *Leucine* gefunden, bei den übrigen außerdem zum Teil *Tyrosin.* Bei einigen fehlten **III** u./oder **IV** u./oder Isoleucin. Das synthet. Oxytocin ergab ebenfalls eine ähnliche Aminosäurenzus. u. im Vgl. mit **II** eine 300fache S.A. Eine gereinigte Probe von Arginin–Vasopressin ergab ebenfalls eine hohe S.A. Während manche Folgen von Aminosäuren, wie sie in kleineren synthet. Peptiden vorkommen, prakt. inakt. sind, kann durch wenige Änderungen in der Aminosäurenzus. bereits eine hohe S.A. erreicht werden. Die S.A. ist mithin stark von der Polypeptidkette abhängig. (J. Amer. chem. Soc. **76.** 316. 5/1. 1954. New York, Rockefeller Inst. for Med. Res.) GERDA SCHULZE. 4560

William D. Lotspeich und **Villy Posborg Petersen,** *Die Wirkung des Wachstumshormons des Hypophysenvorderlappens auf die Synthese von Acetoacetat durch überlebende Rattenleberschnitte.* Den isocalor., mit synthet. vitaminisierter Nahrung gefütterten Ratten werden intraperitoneal folgende Wachstumshormonpräpp. injiziert: 22KRI, K4OIOSR, R377-237 u. R377174 (ARMOUR & CO.). In den Leberschnitten der getöteten Ratten werden N_2 nach ENNOR u. STOCKEN (C. **1949.** I. 1387), Acetoacetat nach der modifizierten Meth. von EDSON (Biochem. J. **29.** [1935.] 2082), Leberglykogen nach SOMOGYI u. Mitarbeiter (J. biol. Chemistry **100.** [1933.] 485), Leberfett nach RUBIN u. Mitarbeiter (J. biol. Chemistry **121.** [1937.] 19), Blutzucker nach NELSON (J. biol. Chemistry **153.** [1944.] 375) u. Gesamtblutketone nach MICHAELIS u. Mitarbeiter (J. clin. Invest. **30.** [1951.] 1483) bestimmt. Die Leberschnitte der mit Hormon behandelten Tiere zeigten eine deutlich größere Acetoacetatproduktion als die der Kontrolltiere, während ihr Leberglykogengeh. nach der Hormoninjektion abnahm. Diese Ergebnisse traten sowohl bei mehrfach injizierten als auch bei einmal injizierten Tieren 2 Std. nach der Injektion auf. Weitere Unterss. nach einmaliger Hormongabe (5 mg pro 100 g Körpergewicht 2 Std. vor der Tötung u. nach 18 bis 24std. Fasten) ergaben außerdem Hypoglykämie, Ketonämie u. Zunahme des Leberfetts. (Amer. J. Physiol. **176.** 232—38. Febr. 1954. Oxford, Univ., Dep. of Biochem., u. Cincinnati, Univ., Coll. of Med., Dep. of Physiol.) GENEST. 4560

J. D. H. Homan, G. A. Overbeek, J. P. J. Neutelings, C. J. Booij und **J. van der Vies,** *ACTH-Zinkphosphat und -hydroxyd, lang wirkende, wässerige Präparate.* Um ACTH (**I**)-Präpp. mit verstärkter u. verlängerter Wrkg. zu erhalten, wurden Zn-Phosphat- u. Zn-Hydroxyd-Ndd. von **I** in wss., neutralen Milieu hergestellt. 99% der Aktivität wurden ausgefällt u. als gut injizierbare Suspension gefunden. Sie zeigte im Leberglykogentest an hypophysektomierten Ratten, im Eosinophilentest an Hunden u. im Thymusinvolutionstest verlängerte u. teilweise auch verstärkte Wirkung. Aktivität u. Stabilität sind außerordentlich p_H-abhängig. (Lancet **266.** 541—42. 13/3. 1954. Oss, Holland, N. V. Organon, Res. Labor.) LEUSCHNER. 4560

Raymond Greene und **Josephine Vaughan-Morgan**, *ACTH-Zinkphosphat, ein lang wirkendes, wässeriges Präparat. ACTH-Zn-Phosphat*-Präpp. hatten an 5 von 6 Patienten mit rheumat. Arthritis, Ekzem oder SIMMONDSscher Krankheit eine bessere u. an 4 Patienten eine längere Wrkg. als ACTH allein. Als Kriterien wurden die Besserung der Symptome u. die 17-Ketosteroidausscheidung im Harn verwendet. Die Wrkg. hielt nach einmaliger Injektion 2 u. mehr Tage an. Neben-Rkk. wurden nicht beobachtet. (Lancet **266.** 543—45. 13/3. 1954. London, Roy. Northern Hosp. u. New End. Hosp.) LEUSCHNER. 4560

D. G. Ferriman, A. B. Anderson und **P. P. Turner**, *ACTH-Zinkphosphat, ein lang wirkendes, wässeriges Präparat.* Vff. verglichen ein *Zn-Phosphat* (I)- mit einem *Ölsäureäthylester* (II)-Präp. von *ACTH* an 7 Patienten mit rheumat. oder ankylosierender Arthritis. Die minimal wirksame Dosis wurde bei beiden Präpp. gleich gefunden, jedoch war die Wirksamkeit bei II nach 24 Std. u. bei I nach frühestens 48 Std. abgeklungen. Die Aktivität wurde an den klin. Symptomen, den Eosinophilen u. der 17 Ketosteroidausscheidung geprüft. Die Nebenerscheinungen glichen denjenigen der intramuskulären ACTH-Therapie. (Lancet **266.** 545—46. 13/3. 1954. London, North Middlesex Hosp.) LEUSCHNER. 4560

S. A. den Oudsten, L. van Leeuwen und **R. J. Coers**, *ACTH-Zinkphosphat, ein lang wirkendes wässeriges Präparat.* Ein intramuskulär injizierbarer *ACTH-Zn-Phosphat-Komplex* zeigte an 25 Patienten mit rheumat. Arthritis die qualitative Wirksamkeit von gewöhnlichem ACTH, jedoch auf 48 Std. u. mehr verlängert. Zur Prüfung wurde neben den klin. Symptomen die Zahl der Eosinophilen, die 17-Ketosteroid-, K- u. Na-Ausscheidung herangezogen. Nebenerscheinungen oder Symptome, die für eine Zn-Vergiftung sprechen konnten, wurden auch bei Behandlung über mehrere Monate nicht gefunden. (Lancet **266.** 547—49. 13/3. 1954. Rotterdam, Zuiderziekenhuis.) LEUSCHNER. 4560

E. Buchborn, *ACTH-Behandlung der Purpura Schoenlein-Henoch.* Bericht über erfolgreiche Behandlung. — 12 Literaturangaben. (Dtsch. med. Wschr. **77.** 1598—**1600.** 19/12. 1952. Fulda, Städt. Krankenhaus.) P. LOCH. 4560

Robert F. Kallman und **Albert Gordon**, *Die durch in der Nähe der Hypophyse implantierte Steroidhormone hervorgerufenen morphologischen Wirkungen.* Die Implantation von 1,5 mg *Cortison* in der Nähe der Hypophyse bei Ratten führte zu einer Vermehrung der basophilen Zellen der Hypophyse, während die Acidophilen nicht wesentlich verändert wurden. Die Drüse selbst wurde nur bei weiblichen Tieren verkleinert. — 38 Literaturangaben. (Anatom. Rec. **118.** 185—205. Febr. 1954. New York, N. Y., Univ., Washington Square Coll. of Arts and Sci., Dep. of Biol.) KRUSEN. 4561

Helio B. Coutinho, Burton L. Baker und **Dwight J. Ingle**, *Die Wirkung von Epinephrindauerinfusion auf die Nebennierenrinde und den Hypophysenvorderlappen.* Bei subcutanen Dauerinfusionen großer *Epinephrin*-Dosen von 1—21 Tagen konnte bei Ratten histolog. kein sicherer Stimulierungseffekt des Hypophysen-Nebennierenrinden-Syst. nachgewiesen werden. (Proc. Soc. exp. Biol. Med. **84.** 137—40. Okt. 1953. Kalamazoo, Mich., Univ. of Michigan, Med. School; Ann Arbor Upjohn Co.) JORDAN. 4561

Dwight J. Ingle, Dexter F. Beary und **Andrejs Purmalis**, *Die Wirkung von Epinephrindauerinfusion auf die Glykosurie partiell pankreasektomierter Ratten.* Subcutandauerinfusion von *Epinephrin* (I) über 3—4 Wochen erzeugte bei n. u. partiell pankreasektomierten Ratten eine Erhöhung der Glucoseausscheidung mit einem Gipfel am 2. Tag nach Infusionsbeginn oder Vergrößerung der Dosis. Ihr folgte eine gewisse Gewöhnung aller Tiere an I mit Nachlassen des Glykosurieeffektes. (Proc. Soc. exp. Biol. Med. **84.** 112—14. Okt. 1953. Kalamazoo, Mich., Upjohn Co.) JORDAN. 4561

R. E. Knauff, E. D. Nielson und **W. J. Haines**, *Untersuchungen an einem Mineralcorticoid aus Schweinenebennierenextrakt.* Vff. berichten über die Eigg. eines *Mineralcorticoids* (I), das aus dem Nebennierenextrakt von Schweinen isoliert wurde. I besitzt eine hohe Aktivität im Wachstumstest (ähnliche Aktivität wie Desoxycorticosteron[II]) u. im Na-Retentionstest (25fache Aktivität von II), dagegen keine Aktivität im Glykogenabbau- u. Eosinophilentest. Es hat bei der Papierchromatographie im Toluol/Propylenglykol-Syst. einen R_F-Wert von 1,13. Das amorphe chromatograph. homogene, 80% reine I zeigt λ_{max} 239 mμ (A.), gibt positive Reduktionsteste mit Neotetrazoliumchlorid u. modifiziertem TOLLENS-Reagens u. einen negativen PORTER-SILBER-Test; es ist ein $\alpha.\beta$-ungesätt. Keton, besitzt eine α-Ketolgruppierung u. keine 17.21-Dioxy-20-ketoseitenkette. I läßt sich zu einem Polyacetat, wahrscheinlich *Diacetat*, acetylieren, das geringere biol. Aktivität als I besitzt u. bei der Desacetylierung die akt. Verb. zurückbildet. I besitzt große Ähnlichkeit mit der von TAIT u. Mitarbeitern (C. **1953**. 4067; GRUNDY u. Mitarbeiter, Nature [London] **169**. [1952.] 795; SIMPSON u. Mitarbeiter, Lancet **263** [1952.] 226; GRUNDY u. Mitarbeiter, Acta Endocrinol. **11**. [1952.] 199) beschriebenen Substanz. (J. Amer. chem. Soc. **75**. 4868—69. 5/10. 1953. Kalamazoo, Mich., Upjohn Co., Res. Labors.) H.-J. KOCH. 4516

V. R. Mattox, H. L. Mason, A. Albert und **C. F. Code**, *Eigenschaften eines natriumretenierenden Prinzips aus Rindernebennierenextrakt.* Der Extrakt aus 1200 lbs. Rindernebennieren wurde zweimal an Silicagel mit Propylenglykol/Toluol, nach Acetylierung je einmal mit Formamid/Bzl. bzw. Formamid/Bzl./Cyclohexan u. dreimal an Papier mit Formamid/Bzl./Cyclohexan chromatographiert. Das erhaltene *Acetat* (I; 13,2 mg) zeigt bei Hund u. Ratte eine biol. Aktivität, ähnlich dem Desoxycorticosteron (II)-Acetat, besitzt eine Δ^4-3-Ketogruppe (λ_{max} 239 mμ [$E^{1\%}_{1\,cm}$ = 370, in Methanol]; λ_{max} 1618 u. 1671 cm^{-1} [Chlf.]) u. eine acetylierte α-Ketolseitenkette (λ_{max} 1736 u. 1750 cm^{-1} [Chlf.]), dagegen keine 11-Keto- bzw. freie Hydroxylgruppen (keine λ_{max} bei 1710 u. 3600 cm^{-1}) u. kein $C_{(17)}$-OH, keine $^{16,\,17}$-Doppelbindung u. wahrscheinlich keine 16-Acetoxygruppe (negativer PORTER-SILBER-Test). H_2SO_4-Spektr.: λ_{max} 287 (Δ^4-3-Ketogruppe) u. Schulter bei 390 mμ. Wegen der Beweglichkeit von I bzw. der freien Verb. werden 4—5 O-Atome pro Mol., davon 2 acetylierbare OH-Gruppen angenommen. Die Wanderungsgeschwindigkeit auf Papier im Propylenglykol/Cyclohexan-Syst. ist etwa gleich der von 11-Dehydrocorticosteronacetat u. bedeutend schneller als Substanz S-Acetat. Da das Maximum bei 385 mμ beim Erhitzen von I-*3-[2.4-Dinitrophenylhydrazon]* mit 0,02 n $HClO_4$ in Essigsäure (1 Std. bei 60°) nicht verschoben wird, besitzt I keine 6-Acetoxygruppe (in Analogie zu 6α- u. 6β-Acetoxy-11-desoxycorticosteron-21-acetat-3-[2.4-dinitrophenylhydrazon], bei dem λ_{max} 387 → 381 bzw. 398 → 400 mμ). Die Hydrolyse von I mit Citrusacetylase liefert ein Prod. mit der 85fachen biol. Aktivität von II, das sich durch Papierchromatographie in offenbar ganz *desacetyliertee Kristalle* (III) vom F. 163—164° (Ae.; λ_{max} 240 mμ, in Methanol) von ähnlicher Aktivität wie das Rohprod. u. *Kristalle* (IV) vom F. 217—219° (Aceton-PAe.; λ_{max} 239 mμ) mit ca. 25facher II-Aktivität auftrennen lassen. IV wird durch erneute Behandlung mit Acetylase in III übergeführt. (J. Amer. chem. Soc. **75**. 4869—70. 5/10. 1953. Rochester, Minn., Mayo Clinic u. Mayo Foundation.) H.-J. KOCH. 4561

A. Wynn Williams, *Einfluß von Cortison auf die Heilung von Magengeschwüren.* Die Heilung von experimentell durch Brandwunden verursachten Magengeschwüren bei Kaninchen, Meerschweinchen u. Ratten wurde durch Injektionen von *Cortisonacetat* (I; täglich 1—2 mg/100 g bei Kaninchen, 5—12,5 mg/100 g bei Meerschweinchen u. 1,5—3,0 mg/100 g bei Ratten) makroskop. nicht beeinflußt. Mkr. zeigte sich unter Einfl. von I eine verzögerte Fibroblastenbldg., während die Epithelisation nicht beeinflußt wurde. Die akute Entzündungs-Rk. war bei den mit I behandelten Tieren geringer als bei den Kontrollen. (J. Pathol. Bacteriol. **67**. 259—61. Jan. 1954. Aberdeen, Univ., Dep. of Pathol.) KRUSEN. 4561

Emanuel Schwartz, *Perorale Verabfolgung von Cortison bei schwer behandelbarem Bronchialasthma.* Perorale Gaben von täglich 4 mal 25—50 mg *Cortison* führten in 3 Fällen von Bronchialasthma, die sonst therapeut. nicht zu beeinflussen waren, zur Heilung. (J. Allergy **22**. 1—3 Jan. 1951. New York, N. Y., State Univ. of New York, Coll. of Med.) P. LOCH. 4561

Benjamin Weiss, *Verbrauch von radioaktivem Jodid durch zellfreie Präparate von Rinderschilddrüsengewebe.* Homogenate von Rinderschilddrüsen können anorgan. $^{131}J^-$ unter Bldg. von *Dijodtyrosin* (I) u. *Thyroxin* (II) verbrauchen, wenn der Lsg. Cu^{2+} u. Tyrosin zugesetzt wird. Im Gegensatz zu Organschnitten, bei denen die J-Aufnahme durch Cu herabgesetzt u. unter anaeroben Bedingungen fast aufgehoben wird, ist bei Homogenaten Cu für die optimale Wrkg. notwendig, während anaerobe Bedingungen die Aufnahme nicht beeinflussen. Nach fraktioniertem Zentrifugieren der Homogenate können sowohl die Fraktionen aus den Kernen (**A**) als auch aus den Mitochondrien (**B**) I u. II synthetisieren. Die Aktivität ist bei **B** stärker als bei **A** u. wird bei **B** durch Cytochrom c u. Diphosphopyridinnucleotid sowie durch CN^- inhibiert. Die akt. Homogenate können kein anorgan. Phosphat (^{32}P) verestern. (J. biol. Chemistry **201**. 31—43. März 1953. Detroit, Mich., Harper Hosp., Res. Div.) H.-J. KOCH 4562

Jacques Leloup und **Olga Berg**, *Über das Vorkommen jodierter Aminosäuren* (*Monojodtyrosin, Dijodtyrosin und Thyroxin*) *im Endostyl der Ammocoeten.* Das Endostyl u. die Chorda dorsalis der Ammocoeten speichern Jod, letztere in anorgan. Form, ersteres organ. gebunden als *Monojodtyrosin, Dijodtyrosin, Thyroxin* u. wahrscheinlich als *Trijodthyronin.* Der Nachw. erfolgte durch Papierchromatographie des hydrolysierten Endostyls in ^{131}J-haltigem W. gehaltener Ammocoeten von *Lampetra planeri* (kleines Neunauge)- bzw. von *Petromyzon marinus* (großes Neunauge)-Ammocoeten nach intraperitonealer ^{131}J-Injektion oder Aufenthalt in ^{131}J-haltigem Wasser. Die biochem. Funktion des Endostyls scheint derjenigen der Schilddrüse der ausgewachsenen Tiere u. anderen Vertebraten analog zu sein, obwohl die histol. Struktur beider Organe sehr verschieden ist. Der *J*-Geh. des Endostyls der *L. planeri*-Ammocoeten war 0,06—0,17 γ/Tier, 2,45—6,2 γ/100 g Tier u. 1000—2500 γ/100 g Endostyl (Blut-*J*-Geh. 19—34 γ/100 g Blut, davon 10—28% organ. gebunden). (C. R. hebd. Séances Acad. Sci. **238.** 1069—71. 1/3. 1954.) K. MAIER. 4562

D. W. Kupke und **K. Linderstrøm-Lang,** *Über die Größe des Insulinmonomeren.* Mittels eines Mikroosmometers nach KOBSGAARD CHRISTENSEN wurde das Mol.-Gew. *Mw* von isoelektr. Insulin (I) (Schwein) in 6 mol. Lsgg. von gereinigtem Guanidinchlorid (II), worin sich I bei p_H 5 löst, gemessen. Die Berechnung erfolgte bei unendlicher Verdünnung nach $Mw = RT/\varphi_0 \cdot \omega'$, worin ω' das Vol. (Liter) reiner II-Lsg./1000 g W. u. φ_0 die Anfangssteigung der p–γ_p-Kurve bedeutet (p osmot. Druck, γ_p-g trockenes I/1000 g W.). *Mw* betrug bei γ_p-Werten < 2 ca. 6000. Bei höheren γ_p-Werten erfolgt anscheinend Assoziation. Eine verd. I-Lsg. in II ($\gamma_p = 4$) zeigte in der biol. Prüfung (Maus) nach 2 Monate langem Stehen nur eine geringfügige Inaktivierung, so daß die bei der Bldg. des I-Monomeren gelösten Bindungen entweder für die Wrkg. unerheblich sind oder beim Test wieder sich neu bilden. (Biochim. biophysica Acta [Amsterdam] **13.** 153—54. Jan. 1954. Copenhagen, Carlsberg Labor.) K. MAIER. 4564

W. C. Spain und **Margaret B. Strauss,** *Die Verwendung von Ölsäure als Inhibitor bei der Freisetzung von Histamin in vitro.* Zu 2 ml Serum von unbehandelten Patienten, die gegen Ambrosiapflanze sensitiv waren, wurde 0,1 ml des betreffenden Pflanzenextraktes u. *Ölsäure* in solcher Menge zugesetzt, daß ein 0,001—0,0025 mol. Gemisch vorlag. Nach Incubation (30 Min., 37°) wurde mit 5 ml heparinisiertem Normalblut (Kaninchen) versetzt u. wie vorher erneut incubiert. Nach Zentrifugieren wurde im Überstand der *Histamin* (I)-Geh. biol. bestimmt. Es wurde gefunden, daß Ölsäure auf freies I nicht einwirkt, daß sie aber die durch das Antigen verursachte Freisetzung weiterer I-Mengen vollständig verhindert. (J. Allergy **22.** 47—49. Jan. 1951. New York, N. Y., New York Univ., Postgraduate Med. School, Div. of Allergy.) P. LOCH. 4569

L. R. Davis und **R. F. Jennison,** *Reaktion der „physiologischen Anämie" der Schwangerschaft auf Eisentherapie.* Aus Verss. an Schwangeren mit Hämoglobinspiegeln zwischen 10,4 u. 13,0 g, die bis zur Normalisierung mit *Fe* behandelt worden waren, wird geschlossen, daß die „physiol. Schwangerschaftsanämie" auf der wegen Eisenmangels ungenügenden Neubldg. von *Hämoglobin* u. Erythrocyten zur Kompensation der Schwangerschaftshydrämie beruht. (J. Obstetr. Gynaecol. Brit. Empire [N. S.] **61.** 103—08. Febr. 1954. Manchester, St. Mary's Hosp. u. King's Coll. Hosp. Med. School.) LEUSCHNER. 4572

A. Goldberg, W. D. M. Paton und **J. W. Thompson,** *Pharmakologie der Porphyrine und des Porphobilinogens.* Der Blutdruckanstieg auf Adrenalin oder Noradrenalin bei Katze u. Kaninchen wird durch die Ggw. von 100 μg *Porphobilinogen* (I)/kg mitunter etwas verstärkt. I, *Uroporphyrin I* u. *III, Koproporphyrin I* u. *III, Hämatoporphyrin* sowie *Porphobilin* zeigen an einigen isolierten Organen (Kaninchenuterus u. -ileum, Meerschweinchenileum) keine eindeutigen pharmakol. Effekte. (Brit. J. Pharmacol. Chemotherapy **9.** 91—94. März 1954. London, Univ., Coll. Hosp. Med. School, Dep. Chem. Pathol.) SCHELER. 4572

Leon L. Miller und **William F. Bale,** *Die Synthese aller Plasmaproteinfraktionen außer γ-Globulinen durch die Leber. Die Anwendung der Zonenelektrophorese und von $^{14}C_{(\varepsilon)}$-Lysin, um die durch die isolierte perfusierte Leber synthetisierten Plasmaproteine zu definieren.* (C. **1952.** **5447.**) Von 7 Rattenlebern wurden 6 std. Perfusionen hergestellt, nachdem ein vollwertiges Aminosäuregemisch, das 4 bis 8 μc ^{14}C als $^{14}C_{(\varepsilon)}$-*Lysin* enthielt, zu dem perfusierenden Blut hinzugegeben war. Die Plasmaproteine wurden elektrophoret. nach KUNKEL u. SLATER (C. **1953.** 8622) getrennt. Das Protein der 20—25 Fraktionen wurde mit Trichloressigsäure gefällt, nach der Mikro-KJELDAHL- oder Sulfosalicylsäuremeth. nach KINGSBURG-CLARK (J. Lab. clin. Med. **11.** [1926.] 981) bestimmt u. seine Aktivität gemessen. Vergleichsratten bekamen intraperitoneal 6,7—13,4 mg *dl*-$^{14}C_{(\varepsilon)}$-*Lysin* (7—14 μc) oder 10,6 mg *l*-$^{14}C_{(2)}$-*Histidin·HCl* (25 μc), wurden nach 6 Std. entblutet u. das Plasma den gleichen Unterss. unterworfen. Es zeigte sich, daß die n. perfusierte Rattenleber *Albumin*, α- u. β-*Glo-*

bulin, einschließlich *Fibrinogen*, aber kein *γ-Globulin* synthetisiert. Die Geschwindigkeit des Lysineinbaus in α-Globulin ist größer als die in die anderen Plasmaproteinfraktionen. Die gesteigerte γ-Globulinproduktion bei Leberkrankheiten wird diskutiert. (J. exp. Medicine **99**. 125—32. 1/2. 1954. Rochester, N. Y., Univ., School of Med. and Dent., Dep. of Radiat. Biol.) GENEST. 4574

Leon L. Miller, C. G. Bly und **William F. Bale,** *Untersuchung von Plasma- und Gewebeproteinen, die von nichthepatischen Rattenorganen erzeugt wurden, mit $^{14}C_{(\varepsilon)}$-Lysin. γ-Globuline, die durch nichthepatisches Gewebe gebildete Plasmaproteinhauptfraktion.* (Vgl. vorst. Ref.) 10 Perfusionen von verschied. Rattenorganen wurden untersucht. Das zu dem perfusierenden Blut zugegebene Aminosäuregemisch enthielt *dl*-$^{14}C_{(\varepsilon)}$-*Lysin·HCl* mit 1,5—4,2 μc. In dem Blutplasma u. den lyophilisierten Organen u. Geweben wurde die ^{14}C-Aktivität der verschied. getrennten Proteine nach früher beschriebenen Methoden (C. **1952**. **5447**) bestimmt. Nur wenig ^{14}C-Lysin wird im Verlauf von 6 Std. in das Plasmaprotein einverleibt (im Vgl. zur Leber ca. $^1/_{15}$) u. findet sich hauptsächlich in der *Globolin*-, nicht aber in den *Fibrinogen*- u. *Albumin*-Fraktionen. Hingegen absorbiert das Plasmaprotein, das von ausgeweideten überlebenden Ratten nach der gleichen Zeit nach intravenöser $^{14}C_{(\varepsilon)}$-Lysingabe u. anschließender Zonenelektrophorese erhalten wurde, nahezu alles ^{14}C. Die γ-Globuline enthalten hier die meiste, die α- u. β-Globuline geringe u. das Albumin gar keine Aktivität. Die Entfernung von Blutzucker durch die perfusierten Gewebe u. die Oxydation des Lysins zu $^{14}CO_2$ werden untersucht. (J. exp. Medicine **99**. 133—53. 1/2. 1954. Rochester, N. Y., Univ., School of Med. and Dent., Dep. of Radiat. Biol. and Pathol.) GENEST. 4574

O. A. Aisenberg und **Je. A. Berdakina,** *Die Eiweißfraktionen des Blutes bei verschiedenen Formen der Endocarditis* (*Globulinfraktionen*). Nach der turbidimetr. Meth. von SELENSKI wird gezeigt, daß bei maligner Endocarditis u. bei Endocarditis mit unbestimmtem Verlauf im Blut Globuline (I) auftreten, die im n. Serum nicht oder in geringerer Menge vorkommen; sie sind grobdispers u. fallen zu 30—35% bei Beginn des Aussalzens aus. Die Aussalzkurven des Serums von Patienten mit gutartig verlaufender Endocarditis entsprechen denen des n. Serums. Die positive Formol (II)-Rk. bei Endocarditis hängt mit der Anreicherung sehr grobdisperser γ-I im Blut zusammen. Bei Myelom gehören fast alle I der grobdispersen Fraktion an. Bei Ulcus ist die I-Bldg. herabgesetzt. — Reine I zeigen bei 2%ig. Konz. positive II-Rk. nach 15 Min., bei 3 u. 5%ig. Konz. schon nach 1 Min., bei 1%ig. Konz. ist die Rk. negativ. Reine β-I zeigen noch in 10%ig. Konz. negative II-Rk., ebenso Albumine. Durch 0,1 mol. NaCl- oder NH_4Cl-Lsg. wird die Gelbldg. bei 2, 3 u. 5%ig. γ-I-Konz. verzögert. Im n. Serum sind so wenig grobdisperse I-Fraktionen enthalten, daß nur bei Aussalzen aus 1 cm³ Serum u. Lsg. in 0,25 cm³ physiol. NaCl-Lsg. mit Formalin Gelbldg. eintritt. (Медичний Журнал (Киев) [Mediz. J. (Kiew)] **23**. Nr. 6. 3—13. 1953. Ukrain. Strashesko-Inst. für klin. Med., Abt. funktion. Diagnostik.) R. K. MÜLLER. 4574

F. Cedrangolo, F. Fidanza, E. Quagliariello und **A. Gioia,** *Beziehungen zwischen Prolin, Oxyprolin, Arginin und Glutaminsäure während der Embryonalentwicklung im Hühnerei.* Während der Entw. des Hühnerembryos wird nach 20 Tagen eine leichte Verringerung des *Arginin*- u. *Glutaminsäure*-Geh., dagegen eine Vermehrung von *Prolin* u. *Oxyprolin* gefunden. Es werden Hypothesen über die Umwandlung der Aminosäuren u. deren Bedeutung für die Synth. des Hämoglobins bzw. des Porphyrins aufgestellt. (Arch. Scienze biol. **37**. 260—76. Mai/Juni 1953. Neapel, Univ., Ist. Chim. Biol.) SPEYER. 4583

Matthew A. Williams, William A. DaCosta, Lloyd H. Newman und **Lawrence M. Marshall,** *Freie Aminosäuren im Eidotter während der Entwicklung des Kükens.* Im Dotter befruchteter Hühnereier ist bis zum 9. Tag ein ständiger Anstieg des Geh. an freien Aminosäuren zu beobachten, vom 9.—12. Tag fällt der Aminosäuregeh., offenbar als Folge der beginnenden Proteinsynth. des Embryos, ab. Charakterist. Unterschiede im Auftreten der einzelnen Aminosäuren waren mit Hilfe der papierchromatograph. Versuchsmethodik nicht festzustellen. (Nature [London] **173**. 490. 13/3. 1954. Washington, D. C., Howard Univ., School of Med., Dep. of Biochem.) M. W. ROTHE. 4583

H. M. Cunningham und **J. K. Loosli,** *Die Wirkung fettfreien Futters bei jungen Milchkälbern unter Berücksichtigung des metabolischen Fäkalfettes und der Verdauung von Schmalz und hydriertem Cocosnußöl.* 1—2 Tage alte Milchkälber zeigten nach 1 bis 5 Wochen bei Verfütterung einer fettfreien synthet. Milch Beinschwäche u. Muskelzittern. Nach Verfütterung einer Kunstmilch mit 4% Schmalz (I) konnten die Schäden behoben, mit 1—2% I verhindert werden. Die Tatsache, daß eine Kunstmilch mit 2%

hydriertem Cocosnußöl (**II**) die Symptome ebenfalls verhindern kann, zeigt, daß es nicht an einem Fehlen von essentiellen Fettsäuren liegt. Der Geh. an Lipiden im Plasma variiert unmittelbar mit der Menge des Fettes im Futter. Der Geh. an Linol- u. Arachidonsäure war bedeutend niedriger bei Kälbern, die **II** oder fettfreie Futtermittel erhielten. Das Nahrungsfett hat keinen offensichtlichen Einfl. auf die Linolensäurewerte des Plasmas. In Verdauungsverss. wurde festgestellt, daß **I** zu 72,6 (%) (2. Woche), 77,0 (4. Woche), 92,5 (6. Woche) u. 93,7 (11. Woche) u. **II** zu 86,4, 89,7, 85,5 u. 71,9 verdaut wurde. Die Fettexkretion mit den Faeces betrug 19—29 mg/kg Körpergewicht/Kalb/Tag. (J. Dairy Sci. **37.** 453—60. April 1954. Ithaca, N. Y., Cornell Univ., Labor. of Animal Nutrit.) PATZSCH. 4585

Gardner C. McMillan, J. H. Whiteside und **G. Lyman Duff,** *Die Wirkung der Unterernährung auf die Cholesterinarteriosklerose beim Kaninchen.* Besprechung von 5 Versuchsreihen zur Feststellung von Zusammenhängen zwischen der Verfütterung von *Cholesterin* (**I**)-Suspensionen u. dem Auftreten von Arteriosklerose bei n. u. unterernährten Kaninchen. Bei keinem Experiment zeigte sich ein Einfl. der Ernährungsart auf die Manifestation der Krankheit, auch auf die Rückbldg. der Läsionen blieb Unterernährung ohne Einfl., sie bedingte aber Hypercholesterinämie beim **I**-gefütterten Kaninchen. (J. exp. Medicine **99.** 261—74. 1/3. 1954. Montreal, Can., McGill Univ., Pathol. Inst.) DOSSMANN. 4585

Lloyd Y. Quinn, G. E. McKimpson, L. A. Underkofler, Gordon Ashton und **Damon Catron,** *Wirkungsmechanismus von Chlortetracyclin zum Anreiz des Wachstums von Schweinen. Nachweis und Prüfung eines neuen Wachstumsfaktors.* Vorläufiger Bericht über Verss., die auf die Existenz eines an das Vorhandensein von ***Aspergillus flavus*** gekoppelten Wachstumsfaktors in den Kulturen intestinaler Mikroorganismen schließen lassen, die nach Verfütterung von *Chlortetracyclin* an Schweine isoliert wurden. (Antibiotics Annu. **1953/1954.** 366—71.) DOSSMANN. 4585

G. E. Peterson und **K. R. Johansson,** *Wirkungen oraler und parenteraler Verabreichung von inaktivierten und aktiven Antibioticis auf Ratten bei Verfütterung Vitamin-B_{12}-armen Futters.* 1. Mitt. *Wachstum und intestinale Mikroflora.* Nach Vff. regt orale Verabreichung von *Oxytetracyclin, Chlortetracyclin* (**I**) sowie *Penicillin* (**II**) u. parenterale von **I**, *Bacitracin* u. **II** Wachstum u. Futterausnutzung von Ratten an, wenn sie *Vitamin-B_{12}*-arme Nahrung erhalten. Durch Alkali- u. Hitzebehandlung geht diese Eig. bei **I** u. **II** verloren. Akt. u. inaktivierte Antibiotica bewirken sichtbare Veränderungen der intestinalen Mikroflora. (Antibiotics Annu. **1953/1954.** 386—94. Minneapolis, Minn., Univ. of Minn., Dep. of Bacteriol. and Immunology.) DOSSMANN. 4585

B. Connor Johnson und **Pei-Hsing Lin,** *Nicotinsäurestoffwechsel.* 1. Mitt. *Die Anwendung der Papierchromatographie bei der Untersuchung des Nicotinsäurestoffwechsels.* Zur Unters. des *Nicotinsäure* (**I**)-Stoffwechsels werden die R_F-Werte folgender Verbb. bei Papierstreifenchromatographie unter Verwendung eines Lösungsmittelsyst. aus 45 Vol.-% n-Butanol, 5 Vol.-% Aceton u. 50 Vol.-% W. bestimmt. Die Identifizierung erfolgte chem. nach einer modifizierten Meth. von KÖNIG mit N-[1-Naphthyl]-äthylendiaminhydrochlorid u. CNBr, durch die Fluorescenz der mit 20%ig. KOH behandelten Streifen, spektrophotometr. (nach Elution), bioautograph. mit *Torula cremoris* u. bei markiertem **I** u. **II** radioautograph.: **I** 0,301, *Nicotinamid* (**II**) 0,665, *Nicotinursäure* (**III**) 0,134, *N^1-Methylnicotinamid* (**IV**) 0,060, *N^1-Methyl-2-pyridon-5-carboxylamid* (**V**) 0,5, *Trigonellin* 0,064, *Co-Enzyme I* u. *II* 0,00, *Nicotinursäure-N^1-methylbetain* 0,036, *Nicotinamidribosephosphat* 0,02, *Nicotinamidribosid* 0,059 u. *Chinolinsäure* 0,00. Durch Bioautogramm (sonst biol. inakt. **IV** wird durch Autoklavieren mit nH_2SO_4 oder nNaOH in akt. Material übergeführt) bzw. fluorometr. wurden nach dieser Meth. im Harn verschied. Tierarten (nach Einstellung auf p_H 6,8 auf dem Wasserbad 10fach konz.) folgende Verbb. gefunden: beim Menschen, bei der Ratte, beim Schwein u. beim Meerschweinchen **II, III** u. **IV**, beim Rind **II** u. **III** u. beim Schaf **II, III** u. eine nicht identifizierte Verb. mit dem R_F-Wert 0,50, die mit **V** nicht ident. ist. Mit frischem Urin wurden ident. Chromatogramme erhalten. (J. Amer. chem. Soc. **75.** 2971—73. 20/6. 1953. Urbana, Ill., Univ. of Illinois, Div. of Animal Nutrit.) H.-J. KOCH. 4587

Pei-Hsing Lin und **B. Connor Johnson,** *Nicotinsäurestoffwechsel.* 2. Mitt. *Der Stoffwechsel von radioaktiver Nicotinsäure und Nicotinamid bei der Ratte.* (1. vgl. vorst. Ref.) Nach intraperitonealer Injektion von ^{14}COOH-markierter *Nicotinsäure* (**I**) bzw. *Nicotinamid* (**II**) (ca. 2,5 mg/48 Std.) werden durch Radioautographie der Chromatogramme (vgl. vorst. Mitt.) im Harn von Ratten folgende Verbb. gefunden [relative Aktivitäten von ^{14}C in ( )]: *Co-Eenzym I* (wahrscheinlich; 3,50 bzw. 6,08%), *N^1-Methylnicotinamid* (**III**, *Trigonellin*; 2,73 bzw. 66,94%), *Nicotinursäure* (**IV**; 60,93 bzw.

0,90%), I (24,36 bzw. 0,59%), unbekannte Verb. (7,74 bzw. 2,43%) u. II (0,26 bzw. 4,10%), außerdem nach II noch 2 weitere unbekannte Verbb. (10,78 u. 2,43%) gefunden. Bei kleineren Dosen (200 µg I oder II/Tag) wird hauptsächlich III, dagegen nach I wenig, nach II kein IV ausgeschieden. Da in der ausgeatmeten Luft $^{14}CO_2$ gefunden wird, findet im Körper offenbar Decarboxylierung von I u. II statt, u. zwar nach Gaben von II bedeutend stärker als nach I. (J. Amer. chem. Soc. **75.** 2974—77. 20/6. 1953.) H.-J. KOCH. 4587

R. Wolff und **R. Karlin**, *Über die Bindung des Serums einiger Säugetiere mit Vitamin B_{12}.* Der *Vitamin-B_{12}*(I)-Geh. des Serums bei verschied. Säugetieren zeigt für bestimmte Species charakterist. Werte: Kaninchen 43,3 (mγ/cm³, Gesamt-I, Mittelwert), Schaf 3,81, Pferd 3,03, Ziege 0,88, Kalb 0,47, Hund 0,33, Schwein 0,235. Das Serum verschied. untersuchter Species enthält einen thermolabilen Faktor (II), wahrscheinlich von Eiweißcharakter, der sich mit Serum-I verbindet. II ist bei den meisten der untersuchten Arten nur teilweise mit I gesättigt. In diesen Fällen besitzt das Serum in vitro ein Bindungsvermögen für zugesetztes I. I findet sich in Schaf-, Hunde- u. verschiedentlich in Kaninchenserum im Überschuß gegenüber II u. erscheint dann in freier Form. II spielt anscheinend die Rolle eines der den I-Spiegel des Serums steuernden Faktoren. (Bull. Soc. Chim. biol. **35.** 1409—13. 1953. Nancy, Fac. de Méd., Labor. de Chim. biol., Lyon, Inst. bactériol., et C. N. R. S.) K. MAIER. 4587

S. Hestrin-Lerner und **B. Shapiro**, *Aktive Resorption von Glucose durch den Darm.* Es wurde bisher angenommen, daß Glucose bei der Resorption als solche (bzw. als Phosphorsäureester) durch die Darmwand zur Pfortader gelangt. Es wird gezeigt, daß die resorbierte Glucose in Form eines Umwandlungsprod. durch das Pfortsyst. gelangt u. in einem anderen Organ, mutmaßlich der Leber, in Glucose zurückverwandelt wird. Das Umwandlungsprod. hat keine reduzierenden Eigg., ist nicht vergärbar durch Hefe u. nicht durch saure Hydrolyse in Glucose umzuwandeln. Es ist kein bekanntes Zwischenprod. des Glucoseabbaus. (Nature [London] **171.** 745—46. 25/4. 1953. Jerusalem, Hebrew Univ., Labor. of Pathol. physiol.) HEYNS. 4594

Leonard J. Greenfield und **Charles E. Lane**, *Celluloseverdauung in Teredo.* Um den Abbau von regenerierter Cellulose zu Zucker durch Holzwürmer der Gattung *Teredo* zu untersuchen, versetzten Vff. ein Darmhomogenat in isoton. Phosphatpuffer mit regenerierter Cellulose nach PARKIN (J. exp. Biology **17.** [1940.] 364). Der Celluloseabbau wird bei p_H-Werten von 5,0—7,6 bei 25° durch spektrophotometr. Prüfung nach Entfernung von Eiweiß, Glykogen u. Salzen auf reduzierende Substanzen untersucht. Fehlergrenze 2%. Bei erhitzten Homogenaten wurde kein Abbau festgestellt. Praecoecale Homogenate von *Teredo* sind vom p_H-Wert unabhängig, während die postcoecalen Homogenate im Gebiet vom p_H 5,6—6,7 eine doppelt so große Aktivität zeigen. Bei zu großen Gewebekonzz. treten Hemmwirkungen ein. Eine Prüfung auf Cellulose abbauende Mikroorganismen fiel negativ aus. (J. biol. Chemistry **204.** 669—72. Okt. 1953. Loral Gables, Fla., Univ. of Miami.) LAMPRECHT. 4594

A. Guardabassi und **E. Ferreri**, *Beitrag zur Kenntnis der Fettresorption: Versuche am isolierten und in physiologischer Lösung überlebenden Darm von Helix pomatia.* Das Darmepithel von *Helix pomatia* nimmt, wenn auch langsam, reine Neutralfette (Olivenöl) auf. Die Aufnahme von Ölsäure oder Emulsionen von Neutralfett u. Verdauungssäften erfolgt beschleunigt. Eingetretenes Fett ist von der 2. Std. an intracellulär in Form kleiner Tröpfchen nachweisbar. (Arch. Scienze biol. **37.** 287—305. Mai/Juni 1953. Turin, Univ., Ist. Anat. comp. e Istol.) SPEYER. 4594

W. J. Wingo, R. A. Smith und **Jane Wood**, *Die Umwandlung von DL-Methioninsulfon durch die Ratte.* *S* von ^{35}*S*-markiertem *Methioninsulfon* (I), das Ratten intraperitoneal injiziert wurde, wird rasch ausgeschieden u. prakt. nicht im Organismus festgehalten. Der meiste *S* erscheint im Urin, wobei nur ein geringer Teil zu Sulfat wird. I-*S* tritt im Urin in mindestens 3 Formen auf: eine gewisse I-Menge wird in freier Form ausgeschieden, eine größere als ein Konjugat (II) von I mit *Glutaminsäure.* II liegt prim. im Urin wahrscheinlich als offenkettiges Peptid vor, das beim Aufarbeiten anscheinend Cyclisierung (vielleicht zu einem *Diketopiperazin* oder zu *Pyroglutamylmethioninsulfon*) erleidet. Nach diesen Befunden stellt I wahrscheinlich keine Zwischenstufe des biol. oxydativen Abbaues von Methionin zu Sulfat dar. (Arch. Biochem. Biophysics **47.** 307—13. Dez. 1953. Houston, Tex., M. D. Anderson Hosp. for Cancer Res., Biochem. Dep.) K. MAIER. 4596

Marvin D. Armstrong, *Die Nutzbarmachung von L- und D-Phenylalanin durch die Ratte.* Weder *L-* noch *D-Phenylalanin* sind für die Ratte tox., wenn sie bis zu 4% der Diät ausmachen. Jedoch stehen Diäten, die D-Phenylalanin enthalten, hinsichtlich ihres Vermögens, das Wachstum zu unterhalten, denen mit L-Phenylalanin nach. Das bessere Wachstum erfolgt infolge höherer Nahrungsaufnahme der Tiere. Es wird eine mögliche Erklärung des geringeren Wachstums bei Gabe der D-Formen der meisten essentiellen Aminosäuren diskutiert. (J. biol. Chemistry **205.** 839—48. Dez. 1953. Salt Lake City, Univ. of Utah, Coll. of Med.) Heyns. 4596

Max Bovarnick, Stanley Fieber, Marianna R. Bovarnick und **Joseph Kazlowski,** *Die Ausscheidungsgeschwindigkeit von Glutaminsäurepolypeptid und seiner Polymeren beim Menschen.* Die Halbwertszeit von *Glutaminsäurepolypeptid* (I) im menschlichen Blutkreislauf kann durch eine nicht näher beschriebene Polymerisation von I mit seinen Partialabbauprodd. auf ca. 6 Std. verlängert werden. Vff. führen dies auf eine Vergrößerung des Moleküldurchmessers bei der Weiterpolymerisation mit den Partialabbauprodd. zurück. (Proc. Soc. exp. Biol. Med. **83.** 253—54. Juni 1953. New York, N. Y., Brooklyn Veterans Admin. Hosp.; State Univ. of New York, Coll. of Med., Dep. of Med.) Heyns. 4596

Douglas V. Frost und **Harry R. Sandy,** *Die Wirkung von Mineralmangel auf die Nutzbarmachung von Aminosäuren. Der entscheidende Einfluß von Kalium und Phosphor.* Die Ergebnisse dieser Arbeit weisen auf einen Einfl. hin, den das K bei der Verwertung von Aminosäuren nach einer Proteinerschöpfung ausübt. Ratten, die ohne Proteine ernährt wurden, konnten diese nicht regenerieren, selbst wenn ihnen alle Aminosäuren zur Verfügung standen, solange ihnen gleichzeitig K vorenthalten wurde. Wurde P während der Regenerierungsperiode vorenthalten, so war das Ausmaß der Erholung vermindert, doch trat kein vollkommenes Versagen oder gar Tod ein wie beim Fehlen von K. Als ausreichend erwiesen sich 14 mg K/Ratte/Tag. (Proc. Soc. exp. Biol. Med. **83.** 102—05. Mai 1953. North Chicago, Ill., Abbott Labors.) Heyns. 4596

Regina McLean, J. Alfred Calhoun und **Joseph C. Aub,** *Untersuchungen über die Wanderung von anorganischen Salzen im Knochen, gemessen mit Hilfe von radioaktivem Blei und Alizarin.* (A. M. A. Arch. ind. Hyg. occupat. Med. **9.** 113—21. Febr. 1954. Boston, Mass., Harvard Univ., Collis P. Huntington Memorial Hosp., Med. Labors., u. Massachusetts Gen. Hosp.) Zeller. 4596

E. P. Barbour und **S. F. Cook,** *Über die mit dem Elektronenmikroskop beobachteten Wirkungen von phosphorarmer Diät und Hypophysektomie auf den kompakten Knochen.* Das elektronenmkr. Bild kompakter Knochen von n. Ratten wird durch Hypophysektomie u. Zufuhr von Wachstumshormon nicht signifikant verändert. Verabreichung von P-armer Kost führt zu einer sichtbaren Verarmung der Knochen an mineral. Bestandteilen. (Anatom. Rec. **118.** 215—30. Febr. 1954. Berkeley, Calif., Univ. of California, School of Med., Dep. of Physiol.) Krusen. 4596

Gwendoline K. Robertson, *Papierchromatographie von Urin bei Galaktosämie.* Vf. stellt bei einem an Hepatomegalie leidenden 1 Monat alten Kind auf papierchromatograph. Wege *Galaktose* (I) u. *Aminosäuren* im Urin fest. Durch milchfreie Diät ließ sich die I-Ausscheidung verhindern. (Med. J. Australia **41.** I. 698—700. 8/5. 1954. Adelaide, Inst. of Med. and Vet. Sci.) Fahrnlaender. 4597

François Meyer, *Über die Rolle des Methylglyoxals bei der Glykolyse des Harden-Young-Esters durch Muskelextrakte.* Dialysierter Muskelextrakt nach Lohmann (Biochem. Z. **254.** [1932.] 332) bildet aus Harden-Young-*Ester* u. *Triosephosphaten* (I) *Methylglyoxal* (II). Die II-Bldg. ist chem., nicht enzymat. Natur, da die Entphosphorylierung der Triosen eine lineare Rk. ist u. die II-Bldg. in akt. Muskelextrakt mengenmäßig die in inaktiviertem nicht übertrifft. Aus *Glycerinaldehyd* (III), nicht dagegen aus Dioxyaceton entsteht auf chem., nicht auf enzymat. Wege, wie Verss. mit akt. u. inakt. Extrakt zeigten, II. Die chem. II-Bldg. bedingt eine I-Entphosphorylierung. Da die im Muskel gebildete *Milchsäure* (IV) linksdrehend ist u. die Triosen normalerweise kaum nichtphosphoryliert vorliegen dürften, muß für den Muskel die Annahme, daß II eine Vorstufe von IV darstellt, fallengelassen werden. (Bull. Soc. Chim. biol. **35.** 1395—1400. 1953. Paris, Inst. de Biol. physico-chim., Serv. de Biochim.) K. Maier. 4597

Wilhelm Hasselbach, *Elektronenmikroskopische Untersuchungen an Muskelfibrillen bei totaler und partieller Extraktion des L-Myosins. L-Myosin* (I) u. *F-Aktin* (II) lassen sich mit KCl/Pyrophosphat-Puffern verschied. Ionenstärke einzeln aus Kaninchenmuskel fraktioniert extrahieren. II geht dabei nur spurenweise in den Extrakt, dessen Geh. aus Viscositätsmessungen am Mischungsdiagramm von reinem II mit Extrakt mit u. ohne ATP errechnet wird. Der Extraktion fibrillärer Proteine entsprechen bestimmte elektronenopt. Veränderungen der Fibrillenstruktur u. erlauben Rückschlüsse auf die Zus. einzelner Strukturelemente, da die Entfernung der globären Proteine alleine keine Strukturveränderungen hervorruft. Danach besteht die A-Bande in der ruhenden Fibrille aus I. Bei fortschreitender Extraktion von I verschwinden auch die Z-Scheiben. Neben Membranen u. kollagenen Fasern sind nur noch die Filamente der Fibrille vorhanden, die Fäden (100 Å Dicke) aus reinem II sein müssen. Die I-Abschnitte ändern sich dabei nicht. Danach durchlaufen Filamente aus II die Fibrille der Länge nach. Ihre Zwischenräume sind nur in der A-Bande durch I ausgefüllt. In der Z-Scheibe hält ein nur wenig schwerer lösl. Protein als I die II-Filamente zusammen. Daraus berechnet sich eine Konz. an fibrillärem Muskeleiweiß zu ca. 21% in den A-Abschnitten u. zu ca. 5% in den I-Abschnitten unter Annahme eines Fibrillenvol. von 60% des Faservol., was mit den elektronenopt. Bildern u. mit der Größe der Doppelbrechung in A u. I in Übereinstimmung steht. Die Grundsubstanz des Kontraktionsstreifens (Periodizität 5000 Å) maximal kontrahierter Fibrillen besteht aus I, das bei freier Verkürzung der quergestreiften Fibrillen aus der A-Banden in den Kontraktionsstreifen wandert. (Z. Naturforsch. **8b.** 449—54. Sept. 1953. Tübingen, Univ., Physiol. Inst.) JUTZ. 4597

Hans Neurath and **Kenneth Bailey**, eds. The proteins: chemistry, biological activity and methods. V. 2. New York: Academic Press. 1954. (671 S. m. Abb.) $ 14,—.

E₆. Pharmakologie. Therapie. Toxikologie. Hygiene.

Jean Vivien, *Wirkung des radioaktiven Phosphors auf die Gonaden der lebendgebärenden Cyprinodonten: Lebistes und Xiphophorus.* Die β-Strahlung des ^{32}P bewirkt bei den Cyprinodonten eine totale Sterilisation der Gonaden, eine Involution oder Hemmung der Entw. der SERTOLI-Linie bei ♂, wobei die Elemente des Stromas, des Interstitiums u. die Epithelien funktionsfähig bleiben. Bei den ♀ sind die involutiven Prozesse, die die Ovocyten treffen, von der gleichen Art, wie sie nach Hypophysektomie beobachtet werden. Die Endwirkungen sind ident. mit den durch Röntgenstrahlen erzeugten. (C. R. Séances Soc. Biol. Filiales **147.** 1459—62. Aug./Sept. 1953. Straßburg, Fac. de Sci., Labor. de Biol. animale.) K. BÖHM. 4601

R. K. Kepp und **K. F. Michel,** *Elektrophoretische Untersuchungen über die Wirkung von Röntgenstrahlen auf wässerige Proteinlösungen.* Verd. menschliche Seren von n. ♂ u. schwangeren ♀ Menschen sowie wss. Lsgg. gereinigter Proteine u. Proteingemische wurden mit Röntgenstrahlen von 60 kV u. 50000—250000 r bestrahlt. Nach anschließender Dialyse der bestrahlten Fll. gegen einen Veronal-Veronalnatrium-Puffer (p_H 8,6) wurden diese mit dem Mikrogerät nach ANTWEILER elektrophoret. untersucht. Die dabei erzielten Ergebnisse zeigen, daß sich die Wrkg. der Bestrahlungen ebenso äußert wie die Einw. von Wärme u. Ultraviolettlicht. Bei der Bestrahlung von Gemischen von zwei gereinigten Proteinfraktionen ist mit der Strahlendenaturierung der Globuline eine Vermehrung negativer Ladungen verbunden, während denaturiertes Albumin weniger negativ geladene Gruppen aufweist als natives. Da bei der Einzelbestrahlung der ungemischten Fraktionen keine Änderung des Gradienten resultiert, nehmen Vff. während des Denaturierungsvorgangs Wechselwirkungen u. damit Bldg. neuer Proteinaggregate aus Molekülfragmenten an. (Strahlentherapie **92.** 416—22. 1953. Göttingen, Univ., Frauenklin.) REUSSE. 4601

Saul Kay, *Zellreaktion nach Behandlung mit Bariumsulfatkontrastmittel.* Beschreibung von 3 Fällen patholog. Zell-Rk. (Leber, Appendix u. Rectum) mit Bariumsulfat, die sich als fibröses Granulom äußerte. (A. M. A. Arch. Pathol. **57.** 279—84. April 1954.) W. LORENZ. 4601

J. K. Bray, *Ein neues Kontrastmittel für die Cholecystographie.* Es wird über die Erfolge mit *Biligrafin intravenös* (I) bei den röntgenolog. Unterss. der Gallenblase berichtet. I wird gut vertragen u. ist das zuverlässigste Kontrastmittel zur Sichtbarmachung des Leberganges, des Gallenblasenganges, des Hauptgallenweges u. der Gallenblase. (Radiography **20.** 83—85. Mai 1954. Manchester, England, Crumpsall Hosp.) W. LORENZ. 4601

Lars Renck, *Versuche mit Telepaque, einem neuen cholecystographischen Kontrastmittel.* Im Vgl. mit *Bilitrast* (I) erwies sich *Telepaque* (II) in einer Reihe von Unterss. als das bessere Gallenblasenkontrastmittel. Mit II wurde eine bessere Füllung der Gallenblase erzielt. I u. II besaßen etwa die gleichen Nebenwirkungen. Die Entleerung der Gallenblase nach einer Fettmahlzeit wurde untersucht. Dabei füllten sich die Gallenwege nach Verabreichung von II häufiger als nach I. (Acta radiologica [Stockholm] **41.** 336—42. April 1954. Stockholm, Karolinska Sjukhuset, Roentgen Diagnost. Dep.) W. LORENZ. 4601

M. Charruyer, *Der Ultraschall und seine biologische Wirkung.* Kurzer Bericht über einen Vortrag über chem., physiol.-chem. u. biol. Anwendung des Ultraschalls. (J. Physique Radium **14.** 7 S—8 S. April 1953. Limoges, l'École de Méd.) H. JACOB. 4601

Klaus Buchmüller, *Der Ultraschall als unspezifische Therapieform.* Besprechung des unspezif. Mechanismus bei äußerer Einw. auf den Gesamtorganismus, wobei Vibrationsmassage u. Ultraschall (US) parallel gesetzt werden, ohne spezif. Eigg. von US zu verneinen. (Arch. Geschwulstforsch. **6.** 214—20. 1954. Berlin, Humboldt-Univ., Inst. für Strahlenforschung.) DOSSMANN. 4601

John C. Gallimore, George A. Boyd und **J. N. Stannard,** *Eine autoradiographische Untersuchung der Verteilung von Polonium in der Ratte während 24 Stunden nach intravenöser Injektion.* Nach Injektion von 100 mC $PoCl_2$ bei Ratten treten im Blut Po-Aggregate unter Aufnahme von Elementen des reticulo-endothelialem Syst. auf, die sich in Leber u. Milz ablagern, sowie Po in atomarer bzw. mol. Zerteilung, das in den proximalen Nierentubuli konz. wird. (Anatom. Rec. **118.** 253—74. Febr. 1954. Rochester, N. Y., Univ., School of Med. and Dent., Dep. of Radiat. Biol.; Oakridge, Tenn., Inst. of Nucl. Stud., Med. Div.) KRUSEN. 4606

G. Hirtz, J. Cartron und **P. Pelluchon,** *Untersuchung über den Einfluß des p-Oxypropiophenons auf die Glykämie und Phosphorämie der männlichen und weiblichen Ratte.* Vff. untersuchten den Einfl. von *p-Oxypropiophenon* (**I**) auf Glykämie u. Phosphorämie bei oralen Dosen von 100 mg/täglich an ♂ u. ♀ Albinoratten. Nach dem 14. Versuchstage sind die Werte für Glucose bei beiden Geschlechtern gesenkt mit zahlreichen individuellen Ausnahmen. Die Phosphorwerte sind nach dem 7. Versuchstag für ♂ regelmäßig vermehrt u. bei ♀ vermindert. **I** wirkt bei den Versuchstieren leicht hypoglykäm. u. beeinflußt die Phosphorämie. (C. R. Séances Soc. Biol. Filiales **147.** 1610—16. Okt. 1953. Bordeaux, Labor. D'Hormonologie et de Cancérologie experimentale.) K. BÖHM. 4607

J. Lecomte, H. Van Cauwenberge und **J. Goblet,** *Entzündungshemmende Wirkung des Cysteinamins und seines Oxydationsderivates, des Cystinamins, bei der Ratte.* Die entzündungshemmenden Eigg. des *Cysteinamins* (**I**) u. des *Cystinamins* (**II**) sind bei der Ratte augenscheinlich. Unter dem Einfl. von **I** u. **II** wird die extravasculäre Passage von Farbstoffen im Bereich der durch Chlf. oder Histamin gereizten Hautzonen stark verzögert. *Hyaluronidase* wird durch **I** u. **II** nicht gehemmt. (C. R. Séances Soc. Biol. Filiales **147.** 1121—24. Juni 1953. Inst. de Clin. et de Pathol. méd. u. Fonds nat. de la Rech. sci.) K. BÖHM. 4607

Basil S. Hetzel und **Denise C. Hine,** *Die Wirkung von Salicylaten auf Hypophyse und Nebennieren.* Therapeut. Dosen von *Natriumsalicylat* (**I**) intraperitoneal bewirken bei Ratten eine erhebliche Ausschwemmung von Ascorbinsäure aus den Nebennieren, wobei die Wrkg. direkt proportional der angewandten Dosis ist. Ähnlich wirkt *Insulin,* aber schwächer. Bei hypophysektomierten Tieren bleibt die Wrkg. aus. Auch NaCl u. Natriumbenzoat vermindern den Ascorbinsäuregeh. der Nebennieren, jedoch wesentlich schwächer als **I**. Andere Salicylate erwiesen sich ebenfalls als wirksam. Behandelt man die Tiere vor den Salicylgaben mit Cortison, so wird anscheinend die Freisetzung der Ascorbinsäure blockiert. Es wird gefolgert, daß die günstige Wrkg. der Salicylbehandlung auf Aktivierung der Hypophyse u. der Nebennieren beruht, indem diese zur Produktion cortisonähnlicher Steroidhormone angeregt werden. (Lancet **261.** 94—97. 21/7. 1951. Adelaide, South Australia, Inst. of Medic. and Veterin. Sci.) ZORN. 4607

B. W. Meade und **M. J. H. Smith,** *Die Wirkung von Salicylaten auf Hypophyse und Nebennieren.* Vff. kritisieren die Folgerung von HETZEL u. HINE (vgl. vorst. Ref.), daß die therapeut. Wrkg. der *Salicylate* durch die Hypophyse u. die Nebennieren vermittelt wird. Falls die Salicylate bei der Stimulierung der Hypophyse u. der Nebennieren mitwirkten, müßten sie nach Ansicht der Vff. die gesamte allg. Wrkg. von ACTH oder *Cortison* haben. Vff. zeigen an Beispielen, daß jedoch die Wrkg. der Salicylate der von Cortison entgegengesetzt ist, u. halten deshalb die vorerwähnte allg. Schlußfolgerung für nicht berechtigt. (Lancet **261.** 224—25. 4/8. 1951. London, King's Coll., Hosp. Med. School.) RANG. 4607

L. Zizine, *Wirkung des Natriumsalicylats auf die durch Cortison verursachte Nebennierenatrophie.* Bei Ratten verhindert die Zufuhr von *Natriumsalicylat* die Entw. der Atrophie der Nebennierenrinde, die sonst unter Cortisoninjektionen auftritt. (C. R. Séances Soc. Biol. Filiales **147.** 1577—79. Okt. 1953. Inst. de Biol., Hôpital Cochin.) K. BÖHM. 4607

Alan R. Feinberg und **Saul Malkiel,** *Experimentaluntersuchungen über Aspirinempfindlichkeit.* Meerschweinchen konnten gegen *Aspirin* (**I**) empfindlich gemacht werden, wenn man ihnen 3 mal an alternierenden Tagen je 0,25 g Konjugate von **I** mit Humanserum oder Casein intraperitoneal oder intramuskulär verabfolgte. Die Empfindlichkeit bestand dann auch gegen Na-Salicylat. Die Ggw. von Antikörpern konnte nachgewiesen werden. (J. Allergy **22.** 74–81. Jan. 1951. Chicago, Ill., Northwestern Univ., Med. School, Dep. of Internal Med., Div. of Allergy.) LOCH. 4607

Konrad L. Zirm und **Rudolf Kilches,** *Zur Frage der Resorbierbarkeit von wasserlöslichem Blattgrün unter Anwendung eines* ^{14}*C-markierten Chlorophyllins.* Es wurde Mäusen eine wss. Lsg. eines ^{14}C-markierten *Mg-Chlorophyllins* per os verabreicht. Die Tiere wurden nach bestimmten Zeitabständen getötet u. die verschied. Organe sowie Körper-Fll. einer Aktivitätsbest. unterworfen. Während die zerkleinerten Organe, in dünner Schicht aufgetragen, nach dem Trocknen zur Analyse gelangten, wurden die Fll. vor ihrer Best. auf Filterscheiben gesaugt u. getrocknet. Die Aktivitätsbest. erfolgte mit einem GEIGER-MÜLLER-Zählrohr. Lediglich der Darminhalt u. der Kot zeigten eine mit der Zeit abnehmende Aktivität. Man nimmt an, daß der Ablauf des Wirkungsmechanismus der den desodorierenden Effekt u. die granulationsfördernde Wrkg. des Chlorophylls hervorruft, im Darm selbst zu suchen ist. (Biochem. Z. **324.** 241–43. 1953. Lannach, Steiermark, Forschungslabor. Lannacher Heilmittel.) LAMPRECHT. 4607

Leon A. Greenberg und **David Lester,** *Alkohol-Atem-Teste und Atemdesodorierung durch Chlorophyllderivate.* Die Einnahme von 100 mg *Chlorophyllin* (I) bzw. das Kauen I-haltiger Kaugummis ist ohne Einfl. auf den A.-Geh. von Blut u. Atem nach Whiskygenuß. I stört nicht den A.-Atemtest. I-Präpp. bewirken eine gute Atemdesodorierung nach A.-Genuß. (Quart. J. Stud. Alcohol **15.** 16–20. März 1954. New Haven, Conn., Yale Univ., Labor. of Appl. Physiol.) KRUSEN. 4607

S. Loewe, *Potenzierung der durch Arzneimittel hervorgerufenen Ejakulation durch β-Diäthylaminoäthyldiphenylpropylacetat* (*SKF No. 525 A*). Die hypnot. wie auch die ejakulator. Wrkg. einer Kombination aus *Pernoston* (**II**) u. *Yohimbin* (**III**) wird durch *β-Diäthylaminoäthyldiphenylpropylacetat* (**I**) verstärkt. **III** verstärkt ebenfalls die hypnot. Wrkg. von **II**. Die gegenseitige Beeinflussung von **I**, **II** u. **III** wird genauer untersucht. Im Vgl. mit **II** wird *Nembutal* geprüft, das ein abweichendes Verh. zeigt. (J. Pharmacol. exp. Therapeut. **110.** 271–76. März 1954. Salt Lake City, Ut., Univ. of Utah, Coll. of Med., Dep. of Pharmacol.) CARSTENS. 4607

Jack Colvard Jones, *Mikroanatomische Untersuchung von durch DDT moribunden Anopheles quadrimaculatus Say.* Nach der Einw. von *DDT* auf Anopheles quadrimaculatus Say in verschied. Stadien vorgenommene ausführliche anatom. Unterss. ergaben keine sichtbaren Zell- oder Kernschäden bei noch lebenden Tieren. (Science [Washington] **117.** 452–53. 24/4. 1953. Bethesda, Md., Nat. Inst. of Health, Nat. Microbiol. Inst.) KRUSEN. 4607

W. M. McKay und **D. A. MacPherson,** *Der Wert jodierter Mineralöle bei der Behandlung von Rindermastitis.* Vff. beschreiben eine Reihe erfolgreich behandelter Fälle von Mastitis mit jodierten Mineralölen. (Brit. veterin. J. **110.** 167–82. Mai 1954.) W. LORENZ. 4610

Sahib Singh Sokhey, P. M. Wagle und **M. K. Habbu,** *Behandlung der Beulenpest mit Sulfonamiden und Antibioticis.* Mit Pasteurella pestis infizierte weiße Mäuse wurden 48–72 Std. danach mit *Sulfathiazol, Sulfapyridin* (**I**), *Sulfamerazin, Sulfamethazin, Sulfadiazin, Antipestserum, Penicillin* (**II**), *Streptomycin* (**III**), *Aureomycin, Chloramphenicol* u. *Oxytetracyclin* behandelt. Abgesehen von **I** u. **II** zeigten alle Präpp. bei mindestens 50% der Ratten Heilwirkung. Die Antibiotica – außer **II** – hatten zu 90–100% Schutzwirkung. – Bei klin. Verss. am Menschen zeichnete sich **III** unter diesen Präpp. durch bes. schnelle Wrkg. auch bei septicäm. Fällen aus. – 13 Literaturangaben. (Bull. Organisat. mond. Santé **9.** 637–43. 1953. Bombay, India, Haffkine Inst.) RANG. 4610

K. V. Lodge und **A. S. Woodcock,** *Ausgedehnte akute Nekrose der Leber nach Sulfonamidtherapie bei Patienten mit Leukämie.* Das Auftreten von Lebernekrosen nach Sulfonamidbehandlung von Leukämie wird auf allerg. Ursprung zurückgeführt. Wegen der Gefährlichkeit dieser Behandlungsart leukäm. Patienten sollte die Verabreichung von Antibioticis zur Behandlung intercurrenter Infektionen bevorzugt werden. (Amer. J. Pathol. **30.** 361–70. März/April 1954. Manchester, England, Univ., Dep. of Pathol.) W. LORENZ. 4610

William B. Tucker, *Der gegenwärtige Stand der Chemotherapie der Tuberkulose. Ein Auszug.* (Antibiotics Annu. **1953/1954.** 215–17. Minneapolis, Minn., Veterans Admin. Hosp. u. Univ. of Minnesota, Med. School. – C. **1954.** 6046.) DOSSMANN. 4610

W. M. Dixon, *Toxische Reaktionen auf p-Aminosalicylsäure.* Kurze Übersicht über bekanntgewordene tox. Rkk. durch *PAS* (**I**)-Therapie, Besprechung von 25 Fällen aus der Literatur sowie einem eigenen Fall, bei denen tox. Hepatitis infolge **I**-Therapie auftrat, die durch plötzliches Fieber, Ausschlag u. Gelbsucht gekennzeichnet ist. Die I-Dosis, die Gelbsucht hervorrufen kann, variiert zwischen 163—820 g. In 18 von 21 Fällen wurde Eosinophilie festgestellt, die von diagnost. Bedeutung ist. (Brit. J. Tubercul. Diseases Chest **48.** 102—10. April 1954. London, Paddington and Kensington Chest Clinic.) DOSSMANN. 4610

Johannes Meyer, *Ergebnisse der Chemotherapie bei Urogenitaltuberkulose, verglichen mit den Ergebnissen einer Kontrollserie ohne chemotherapeutische Behandlung.* (Z. Urol. **47.** 311—16. 1954. Kopenhagen, Finseninst., Abt. für chirurg. Tuberkulose.) DOSSMANN. 4610

G. Nicolich, *Chemotherapie der Urogenitaltuberkulose.* (Z. Urol. **47.** 295—97. 1954. Genova.) DOSSMANN. 4610

K. Halbeisen, *Die Behandlung der Urogenitaltuberkulose mit Neoteben.* (Z. Urol. **47.** 280—93. 1954. Berlin-Pankow, Städt. Krankenhaus.) DOSSMANN. 4610

J. Pellerat und M. A. Maillard, *Gewebsverteilung des per os oder parenteral verabreichten Isoniazids beim Meerschweinchen. Untersuchung der Diffusion des Isoniazids in den Liquor cerebrospinalis beim Menschen.* Vff. verabreichten Meerschweinchen eine Einzelgabe (80 mg/kg) von Isoniazid (I) per os oder parenteral (intramuskulär oder intravenös). Die Tiere wurden nach 1 bzw. nach 6 Std. getötet u. entblutet u. I elektrophotometr. gegen Test-Lsg. bestimmt. Es zeigten sich beträchtliche individuelle Schwankungen. Parenterale Zufuhr ergibt keine bessere Gewebsfixation von I. Schnelle Verteilung im Organismus. Beim Menschen wird I sehr schnell vom Magen–Darm aufgenommen u. ebenfalls nicht gespeichert. Bei ausschließlicher Zuführung über den Liquor sind die bei der späteren Bestimmung darin gefundenen I-Werte niedrig oder null, was vermuten läßt, daß das injizierte I schnell durch die Meningialschranke in das strömende Blut übertritt. (C. R. Séances Soc. Biol. Filiales **147.** 330—33. Febr. 1953. Lyon, Univ., Labor. de la Clin. dermatol. et de la Clin. de Maladies infectieuses.) K. BÖHM. 4610

John Crofton, *Chemotherapie der Lungentuberkulose.* Bericht über die Entw. der Therapie mit *Streptomycin, PAS* u. *Isoniazid.* Diskussion des Problems der Resistenz u. ihre Vermeidung durch geeignete Kombinationen u. Dosierungen. (Edinburgh med. J. **61.** 155—69. Mai 1954. Edinburgh, Univ., Dep. of Tuberculosis and Diseases of Respiratory System.) DOSSMANN. 4611

Johannes Brockhaus, *INH-Vergiftung bei einem Kleinkind.* Während der Therapie mit *Isonicotinsäurehydrazid* (16,5 g in 180 Tagen) kam es bei 3jährigem Jungen zu Vergiftungserscheinungen mit ton. Krämpfen u. Bewußtlosigkeit. (Dtsch. med. Wschr. **79.** 926. 4/6. 1954. Lübeck, Städt. Krankenhaus, Kinderklinik.) P. LOCH. 4610

Maurice Porot, *Streptomycin, Isoniazid und psychische Störungen.* Die Therapie mit *Streptomycin* (I) u. *Isoniazid* (II) kann psych. Störungen verschied. Form auslösen, die tox. u. allerget. bedingt sein können. Ferner Besprechung der geistigen Störungen, die mit dem veränderten u. durch I heilbar gewordenen Krankheitsbild der tuberkulösen Meningitis zusammenhängen, sowie Diskussion der Möglichkeit einer I- u. II-Anwendung zur günstigen Beeinflussung von psych. Störungen nicht tuberkulöser Genese. (Presse méd. **62.** 624—27. 24/4. 1954. Alger.) DOSSMANN. 4611

H. S. Mitchell, *Streptomycindermatitis.* Streptomycindermatitis tritt nur nach stattgefundenem Kontakt mit der Haut auf. Antikörper konnten dabei nicht nachgewiesen werden. Bei Vermeidung jedes weiteren Kontakts verschwindet sie nach längstens 2 Wochen. (J. Allergy **22.** 71—73. Jan. 1951. Quebec.) P. LOCH. 4611

G. Nawrocki, *Zur antibiotischen Therapie der Tuberkulose mit Oxyprocainpenicillin und Paratebin.* Zur Prüfung von *Paratebin* (I; GRÜNENTHAL) aus 1 g *Dihydrostreptomycinsulfat* (II) u. 4.10^5 E. *Oxyprocainpenicillin* (III) untersuchte Vf. die Wrkg. der Komponenten, wobei III als *Oxyjenacainpenicillin* benutzt wurde u. weist nach, daß für die III-Wrkg. lediglich die in III verankerte *PAS*-Gruppe verantwortlich zu machen ist. Therapeut. ist diese *PAS*-Dosis aber unterschwellig, ein Einfl. auf die Ausbldg. von II-Resistenz trat nicht ein. Vf. sieht nach seinen Erfahrungen keinen Vorteil in I als einem Mittel zur Tuberkulosebekämpfung. (Dtsch. Gesundheitswes. **9.** 532—36. 29/4. 1954. Sülzhain, Sanatorium Hohenstein u. Rodehorst.) DOSSMANN. 4611

Stuart H. Walker, *Untersuchung der Wirkung von Dibenzyläthylendiamindipenicillin G bei akuter eitriger Otitis media.* Mit einmaliger Injektion von *Dibenzyläthylendiamindipenicillin G* waren 100 Fälle mit Otitis media meist innerhalb von 48 Std. symptomfrei; Beherrschung der Infektion innerhalb von 4 Tagen ohne schwere Komplikationen. In den meisten Fälle erübrigte sich zusätzliche Injektion von Procain-Penicillin. (Antibiotics Annu. **1953/1954.** 119—22. Baltimore, Md., Johns Hopkins Hosp.) DOSSMANN. 4611

Samuel J. Prigal, *Die Aerosoltherapie bei Allergie. Klinische und bakteriologische Bewertung von Antibioticis.* Vf. bespricht die Aerosoltherapie mit *Aminophyllin*, Antibioticis (*Penicillin, Streptomycin, Bacitracin*) u. $NHCl_4$ bei infektiösem Asthma. (J. Allergy **22.** 50–62. Jan. 1951. New York, N. Y., Flower-Fifth Avenue Hospital.) P. LOCH. 4611

H. Dennig und **H.-J. Liewald,** *Über Erythromycin, ein neues Antibioticum.* Erfolgreiche Anwendung von *Erythromycin* (per os 0,3–0,4 g alle 6 Std.; intravenös 0,25 g alle 6–8 Std.) bei schwerer Sepsis. (Dtsch. med. Wschr. **79.** 917–18. Stuttgart, Karl-Olga.) P. LOCH. 4611

Samuel S. Wright, Elmer M. Purcell, Ben D. Love jr., Thomas W. Mou, Edward H. Kass, Maxwell Finland (unter Mitarbeit von **Clare Wilcox** und **Ann Najarian**), *Klinische und Laboratoriumsbeobachtungen über Tetracyclin.* Bericht über Verss. mit *Tetracyclin* (I) an 12 n. Personen u. Vgl. der Ergebnisse mit *Chlortetracyclin* u. *Oxytetracyclin.* I ist stabiler in vitro u. bedingt einen etwas höheren Blutspiegel bei geringeren gastrointestinalen Symptomen. (Antibiotics Annu. **1953/1954.** 92–97. Boston, Mass., Boston City Hosp. u. Harvard Med. School, Dep. of Med.) DOSSMANN. 4611

Thomas H. McGavack, Ann M. Shearman, Jonas Weissberg, Abner M. Fuchs, Philip M. Schulman und **I. J. Drekter,** *Neuere Antihistaminica.* 4. Mitt. *Einige pharmakologische und therapeutische Wirkungen von β-[p-Brombenzhydryloxy]-äthyldimethylaminhydrochlorid, einem Derivat des Diphenhydraminhydrochlorids.* (3. vgl. J. Allergy **21.** [1950.] 353.) Die genannte Verb. (*Ambodrylhydrochlorid*; I) wurde an 330 Versuchspersonen geprüft. I (peroral 75–600 mg/Tag) unterdrückte die Haut-Rk. auf Histamin. Eine atropinähnliche Wrkg. (Pupillenerweiterung) trat nach Dosen über 300 mg/Tag auf, Störungen des Zentralnervensystems bei mehr als 450 mg/Tag. Das cardiovasculäre Syst. wurde nicht beeinflußt. Auch auf die Glucosetoleranz wurde kein Einfl. festgestellt. Die leichte Grundumsatzsenkung, die bei Dosen von 200 mg/Tag beobachtet wurde, war statist. nicht signifikant. Auch Blut u. Harn blieben unbeeinflußt. I hat einen höheren therapeut. Index als *Benadryl* u. gleicht in seiner Wirksamkeit etwa dem *Toladryl* (*β-[p-Methylbenzhydryloxy]-äthyldimethylaminhydrochlorid.* (J. Allergy **22.** 31–46. Jan. 1951. New York, N. Y., New York Med. Coll.; Metropolitan Hosp.) P. LOCH. 4625

S. Walter Landau, William A. Nelson und **Leslie N. Gay,** *Antihistaminwirkungen von Lokalanästheticis und anästhetische Wirkungen von Antihistaminicis.* Die durch Histamin (10 γ/100 cm³ TYRODE-Lsg.) am isolierten Meerschweinchendarm hervorgerufene Kontraktion konnte durch *Procain* (I; 1γ/cm³) u. in gleicher Weise durch *Stovaine* (II; *Amylocainhydrochlorid*) zu 50% aufgehoben werden. Gegen die durch Acetylcholin hervorgerufene Kontraktion war die Wrkg. beider Anästhetica ca. 10 mal geringer, ein Verhältnis, das man auch bei den Antihistaminicis antrifft. Zuvor injiziertes II konnte Meerschweinchen gegen letale Dosen Histamin schützen. Intracutan an Meerschweinchen verabfolgt zeigten die Antihistaminica *Antistin, Phenergan, Pyribenzamin, Histadyl, Neo-Antergan, Benadryl* u. *Dramamine* anästhet. Wrkg., die 2- bis 2,5 mal so gut war wie die von I. Ähnliche Verss. am Menschen ließen sogar eine 2,4- bis 4 mal so große Wrkg. erkennen, wie die von I. (J. Allergy **22.** 19–30. Jan. 1951. Baltimore, Md., Johns Hopkins Hosp.) P. LOCH. 4625

J. P. Payne, *Die Wirkungen des N-Allylnormorphins auf gesunde Personen, die mit Morphin vorbehandelt worden waren.* An 11 Personen, die kurz vorher mit *Morphin* (I) vorbehandelt worden waren, wurden die klin. Wirkungen von *N-Allylnormorphin* (II) untersucht. Außer vorübergehender Stimulation der Atmung wurde kein bemerkenswerter Antagonismus gegen I festgestellt. Viele der beobachteten Wirkungen waren unangenehm u. verlängert (Schläfrigkeit, Nausea, Erbrechen, Schwitzen, Schwindel, Blässe). Die Verwendung von II bei ambulant anästhesierten Patienten erscheint daher nicht gerechtfertigt. (Brit. J. Anaesthesia **26.** 22–25. Jan. 1954. Manchester Royal Infirmary, Univ., Dep. of Anaesthesia.) K. BÖHM. 4627

G. A. Mandow, G. P. Arden und **F. J. Russell Stoneham,** *Durch Hexamethoniumbromid verursachte Hypotension während der Anästhesie.* Vff. berichten über die Verwendung von *Hexamethoniumbromid* (I) bei 442 Patienten in verschied. Lebensaltern u. bei den verschiedensten Eingriffen. Nach der Operation wird Tropfeinlauf von Methedrine-Methylamphetamin 30 mg in 500 ml Salzlsg. gegeben, um den Blutdruck wieder zu heben. (Brit. J. Anaesthesia **26.** 26–34. Jan. 1954. Windsor Group of Hospitals.) K. BÖHM. 4628

Eilif Gregersen, *Behandlung von essentieller Hypertension mit Veratrumalkaloiden.* Übersicht über Chemie u. Pharmakologie von Veratrum. Behandlung von 10 Patienten mit essentieller Hypertension mit *Deravine* (H. LUNDBECK u. CO.). Bei großen Dosen (16 mg täglich) zeigten 2 Patienten deutlichen Blutdruckabfall. (Ugeskr. Laeger **116.** 560–65. 15/4. 1954. Frederiksberg Hospital.) GENEST. 4630

Vagn Rønnov-Jessen, *Medikamentöse Behandlung von Hypertensio arterialis.* (Vgl. C. **1954.** 6536.) Es werden klin. Erfahrungen an 48 Patienten bei der peroralen Behandlung von Hypertensio arterialis mit *Pentapyrrolidinbitartrat* (*Asolysen*, MAY u. BAKER) mitgeteilt. Das Präp. wird als bisher bestes für diesen Zweck empfohlen. (Ugeskr. Laeger **116.** 551–58. 15/4. 1954. Frederiksborg, Amts Centralsygehus.) GENEST. 4630

Thomas Haymond und **Samuel Bellet,** *Die Wirkung von Banthin auf die Herzaktion bei gleichzeitig erhöhtem Vagustonus. Banthin* (*β-Diäthylaminoäthylxanthen-9-carboxylatmethobromid*) wirkt atropinähnlich anticholinergisch. Patienten mit AV-Block, hypersensitivem Carotissinussyndrom, WPW-Syndrom oder Coronarsinusrhythmus wurden täglich mit 5–10 mg intravenös oder 100–400 mg per os behandelt. Banthin senkt den erhöhten Vagustonus 1–1$^1/_2$ Min. nach intravenöser Zufuhr, verbunden mit Tachycardie u. PR-Verkürzung, die bis 6 Std. anhält. Bei oraler Medikation tritt der Effekt erst nach 30–60 Min. auf, hält aber ebensolange an. Das Mittel besitzt eine große therapeutische Breite u. wenig Nebenwirkungen im Sinne des Atropineffekts. (Amer. J. Med. **16.** 516–20. April 1954. Philadelphia, Pa., Univ., Div. of Cardiol. Gen. Hosp. and Robinette Foundat.) JORDAN. 4630

Ignacy Pines, *Der Einfluß von Khellin* (*Visammin*) *auf das EKG. Khellin* der *Ammi visnaga* wurde auf seine Effekte im Säugetier-EKG geprüft. Dabei fand sich eine negativ chrono- u. dromotrope Wrkg., die sich unter günstigen Umständen zu der von ***Digitalis, Quabain, Methylenblau*** u. der von ***Quecksilberdiureticis*** addiert. Ein sicherer bathmotroper Effekt wurde nicht beobachtet. Khellin wird daher bei sinoauriculären, auriculoventriculären u. intraventriculären Reizleitungsstörungen ebensowenig empfohlen wie bei der Herzinsuffizienz oder in der Infarktbehandlung. (Amer. Heart J. **47.** 487–503. April 1954. Caracas, Venezuela, Inst. of Veterin. Invest.) JORDAN. 4630

A. Farah und **F. Koda,** *Die Beeinflussung der Quecksilberdiurese durch die Konzentration der Elektrolyte im Plasma.* An narkotisierten Hunden wurde gefunden, daß die Natrium- u. Chloridkonzz. im Plasma die Verstärkung der Ausscheidung der Elektrolyte nach *Mersalyl* (**I**) beeinflussen, während die Vergrößerung der Harnmenge nach **I** von den Flüssigkeitsverhältnissen abhängt. Aus den Verss. wird weiter gefolgert, daß es zwei Arten von Natriumrückresorption gibt, von denen die eine durch **I** beeinflußbar ist, die andere dagegen nicht, wohl aber durch Natriumcyanid. (J. Pharmacol. exp. Therapeut. **110.** 361–68. März 1954. Syracuse, N. Y., State Univ. of New York, Upstate Med., Center, Dep. of Pharmakology.) CARSTENS. 4634

D. Franke und **H. E. Grewe,** *Erfahrungen mit der α-Aminoisobuttersäure in der Wundbehandlung.* Vff. berichten über Wundbehandlung mit einer Salbe u. einem Puder, die je 3% *α-Aminoisobuttersäure* enthielten. Bei der Salbenbehandlung sek. heilender, auch infizierter Wunden fanden sich vereinzelt Reizerscheinungen. Der Puder war immer gut verträglich. (Zbl. Chirurg. **79.** 769–76. 1954. Berlin, Städt. Krankenhaus Moabit.) K. BÖHM. 4660

Marjorie O. Dunster, G. K. McGowan und **Douglas Bennett,** *Die Wirkung von Kationenaustauscherharzen in der Behandlung der präeklamptischen Toxämie während der Schwangerschaft.* 7 Schwangere mit präeklampt. Zuständen wurden mit einem Kationenaustauscher (*Resodec*, Polyacryl–Polycarboxyl-Kationenaustauscher mit 77% NH_3 u. 33% K) mit wahrscheinlich gutem Erfolg behandelt. Vff. weisen auf die Gefahren der Acidose u. der K- u. Na-Erschöpfung hin. (J. Obstetr. Gynaecol. Brit. Empire [N. S.] **61.** 31–45. Febr. 1954. Bristol, United Bristol Hosp., Dep. of Obstetr. and Gynaecol.) LEUSCHNER. 4670

Knud Raby, *Relation von Blutacetaldehydspiegel zu klinischen Symptomen bei der Disulfiram–Alkohol-Reaktion.* Trotz starker individueller Schwankungen lassen sich bei Versuchspersonen, die 3 Tage vor der *Alkohol*-Aufnahme (50 ml abs. A.) 1–7 g *Antabus* (**I**; *Tetraäthylthiuramdisulfid*) erhalten hatten, höhere *Acetaldehyd* (**II**)-Werte im Blut nachweisen als ohne **I**-Applikation. Es wurden 50–80 Min. nach der *Alkohol*-Aufnahme bei nicht behandelten im Mittel 1,037 mg **II**/100 ml Blut (0,590–1,700 mg/100 ml), bei mit **I** vorbehandelten 1,355 mg (0,639–2,510 mg) gefunden. Die durch EKG-Messung ermittelten klin. Symptome der **I**/Alkohol-Rk. waren in ihrem Ausmaß von der verabreichten **I**-Menge im Bereich von 1,5–4,5 g u. damit von der im Blut vorliegenden **II**-Konz. abhängig. Bei den heftigen Rkk. wurde ein Mittelwert von 1,471, bei den leichten Rkk. ein solcher von 0,985 mg **I**/100 ml gefunden. (Quart. J. Stud. Alcohol **15.** 21–32. März 1954. Copenhagen, Nørre Hosp.) KRUSEN. 4670

Knud Raby, *Wirkung von Alkohol auf die Respiration vor und nach Behandlung mit Disulfiram.* Während bei einer Reihe von Versuchspersonen nach alleiniger Zufuhr von *A.* (50 ml abs. *A.*) uneinheitlich teils Anstieg, teils Verminderung der Respiration festzustellen war, kam es bei *Alkohol*-Aufnahme nach vorheriger *Antabus* (1,0—4,5 g)-Medikation in allen Fällen, allerdings mit sehr starken Unterschieden (1,8—108,7%), zu Respirationssteigerung. Gleichzeitig wurde eine Abnahme des CO_2-Geh. der Expirationsluft von durchschnittlich 4,87 auf 3,58% gefunden. Inhalation von reinem O_2 in diesen Fällen brachte Rückgang der gesteigerten Respiration, rief jedoch keine Besserung der subjektiven Symptome hervor. (Quart. J. Stud. Alcohol **15.** 33—42. März 1954. Copenhagen, Nørre Hosp.) KRUSEN. 4670

H. Nonnenmacher, *Irgapyrin „Geigy" zur Behandlung von Augenkrankheiten. Irgapyrin* ergab bei diffuser Episkleritis, Skleritis, exsudativer Iritis, postoperativen Reizzuständen, exsudativer Retinitis u. Abducensparese rheumat. Genese gute, bei knötchenförmiger Skleritis u. Iridocyclitis wechselnde u. bei der Keratoconjunctivitis epidemica keine Behandlungserfolge. (Dtsch. Gesundheitswes. **9.** 627—29. 20/5. 1954. Dresden, Stadtkrankenhaus Johannstadt.) ZEMKE. 4670

A. Hadengue und **R. Martin,** *Ein Fall von tödlicher Dichloräthanvergiftung.* Bericht über einen Fall von letaler *Dichloräthan* (**I**)-Vergiftung bei einem 40jährigen Mann nach kurzem Aufenthalt in einem mit einem Gemisch von **I** u. Seifenpaste gefüllten Bottich. Der Tod trat, vermutlich durch Einatmen von **I** u. seine Einw. auf die Haut, nach 6 Std. ein; autopt. fanden sich Lungenödem u. Leber- u. Nierenschäden. Vff. weisen auf die in bestimmten prädisponierten Fällen große Toxizität von **I** hin. (Ann. Méd. légale Criminol. **33.** 247—49. Okt./Nov. 1953.) KRUSEN. 4675

Heinz Lüdtke und **Hans Hopp,** *Über Gewebeschäden bei Pediculus vestimenti N. nach Einwirkung chlorierter Kohlenwasserstoffe* (*DDT, HCC, Matacid*). Vff. beschreiben kurz die patholog. Gewebeveränderungen bei der Kleiderlaus nach Einw. von *DDT, HCC* u. *Matacid,* wobei bes. in den Frühstadien die Gewebe-Rkk. auf Kontaktgifte (DDT, HCC) sich von denen auf Atemgift (Matacid) unterscheiden. (Naturwissenschaften **40.** 346—47. Juni 1953. Freiburg/Br., Univ., Zool. Inst.) KRUSEN. 4675

Gerhard Vogel, *Vergiftungen mit dem Insekticid E 605.* Bericht über 3 Fälle von *E 605*-Vergiftungen (Selbstmord, gewerblich, Verwechselung), die in ihren klin. Erscheinungsbildern mit den früher bekannten weitgehend übereinstimmten (Hyperämie, Ödeme). Die Dosis letalis scheint für einen Erwachsenen bei ca. 2 g *E 605-forte* zu liegen. Zur Behandlung von Intoxikationen werden empfohlen: *Atropin, Sympathol* zur Kreislaufstützung, *Luminal* als Sedativum u. *Evipan-Na* bei Krämpfen. *E 605* kann mittels der empfindlichen Meth. nach AVERELL u. NORRIS (C. **1949.** II. 1014) unter Umständen noch in Organen nachgewiesen werden. (Samml. Vergiftungsfällen, Arch. Toxikol. **14.** 381—95. 1953.) (Frankfurt/M., Univ., Inst. für gerichtl. u. soziale Med.) KRUSEN. 4675

C. P. Craven, *Bleivergiftung bei Rindvieh.* Durch fortgeworfene Farbendosen oder Autobatterien verursachte Pb-Vergiftungen, bes. bei jungem Rindvieh, äußern sich durch nervöse Erregung, Futterverweigerung, offensichtliche Schmerzen im Abdomen, Diarrhoe u. können mit fl. Paraffin als Laxativ, kleinen Mengen Epsomsalz als Neutralisationsmittel, Ca-reicher Diät zur Beschleunigung des Pb-Einbaues in die Knochen nur unzufriedenstellend behandelt werden. Wesentlich ist die Beseitigung von Pb-Vergiftungsursachen. (Queensland agric. J. **78.** 41—44. Jan. 1954. Queensland, Dep. of Agric. and Stock, Veterin. Serv. Branch.) KRUSEN. 4675

Mary Sultzer und **John B. Hursh,** *Polonium im Urin von Bergarbeitern, die Radoneinwirkungen ausgesetzt waren.* Im Urin von Bergarbeitern aus den Uranbergwerken von Colorado wurden Konzz. von radioakt. ^{210}Po in Mengen von 2—38 $\mu\mu$C/Liter gemessen. Es wird für wahrscheinlich gehalten, daß sich im Urin gefundene ^{210}Po vom Pb ableitet, welches im Knochen abgelagert ist u. seinerseits wieder von den in Lunge u. Körperfett abgelagerten Radonabkömmlingen herstammt. Wenn auch die maximal erlaubte Konz. von Ra bei den Bergarbeitern nicht überschritten wird, so kommt es doch auf dem genannten Wege zur Ausscheidung von ^{210}Po im Urin. Die Verwendung des ^{210}Po-Nachw. im Urin zur Überwachung von Uranarbeitern wird diskutiert. (A. M. A. Arch. ind. Hyg. occupat. Med. **9.** 89—100. Febr. 1954. Rochester, N. Y.) ZELLER. 4681

M. S. Tara, *Zur Toxizität des Cyclohexans.* Vf. berichtet über 3 Fälle von leichten bis weitgehenden Veränderungen des Blutbildes durch jahrelange Einw. von *Cyclohexan* (**I**). Die von anderen Autoren behauptete Ungiftigkeit von **I** wird diskutiert u. eine erneute Überprüfung bes. im Hinblick auf I-haltige Lösungsmittel gefordert, die außerdem noch andere KW-stoffe enthalten. (Arch. Maladies profess. Méd. Travail Sécurité soc. **14.** 494—96. 1953.) KRUSEN. 4681

R. Truhaut, *Über die Toxizität des industriellen Cyclohexans. Die Rolle der Verunreinigungen.* Vf. fand in 4 Proben von als *Cyclohexan* (I) bezeichneten industriellen Lösungsmitteln 1—3,60 g/100 ml *Benzol* (II) u. schließt unter Hinweis auf die Literatur darauf, daß I selbst nicht tox. ist, sondern beobachtete Beeinflussungen des Blutbildes bei mit I in Berührung kommenden Arbeitern auf II zurückzuführen sind. Es wird empfohlen, I-haltige Prodd. auf ihren II-Geh. zu überprüfen. (Arch. Maladies profess. Méd. Travail Sécurité soc. **14.** 497—99. 1953.) KRUSEN. 4681

E. Danopoulos, K. Melissinos und **G. Katsas,** *Schwere Vergiftung durch Hexachlorcyclohexan. Klinische und Laboratoriumsbeobachtungen an 5 Fällen.* Bei 5 mit *Hexachlorcyclohexan* vergifteten Personen wurde beobachtet: gastrointestinale u. Nervenstörungen; in einem Fall totale Sehnervatrophie; Anämie; Herzmuskelschädigung, die elektrocardiograph. u. in einem Fall histolog. nachweisbar war; Steigerung der Erythrocytensenkungsgeschwindigkeit u. Erhöhung des Cl-Blutspiegels. (A. M. A. Arch. ind. Hyg. occupat. Med. **8.** 582—87. Dez. 1953. Athen, Griechenland, Univ., Med. Clin.) KRUSEN. 4681

J. Wister Meigs, Louis J. Sciarini und **Walter A. van Sandt,** *Hautresorption von Diaminen der Benzidingruppe.* In einer früheren Arbeit (A. M. A. Arch. ind. Hyg. occupat. Med. **4.** [1951.] 533) hatten die Vff. festgestellt, daß bei der Herst. von *Benzidin, Dichlorbenzidin, Dianisidin* u. *o-Toluidin* im Urin der in diesen Betrieben beschäftigten Arbeiter in Chinone überführbare Substanzen bis zu Mengen von 4 mg/Liter ausgeschieden werden. Durch Vergleichsunterss. zwischen Urin- u. Luftproben mit Hilfe einer papierchromatograph. Meth. wurde festgestellt, daß die genannten Prodd. hauptsächlich durch die Haut in den Körper gelangen, u. daß erhöhte Temp. u. erhöhte Luftfeuchtigkeit (Sommer) auch mit erhöhten Ausscheidungsmengen von Diaminen im Harn einhergehen. Wurde die Berührung der Haut u. der Kleider durch diese Substanzen verringert, war eine Abnahme der Diamine im Urin festzustellen. Luftkonzz. von 0,02 mg/m^3 sind bei 8std. Arbeitszeit wahrscheinlich ungefährlich. Durch täglich frische Kleidung u. Bäder am Schluß der Arbeitsschicht ist eine Hautresorption soweit als möglich zu verhüten. (A. M. A. Arch. ind. Hyg. occupat. Med. **9.** 122—32. Febr. 1954. New Haven, Conn., Berkeley, Calif., Yale University, Dep. of Public Health, Section of Occupational Health.) ZELLER. 4681

Maria Alesi De Guarnieri, (a cura di) Terapia antibiotica e chemioterapia 1953. Roma: Ed. Emiga. Ediz. mediche internaz. 1953. (XVI + 602 S.) L. 2000,—.

F. Pharmazie. Desinfektion.

Axel Jermstad, *Übersicht über die in den verschiedenen Ländern zur Zeit (1953) geltenden Arzneibücher.* (Norges Apotekerforen. Tidsskr. **61.** 489—98. Nov. 1953.) R. K. MÜLLER. 4750

V. Gaunø Jensen, *British Pharmacopoeia 1953.* Besprechung der Neuerungen in der Auflage 1953 des brit. Arzneibuchs unter Vgl. mit entsprechenden Medikamenten in Dänemark. (Farmac. Tid. **63.** 785—92. 31/10. 1953.) R. K. MÜLLER. 4750

Y. W. Jalander, *Die Sprit-Nomenklatur in den nordischen Arzneibüchern.* An Beispielen wird gezeigt, daß die nord. Arzneibücher in der Definition von Spiritus concentratus, fortis, dilutus, tenuis usw. nicht übereinstimmen, was jedoch angestrebt werden sollte. Ebenso liegen die Verhältnisse bzgl. der Konz. von Morphinlsg., die in Dänemark wegen Anfärbung mit Carmin als „Guttae roseae" rezeptiert wird. (Arch. Pharmac. og Chem. **61 (111).** 161—65. 20/3. 1954.) R. K. MÜLLER. 4750

Toralf Stokke, *Einige Kommentare zum Zusatz Nr. 14—15 des Norwegischen Arzneibuchs 1952.* Bemerkungen zur Herst. u. Wrkg. von Tablettae methadoni 5 mg. (Norges Apotekerforen. Tidsskr. **62.** 6—10. Jan. 1954.) R. K. MÜLLER. 4750

Jens Linnert Jensen, *Flaschenreinigung mit nicht-ionisierten oberflächenaktiven Stoffen.* Im Anschluß an einen Überblick über die Verwendung der Kondensationsprodd. von Fettalkoholen mit Äthylenoxyd mit oder ohne Zusatz von Na-Tripolyphosphat u. dgl. beim Spülen von Glas, Metall usw. wird über günstige Erfahrungen mit einem dän. Prod. ähnlicher Zus., *Trinon NJ,* berichtet. (Farmac. Tid. **64.** 121—23. 27/2. 1954. Kommunehospitalets apotek.) R. K. MÜLLER. 4758

J. Gedeon und **S. Gedeon,** *Die Alkaloide von Lobelia nicotianaefolia Heyne.* 1. Mitt. *Lobelia nicotianaefolia* (Indien) enthält 0,35—0,55% Alkaloide (I). Nach Befeuchten mit 3% Alkali wurde die Droge mit A. extrahiert, dieser mit W. verdrängt u. dann entfernt. Die wss. Fl. wurde mit CCl_4 ausgeschüttelt. Mit 5%ig. H_2SO_4 wurden die I entzogen, die Fl. alkal. gemacht u. nun die I mit PAe. ausgeschüttelt. Aus eingeengter Lsg. fiel *Lobelanidin* (F. 148—150°; Hydrochlorid F. 136°; Nitrat F. 212°) aus. Dann wurde die wss. alkal. Phase mit Chlf. ausgezogen u. der Rückstand beider Extrakte nach Wieland (Liebigs Ann. Chem. **540.** [1939.] 103) aufgearbeitet. Hierbei wurden *l-Lelobanidin II* (Hydrochlorid F. 102–105°; Hydrojodid F. 160°), eine Base, deren Hydrochlorid bei 330° noch nicht schmolz, sowie 2 weitere amorphe Basen erhalten. (Pharmac. Acta Helvetiae **29.** 49–52. Febr. 1954. Beilage zu: Schweiz. Apotheker-Ztg. Kempten/Allgäu, Fa. CEFAK Dr. Brand & Co. KG.) K. Herrmann. 4782

R. Hegnauer, *Beitrag zum Problem der Alkaloidbildung bei Datura stramonium.* (Vgl. C. **1952.** 2361.) Die neuzeitlichen Anschauungen über den Verlauf der Biosynth. der mydriat. Solanaceenalkaloide werden erörtert. Alkaloidfütterungsverss. an Pfropfbastarden Datura-Tomate zeigen, daß in der Pflanze weder *Hyoscyamin* (**I**) noch *Scopolamin* (**II**) abgebaut wird. Die Implantation von **I** oder **II** in die genannten Pfropfbastarde ruft keine Umwandlung von **I** in **II** oder umgekehrt hervor. Die Ergebnisse von Implantationsverss. mit Datura ferox u. Datura innoxia sprechen ebenfalls gegen diese Umwandlung. (Pharmac. Acta Helvetiae **26.** 371–79. 29/12. 1951. Beilage zu: Schweiz. Apotheker-Ztg. Leiden, Rijksuniv., Pharmaceut. Labor.) Wesly. 4782

Yushiro Kimura, Seitaro Koizumi und **Sumie Myogan,** *Untersuchungen über die Standardisierung roher Drogen.* 2. Mitt. *Über die Herstellungsbedingungen und Bestandteile roher Drogen.* 1. Teil: *Über die Herstellungsbedingungen und den Berberingehalt von Phellodendron.* (1. vgl. C. **1954. 9340.**) Der *Berberin* (**I**)-Geh. in der Rinde von Stamm, Ästen u. Zweigen von *Phellodendron japonicum* nahm annähernd entsprechend dem Durchmesser in obiger Reihe ab. Der **I**-Geh. war maximal (3,09%) im Juli, 2,68% im Juni, 2,88% im Aug. u. 2,28–2,44% durchschnittlich in den übrigen Monaten. (J. pharmac. Soc. Japan [Yakugakuzasshi] **73.** 194–95. Febr. 1953. Tokyo u. Kanazawa. [Orig.: japan.]) Schuler. 4782

Yushiro Kimura und **Yoichi Nishikawa,** *Untersuchungen über die Standardisierung roher Drogen.* 3. Mitt. *Über die Herstellungsbedingungen und Bestandteile roher Drogen.* 2. Teil. *Über die Bestandteile von Houttuynia cordata.* (2. vgl. vorst. Ref.) Getrennt gesammelte Blüten- u. Fruchtstengel enthielten beide *Isoquercitrin* (**I**), aber kein *Quercitrin* (**II**). Die Blätter enthielten **II**, aber kein **I.** Die Droge (**I** u. **II**) besitzt diuret. u. leicht laxative Wirkung. (J. pharmac. Soc. Japan [Yakugakuzasshi] **73.** 196–98. Febr. 1953. Tokyo. [Orig.: japan.]) Schuler. 4782

Tatsuo Kariyone und **Nobusuke Kawano,** *Mikrochemische Untersuchung von Pflanzenbestandteilen.* 10. (vorl.) Mitt. *Hypericin, das photodynamische Pigment des Johanniskrauts.* (9. noch nicht veröffentlicht.) Aus *Hypericum erectum* Thund. wurde *Hypericin* (**I**) in Kristallen isoliert. Unter dem Mikroskop kann **I** durch die dunkelrote Färbung des gelösten **I** in Pflanzenproben nachgewiesen werden. In 23 von 29 Pflanzen der Guttiferen konnte **I** nachgewiesen werden. (J. pharmac. Soc. Japan [Yakugakuzasshi] **73.** 204–05. Febr. 1953. Kyoto, Univ. [Orig.: japan.]) Schuler. 4782

N. A. Bugrim und **Ss. A. Nossowitzkaja,** *Die Saponine der Wurzeln des blauen Sperrkrauts.* Aus den auf 0,1 mm vermahlenen Wurzeln des seit 1941 als Heilpflanze mit expectoraler Wrkg. bekannten blauen Sperrkrauts, *Polemonium caeruleum L.*, wurden durch Extraktion mit 70%ig. A. 3,9% neutrale (**I**) u. 96% saure *Saponine* (**II**) isoliert; hiervon sind 2,4% in W. lösl. u. 97,6% in A. löslich. **I** wurden durch Fällung mit Cholesterin von **II** getrennt. Eigg. von **I**: hellgraues, amorphes geschmackfreies Pulver; leicht lösl. in W., verd. A.; schlecht lösl. in A., Aceton, Chlf., Ae.; positive Liebermann-Rk.; hämolyt. Index nach Warlakow 32000. Eigg. von **II**: weißes, bitter schmeckendes Pulver; gut lösl. in Methanol, A., Alkalien; schlecht lösl. in W., Chlf., Ae.; unlösl. in Säuren; opt. inaktiv; positive Liebermann-Rk.; Schaumzahl nach Kofler 13000; hämolyt. Index 60000. – Die Wurzeln sind alkaloid- u. sterinfrei. (Аптечное Дело [Apotheken] **2.** Nr. 2. 45–47. März/April 1953. Charkow, Chem. Pharmaz. Wiss. Forschungsinst., Labor. für pharmaz. Technologie.) Müller-Mulot. 4782

Leonhard Middendorf, *Polyäthylenoxyde als Arzneistoffträger.* 1. Mitt. *Polyäthylenoxyde* (**I**) bis etwa zum Polymerisationsgrad 15 sind fl. u. hygroskop., die höheren in steigendem Maße fest u. weniger hygroskopisch. Gute Verträglichkeit u. geringe Resorption sowie gute physikal. Eigg. der **I** gaben Anlaß zur Entw. des *Postonals.* Die Resorption inkorporierter Arzneimittel (lösl. u. wasserunlösl.) erfolgt schneller als aus Ol. Cacao. Auch als Pillengrundmasse sind **I** geeignet. Unverträglichkeiten: **I** wird von einer Reihe von Phenolen u. Tannin aus wss. Lsg. gefällt (Polyoxoniumverbb.), Acetylsalicylsäure u. Ag-Verbb. reagieren mit **I.** (Pharmaz. Ind. **16.** 44–47. Febr. 1954. Frankfurt/M., Höchst.) Ulex. 4786

E. Crespolani, *Herstellung von Jodtanninsirup.* Vf. gibt eine gegenüber der italien. Pharmakopoe verbesserte Vorschrift zur Herst. von Jodtanninsirup. Es wird eine

Lsg. von Tannin u. Citronensäure in W. zu einer wss. Lsg. äquivalenter KJ- (im Original „HJ“, der Referent) u. KJO_3-Mengen gegeben u. dann Bicarbonat u. Zucker zugesetzt. Das erhaltene Prod. entspricht den Anforderungen des italien. Arzneibuches. (Boll. chim. farmac. **91.** 449. Nov. 1952.) IPPEN. 4790

S. Rocchietta, *Neomycinsalben.* Angabe einiger Grundlagen für Neomycinsalben zur Anwendung bei bakteriellen Hautaffektionen. (Boll. chim. farmac. **91.** 447—48. Nov. 1952.) IPPEN. 4792

A. M. G. Rutten, *Das Löslichmachen von Heilmitteln.* Übersicht über die Verff., Heilmittel durch Einführung hydrophiler Gruppen (OH, NH_2, CO, COOH, $CONH_2$, NOH) in das Mol. lösl. zu machen. — 24 Literaturangaben. (Chem. pharmac. Techniek **9.** 242—43. 1/4. 1954.) WESLY. 4806

M. A. Ellis, *Verhalten von Chlorodyne in Mischungen. Chlorodyne* (enthaltend 0,125% HCN u. 12,5% Chlf.) wurde allein u. in Mischung als Mist. Kaolin. et Morph. mehrere Wochen unter verschied. Bedingungen gelagert. Die Abnahme der Konz. von HCN ist deutlich u. wird kurvenmäßig dargelegt. Der Verlust an Chlf. ist gering. (Pharmac. J. **172** ([4] **118**). 348—49. 1/5. 1954.) BOYE. 4806

Hénaff, *Herstellung von Plasma und seinen Ersatzstoffen.* Der wachsende Bedarf an menschlichem Plasma, bes. im Katastrophenfall, macht die Herst. u. Lagerung möglichst vollwertiger Ersatzstoffe nötig. Nach Darlegung der von diesen Stoffen zu erfüllenden Forderungen werden folgende nach ihrer Entw., Herst., ihren typ. Vorzügen u. Unvollkommenheiten beschrieben: Blutderivv. (Albumin, Globin); echte Lsgg. (isoton. NaCl-Lsg., mit Zusatz von anderen Ionen [Normosal, Tutofusin, Steroferridin] oder von Rutin [Subsidon] u. Glucose); koll. Lsgg. (mit synthet. Kolloiden [Polyvinylpyrrolidon, Periston]; makromol. Polysaccharide durch Einw. bestimmter Bakterienenzyme auf Saccharose [Dextran, Makrodex, Onkotin]); Lsgg. mit natürlichen Kolloiden [schwach abgebaute oder modifizierte Gelatinelsgg., Algine u. Pektine] sowie Tierplasma in genuinem oder durch Behandlung mit Formaldehyd u./oder Wärme modifiziertem Zustand. (Produits pharmac. **9.** 151—59. März 1954. Serv. Central de Transfusion de l'Armée.) SCHULENBURG. 4812

G. Ferroni, *Herstellung flüssiger Blutplasmakonserven.* Beschreibung der Herst. von lagerfähigen Konserven fl. Blutplasmas. Ausführliche Schilderung der zur einwandfreien Haltbarkeit erforderlichen Reinigungsverff. für die Geräte. Zur Gerinnungshemmung wird eine 30 Min. bei 115° sterilisierte Lsg. aus 19,8 (g) neutralem Trinatriumcitrat, 7,8 Citronensäure u. 13 Glucose in 1000 W. benutzt. Beschreibung der Eigg. des so erhaltenen Plasmas. Irgendwelche Unverträglichkeiten wurden bei seiner klin. Anwendung nicht beobachtet. (Boll. chim. farmac. **91.** 411—13. Okt. 1952.) IPPEN. 4812

Yushiro Kimura und **Yōichi Nishikawa,** *Untersuchungen über die Standardisierung roher Drogen.* 1. Mitt. *Eine neue Mikrobestimmungsmethode für α-Crocin im Crocus.* Mit einem LEITZ-ROUY-Photometer wurde im Wasserauszug von *Crocus* (8—10 mg Proben) der *α-Crocin* (**I**)-Geh. (0,4—15%) genau u. rasch bestimmt. Für 1 mg reines **I** wurde in 100 cm^3 wss. Lsg. im Absorptionsrohr eine Vergleichskurve bei verschied. Konzz. (unter Benutzung eines 415 mμ-Filters) nach den Galvanometerausschlägen aufgestellt. Die Eichkurve mit $K_2Cr_2O_7$ ist bei über 50 γ/cm^3 der obigen parallel. Daraus: **I** (in γ) = $K_2Cr_2O_7$ (in γ)/50 + 0,7. (J. Pharmac. Soc. Japan [Yakugaku-zasshi] **73.** 25—28. Jan 1953. Tokyo. [Orig.: japan.]) SCHULER. 4880

E. Schneider, *Die Bestimmung von Eisen-(II)-Salzen und einiger Metallverreibungen in Arzneimitteln durch Titration nach Andrews.* Bei meist gleichzeitiger Anwesenheit verschied. Mengen Eisen(III)-Verbb. u. sonstiger organ. Stoffe wird in Arzneimitteln eine quantitative Best. der Eisen(II)-Salze erschwert. Für solche Fälle wird auf die colorimetr. Best. mit α.α'-Dipyridyl- u. die Titration mit Cer(III)-Salzen verwiesen. Eleganter ist dagegen die Best. nach der Brit. Pharm. 48 mit Hilfe der Jodatmeth. nach ANDREWS. Der Reaktionsmechanismus wird näher erläutert u. eine Unters. angestellt, ob sich diese Meth. auch auf das DAB 6 anwenden läßt. Die Anwendbarkeit läßt sich mittels einiger homöopath. Verreibungen beweisen. Bei der KJO_3-Titration ist etwa vorhandene Ascorbinsäure zu berücksichtigen u. die äquivalente Anzahl ml Jodatlsg. vom Gesamtverbrauch abzuziehen. (Dtsch. Apotheker-Ztg. **93.** 898—900. 3/12. 1953. Aachen, TH.) K. H. ANDERS. 4880

J. V. Mitchell, *Conspers. Zinc. oxid. et Acid. salicyl. B. P. C.* Nach dem British Pharmaceutical Codex wird eine gewogene Menge des Pulvers in neutralisiertem A. suspendiert u. direkt mit Alkali gegen Phenolphthalein titriert. Die Meth. liefert zu niedrige Werte. Bewährtes neues Verf.: eine gewogene Menge wird im Schütteltrichter mit W. suspendiert, angesäuert, mit Ae. ausgeschüttelt u. wie oben titriert. Augenscheinlich tritt eine Rk. zwischen dem ZnO u. der Salicylsäure weder bei der Herst. noch bei Lagerung oder während der Best. ein. (Pharmac. J. **172** ([4] **118**). 102. 6/2. 1954.) Ulex. 4880

W. F. Kramarenko, *Eine neue qualitative Reaktion auf Platyphyllin.* Der Nachw. von *Platyphyllin* (**I**) in dem in der Heilpraxis viel angewandten I-Tartrat erfolgt durch Versetzen einer kleinen Substanzprobe mit 1 Tropfen gesätt. alkoh. $NH_2OH \cdot HCl$-Lsg. u. 1 Tropfen gesätt. alkoh. KOH-Lsg.; nach Erhitzen u. Abkühlen werden 2 Tropfen alkoh. HCl-Lsg. u. gepulverter Marmor zugesetzt. Nach Aufhören der CO_2-Entw. versetzt man mit 1 Tropfen H_2O_2 u. nach 1 Min. mit 1 Tropfen 5%ig. $FeCl_3$-Lsg., worauf sofort Dunkelviolettfärbung auftritt. Es lassen sich so 0,05 mg **I** nachweisen. (Аптечное Дело [Apotheken] **2.** Nr. 2. 52—53. März/April 1953. Lemberg, Med. Inst. des Gesundh.-Ministeriums der UdSSR, Lehrstuhl für Gerichtsmedizin.) Müller-Mulot. 4880

J. Breinlich, *Nachweis von Dromoran und Cliradon neben Morphin im Urin durch Trübungsreaktion. Cliradon* (**I**) gibt wie *Dromoran* (**II**) die Fällung mit Molybdat–Vanadat–Bromwasser (vgl. C. **1953.** 4568). Der gleichzeitige Nachw. von Morphin neben **I** oder **II** wird beschrieben, ebenso die Unterscheidung von **I** u. **II.** (Arzneimittel-Forsch. **3.** 212—13. April 1953. Braunschweig, Städt. Krankenanstalten, pharmaz.-chem. Abt.) Fresenius. 4880

Josef Klosa, Berlin-Altglienicke, *Im Magen unlösliche, aber im Dünndarm lösliche Kunstharze.* Hydroxylhaltige Kunstharze werden im Laufe der Herst. oder fertig im alkal. Medium mit Monochloressigsäure umgesetzt. — Z. B. verrührt man bei n. Temp. 100 g Kresol mit 35 g Acetaldehyd u. setzt 5 cm^3 konz. HCl hinzu. Die entstandene harzige M. versetzt man mit so viel W., daß 300 g Chloressigsäure unter Rühren gerade gelöst werden. Dann erwärmt man bei portionsweiser Zugabe von 300—350 cm^3 33%ig. NaOH auf 60—100°. Die Temp. darf nicht über 100° steigen, u. das p_H muß dauernd 10—12 sein. Die gebildete rote bis hellbraune Lsg. filtriert man heiß u. säuert sie nach Abkühlen an, wobei das Harz ausfällt. Anhaftendes NaCl wird durch gründliches Auswaschen beseitigt u. zur Vertreibung des W. bei 100° gerührt. Die Harze dienen als *Medikamentüberzüge.* (**D. P.** [**DDR**] **2 432** Kl. 30h vom 11/12. 1951, ausg. 2/3. 1953 [Wirtschaftspatent].) Oppermann. 4767

Henkel & Cie., G. m. b. H., Düsseldorf-Holthausen (Erfinder: **Erich Grünthal** und **Ludwig Mannes,** Düsseldorf-Benrath), *Praktisch neutrale, ungesättigteFettsäurefettalkoholester aus Spermöl.* Die in Spermöl enthaltenen Glyceride werden durch Behandeln mit W. bei erhöhter Temp. (ca. 200°) u. erhöhtem Druck, gegebenenfalls in Ggw. von Fettspaltern (Metalloxyde, Metallseifen, Sulfonsäuren) u./oder Lösungsmitteln unter weitgehender Schonung der Fettalkoholfettsäureester gespalten, die Spaltprodd. von den unveränderten, neutralen Estern in bekannter Weise abgetrennt u. im Rohester gegebenenfalls vorhandene Fettsäuren nach Zusatz von Fettalkoholen verestert. — Das aus Spermöl nach 7std. Erhitzen mit W. auf 210° nach Abtrennen des Glycerinwassers gewonnene Öl (SZ. 68, VZ. 138, JZ. 83, 82 [%] freie Fettsäuren) wird im Gegenstrom mit 95%ig. Methanol bei Raumtemp. extrahiert. Nach der Entfernung des Methanols aus dem Extrakt u. dem Extraktionsrückstand erhält man 36,5 freie Fettsäuren (SZ. 186, VZ. 192) u. 62,3 *säurefreies Öl* (SZ. 2,5, VZ. 120, JZ. 73, Unverseifbares 48,5), das im wesentlichen aus *Estern ungesätt. Fettsäuren* mit *Cetyl-* oder *Oleylalkohol* besteht u. nach Filtration über Bleicherde zur Herst. leicht resorbierbarer *Salben* u. *Creme* verwendbar ist. (**D. B. P. 871 148** Kl. 12o vom 11/2. 1951, ausg. 19/3. 1953.) Krauss. 4793

„Sanabo"-Fabrik chemischer und pharmazeutischer Produkte Dr. Karl und **Maria Stosius** (Erfinder: **Ernst Kerschbaum** und **Kurt Benedikt),** Wien, *Herstellung der optisch aktiven Isopropylaminomethyl-3.4-dioxyphenylcarbinole* aus dem racem. Prod. durch Überführung mit Hilfe opt. akt. Säuren, z. B. d-Weinsäure, in geeigneten Lösungsmitteln in kristalline Salze u. Isolierung der opt. akt. Basen in bekannter Weise. Als Lösungsmittel dienen z. B. niedermol. aliphat. Alkohole, wie Methyl- oder Äthylalkohol. Die Rechtsbase wird zuerst als saures weinsaures Salz, F. 111°, gewonnen. Die freie Rechtsbase hat F. 161—162°. Aus den Mutterlaugen wird das saure weinsaure Salz der Linksbase, F. 80—83°, gewonnen. Linksbase F. 167°. — *Therapeutische* Wirkung. (**Oe. P. 178 353** vom 10/6. 1952, ausg. 10/5. 1954.) M. F. Müller. 4807

C. H. Boehringer Sohn, Ingelheim/Rh., *Herstellung des neuen α.α-Diphenyl-α-äthoxyessigsäure-β'-dimethylaminoäthylesters* aus Benzilsäure bzw. deren funktionellen Derivv. durch Verätherung der Hydroxylgruppe u. Veresterung der Carboxylgruppe mit Dimethylaminoäthanol. Die Verätherung kann vor oder nach der Veresterung erfolgen. — Äthylätherbenzilsäure wird mit Chloräthyldimethylamin umgesetzt. Der entstandene Benzilsäure- äthyläther-β-dimethylaminoäthylester wird als Hydrochlorid (I) isoliert, F. 165 bis 166°. — Diphenylchloressigsäure-β-dimethylaminoäthylesterhydrochlorid wird in absol. A. mit $CaCO_3$ unter Rückfluß 24 Std. auf dem Wasserbade erhitzt. Man gewinnt I. — Das Esterprod. besitzt *zentralanalget.* Wrkg. u. kann intravenös, subcutan oder intramuskulär injiziert werden. (**Oe. P. 178 903** vom 12/11. 1952, ausg. 25/6. 1954. D. Prior. 14/11. 1951.) M. F. MÜLLER. 4807

Ciba Akt.-Ges., Basel, Schweiz, *Herstellung von Bz-Carbamyloxyindolinen* der Formel I, worin R einen Carbamyloxyrest u. Alk einen Alkylrest bedeutet, sowie

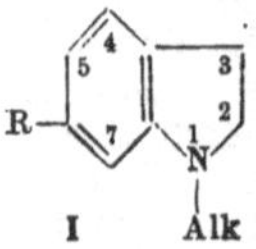
I

ihrer Salze u. quaternären NH_4-Verbindungen. Der Carbamyloxyrest kann substituiert sein mit Alkyl-, Alkenyl-, Alkylen-, Cycloalkyl-, Aryl- oder heterocycl. Resten. Die Erfindung betrifft bes. die 1-Alkyl-6-(N-alkyl)-, -N.N-dialkyl- oder -N.N-alkylencarbamyloxyindoline der Formel I sowie ihre Salze u. bes. ihre in 1-Stellung quaternären Derivate. Diese Verbb. besitzen eine dem Physostigmin ähnliche pharmakol. Wrkg. u. werden als *Heilmittel* verwendet. — Die neuen Indoline werden erhalten, wenn man in 6-Oxyindolinen die freie OH-Gruppe direkt oder stufenweise in eine Carbamyloxygruppe überführt u. erhaltene, nichtquaternäre Verbb., wenn erwünscht, quaternisiert u. bzw. oder von gebildeten Basen gegebenenfalls die Salze herstellt. — 1,75 (Gewichtsteile) 1-Methyl-6-oxyindolin (II) werden mit 0,1 Triäthylamin u. danach mit 4 Methylisocyanat portionsweise unter Kühlen versetzt, wobei nach u. nach alle Substanz in Lsg. geht. Das Gemisch bleibt 24 Std. bei 20° stehen, wobei sich *1-Methyl-6-(N-methylcarbamyloxy)-indolin* abscheidet, F. 98°. — 1 (Teil) des letzteren wird mit 5 Methylbromid in 5 Bzl. während 12—15 Std. im Bombenrohr auf 80° erhitzt. Man erhält so das *1.1-Dimethyl-6-(N-methylcarbamyloxy)-indoliniumbromid,* F. 158—170°. — Aus II u. Dimethylcarbamylchlorid wird *1-Methyl-6-(N.N-dimethylcarbamyloxy)-indolin,* F. 63—64°, hergestellt. Wie vorher beschrieben, erhält man daraus das *1.1-Dimethyl-6-(N.N-dimethylcarbamyloxy)-indoliniumbromid,* F. 158 bis 164°. — Weiter ist die Herst. beschrieben von *1-Methyl-6-(N.N-diphenylcarbamyloxy)-indolin,* F. 158—159°. (**Oe. P. 177 774** vom 22/1. 1953, ausg. 10/3. 1954. Schwz. Prior. 8/2. 1952.) M. F. MÜLLER. 4807

VEB Schering Adlershof (Erfinder: **Josef Klosa**), Berlin-Adlershof, *Herstellung von 5-Phenyl-5-acetonylhydantoin* (I) durch Rk. von 5-Phenyl-5-bromhydantoin mit Aceton allein oder in Ggw. von Lösungsmitteln. Die Verb. I ist als *Heilmittel* u. als Zwischenprod. für Heilmittel verwendbar. F. 206—208°. (**D. P. [DDR] 2 254** Kl. 12p vom 1/12. 1951, ausg. 12/1. 1953 [Wirtschaftspatent].) M. F. MÜLLER. 4807

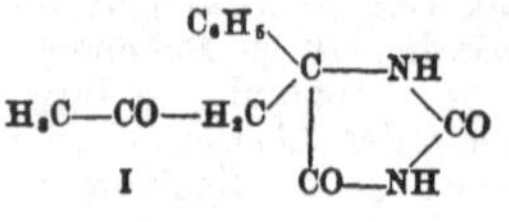
I

American Cyanamid Co., New York, N. Y., V. St. A., *2-Acetylamino-1.3.4-thiadiazol-5-sulfonamid,* F. 256,5° (Zers.), erhält man durch Rk. von Bis-(2-acetylamino-1.3.4-thiadiazol-5.5')-disulfid mit Cl_2 in wss. essigsaurer Lsg. u. Behandlung des dabei gebildeten 2-Acetylamino-1.3.4-thiadiazol-5-sulfonylchlorids mit fl. NH_3. — *Therapeuticum,* z. B. zur *Epilepsie*-Behandlung geeignet. (**E. P. 710 614** vom 4/7. 1952, ausg. 16/6. 1954. A. Prior. 16/4. 1952.) BRÖSAMLE. 4807

J. R. Geigy Akt.-Ges. (Erfinder: **Fridolin Hefti**), Basel, *Herstellung von Estern der Bis-[4-oxycumarinyl-(3)]-essigsäure.* Man setzt Dialkoxyessigsäurealkylester mit 4-Oxycumarin in einer hochkonz., niedrigen aliphat. Carbonsäure (Eisessig) um, gegebenenfalls in Ggw. einer sehr geringen Menge Mineralsäure (H_2SO_4). Hergestellt wird: der *Bis-[4-oxycumarinyl-(3)]-essigsäureäthylester,* F. 149—151° u. 176°. — *Blutgerinnungshemmendes Mittel.* (**D. B. P. 911 371** Kl. 12q vom 14/11. 1952, ausg. 13/5. 1954. Anmeldung bekanntgemacht 1/10. 1953. Schwz. Prior. 19/11. 1951.) FABEL. 4807

J. R. Geigy Akt.-Ges., Basel, Schweiz, *Herstellung von 3.3'-Furfuryliden-bis-4-oxycumarin* vom F. 200—206° (Zers.). Man kondensiert 1 (Mol) Furfurol mit 2 4-Oxycumarin durch Kochen in Methanol. — *Arzneimittel mit blutgerinnungsverzögernder Wirkung.* (**Schwz. P. 294 903** vom 5/6. 1951, ausg. 16/2. 1954.) FABEL. 4807

Aktiebolaget Bofors, Bofors, Schweden, *Isonicotinsäure* (I). Man oxydiert ein Gemisch von Pyridinhomologen, darunter ein in p-Stellung alkylsubstituiertes Pyridin, mit wss. HNO_3 bei erhöhter Temp. u. erhöhtem Druck; z. B. wird ein Gemisch aus 42 (%) γ-Picolin, 34 β-Picolin u. 24 2.6-Lutidin mit 10%ig. HNO_3 im Autoklaven auf 190° erhitzt. Die Temp. steigt auf 235°, der Druck maximal auf 40 at. Das erhaltene Rohprod. an I kann sofort mit Hydrazin zum *Hydrazid* umgesetzt werden. (**E. P. 709 176** vom 30/10. 1952, ausg. 19/5. 1954. Schwed. Prior. 21/6. 1952.) BRÖSAMLE. 4807

National Research Development Corp., London, England, *Trypanocide.* *$N^1.N^3$-Bis-[4-aminocinnolyl-(6)]-guanidindimethojodid* (**I**). Man setzt 4-Chlor-6-nitrocinnolin mit NH_3 zu 4-Amino-6-nitrocinnolin um, red. dieses zu 4.6-Diaminocinnolin, führt dieses in symm. Bis-[4-aminocinnolyl-(6)]-thioharnstoffdihydrochlorid über, läßt dieses mit HgO in alkoh. NH_3 reagieren u. die erhaltene Base mit CH_3J, F. 270° (Zers.). — Ferner werden dargestellt: *4.4'-Diamino-* u. *4.4'-Bis-methylamino-6.6'-azocinnolindimethojodid* bzw. *-dimethochlorid,* sowie *N.N'-Di-(4-amino-6-cinnolyl)-harnstoffdimethochlorid,* F. 295—297° (Zers.). (**E. P. 702 664** vom 5/7. 1950, ausg. 20/1. 1954.) BRÖSAMLE. 4807

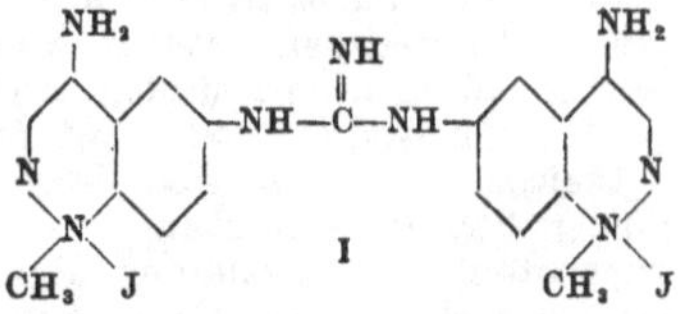
I

American Cyanamid Co., New York, übert. von: **Seymour Bernstein** und **Karl J. Sax,** Pearl River, N. Y., V. St. A., *$\Delta^{5.7}$-Androstadienolone* der Formel **I** (R = H, Acyl oder Benzoyl) entstehen durch selektive Bromierung von Dehydroisoandrosteronen in einem gesätt. KW-stoff u. anschließende Behandlung des gebildeten 7-Bromderiv. mit einem tert. Amin. — Dehydroisoandrosterylacetat wird mit N-Bromsuccinimid in PAe.-CCl_4 unter Belichtung erhitzt. Aus dem gebildeten 7β-Bromdehydroisoandrosterylacetat, F. 155°, entsteht unter Erhitzen mit symm. Collidin *$\Delta^{5.7}$-Androstadien-3β-ol-17-onacetat,* F. 155,5—158°, daraus durch Verseifung mit 5%ig. alkoh. KOH *$\Delta^{5.7}$-Androstadien-3β-ol-17-on,* F. 187—189°. — *$\Delta^{5.7}$-Androstadien-3β-ol-17-onbenzoat,* F. 253—256°. — *Zwischenprodukte.* (**A. P. 2 571 330** vom 27/10. 1949, ausg. 16/10. 1951.) KRAUSS. 4809

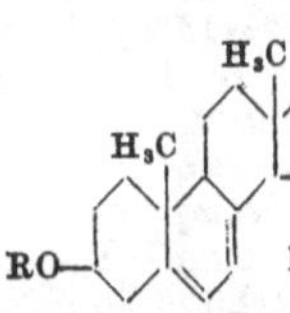
I

Schering Akt.-Ges., Berlin (Erfinder: **Hans Eysenbach,** Berlin-Zehlendorf, und **Hans-Herloff Inhoffen,** Braunschweig), *Neutrale carbonylgruppenhaltige und saure Phytosterinabbauprodukte.* Phytosterine, bes. Sitosterine, werden zweckmäßig nach vorherigem Schutz der Ringdoppelbindung u. der OH-Gruppe mit Chromsäuren unter Zusatz von „echten" Peroxyverbb. (=H_2O_2-Derivv. mit dem Rest —O—O—), bes. in Ggw. von H_2SO_4 in Lösungsmitteln oder Lösungsmittelgemischen, oxydiert u. aus dem Reaktionsgemisch die entstandenen Prodd. in bekannter Weise abgetrennt. — Cholesterinacetatdibromid gibt in Eisessig mit CrO_3, Ammonpersulfat u. konz. H_2SO_4 nach der Enthalogenierung mit Zn-Staub *trans-Dehydroandrosteronacetat* (**I**). — Sitosterinacetatdibromid → **I.** (**D. B. P. 873 549** Kl. 12o vom 21/11. 1943, ausg. 16/4. 1953.) KRAUSS. 4809

Schering Akt.-Ges., Berlin, *β,γ-Ungesättigte Cyclopentanopolyhydrophenanthrenketone* erhält man durch milde Enthalogenierung von β.γ-Dihalogencyclopentanopolyhydrophenanthrenketonen der Formel $C_{19}H_{26}(Hlg)_2O(X)$ (**I**; Hlg = Halogen, X = O, $<^{H}_{Y}$, $<^{H}_{R}$, Y = OH oder eine durch Hydrolyse in OH überführbare Gruppe, R = beliebiger, substituierter oder unsubstituierter KW-stoffrest). — *Δ^5*-Cholestenondibromid-(5.6), erhalten durch Oxydation von Cholesterindibromid mit CrO_3–Eisessig, gibt mit Zn-Staub in A. beim Erwärmen *Δ^5-Cholestenon-(3),* F. 127°; *Oxim,* F. 188°. — Δ^5-Pregnenol-(3)-on-(20), F. 190° → *Δ^5-Pregnendion-(3.20),* F. 158—160°; *Dioxim,* F. 203—205° (Zers. bei 207°). — Δ^5-Androstenol-(3)-on-(17) → *Δ^5-Androstendion-(3.17)* (**II**), F. 158°; *Dioxim,* F. 205°. — Androstendiol-(3.17)-monoacetat-(17) → *Δ^5-Androstenolonacetat,* F. 147°, $[\alpha]_D^{20}$ —30,5°; *Wirksamkeit* 50 γ *an der Vesikulardrüse* der infantilen Ratte. — 5.6-Dibromandrostandion-(3.17) → **II.** (**D. B. P. 873 550** Kl. 12o vom 1/4. 1936, ausg. 11/6. 1953.) KRAUSS. 4809

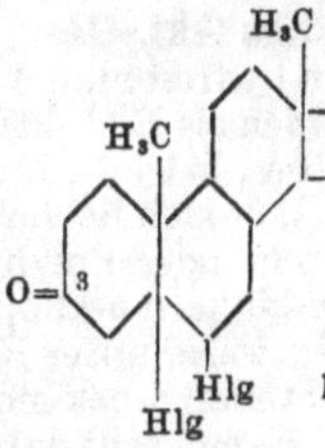
I

Schering Akt.-Ges., Berlin, *Sauerstoffreiche Derivate ungesättigter Androstane und Pregnane.* Deren ungesätt. O-haltige Verbb. mit einer Methylengruppe in Nachbarstellung zur C—C-Doppelbindung werden mit hochwertigen Cr-Verbb. ohne Schutz der Doppelbindungen oxydiert. — Androstendioldiacetat gibt in Eisessig-W. mit CrO_3 *Δ^5-7-Ketoandrostendioldiacetat-(3.17),* F. 219—220°, das bei der Verseifung mit 2 n Na-Methylat *Δ^5-7-Oxoandrostendiol-(3.17)* liefert, F. 201°; $[\alpha]_D^{20}$ —132,8°. — Androstendiolmonoacetat, F. 142°, → *6-Oxotestosteronacetat,* F. 198—201°, → *6-Oxotestosteron,* F. 203—205°, $[\alpha]_D^{22}$ —58° (Aceton). — Dehydroandrosteron → ***Androstentrion,*** F. 216—217°, $[\alpha]_D^{22}$ +42,1 ± 1,4° (Aceton), → *Oxim,* Zers. bei 235—237°. —

Pregnendioldiacetat → *7-Oxopregnendioldiacetat*, F. 165—166°. (**D. B. P. 873 699** Kl. 12o vom 8/12. 1935, ausg. 16/4. 1953.) Krauss. 4809

Ciba (Soc. An.), Schweiz, *Herstellung von ungesättigten Verbindungen der 17-Alkylpregnanreihe.* Man läßt Halogenide der 17-Alkylätiocholansäure, welche im A-Ring gesätt. oder ungesätt. sind u. in der 3-Stellung eine Oxo- oder OH-Gruppe oder Substituenten besitzen, welche durch Hydrolyse in eine solche Gruppe umgewandelt werden können, mit aliphat. Diazoverbb. (z. B. Diazomethan), metallorgan. Verbb. (z. B. Dimethyl-Cd) oder mit Metallderivv. von Verbb., die akt. Methylengruppen enthalten, reagieren. Man kann auch metallorgan. Verbb. auf Ester oder Nitrile obiger Säuren einwirken lassen u. ersetzt den in 21-Stellung befindlichen Substituenten der gebildeten Reaktionsprodd. durch H oder eine freie oder veresterte OH-Gruppe. Oder man verwandelt die in 20-Stellung am C gebundene Methylengruppe u. ebenso den in 3-Stellung befindlichen Substituenten in eine Oxo-Gruppe u. führt in den A-Ring, falls nicht vorhanden, in 4.5-Stellung eine Doppelbindung ein. — Z. B. löst man 1 Teil *Δ^5-3β-Acetoxy-17-methylätiocholensäurechlorid*, F. 137—140°, hergestellt aus Δ^5-3β-Oxy-17-methylätiocholensäure, Essigsäureanhydrid u. $SOCl_2$, in 40 Volumenteilen Ae. u. gibt diese Lsg. zu 5 Äquivalenten Diazomethan bei —15° u. beläßt bei dieser Temp. 16 Stunden. 1 Teil des entstandenen Rohprod. von *Δ^5-3β-Acetoxy-17-methyl-20-oxo-21-diazopregnen*, F. 97—101°, in 100 Volumenteilen Ae. gelöst, versetzt man mit 5 Äquivalenten HBr in 40 Volumenteilen Ae. (Reaktionsdauer 30 Min.). Von dem gebildeten *Δ^5-3β-Acetoxy-17-methyl-20-oxo-21-brompregnen*, F. 174—175°, oder der entsprechenden *Chlorverb.*, F. 192—193°, löst man 1 Teil in 40 Volumenteilen Eisessig, versetzt die Lsg. mit 2 Teilen Zn-Pulver u. erhitzt 30 Min. auf 120°. 1 Teil des hergestellten *Δ^5-3β-Acetoxy-17-methyl-20-oxopregnens*, F. 185—187°, gelöst in 20 (Volumenteilen) Methanol, erhitzt man 1½ Std. mit 60 einer 5%ig. Lsg. von KOH in Methanol. Von dem gebildeten *Δ^5-3β-Oxy-17-methyl-20-oxopregnen*, F. 185—187°, löst man 1 Teil in einem Gemisch von 35 (Volumenteilen) Bzl. u. 20 Toluol, versetzt die Lsg. mit 5 Cyclohexanon u. 1½ Gewichtsteilen Al-tert.-Butylat u. kocht das Ganze 15 Stunden. Das entstandene *17-Methylprogesteron* hat die Strukturformel I u. den F. 129—130°. An weiteren Verbb. werden genannt: *Δ^5-3β-Oxy-17-methyl-20-oxo-21-chlorpregnen*, F. 170—172°; *Δ^4-3.20-Dioxo-17-methyl-21-chlorpregnen*, F. 165 bis 166°; *Δ^5-3β-Oxy-17-methyl-20-oxo-21-diazopregnen*, amorph; *Δ^5-3β-Oxy-17-methyl-20-oxy-21-benzoyloxypregnen*, F. 169—171°; *17-Methyldesoxycorticosteronacetat*, F. 163—164°; *Δ^5-3β-Acetoxy-17-methylätiocholensäure*, F. 235° (*Methylester*, F. 162—163°, $[\alpha]_D$ —60°; isomerer *Methylester*, F. 152°, $[\alpha]_D$ —76°). Die ungesätt. Pregnane sind *Therapeutica*. (**F. P. 1 013 729** vom 27/1. 1950, ausg. 4/8. 1952. Schwz. Priorr. 31/1. u. 22/12. 1949.)

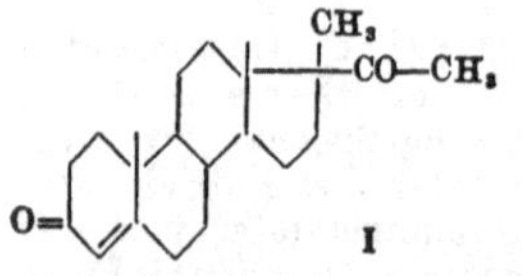

I

Oppermann. 4809

Ciba Akt.-Ges., Basel, Schweiz, *Herstellung von Oxyverbindungen der Steroidreihe* durch hydrierende Aufspaltung von vicinalen Epoxyden unter Verwendung von Metallhydriden als Reduktionsmittel, z. B. LiAl-Hydrid, NaB-Hydrid, LiB-Hydrid. Das Verf. wird bes. bei 4.5-, 11.12-, 14.15-, 16.17- u. 20.21-Steroidepoxyden verwendet. Das neue Verf. läßt sich bei beliebig substituierten Oxidoverbb. des Cyclopentanopolyhydrophenanthrens oder Polyhydrochrysens anwenden. — 7 (Gewichtsteile) 3β-Acetoxy-16.17α-oxido-20-keto-5-allopregnan, F. 181°, werden in 300 Volumenteilen absol. Ae. gelöst u. tropfenweise unter Rühren zu einer Lsg. von 4 Gewichtsteilen LiAl-Hydrid in 600 Volumenteilen trockenem Ae. gegeben. Zur Nach-Rk. wird die Lsg. 1 Std. zum Sieden erhitzt. Es entsteht dabei das *3β.17α.20β-Trioxy-5-allopregnen* (Substanz von Reichstein 1938). Aus der Mutterlauge werden isoliert das *3β.20β-Diacetoxy-17α-oxy-5-allopregnan*, F. 161°, u. das *3β.20α-Diacetoxy-17α-oxy-5-allopregnan*, F. 243°, (Substanz J-Diacetat u. O-Diacetat von Reichstein 1938). — In gleicher Weise läßt sich das in Stellung 3 unveresterte 3β-Oxy-16.17α-oxido-20-keto-5-allopregnan, F. 181—182°, mit LiAl-Hydrid in Ae. zu den Substanzen J u. O von Reichstein umsetzen. — 3β.21-Diacetoxy-16.17α-oxido-20-keto-5-allopregnan, F. 153—154°, liefert dabei das *3β.17α.20.21-Tetraoxy-5-allopregnan* (Substanz K von Reichstein), F. 198—200°. — Aus dem 3β-Acetoxy-4β.5-oxidokoprostan, F. 89°, entsteht das *3β.5-Dioxykoprostan*, F. 148 bis 149° (3-Monoacetylderiv., F. 80—81°). — Weiter wurden hergestellt: *3α.5-Dioxykoprostan*, F. 192—193° (3-Monoacetylderiv., F. 147—148°), *3β.5-Dioxycholestan*, F. 216—217°, *3β.6β-Diacetoxycholestan*, F. 130—131°, *3α-Oxycholestan*, *2.3-Dioxycholestan*, *2β-Oxycholestan*, F. 152°, *3α.5α-Dioxycholestan*, F. 189°. (**Oe. P. 178 429** vom 10/8. 1949, ausg. 10/5. 1954. Schwz. Priorr. 28/9. u. 30/11. 1948, 28/4. u. 1/8. 1949.) M. F. Müller. 4809

Schering Akt.-Ges., Berlin (Erfinder: **Hans-Heinrich Dannenbaum,** Finkenkrug-Falkenhain bei Berlin), *Oxopregnane.* Verbb. der Formel R—CH(CH_3)—COOH [R = Cyclopentanopolyhydrophenanthrenrest, —CH(CH_3)—COOH=Seitenkette am C_{17}] werden mit Schwermetallacylaten als Oxydationsmittel behandelt. Die gebildeten Oxycarbonsäuren werden durch Oxydation unter CO_2-Abspaltung in die Oxoverbb. übergeführt, wobei gegen Oxydation empfindliche Gruppen intermediär geschützt werden. — Acetoxybisnorcholensäure (I) gibt in Eisessig mit Pb-Tetraacetat beim Erhitzen *3-Acetoxy-20-oxy-bis-norcholensäure* bzw. *Pregnenolon,* F. 192°. (**D. B. P. 871 301** Kl. 12o vom 10/10. 1937, ausg. 23/3. 1953.) KRAUSS. 4809

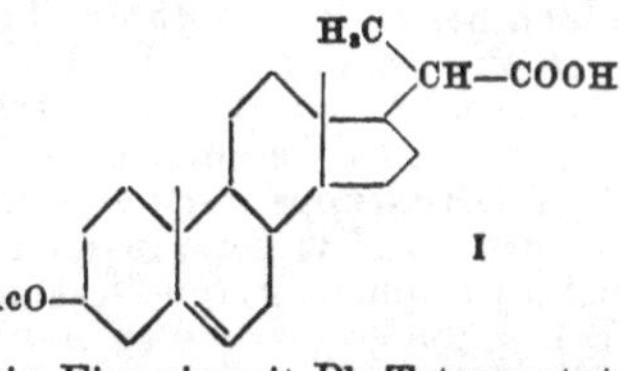

I

Upjohn Co. (Erfinder: **Robert Harold Levin, A. Vern McIntosh jr.** und **George Basil Spero**), Kalamazoo, Mich., V. St. A., *$\Delta^{5.6;7.8}$-Steroide* erhält man durch Entfernung des Adduktrestes aus $\Delta^{5.8}$-Steroidmaleinsäure oder -maleinsäureanhydridaddukten durch Erhitzen mit organ. Aminen, wie sek. u. tert., aliphat. u. cycloaliphat. Aminen bis zu 18 C-Atomen, sek. u. tert. Aminoalkoholen, prim., sek. u. tert. aromat. Aminen, sek. u. tert. Aralkylaminen u. heterocycl. Aminen bis zu 10 C-Atomen, auf ca. 150—200°. — Dehydroergosterylacetatmaleinsäureanhydridaddukt gibt z. B. nach 3std. Erhitzen mit β-Diäthylaminoäthanol, Diäthylamin, N.N-Dimethylbenzylamin, Anilin, Morpholin, N-Äthylpyrrolidin, Chinolin oder Piperidin *Dehydroergosterylacetat,* F. 142—145°. — Ergosterylacetatmaleinsäureanhydridaddukt → *Ergosterylacetat,* F. 168—174°. Ferner werden aus den entsprechenden Addukten gewonnen: *Methyl-3(β)-acetoxy-bis-nor-5.7.9(11)-cholatrienat,* F. 119—121,5°. — *Dehydroergosterylheptoat,* F. 128—130°. — *3(β)-Acetoxy-5.7.9(11)-pregnatrien-20-on,* F. 130—134°. — *3-Butyryloxy-, 3-Heptoyloxy-, 3-Benzoyloxy-, 3-Propionyloxy-5.7.9(11)-pregnatrien-20-on.* — *3(β)-22-Diacetoxy-5.7.9(11).20(22)-bis-norcholatetraen,* F. 112—122°. — *3-Heptoyloxy-22-acetoxy-5.7.9(11).20(22)-bis-norcholatetraen.* — *3-Benzoyloxy-22-propionoxy-5.7.9(11)-20(22)-bis-norcholatetraen.* ***3-Butyroxy-22-benzoyloxy-5.7.9(11).20(22)-bis-norcholatetraen.*** Diese Diacyloxyderivv. lassen sich durch Erhitzen der wss., alkoh. HCl-Lsgg. in die 22-Aldehyde überführen. — *Dehydroergosterin,* F. 144—146°. — *3.21-Diacetoxy-5.7.9(11)-pregnatrien-20-on,* F. 136—140°. *3-Butyroxy-, 3-Heptoyloxy-, 3-Benzoyloxy-21-acetoxy-5.7.9(11)-pregnatrien-20-on.* — *4.7.9(11)-Pregnatrien-3.20-dion,* F. 180 bis 186°. — *3(β)-20-Diacetoxy-5.7.9(11).17(20)-pregnatetraen,* F. 195°. *3-Heptoyloxy-,3-Benzoyloxy-20-acetoxy-5.7.9(11).17(20)-pregnatetraen.* — *3-Acetoxy-20-propion-oxy-5.7.9.(11)17(20)-pregnatetraen. 3-Butyroxy-20-benzoyloxy-5.7.9(11).17(20)-pregnatetraen.* (**D. B. P. 889 441** Kl. 12o vom 3/1. 1951, ausg. 10. 9. 1953. A. Prior. 3/1. 1950. **A. P. 2 588 396** vom 3/1. 1950, ausg. 11/3. 1952.) KRAUSS. 4809

Schering Akt.-Ges., Berlin (Erfinder: **Hans Dannenbaum,** Egerpohl), *Cyclopentanopolyhydrophenanthrenketone bzw. -ketonacetale* erhält man durch Behandeln der entsprechenden Äthinylverbb. (hergestellt nach D. R. PP. 681 869 [C. **1939.** II. 4648] u. 730 050 [C. **1943.** I. 2758]) mit Alkoholen in Ggw. von BF_3–HgO als Katalysator. Die gebildeten Ketonacetale können mit Säuren in bekannter Weise in die entsprechenden Ketone übergeführt werden. — Zu einer auf 36—40° erwärmten Mischung aus HgO–BF_3 u. Methanol gibt man Dehydroandrosteron-17-oxy-17-äthinyl-3-acetat. Durch Hydrolyse des gebildeten Oxyketondiacetals mit verd. alkoh. H_2SO_4 entsteht (*3-Oxy-17-oxy-$\Delta^{5.6}$-ätiocholenyl)-17-methylketon,* F. 220°. — Äthinylandrostendiol → *3-Acetoxy-17-äthoxypregnenolon-(20),* F. 148—152°. (**D. B. P. 882 989** Kl. 12o vom 13/10. 1937, ausg. 13/7. 1953.) KRAUSS. 4809

Schering Akt.-Ges., Berlin, *Im Ring A aromatische Östrane.* Doppelt ungesätt. 3-Ketosteroide werden zu $\Delta^{1.2}$-ungesätt. Steroiden partiell hydriert, diese mit aromatisierenden Mitteln, z. B. therm., behandelt; die am C_{17} etwa vorhandene Seitenkette wird abgespalten bzw. durch O ersetzt. — $\Delta^{1.2;4.5}$-Cholestadienon-(3) gibt in A. mit H_2 in Ggw. von red. Ni (nach RUPE) $\Delta^{1.2}$-Koprostenon-(3), F. 81,5—83°; $[\alpha]_D^{22}$ +64,6° (Chlf.); Semicarbazon, F. 207°. Durch Erhitzen auf 300—310° unter CO_2 entsteht unter CH_4-Abspaltung ein *Öl,* Kp.$_{0,0004}$ 190—210°. Dieses gibt nach der Acetylierung u. Oxydation mit CrO_3 ein *Öl* mit den physiol. Eigg. des Östrons. $\Delta^{1.2;4.5}$-Androstadienol-(17)-on-(3) → $\Delta^{1.2}$-17-Oxyätiocholenon-(3) → Öl, das im ALLEN-DOISY-Test an der kastrierten weiblichen Ratte mit 15—20 γ östrogen wirksam ist. (**D. B. P. 869 069** Kl. 12o vom 31/7. 1938, ausg. 2/3. 1953.) KRAUSS. 4809

Ciba (Soc. An.), Schweiz, *Synthese von Östron.* Man läßt einen ster. einheitlichen 1-Oxo-2-methyl-1.2.3.4.9.10.11.12-octahydrophenanthren-2-carbonsäureester, welcher in 7-Stellung eine freie oder substituierte OH-Gruppe besitzt, mit einem Halogenessigsäureester in Ggw. eines Metalls reagieren u. spaltet aus dem Reaktionsprod. W. ab. Dann beseitigt man durch Hydrieren die gebildete aliphat. Doppelbindung, hydrolysiert das entstandene Prod. u. verwandelt die gebildeten Marrianolsäuren in Homomarrianolsäuren. Die letztgenannten Säuren cyclisiert man, verwandelt die Ketogruppe der erhaltenen Verbb. in eine OH-Gruppe u. die phenol. substituierte OH-Gruppe in eine freie OH-Gruppe u./oder zerlegt die gewonnenen Prodd. in ster. einheitliche Verbindungen. Z. B. versetzt man eine Lsg. von 6 Teilen 1-Oxo-7-methoxy-1.2.3.4.9.10.11.12-octahydrophenanthren-2-carbonsäuremethylester, F. 133—135°, in 90 Volumenteilen Bzl. u. 90 Volumenteilen Ae. mit 18 Teilen akt. Zn, 0,6 Teilen J u. 6 Volumenteilen Bromessigsäuremethylester u. kocht das Ganze 16 Std. in Ggw. von N_2. Hierbei entsteht der *1-Oxy-7-methylmarrianolsäuredimethylester*, F. 95—96° (Formel **A**). 10 Teile dieses Esters kocht man 45 Min. mit einem Gemisch von 100 (Volumenteilen) Pyridin u. 10 $POCl_3$. Man erhält in der Hauptsache den *ungesätt. 7-Methylmarrianolsäuredimethylester* (**I**), F. 113—115°. Der aus der Mutterlauge gewonnene *isomere Ester* schm. bei 89 bis 91°. 1 (Teil) **I** rührt man bei ca. 60° in einer H_2-Atmosphäre in Ggw. von 0,1 Pd-Schwarz u. 60 Volumenteilen kristallisierbarer Essigsäure. Der gebildete *rac. 7-Methylmarrianolsäuredimethylester* schm. bei 95—96°, der ebenfalls entstandene *isomere Ester* (**II**) bei 91—93°. Diese beiden Ester können z. B. durch alkal. Hydrolyse mit einem Gemisch von KOH, A. u. W. bei ca. 160° in die zugehörigen isomeren *7-Methylmarrianolsäuren* u. diese durch erneute Hydrolyse, z. B. mit Pyridinhydrochlorid bei ca. 180°, in die entsprechenden *Marrianolsäuren* umgewandelt werden. 6 Teile des Diesters (F. 95—96°) kocht man 17 Std. mit einem Gemisch von 500 (Volumenteilen) Methanol u. 250 einer wss. $^1/_{10}$ n. KOH-Lösung. Der gebildete rac. *7-Methylmarrianolsäurehemiester* (**III**) schm. bei 172—173°. Eine Dispersion von 1 Teil **III** in 10 (Volumenteilen) Bzl. läßt man nach Zusatz von 1 Oxalylchlorid bei n. Temp. über Nacht stehen. Das entstandene *Säurechlorid* versetzt man mit einer eisgekühlten Lsg. von Diazomethan in Ae., löst das gebildete *Diazoketon*, F. 133—134°, nach Zugabe von 2 Teilen Ag_2O in 50 Volumenteilen Methanol u. kocht die Lsg., bis kein N_2 mehr entweicht. Das abfiltrierte Prod. erhitzt man sofort auf 160—170° mit einem Gemisch von 10 Volumenteilen A., 1 W. u. 3 Teilen KOH. Nach Verdampfen des Lösungsm. löst man das K-Salz in W. u. säuert die mit Ae. extrahierte Lsg. an. Die entstandene rac. *7-Methylhomomarrianolsäure* schm. bei 225—227°. 0,5 (Teile) dieser Carbonsäure mischt man mit 0,5 $PbCO_3$, erhitzt das Gemisch, bis die Rk. einsetzt, u. dest. es dann im Hochvakuum. 0,5 (Teile) des erhaltenen rac. *Östronmethylesters*, F. 143—144°, erhitzt man mit 5 Pyridinhydrochlorid 4 Std. auf ca. 180°. Es bildet sich *rac. Östron*, F. 251—254°. Um dieses Racemat in die opt. Antipoden zu zerlegen, versetzt man 0,2 Teile rac. Östron mit 0,5 Volumenteilen einer Lsg. von *l*-Menthoxyacetylchlorid in einem Gemisch von Dioxan u. Pyridin. Das *Östron-l-menthoxyacetat*, F. 133—134°, besitzt ein Drehungsvermögen $[\alpha]_D = +45°$. Seine Hydrolyse, z. B. mit einem kochenden Gemisch von kristallisierbarer Essigsäure u. HBr oder HJ, ergibt das natürliche *d-Östron*. — Zur Herst. von *Äthinylöstradiol* löst man 1,35 Teile rac. Östron in 30 Volumenteilen Dioxan, gibt diese Lsg. bei 0° zu einer Lsg. von 2 Teilen KOH in 35 Volumenteilen tert. Amylalkohol u. leitet in das Gemisch 24 Std. trockenes Acetylen ein. — Zur Red. der Ketogruppe des rac. Östrons löst man 8 Teile davon in 1300 Volumenteilen einer wss. 5%ig. KOH-Lsg. unter leichtem Erwärmen. Die auf 15° abgekühlte Lsg. versetzt man in 3—4 Std. mit 16 Teilen feingepulverter Al–Ni-Legierung. Das sich bildende rac. *Östradiol* schm. bei 194—195°. Der bei 91—93° schm. **II** kann analog in ein anderes bei 126—128° schm. rac. *Östron* umgewandelt werden. (**F. P. 1 013 692** vom 13/12. 1948, ausg. 1/8. 1952. Schwz. Priorr. 23/12. 1947 u. 3/12. 1948.) OPPERMANN. 4809

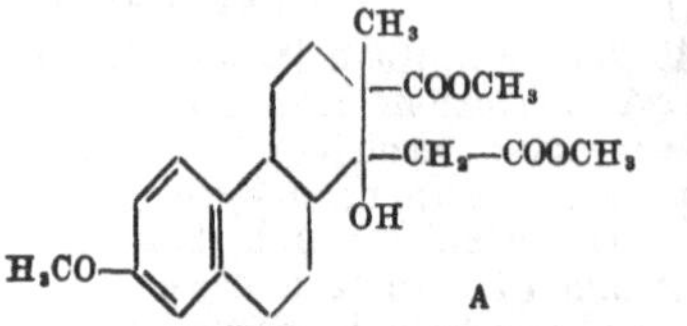

A

Schering Akt.-Ges., Berlin (Erfinder: **Walter Hohlweg**, Hohenneuendorf b. Berlin, und **Willy Logemann**, Berlin-Friedenau), *Verbindungen mit Nebennierenrindenhormonwirkung* erhält man durch Oxydation von seitenkettenungesätt. Dimethylcyclopentanopolyhydrophenanthrenen mit einer 3fachen C—C-Bindung am C_{17} mit OsO_4. Die Osmiate werden bes. reduktiv hydrolysiert. An Hand vorst. Formeln sei die Rk. beispiels-

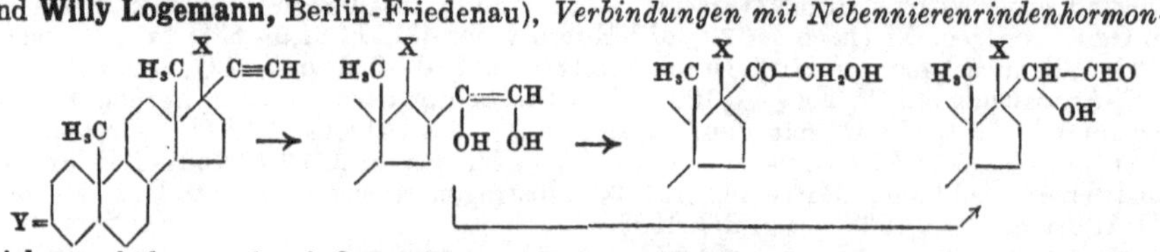

weise erläutert. Darin bedeutet X H, KW-stoff, Hydroxyl bzw. eine Gruppe, die im Hydroxyl überführbar ist, wie eine Ester-, Äther-, Halogen- oder Aminogruppe u. Y O oder H HO> Grupierung bzw. eine in diese überführbare Gruppe. — Zu Pregneninol-(17)-on-(3) gibt man OsO_4 in Dioxan: nach 7 Tagen u. Red. mit Na-Sulfit in 70% ig. A. *$\Delta^{4,5}$-Pregnendiol-(17.21)dion-(3.20)*, F. 230—233°, neben etwas *$\Delta^{4,5}$-Pregnendiol-(17.20)-on-(20)-al-(21)*. — 3.17-Dioxy-17-äthinylandrosten → *$\Delta^{5,6}$-Pregnentriol-(3.17.21)-on-(20)* neben etwas *$\Delta^{5,6}$-Pregnentriol-(3.17.20)-al-(21)*. Ringdoppelbindungen können intermediär geschützt werden. (**D.B.P. 870103** Kl. 12o vom 27/11. 1937, ausg. 9/3. 1953.) KRAUSS. 4809

Schering Akt.-Ges. (Erfinder: **Arthur Serini** und **Hans Eysenbach**), Berlin, *Desoxycorticosteron, seine Ester und Äther.* Acylate der 3-Oxyätiocholensäure werden bei niedriger Temp. ohne Lösungsm. mit Halogenierungsmitteln behandelt. Das gebildete Säurechlorid wird mit 4 Mol Diazomethan umgesetzt, das Diazoketon chromatograph. abgetrennt, u. die entstandenen 21-Oxypregnenol-(3)-on-(20)-ester bzw. -äther werden in Form von Metallalkoholaten (Mg, Al) oder in Ggw. von Mg- oder Al-Verbb. anderer Alkohole mit überschüssigem Keton oxydiert. — 3-Acetoxyätiocholensäure gibt mit $SOCl_2$ bei 0° 3-Acetoxyätiocholensäurechlorid, das mit äther. Diazomethan u. nach Chromatographie über Al_2O_3 das Diazoketon, F. 145—147°, liefert. Das daraus in bekannter Weise erhaltene 21-Acetoxypregnenol-(3)-on-(20) gibt mit Cyclohexanon in Ggw. von Al-tert.-Butylat *Desoxycorticosteronacetat*, F. 155—156°; *Benzoat* (= 21-Benzoxypregnendion), F. 201—203°. *Palmitat*, F. 55—58°. (**D. B. P. 870 254** Kl. 12o vom 28/1. 1939, ausg. 12/3. 1953.) KRAUSS. 4809

Schering Akt.-Ges., Berlin (Erfinder: **Hans-Herloff Inhoffen**, Braunschweig), *21-Oxypregnane.* Im Ringsyst. gesätt. oder ungesätt. 3-Oxy-20-ketopregnane werden in bekannter Weise mit halogenierenden Mitteln behandelt. Das Halogen wird durch Acyloxyreste bzw. durch freie OH-Gruppen ersetzt u. die OH-Gruppe in 3-Stellung zur CO-Gruppe oxydiert, zweckmäßig durch Austausch der Oxydationsstufen. — $\Delta^{5,6}$-Pregnenol-(3)-on-(20) wird in Chlf.–Eisessig mit Br_2 in Ggw. von Spuren von HBr–Eisessig bromiert; das entstandene Bromid gibt nach dem Erhitzen mit K-Acetat in A. 21-Acetoxypregnenolon, F. 178—182°, das zum *Desoxycorticosteronacetat* oxydiert wird. — Pregnenolonacetat → 5.6.17.21-Tetrabrompregnanolonacetat, F. 174—175° (Zers.), → 17.21-Dibrom-$\Delta^{5,6}$-pregnenolonacetat, F. 148—149°, → $\Delta^{5,6;16,17}$-Pregnadien-20-on-3.21-diol-3-acetat-21-benzoat → *21-Oxyprogesteron*, F. 141—142°. (**D. B. P. 870 255** Kl. 12o vom 14/1. 1939, ausg. 12/3. 1953.) KRAUSS. 4809

Biochemie G. m. b. H., Innsbruck (Erfinder: **Stefan Kropacsy**, Kundl, Tirol), *Gewinnung von Antibioticis auf biologischem Wege* unter Mitverwendung von Eiweiß bzw. Eiweißabbauprodd. von Mikroorganismen, wie Hefeeiweiß oder Pilzeiweiß, als Stickstoffquelle. Als Kultur-Fl. oder als Zusatz zur Kultur-Fl. wird eine assimilierbare Stickstoffverbb. enthaltende Lsg. verwendet, welche durch einen gemeinsamen fermentativen Abbau der Proteine von Mikroorganismen u. Proteinen anderer Herkunft, z. B. Casein, bes. durch einen Abbau durch die zelleigenen Enzyme der Mikroorganismen, gewonnen wurde. — 500 (kg) Brauereihefe werden mit 40 Casein u. mit 130 Liter W. angeteigt u. mit konz. HCl auf p_H 5,8 eingestellt. Nach Zusatz von 0,2% $CHCl_3$ wird der Aufschluß im geschlossenen Gefäß bei 50° unter Rühren innerhalb 5 Tagen durchgeführt. Die auf 5° abgekühlte Fl. wird zentrifugiert, mit Aktivkohle verrührt u. filtriert. Mit der gereinigten Lsg. werden durch Verdünnen mit W. u. durch Zusatz von 3% Zucker sowie von 0,025 (%) $MgSO_4 \cdot 7\ H_2O$, 0,05 KH_2PO_4, 0,01 $FeSO_4 \cdot 7\ H_2O$, 0,002 $ZnSO_4 \cdot 7\ H_2O$, 1500 Liter Nährlsg. hergestellt. Die Lsg. wird mit KOH auf p_H 7 eingestellt u. danach in üblicher Weise der Fermentation unterworfen. (**Oe. P. 178 425** vom 15/11. 1950, ausg. 10/5. 1954.) M. F. MÜLLER. 4811

Chemie Grünenthal G. m. b. H. (Erfinder: **Erich Jansen** und **Heinrich Mückter**), Stolberg/Rhld., *Penicillin* (I)-*Wismutsalze* erhält man durch Rk. von I mit $Bi(OH)_3$ oder einem wasserlösl. Bi-Salz bei n. Temp. u. p_H 6—6,2. (**D. B. P. 910 167** Kl. 12p vom 11/3. 1951, ausg. 29/4. 1954. Anmeldung bekanntgemacht 17/7. 1952.) SCHINDLER. 4811

American Cyanamid Co., übert. von: **Elmer W. Cook**, New York, N. Y., **Edwin Oscar Hook**, Old Greenwich, Conn., und **Samuel Kushner**, Nanuet, N. Y., V. St. A., *Azalactone von Phenylacetylaminoacrylsäuren* der Formel I (R = H, Br, Cl, OCH_3, OC_2H_5, $OCOCH_3$, SCH_3, SC_2H_5, $SCH_2C_6H_5$) erhält man durch Kondensation von Alaninen mit Phenylchloracetylchlorid (**II**) u. Erhitzen des gebildeten N-Phenylchloracetylalanins mit Essigsäureanhydrid. — Mandelsäure + PCl_5 → **II**; + dl-Alanin in W. u. 85% ig. KOH → *Phenylchloracetyl-dl-alanin*, F. 122—149°,

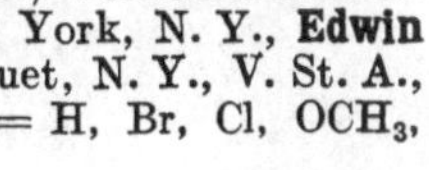

I

daraus mit Essigsäureanhydrid → *Phenylacetylaminoacrylsäureazlacton* (= 2-Benzyl-4-methylen-5-oxazolon), $C_{11}H_9O_2N$, aus Bzl., F. 128—132°. Durch Verseifen in der

Kälte mit alkoh. NaOH entsteht *Phenylacetylaminoacrylsäure* (III), in der Hitze Phenylacetamid, F. 152—156°. III in Chlf. mit Br_2 → *β-Brom-α-(phenylacetylamino)-acrylsäure* [= α-(Bromäthylen)-phenacetursäure], F. 173—175° (Zers.), daraus das *Azalacton*, $C_{11}H_8O_2NBr$, F. 165—167°. — N-(Phenylchloracetyl)-β-methoxyalanin, F. 170—172°. — *β-Methoxyphenylacetaminoacrylsäureazalacton*, $C_{12}H_{11}O_3N$, F. 87 bis 99°. — N-(Phenylchloracetyl)-β-methylthioalanin → *β-Methylthiophenylacetylaminoacrylsäureazalacton*. — Phenylchloracetyl-β-oxyalanin, F. 120—135°, Sintern bei ca. 100°, → *Phenylacetamino-β-acetoxyacrylsäureazalacton*. Die Verbb. geben mit Cystein bzw. β-Mercaptovalin α-[2-(4-Carboxy)-thiazolidinyl]-phenacetursäure bzw. α-[2-(4-Carboxy-5.5-dimethyl)-thiazolidinyl]-phenacetursäure. — Zwischenprodd., bes. zur *Herst. von Penicillinen*. (**A. P. 2 569 801** vom 12/2. 1947, ausg. 2/10. 1951.) KRAUSS. 4811

Oesterreichische Stickstoffwerke Akt.-Ges., Linz (Erfinder: **Karl Eiter**, Wien), *Herstellung des antibiotisch wirksamen 3-[4'-Nitrophenyl]-2-dichloracetaminopropen-(2)-al-(1)* (I). Aminoacetaldehyddiäthylacetal wird mit Dichloressigsäuremethylester umgesetzt unter Bldg. des N-Dichloracetaminoacetaldehyddiäthylacetals (F. 56°), welches, in Eisessig gelöst, in Anwesenheit eines Kondensationsmittels, wie Piperidin, mit p-Nitrobenzaldehyd kondensiert wird. Das erhaltene Prod. I (F. 176°) wird durch Vergären mit obergäriger Hefe, zweckmäßig unter Zusatz von Nährsalzen, reduziert. Man erhält das *Desoxychloromycetin*, F. 152—156°, welches ebenfalls antibiot. wirksam ist u. welches je nach den Reduktionsbedingungen ein Gemisch von wechselnden Mengen von Isomeren (2-Dichloracetaminoverb.) darstellt. — Man gelangt zu diesem Prod. auch in der Weise, daß man das N-Acetaminoacetaldehyddiäthylacetal mit Benzaldehyd kondensiert. Das dabei erhaltene 3-Phenyl-2-acetaminopropen-(2)-al-(1) wird mit Hefe reduziert. Es bildet sich der acetylierte Aminoalkohol, welcher peracetyliert wird. Sodann wird im Phenylrest nitriert, die Nitroverb. wird verseift, u. nach Abscheidung der freien Base wird mit Dichloressigsäuremethylester umgesetzt. (**Oe. P. 178 424** vom 22/6. 1951, ausg. 10/5. 1954.) M. F. MÜLLER. 4811

Commercial Solvents Corp., übert. von: **Wilbur L. Keko, Ralph E. Bennett** und **Fred C. Arzberger**, Terre Haute, Ind., V. St. A., *Gewinnung von Bacitracin* durch submerse Vergärung einer Nährlsg. mit Bacillus subtilis. Der Protein, Stärke u. $CaCO_3$ enthaltenden Nährlsg. wird Calciumlactat, -gluconat oder -acetat in Mengen von 0,1—7,5% zugesetzt. Höhere Ausbeute. (**A. P. 2 627 494** vom 15/10. 1949, ausg. 3/2. 1953.) SCHINDLER. 4811

Parke, Davis & Co., Detroit, Mich., V. St. A., *Herstellung von Trans-2-methyl-4-p-nitrophenyl-5-dichloracetamido-1.3-dioxan* durch Rk. von 1-p-Nitrophenyl-2-dichloracetamidopropandiol-(1.3) mit CH_3CHO oder Paraldehyd unter wasserfreien Bedingungen, z. B. in Ggw. von P_2O_5 u. Dichloräthylen bei 20—45°. F. der *l*-Form 129 bis 130°; $[\alpha]_D^{25}$ —15° in Äthanol. — *Antibioticum*. (**Schwz. P. 295 589** vom 2/7. 1951, ausg. 1/3. 1954. A. Prior. 31/8. 1950.) FABEL. 4811

J. Pfrimmer & Co., Erlangen, *Herstellung von Lösungen für den Blut-, Plasma- oder Serumersatz* unter Zusatz von Flavonen oder deren Derivv. als gefäßdichtende Substanzen zu den isoton. Salzlsgg., wie physiol. Kochsalzlsgg., RINGER-Lsg. oder Thyrodelösung. Den Lsgg. wird z. B. Rutin (ein kristallin. Glykosid des Quercetins) in Konzz. von 1—1000 mg/Liter zugesetzt. (**Oe. P. 178 693** vom 18/7. 1950, ausg. 10/6. 1954. D. Prior. 6/5. 1950.) M. F. MÜLLER. 4813

General Aniline & Film Corp., New York, N. Y., übert. von: **Max E. Chiddix**, Easton, und **Marjorie R. Williams**, Pen Argyl, Pa., V. St. A., *Oxybenzylalkohole* der

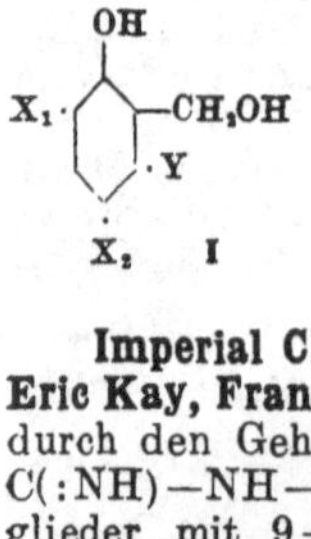

I

Formel I erhält man aus den entsprechenden substituierten Phenolen u. CH_2O in Ggw. einer wss. Alkalihydroxydlsg. bei 40—50° während 10—15 Std. mit anschließender Erhöhung der Temp. auf 60—95°. In I stehen X_1 u. X_2 für Cl, Br oder NO_2, u. Y für Cl oder Br. Es werden hergestellt: *2-Oxy-3.5.6-trichlorbenzylalkohol*, F. 123—124°; *2-Oxy-3.5.6-tribrom-* u. *2-Oxy-3.5-dinitro-6-chlorbenzylalkohol*. — *Germicide*. (**A. P. 2 631 169** vom 12/9. 1950, ausg. 10/3. 1953.) G. KÖNIG. 4833

Imperial Chemical Industries Ltd., London, England (Erfinder: **Guy Boardman, Eric Kay, Francis Leslie Rose** und **Geoffrey Swain**), *Baktericide Reinigungsmittel*, gek. durch den Geh. an linearen Polymerisaten der Formel —X—NH—C(:NH)—NH—C(:NH)—NH—Y—NH—C(:NH)—NH—C(:NH)—NH— (X u. Y sind Brückenglieder mit 9—17 C-Atomen), z. B. polymeres Hexamethylenbiguanidhydrochlorid. (**E. P. 703 256** vom 4/8. 1950, ausg. 3/2. 1954.) LÜTTGEN. 4833

G. Analyse. Laboratorium.

D. Ambrose, *Standardproben organischer Substanzen für physikochemische Messungen.* Allg. Diskussion der Verwendung von Standardpräpp., bes. von KW-stoffen, ihre Reinigung u. Best. des Reinheitsgrades für die Messung von Dampfdrucken, FF., Kpp., Dichten, Brechungsindices, UV- u. Infrarotspektren, Verbrennungswärmen u. spezif. Wärmen. (Nature [London] **171.** 902—04. 23/5. 1953. Teddington, Middlesex, Chem. Res. Labor., Dep. of Sci. and Ind. Res.) WEITBRECHT. 5000

H. Herne, *Die theoretischen Kennzeichen bichromatischer Pyrometer.* Das Verhältnis der Anzeigen des bichromat. Pyrometers für zwei Farben wird als Funktion der Temp. der Strahlungsquelle berechnet u. graph. dargestellt. Ein Bereich für scharfe Sperrfilter im Sichtbaren mit gleichmäßiger Durchlässigkeit im Durchlässigkeitsgebiet wird diskutiert u. der Einfl. der Bandbreite in jedem Fall abgeschätzt. Angaben für ein Infrarotpyrometer mit zwei Filtern, deren Bandbreite 5000 Å beträgt, bei Filterschwerpunkten von 25000 u. 15000 Å, mit welchem Tempp. zwischen 400 u. 2000° im Empfindlichkeitsbereich einer üblichen PbS-Zelle gemessen werden können. Für die Konstruktion bichromat. Pyrometer wird die Wahl großer Bandbreiten, welche dicht beieinander liegen oder sich überlappen, sowie die Lage der Durchlässigkeitsbereiche im Rot oder Infrarot empfohlen. (Brit. J. appl. Physics **4.** 374—77. Dez. 1953. London, British Iron and Steel Res. Ass., Phys. Dep.) EICHHOFF. 5016

A. Haack und **Gertrude Wieser,** *Die Präzisions-Wägepipette nach Pregl zur Bestimmung des spezifischen Gewichts von Flüssigkeiten.* Vff. untersuchten den Verdunstungsverlust bei Präzisionswägepipetten nach PREGL zur Best. der D. von Flüssigkeiten. Es zeigte sich, daß Pipetten mit weiten Ausflußspitzen eine geringere Verdunstung aufweisen als solche mit engen Spitzen. Der Unterschied beträgt in 8 Std. ca. 100%. Bei der weiten Spitze bildet die mit Wasserdampf gesätt. Luftblase einen Schutz gegen weitere Verdampfung, während enge Spitzen durch die vorbeistreichende Luft als Injektoren wirken. Die Verdunstung kann in beiden Fällen fast vollständig vermieden werden, wenn man an der Spitze ein mehrfach capillarverengtes Aufsatzröhrchen mit Hilfe eines kurzen Gummischlauches anbringt. (Mikrochim. Acta [Wien] **1954.** 117—21.) HACKSTEIN. 5042

Sabri Ergun, *Präzisionsmessungen von Gasdurchflußgeschwindigkeiten. Mathematisches Verfahren zur Eichung von Strömungsmessern.* Für die Eichung von Strömungsmessern mit Capillaren u. Blenden entwickelt Vf. ein rechner. Verf., indem er das Instrument durch 2 Konstanten charakterisiert, die dem kinet. bzw. Viscositätsfaktor des Druckverlustes entsprechen. Diese Konstanten lassen sich durch eine einmalige Eichung mit beliebigem Gas unter definierten Druck- u. Temperaturbedingungen bestimmen. Für andere Arbeitsverhältnisse sowie andere Gase mit bekannten physikal. Eigg. kann die Eichkurve umgerechnet werden. Das Verf. ist nicht auf das laminare oder turbulente Strömungsgebiet beschränkt. — Diskussion des Verfahrens. (Analytic. Chem. **25.** 790—92. Mai 1953. Pittsburgh, Pa., Carnegie Inst. of Technol., Coal Res. Labor.) WEITBRECHT. 5048

H. Bock und **H. Wagenbreth,** *Apparatur zur Messung der Wärmeleitfähigkeit von Metallen.* Beschreibung einer App. zur Vergleichsmessung der Wärmeleitzahl von Metallen. (Technik **8.** 23—25. Jan. 1953. Berlin, Dtsch. Amt für Maß u. Gewicht.) WINIKER. 5052

Eugene N. Cameron, Richard W. Hutchinson und **Lewis H. Green,** *Fehlerquellen beim Messen der Rotationseigenschaften mit dem Erzmikroskop.* Vff. untersuchen die Fehlerquellen bei der Messung von Rotationseigg. mit dem Erzmikroskop. Folgende Fehlerquellen werden betrachtet: Der Polarisator, das Reflexionsprisma, das Objektiv, die polierte Oberfläche des Anschliffes u. der Analysator. Die hier auftretenden Fehler werden weitgehend durch inkorrekte Justierung des Mikroskops verursacht. Spannungen im Objektiv können bes. schwere Fehler hervorrufen. Gemessene Werte können zu wahren Werten korr. werden durch Anwendung von Kurven, die für jedes einzelne Mikroskop aufgestellt werden müssen. (Econ. Geol. **48.** 574—90. Nov. 1953. Madison, Wis., Univ. of Wisconsin.) HILLER. 5056

H. S. Burton, *Papierchromatographische Trennung flüchtiger Säuren.* Es wird eine verbesserte Sprühmeth. der nach HISCOX u. BERRIDGE (vgl. C. **1951.** I. 1202) getrennten flüchtigen Säuren vorgeschlagen. (Nature [London] **173.** 127. 16/1. 1954. Oxford, Univ., Sir William Dunn School of Pathol.) E. BRINCKMANN. 5062

C. L. Luke, *Spektralphotometrische Analyse.* Allg. Beschreibung der spektralphotometr. Meth. am Beispiel einer *As*-Best. in GeO_2 u. einer *Pb*-Best. in *Cu*, die für die Halbleiterherst. wichtig sind. (Bell Lab. Rec. **32.** 88—91. März 1954.) EICHHOFF. 5063

Francine Rimbert, *Spektrograph zur Untersuchung von Funken mit Zeitauflösung.* Zus Unters. verschied. Bezirke von Einzelfunken mit Zeitauflösung wird ein Spektrograph mit Objektivprisma in stigmat. Montierung in seiner Brennebene mit einem 8-flächigen Drehspiegel u. einer halbkreisförmigen Filmkamera versehen. Bei einer Rotation des Drehspiegels mit 27000 U/Min. wird auf dem Film je mm eine Zeitauflösung von 4,6 μsec erreicht. (J. Physique Radium **14.** 638–40. Nov. 1953. Paris, Fac. des Sci., Phys. de l'Atmosphère.) EICHHOFF. 5063

Joachim Euler, *Berichtigung zur Arbeit: „Der Graphitbogen als spektralphotometrisches Strahldichtenormal im Gebiet von 0,25–1,8 μ".* Berichtigungen zu der C. **1953.** 6316 referierten Arbeit. (Ann. Physik [6] **14.** 86. 1954. Ellwangen, Forschungslabor. der Pertrix Union.) EICHHOFF. 5063

A. C. Oertel und **E. A. Cornish,** *Die Häufigkeitsverteilung des spektrographischen (Gleichstrombogen-) Fehlers.* Durch statist. Auswertung von 1161 Messungen von Linienintensitäten (Bodenproben u. Pflanzenaschen) im Gleichstrombogen ergibt sich das Vorliegen einer n. Fehlerverteilung u. die Anwendbarkeit der statist. Verfahren. (Austral. J. appl. Sci. **4.** 489–502. Dez. 1953. Adelaide, Div. of Soils, C. S. I. R. O., Sect. of Mathemat. Statist., C. S. I. R. O.) EICHHOFF. 5063

Hans Wolter, *Zur Minimumstrahlkennzeichnung bei Spektrographen.* Mitt. einer zweckmäßigen Phasenplattenjustierung für die Meth. des Vf. (C. **1950.** II. 379) zur Minimumstrahlkennzeichnung, bei welcher unter völliger Amplitudengleichheit auch der 180°-Phasenunterschied beider Bündelhälften für weite Spektralgebiete erhalten bleibt u. Polarisatoren nicht benötigt werden. (Z. Physik **135.** 531–40. 1953. Kiel, Univ., Inst. für Experimentalphys.) EICHHOFF. 5063

H. Schopper, *Ein optisches Kalkspatinterferometer mit wellenlängenunabhängigem Intensitätsausgleich.* Beschreibung von Aufbau u. Justierung eines Kalkspatinterferometers, bei welchem die Änderungen des Polarisationszustandes des Lichtes ohne Wellenlängenabhängigkeit ausgeführt werden können. Messung des Phasensprunges bei der Lichtreflexion an einer *Ag-Quarz*-Fläche in Abhängigkeit von der Wellenlänge im sichtbaren Spektralbereich. (Z. Physik **135.** 516–22. 1953. Hamburg, Physikal. Staatsinst.) EICHHOFF. 5063

József Mika und **Brunó Vorsatz,** *Ein auf Grund der Substitutions-Nullmethode konstruiertes neues lichtelektrisches Photometer.* Der Meßspalt ist so konstruiert, daß die Extinktion an einer mit Nonius versehenen linearen Teilung unmittelbar abgelesen wird. Um die geringe Lichtempfindlichkeit der Photozellen gegenüber dem Auge zu kompensieren, wurden statt der Absorptionsfilter Interferenzfilter großer Lichtdurchlässigkeit u. kleiner Halbwertsbreite angewendet. Die Extinktion kann bis auf $\pm$0,01 genau bestimmt werden. (Magyar Kémiai Folyóirat [Ung. Z. Chem.] **58.** 291–95. Okt. 1952. Sopron, Ungarn, Techn. Univ., Lehrstuhl für analyt. Chem.) PLANK. 5064

Victor A. Babits, *Magnetisch gesteuerte Farbfilter.* Behandlung der Theorie magnet. gesteuerter Farbfilter, die auf dem FARADAY- u. dem COTTON-MOUTON-Effekt beruht. Ableitung einer Beziehung zwischen der magnet. Feldstärke u. den Farbwerten des von den Filtern durchgelassenen Lichtes. Mitt. von experimentellen Ergebnissen mit magnet. gesteuerten Farbfiltern in ein u. zwei Stufen. (Optik **11.** 61–74. 1954. Troy, N. Y., Rensselaer Polytechn. Inst., Dep. of Electric. Engng.) EICHHOFF. 5064

H. A. Dell und **C. H. R. Gentry,** *Ein direkt anzeigender Präzisionspolarograph.* Beschreibung eines Polarographen, der es auf Grund einer besonderen elektr. Schaltung erlaubt, ohne Aufnahme des vollständigen Polarogramms die Konz. eines Metallions direkt aus dem Unterschied zweier Ablesungen abzuleiten. Es wird mit einer Hg-Tropfelektrode mit einem Intervall von 1–4 Sek. bis zum Abfallen des nächsten Tropfens gearbeitet. Der Strom wird jeweils kurz vor dem Abfallen gemessen. Als Anzeigegerät dient eine Kathodenstrahlröhre, die als Nullspannungsanzeiger benutzt wird. Die an die elektrolyt. Zelle gelegte Spannung kann zwischen 3 V in der einen u. 0,3 V in der anderen Richtung variiert werden. Bei einer Temperaturkonstanz von 0,05° kann die Konz. des Metallions mit einer Genauigkeit von 0,3% bestimmt werden. (Philips' techn. Rdsch. **14.** 321–27. April 1953. Salfords, Mullard Res. Labor.; Mitcham, Mullard Material Res. Labor.) R. LEVI. 5066

Andreas Killander und **C. Iwar Sjöberg,** *Eine verbesserte Apparatur zum automatischen Pipettieren und Titrieren.* Beschreibung einer automat. Pipettier- u. Titrierapp., bei der die Volumenmessung durch elektr. Messung der Ausflußzeit erfolgt. (Acta pathol. microbiol. scand. **34.** 383–92. 1954. Uppsala, Inst. of Med. Chem., Dep. of Med. Microbiol.) KRUSEN. 5066

Earle R. Caley und **Charles D. Oviatt**, *Bereitung von chloridfreien Eisenlösungen für die Titration mit Permanganat.* Zur Vermeidung der Bldg. bas. Sulfate wurde $FeCl_3$ mit konz. H_2SO_4 (3 ml/0,1 g Fe) zur Vertreibung von HCl höchstens 15 Min. erhitzt. Zum Lösen des entstandenen wasserfreien $Fe_2(SO_4)_3$ rührten Vff. nach Zugabe von 25 ml W. u. 0,5 g granuliertem Zn (20 Maschen) pro 0,1 g Fe bei 75°. Nach spätestens 10 Min. war die Auflsg. zu $FeSO_4$ beendet. (Ohio J. Sci. **54.** 69—72. März 1954. Columbus, O., Ohio State Univ., Dep. of Chem.) PLUSKAL. 5070

László Erdey und **Endre Bodor**, *Die Konservierung von Ascorbinsäuremaßlösungen.* Der Titer der Ascorbinsäuremaßlsg. nimmt infolge Oxydation u. Bakterienwrkg. ständig ab. Verwendet man in einem Glasapp. dest. ausgekochtes W. zur Bereitung der Lsg., löst darin 0,1—0,5 g *Trilon B*/Liter u. hält die Lsg. im Kühlschrank bei 0°, so bleibt die Lsg. 20 Tage unverändert. Bei Raumtemp. kann die Titerbeständigkeit mit 0,1 g Trilon B u. 4 ml HCOOH/Liter annähernd aufrechterhalten werden. (Magyar Kémiai Folyóirat [Ung. Z. Chem.] **58.** 295—98. Okt. 1952. Budapest, Techn. Univ., Inst. für allg. Chem.) PLANK. 5070

J. L. Monteith, *Fehler und Genauigkeit bei der thermoelektrischen Feuchtigkeitsbestimmung.* Die Hauptfehlerquellen bei der Best. des H_2O-Dampfdruckes mit einem thermoelektr. Feuchtigkeitsmesser werden besprochen, eine neue Psychrometergleichung wird unter Berücksichtigung der Wärmeleitung u. -strahlung abgeleitet u. die Genauigkeit der Feuchtigkeitsbest. erörtert. (Proc. physic. Soc., Sect. B **67.** 217—26. 1/3. 1954. London, Imp. Coll., Dep. of Meteorol.) LUCHSINGER. 5074

Jenö Plank, *Zwei einfache Apparate zur Reinheitsprüfung technischer Gase.* Es werden zwei einfache Apparate — dem Zweck entsprechend abgeänderte BUNTE- bzw. WINKLER-Büretten — beschrieben, welche im Falle leichtlösl. Gase, zur Best. der nichtlösl. Verunreinigungen in der Praxis gute Dienste leisteten. (Magyar Kémiai Folyóirat [Ung. Z. Chem.] **58.** 271—72. Sept. 1952. Budapest, Physikal. Zentralforsch.-Inst.) PLANK. 5086

a) Elemente u. anorganische Verbindungen.

Marcel D. E. Jonckers, *Die Reaktionsfähigkeit und die Gruppenreaktion organischer Reagentien in der anorganischen analytischen Chemie.* (Chim. analytique [4] **32.** 207—12. Sept. 249—54. Okt. 1950. — C. **1954.** 6549.) FRESENIUS. 5100

R. G. Haldeman, *Bestimmung von schwerem Wasser mit dem Heißdrahtverfahren.* Für die Wasseranalyse mit 0—100% D_2O bei kinet. Unterss. über H-Austausch beschreibt Vf. eingehend eine App. u. ihre Wirkungsweise, bei der eine Pt-Spirale von 0,002″ Durchmesser in der Meßzelle mit konstanter Spannung geheizt u. ihre Widerstandsänderung in Abhängigkeit vom H_2-D_2-Verhältnis durch eine Meßbrücke bestimmt wird. Der Einfl. des Potentials u. des Wasserdampfdruckes wird untersucht. Die Eichung erfolgt mit W.-D_2O-Gemischen. Die Übereinstimmung der tabellar. mitgeteilten Ergebnisse beträgt $\pm 0,5\%$. (Analytic. Chem. **25.** 787—90. Mai 1953. Pittsburgh, Pa., Univ. of Pittsburgh and Mellon Inst.) WEITBRECHT. G 240

John E. DeVries und **E. St. Clair Gantz**, *Bestimmung von Ammoniak in Hydrazin.* Die n. Methoden der NH_3-Best. in Hydrazin (I) versagen, wenn Verbb., wie Guanidin, Alkyl- oder Arylhydrazine vorliegen. Für solche Fälle empfehlen Vff. die JAMIESONsche Jodatmeth., die ein bequemes titrimetr. Verf. zur Analyse von I oder Verbb. mit I-Gruppen darstellt. Eine Probe mit einem NH_3-Geh. von ca. 10 mg wird in einen Meßkolben pipettiert, der 25 ml 12nHCl enthält u. soviel W., daß das Gesamtendvol. 70 ml beträgt. Aus einer Bürette läßt man 0,1nKJO_3-Lsg. zufließen, bis die Farbe der Lsg. durch tiefbraun nach hellgelb umgeschlagen ist. Dann fügt man 2Tropfen Amaranthindicator zu u. titriert bis zum Verschwinden der Rosafärbung (1 Mol I verbraucht 1 Mol JO_3^-, wobei N_2 u. JCl entstehen). Es folgt Zugabe von Na_2SO_3 krist., bis die Lsg. farblos wird. Überschüssiges SO_2 entfernt man durch 15 Min. Durchblasen NH_3-freier Luft. Nachdem so I entfernt ist, wird der NH_3-Geh. durch Zugabe von 50 ml 10nKOH-Lsg. u. anschließende KJELDAHL-Dest. ermittelt. (Analytic. Chem. **25.** 973—74. Juni 1953. China Lake, Calif., Analyt. Chem. Branch, U. S. Naval Ordnance Test Stat.) SCHÖTTLER. G 243

K. G. Stone, *Bestimmung von Jodid.* Vf. modifiziert die jodatometr. Jodidbestimmung nach KOLTHOFF (Recueil Trav. chim. Pays-Bas **39.** [1920.] 208) dahingehend, daß er zu der zu titrierenden Lsg. CCl_4 gibt, welches das gebildete J_2 aufnimmt. Dadurch wird eine Copräzipitation von KJ_3 verhindert u. somit die Fehlermöglichkeit herabgesetzt. In Ggw. von Br^- schlägt Vf. eine langsame Zugabe der Kaliumjodatlsg. (1 Tropfen pro Min.) in der Nähe des Endpunktes vor. (Analytic. Chem. **26.** 396—97. Febr. 1954. East Lansing, Mich., Michigan State Coll., Kedzie Chem. Labor.) BRAASCH. G 249

Edward A. Hontoir, *Bestimmung von Schwefel in Pyriten.* Das zur Best. des S in Pyrit dienende Verf. von Lunge, Hintz u. Weber wird in zahlreichen Punkten verfeinert (Bemusterung der Probe, Zus. der verwendeten Lsgg., Fällen des Fe, Fällen, Filtrieren, Glühen u. Wägen des $BaSO_4$), die alle die Reinheit des gefällten $BaSO_4$ zum Ziele haben. Die zahlreichen Maßnahmen werden im einzelnen beschrieben. (Bull. Instn. Mining Metallurgy Nr. 553. Trans. **62.** 95—107. Dez. 1952. Port Talbot, Glam., Rio Tinto Co., Ltd., Copper Works.) Wesly. G 253

George Telep und **D. F. Boltz,** *Ultraviolett-spektralphotometrische Bestimmung von Cer.* Beim Versetzen einer Ce(III)-Lsg. mit überschüssiger konz. K_2CO_3-Lsg. u. 3% ig. H_2O_2 bildet sich eine gelbe Komplexverb., die sich gut zur colorimetr. Best. kleiner Ce-Mengen eignet. Vff. untersuchen die Abhängigkeit der maximalen Absorption, die je nach den gewählten Bedingungen zwischen 278 u. 320 mμ liegt, von der K_2CO_3-Konz. u. dem p_H-Wert. Die Stabilität des Komplexes für Lsgg. mit 10 p. p. m. Ce ist bei p_H 10,1—10,5 am größten. Störende Einflüsse verschied. Ionen werden diskutiert. Hauptvorteil dieser Meth. gegenüber dem Persulfatverf. in saurer Lsg. ist die Ausschaltung der Störungen durch Nitrationen, die infolge Oxydation etwaiger NH_4-Ionen entstehen, sowie durch überschüssige Persulfationen. (Analytic. Chem. **25.** 971—73. Juni 1953. Detroit, Mich., Wayne Univ.) Schöttler. G 304

F. Feigl und **V. Gentil,** *Eine neue Tüpfelreaktion für Zinn mit Morin.* Sn^{2+}- u. Sn^{4+}-Hydroxyde geben mit Morin eine stark blaugrün fluorescierende Adsorptionsverbindung. Eine NH_4-Thiostannatlsg., die keine mit Morin reagierenden Metallionen der Hydroxyde mehr enthält, wird mit H_2O_2 versetzt, wobei S^{2-} zu $SO_4{}^{2-}$ oxydiert wird u. Sb^{5+} u. Sn^{4+} als Hydroxyde ausfallen. Ein Tropfen der Suspension (oder der klaren Lsg., wenn nur wenig Sn u. kein Sb vorhanden ist) wird auf Filtrierpapier gebracht u. mit 0,02% ig. Lsg. von Morin in Aceton angetüpfelt. Das Papier wird dann für kurze Zeit in verd. CH_3COOH gelegt u. im UV-Licht betrachtet. Saure Lsgg. bringt man auf Filtrierpapier, dämpft mit NH_3 u. verfährt wie oben. Sb^{3+} stört die Reaktion. Sb(V), $MoO_4{}^{2-}$, $WO_4{}^{2-}$, $VO_3{}^{1-}$ u. $AsO_4{}^{3-}$ reagieren mit Morin nicht. (Mikrochim. Acta [Wien] **1954.** 90—92. Rio de Janeiro, Labor. da Producão Mineral.) Hackstein. G 327

F. Feigl, V. Gentil und **D. Goldstein,** *Nachweis von Zinn in Mineralien, Legierungen sowie in mit Zinnsalzen beschwerter Seide.* Zum Nachw. von Sn in Mineralien u. Legierungen trennen Vff. das Sn durch Extraktion als SnJ_4 in H_2SO_4-saurer Lsg. mit Bzl. von den Begleitstoffen ab. Von der Benzollsg. wird ein Tropfen auf Filtrierpapier gebracht u. nach Verdunsten des Bzl. mit NH_3 u. Na_2SO_3 behandelt. Dann wird mit 0,02% ig. Lsg. von *Morin* in Aceton getüpfelt u. das Papier in verd. Essigsäure gelegt. Anschließend wird im UV-Licht betrachtet. Eine blaugrüne Fluorescenz zeigt Sn an. Sb liegt als Sb(V) vor u. stört nicht. Al stört, da es ebenfalls als Jodid mit Bzl. extrahiert wird u. mit Morin reagiert. Behandelt man den eingetrockneten Benzoltropfen mit verd. Lauge, so wandert das Aluminat vom Tüpfelfleck capillar ab, während Stannat vom Filter adsorbiert wird u. dann mit Morin nachgewiesen werden kann. Ausführliche Analysenvorschrift. (Mikrochim. Acta [Wien] **1954.** 93—95. Rio de Janeiro, Labor. da Producão Mineral.) Hackstein. G 327

Dino Rosi, *Beitrag zur Bestimmung von Blei in Stählen.* Die Unters. der quantitativen Abscheidung von *PbS* in salzsaurer Lsg. zeigt, daß diese nur in einem engen, optimalen p_H-Bereich erzielt werden kann. Es wird daher eine Meth. ausgearbeitet, nach der in weinsaurer Lsg. eine quantitative Abscheidung des PbS ohne größere Schwierigkeiten erreicht wird. (Metallurgia ital. **45.** 22—23. Jan. 1953.) Rumpf. G 328

Gyula Almássy und **József Koszó-Palotás,** *Mikronachweis des Vanadat-Ions mit einer aktivierten Reaktion.* Vanadat oxydiert p-Bromanilin nur in Ggw. von Oxalat. Die rotviolette Farbe ist noch bei 1 γ sichtbar. Grenzkonz. 1:100000. Störende Ionen (Ti, Mo, W) können mit H_3PO_4 maskiert werden; Cr, Mn, Fe, Cu, Co, Ni werden vorher ausgefällt, Ce als Fluorid gebunden. J^-, $NO_3{}^-$ darf nicht zugegen sein. (Magyar Kémiai Folyóirat [Ung. Z. Chem.] **58.** 302. Okt. 1952. Debrecen, Ungarn, Univ., Anorg. u. anal. Chem. Inst.) Plank. G 330

László Mázor und **László Erdey,** *Vanadiumbestimmung mit Kaliumperjodatmaßlösung.* Vanadat wird im Cd-Reduktor quantitativ zu V^{2+} reduziert. Das Redoxpotential einer im Zn-Reduktor red. Lsg. ist stets positiver. Titriert man eine schwefelsaure V^{2+}-Lsg. mit 0,1n KJO_4-Lsg., so tritt der erste Potentialsprung bei der Oxydation von V^{2+} zu V^{3+} auf. Das gebildete J^- wird bei weiterer Zugabe der Maßlsg. vom überschüssigen $JO_4{}^-$ zu J_2 oxydiert, Stärke wird gebläut u. der Mehrverbrauch an Maßlsg. bei der Oxydation zu V^{4+} entspricht der Oxydation des J^-. Gibt man aber zu der Lsg.

$HgCl_2$, so wird J^- gebunden, u. der zweite Potentialsprung erfolgt genau bei Erreichen der V^{4+}-Stufe. KJO_4 kann V^{4+} nicht weiter oxydieren, mit $KMnO_4$ kann aber bis V^{5+} weiter titriert werden. Die besten Ergebnisse erhält man beim Titrieren von 50 bis 60 mg V. V^{2+} ist luftempfindlich, so daß CO_2 als Schutzgas anzuwenden notwendig ist. Cr, Ti, Mo, As sowie größere Mengen von NO_3^-, NO_2^-, Cu, Sb stören. (Magyar Kémiai Folyóirat [Ung. Z. Chem.] **58.** 257—63. Sept. 1952. Budapest, Techn. Univ., Inst. für allg. Chem.) PLANK. G 330

W. Wayne Meinke und **Richard E. Anderson,** *Aktivierungsanalyse unter Verwendung von Neutronenquellen mit niedrigem Energieniveau.* Vff. entwickeln ein Analysenverf. für *Rh, Ag* u. *In* in Ggw. anderer Elemente durch spezif. Aktivierung mit therm. Neutronen. Als Strahlungsquelle dient ein Gemisch aus 25 mg Ra u. 250 mg Be, das sich, in einer Kapsel aus Monelmetall verschlossen, in der Mitte eines als Moderator wirkenden Paraffinzylinders befindet. Im Abstand von 2,5 cm sind Schlitze in dem Paraffinzylinder angebracht, in die die Proben in Polystyrolbehältern eingeschoben werden können. Die Bestrahlungsdauer wird so gewählt, daß nur Rh, Ag, In, *Ir* u. *Dy* angeregt werden. Nach der Bestrahlung wird die Aktivität in üblicher Weise gemessen u. mit einem gleichzeitig bestrahlten Präp. von bekanntem Geh. verglichen. Bei 1 g-Proben genügt zur Best. von Rh eine Bestrahlungsdauer von 2 Minuten. Der Aktivitätsabfall erfolgt mit einer Halbwertszeit von 44 Sekunden. Die Ag-Probe muß nach der Bestrahlung von 4 Min. noch 2 Min. stehen, bis das 22-Sek.-Isotop zerfallen ist. Gemessen wird der Zerfall des 2,3-Min.-Ag-Isotops. Dagegen müssen In-Proben 1 Std. bestrahlt werden. Nach dem Zerfall des 13-Sek.-Isotops einige Min. später wird die Aktivitätskurve des 54-Min.-In bestimmt. Die graph. mitgeteilten Ergebnisse zeigen Fehler von 4,8% bei 1% Rh, 6,7% bei 1% Ag u. 3,6% bei 1% In. Diskussion der Fehlermöglichkeiten. (Analytic. Chem. **25.** 778—83. Mai 1953. Ann Arbor, Mich., Univ. of Michigan, Chem. Dep.) WEITBRECHT. G 364

b) Organische Verbindungen.

János Proszt und **Eleonóra Major,** *Ein neues Verfahren zur Bestimmung kleiner Stickstoffmengen auf Grund der Kjeldahl-Methode.* Um die Genauigkeit der KJELDAHL-Meth. zu steigern, bestimmten Vff. das NH_3 polarographisch. Hierzu mußte das ISHIBASHI-SHINEVEGA-Verf. (Sbornik I., Mezinárodního polarografického sjezdu, Praha [1951.] 120) verfeinert werden, da die Ergebnisse in saurer Lsg. nicht einwandfrei sind. Vff. verwendeten daher eine $[N(CH_3)_4]Br$-Gundlsg., versetzten diese mit Phenolphthalein u. so viel Alkylammoniumbase, bis die Lsg. rot wird. Die polarograph. ermittelte N_2-Konz. ist noch bei 10^{-4}n genau. Sehr kleine N_2-Mengen können so vorteilhaft bestimmt werden. (Magyar Kémiai Folyóirat [Ung. Z. Chem.] **58.** 282 bis 284. Sept. 1952. Budapest, Techn. Univ., Anorg. Chem. Inst.) PLANK. 5352

W. Schöniger, H. Lieb und **M. G. El Din Ibrahim,** *Über eine mikroanalytische Schnellbestimmung von Acetyl- und C-Methylgruppen.* Quantitative Mikrobest. der bei der Verseifung von Acetylverbb. oder bei der Oxydation C-methylierter Substanzen gebildeten *Essigsäure* (**I**) in einer modifizierten Mikro-KJELDAHL-App. nach PARNAS-WAGNER. **I** wird mittels Wasserdampfes aus der verseiften bzw. oxydierten Analysenlsg. abdest. u. im Destillat mit 0,01n NaOH titriert. Analysendauer: 10 Min., Fehlergrenze $\pm 1\%$. Eingehende Beschreibung der App. u. des Analysenvorganges. (Mikrochim. Acta [Wien] **1954.** 96—103. Graz, Univ., Med.-chem. Inst., u. Pregl-Labor.) KIESSIG. 5362

E. Wiesenberger, *Eine Apparatur für die mikroanalytische Bestimmung von C-Methyl- und Acetylgruppen.* Beschreibung der App. u. Ausführungsvorschriften für das saure Verseifungsverf. mit verd. H_2SO_4 (1:2) u. für das alkal. mit 1n methylalkoh. NaOH, ferner für die Best. der C-Methylgruppen durch Chromsäureoxydation u. für das Umesterungsverf. nach FREUDENBERG werden gegeben. Alle drei Verff. werden in derselben App. durchgeführt. Analysenzeit für das Verseifungsverf.: 30 bis 35 Minuten. Die Entfernung der störenden Zwischenprodd. bei der sauren u. alkal. Verseifung geschieht mit heißer Chromschwefelsäure. Die mitgeteilten Analysendaten für *Pentaacetylglucose* (**I**) u. *Octaacetylcellobiose* (**II**) zeigen, daß **I** nur bei alkal., **II** bei saurer u. alkal. Verseifung zu erfassen ist. Die allg. Anwendung der Verff. auf Mono- u. Polysaccharide wird noch geprüft. Mikrochim. Acta [Wien] **1954.** 127—39. Graz, Univ., Pharm. u. org. Inst., Abt. für Mikrochem.) KIESSIG. 5362

Mihir Nath Das, *Schnellbestimmung von Äthylenen mit Quecksilberacetat (durch nichtwässerige Titration).* Die durch Anlagerung von Hg(II)-Acetat (**I**) an eine Doppelbindung entstandenen Verbb. werden in Propylenglykol–Chlf. als Lösungsm. mit HCl titriert. Dabei reagiert sowohl überschüssiges I als auch die Additionsverb., die letztere unter Aufnahme e i n e s Mol. Säure pro Mol. Additionsverb.; die Differenz zwischen Milliäquivalenten eingesetzten I u. bei der Titration verbrauchter HCl gibt also direkt den Geh. an Olefinbindungen in Millimol an. Bestimmt wurden *Styrol, Cyclohexen, Allylalkohol, Allylacetat* u. *Vinylacetat.* Die Meth. versagte bei *α-Methylstyrol, Zimtsäure* u. *Diisobutylen,* da die Zersetzungsgeschwindigkeit der Addukte dieser Verbb. in saurem Medium zu groß ist. (Analytic. Chem. **26.** 1086—87. 21/6. 1954. Calcutta, Indien, Ind. Ass. for Cult. of Sci.) G. PAULIG. 6520

A. S. Perlin, *Bestimmung von Ameisensäure durch Oxydation mit Bleitetraacetat. Ameisensäure* (I) in essigsaurer Lsg. wird bei Zimmertemp. von *Bleitetraacetat* (II) zu CO_2 oxydiert. I kann durch Rücktitration des unverbrauchten II sowie mikroanalyt. durch volumetr. Best. bzw. auch durch gravimetr. Best. von CO_2 ermittelt werden. Ggw. von Formaldehyd, Propionsäure u. Bernsteinsäure beeinflußt die Best. nicht. Verbb., wie *Oxalsäure* oder *Glycerin,* die bei Oxydation mit II CO_2 bzw. I bilden, können nach den beiden letzten Verff. ebenfalls bestimmt werden. (Analytic. Chem. **26.** 1053—54. 21/6. 1954. Ottawa, Can., Nat. Res. Labors., Div. of Appl. Biol.) G. PAULIG. G 810

István Gyenes, *Bestimmung von Monoäthylmalonsäurediäthylester neben Diäthylmalonsäurediäthylester.* Verss. zeigten, daß der monoalkylierte Ester, in wasserfreier n-propylalkoh. nKOH-Lsg. 2 Min. gekocht, als Dikaliummonoäthylmalonat ausfällt, der dialkylierte Ester dagegen unverändert bleibt. Der Nd. wird nach dem Filtrieren durch ein 1 G3-Filter u. Trocknen bei 100° gewogen. Ein Wasser- oder A.-Geh. verzögert oder verhindert das Ausfällen, in diesem Falle wird das Gemisch vorher fraktioniert. Wenn die Menge des Monoesters weniger als 1% beträgt, erhöht man dessen Menge durch Zugabe einer bekannten Menge von reinem Monoester. (Magyar Kémiai Folyóirat [Ung. Z. Chem.] **58.** 299—302. Okt. 1952. Budapest, Köbányai Gyógyszerárugyár [Richter].) PLANK. G 820

James K. Palmer und **Clifford O. Jensen,** *Polarographische Bestimmung der α-Ketoglutarsäure.* Es wurden die Halbwellenpotentiale für *α-Ketoglutarsäure* bei p_H 1,8 in 0,7 mol. KCl–HCl u. bei p_H 8,2 in 1,0 mol. NH_4Cl–NH_3 zu —0,63 bzw. —1,34 V gegen gesätt. Hg_2Cl_2 bestimmt. Maleinsäure stört in beiden p_H-Bereichen, Brenztraubensäure u. cis-Aconitsäure bei p_H 8,2 u. Fumarsäure bei p_H 1,8. Vff. geben die Reproduzierbarkeit der Best. mit 3—4% bei einer Erfaßbarkeit von ca. 30 γ/ml an. (Analytic. Chem. **26.** 1049—50. 21/6. 1954. State College, Pa., State Coll., Dep. of Agricult. and Biol. Chem.) MOISAR. G 870

Sándor Szabó, *Colorimetrische Mikrobestimmung der* ≡C—*SH und* ≡*C*—*S*—*S*—*C*≡*-Gruppen.* Die bekannte Bleisulfidprobe zum Nachw. des *Cystins* in Eiweißstoffen wurde vom Vf. zur quantitativen Bestimmungsmeth. entwickelt. In einer Eprouvette aus resistentem Glas wird eine 0,2—0,3 mg S enthaltende Verb. mit wenig W., festem NaOH, Al, Caprylalkohol u. KCN in einem H_2SO_4-Bad im N_2-Strom bis zum Erstarren des Gemisches auf 200° erhitzt. Die Schmelze wird mit 50%ig. Natronlauge bis zum Auflösen des Al_2O_3 gekocht, verd. u. filtriert. In der Lsg. befindet sich Na_2S, dessen Menge nach Zugabe von $Pb(C_2H_3O_2)_2$ u. einer Gummilsg. als Schutzkoll. colorimetr. oder photometr. rasch bestimmt wird. KCN dient zur Maskierung der Schwermetalle. Standardlsgg. wurden aus reinem Cystin bereitet. Genauigkeit 5%. Bei den Verss. mit *Methionin* beobachtete Vf. die Bldg. von CH_3SH, während Na_2S nicht gebildet wird. (Magyar Kémiai Folyóirat [Ung. Z. Chem.] **58.** 353—56. Dez. 1952. Debrecen, Ungarn, Univ., Org. Chem. Inst.) PLANK. G 950

Gertrude E. Carney und **Janet K. Sanford,** *Ultraviolettanalyse isomerer Kresolgemische.* UV-spektralphotometr. Messungen können für die Analyse der 3 isomeren Kresole verwendet werden, wenn keine anderen, im Bereich 2715—2860 Å absorbierenden Substanzen gleichzeitig vorhanden sind. Der spektrale Absorptionsverlauf der Isomeren in Isooctan wird mitgeteilt u. die für die Analyse geeigneten Wellenlängen werden ausgesucht. Die besten Ergebnisse wurden bei 2728 Å (meta), 2774 Å (ortho) u. 2858 Å (para) erhalten. Für diese Wellenlängen sind die Bestimmungsgleichungen für die Konzz. der 3 Isomeren in Abhängigkeit von der Extinktion angegeben. Abweichungen vom BEERschen Gesetz durch Assoziation oder Wechselwrkg. mit dem Lösungsm. Isooctan werden nicht beobachtet, wenn die Konzz. 0,03—0,05 g/Liter nicht überschreiten; scheinbare Ungültigkeit wird durch die Wahl einer geringen spektralen Bandbreite (5 Å) vermieden. Der mittlere Fehler der Meßergebnisse ist <1%. (Analytic. Chem. **25.** 1417—18. Sept. 1953. Glenolden, Pa., Allied Chem. & Dye Co., Res. Labor., Berrett Div.) SCHÖTTLER. G 1060

J. B. Davenport, *Eine die spektralphotometrische Bestimmung von Diphenyl beeinträchtigende Abweichung vom Beerschen Gesetz.* Hinweis auf eine durch Fluorescenz zu erkärende Abweichung vom BEERschen Gesetz bei der Best. von Diphenyl in PAe., welche bereits bei Konzz. von $<10^{-3}$% auftritt. (Analyst **78.** 558. Sept. 1953. Homebush, New South Wales, Australia, Div. of Food Preservat. and Transport, Commonwealth Sci. and Ind. Res. Organizat.) EICHHOFF. G 2210

Lajos Kisfaludy, *Schnellverfahren zur volumetrischen Bestimmung des Anthracens.* Die DIELS-ALDER-Addition des Maleinsäureanhydrids (I) mit Anthracen (II) verläuft nach Verss. des Vf. in Dioxan bei 125° binnen 20 Min., entsprechende Molverhältnisse u. reines I vorausgesetzt. — Zu 1 g reinem II verwendet man 1,2 g I u. 5 ml Dioxan. Die Lsg. wird unter Rückfluß 25 Min. in einem auf 125° vorgewärmten Ölbad erhitzt, zur noch warmen Lsg. gibt man 100 ml W. u. titriert gegen Phenolphthalein mit 0,5nNaOH das überschüssige I. Im Falle von rohem II verwendet man 0,5 g I, von angereichertem 0,8 g. Bei diesen Unterss. verd. man mit 200 ml Wasser. Genauigkeit 0,2%, Zeitdauer 25—30 Minuten. (Magyar Kémiai Folyóirat [Ung. Z. Chem.] **58.** 312—13. Okt. 1952. Budapest, Techn. Univ., Org. Chem. Inst.) PLANK. G 2800

Ralph N. Adams, Charles N. Reilley und **N. Howell Furman,** *Polarographische „Ableitungstitration" von Glucose.* Die polarograph. „Ableitungstitration", deren Theorie u. experimentelle Technik von Vff. bereits beschrieben sind (vgl. C. **1953.** 1218), ist bes. gut für Titrationen bei erhöhter Temp. geeignet. Die Meth. eliminiert die Bezugshalbzelle u. die verbindende Salzbrücke, die experimentelle Schwierigkeiten bei Titrationen bei erhöhter Temp. mit sich bringen, ermöglicht eine kontinuierliche Anzeige u. erübrigt das Auftragen von Endpunkten. Die Meth. erwies sich als geeignet, mg- u. γ-Mengen *Glucose* durch Titration mit Ferricyanid bei erhöhten Tempp. zu bestimmen. Die verwendete App. ist im einzelnen bereits beschrieben (l. c.). Bei Titrationen im mg-Maßstab werden 10,0 ml 0,05 mol. Ferricyanidlsg., 10,0 ml mol. Na_2CO_3-Lsg. u. 30 ml W. in das Titrationsgefäß gebracht, zum Sieden erhitzt u. mit 0,01 mol. Glucoselsg., die in Anteilen von 1—2 ml zugegeben wird, titriert. Zur Best. von ca. 20 γ Glucose legt man 1,0 ml 0,005 mol. Ferricyanidlsg. + 1,0 ml mol. Na_2CO_3-Lsg. + 3,0 ml W. vor u. titriert mit 0,0001 mol. Glucoselösung. Die Genauigkeit bei Bestimmungen von γ-Mengen beträgt ± 5%. (Analytic. Chem. **24.** 1200—03. Juli 1952. Princeton, N. J., Univ.) K. F. MÜLLER. G 3400

Jonathan S. Dixon und **David Lipkin,** *Spektrophotometrische Bestimmung von vic. Glykolen. Anwendung auf die Bestimmung von Ribofuranosiden.* Vic. *Glykole* werden mit Natriummetaperjodatlsg. oxydiert u. die Abnahme der Metaperjodatkonz. spektrophotometr. (223 mμ) bestimmt. Nach diesem Verf. kann die Geschwindigkeit der Rk. verfolgt u. ihre Vollständigkeit bestimmt werden; durchgeführt werden kann die Meth. mit 10^{-8}—10^{-6} Mol, so daß auch Substanzenmengen, wie sie aus Papierchromatogrammen isoliert werden, analysiert werden können. Folgende Ribofuranoside wurden mit dieser Meth. bestimmt: *Adenosin, Adenosin-5-phosphorsäure, Guanosin, Cytidin* u. *Uridin.* (Analytic. Chem. **26.** 1092—93. 21/6. 1954. St. Louis, Mo., Washington Univ., Dep. of Chem.) G. PAULIG. G 3450

Leo Levi und **Charles G. Farmilo,** *Reaktion von Morphin mit Kalium-Quecksilberjodid. Morphinhydrochlorid* bildet mit einer wss. Lsg. von KJ u. HgJ_2 einen schwerlösl. Komplex der Zus. $(C_{17}H_{19}NO_3H)(HgJ_3)$ (I) F. 246,5—247,8° (korr.). Die Geschwindigkeit der Rk. hängt von der Konz. der HgJ_3^--Ionen ab, die nach $K_2HgJ_4 \rightleftharpoons 2K^+ + HgJ_4^{2-} \rightleftharpoons 2K^+ + J^- + HgJ_3^-$ entstehen. Mit der Rk. kann bis 1 γ Morphin nachgewiesen werden, der mikrokrist. Nd. zeigt charakterist. Nadeln; Vff. untersuchten seine UV- u. Infrarotspektren u. Röntgenstreudiagramme. Die opt. Aktivität von I in 50%ig. Aceton sinkt mit steigender Konz., so ist $[\alpha]$ bei 0,00614 Mol/Liter —52,6°, bei 0,01535 Mol/Liter —49,5°, verglichen mit $[\alpha]_{Morphin}$ = —166,4°. Die Löslichkeit von I steigt in der Reihenfolge Chlf.-Ae.-W.-KJ-Lsg. (10%ig.)-A. (95%ig.)-Aceton an. Eine quantitative Best. durch elektrometr. Titration einer Lsg. des Komplexes in 90%ig. Aceton mit alkoh. NaOH-Lsg. (pK_A des Komplexes 6,95) ist möglich. (Analytic. Chem. **26.** 1040—45. 21/6. 1954. Ottawa, Can., Dep. of Nat. Health and Welfare, Food and Drug Labors.) G. PAULIG. G 3500

d) Medizinische u. toxikologische Analyse.

K. Edam, *Eine Modifikation der Sauerstoffabsorptionspipette am Apparat zur Gasanalyse nach Haldane (Grundumsatz).* Die App. nach HALDANE zur Analyse der *Ausatmungsluft* wird so abgeändert, daß das Gas gezwungen ist, die alkal. Pyrogallollsg. von unten her zu durchperlen u. daß eine quantitative O_2-Absorption schon mit 10—12 maligem Heben u. Senken der mit Hg gefüllten Nivellierbirne statt wie bisher erst nach ca. 100 mal erreicht wird. Die Capillaren werden außerdem oberhalb der Menisken etwas aufgeblasen, um ein versehentliches Ansaugen der Lsg. leichter zu vermeiden. (Med. Mschr. **8.** 31—32. Jan. 1954. Göttingen.) FRESENIUS. 5725

A. H. Ennor und **H. Rosenberg,** *Trennung und Bestimmung von ^{24}Na und ^{32}P in tierischen Geweben.* Vff. diskutieren das Problem, bei gleichzeitiger Anwesenheit von ^{24}Na u. ^{32}P in biol. Geweben beide Isotopen zu trennen u. quantitativ nachzuweisen. Optimale Resultate wurden durch Veraschung der Gewebe- oder Blutproben, Überführung des ^{32}P in ein Phosphomolybdat u. Extraktion dieser Komplexverb. in Isobutanol (I) erzielt. Das ^{24}Na verbleibt in der wss. Lösung. Die Bedingungen für eine vollständige Überführung des ^{32}P in das in I lösl. Phosphomolybdat einerseits u. diejenigen für den Verbleib des ^{24}Na in der wss. Lsg. andererseits wurden durch Versuchsreihen geklärt, wobei bes. der Fall behandelt wurde, daß die Aktivität des ^{32}P 5—10mal größer ist als die des ^{24}Na. (Biochem. J. **52.** 591—92. Dez. 1952. Canberra, Australien, Nat. Univ., John Curtin School of Med. Res., Dep. of Biochem.) REUSSE. 5725

B. Levin und **V. G. Oberholzer,** *Papierelektrophorese von Serumproteinen mit Mikro-Kjeldahl-Stickstoffbestimmung der Proteinfraktionen. Ein Vergleich mit der freien Elektrophorese- und der Salzfraktioniermethode.* (Vgl. C. **1953.** 2656.) Es wird ein vereinfachtes Verf. zur quantitativen Best. von *Albumin,* α_1-, α_2-, β- u. γ-*Globulin* in 17 n. u. patholog. Seren beschrieben. Der N-Geh. der einzelnen Fraktionen wird nach der Papierelektrophorese durch Mikro-KJELDAHL-Best. ermittelt. Die N-Analyse 5 mm breiter Streifen des Papierelektropherogramms ergibt eine Kurve, die der der klass. TISELIUS- oder Farbstoffmeth. ähnlich ist u. die Richtigkeit der durch Ausschneiden der ganzen Fraktion erhaltenen N-Werte bestätigt. Die Meth. zeigt bei einem Vgl. mit der freien Elektrophorese u. der Farbstoffmeth. gute Übereinstimmung, letzterer ist sie in bezug auf Zeit- u. Arbeitsaufwand überlegen. Ferner gibt die obige Meth. bessere Übereinstimmung mit der freien Elektrophorese als die Salzfraktionierung. Die verwendete einfache App. ist der von DURRUM (C. **1951.** I. 866) u. FLYNN u. MAYO (vgl. Lancet **261.** [1951.] 235) ähnlich. (Amer. J. clin. Pathol. **23.** 205—17. März 1953. London, Queen Elizabeth Hosp.) E. BRINCKMANN. 5728

F. J. Scandrett, *Eine modifizierte Mikrodiffusionsmethode zur Bestimmung von Äthanol im Blut.* Es wird eine Meth. u. eine App. zur Mikrobest. von A. in *Blut* u. *Urin* beschrieben. Die Meth. beruht auf einem Diffusionsverf., bei der A. aus einem heizbaren Behälter in einen 0,02—0,05n $K_2Cr_2O_7$-konz. H_2SO_4 enthaltenden diffundiert. Die Reagentien werden in den von WIDMARK angegebenen Konzz. u. Mengen angewendet. Bei 80—300 γ A./0,1 cm³ Blut u. Urin wurden in 30 Min. exakte Werte gefunden (Standardabweichung $< + 3{,}0\,\gamma/0{,}1$ cm³). (Analyst **77.** 132—35. März 1952. Edinburgh, Royal Infirmary, Dep. of Clin. Chem.) K. MAIER. 5732

Hans Werner Fricke, Der Kathodenstrahloszillograph. Leipzig: Fachbuchverl. 1953. (VIII + 232 S. m. 456 Abb.) DM 11,50.

H. Angewandte Chemie.

I. Allgemeine chemische Technologie.

L. R. Honnaker, *Überwachung und Verhütung der Korrosion.* Übersichtsbericht. (Ind. Refrigerat. **126.** Nr. 3. 20—22. März 1954. Wilmington, Del., E. I. du Pont de Nemours & Co.) SPINDLER. 5808

Brian N. Reavell, *Praktische Gesichtspunkte beim Mischen und Rühren von Flüssigkeiten.* Bei theoret. Behandlung der Probleme hinsichtlich Einzelheiten u. Kraftbedarf ergeben sich Schwierigkeiten. Nach vollendetem Lösevorgang kann das sich aus fester + fl. Phase ergebende Lösegut dünnfl., viscos, aber noch tropfbar-fl. oder pastenförmig sein. An Hand von Abbildungen werden die für jeden dieser Endzustände am besten geeigneten Ausführungsformen der Rührer beschrieben. Auf Gestaltung der Behälter u. Antriebe ist Rücksicht zu nehmen. (Trans. Instn. chem. Engr. **29.** 301—09. 1951. London, Kestner Evaporator and Engineering Co., Ltd.) STEINER. 5822

D. M. Newitt, G. C. Shipp und **C. R. Black,** *Die neueste Entwicklung in Theorie und Praxis des Rührens und Mischens.* Übersicht. (Trans. Instn. chem. Engr. **29.** 278—89. 1951. London, Imp. Coll. of Sci. and Technol., Chem. Engng. Dep.) STEINER. 5822

Harry P. Gregor, J. I. Bregman, Fradelle Gutoff, Robert D. Broadley, David E. Baldwin und **C. G. Overberger,** *Untersuchungen über Ionenaustauschharze. Kapazität von sulfosauren Kationenaustauschharzen.* Die Darst. einer Anzahl von sulfonierten Polystyrolharzen wird beschrieben, die darauf neben einem käuflichen Harz (*Dowex 50*) zu Kationenaustausch-Rkk. verwendet werden. Die Ionenaustauschkapazität für eine Anzahl anorgan. (Alkali- u. Mg-) u. organ. (quaternäre Ammonium-) Salze wird durch gravimetr. Best. ermittelt; genaue Beschreibung der Technik. Bei allen 1wertigen anorgan. u. organ. Kationen ist die Ionenaustauschkapazität gleich groß mit der einzigen Ausnahme des Tetra-n-butylammoniumions, bei 2wertigen Kationen ist sie stets etwas größer (ca. 7%). Die Austauschgeschwindigkeiten u. Diffusionskoeffizienten werden errechnet. Die Geschwindigkeit der Aufnahme hängt von dem Ionenvol. u. der Anzahl der Doppelbindungen in dem Austauschharz ab. (J. Colloid Sci. **6.** 20—32. Febr. 1951. Brooklyn, N. Y., Polytechn. Inst. of Brooklyn, Dep. of Chem.) JÄGER. 5826

Franklin S. Chance jr., George E. Boyd und **Harold J. Garber,** *Natrium- und Bromidentfernung aus Lösungen durch nichtwässerigen Ionenaustausch.* Zur Unters. der Reinigung organ. Fll. von anorgan. Verunreinigungen haben Vff. einige organ. Lösungsmittel (Methyl- u. tert.-Butylalkohol, Äthylenglykol, CCl_4, Bzl., Dioxan u. Aceton) mit radioisotopen Na- u. Bromidionen versetzt u. diese in einer im Original näher beschriebenen App. durch Kunstharzaustauscher wieder entfernt. Folgende Harztypen gelangten zur Anwendung: *Amberlite IR C-50, Amberlite IR A-400, Amberlite IR-45, Dowex 2* u. *Dowex 50.* Vor ihrer Verwendung wurden die Harze in W. eingequollen. Die erzielten Ergebnisse sind graph. dargestellt; es zeigt sich, daß Ionenaustausch in brauchbarem Maße zwischen dem nichtwss. Lösungsm. u. der wasserhaltigen Form des Austauscherharzes stattfindet. Am besten geeignet sind dabei Harze, welche nicht durch das Lösungsm. verändert werden u. keine zusätzliche Quellung im organ. Lösungsm. erfahren. Die Ergebnisse sind für das jeweilige Lösungsm. spezif. u. können nur in grober Annäherung verallgemeinert werden. (Ind. Engng. Chem. **45.** 1671—76. Aug. 1953. Knoxville, Tenn., Univ. of Tennessee, Chas. Pfizer & Co.; Brooklyn, N. Y., ; Oak Ridge, Tenn., Oak Ridge Nat. Labor.) LOHS. 5826

Robert R. White, *Fraktionierte Destillation, Ausgestaltung der Fraktionierkolonne.* Berechnung des Rücklaufverhältnisses von tert. Systemen an Hand von Beispielen. (Petroleum Processing **8.** 539—43. April 1953. Michigan, Univ., Dep. of Chem. and Metallurg. Engng.) K. O. MÜLLER. 5864

C. Gimenez und **J. Labeyrie,** *Unterdruckmessung mit Hilfe von α-Teilchen.* Die Anordnung dient zur Messung des Druckes von Gasen zwischen 10^{-1} u. 10^2 mm mittels des von einer α-Strahlenquelle hervorgerufenen Ionisationsstromes. Die auf Ni niedergeschlagene Po-α-Quelle mit einer Intensität von 5 μC emittiert α-Teilchen in das Innere einer kleinen zylindr. Ionisationskammer, die durch einen Kanal mit der Kammer verbunden wird, in der sich das zu untersuchende Gas befindet. Die Verwendung dieser Anordnung empfiehlt sich bei der Druckmessung korrodierender Gase (Halogene) oder bei der Messung des Anteils eines Gases in einem Gasgemisch, z. B. *Ne* in *Ar.* (J. Physique Radium **12.** Nr. 8. Suppl. 64A—65A. Okt. 1951. Fontenay-aux-Roses, Labors. du Fort de Châtillon, Comm. à l'Énergie atomique.) GERHARD SCHMIDT. 5886

Farbenfabriken Bayer Akt.-Ges. (Erfinder: **Fritz Overdick**), Leverkusen, *Schutz von Apparaten gegen elektrochemische Angriffe,* die (mindestens teilweise) aus durch elektrolyt. *Korrosion* gefährdeten Baustoffen bestehen u. zur Behandlung stromleitender Fll. dienen, welche letztere ein gegen Erde höheres elektr. Potential aufweisen können, durch Erden der in den Apparaten befindlichen Fl., z. B. durch Eintauchen von mit der Erde leitend verbundenen Kontaktkörpern (bes. aus Graphit) in die Flüssigkeit. (**D. B. P. 905 735** Kl. 12h vom 9/2. 1951, ausg. 4/3. 1954. Anmeldung bekanntgemacht 2/7. 1953.) SCHREINER. 5809

Frederick Parker Ltd., Viaduct Works, Leicester, England, *Trennen von festen Bestandteilen von Flüssigkeiten.* Die Feststoffe, z. B. Sand, werden bei verringerter Strömungsgeschwindigkeit des zu trennenden Gemisches sedimentiert, mittels einer im Sedimentationsgefäß arbeitenden Transportschnecke, die entgegen der Strömungsrichtung des Gemisches fördert, zu einem Becherwerk getragen u. in den siebartig durchlöcherten Bechern des Becherwerkes entwässert. — Vorrichtung. (**E. P. 703 367** vom 9/4. 1951, ausg. 3/2. 1954.) DEMMLER. 5829

Seitzwerke G. m. b. H., Bad Kreuznach, *Dosieren von Filterhilfsmitteln* (z. B. Kieselgur, Asbest) u. anderen Stoffen in eine Flüssigkeitsleitung mit Regelung der Dosiermenge, indem die Bewegung des Druckkolbens oder der Druckmembran einer Pumpe im Verhältnis zur Hubbewegung der zwangsläufig gesteuerten Saug- u. Druckventile eingestellt wird. — Vorrichtung. (**E. P. 706 825** vom 2/5. 1952, ausg. 7/4. 1954. D. Prior. 4/5. 1951.) DEMMLER. 5831

Incandescent Heat Co., Ltd., Smothwick, England, *Herstellung einer Li-haltigen Lösung,* die als *Ofenfutter* für *Schmelzöfen* Verwendung findet. Man löst 1 (Gewichtsteil)

Li_2CO_3 oder LiOH in 8 Naphthensäure bei ca. 100°, steigert unter Rühren ca. 45 Min. auf 150° u. später ca. 15 Min. auf 220—230°. Nach dem Abkühlen auf 180° fügt man zu dem Li-Naphthenat eine KW-stofflösung. (**E. P. 703 994** vom 11/11. 1950, ausg. 17/2. 1954.) Nebelsiek. 5839

Gesellschaft für Linde's Eismaschinen Akt.-Ges. (Erfinder: **Heinrich Kahle,** Pullach), Höllriegelskreuth, *Adsorptionsverfahren.* Die Desorption wird zu einem Zeitpunkt abgebrochen, der in der Nähe desjenigen liegt, bei dem die Beladung des Spülgases mit dem desorbierten Bestandteil absinkt. Bei Anwendung annähernd gleicher Tempp. zur Ad- u. Desorption beträgt das Spülgasvol. das 1,3—2fache des Rohgasvol., dagegen bei Anwendung tiefer Tempp. (z. B. —100°) das 2,5—10fache. (**D. B. P. 871 886** Kl. 12e vom 2/7. 1942, ausg. 26/3. 1953.) Heinsen. 5849

Gesellschaft für Linde's Eismaschinen Akt.-Ges., Deutschland, *Reinigen und fraktioniertes Trennen von Gasgemischen.* Durch Tieftemperaturwäsche werden die zu trennenden Stoffe mit einem fl. Lösungsm. herausgelöst. Sie werden von einem gekühlten, im Gegenstrom geführten Gas aufgenommen oder durch Entspannung abgesaugt. — Z. B. wird Hochofengas mit Trichloräthylen, Methylalkohol u. dgl. gewaschen u. die Lsg. bei niedriger Temp. unter Unterdruck mit einem Hilfsgas, z. B. O_2, entgast. Mitgerissene Dämpfe des Lösungsm. werden mit Aktivkohle bei niedriger Temp. absorbiert. — Zeichnung. (**F. P. 1 027 489** vom 9/11. 1950, ausg. 18/2. 1953. D. Prior. 24/12. 1949.) Holm. 5851

William Robert Works, Washougal, Wash., und **Frank A. M. Buck,** Concord, Calif., V. St. A., *Extraktion.* Man führt zwei nur teilweise miteinander mischbare Fll. im Gegenstrom, u. zwar in wirbelnder Bewegung, zueinander, wobei der Stoff, der in der einen Fl. gelöst enthalten ist, herausgelaugt wird. (**A. P. 2 659 664** vom 30/8. 1950, ausg. 17/11. 1953.) Nebelsiek. 5863

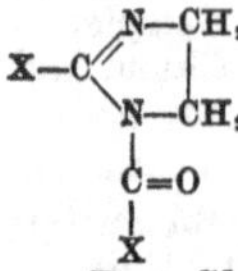

Dearborn Chemical Co., Chicago, übert. von: **Lewis O. Gunderson,** Park Ridge, Ill., V. St. A., *Verhinderung von Schaumbildung in Wasser,* indem man im W. eine genügend große Menge einer Verb. der Formel I dispergiert, wobei X ein nichtaromat. KW-stoffrest mit 11—19 C-Atomen bedeutet. (**A. P. 2 647 088** vom 7/1. 1949, ausg. 28/7. 1953.) Demmler. 5865

Dow Chemical Co., Midland, übert. von: **Ludo K. Frevel,** Midland, und **Leonard J. Kressley,** Saginaw, Mich., V. St. A., *Fraktionierte Kristallisation.* Man leitet eine Komponente A, die gereinigt werden soll, senkrecht aufwärts durch eine Zone erhöhter Temperatur. An aufeinanderfolgenden Punkten dieser Zone wird das feste Material, dessen F. gerade gleich der an dieser Stelle herrschenden Temp. ist, geschmolzen, so daß die noch vorhandenen Feststoffe allmählich an der Komponente A angereichert werden. Je höher die M. steigt, um so mehr unerwünschte Stoffe schm. weg; dabei rieselt das fl. Prod., das beim Schmelzen entsteht, abwärts über das feste Material, das aufwärts steigt. Mit fortschreitendem Höhersteigen in dieser Zone wächst auch die Konz. der Komponente A, bis am höchsten Punkt nur noch die reine Komponente A vorhanden ist, die von der Spitze der Zone abgezogen wird. (**A. P. 2 659 761** vom 23/8. 1948, ausg. 17/11. 1953.) Nebelsiek. 5869

Kerag Kesselschmiede, Apparate- und Maschinenbau, Richterswil, Schweiz, *Mischen von Gasen mit Flüssigkeiten.* Das Gas wird durch einen rotierenden Hohlkörper zugeführt, dessen Mantelfläche siebartig durchlöchert ist. Um turbulente Strömungen nicht zu beeinträchtigen, wird das Gas mit einem geringen, nur den hydrostat. Druck überwindenden Druck eingeführt. Den Siebkörpern stehen einwärts gebogene Stirnflächen gegenüber. Der Energiegewinn beträgt 30—40%. — Zeichnung. (**Oe. P. 177 410** vom 19/11. 1951, ausg. 25/1. 1954. Schwz. Priorr. 23/2. u. 11/5. 1951.) Holm. 5879

C. Lorenz Akt.-Ges. (Erfinder: **Friedrich Hauffe**), Berlin, *Durchführung chemischer Reaktionen mittels eines Lichtbogens.* Es wird ein auf einer einzigen Elektrode eines Hochfrequenzschwingungserzeugers gezündeter u. frei im Raum brennender Hochfrequenzlichtbogen angewendet, der vorzugsweise durch ein festes Dielektrikum von der Elektrode getrennt ist. (**D. B. P. 897 837** Kl. 12h vom 27/8. 1949, ausg. 23/11. 1953. Anmeldung bekanntgemacht 12/3. 1953.) Schreiner. 5879

Karl Quak, Technisches Wissen. (Gruppe A) Bd. 3. Leipzig· Fachbuchverl. 1953. A. Technische Stoffe. Bd. 3. CHO-Chemie, Kohlen, Öle, Gase, Säuren, Basen, Salze, Faserstoffe. (XIII + 456 + 20 S. m. Abb.) DM 15,—.

III. Elektrotechnik.

S. Wagener, *Industrielle Anwendungen von Halbleitern.* 6. Mitt. *Oxydkathoden.* 5. vgl. Research **5.** [1952.] 317.) An Hand von 34 neueren Literaturstellen werden behandelt: Herst. u. Porosität der Oxydschichten, Konz. der freien Ba-Atome nach der „Formierung“, Leitfähigkeitseigg. als n-Halbleiter. Die Frage nach einem Leitfähigkeitsanteil bei >800° K durch Elektronenemission in die Poren hält Vf. für noch nicht entschieden. Verschiedenheit der Austrittsarbeiten an verschied. Oberflächenteilen, maximale Emissionsströme bei Gleichspannung u. bei Impulsbetrieb, zulässige Feldstärke an der Oberfläche. Die „Zwischenschicht“, die aus Legierungsbestandteilen des Ni-Trägers (Al, Ti, Mg; bes. Si) u. BaO sowie gegebenenfalls O_2 entsteht, wird bes. behandelt: Auftreten von Widerstand, Gleichrichterwrkg., Kapazität, Behinderung von hoher Emission bei Impuls- u. Miniaturröhren. Wechselwrkg. von Zwischenschicht u. Oxydschicht bei unter- u. übernormaler Belastung. (Research **5.** 355—62. Aug. 1952. London, Post Office, Engng. Dep.) G. LOCHANN. 5952

E. Preiswerk, *Äthoxylinharze in der Elektrotechnik.* Überblick über die Eigg. der Äthoxylinharze u. ihre Bedeutung für die Elektrotechnik. — 14 Literaturhinweise. (Plastverarbeiter **5.** 43—48. Febr. 1954. Basel.) WINIKER. 5956

A. Bril, J. de Gier und **H. A. Klasens,** *Eine Kathodenstrahlröhre für Lichtpunktabtastung.* Bei der im einzelnen beschriebenen Kathodenstrahlröhre zur Lichtpunktabtastung von transparenten Bildern für Fernsehzwecke mußte besondere Aufmerksamkeit auf die Zus. des ebenen Glasfensters der Röhre gerichtet werden, um Verfärbungen des Glases durch Primärelektronen oder durch die auftretende Röntgenstrahlung zu vermeiden. Der erste Effekt kann durch Verwendung eines möglichst reinen, der zweite Effekt durch ein 2% *Ce* enthaltendes Glas (Durchlässigkeitsabnahme bei λ <3900 Å) ausgeschaltet werden. Der Leuchtstoff der Kathodenstrahlröhre mußte bei möglichst großer Ausbeute u. einer Emission λ >3900 Å eine möglichst schnelle Abklingzeit τ (Größenordnung 10^{-7} Sek.) haben. Von den untersuchten Ce-aktivierten Phosphaten u. Silicaten eignete sich am besten ein mit 0,015% Ce_2O_3 aktivierter *Gehlenit* der Zus. $2CaO \cdot Al_2O_3 \cdot SiO_2$ mit Emissionsmaximum bei ca. 4000 Å u. $\tau = 0{,}3 \cdot 10^{-7}$ Sekunde. Mechan. u. opt. Aufbau der Röhre werden mitgeteilt. (Philips' techn. Rdsch. **15.** 185—90. Jan. 1954.) RUDOLPH. 5974

Walter Hübner, *Oscillographie von Intensitätsschwankungen der Röntgenstrahlung.* Es wird eine Meßmeth. zur oscillograph. Aufzeichnung von Intensitätsschwankungen von Röntgenröhren angegeben, die darin besteht, daß die durch Röntgenstrahlung erregte Luminescenz von *KJ–Tl* über einen Sekundärelektronenvervielfacher auf einen Oscillographen gegeben wird. Die Meth. erlaubt u. a. die Beobachtung der durch Spannungsschwankungen der verschied. Versorgungsschaltungen verursachten Intensitätsänderungen. (Z. angew. Physik **5.** 461—63. Dez. 1953. Braunschweig, Phys.-Techn. Bundesanstalt.) RUDOLPH. 5978

A. Moussa, *Der Multivibratorkreis und seine Ableitungen. Anwendung auf Probleme der elektronischen Zählung.* Kurze Übersicht über die Verwendung der verschied. Anordnungen, abgeleitet vom Multivibrator von ABRAHAM u. BLOCH für Methoden zur elektron. Zählung. Einzelheiten vgl. Original. (J. Physique Radium **12.** 55S—56S. Juni 1951. Lyon.) v. HARLEM. 5978

Frank T. Gucker jr. und **Axel H. Peterson,** *Einfacher Stromkreis zur Spannungsmessung in Stromkreisen hohen Widerstandes mit Hilfe von Thermoelementregistriervorrichtungen.* Beschreibung der Meßanordnung, die bis zu Eingangsimpedanzen von 100000 MΩ verwendbar ist. (Analytic. Chem. **25.** 1577. Okt. 1953. Bloomington, Ind., Univ., Dep. of Chem.) GOTTFRIED. 5978

Arnold H. Scott, *Die Messung von Höchstohmwiderständen.* Die im NBS angewandte Meth. zur Messung von Hochohmwiderständen wird beschrieben. Durch den zu messenden Widerstand entlädt sich ein Kondensator, dessen Spannung von einem Elektrometer angezeigt wird. Die durch den Ladungsabfluß über den zu messenden Widerstand verursachte Spannungsabnahme wird dadurch kompensiert, daß die Kapazität C des Kondensators mittels eines Motors zeitlich geändert wird. Wenn diese Änderung so vorgenommen wird, daß dabei die Spannung konstant bleibt, dann ist der zu messende Widerstand proportional $1/(\Delta C/\Delta t)$. Es wird über Dauerregistrierungen an verschied. Hochohmwiderständen der Größenordnung 10^9—10^{11} Ohm berichtet. (J. Res. nat. Bur. Standards **50.** 147—52. März 1953. Washington.) REUSSE. 5978

L. W. Foster, *Tantalfolienkondensatoren sparen Platz.* Kurzer Hinweis auf die Vorzüge von Ta-Oxydfolienkondensatoren gegenüber den üblichen Kondensatoren. (Electronics **26.** Nr. 5. 242—46. Mai 1953. General Electric Co., Capacitor Dep.) R. STEIN. 5982

Bell Telephone Laboratories, Inc., New York, N. Y., übert. von: **Edward J. Becker,** South Plainfield, und **Frank J. Biondi,** Livingston, N. J., V. St. A., *Entschwefeln von mit C überzogenen Elektroden,* z. B. aus Ni, indem die Elektrode in einem Ofen mit einem

Gasgemisch aus 5—10% H_2 u. 95—90% inertem Gas, z. B. N_2, auf ca. 1000° so lange erhitzt wird, bis der gesamte S in Form von H_2S, CS_2 usw. ausgetrieben ist. — Zeichnung. (**A. P. 2 662 839** vom 11/4. 1950, ausg. 15/12. 1953.) DEMMLER. 5953

Bishop Mfg. Corp., Summit, N. J., V. St. A., *Isoliermaterial für elektrische Leitungen.* Die M. besteht aus bis zu 50(%) Polyäthylen, 5—20 Butylkautschuk, 9 bis 20 Polyisobutylen u. 1—20 Dehydroabietinsäure als klebrigem Bestandteil. Die M. wird in Form eines Bandes überlappend u. in gestrecktem Zustand auf den zu schützenden Körper aufgebracht. (**E. P. 676 987** vom 17/11. 1949, ausg. 6/8. 1952. A. Prior. 4/1. 1949.) LAASS. 5957

E. I. du Pont de Nemours & Co., Wilmington, Del., übert. von: **John Frank Lontz,** Nutley, N. J., V. St. A., *Weichgestellte Polymerisate von Tetrafluoräthylen für elektrische Isolierüberzüge* u. Formkörper. Man verwendet Gemische des Polymerisates (85% CF_2:CF_2) mit 5—50% kernchlorierten Arylverbb. (Cl-Geh. 15—65%); bes. geeignet ist chloriertes Diphenyl (42—60% Cl-Geh. u. Kp. 270—420°). (**A. P. 2 630 417** vom 30/6. 1950, ausg. 3/3. 1953.) MÖLLERING. 5957

Badische Anilin- & Soda-Fabrik Akt.-Ges., Ludwigshafen/Rh., *Gewinnung von Ferriten,* bes. für *Magnetkerne* durch Imprägnieren von Fe_2O_3, das durch Verbrennen von Fe-Carbonyl im Luftstrom erhalten ist, mit Salzlsgg. der anderen Komponenten, z. B. von ZnO u. MgO. Die erhaltene homogene Paste wird zuerst auf ca. 100° erhitzt, bis alles W. entwichen ist, u. dann auf ca. 300°. Das erhaltene innige Gemisch aus feinverteilten Oxyden wird gemahlen u. im Luftstrom auf ca. 1000° erhitzt. (**E. P. 704 210** vom 20/12. 1951, ausg. 17/2. 1954. D. Prior. 23/12. 1950.) NEBELSIEK. 5959

Manganese Battery Corp., Riverdale, Md., V. St. A., übert. von: **Abraham L. Fox,** Washington, *Depolarisationselektrode für galvanische Primärzellen.* γ-MnO_2 wird unter Preßdruck auf 450—650° F erhitzt, sehr fein gemahlen u. mit 2—5% feinkörnigem Graphit oder Ruß vermischt. Die M. wird dann mit einem Kohlestift oder -platte als Stromableitung vereinigt. (**A. P. 2 591 532** vom 1/2. 1950, ausg. 1/4. 1952.) LAASS. 5971

Mallory Batteries Ltd., Belfast, England, *Alkalisches Primärelement.* Als negative Elektrode dient eine zwischen 2 dichten Nylongeweben liegende Zn-Folie, die zu einer Rolle gewickelt wird, wobei das eine Ende der Rolle frei vom Nylongewebe u. das andere Ende frei von der Zn-Folie gehalten wird. Mit dem letzteren Ende steht die negative Elektrode auf der positiven, die aus einer aus $KMnO_4$ u. Graphit gepreßten Tablette besteht. Der Elektrolyt ist eine wss. Lsg. von KOH, die mit $KMnO_4$ oder ZnO gesätt. ist. (**E. P. 675 044** vom 21/2. 1950, ausg. 2/7. 1952. A. Prior. 26/2. 1949.) LAASS. 5971

Yardney International Corp., New York, V. St. A., *Elektrode für Akkumulatoren.* Die Elektroden bestehen aus Ag-Schwammplatten, hergestellt aus verdichtetem, gesintertem Ag-Pulver. (**Finn. P. 26 809** vom 13/7. 1951, Auszug veröff. 27/2. 1954. A. Prior. 15/7. 1950.) JÜRGEN SCHMIDT. 5971

Nicolas Melnikow, Paris, Frankreich, *Regenerieren von sulfatierten Akkumulatorenbleiplatten.* Die Säure wird aus den Zellen entfernt, diese werden mit W. ausgespült u. mit einer wss. Lsg. von $(NH_4)_2SO_4$ gefüllt. Die Platten werden ge- u. entladen, dann wird wss. NaOH hinzugefügt, u. es wird wieder aufgeladen, wobei das entstandene $PbCO_3$ in $Pb(OH)_2$ u. dann in das Pb-Peroxyd übergeht. Nach Entfernen der Lsgg. u. Reinigen der Zellen wird die übliche H_2SO_4 eingefüllt u. weiter aufgeladen. — Aus dem Pb-Salz, welches nicht in $Pb(OH)_2$ übergeführt wurde, u. den Pb-Oxyden der Platte soll sich eine Schutzschicht auf der Plattenoberfläche bilden, welche die Sulfatation vermindert. (**E. P. 676 318** vom 2/1. 1950, ausg. 23/7. 1952. F. Prior. 18/1. 1949.) LAASS. 5971

Leuchtstoffwerk G. m. b. H. (Erfinder: **Karl Kamm**), Heidelberg, *Herstellung von luminescierendem Zinkoxyd.* Reinstes ZnO wird unter Zugabe von Cu als Aktivator mit reinstem S im Verhältnis 100:1 bis 100:10, bes. 100:5, bei 550—1000°, bes. 800°, bis 1½ Std. geglüht. (**D. B. P. 859 782** Kl. 22f vom 21/4. 1950, ausg. 15/12. 1952.) NEBELSIEK. 5975

Patent-Treuhand-Gesellschaft für elektrische Glühlampen m. b. H., Heidenheim (Erfinder: **Walter Stumpf,** Heidelberg), *Leuchtstoffe für Gasentladungsleuchtröhren* enthalten neben Phosphaten, Silicaten u. überschüssigem SiO_2 noch Sulfate sowie 0,1 bis 10% aktivierende u. sensibilisierende Schwermetalle, z. B. Bi, Mn, Pb, Ce oder Sb, bei einer Glühtemp. von ca. 1000°. (**D. B. P. 858 106** Kl. 21f vom 22/9. 1950, ausg. 4/12. 1952.) KESSEL. 5975

Cinema-Television Ltd., London (Erfinder: **Thomas Marmaduke Constable Lance**, Beckenham), England, *Leuchtschirm für Kathodenstrahlröhren.* Die Glaswand trägt eine chem. inakt. Zwischenschicht, z. B. aus SiO_2. (**D. B. P. 857 989** Kl. 21g vom 16/3. 1951, ausg. 4/12. 1952. E. Prior. 16/3. 1950.) Kessel. 5975

Telefunken Gesellschaft für drahtlose Telegraphie m. b. H. (Erfinder: **Gerhard Zimmer**), Berlin, *Leuchtschirm für Kathodenstrahlröhren.* Die Luminescenzschicht enthält ein Gemisch von Verbb., das ein möglichst weißes Licht ergibt, z. B. mit Zr, Pb, V oder Ti aktiviertes Zn-Silicat, mit Mn aktiviertes Zn-Silicat u. mit Mn aktiviertes Zn/Be-Silicat. (**D. R. P. 764 931** Kl. 57b vom 11/2. 1939, ausg. 17/5. 1954.) Kalix. 5975

Auergesellschaft Akt.-Ges. (Erfinder: **Wilhelm Weber**), Berlin, *Leuchtstoffschichten für Gasentladungsleuchtröhren oder Kathodenstrahlröhren.* Dampfförmige oder verdampfbare Stoffe, z. B. $SiCl_4$ oder BCl_3, werden in das Entladungsgefäß eingebracht u. dort durch Nachbehandlung, z. B. Hydrolyse mit NH_3, in viscose Stoffe verwandelt, auf die dann der Leuchtstoff aufgebracht wird. (**D. B. P. 858 272** Kl. 21f vom 17/1. 1951, ausg. 4/12. 1952.) Kessel. 5975

Moises Reidel, Buenos Aires, Argentinien, *Cu_2O-Trockengleichrichter.* Eine durch Glühen von Cu erhaltene Cu_2O-Schicht wird mit HNO_3 behandelt, wobei Cu(II)–Cu(I)-Nitrate in Lsg. mit Cu_2O entstehen. (**A. P. 2 559 370** vom 5/3. 1948, ausg. 3/7. 1951. Argent. Prior. 16/12. 1947.) Kessel. 5977

Comp. des Freins et Signaux Westinghouse, Frankreich, *Cu_2O-Trockengleichrichter.* Die Gleichrichterschicht besteht aus einer einen Spitzenkontakt tragenden Zone von reinem Cu_2O u. einer Zone Cu_2O mit O-Überschuß, deren Oberfläche zu einer dünnen, sperrschichtfreien, mit der Trägerelektrode verbundenen Cu-Schicht red. ist. (**F. P. 1 002 237** vom 21/8. 1946, ausg. 4/3. 1952.) Kessel. 5977

British Thomson-Houston Co. Ltd., London, *Lot für keramische Körper*, besteht aus einer Legierung von 5—20 (%) Pb, 10—30 In, Rest Sn u. bildet eine flüssigkeitsdichte Verb. mit keram. Oberflächen. Zum Verbinden keram. Körper dient z. B. ein Lot aus 70 Sn, 12 In u. 18 Pb, das einen F. von ca. 155° hat; es eignet sich bes. zum Herstellen von *Kondensatoren* in Radiogeräten. (**E. P. 667 895** vom 24/7. 1950, ausg. 12/3. 1952. A. Prior. 29/7. 1949.) Reinhart. 5983

Minnesota Mining & Mfg. Co., St. Paul, Minn., V. St. A. (Erfinder: **R. Herr** und **R. Marchant**), *Auftragen von magnetischen Tonaufnahmen von der Originalplatte auf eine zweite Platte.* Man bringt die magnetisierte Fläche mit einer Tonschicht der Reinfläche zusammen in Ggw. eines magnet. Idealisierungsfeldes, hierbei wird für die Kopierplatte eine M. mit einer geringeren Koerzitivkraft genommen, als die M. der Originalplatte aufweist; z. B. verwendet man für das Original eine M. mit einer Koerzitivkraft von 290—360 (Oe) u. für die Kopierplatte eine M. mit 220—290. Die 1. M. kann aus 30% Fe_2O_3, 44% Fe_3O_4 u. 26% Co_2O_3 bestehen. Die magnetisierbare Schicht der Kopierplatte soll bes. aus schwarzem Eisenoxyd bestehen. (**Schwed. P. 137 519** vom 14/6. 1949, ausg. 7/10. 1952. A. Prior. 21/6. 1948.) Jürgen Schmidt. 5985

Elektrochemische Werke Rheinfelden, Rheinfelden i. Baden, *Elektrolytische Zelle mit Quecksilberkathode*, deren nicht vom Hg bedeckte, beweglich angeordnete, vom Bodenteil gestützte Seitenwände mit einem gegen den Angriff des Elektrolyten u. seiner Zersetzungsstoffe schützenden u. elektr. isolierenden Überzug versehen sind. Auf einem vorzugsweise aus dünnwandigem Werkstoff (Fe-Blech oder dgl.) bestehenden Bodenteil, der durch aufgeschweißte Rippen gegen Verziehen gesichert ist, ist unter Zwischenlage einer Dichtung (aus Weichgummi, Kunststoff oder dgl.) ein auswechselbarer Fe-Rahmen gas- u. flüssigkeitsdicht aufgesetzt (z. B. aufgeschraubt), der mit dem Boden zusammen den Trog der Zelle bildet. Dabei ragt die Dichtung zwischen dem Rahmen u. dem Boden nach innen in den Zellenraum hinein u. weist auch im angepreßten Zustand noch eine solche Form auf, daß ihre Oberfläche höher liegt als der Hg-Spiegel, so daß keine Berührung zwischen dem fließenden Hg u. der Innenseite des Rahmens erfolgen kann. — Abbildungen. (**D. B. P. 874 764** Kl. 12 l vom 28/12. 1943, ausg. 27/4. 1953.) Schreiner. 5993

IV. Wasser. Abwasser.

G. E. Eden, A. L. Downing und **A. B. Wheatland**, *Beobachtungen über die Entfernung radioaktiver Isotopen bei der Aufbereitung häuslichen Trinkwassers.* 1. Mitt. *Aktives Jod.* Der zulässige Höchstgeh. an ^{131}J von $3 \cdot 10^{-2}$ μC/Liter Trinkwasser wird bei einem Gesamtgeh. an J in natürlichen Wässern von 0,7—52,2 γ/Liter nur bei

Verunreinigung von Oberflächenwasser durch akt. J (Halbwertszeit 8 Tage) überschritten werden. Laboratoriumsverss. sollten zeigen, wieweit dieses bei den üblichen Aufbereitungsverff. von hartem W. entfernt wird. AgJ-Ndd. aus W., angesäuert mit harnstoffgesätt. HNO_3, wurden mit $AgNO_3$ gefällt, auf Asbest filtriert u. getrocknet, an diesem wurde die Radioaktivität durch β/γ-Zählung mit Endfensterröhre GEIGER-MÜLLER 4 bestimmt. Großanlagen nachgebildete Laboratoriumsapp. wurde zunächst mit künstlichen Lsgg. bzw. unfiltriertem Rohwasser eingearbeitet, dann akt. J zugesetzt. Flockung mit Alaun (**I**) oder Fe-Salzen mit anschließender Schnellsandfilterung (**II**) entfernte höchstens 10% ^{131}J, vor **I** zugesetztes 0,085 mg Ag/Liter dagegen über 90% allein beim Absitzen, gesteigert auf 95,5% durch **II**. Rückspülung entfernte die Aktivität, so daß anschließend filtriertes Reinwasser nicht ernstlich verunreinigt war. Kalk–Soda- oder Ionenaustauschenthärtung war fast unwirksam, dagegen hielt Langsam-Sandfiltration ca. 20% zurück, die aber nach u. nach an nachfolgendes reines W. abgegeben wurden. — Einzelheiten in 6 Abbildungen, 5 Diagrammen u. 6 Tabellen. (J. Instn. Water Engr. **6.** 511—32. Nov. 1952. Watford, Herts., Water Poll. Res. Labor.) MÜHLMEISTER. 6024

Frederick G. Straub und **Harry D. Ongman,** *Verhütung der Korrosion und Metallzerstörung im Speisewasserkreislauf einer Dampfkraftanlage.* Gegen den schädigenden Einfl. von Fe- u. Cu-Verbb., die vor dem Eintritt in den Kessel gelöst werden, wird bis zu einem p_H-Wert von 9 dem Speisewasser NH_3 zugefügt, wodurch eine geringere Auflsg. von Cu u. Fe erreicht wird. Ferner wird durch Zugabe reduzierender Substanzen, welche außerdem den freien O_2 binden, eine Red. der noch in den Kessel eintretenden Cu- u. Fe-Verbb. bewirkt. (Corrosion [Houston] **7.** 312—16. Sept. 1951. Univ. Illinois.) TÖDT. 6030

Isadore Nusbaum und **Harold E. Miller,** *Die Sauerstoffquellen der San Diego Bay.* Vff. versuchen, die Fähigkeit der unter Gezeiteneinfl. stehenden San Diego Bay zur Aufnahme weiterer Abwässer über die bisherige Belastung hinaus durch entsprechende Berechnungen unter Verwendung experimenteller Daten zu beurteilen. Da die Bucht prakt. nur während der kurzen Regenzeit Süßwasserzufluß hat, stehen als O_2-Quellen in erster Linie nur folgende zur Verfügung: 1. O_2-Aufnahme an der Oberfläche aus der Luft, 2. biol. O_2-Produktion u. 3. O_2-Zufuhr durch das bei Flut eindringende prakt. O_2-gesätt. Meerwasser. Die Berechnungen zeigen, daß die Fähigkeit der inneren Zone der Bucht zur Aufnahme weiterer Abwässer der Stadt San Diego zumindestens stark begrenzt ist. Unter Umständen können relativ kleine Erhöhungen der gegenwärtigen Belastung oder Störungen der biol. O_2-Produktion durch industrielle Abwässer oder der O_2-Aufnahme aus der Luft durch oberflächenakt. Substanzen in dieser Zone rascher als erwartet zu Mißständen führen. (Sewage ind. Wastes **24.** 1512—27. Dez. 1952. San Diego, Calif., Water Pollution Control Board.) NIEMITZ. 6036

John Hurley, *Wirkung von Cyaniden in industriellen Abwässern.* In Rücksicht auf die Gefährdung der Kanalarbeiter durch HCN, das sich aus Cyaniden u. Säuren in den Sielen bilden kann, sollten erstere im Abwasser möglichst nicht vorhanden sein. Für die biol. Filter ist ein Höchstgeh. von 1,5 mg/Liter, für den Flußlauf, als für Fische noch erträglich, 0,01 mg/Liter zu fordern. Cyanide können durch Fällung mit $FeSO_4$ oder besser Zerstörung mit Cl_2 aus dem Abwasser entfernt werden, letzteres erfordert sorgfältige Überwachung. (Munic. Engng. **131.** 306—07. 19/3. 1954.) MÜHLMEISTER. 6036

Don E. Bloodgood, *Vorklärbecken und ihr Betrieb.* 5. Mitt. Bauarten u. Betriebsweise der Absetzbecken für Sinkstoffe des frischen Abwassers u. ihre Laboratoriumsüberwachung. (Water Sewage Works **100.** 386—89. Okt. 1953. Lafayette, Ind., Purdue Univ.) MÜHLMEISTER. 6040

K. Erik Jensen, *Vorhandensein und Zerstörung von Tuberkelbacillen in häuslichem Abwasser.* Abwässer u. Faulschlamm aus Städten mit Tuberkulosesanatorien zeigten Tuberkelbacillenbefund, aus Städten ohne diese Anlagen keinen, in Faulschlamm u. Trockenbeeten blieben sie 11½—15 Monate lebensfähig. Wegen der großen Infektionsgefahr ist ihre Abtötung erforderlich, sie erfolgt sicher mit 10 mg Cl/Liter als Cl-W. oder Hypochlorit bei 0,4—0,95 mg Rest-Cl, 0,5% Lysol oder 0,1—0,2% Formol. (Bull. Organisat. mond. Santé **10.** 171—79. 1954. Kopenhagen, Dänemark, Nation. öffentl. Gesundheitsdienst.) MÜHLMEISTER. 6042

C. E. Keefer und **Joseph Meisel,** *Untersuchungen über Belebtschlamm.* 3. Mitt. *Wirkung des p_H-Wertes des Abwassers auf das Belebtschlammverfahren.* (2. vgl. Sewage ind. Wastes **22.** [1950.] 1518.) In vergleichenden Kleinverss. ergab sich nach dem $KMnO_4$-Wert bei p_H 7,0—7,5 das beste Ergebnis; im Bereich 6,0—9,0 waren die Ergebnisse fast ebenso gut. Bei p_H 4,0 nahm der $KMnO_4$-Verbrauch nur um 43, bei p_H 10 um 54% ab. Die in den ersten Tagen bei p_H 5,0—5,5 erheblich niedrigere Abnahme erreicht nach einer Woche nahezu die Werte bei p_H 7,0—7,5. Die Abnahme der Schwebestoffe war im Bereich p_H 6,0—9,0 am größten mit einem Optimum bei 7,0—7,5. Die Minderung der Keimzahl erreicht auch im Bereich 6—9 das Maximum. Der Schlammindex fällt, wenn das p_H von der Neutralität nach der sauren oder alkal. Seite abweicht. (Sewage ind. Wastes **23.** 982—91. Aug. 1951. Baltimore, Md., Bur. of Sewers.)

MANZ. 6048

C. E. Keefer und **Joseph T. Meisel,** *Untersuchungen von Belebtschlamm.* 4. Mitt. *Das Alter des Schlamms und sein Einfluß auf das Belebtschlammverfahren.* (3. vgl. vorst. Ref.) Bei intermittierenden u. kontinuierlichen Verss. über den Zusammenhang zwischen dem Alter von Belebtschlamm u. seiner Wirksamkeit wurde diese durch das Redoxpotential, gemessen im BECKMAN-p_H-Meter, O-Absorption im WARBURG-App. nach 24 Std. u. Bakterienzahl bei 37° auf Soja–Agar-Nährboden beurteilt. Die O-Absorption war am höchsten bei 6 Std. altem Schlamm, am niedrigsten bei 96 Std. altem. In 1 Std. altem Belebtschlamm war das Maximum der Bakterien mit 23 Mill. je cm^3, nach 96 Std. waren es 5,9—8,8 Mill., wobei viele aerobe Bakterien anaerobe Bedingungen überleben u. nach Wiederbelüftung wirksam werden. Mit frischbelebtem Schlamm werden die besten Ergebnisse erzielt, bereits wenige Std. Unterbrechung der Belüftung verursachen Verringerung des *BSB*-Rückgangs nach Wiederbelüftung, die 2 t (t = Dauer der Unterbrechung) + 2 fortgesetzt werden muß, um wieder n. *BSB*-Rückgang zu erreichen. — 6 Diagramme u. 4 Tabellen. (Sewage ind. Wastes **25.** 898—908. Aug. 1953. Baltimore, Md., Bur. of Sewers.) MÜHLMEISTER. 6048

A. Pasveer, *Forschungen über Belebtschlamm.* 4. Mitt. *Reinigung mit starker Belüftung.* (3. vgl. Sewage ind. Wastes **26.** [1954.] 28.) In einem Versuchsbecken von 8 m^3 mit Bürstenbelüftung durchgeführte Verss. zeigten, daß die Reinigungskapazität abhängt von der Oxydationskapazität (I) u. auf das 6—8fache des bisher für möglich gehaltenen gesteigert werden kann durch Vermehrung der Bürsten oder Verwendung von Preßluft, so daß bei I von 400 g/Std./m^3 eine *BSB*-Belastung von im Mittel 4,4 kg/m^3 in 24 Std. auf im Mittel 15 mg/Liter abgebaut wird u. ein gut gereinigtes, fäulnisunfähiges W. erhalten wird. (Sewage ind. Wastes **26.** 149—59. Febr. 1954. Den Haag, Niederlande, Nat. Gesundheitsforsch.-Rat.) MÜHLMEISTER. 6048

V. Anorganische Industrie.

P. Fleury, *Phosphorsäure nach dem Naßverfahren.* Trotz der Nachteile des Naßverf. (hoher Stromverbrauch, verd. u. verunreinigte Lsgg., Eindampfen, Korrosion) wurde im Laboratoriums- u. halbtechn. Maßstab ein Verf. für nordafrikan. Phosphate entwickelt, das im nassen Aufschluß eine Lsg. mit der D. 1,40 u. 32% P_2O_5 ergibt. Das Rohphosphat wird mit einer 25—28%ig. Phosphorsäure (D. 1,30) bei 85° im Kreislauf behandelt. Einige Sonderheiten des Verf., wie Erzielung grobkörniger u. leichtfiltrierbarer Ndd., Waschen, Trocknen u. die räumliche Übereinanderanordnung der einzelnen Verfahrensstufen, sind kurz beschrieben. (Chem. Age **69.** 1121—22. 28/11. 1953. Union Français d'Engrais et de Produits Chim.) H. ECKHARD. H 264

C. Weltin, *Betriebserfahrungen mit Schleudergebläsen als Chlorverdichter in der Chlor–Alkali-Elektrolyse.* Es werden die Verbesserungen beschrieben, die sich an einer Schleudergebläseanlage für das Absaugen des Cl_2 aus BILLITER-Zellen mit Diaphragma im Dauerbetrieb bewährt haben, u. die Maßnahmen zur Regulierung u. Überwachung geschildert, die für störungsfreien Betrieb erforderlich sind. (Chem. Techn. **6.** 98—100. Febr. 1954.) H. ECKHARD. H 272

W. P. Shiwopisszew, *Neue Methode zur Reinigung von Salzen des Nickels, Mangans und anderer Elemente mit Diantipyrylmethan.* Die $NiCl_2$-Lsg., schwach mit HCl angesäuert (bis auf 0,1—0,2 n), wird mit NH_4CNS bis auf 3% Geh. versetzt u. unter kräftigem Umrühren mit einer 2%ig. Diantipyrylmethanlsg. (I) (in 0,5 n HCl) gefällt, bis kein gefärbter Nd. mehr entsteht (ein weißer Nd. ist u. a. das ziemlich schwer lösl. HCNS-Salz des I), sodann noch weitere 15—20 ml des I-Reagens zugesetzt. Filtrieren nach ½—1 Std.; Prüfung auf Vollständigkeit (gefärbter Nd.). Zuerst fallen die „farblosen" Komplexe des Zn, Cd u. andere. Nach dem Filtrieren, Eindampfen, schwach Glühen wird in HCl gelöst u. in das gewünschte Ni-Salz verwandelt. Das Ni-Salz wird von Co bis auf weniger als 0,0003%, von Fe^{3+} bis auf weit unterhalb 0,0002% gereinigt (Fe^{3+} fällt nicht mit dem I-Reagens, sondern mit dem erwähnten I-HCNS-Salz). — Auf dieselbe Weise können Mn, Cr, Al u. andere Elemente von Co, Zn, Cd, Hg, Bi, Sn, Cu gereinigt werden, soweit sie selber (Mn, Cr, Al ...) nicht wie jene Beimengungen mit I-Reagens unlösl. Verbb. geben. (Журнал Прикладной Химии [J. angew. Chem.] **26.** 335—36. März 1953. Molotow, Gorki-Univ.)

v. WILPERT. H 356

Siemens & Halske Akt.-Ges., Berlin u. München (Erfinder: **Alarich v. Pichler,** Berlin), *Elektrolytische Gewinnung von Wasserstoff und Sauerstoff im Druckzersetzer,* bei der der Raum zwischen Zellenkörper u. Druckbehälter mit einer Fl. geringer Leitfähigkeit gefüllt ist, gek. durch die Verwendung von W., dessen geringe Leitfähigkeit ständig aufrechterhalten wird. Das W. wird ständig erneuert u. gegebenenfalls nach Reinigung u. vorzugsweise Kühlung wieder benutzt. Das W. wird unter einem Druck gehalten, der höher ist als der im Zellenkörper herrschende. — Abbildungen. (**D. R. P. 755 942** Kl. 12i vom 6/9. 1940, ausg. 1/2. 1954.) Schreiner. H 239

Bergwerksgesellschaft Hibernia Akt.-Ges. (Erfinder: **Ermbrecht Rindtorff, Karl Schmitt** und **Hugo Kirn**), Wanne-Eickel, *Ozonisieren von Sauerstoff oder Luft.* Das zu ozonisierende Gas wird bei seinem Durchgang durch eine Ozonisierungsröhre nach Umlenkung seiner Strömungsrichtung weiter der stillen elektr. Entladung ausgesetzt. — Vorrichtung. (**D. B. P. 886 896** Kl. 12i vom 1/7. 1944, ausg. 26/10. 1953. Anmeldung bekanntgemacht 30/10. 1952.) Schreiner. H 239

Krebs & Co. Akt.-Ges., Zürich, Schweiz, *Herstellung von Wasserstoffperoxyd* durch Kochen von Persulfatlsgg. u. Dest. des entstandenen H_2O_2. Das Kochen u. Destillieren wird in (mindestens teilweise) aus Graphit (bes. einem durch Imprägnieren mit Kunstharz porenfrei gemachten Graphit) bestehenden Gefäßen u. Rohren durchgeführt. (**Schwz. P. 289 067** vom 25/10. 1950, ausg. 16/6. 1953.) Schreiner. H 241

E. I. du Pont de Nemours & Co., Wilmington, Del. (Erfinder: **Wilbie Scott Hinegardner,** Niagara Falls, N. Y.), V. St. A., *Herstellung von Wasserstoffperoxyd* durch Hydrieren eines gelösten alkylierten Anthrachinonreaktionsmittlers in Ggw. eines Katalysators zu dem entsprechenden Anthrahydrochinon (**I**), Oxydieren des **I** zur Herst. von H_2O_2 u. Regenerieren des alkylierten Anthrachinons, das in den Kreislauf zurückgeführt wird, dad. gek., daß als alkylierter Anthrachinonreaktionsmittler 2-tert.-Butylanthrachinon verwendet wird. (**D. B. P. 892 747** Kl. 12i vom 5/11. 1950, ausg. 8/10. 1953. Anmeldung bekanntgemacht 24/12. 1952. A. Prior. 5/11. 1949.) Schreiner. H 241

Sunlicht Gesellschaft Akt.-Ges., Hamburg (Erfinder: **Richard Neu,** Karlsruhe), *Stabilisieren von Wasserstoffperoxydlösungen* durch Zusatz von Sulfonimidverbb., bes. aliphat., aliphat.-aromat. u. aromat. Disulfonimidverbb., z. B. Saccharin. (**D. B. P. 892 748** Kl. 12i vom 16/9. 1943, ausg. 8/10. 1953. Anmeldung bekanntgemacht 29/5. 1952.) Schreiner. H 241

Sunlicht Gesellschaft Akt.-Ges., Hamburg (Erfinder: **Richard Neu,** Karlsruhe), *Stabilisieren von Wasserstoffperoxydlösungen* durch Zusatz wasserlösl. Kondensationsprodd. von CH_2O u. aliphat. Aldehyden oder Ketonen. Solche Kondensationsprodd. sind z. B. Pentaerythrit oder Anhydroenneaheptit. (**D. B. P. 892 891** Kl. 12i vom 12/8. 1943, ausg. 12/10. 1953. Anmeldung bekanntgemacht 29/5. 1952.) Schreiner. H 241

Mathieson Chemical Corp., Baltimore, Ma., V. St. A., *Herstellung von wasserfreiem Hydrazin.* Wasserfreies Dihydrazinsulfat, das sich wenigstens teilweise in fl. Phase befindet, z. B. durch Lösen in Hydrazin, wird, bes. bei Überdruck, mit NH_3 umgesetzt. Durch Anwendung geeigneter Mengen NH_3 entsteht ein N_2H_4–NH_3-Gemisch, aus dem sich das gebildete $(NH_4)_2SO_4$ abscheidet. Aus dem Gemisch wird N_2H_4 durch Abtreiben des NH_3 gewonnen. (**E. P. 703 150** vom 16/6. 1950, ausg. 27/1. 1954. A. Prior. 16/6. 1949.) Zürn. H 243

Mathieson Chemical Corp., New York, übert. von: **John Earl Weiler,** Niagara Falls, N. Y., V. St. A., *Herstellung von Hydrazinsulfat* (**I**). Ein Hydrazin–Wasserdampf-Gemisch wird in eine gesätt. Lsg. von **I** geleitet, die auf einer solchen Temp. gehalten wird, daß keine Kondensation von W. eintreten kann. Gleichzeitig wird so viel H_2SO_4 zugesetzt, daß der p_H-Wert stets $<3,5$ bleibt. Das ausgeschiedene **I** wird abgetrennt, bes. abfiltriert, u. das Filtrat zurückgeführt. — Abbildung. (**E. P. 703 470** vom 21/8. 1948, ausg. 3/2. 1954. A. Prior. 23/10. 1947.) Zürn. H 243

Riedel-de-Haën Akt.-Ges., Seelze/Hannover (Erfinder: **Friedrich Boedecker,** Berlin), *Herstellung reiner Flußsäure aus quarzhaltigem Flußspat.* Nach dem üblichen Aufschluß mittels konz. Lsg. von $Al_2(SO_4)_3 \cdot 18H_2O$ wird das erhaltene Aluminiumfluorsilicat nach Abtrennen des Gipses u. der Gangart mit H_2SO_4 zerlegt. (**D. B. P. 886 895** Kl. 12i vom 16/12. 1941, ausg. 17/8. 1953. Anmeldung bekanntgemacht 6/11. 1952.) Schreiner. H 246

Deutsche Solvay-Werke G. m. b. H., Solingen (Erfinder: **Otto Karsten,** Empelde, und **Max Voeste**), *Herstellung von haltbarem, wasserarmem, pulvrigem Chlorkalk.* Das Chlorieren des Kalks wird period. vorgenommen, u. nach jeder Periode der Chlorzufuhr wird Luft über das Reaktionsprod. geblasen. Die (gegebenenfalls getrocknete)

Luft wird zur Austreibung des W. in angewärmtem Zustand oder zur Abführung der Reaktionswärme in kaltem Zustand eingeführt. (**D. B. P. 887 037** Kl. 12i vom 12/11. 1939, ausg. 20/8. 1953. Anmeldung bekanntgemacht 20/11. 1952.) SCHREINER. H 247

Farbwerke Hoechst Akt.-Ges., vormals Meister Lucius & Brüning (Erfinder: **Friedrich Erbe**), Frankfurt/M., *Herstellung von Alkali- oder Erdalkalichloriten* durch Einw. eines ClO_2-haltigen Gasgemischs auf eine Suspension von Zn-Staub in W., Umsetzen des erhaltenen, gelösten oder suspendierten $Zn(ClO_2)_2$ mit einer wss. Lsg. eines Alkali- oder Erdalkalihydroxyds u. Abtrennen des ausgefallenen $Zn(OH)_2$ von der wss. Alkali- oder Erdalkalichloritlsg., dad. gek., daß das Reaktionsgemisch während der Umsetzung der $Zn(ClO_2)_2$-Lsg. bzw. -Suspension mit der verwendeten alkal. Lsg. oder wenigstens während des größeren Teils derselben alkal. reagiert u. eine Temp. zwischen 20 u. 40° (bes. zwischen 30 u. 35°) hat. (**D. B. P. 892 890** Kl. 12i vom 25/2. 1950, ausg. 12/10. 1953. Anmeldung bekanntgemacht 9/11. 1950.) SCHREINER. H 247

Farbenfabriken Bayer, Leverkusen, *Elektrolytische Herstellung von Alkali- und Erdalkalichloraten.* Die als Kühlaggregat ausgebildeten Graphitanoden sind mit inerten, unverseifbaren, unlösl. u. unschmelzbaren Stoffen (z. B. geschmolzenem AgCl, Xylol-CH_2O-Harzen, Polyvinylchloridkunststoffen) imprägniert, während die Kathoden aus Chromnickelstahl bestehen. — Abbildungen. (**Schwz. P. 292 787** vom 24/1. 1951, ausg. 16/11. 1953. D. Prior. 6/2. 1950.) SCHREINER. H 247

Mathieson Chemical Corp., Baltimore, Ma., V. St. A., *Herstellung von feinverteiltem Schwefel.* S wird in fl. NH_3 gelöst. Die Lsg. wird in eine erwärmte Atmosphäre versprüht, so daß NH_3 verdampft u. feinzerteilter S zurückbleibt. Bes. wird in einen erwärmten Raum versprüht, der NH_3 enthält. Aus dem gasförmigen NH_3 wird mitgerissener S entfernt u. das NH_3 zurückgeführt. — Abbildung. (**E. P. 702 304** vom 14/1. 1952, ausg. 13/1. 1954. A. Prior. 15/1. 1951.) ZÜRN. H 253

Research Corp., New York, N.Y., V. St. A. (Erfinder: **Carl William Julius Hedberg** und **Harry Lee Richardson**), *Elektrische Reinigung von Röstgasen,* bes. von solchen, die durch Flash-Röstung von Zinksulfiderzen erhalten werden. Nach der Vorbehandlung (Kühlung, Befeuchtung, Vorreinigung) setzt man den Gasen so viel H_2SO_4 oder SO_3 zu, daß die im Elektrofilter niedergeschlagenen Stoffe $>$6% wasserlösl. Sulfate (berechnet als S) enthalten. Die Reinigungswrkg. wird dadurch erhöht; gleichzeitig werden Störungen durch Bogenbldg. im Elektrofilter vermieden. (**E. P. 703 993** vom 6/11. 1950, ausg. 17/2. 1954.) ZÜRN. H 253

Imperial Chemical Industries Ltd., London, England (Erfinder: **William Noel Dear**), *Herstellung von Schwefeldioxyd* durch therm. Zers. von $FeSO_4$. Ein Gemisch aus $FeSO_4$ u. verbrennbaren C-haltigen Stoffen, Gasen oder fl. Brennstoffen wird bei nicht $<$600° in einer Wirbelschicht verbrannt. Das $FeSO_4$ kann Hydratwasser enthalten. Als C-haltiger Stoff kann bes. Koks verwendet werden. Die Wirbelschicht kann bes. aus Abbrand gebildet werden, wobei eine Temp. von 900—1000° angewendet wird. Das O_2-haltige Verbrennungsgas wird bes. vorerhitzt. (**E. P. 702 548** vom 20/4. 1951, ausg. 20/1. 1954.) ZÜRN. H 253

Farbenfabriken Bayer, Leverkusen, *Herstellung von Schwefelsäure* aus SO_3 u. SO_2 enthaltenden Gasen. Die Gase werden mit verd. H_2SO_4 gewaschen, wobei sich die Säure auf wenigstens 150°, bes. bis zum Kp., erhitzt, so daß sie sich konzentriert. SO_3 löst sich in der Säure. Die verbleibenden SO_2-haltigen Gase werden zur Bldg. von SO_3 oxydiert, bes. nachdem sie durch indirekten Wärmeaustausch mit heißen Pyritröstgasen auf 400—500° erhitzt wurden. (**E. P. 702 186** vom 8/2. 1952, ausg. 13/1. 1954. D. Prior. 10/2. 1951.) ZÜRN. H 253

VI. Silicatchemie. Baustoffe.

Ss. Ss. Kutukow, W. M. Polik und **N. G. Udowenko,** *Über die thermische Festigkeit von Küchengeschirr aus feuerfestem Glas.* Das spontane Zerbrechen u. Zersplittern von durch Abschrecken gefestigtem feuerfestem Geschirr aus Glas wird dadurch verhindert, daß die Geschirre beim Abschrecken auf eine Unterlage gestellt werden, welche aus einem Netz mit spitzen Stiften aus feuerfestem Material besteht. Das Verhältnis der Dicke von Boden u. Wand ist von Bedeutung u. soll 1—2 betragen. (Легкая Промышленность [Leicht-Ind.] **13.** Nr. 12. 33—37. Dez. 1953.) v. SCHROEDER. 6200

Hans Nitschmann, *Die Auswertung von Körnungsanalysen in der Feinkeramik.* Vf. stellt die Bedeutung der Kornzus. für die Eigg. keram. Massen sowie die Wichtigkeit u. bisherige Schwierigkeit der Auswertung der Korngrößenbest. heraus. Er untersucht die Verwendbarkeit des doppeltlogarithm. Körnungsnetzes nach ROSIN-RAMMLER-

SPERLING-BENNET (*RRSB*-Diagramm) für die techn. Betriebskontrolle bei der Unters. feinkeram. Massen. Vf. kommt zu dem Ergebnis, daß die Auswertung der Kornanalysen mittels des *RRSB*-Diagramms mit Leichtigkeit für feinkeram. Massen erfolgreich angewendet werden kann. Die Zus. feinkeram. Massen ergibt im Normalfall eine Gerade in dem Diagramm. Abweichungen von der Geraden weisen mit Sicherheit darauf hin, daß Fehler in der Aufbereitung vorliegen u. Störungen in der Produktion eintreten, die durch ihr rechtzeitiges Erkennen vermieden werden können. (Silikattechnik **5**. 61–62. Febr. 1954. Neuhaus-Schierschnitz.) GELMROTH. 6206

J. A. Carles, *Brennverfahren, welche die Temperatur–Zeitgleichheit (Isochronothermie) in keramischen Brennöfen verwirklichen.* Die theoret. Grundlagen u. die prakt. Durchführung bei Ölfeuerung sowie Halbgasfeuerung werden besprochen. (Bull. Soc. franç. Céram. **1951**. 40–52. Juli/Sept.) W. SCHÜTZ. 6210

Megumi Tashiro, Sumio Sakka und **Hironori Teranishi,** *Wirkung von Vanadiumoxyd auf die Haftfestigkeit hitzebeständigen Emails auf nichtrostendem Nickelchromstahl.* Durch Zugabe von 2–10 Teilen V_2O_5 auf 100 Emailfritte zur Mahlmischung wird das Haften verbessert. Auch MoO_3 wirkt, aber weniger gut. Die Erweichungstemp. wird durch V_2O_5 erniedrigt, der Ausdehnungskoeff. bleibt unverändert. (J. ceram. Assoc., Japan [Yogyo Kyokai Shi] **61**. 537–40. 28/11. 1953. Kyoto Univ. [Orig.: japan.]) SCHULER. 6212

F.-J. Biechler und **J.-J. Meynis de Paulin,** *Emaillieren von Leichtmetallen.* Vff. geben einen Überblick über die geschichtliche Entw. des Einbrennens von Emailschichten im allgemeinen. Die Schwierigkeit besteht darin, daß die Emails wegen des niedrigen F. des Al einen verhältnismäßig niedrigen F. haben, aber gleichzeitig bei Einw. von kochendem W. Glanz behalten müssen. Es werden einige von der DU PONT DE NEMOURS entwickelte Emails beschrieben mit etwa folgender Zus.: PbO 10 bis 18 (%), SiO_2 45—65, Na_2O, K_2O 0—37, Li_2O 5—12, TiO_2 0—11 u. gegebenenfalls Na_2SiF_6 u. Sb_2O_3. Gute Erfahrungen wurden mit folgendem Entfettungsbad gemacht: 1 Na-Alkylarylsulfonat, 0,5 Na-Hexametaphosphat, 1 Na-Metasilicat, 1 A. u. Rest Wasser. Nach der Entfettung wird nach dem M.B.V.-Verf. oxydiert. Folgendes Bad wird empfohlen: 2 (g) $Cr_2(SO_4)_3$, 98 CrO_3, 117 NaOH in Plättchen u. 783 Wasser. Die Emails werden bei einer Temp. von 525—540° in ruhender Atmosphäre 5 Min. lang eingebrannt. In Öfen mit Luftumwälzung dauert die Behandlung 2—3 Minuten. Die Emails sind von ausgezeichneter Korrosionsbeständigkeit. Behandeln mit kochendem W. über 400 Std., Salznebel, Citronensäure u. Essigsäure zeigen keinen Angriff. Abschrecken bei 180° mit kaltem W. u. Bewitterung an der See über 8 Monate bleibt ohne Wirkung. Vff. weisen auf die Fehler hin, die auftreten können bei der Oberflächenbehandlung der zu emaillierenden Werkstücke, bei der Zus. der M. u. beim Auftragen u. Aufbrennen der Emails. (Rev. de l'Aluminium **31**. 89—93. März. 135—38. April 1954. Mulhouse, École Supér. de Chim.) VIER. 6212

J. H. Weymouth und **W. O. Williamson,** *Einige Einflüsse der Fabrikationsvorgänge auf die Porosität irdener Waren und verwandter Erzeugnisse.* Vff. vergleichen krit. die scheinbaren Porositäten von trockenen ungebrannten, von bei 800 u. 1100° gebrannten u. bei 1100° zweifach gebrannten irdenen Körpern sowie von Proben aus Kugelton u. Porzellanerde u. untersuchen weiterhin die Porositätsabhängigkeit von der Zus., der Art der Herst. u. Verarbeitung (u. a. von alkal. u. nichtalkal. geformten, von plast. u. pulvergepreßten Waren), vom Wassergeh. u. von der Mahlfeinheit. Die prakt. Ergebnisse aus den eigenen Verss. u. letzte Ergebnisse von anderer Seite werden ausführlich wiedergegeben u. besprochen. (Trans. Brit. ceram. Soc. **51**. 489—510. Okt. 1952.) WINGCHEN. 6214

A. Rivière, *Letzte Fortschritte in der Kenntnis von Tonmineralien. Keramische und geologische Bedeutung.* 2. Mitt. (1. vgl. C. **1954**. 9116.) Struktureller Aufbau u. die Strukturanalyse von Tonen aus der Montmorillonitgruppe werden näher besprochen. Aus der Gruppe werden bes. Pyrophyllit u. Talkum, die dioktaedr. u. trioktaedr. Montmorillonitgruppen (u. a. Angaben über elektronenmkr. Befunde u. über Bldg. organ. Komplexe durch Wasserverdrängung mit Glycerin oder Äthylglykol), die Tone mit Glimmer- oder Illitstruktur, die Vermiculite (Hydratationsstufen u. therm. Analysen), die Hydrobiotite (Erscheinung der starken Aufblähung bei therm. Behandlung von Hydrobiotiten u. Vermiculiten) u. die Struktur der Chlorite einzeln behandelt. Zur schnelleren prakt. u. einfachen Identifizierung der häufigsten tonhaltigen (phyllit.) Gesteinsfamilien für eine keram. Klassifizierung u. mineralog. Diagnose wird vom Vf. eine Anleitung gegeben, mit der zunächst die allg. röntgenograph. Daten des Aggregats festgelegt (reine Kaolintone; Kaolin–Glimmer-Tone [Westerwaldsorte]; Kaolin–Montmorillonit-Tone; komplexe Kaolin–Illit-Tone) u. dann die Veränderung von

Daten durch chem. Mittel u. therm. Behandlung weiter röntgenograph. verfolgt werden (1. Zugabe von NH_4Cl; 2. Zugabe von NH_4Cl + Glycerin; 3. Erhitzung auf 530° u. Zugabe von NH_4Cl; 4. Erhitzung auf 530° u. Zugabe von $MgCl_2$). Mit Hilfe eines hierfür angegebenen Schemas können die Zuss. der Aggregate durch die nun erhaltenen charakterist. Netzebenen erkannt werden. Die Verss. werden mit lufttrocknen Proben (5 g) nach chem. Vorbehandlung ausgeführt. Angabe der Einzelheiten. (Bull. Soc. franç. Céram. **1951.** 2—19. Okt./Dez. Sorbonne.) WINGCHEN. 6216

Paul Metz, *Beitrag zur Verbesserung der Haltbarkeit basischer Konverter-Auskleidungen.* Beobachtungen über den Verschleiß bas. Konverter-Auskleidungen ergaben, daß eine gute Haltbarkeit mit folgenden Eigg. der feuerfesten M. verbunden ist: 1. Höchstgeh. an Rest-C, wobei Graphit dem amorphen C vorzuziehen ist; 2. möglichst dichtes Gefüge u. 3. höchstmöglicher Anteil an Grobkorn. Der Rest-C kann erhöht werden durch Erhöhen des intragranularen Teeranteiles der Teer–Dolomit-Mischungen, durch Ausscheiden des hydratisierten Dolomits, durch geeignete Temperaturführung beim Brennen der Teer–Dolomit-Mischungen u. durch Anwendung von Polymerisationsmitteln. Die D. des Gefüges u. der Anteil an Grobkorn stehen in unmittelbarem Zusammenhang mit der Körnung des zu verarbeitenden Dolomits. (Stahl u. Eisen **74.** 10—24. 1/1. 1954. Esch, Elsaß.) HOCHSTEIN. 6218

Alfred Baouman, *Feuerfeste Ausmauerung, Ansatz-, Ring- und Kugelbildung im Zementdrehofen.* Es werden die verschied. feuerfesten Steine nach Zus. u. Eigg. beschrieben, die zur Erstellung des Ofenfutters eines Drehofens zur Erzeugung von Portlandzementklinkern dienen. Dann werden die Ursachen der Zerstörung des Futters festgestellt, die in der Hauptsache durch CO, Temperaturwechsel u. Abnutzung des Klinkers hervorgerufen werden; die Anordnung des Mauerwerks im Ofen, der Ausbau des Ofenkopfes u. der Brenndüse werden bes. behandelt. Schließlich wird auf die Entstehung u. Beseitigung von Ansatzringen u. Materialzusammenballungen eingegangen. (Rev. Matér. Construct. Trav. publ., Édit. C **1953.** 282—880. Okt. 324—28. Nov.) K. SEIDEL. 6222

Giovanni Malquori, Riccardo Sersale und **Elvira Gregorio,** *Die Prüfung des hydraulischen Wertes von Hochofenschlacken.* Vff. berichten über Erfahrungen bei den Verss. zur Erfassung jener Eigg. der Hochofenschlacken, mit denen es möglich ist, ihr hydraul. Verh. vorauszusagen, u. die bei Prüfungen für Kontroll- u. Abnahmeunterss. zur Beurteilung des hydraul. Potentials dienen können, bes. bei der Herst. von italien. Hüttenzementen. Chem. Zus. der Schlacken, Zustandsverhältnisse (Gitterordnungen), glasige u. kristalline Struktur, Einfl. der langsamen u. schnellen Abkühlung, Bldg. von α-, β- u. γ-Ca-Orthosilicat, von Gehlenit, Åckermanit u. anderen Kristallformen, Granulierung u. Zerfallserscheinungen werden näher behandelt u. die verschied. chem. u. physikal. Verff. zur Unters. der Qualität bzw. der latenten Energie der Schlacken (opt. Verff.: mkr.; polarisiertes Licht; Fluorescenz; Röntgenstrahlen; Farbbest.; durch therm. Bestimmungen: Entglasungs- bzw. Kristallisationswärmen; durch Härtungsproben: an entsprechendem Mörtel u. Beton) besprochen. Die Unterschiede u. die Brauchbarkeit der verschied. DIN-Modul werden diskutiert. Eine befriedigende Beurteilung des hydraul. Potentials sollen der Modul nach DIN 1164 (1932) zusammen mit der mkr. Feststellung des glasigen Formzustandes (% glasige Anteile) abgeben. — Viele Literaturangaben. (Ind. ital. Cemento **21.** 232—37. Okt. 1951. Neapel, Univ., Ist. di Chim. Ind.) WINGCHEN. 6222

M. I. Chigerowitsch und **G. I. Gortschakow,** *Hydrophobisierung von Zementen für hydrotechnische Bauwerke.* Inhaltlich ident. mit der C. **1952.** 5801 referierten Arbeit. (Silikattechnik **5.** 75—76. Febr. 1954.) GELMROTH. 6222

G. W. Lord und **T. F. Willis,** *Berechnung der Größenverteilung der Luftbläschen in belüftetem Beton aus Untersuchungsergebnissen mit dem Rosival-Kreuztisch.* Allg. mathemat. Ableitung mit einem Beispiel für Beton. (ASTM Bull. **1951.** Nr. 177. 56—61. Okt.) K. SEIDEL. 6224

Erich Patschke, *Mikroporenbeton.* Eingehend beschriebene u. mit zahlreichen Diagrammen u. Tabellen belegte Verss. zur Herst. von Mikroporenbetonen aus heim. Rohstoffen durch Dampfdruckhärtung sehr wasserhaltiger Aufschwemmungen von kalk- u. kieselsäurehaltigen Stoffen ergaben, daß sich aus den Komponenten Kalk u. Quarzmehl, Ziegelmehl, gemahlener Hochofenschlacke, Polierschiefer, Ton u. Lehm, sowie Schaumschlacke einwandfreie Mikroporenbetone des erforderlichen leichten Gewichts herstellen lassen. An Stelle der stabilisierenden Si-Stoffe läßt sich als gewichtsvermindernde Komponente auch Wasserglas verwenden, das jedoch den Beton verteuert u. ihn weniger schwindsicher macht. Die Si-Stoffe können in haldenfeuchtem Zustand verwendet werden. Schaumschlacke dient als spannungsvermindernde Komponente. Bei Hohlblocksteinen oder dünnen Bauteilen ist sie nicht erforderlich. — Festigkeiten u. Wärmedämmung der Mikroporenbetone sind besser als die der Makroporenbetone, ihre Wasseraufnahme jedoch größer u. damit ihre Frostbeständigkeit geringer. — Kurze schemat. Beschreibung einer industriellen Herstellungsanlage. (Silikattechnik **5.** 63—74. Febr. 1954. Weimar, Forschungsinst. für Baustoffe.) GELMROTH. 6224

—, *Übersicht über den Stand der Technik der Bodenverfestigung.* Beschreibung der Anwendung von Kalk–Flugasche-Mischungen u. von Zement zur Bodenvermörtelung sowie einer Anzahl Laborverss. dazu. (Commonwealth Engr. **41.** 219—20. 1/1. 1954.) K. SEIDEL. 6232

Gantois, *Die Kontrolle der Gleichmäßigkeit der Mischung von Rohmaterialien.* Über die Meth. der Homogenisierung von verschied. Stoffen, den Einfl. der Korngröße einzelner Stoffe auf die Gesamtzus., den Einfl. der wechselnden Feuchtigkeit u. die Fehlerquellen der Analyse. (Silicates ind. **17.** 247—51. Aug./Sept. 291—95. Okt. 1952.) K. SEIDEL. 6240

Ges. für Strahlenschutz m. b. H., Offenburg, Bad. (Erfinder: **Robert Walter Reich,** Bad Krozingen, und **Willi Wechsung,** Freiburg, Bad.), *Strahlenabsorbierendes Glas.* Zur Herst. eines Schutzglases gegen Röntgen- oder ähnliche Strahlen wird in die Glasmasse $BaSO_4$ oder eine andere Ba-Verb. nach dem Schmelzen u. Abkühlen auf die ungefähre Kristallisationstemp. der Ba-Verb. zugesetzt. Der Glasfluß wird so lange auf dieser Temp. gehalten, bis die Ba-Verb. wieder vollkommen auskrist. ist. (**D. B. P. 880 638** Kl. 32b vom 17/2. 1951, ausg. 22/6. 1953.) HANS HOFFMANN. 6201

Colin Stewart Ltd., übert. von: **Sidney G. Henderson,** Winsford, England, *Elektrisch isolierender Überzug für Metalle* besteht aus fein gepulvertem SiO_2 u. Wasserglas als Bindemittel. Die Korngröße des SiO_2 soll nicht größer als 5—10 μ sein. Der Geh. an Wasserglas soll 5—20% des Geh. an SiO_2 betragen. Der Überzug soll bis auf 850° erhitzt werden, um seine isolierenden Eigg. zu verbessern. (**A. P. 2 628 175** vom 16/8. 1949, ausg. 10/2. 1953. E. Prior. 24/5. 1948.) MARKHOFF. 6213

Jeannine Berthe Georgette Durand, Ardennen, Frankreich, *Emaildekoration.* Z. B. glüht man Gußmetallstücke noch einmal 20 Min. bei 850° u. reinigt sie. Man bringt mit der Spritzpistole farbige Emailpaste auf, trocknet mit Wärme u. brennt 6 Min. bei 850—900°. Dann trägt man das Dekormuster aus mit Terpentinöl angemachten Farben mit Pinsel auf. Nach Wärmetrocknung wird der Gegenstand 3 Min. zwischen 900 u. 950° gebrannt. (**F. P. 1 034 668** vom 12/12. 1950, ausg. 29/7. 1953.) BEWERSDORF. 6213

N. V. Philips' Gloeilampenfabrieken, Eindhoven, Holland (Erfinder: **Alfred Leslie Williams,** Cleveland Heights, O., V. St. A.), *Gegenstände aus keramischem Werkstoff.* Zum Vermeiden von Formveränderungen beim Brennen werden die Gegenstände in einem Material erhitzt, das bei u. oberhalb der Tempp. fl. ist, bei denen Formänderungen auftreten können. Aus diesem Material werden sie nach Abkühlung bis auf eine Temp., bei der es noch fl. ist, entfernt. Als solches Material kann z. B. Sn oder Pb verwendet werden, die bei 230 bzw. 325°, d. h. beträchtlich unter der Temp., bei der Formänderungen auftreten, schm., während der Kp. der beiden Metalle, nämlich 2260 bzw. 1620°, im allg. höher als die Sintertemp. keram. Stoffe liegt. Die beiden Metalle sind bes. günstig zum Erhitzen von Gegenständen aus Ba-Titanat, weil geringe Mengen von Oxyden der beiden Metalle die physikal. Eigg. solcher Gegenstände verbessern. (**D. B. P. 903 796** Kl. 80b vom 24/4. 1952, ausg. 11/2. 1954. A. Prior. 27/4. 1951.) REINHART. 6215

Aktien-Ziegelei Allschwil, Allschwil, Basel-Land, Schweiz, *Mikroporöses feuerfestes Material.* Reisspelze werden derart unter Sauerstoffzufuhr erhitzt, daß der organ. Bestandteil in ihnen langsam u. vollständig verbrennt u. das SiO_2 in den Spelzen sich in Tridymit u. Cristobalit umwandelt, die eine mikrokristalline u. mikroporöse Asche bilden. Die Asche wird mit der wss. Dispersion eines wasserhaltigen Silicats, wie Kaolin oder Bentonit, gegebenenfalls geformt, bei 950—1450° gebrannt. Die Prodd. sind *wärmeisolierend, feuerfest* u. *säurebeständig.* (**Schwz. P. 292 726** vom 2/12. 1949, ausg. 16/11. 1953.) REINHART. 6219

Dow Corning Ltd., London, England, *Herstellung keramischer Isolatoren.* Keram. Material wird mit einer 1—4%ig. wss. Lsg. eines Siloxansalzes der Formel $RSiO_{3-y/2}\cdot(ONa)_y$ ($y = 0{,}9$—$1{,}5$; R = Alkyl mit <4 C-Atomen) getränkt, getrocknet, mindestens 5 Min. auf $>150°$ erhitzt, mit Säure gewaschen, getrocknet, mit einer 2%ig. Lsg. von fl. Methylsiloxan behandelt u. mindestens 5 Min. auf $>150°$ erhitzt. Der elektr. Widerstand der Prodd. bleibt in Seewasser unverändert. (**E. P. 688 086** vom 4/1. 1951, ausg. 25/2. 1953. A. Prior. 23/2. 1950.) LÜTTGEN. 6221

Wilhelm Ludowici, Deutschland, *Herstellung von Zement.* Sehr fein gepulverter Kalk u. fein gepulvertes Al_2O_3 werden zusammen mit Kohlenstaub in die Flammenzone des Brennofens geblasen. Man erhält einen pulverförmigen Zement von großer Bindekraft, der meist nicht noch feiner zermahlen zu werden braucht. (**F. P. 1 044 256** vom 29/10. 1951, ausg. 16/11. 1953.) BEWERSDORF. 6223

Portland-Zementwerke Heidelberg Akt.-Ges. (Erfinder: **Karl Schindler**), Heidelberg, *Herstellung von Gipsschlackenzement.* Ungebrannter Gips oder Anhydrit werden mit Schlackensand zusammen vermahlen. Hierbei wird die Mühle entweder gekühlt oder so langsam laufen gelassen, daß eine die Entwässerung des Gipses ausschließende Temp. unter 100° erzielt wird. (**D. R. P. 752 192** Kl. 80b vom 17/11. 1942, ausg. 4/1. 1954.) HANS HOFFMANN. 6223

Pierre Émile Alexis Albert Boutet, Seine, Frankreich, *Herstellung von „Granitos"-Beton unter Vermeidung jedes Einschlusses von Luftblasen.* Man füllt in eine dichte Form eine neutrale Fl., wie W., ein. Wenn die Form zum großen Teil damit gefüllt ist, läßt man die Zuschlagstoffe in die Form fallen, dann erst führt man unter Injektionsdruck, z. B. mittels komprimierter Luft, den Zementleim ein. Der Leim verdrängt die Fl. allmählich, die die Zwischenräume einnimmt, u. nimmt nach u. nach den Platz der Fl. ein. Wenn die Form mit Zementleim gefüllt ist, ist alle Fl. verdrängt. (**F. P. 1 043 740** vom 11/10. 1951, ausg. 10/11. 1953.) BEWERSDORF. 6225

Josef Kellerwessel, Heidelberg, *Verhindern des Erhärtens wässeriger Baustoffmischungen.* Zement-, kalkmilch- oder zementmilchhaltige wss. Baustoffmischungen werden nach Zusatz eines Kälteschutzmittels, z. B. Glycerin, auf so tiefe Tempp. abgekühlt, daß ein Erhärten verhindert wird, ohne die Mischung zum Gefrieren zu bringen. (**D. B. P. 873 066** Kl. 80b vom 25/4. 1951, ausg. 9/4. 1953.) HANS HOFFMANN. 6227

I. G. Farbenindustrie Akt.-Ges., Frankfurt/M. (Erfinder: **Ludwig Hutzelmann** und **Fritz Graf,** Ludwigshafen/Rh.), *Verzögerung des Abbindens von Gips.* Dem Gips werden Stoffe zugesetzt, welche durch Umsetzung aliphat. Aminosäuren mit CH_2O in Ggw. alkal. wirkender Stoffe, wie $Ca(OH)_2$, erzeugt sind. (**D. R. P. 752 194** Kl. 80b vom 16/5. 1941, ausg. 11/5. 1953.) HANS HOFFMANN. 6227

Louis Georges Cocard, Seine, Frankreich, *Herstellung eines leicht glättbaren, abwaschbaren Gipsputzmörtels.* Man vermischt z. B. trocken ca. 15—20 Min. 25—35 (%) Gips mit 75—65 pulverisiertem ungelöschtem oder hydratisiertem Kalk. Diese trockene Mörtelmasse kann z. B. in wärmeren Ländern in Säcken transportiert werden. Am Verbrauchsort wird mit W. eine Paste angemacht, die M. mit einem in W. getauchten flachen Pinsel verstrichen u. mit der Maurerkelle geglättet. Die Fläche kann 10 bis 15 Tage nach ihrer Fertigstellung gefärbt werden. Man kann aber den Farbstoff auch schon beim Vermischen zusetzen. (**F. P. 1 042 546** vom 3/10. 1951, ausg. 2/11. 1953.) BEWERSDORF. 6227

René Grieshaber, Seine, Frankreich, *Herstellung eines sehr guten Gipsbewurfes für Decken, Wände und Mauern* unter Einmischung von Gipsabbindeverzögerern, spannungsakt. u. dichtenden Stoffen. — Z. B. vermischt man 100 (kg) Gips mit 0,9 Borax, 4 einer Vinylharzemulsion u. 40 W. gut. Eine andere Zus. kann z. B. aus 100 Gips, 0,3 Na-Glykokollat, 3 einer Emulsion eines synthet. Harzes u. 38 W. bestehen. (**F. P. 1 032 991** vom 22/2. 1951, ausg. 7/7. 1953.) BEWERSDORF. 6227

Soc. d'Études pour la Fabrication de Materiaux Nouveaux de Constructions et leurs Applications (S. E. F. A. M.), Seine, Frankreich, *Herstellung von Schaummörtelkunststeinen.* Man bringt in 1 m³ Anmachewasser als Schaummittel 2—5 kg Rückstände der Seifen-, Margarine-, Papier- oder Zuckerfabriken ein. Dann mischt man Kalk, Ferrichlorid, J-Trichlorid oder Casein oder Mischungen daraus zur Schaumerhärtung ein. Man kann außerdem noch Polyalkohole, deren Derivv. u. Harnstofformaldehydkondensationsmischungen einrühren. Als Bindemittel kommen 150—1000 kg pro m³ Schaumsuspension Gips, Kalk, Zement, Schlackenzement, als Zuschlagstoffe Sand, Kies, Schlacke in Frage. Vor dem Gießen der Formlinge wird noch mit O_2 behandeltes W. eingemischt. (**F. P. 1 042 721** vom 26/1. 1951, ausg. 3/11. 1953.) BEWERSDORF. 6229

Walter Bartsch, Arolsen, *Herstellung poröser Körper.* Holzfaserstoffe werden mit einem Schaummittel u. Mineralien, wie Kieselgur, Kreide, Bimsmehl oder dgl., oder mit in Ggw. von W. erhärtenden Stoffen, wie Zement, Kalk, Gips oder dgl., trocken vermischt u. dann mit W. derart angereichert, daß sich das Mineral oder die erhärtenden Stoffe locker an die Holzfaser binden. Hierauf wird Na-Silicat bis zur Bldg. einer dickfl. M. zugegossen, die dann schaumig gerührt oder geschlagen u. dann verformt wird. (**D. B. P. 897 075** Kl. 80b vom 11/9. 1951, ausg. 16/11. 1953.) HANS HOFFMANN. 6229

Lääketehdas Orion O/Y, Helsingfors, Finnland (Erfinder: **E. E. Leikola**), *Herstellung von Isolierplatten aus Nadel- oder Laubhölzern.* Die Hölzer werden zunächst durch Dest. mit Wasserdampf von äther. Ölen befreit. Dann wird der Rückstand mit W. angemacht, erneut bis zu einer homogenen M. vermahlen, getrocknet u. zu Platten verpreßt. (**Schwed. P. 137 513** vom 12/10. 1948, ausg. 7/10. 1952. Finn. Prior. 3/12. 1947.) JÜRGEN SCHMIDT. 6229

Ju. M. Butt und **T. M. Berkowitsch**, Bindemittel mit oberflächenaktiven Zusätzen. Moskau: Promstrojisdat. 1953. 8 Rbl. 75 Kop. [russ.]

W. I. Ssoroker, Plastifizierte Betone und Lösungen. Moskau: Staatsverlag für Literatur über Bauwesen und Architektur. 1953. (194 S. m. Abb.) 6 Rbl. 60 Kop. [russ.]

VII. Agrikulturchemie. Schädlingsbekämpfung.

Siegfried Gericke, *Untersuchungen über die Löslichkeitsverhältnisse der Phosphorsäure in Thomasschlacken.* Unterss. an Thomasphosphatproben über die Bedeutung der im Phosphatkomplex vorhandenen SiO_2 u. CaO für die Löslichkeitsverhältnisse der Phosphorsäure zeigen, daß der Geh. an SiO_2 für die Lösungsgeschwindigkeit der P_2O_5 maßgeblich ist. Mit steigendem SiO_2-Geh. nimmt die relative Löslichkeit von P_2O_5 in 2%ig. Citronensäure zu. Das Verhältnis SiO_2/P_2O_5 ist ebenfalls von Einfl., da mit steigendem Silicierungsfaktor die Löslichkeit von P_2O_5 besser wird. Diese Abhängigkeit vom SiO_2 gilt auch für die Ammoncitratlöslichkeit, doch wird diese stärker als die Citronensäurelöslichkeit durch die Abkühlungsgeschwindigkeit u. Struktur der Schlacke beeinflußt. Der Einbau von SiO_2 in den Phosphatkomplex der Thomasschlacke ist Voraussetzung zur Erzielung einer leicht zersetzlichen Verb. mit hoher physiol. Wirksamkeit. Der SiO_2- u. Gesamt-CaO-Geh. in Thomasschlacken stehen in keinem eindeutigen Zusammenhang. Mit steigendem SiO_2-Geh. nimmt im allg. der Geh. an freiem Kalk ab. Zwischen den Gehh. an Gesamt-CaO u. freiem CaO sowie der Citronensäurelöslichkeit der P_2O_5 wird eine Beziehung nicht beobachtet. (Stahl u. Eisen **72.** 1580—83. 4/12. 1952. Essen-Bredenach.) HOCHSTEIN. 6282

W. M. Fridland, *Über gelbe Podsolböden des Transkaukasus und der Transkarpathen.* Im Transkaukasus wurde eine podsolige Gelberde beschrieben, bei deren Entstehung Podsolbldg. u. allit.-siallit. Verwitterung mitwirken. Ein ähnlicher Bodentyp wird in den Transkarpathen als podsolige Braunerde beschrieben. Die Ähnlichkeit beider Bodentypen, deren chem. Zus. tabellar. gebracht wird, läßt vermuten, daß auch in den Transkarpathen der Anbau von Tee u. anderen subtrop. Kulturen möglich ist. (Доклады Академии Наук СССР [Ber. Akad. Wiss. UdSSR] [N. S.] **83.** 609—12. 1/4. 1952. Dokutschajew-Bodeninst. der Akad. der Wiss. der UdSSR.) A. JACOB. 6300

K. M. Ward, *Der Apfel.* Prakt. Hinweise zur Düngung von Apfelbäumen. (Queensland agric. J. **74.** 13—21. Jan. 63—85. Febr. 1952.) GRÜTZ. 6304

P. A. Rowaan und **K. J. B. de Kleermaeker**, *Natürliches Phosphat als Phosphorsäuredünger.* Topfverss. an Hafer mit saurem Torflehmboden u. saurem Sandboden u. verschied. natürlichen Phosphaten, Superphosphat u. Thomasmehl (I) zeigen, daß tunes. Phosphat die Düngewrkg. von I erreicht. Die an natürliche Phosphate zu stellenden Anforderungen sollten dahingehend ergänzt werden, daß das Prod. in 2%ig. HCOOH lösl. sein muß. (Landbouwkund. Tijdschr. **66.** 231—34. April 1954. Groningen, Landbouwproefstation en Bodemkundig Inst., T. N. O.; Maastricht, Rijkslandbouwproefstation.) WESLY. 6304

Lecat und **Sosa-Bourdouil**, *Messung der Blattabsorption mittels radioaktiven Phosphors ^{32}P.* Bericht über Topfverss. mit Kohl, Erdnüssen u. Bohnen betreffend die Phosphataufnahme durch die Wurzel bzw. die Blätter. Die Düngerlsgg. waren mit ^{32}P markiert. Es zeigte sich, daß unter bestimmten Umständen die Mineralstoffaufnahme durch die Blätter die durch die Wurzeln bedeutend übersteigen kann. Es ist sehr wahrscheinlich, daß durch die Blattdüngung Phosphatmangelschäden während des Wachstums bes. auf Kalk- u. Lateritböden aufgehoben werden können. (C. R. hebd. Séances Acad. Agric. France **38.** 665—67. 1952.) GRIMME. 6304

Tsung-Hsun Tsao, Glenn S. Rabideau und **W. Gordon Whaley**, *Wirkung unterschiedlicher Phosphorernährung auf den Stickstoffgehalt und die ^{32}P-Absorption bei vier Grassorten.* Die Verss. wurden durchgeführt bei Andropogon ischaemum, Bouteloua curtipendula, Eragrostis trichodes u. Sorgastrum nutans in Sandkulturen. Die Pflanzen wurden zunächst mit lösl. Phosphatdüngern ernährt, nach 2 bzw. 7 Wochen erfolgte eine Gabe von ^{32}P mittels Wurzelabsorptionsmethode. Die geernteten Gräser wurden auf N, Gesamt-P u. Radiophosphor (I) untersucht. Generell wurde festgestellt, daß die Aufnahme von I parallel der des Gesamt-P verläuft. Der N-Geh. richtet sich nach der Höhe der P_2O_5-Aufnahme. (Bot. Gaz. **112.** 214—21. Dez. 1950. Austin, Tex., Univ.) GRIMME. 6304

J. Lafon und **P. Couillaud,** *Blattdüngungsversuche bei Reben (Kaliversuche).* Kali dringt durch die Blätter ein, seine Wrkg. erfolgt merkbar schnell, so daß Mangelerscheinungen durch Kalibestäubungen oder Spritzungen schnell behoben werden können. (C. R. hebd. Séances Acad. Agric. France **39.** 725—28. 18/25. 11. 1953. Cognac, Stat. viticoll.) GRIMME. 6304

D. J. D. Nicholas, *Der Kaligehalt von Gerste in Beziehung zum Kornertrag.* In Freilandverss. mit Kalidüngung wird gezeigt, daß der krit. K-Geh. mit fortschreitender Jahreszeit offenbar abnimmt. (J. agric. Sci. **42.** 468—75. Okt. 1952. Bristol, Univ.; Long Ashton, Res. Stat.) GRÜTZ. 6304.

K. Decker, *Humusersatz durch Gründüngung.* Allg. Ausführungen zur Frage des Humusersatzes im Weinbau durch Gründüngung. (Weinberg u. Keller **1.** 182—86 Mai 1954. Trier.) WINIKER. 6304

G. Drouineau, G. Lefèvre und **Blanc-Aicard,** *Beobachtungen über den Einfluß von untergepflügtem oder nicht untergepflügtem Stroh auf den Mineralstickstoffhaushalt unter den Bedingungen des Mittelmeerklimas.* Die Verss. zeigten, daß in der Winterperiode kaum ein Unterschied zwischen untergepflügtem u. nicht untergepflügtem Stroh im Mineralstickstoffhaushalt bemerkbar ist, in der Sommerperiode zeigte Stalldungbeigabe die stärkste Wrkg.; nicht untergepflügtes Stroh wirkte weniger stark als untergepflügtes. (C. R. hebd. Séances Acad. Agric. France **38.** 442—44. 1952.) GRIMME. 6304

L. Spatz, *Mangansulfatspritzung bei Kartoffeln.* Bei Kartoffelpflanzen (Sorte „Erntedank") mit deutlichen Mn-Mangelerscheinungen wurde durch Spritzen mit Lsgg. von $MnSO_4$ (6 kg/ha) im Juni der Ertrag an Knollen um 90 dz/ha u. an Stärke um 16,4 dz/ha gegenüber der unbehandelten Parzelle erhöht. (Mitt. dtsch. Landwirtschafts-Ges. **69.** 406. 29/4. 1954. Lüneburg.) RANG. 6304

Allen B. Lemmon, *Bodenverbesserer als Düngemittel?* Vf. führt die widersprechenden Erfahrungen bzgl. der ertragssteigernden Wrkg. von Bodenverbesserern (Polyelektrolyten) darauf zurück, daß die handelsüblichen Prodd. (I) sehr uneinheitlich sind, wie an Hand von Analysendaten derartiger I gezeigt wird. (Agric. Chemicals **7.** Nr. 11. 37—38. 97. 98. Nov. 1952. Sacramento, Calif., State Bur. of Chem.) W. LORENZ. 6304

Elroy L. Rice, *Wirkung verschiedener Pflanzenwuchsregulatoren auf das Blühen einiger Nutzpflanzen.* Die Verss. wurden ausgeführt mit den Na-Salzen *2.4-D, 2.4.5-T* u. der freien *4-Chlor-o-toloxyessigsäure (4-O-T)* (I) in Konzz. von 0,1 u. 10 p. p. m. bzgl. des Blühens u. Ertrages von winterüberdauerndem Hafer u. Weizen u. den Sommerpflanzen Erbsen u. Bohnen. Bei den Winterpflanzen zeigten sich keine genauen Anzeichen für Frühblüte, auch nicht bei Erbsen. Nur bei Bohnen war der Erfolg nach Anwendung von I merklich, bei den beiden anderen Mitteln trat sogar eine Verzögerung des Blühens ein. — 18 Literaturstellen. (Bot. Gaz. **112.** 207—13. Dez. 1950. Oklahoma, Univ., Dep. of Plant Sci.) GRIMME. 6304

J. A. Hunter, *Vergleich des Wachstums von Tomatenpflanzen in undurchlässigen Kunstharztöpfen und porösen Tontöpfen.* Die Verwendung undurchlässiger Kunststofftöpfe ergab bei der Anzucht von Tomatenpflanzen gewisse Vorteile gegenüber porösen Tontöpfen: Der Wasserverbrauch ist geringer, die Ausbildung der Pflanzenteile u. bes. die der Wurzelballen wurde begünstigt. Der Befall der Erde mit Moosen u. Algen war nicht größer als in Tontöpfen. (New Zealand J. Sci. Technol., Sect. A **34.** 365—68. Dez. 1952. Auckland, Plant Diseases Div., Dep. of Sci. and Ind. Research.) GRIMME. 6304

A. J. Vlitos, *Entwicklung der Herbicide.* Vf. beschäftigt sich mit dem Wirkungsmechanismus des 2-(2′.4′-Dichlorphenoxy)-äthylsulfat (I; *Crag Herbicid 1, 2.4-DS, SES*) als Herbicid. I besitzt keine Kontakt- oder herbicide Wrkg., wird aber im Boden unter teilweiser Verseifung zu 2.4-Dichloräthanol durch Bacillus cereus var. mycoides, vermutlich unter Mitwrkg. einer Sulfatase, zu einem Herbicid aktiviert. Bodenbakterien, die I zu 2.4-D oxydieren, konnten nicht aufgefunden werden. Fragen der Konst. u. Wrkg. werden besprochen. Ältere Anschauungen sind durch neue Erkenntnisse zu ergänzen. So muß bei den Aryloxyverbb. eine freie o-Stellung im Arylkern u. ein α-ständiges H-Atom zur Carboxylgruppe vorhanden sein, wenn herbicide Wrkg. erwartet werden soll. (Agric. Chemicals **9.** Nr. 2. 45—47. 117. Febr. 1954. Yonkers, N. Y., Boyce Thomson Inst.) W. LORENZ. 6312

Ernest M. Gifford jr., *Wirkung von 2.4-D auf die Entwicklung der Baumwollblätter.* An Hand der Literatur (39 Angaben) u. eigener histolog. Unterss. behandelt Vf. die tox. Wrkg. von 2.4-D auf die Blätter von Baumwollpflanzen. (Hilgardia **21.** 607—44. Febr. 1953. Davis, Calif., Exp. Stat.) RANG. 6312

Dale E. Wolf, Gertrude Vermillion, Arthur Wallace und **Gilbert H. Ahlgren,** *Einfluß von 2.4-D auf den Kohlenhydrat- und Nährstoffgehalt und auf die Schnelligkeit des Absterbens von bei verschiedenem Stickstoffgehalt gewachsenen Sojapflanzen.* Es wurde festgestellt, daß bei 2.4-D-Behandlung stark mit N gedüngte Sojabohnenpflanzen schon nach 14 Tagen absterben. Bei mittlerer N-Gabe trat starke, bei niedriger N-Gabe schwache Chlorose auf. Bei mit 2.4-D behandelten Pflanzen war der Geh. an Hemicellulosen höher, der Geh. an Stärke hingegen niedriger als bei unbehandelten. Der Gesamtzuckergeh. lag nach Behandlung mit 2.4-D, bei den N-armen u. N-reichen Pflanzen höher, bei den Pflanzen mit mittlerem N-Geh. niedriger als bei den Kontrollpflanzen; der Geh. an reduzierenden Zuckern war bei jedem N-Geh. erhöht. Weitere Angaben beziehen sich auf den Einfl. des N-Geh. u. der 2.4-D-Behandlung auf die Größe der Pflanzen, das Verhältnis Blatt/Blatt + Stengel, auf das Kation/Anion-Verhältnis sowie den Geh. an K, Ca, P, S u. Cl in den Pflanzen in Abhängigkeit von der N-Konz. der Nährlsg. u. von der 2.4-D-Behandlung. (Bot. Gaz. **112.** 188—97. Dez. 1950. New Brunswick, N. J., Agric. Exp. Stat.) GRIMME. 6312

W. P. Cass Smith, *Schäden durch hormonale Unkrautbekämpfungsmittel bei Reben. 2.4-D* u. *2.4.5-T* führten zum Absterben der Weinstöcke. (J. Agric. Western Australia **1.** [3] 502—03. Juli/Aug. 1952.) GRÜTZ. 6312

R. M. Davison, *Bekämpfung des vorzeitigen Abfallens von Washington-Navelorangen.* Bei Verss. mit verd. wss. Sprays von *2.4-D* u. *2.4.5-T* ergab sich eine Verminderung des vorzeitigen Abfallens um 60—80%. *MCPA* war weniger wirksam. Durch Zusatz von Bordeauxbrühe oder Cuprox zu den 2.4-D-Verbb. wird deren Wirksamkeitsdauer erheblich verringert. Die Sprays wurden im Spätherbst angewendet. (New Zealand J. Sci. Technol., Sect. A **34.** 306—12. Dez. 1952. Cruckland, Fruit Res. Stat., Dep. sci. and ind. Res.) GRIMME. 6312

S. E. A. McCallan, *Die Verwendung von Isotopen bei der Fungiciduntersuchung.* Nach kurzer Erwähnung über die Verwendung von Isotopen bei biol. Unterss. wird ein Überblick über Arbeiten mit markierten Fungiciden (I) gegeben. Es wurde ein gewisser Einblick in den Wirkungsmechanismus von I gewonnen, so konnte z. B. festgestellt werden, welche Aufwandmengen wirklich erforderlich sind, um Sporen an der Keimung völlig zu verhindern. (Agric. Chemicals **9.** Nr. 2. 52—53. 119. 121. Febr. 1954.) W. LORENZ. 6312

J. D. F. Black, *Die Bekämpfung der Schwarzfleckigkeit bei Äpfeln und Birnen.* Die von Venturia inaequalis (Cke) Wint. hervorgerufene Schwarzfleckigkeit bei Äpfeln wird bekämpft durch Spritzen mit Bordeauxbrühe 15:15:100 (15 lbs $CuSO_4$, 15 lbs Kalkmergel, 100 W.) zweimal bei Knospenaufbruch, mit Bordeauxbrühe u. Schwefelkalk (20% Polysulfide enthaltend) in einer Mischung von 3:100 bei Blütenaufbruch. Schwefelkalk (2:100) bei Fallen der Blütenblätter u. mit Schwefelkalk $1^1/_4$:100 in 14tägigen Intervallen nach dem Abblühen. Bei Birnen wird zweimal Bordeauxbrühe (15:15:100) bei Knospenausbruch u. einmal 6:6:100 im Kelchstadium der Früchte gespritzt. Weitere Spritzungen sind meist nicht nötig. (J. Dep. Agric., Victoria **50.** 352—54. Aug. 1952.) GRÜTZ. 6312

Werner Hammerschlag, *Beobachtungen über vorzeitige Vergilbungserscheinungen an Reben.* Vf. vertritt auf Grund seiner Unterss. die Ansicht, daß hochprozentige *Cu-Mittel* bei ungünstigen Witterungsverhältnissen u. gestörtem Wasserhaushalt bei Reben Schädigungen (Vergilbung der Blätter) hervorrufen können. (Weinberg u. Keller **1.** 173—76. Mai 1954. Leutesdorf/Rh.) WINIKER. 6312

A. L. Taylor, *Fortschritte und Aussichten der chemischen Bekämpfung von Nematoden.* Es werden die Erfolge mit Nematociden zusammengefaßt. Sie zeigten, daß eine Bekämpfung von Nematoden mit chem. Mitteln, z. B. *D-D, Äthylenbromid,* möglich ist. Es wird über die Anwendung u. die Aufwandmengen der Nematocide u. ihre Phytotoxizität berichtet. (Agric. Chemicals **7.** Nr. 11. 39—41. 123. Nov. 1952. Beltsville, Md., U. S. Dep. of Agric., Bureau of Plant Ind., Soils and Agric. Engng.) W. LORENZ. 6312

H. Pirie, *Insekticide in Industrie und Gesundheitsdienst.* Bericht über die Verwendung der synthet. Insekticide zur Bekämpfung von Pflanzenkrankheiten u. in der Krankheitsprophylaxe. (Chem. and Ind. **1951.** 100—04. 10/2. Liverpool, Sect. of the Society.) GRIMME. 6312

W. J. Hayes jr. und **S. W. Simmons,** *Vorteile und Gefahren der Insekticide für die Volksgesundheit.* Allg. Ausführungen. — 33 Literaturhinweise. (Advances in Chem. Ser. Nr. **1.** 56—60. April 1950. Savannah, Ga., Public Health Serv., Fed. Sec. Agency.) LENHARD. 6312

R. H. Robinson, *Spritzrückstände auf für die Ernährung bestimmten Ernteprodukten und ihre Beziehung zum Gesamtverbrauch an Nahrungsmitteln.* Von den für die menschliche Ernährung verwendeten Ernteprodd. weisen kaum mehr als 10% Rückstände von Schädlingsbekämpfungsmitteln (I) auf, die zudem mengenmäßig sehr gering sind. So hatten von auf *DDT*-Rückstände untersuchten Ernteprodd. 80% einen DDT-Geh. von $<$3 p.p.m., 3% einen solchen von $>$7 p.p.m. Eine ernste Gefahr der Gefährdung der Bevölkerung durch Verwendung von I besteht nach Ansicht des Vf. daher nicht. (Advances in Chem. Ser. Nr. **1.** 49—51. April 1950. Corvallis, Ore., Oregon Agric. Exp. Stat.) LENHARD. 6312

Edward L. Holmes und **Lloyd J. Salathe,** *Gebrauch von Rückstände hinterlassenden Spritzmitteln in einer typischen Nahrungsmittelindustrie.* Prakt. Hinweise zur Schädlingsbekämpfung in Bäckereien mit *DDT* u. *Chlordan,* die es gestatten, diese einen Rückstand hinterlassenden Mittel ohne Gefährdung der Backwaren zu verwenden. (Advances in Chem. Ser. Nr. **1.** 28—30. April 1950. Chicago, Ill., American Inst. of Baking.) LENHARD. 6312

W. T. Sumerford, *Chemie und Giftigkeit einiger organischer fluorhaltiger Insekticide.* Überblick über Chemie, insekticide Wirksamkeit u. Toxizität der wichtigsten F-haltigen organ. Insekticide. — 114 Literaturangaben. (Advances in Chem. Ser. Nr. **1.** 160—74. April 1950. Savannah, Ga., Communicable Disease Center, Public Health Serv., Federal Security Agency.) LENHARD. 6312

N. I. Osstrowski, *Die Wirkung von organischen synthetischen Giften auf die Larven der Gammaeule. DDT* u. *Hexachlorcyclohexan* können als Staub oder Ölemulsion in den gewöhnlich zur Schädlingsbekämpfung angewandten Dosen zur Vernichtung der Gammaeule nur benutzt werden, solange diese noch im Jugendstadium ist. *NIUIF-100* (*Granosan*) ist nicht genügend wirksam. (Советская Агрономия [Sowjet. Landwirtschaftskunde] **10.** Nr. 12. 80—82. Dez. 1952.) A. JACOB. 6312

R. A. Harrison und **H. Jacks,** *Bekämpfung von Zwiebel-Thrips.* 1. Mitt. *Vorläufige Auswahl von Insekticiden.* Bei den orientierenden Verss. bewährten sich gegen Thrips tabaci Lind. bei der Zwiebelkultur als Spritzmittel vor allem *Folidol, Hexon* + *Nexol* (Lindanepräp.), Hexon + *Trimol-DDT* (25% p.p'-Isomeres, emulgierbares Präp.), *Isopestox* + Trimol-DDT. Man spritzt am besten alle 7 Tage. (New Zealand J. Sci. Technol., Sect. A **34.** 335—38. Dez. 1952. Auckland, Plant Diseaes Div., Dep. of Sci. and Ind. Res.) GRIMME. 6312

I. F. Pawlow, *Die Stengelmotte und Maßnahmen zu ihrer Bekämpfung.* Die Vernichtung der Motte erfolgt zweckmäßig während des Schlüpfens der Raupen durch Bestäuben mit DDT oder Hexachloran (30 kg/ha). In Gebieten starken Mottenbefalles ist es unerläßlich, die Samen von Roggen u. Weizen mit Hexachloran zu bestäuben. (Селекция и Семеноводство [Selekt. u. Samenzucht] **19.** Nr. 10. 70—73. Okt. 1952. Dokutschajew-Inst. für Ackerbau.) A. JACOB. 6312

P. W. Popow und **G. W. Pusstowoit,** *NIUIF-100-Präparate gegen Lyriomyza cicerina Rd.* Zur Bekämpfung von Lyriomyza cicerina Rd. sind NIUIF-Präpp. geeignet. (Селекция и Семеноводство [Selekt. u. Samenzucht] **19.** Nr. 6. 76—77. Juni 1952. Krasnodar, Wiss. Inst. für Düngemittel u. Insekticide u. Züchtungsstat.) A. JACOB. 6312

Cornelio Sáenz Vera, *DDT zur Pestbekämpfung in Ecuador.* 10%ig. DDT-Staub hat sich bei der Vertilgung von Flöhen als Pestüberträgern bewährt. Es wurden Fälle von DDT-Resistenz festgestellt. (Bull. Organisat. mond. Santé **9.** 615—18. 1953. Nat. Antiplague Serv. of Ecuador.) RANG. 6312

P. M. Wagle und **S. C. Seal,** *Anwendung von DDT, BHC und Cyanogas zur Pestbekämpfung in Indien.* Bei vergleichenden Bekämpfungsverss. in verschied. Gebieten Indiens war 10%ig. *DDT*-Staub gegen Flöhe u. Ratten als Pestüberträgern am wirksamsten, gefolgt von *BHC* u. *Cyanogas* (Ca-Cyanid). — 12 Literaturangaben. (Bull. Organisat. mond. Santé **9.** 597—614. 1953. Calcutta, India, All-India Inst. of Hyg. and Publ. Health.) RANG. 6312

D. F. Waterhouse und **Marion T. Scott,** *Insektentests mit Insekticiden zum Schutze von Schafen gegen Räude.* Bei Verss. mit verschiedenartigen Sprays auf den Fellen von Schafen zum Schutz gegen Lucilia cuprina gab *DDT* (Konz. 2%, auch noch 1%) den besten u. anhaltendsten Schutz auch gegen Eiablage. *BHC*-Präpp. waren weniger wirksam. Die Wrkg. beider Präpp. wurde nicht durch Regen beeinträchtigt. *Chlordane* u. *chloriertes Camphen* waren noch weniger bzw. nicht brauchbar. Ovicid (in vitro) wirkte keins der Mittel. Larvicid war in Dampfform nur BHC. (Austral. J. agric. Res. **1.** 440—55. Okt. 1950. Canberra, Div. of Entomol., u. Sydney, Div. of Animal Health and Production.) GRIMME. 6312

Clément Courty, *Bekämpfung von Capnodis tenebrosis.* Es wurde gezeigt, daß reines Gammexan bedeutend rascher auf Capnoden wirkte als technisches. Die Ausgangsstoffe zur Darst. des DDT (p-Dichlorbenzol + Chloral) wirken anscheinend auf das Insekt im Sinne einer größeren Resistenz gegen das γ-HCH. (C. R. hebd. Séances Acad. Agric. France **38.** 654—56. 1952. Lyon, Fac. des Sci.) GRIMME. 6312

K. P. Lamb und **H. Jacks,** *Orientierende Versuche mit Ascariciden zur Bekämpfung der Milbe Phyllocoptes Lycopersici Massee im Gewächshaus.* Phyllocoptes Lycopersici läßt sich mit Vorteil mit folgenden Mitteln (als Sprays) bekämpfen: *Arathane* (25% ig. Dinitrocaprylphenylcrotonatpräp.), S-Staub (Teilchengröße 2—5 μ; 2,5—5 g je Pflanze), *Aldrin, Midol T 10* (emulgierbares Präp. mit 2,7% BHC mit 0,7% γ-Isomerem + 4% Azobenzol + 0,3% Parathion), *Midol 100,* mit oder ohne Mineralöl (*Midol 100 + Öl* = Präp. mit 4% Azobenzol, 0,4% Rotenon, 2% Pyrethrinen u. 5% Mineralöl), *Folidol, Nicotinsulfat, Aramit, Sommeröl, Pestox III, Higam* (25% Lindane [99% reines γ-BHC]), *Dieldrin* u. *Marlate* (44% Methoxychlor) waren unsicher in der Wrkg., *DDT, Neotran* (40% Bis-[p-chlorphenoxy]-methan), *PPC* (50% Chlordane) versagten. (New Zealand J. Sci. Technol., Sect. A **34.** 327—34. Dez. 1952. Auckland, Plant Diseases Div., Dep. oc Sci. and Ind. Res.) GRIMME. 6312

Bruno Götz, *Neue Möglichkeiten der Spinnmilbenbekämpfung im Weinbau.* Verss. zur Bekämpfung der Spinnmilben mit *Rospin* (**I**, Dichlorbenzylsäureäthylester), *Ropinex* (**II**, p-Chlorphenyl-p-chlorbenzolsulfonat) u. *PCBS* (**III**, p-Chlorphenylbenzolsulfonat) führten zu folgenden Ergebnissen: **I** u. **II** töteten im Labor. u. Freiland die Schädlinge zu 92—100% ab. Hierbei trat bei den beweglichen Stadien (Larven u. Geschlechtstiere) die Abtötung schneller ein als bei den unbeweglichen Ruhestadien. Wesentlich geringer war die Wirksamkeit von **III** gegen Larven u. bes. Geschlechtstiere (durchschnittlich nur 50% ig. Abtötung). Sommereier werden von allen 3 Mitteln abgetötet, nicht aber (bei n. Dosierung) die Wintereier der Obstbaumspinnmilbe. (Weinberg u. Keller **1.** 176—78. Mai 1954. Freiburg/Br., Staatl. Weinbau-Inst.) WINIKER. 6312

F. A. Gunther, M. M. Barnes und **G. E. Carman,** *Beseitigung von DDT- und Parathionrückständen von Äpfeln, Birnen, Citronen und Orangen.* Im Gegensatz zu Parathionrückständen können DDT-Spritzrückstände verhältnismäßig leicht durch alkalisowie halogenhaltige Verbb., wie Na_2SiO_3, Na_3PO_4, $FeCl_3$, $NaCO_3$ u. Alkaliseifen beseitigt werden. (Advances in Chem. Ser. Nr. **1.** 137—42. April 1950. Riverside, Calif., Univ. of California, Citrus Exp. Stat.) LENHARD. 6312

J. T. Cassaday, John H. Fletcher, J. C. Hamilton, Ingenuin Hechenbleikner, E. I. Hoegberg, B. J. Sertl und **J. T. Thurston,** *Synthese und Entwicklung von Parathion und verwandten Verbindungen.* Überblick über Herst., chem. u. physikal. Eigg. sowie über die Anwendbarkeit u. Giftigkeit. — 16 Literaturangaben. (Advances in Chem. Ser. Nr. **1.** 143—49. April 1950. Stamford, Conn., American Cyanamid Comp.) LENHARD. 6312

M. B. Georgala, *Der Apfelschädling Eriosoma lanigerum und seine Bekämpfung.* Der Schädling Eriosoma lanigerum Hausm. ließ sich mit Erfolg durch *Parathion* bekämpfen. (Farming South Africa **28.** 21—22. 27. Jan. 1953. Stellenbosch, Western Province Fruit Res. Stat.) GRIMME. 6312

Theodore Riedeburg, *Ein organisches As-Insekticid. Compound A 42* (**I**, Arsenomethan-As-1.2-disulfid) erwies sich bei der Bekämpfung verschied. Schädlinge, z. B.

I

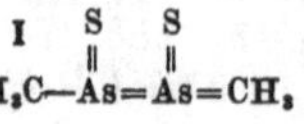

Mexikan. Bohnenkäfer, Kartoffelkäfer, als ebenso wirksam wie sonst übliche Bekämpfungsmittel, z. B. Ca-Arsenat, Rotenon, DDT. In einigen Fällen (Bohnen, Kartoffeln) wurden Pflanzenschädigungen beobachtet. (Agric. Chemicals **7.** Nr. 4. 52—53. 131. April 1952. New York, N. Y., Theodore Riedeburg Associates.) GRÜTZ. 6312

J. H. Krieger, *Vom Arsenik zum Warfarin — die Geschichte der Nagetiergifte.* (Agric. Chemicals **7.** Nr. 4. 46—48. 135. April 1952. Madison, Wis., Wisconsin Alumni Res.) GRÜTZ. 6312

Vernon B. Link und **Carl O. Mohr,** *Rodenticide zur Bekämpfung der Beulenpest.* Übersicht über die Vertilgung von Hausratten u. Rattenflöhen (Überträger von Pasteurella pestitis) durch die Rodenticide: *Warfarin, Pival* (3-Pivalyl-1.3-indandion), Meerzwiebelpulver u. -extrakt, Zn_3P_2, As_2O_3, Tl_2SO_4 u. Na-Fluoracetat. **I** (0,025% Ködergewicht) ist am wirksamsten. — 7 Literaturangaben. (Bull. Organisat. mond.

Santé 9. 585—96. 1953. Atlanta, US Dep. of Health, Educat. and Welfare, Publ. Health Serv., Communic. Disease Center, Rodent Control and Invest. Sect.) RANG. 6312

F. Andre und **W. Hartig,** *Über die Keimfähigkeit von Coniferensamen in mit Dikopur behandelten Böden.* 1. Mitt. Auf Grund ihrer Verss. kommen Vff. zu dem Schluß, daß die Behandlung eines Beetes vor der Aussaat mit dem Unkrautbekämpfungsmittel *Dikopur* (Zus. nicht angegeben) die Keimfähigkeit von Fichten-, Lärchen- u. Weißkiefernsamen nicht verringert. (Zbl. ges. Forst- u. Holzwirtsch. [Wien] **73.** 73—75. 1954. Mariabrunn, Forstl. Bundesversuchsanstalt.) WINIKER. 6312

F. Chioetto, *Bodenanalysen: Das Problem der chemischen Extraktion assimilierbarer Nährstoffe.* Literaturbericht über die Best. u. den Wert assimilierbarer Pflanzennährstoffe, vor allem des ausnutzbaren N. — 12 Literaturzitate. (Ind. saccarif. ital. **45.** 168—73. Mai/Juni 1952.) GRIMME. 6322

H. C. Aslyng, *Charakterisierung von Böden.* Zur Charakterisierung dän. Böden werden bestimmt: 1. Humusgeh., 2. Lehmgeh., 3. aufnehmbares W. (Differenz zwischen Wassergeh. der Feldprobe u. der mit 15 atü behandelten Probe), 4. Verhältnis Humusgeh.: Wassergeh. bei 15 atü, 5. Verhältnis Humusgeh.: Basenaustauschkapazität bei p_H 7,0. Die Zahlen von 4. u. 5. geben eine gute Möglichkeit, die Produktivität der n. dän. Böden (20% Lehmgeh.) zu bestimmen. Für Böden über 20% Lehmgeh. trifft dies wegen der Ertragsdepressionen bei großer Nässe nicht zu. Eine gute Korrelation wurde zwischen den Werten der 15 atü-Behandlung u. der Austauschkapazität festgestellt. (Kong. Veterin.-og Landsbohøjskole, Årskr. **1952.** 20—53. Kopenhagen, Königl. Tierärztliche u. Landwirtschaftliche Hochschule, Hydrotechn. Labor.) GRÜTZ. 6322

H. L. Haller, *Bestimmung neuer Insekticide in handelsüblichen Präparaten und Rückständen.* Krit. Betrachtung der zur quantitativen Best. neuer Insekticide (chlorierte KW-stoffe, organ. P-Verbb. u. Piperonylderivv.) dienenden Methoden bzgl. ihrer Anwendbarkeit bei der Best. in Stäuben, Öllsgg., Aerosolen u. Gemischen. — 56 Literaturangaben. (Advances in Chem. Ser. Nr. **1.** 65—71. April 1950. Washington, D. C., Bureau of Entomol. and Plant Quarantine, US Dep. of Agric.) LENHARD. 6328

R. Daviaud, *Untersuchung der Bestimmungsmethoden von DDT.* Bericht über vergleichende Bestimmungen von DDT nach den maßgeblichen Methoden des Schrifttums. Auf Grund eigener Verss. u. der krit. Sichtung der neueren Veröffentlichungen kommt Vf. zu dem Schluß, daß die besten Werte durch Cl-Best. nach Hydrolyse mit alkoh. KOH in der Kälte erhalten werden. Die Meth. ist anwendbar bei reinen u. techn. Produkten. — 31 Literaturzitate. (Ann. Inst. nat. Rech. agronom., Sér. C **3.** 511—25. Okt./Nov./Dez. 1952. Sèvres, Labor. de Phytopharmacie.) GRIMME. 6328

J. C. Gage, *Bestimmung von p-Nitrophenol und p-Nitrophenyl-O.S-diäthylthiophosphat in Parathion.* Die Best. der Komponenten einer Mischung von *Parathion* (O-p-Nitrophenyl-O.O-diäthylthiophosphat, I), dem *S-Äthylisomeren* von **I** (*O-p-Nitrophenyl-O.S-diäthylthiophosphat,* **II**) u. *p-Nitrophenol* (**III**) erfolgt durch Red., aufeinanderfolgende Extraktion von *p-Aminophenol* u. red. **II**, Rk. mit *o-Kresol* (**IV**) u. colorimetr. Best. als Indophenolfarbstoff. I_{red} wird extrahiert, diazotiert, mit N-Sulfatoäthyl-m-toluidin gekuppelt u. colorimetr. bestimmt. A u s f ü h r u n g: S-freies Toluol durch 20 Min. Kochen mit 2,5% Benzoesäure, 2,5% Zn-Staub u. etwas Anilin reinigen, kaltes Filtrat mit 0,5 n HCl gut waschen, Probe lösen, je 20 cm^3 Lsg. mit ca. 0,5 g Zn-Staub 20 Min. kochen, Filtrat 3 Min. mit 10 cm^3 0,5 n HCl ausschütteln, mit W. waschen, wss. Phasen vereinigen (Säureextrakt, **A**). III-*Best.*: Zu **A** 1 cm^3 2%ig. **IV**-Lsg. (in 0,2 n NaOH) 2 cm^3 NH_3-Lsg. (spezif. Gewicht 0,880) geben, nach 10 Min. mit dem zur Red. verwendeten Toluol ausschütteln (3 Min.), 2 cm^3 20%ig. NaOH zugeben u. nochmals 1 Min. ausschütteln; bei Ggw. von *p-Aminophenol* (**V**) bleibt die sich entwickelnde blaue Indophenolfärbung in der wss. Phase; diese auf 25 cm^3 verdünnen u. 30 Min. nach dem NaOH-Zusatz bei 615 $m\mu$ gegen Reagensleerwert colorimetrieren. II-*Best.*: Zu **A** 1 cm^3 **IV**-Lsg. u. 2 cm^2 20%ig. NaOH geben, bei Ggw. von **II** blaue Indophenolfärbung infolge Hydrolyse von II_{red} zu **V**; nach 1 Std. mit dem gebrauchten Toluol 3 Min. ausschütteln, wss. Phase auf 25 cm^3 verd. u. bei 615 $m\mu$ gegen Reagensleerwert bestimmen. I-*Best.*: Verbleibende Toluolphase mit 20, 20 u. 10 cm^3 0,5 n HCl extrahieren, Extrakt auf 50 cm^3 auffüllen, bei $>100\,\gamma$ **I** 1 cm^3 0,25%ig. $NaNO_2$-Lsg. zu 10 cm^3 Extrakt geben, nach 15 Min. 2 cm^3 1%ig. N-Sulfatoäthyl-m-toluidinlsg. u. 4 cm^3 30%ig. (Gewicht/Vol.) Na-Acetatlsg. zufügen, nach 15 Min. mit 0,5 cm^3 konz. HCl ansäuern, 5 cm^3 A. u. ad 25 cm^3 W. zusetzen; bei $<100\,\gamma$ **I** gesamten sauren Auszug mit der 5fachen Reagensmenge kuppeln, ansäuern,

Azofarbstoff mit 10 u. 5 cm^3 Isoamylalkohol extrahieren, Extrakt ad 15 cm^3 mit A. auffüllen; in beiden Fällen bei 510 mμ gegen Reagensleerwert colorimetrieren. Geeignete Konzentrationsbereiche in **A** sind 1—5 γ **I** u. **III**/cm^3 u. 2—10 γ **II**/cm^3. (Analyst **77.** 123—26. März 1952. Welwyn, Herts., Imp. Chem. Ind. Ltd., Ind. Hyg. Res. Labor.) K. MAIER. 6328

Röhm & Haas G. m. b. H. (Erfinder: **Carl Theodor Kautter**), Darmstadt, *Stickstoffhaltiges Düngemittel.* Verwendung der durch Polymerisation von HCN entstehenden Prodd. als Düngemittel. Sie werden aus 33—55 % ig. HCN in Ggw. von ca. 6—18 % Alkalien, bes. NH_3, unter Rühren bei erhöhter Temp. hergestellt. N-Geh. ca. 42—52 %, der nur langsam im Laufe eines längeren Zeitraumes an die Pflanzen im Boden abgegeben wird. Die Prodd. enthalten C bzw. C-Verbb. in reaktionsfähiger, feinverteilter Form u. wirken auf den Boden entsäuernd. (**D. B. P. 911 018** Kl. 16 vom 4/6. 1952, ausg. 10/5. 1954. Anmeldung bekanntgemacht 24/9. 1953.) KARST. 6285

Monsanto Chemical Co., St. Louis, Mo., übert. von: **Ross M. Hedrick** und **David T. Mowry,** Dayton, O., V. St. A., *Verbesserung von landwirtschaftlichen Kulturböden.* Böden mit schlechter Struktur, bes. Lehmböden, die erosionsgefährdet sind, werden mit 0,001—25 % ig. wss. Lsgg. eines polymeren Polyelektrolyten mit einem Mol.-Gew. von wenigstens 10000 behandelt. — Beispiele: Ca- oder Na-Salze eines hydrolysierten Polymers des Acrylnitrils, ein Copolymer aus Vinylacetat u. dem Reaktionsprod., das durch teilweise Veresterung von Maleinsäureanhydrid mit Methanol hergestellt wird, das NH_4-Salz des Copolymers aus Isobutylen u. Maleinsäure u. das Ca-Salz des Copolymers aus Vinylacetat u. Maleinsäureanhydrid. Man erhält Bodenaggregate von 2—5 mm Durchmesser, die das Pflanzenwachstum fördern. (**A. P. 2 651 885** vom 26/6. 1952, ausg. 15/9. 1953.) KARST. 6305

Monsanto Chemical Co., St. Louis, Mo., übert. von: **David T. Mowry** und **Ross M. Hedrick,** Dayton, O., V. St. A., *Verbesserung von landwirtschaftlichen Kulturböden.* Schwere Ton- oder Lehmböden, die zur Verschlammung oder Erosion neigen, werden bis auf einen Wassergeh. von ca. 15—20% austrocknen gelassen u. mit 0,0001—1 % eines wasserlösl. festen, polymeren Polyelektrolyten mit einem Mol.-Gew. von $>$10000 durch kulturtechn. Maßnahmen innig vermischt, worauf der Boden durch Beregnen, Besprengen oder natürlichen Regen mit W. benetzt wird. — Beispiele der verwendeten Polyelektrolyten: Copolymere aus Maleinsäure oder Maleinsäureamid u. Vinylacetat, Vinyläther, Vinylchlorid u. Isobutylen, sowie deren Alkali-, Erdalkali- oder NH_4-Salze. Steigerung der Ernteerträge. (**A. P. 2 651 886** vom 26/6. 1952, ausg. 15/9. 1953.) KARST. 6305

Standard Oil Development Co., Del., übert. von: **John F. McKay,** Cranford, **Howard L. Yowell,** Westfield, und **Leo Z. Jasion,** Elizabeth, N. J., V. St. A., *Unkrautvernichtungsmittel,* bestehend aus einer Ölemulsion, die 75—99 (Vol.-%) eines aromat. Kerosins (Kp. 325—600° F), 1—25 eines Gemisches (**I**) aus Alkoholen, Acetalen, Estern u. Äthern mit 15—24 C-Atomen u. ca. 5 Emulgiermittel, z. B. Na-Pentachlorphenolat, enthält. Dabei ist **I** das Grundprod. eines 2-Stufenverf., bei dem in der 1. Stufe ($R-CH{=}CH_2 + CO + H_2 \rightarrow R-CH_2-CH_2 \cdot CHO$) aus H_2, CO u. einem C_7—C_{15}-Olefin in Ggw. eines Katalysators ein Aldehyd gebildet wird u. dieser in der 2. Stufe ($RCH_2 \cdot CH_2 \cdot CHO + H_2 \rightarrow RCH_2 \cdot CH_2 \cdot CH_2 \cdot OH$) katalyt. zu dem entsprechenden Alkohol red. wird. Den größeren Teil der niedrigsd. Alkoholkomponenten treibt man durch Dest. ab; **I** bleibt zurück. (**A. P. 2 586 681** vom 29/3. 1950, ausg. 19/2. 1952.) NEBELSIEK. 6313

Pest Control Ltd., Bourn, Cambridgeshire, England, übert. von: **Franz Duspiva,** Tutzing, Obbay., *Insekticide Mittel.* Kontaktinsekticide, z. B. *DDT*, *γ-$C_6H_6Cl_6$*, *Chlordan*, *Aldrin*, *Dieldrin* u. dgl., werden mit einer organ. Substanz überzogen, die ein Mol.-Gew. von wenigstens 10000 besitzt, z. B. Alginsäure. Das Insekticid wird in einer alkal. Lsg. der organ. Verb. gemahlen u. die M. in bewegtes W. verspritzt, das eine Mineralsäure enthält, oder in Dämpfe von flüchtigen Säuren verstäubt bzw. getrocknet u. mit sauren Dämpfen oder Lsgg. behandelt. (**E. P. 673 166** vom 14/12. 1949, ausg. 4/6. 1952.) KARST. 6313

Dow Chemical Co., Midland, Mich., V. St. A., *Herstellung von Hexachlorcyclohexan enthaltenden Insekticiden.* Bzl. wird kontinuierlich in einen umlaufenden Strom eines fl. halogenierten niederen aliphat. KW-stoffs, z. B. CH_2Cl_2, CH_2Br_2, CH_2ClBr, $CHCl_3$, CH_3CHCl_2, CH_2ClCH_2Cl u. dgl. oder Gemische dieser, in Mengen von 99—4 (%) Bzl. u. 1—96 KW-stoff eingetragen u. kontinuierlich in Ggw. eines organ. Peroxyds, z. B. Benzoylperoxyd, bei 5—40° unter Druck u. im Dunkeln chloriert. Nach wenigstens 10 Min. wird das $C_6H_6Cl_6$-Isomerengemisch abgetrennt u. der halogenierte KW-stoff unter Zusatz von frischem Katalysator u. Bzl. in die Reaktionszone zurückgeführt.

Hoher Geh. an γ-Isomeren u. starke insekticide Wirkung. — Vorrichtung. (**E. P. 667 642** vom 15/3. 1950, ausg. 5/3. 1952. A. Prior. 31/5. 1949.) KARST. 6313

Poudreries Réunies de Belgique S. A., Brüssel, Belgien, *Herstellung von 4.6-Dinitro-o-kresolammonium* aus 4.6-Dinitro-o-kresol (I) u. NH_3. Geschmolzenes **I**, bes. in einer Teilchengröße $<50\,\mu$, wird in einer NH_3-Atmosphäre zerstäubt, bes. bei 50 bis 120°. Das Gemisch aus NH_3 u. Luft wird hierbei im Kreislauf geführt, bes. unter Zwischenkühlung. — *Schädlingsbekämpfungsmittel.* (**D. B. P. 910 304** Kl. 12q vom 4/11. 1952, ausg. 29/4. 1954. Anmeldung bekanntgemacht 17/9. 1953.) FABEL. 6313

Chemisches Forschungsinstitut der Industrie Österreichs, Wien, Österreich, *Schädlingsbekämpfungsmittel.* Man verwendet als akt. tox. Stoff ein substituiertes *N-Benzylidenanilin*, das in dem Benzylidenrest wenigstens eine Halogen-, NO_2-, NH_2-, CN-, —COCl-, —SO_2Cl-, SH-, Alkyl-, Alkoxy- oder OH-Gruppe besitzt, im Gemisch mit festen Verdünnungsmitteln, Haft-, Netz-, Emulgierungs- oder Lösungsmitteln als Spritz-, Sprüh- oder Stäubemittel. — Beispiel: *N-2-Chlorbenzylidenanilin, N-3-Chlorbenzyliden-2-chloranilin* u. dergleichen. Zur Bekämpfung von ***Aphiden, Motten, Roter Spinne, Sauerwurm*** u. dgl. bes. geeignet. (**E. P. 662 869** vom 1/4. 1949, ausg. 12/12. 1951. Oe. Prior. 3/3. 1948.) KARST. 6313

National Distillers Products Corp., New York, N. Y., übert. von: **Lawrence C. McAlister jr.**, Cheverly, Md., V. St. A., *Insekticide Mischung*, bestehend z. B. aus 1 (Gewichtsteil) Pyrethrin, 40—200 DDT u. 5—20 Piperonylbutyläther der Formel **I**, das nach A. P. 2485680 (C. **1949**. E. 773) aus Chlormethyldihydrosafrol (= Methylendioxypropylbenzylchlorid; gewonnen aus Dihydrosafrol + CH_2O + HCl) durch Kondensation mit dem Na-Salz von Diäthylenglykolmonobutyläther („Butylcarbitol") hergestellt wird. — Verwendung als Streu- oder Spritzmittel oder in Emulsion. (**A. P. 2600668** vom 12/6. 1947, ausg. 17/6. 1952.) KRAUSS. 6313

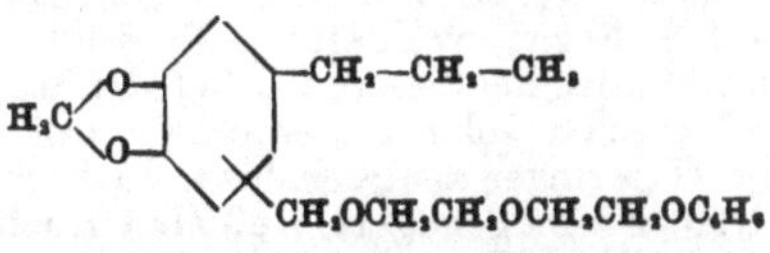

I

VIII. Metallurgie. Metallographie. Metallverarbeitung.

Wilhelm Patterson, *Der Mechanismus der Warmrißbildung bei Gußlegierungen.* Warmrisse (I) treten bei Legierungssystemen mit großem Erstarrungsintervall u. bes. dann auf, wenn sich die Hauptmenge des Kristallisats im oberen Teil des Intervalls abscheidet u. kleine Mengen Restschmelze (II) in einem weiten Temperaturbereich vorhanden sind. Entstehungsorte der **I** sind mit **II** unversorgte Klüfte in der Erstarrungsfront. Die Zusammenhänge zwischen I-Neigung u. Zustandsdiagramm werden erörtert. Während kleine Mengen eutekt. **II** gefährlich sind, nimmt die I-Neigung mit steigender eutekt. **II** wieder ab. Auch eutekt. Legierungen können durch Zusätze warmrißanfällig werden. Schrifttumsangaben mit krit. Wertung. (Giesserei, techn.-wiss. Beih. Nr. **12**. 597—605. Okt. 1953. Aachen, TH, Giesserei-Inst.) APEL. 6388

Karl Georg Speith und **Hans vom Ende**, *Die Sauerstoffgehalte flüssiger Thomas-, Siemens-Martin- und Elektrostähle.* Mit Tauchkokille, die zum Schlackenfernhalten mit einem Holzdeckel verschlossen wird, werden aus den entsprechenden Stahlbädern Sauerstoffproben entnommen; die O_2-Best. wird nach dem Heißextraktionsverf. ausgeführt. Gleichzeitig werden die Stahltemp. gemessen u. eine Schlackenprobe entnommen. Die O_2-Gehh. von THOMAS-Schmelzen liegen zwischen 0,05 u. 0,11%. Die Höhe des O_2-Geh. wird neben der Temp. bes. vom Fe-Geh. der Schlacke bestimmt. Es wird gezeigt, daß sich im THOMAS-Konverter bei beendetem Blasen ein weitgehender Gleichgewichtszustand zwischen Schmelze u. Schlacke einstellt, unabhängig davon, ob die Schmelzen mit Luft oder O_2-Anreicherung erblasen wurden. Die O_2-Gehh. von THOMAS-Schmelzen liegen höher, als dem Fe-Geh. der Schlacke unter Annahme idealer O_2-Verteilung zwischen Schlacke u. Schmelze entspricht, u. deuten damit auf eine Neigung der THOMAS-Schlacken zur Entmischung hin. Vordesoxydationsverss. mit fl. THOMAS-Roheisen u. Aufkohlung mit Koksgrus zeigen die starke Wrkg. von C als Desoxydationsmittel. Wenn der Einfl. des Fe-Geh. der Schlacke ausgeschaltet ist, stellen sich schnell O_2-Gehh. ein, die dicht an der [C]·[O]-Isotherme liegen. Die O_2-Gehh. von SIEMENS-MARTIN-Stählen liegen oberhalb dieser Isotherme. Ein Einfl. der Temp. auf die Höhe des O_2-Geh. konnte nicht eindeutig nachgewiesen werden, da die Einflüsse, die für die wechselnden Entkohlungsgeschwindigkeiten maßgebend sind, den Temperatureinfl. überdecken. Die O_2-Gehh. von Stählen aus dem Lichtbogenofen liegen ebenfalls oberhalb der [C]·[O]-Gleichgewichtsisotherme, gleichgültig, ob sie mit Erz oder mit reinem O_2 gefrischt wurden. Es können O_2-Gehh. er-

reicht werden, die den Gleichgewichtswerten entsprechen, da es möglich ist, die Entkohlungsgeschwindigkeit bis auf Null sinken zu lassen. Es werden die Unterschiede im Frischverlauf u. dem zeitlichen Verlauf der O_2-Aufnahme bei erz- u. O_2-gefrischten Schmelzen gezeigt. Bei gleichbleibendem C-Geh. nimmt der O_2-Geh. des Stahles mit steigendem Fe-Geh. der Schlacke auch hier zu. — Diskussion. (Stahl u. Eisen **74.** 509 bis 525. 22/4. 1954. Duisburg-Huckingen, Mannesmann-Hüttenwerke Akt.-Ges.)
HOCHSTEIN. 6408

Josef Frehser, *Anisotrope Maßänderungen bei der Wärmebehandlung ledeburitischer Chromwerkzeugstähle.* Untersucht werden ledeburit. Cr-Stähle mit ca. 2 (%) C u. 12 Cr sowie der nichtledeburit. Cr–Mo-Stahl mit 1 C, 5 Cr u. 1 Mo, wobei für die partielle Maßänderung (I) u. die Gesamt-I beim Härten u. Anlassen sowie für die Ursachen der anisotropen I folgende Gesetzmäßigkeiten gefunden wurden: Die partielle I ist im Gußzustand in Richtung der Kristallite am größten u. quer zur Transkristallisationsrichtung am geringsten. Mit steigender Verformung sinkt sie in der Querrichtung u. steigt in der Längsrichtung. In der Randzone liegt die partielle I niedriger als in der Mittelzone, wobei dieser Unterschied mit zunehmender Verformung abnimmt. Die partielle I erreicht bei zunehmender Härtetemp. einen Höchstwert u. nimmt dann ab. Es wird nachgewiesen, daß die I von der Größe u. Richtung der Verformung, der Härtetemp. sowie dem Abschreckmittel abhängig ist. Bei der Messung der I beim Anlassen werden alle Maße, sofern die Anlaßtempp. nicht im Gebiete des Restaustenitzerfalls liegen, verkleinert. Es zeigt sich, daß die Carbide die Wärmeausdehnung (II) des Stahles herabsetzen. Die ledeburit. Stähle mit in einer Richtung bevorzugt angeordneten Carbiden zeigen eine anisotrope II, u. zwar ist in Richtung der Carbidzeilen die II geringer als quer dazu. In Richtung der geringsten II treten die größten I auf. Hieraus wird gefolgert, daß als Ursache für die anisotrope I die während der beschleunigten Abkühlung durch die Härtung auftretende Sperrwrkg. der sich weniger zusammen ziehenden Carbide auf die Grundmasse angesehen werden kann. — Diskussion. (Arch. Eisenhüttenwes. **24.** 483—95. Nov./Dez. 1953. Kapfenberg, Edelstahlwerke Gebr. Böhler & Co., Akt.-Ges.)
HOCHSTEIN. 6410

Robert Scherer und **Karl Bungardt,** *Ersatz der Legierungselemente durch Bor in Einsatz- und Vergütungsstählen.* Inhaltlich ident. mit der C. **1953.** 1393 referierten Arbeit. (Rev. Métallurgie **50.** 73—94. Febr. 1953.)
HOCHSTEIN. 6410

H. J. Sharp, *Spritzdruckformen für Aluminium.* Die größte Lebensdauer der Formen wird durch Aufkohlen der *Stahl*-Gußstücke erhalten, die nach der Aufkohlung noch durch eine geeignete Wärmebehandlung auf eine Oberflächenhärte von 50–50 RC gebracht werden. Auch können legierte Stähle verwendet werden, die 0,33 (%) *C*, 0,8 *Si*, 0,35 *Mn*, 5 *Cr*, 0,002 *S*, 0,02 *P*, 1,25 *Mo* sowie noch entweder 4 *W* oder 1 W oder 1 *V* enthalten. Es werden die Arten u. Ursachen der an den Spritzformen auftretenden Oberflächenfehler erörtert. (Metal Ind. [London] **82.** 141—43. 20/2. 164—66. 27/2. 181—84. 6/3. 1953. Hoover Ltd.)
HOCHSTEIN. 6410

E. Bartuska und **K. Köller,** *Zinkbasiswerkstoffe für Knetverarbeitung und Stromversorgungseinrichtungen für das Erschmelzen in NF-Induktionsöfen.* Die Praxis der Schmelztechnik im Zn-Walzwerksbetrieb wird an zwei typ. Beispielen, nämlich dem Verschmelzen von Hüttenzink mit Feinzink zu Mischzinksorten sowie der Herst. von Zn-Legierungen, z. B. *Z 010*, Gattung *ZnCu 1*, mit großer Tiefziehfähigkeit, besprochen u. Angaben über die Niederfrequenzofenanlage gemacht. (Berg- u. hüttenmänn. Mh. montan. Hochschule Leoben **99.** 41—47. März 1954. Marktl, Zinkwalzwerk Frid. v. Neuman; Wien, Siemens-Schuckertwerke G. m. b. H.)
HOCHSTEIN. 6426

A. Latin, *Beobachtungen über das Kriechen und den Bruch bei Untersuchungen von Bleikabelmantel-Legierungen.* An stranggepreßten Rohren aus Pb u. Pb-Legierungen, wie sie für Kabelmäntel verwendet werden, wurden Kriechverss. bis zum Bruch durchgeführt. Es wurde gefunden, daß die durch innere Spannung hervorgerufene Ausdehnung des Durchmessers mehr oder weniger von der Zeit bis zum Bruch unabhängig ist, u. zwar in weiten Grenzen bei *Rein-Pb*, einigen schwach legierten Pb-Legierungen fester Lsg. u. einigen anderen Pb-Legierungen, die keine festen Lsgg. enthalten, wie *Pb* mit 0,06 (%) *Cu*. *Pb–Sb*-Legierungen mit das Maß der Löslichkeit überschreitenden Sb-Gehh., z. B. mit 0,35 Sb, Pb-Legierung *E* (0,4 *Sn* u. 0,2 *Sb*) u. einige Legierungen mit sehr geringen *Te*-Gehh. (ca. 0,01 Te) zeigten sehr geringe Duktilität bei niedriger Kriechgeschwindigkeit (I). Alle Proben waren bei genügend großer Streckgeschwindigkeit duktil, zeigten aber bei niedriger I erhöhte Neigung zu interkristallinem Bruch. Theoret. Erklärungen wurden dafür gegeben, daß interkristalliner Bruch beim Kriechen auf elast. Spannungen bei gewissen Korngrenzenstellen zurückzuführen ist, die durch Struktur- u. Fließheterogenität verursacht sind. Bes. rührt geringe Duktilität von der Anhäufung solcher elast. Spannungen infolge der Legierungszusätze u. anderer Faktoren her. — Schrifttumsangaben. (J. Inst. Metals **81**. 529—39. Juli 1953. London, Isleworth, Middlesex, Nat. Coal Board.) Apel. 6430

E. Brunhuber, *Rotguß aus der Kokille.* Die neue Legierung „*Ingolin*" ist auf Rotgußbasis aufgebaut u. für Kokillenguß bestimmt; genaue Angaben über die Zus. sind nicht gemacht, zu ihrer Herst. werden zu der genormten Basislegierung *Rg 5* in einem sehr engen Konzentrationsgebiet Zusätze an Mn- u. Ni–Cu-Vorlegierungen zugesetzt. Der Pb-Geh. liegt unter 2,3%. Die Schmelztemp. (Liquiduspunkt) beträgt ca. 1040°, die Erstarrungstemp. (Soliduspunkt) ca. 1020°. Angaben über die Gießtemp., das Kokillenmaterial u. das Gießverf. sowie die Eigg. der fertigen Gußstücke werden gemacht. Die Härte liegt bei 120—140 (kg/mm²) gegenüber *Rg 5* mit 60—70, die Zerreißfestigkeit übersteigt die des *Rg 5* mit 15 um 80—100%, während die Dehnung annähernd gleich ist. Die Legierung ist gut spanabhebend bearbeitbar u. korrosionsfest gegenüber Dampf, Säure u. Seewasser u. soll auch hierin die bekannten Rotgußsorten übertreffen. (Giessereipraxis **71**. 123—26. 25/4. 1953.) Apel. 6432

M. A. Drujan und **P. P. Maljarow,** *Abbrand der Elemente beim Schmelzen von Bronzen mit geringem Zinngehalt.* Als wirksamster Schutz gegen den Zn-Abbrand bei der Herst. von Bronze erwies sich das Erschmelzen unter einer schützenden Flußmitteldecke oder unter einer Holzkohleabdeckung. (Литейное Производство [Giessereiwesen **1952**. Nr. 7. 24—25. Juli.) Hochstein. 6432

—, *Mechanismus des Kriechens von Aluminium.* Überblick über Versuchsergebnisse verschied. Forscher u. die von ihnen angewendeten Untersuchungsmethoden. — Schrifttumsangaben. (Metal Ind. [London] **83**. 358. 30/10. 1953.) Apel. 6446

L. W. Lengbridge, *Tiefziehen von Aluminium.* (Canad. Metals **14**. 52—56. 58. Okt. 1951. Toronto, Aluminium Goods, Ltd.) Boenisch. 6446

L. I. Ssokolskaja, *Der Verlauf der Aushärtung von Aluminiumlegierungen.* Überblick. (Литейное Производство [Giessereiwesen] **1952**. Nr. 8. 11—15. Aug.) Hochstein. 6446

Eugen Piwowarsky, Heinz-Ludwig Kalthoff und **Wilhelm Patterson,** *Über die Warmrißneigung der Aluminium–Magnesium–Zink-Legierungen.* Die Warmrißneigung von Legierungen aus der Al-Ecke des Syst. Al–Zn–Mg wurde ermittelt. Ein Maximum liegt im Syst. Al–Mg bei 1,5 (%) Mg, ein weiteres im tern. Syst. bei 7 Zn u. 0,7 Mg. Zwischen beiden liegt ein Sattel bei 2,5 Zn u. 2 Mg. Von hier verläuft ein Tal nach der Al-Ecke, das andere bei steigendem Mg-Geh. auf die Al–Mg-Seite zu, biegt bei 1 Zn ab u. geht dann parallel zur Al–Mg-Seite weiter. Bei konstantem Geh. von Zn + Mg u. steigendem Mg- u. entsprechend fallendem Zn-Geh. nimmt die Warmrißneigung ab. Sie nimmt mit dem Grade der Kornseigerung zu. Bei hohen Zn- u. Mg-Gehh. nimmt sie bis auf Null ab. — Schrifttumsangaben. (Giesserei, techn.-wiss. Beih. Nr. **12**. 593—95. Okt. 1953. Aachen, TH, Giesserei-Inst.) Apel. 6446

D. B. Wood, *Aluminiumlegierungen für Walzwerkslager.* Lager aus den Legierungen *XA 750–T 5* u. 750–T 5 sind den bisher verwendeten mit *Cd–Ni* ausgegossenen Stahllagern überlegen. Sie sind gegen organ. Säuren, die durch Oxydation des Schmieröls entstehen, beständig, üben auf das Schmieröl keine oxydierende katalyt. Wrkg. aus, sind korrosionsfest, leiten die Wärme gut ab u. sind in Warm- u. Kaltwalzwerken verwendbar. Die mechan. Eigg. werden angegeben. (Iron Age **172**. Nr. 11. 168—69. 10/9. 1953. Cleveland, O., Aluminum Co. of America.) Apel. 6446

John C. Wagner, *Dünne metallische Werkstücke, die nach der Verarbeitung eben bleiben.* Es wird u. a. ausgeführt, daß nach einer neueren Theorie gewisse *Al*-Legierungen die durch Kaltverformung hervorgerufenen inneren Spannungen mehr als andere absorbieren. Legierungen, die derartige Spannungen nur in verhältnismäßig geringem Maße absorbieren, sind am günstigsten. Eine Reihe von Al-Legierungen werden auf diese Eigg. hin untersucht u. ihre Verarbeitung beschrieben. (Metal Progr. **63**. Nr. 6. 92—94. Juni 1953. Indianapolis, Indianapolis Naval Ordnance Plant.) Apel. 6446

Rudolf Jarausch, *Die Eigenschaften des Aluminiums als Werkstoff für Grubenausbauteile im Vergleich zu Stahl.* (Bergbau-Arch. **13**. 5—21. 1950. Duisburg-Wanheim.) Habbel. 6446

H. de Leiris und **M. Ballet,** *Beitrag zum Studium des Einflusses des Brennschneidens auf die Dauerfestigkeit von Blechen.* Vergleichsverss. an Blechproben von 50 mm Breite aus Flußstahl mit mittlerem C-Geh. u. aus Cr–Ni-Stahl werden mit spanabhebenden Werkzeugen bearbeitet u. mit automat. arbeitendem Schweißbrenner herausgeschnitten. Der Abfall der Dauerzugfestigkeit durch den Brennerschnitt betrug beim C-Stahl 23%, beim Cr–Ni-Stahl 33%. Der Einfl. des Brennschneidens ist ausgeprägt, aber geringer als erwartet. (Soudure Techn. connexes **6**. 271—79. Nov./Dez. 1952.) Deutsch. 6502

E. Brünn und **F. Erdmann-Jesnitzer,** *„ESA"-Lichtbogen–Sauerstoff-Schneidverfahren mit Kohleelektrode für Maschinenschnitt.* Verbesserung der Schnittgüte durch Verbesserung der Schneidgeräte u. durch mechan.-automat. Kohlenachstellung (Verminderung der Abbrandverluste). (Schweisstechnik **3.** 179—81. Juni 1953. Freiberg/Sa., Bergakad., Inst. für Metallkunde u. Materialprüfung.) HOCHSTEIN. 6502

A. Matting und **A. Müller-Busse,** *Kerbschlagzähigkeit von Leichtmetallschweißverbindungen.* An H_2–O_2-Schweißungen halbharter Bleche aus Al 99,5, AlMg 5 u. AlMgMn zeigte sich, daß Reinaluminium nicht nur die höchsten Kerbschlagzähigkeitswerte, sondern auch den kleinsten Zähigkeitsabfall der Schweißverb. aufwies. — Schrifttumsangaben. (Metall **6.** 586—89. Okt. 1952. Hannover u. Bonn.) HOCHSTEIN. 6506

H. Wolff und **W. Hummitzsch,** *Aufgeschweißte Schneiden auf Schermesser für Blöcke und Knüppel.* Durch die Auftragsschweißung von Schnelldrehstählen oder Warmarbeitsstählen auf die Schnittkanten von Knüppel- oder Blockschermessern aus unlegiertem Stahl wird eine wesentliche Erhöhung der Haltbarkeit der Schneiden erzielt. (Schweissen u. Schneiden **4.** 288—89. Aug. 1952. Neuenkirchen/Saar u. Kapfenberg/Steiermark.) HOCHSTEIN. 6506

Josef Cincarek, *Das Flämmen von Walzknüppeln in einer Versuchsflämmanlage.* (Metallurgie u. Giessereitechn. **3.** 168—72. Mai 1953. Hennigsdorf, Stahl- u. Walzwerk „Wilhelm Florin".) HOCHSTEIN. 6508

Gilbert D. Dill, *Blasen mit Stahlschrot für die Reinigung von heißgewalzten Stahlblechen und -bändern.* Durch die Behandlung erübrigt sich das Beizen u. Einfetten der Bleche u. Bänder. Der Gewichtsverlust beträgt im Durchschnitt weniger als 1%, beim Beizen dagegen im allg. 1,5%. (Iron Age **172.** Nr. 18. 91—93. 29/10. 1953. Mishawaka, Ind., American Wheelabrator & Equipment Corp.) VIER. 6510

G. I. Tschufarow, M. G. Shurawlewa, Je. P. Tatijewskaja, B. D. Awerbuch und **W. K. Antonow,** *Fragen der Blechverzinnung.* Der Kp. des als Flußmittel vor dem Verzinnen verwendeten Syst. $ZnCl_2$–H_2O wird bei langsamem Eindampfen, ausgehend von 39% H_2O (Kp. 120°), bis zur Kristallisation verfolgt (bei 2,8% H_2O Kp. 230°), ebenso im Syst. $ZnCl_2$ (80%)-$SnCl_2$ (20%)-H_2O (18,3% H_2O Kp. 160°, 1,3% Kp. 280°); die Ergebnisse werden mit dem Kp. von Flußmitteln aus dem Betrieb verglichen. Der optimale Wassergeh. beträgt 1,5—3,5% (Kp. 250—275°), jedoch wird bei dieser Zus. keine genügende Reinigung von Fe-Blech erzielt. Flußmittel mit höherem Wassergeh. lösen Fe rasch auf; dieses bildet dann $FeSn_2$, was zu erhöhtem Verbrauch an Sn u. Verschlechterung der Qualität des Überzugs führt; auch HCl-Überschuß wirkt in dieser Richtung. Die Geschwindigkeit der Lsg. von Fe in Sn selbst ist gering u. kann gegenüber der Lsg. im Flußmittel vernachlässigt werden. Fast wasserfreies Flußmittel löst zwar Fe äußerst langsam, infolge der ungenügenden Reinigung der Oberfläche besteht jedoch die Gefahr, daß auf dem Fe unverzinnte Stellen verbleiben. (Журнал Прикладной Химии [J. angew. Chem.] **26.** 652—55. Juni 1953.) R. K. MÜLLER. 6524

F. C. Porter und **S. E. Hadden,** *Korrosion von Aluminiumlegierungen in Leitungswässern.* Unters. der Korrosionsbeständigkeit von Al-Legierungen in 8 verschied. Leitungswässern. Ausführliche Beschreibung der Versuchsergebnisse. Durch Verwendung synthet. Wässer konnte nachgewiesen werden, daß die charakterist. Pittings auftreten, wenn Chloride, Ca- u. Cu-Salze u. ungelöster O_2 gleichzeitig im W. vorhanden sind. Ein Mechanismus für die Pittingbldg. wird entwickelt. (J. appl. Chem. **3.** 385—409. Sept. 1953. London, British Non-Ferrous Metals Res. Assoc.) SPINDLER. 6538

Waldemar Bleicher und **Albrecht Müller-Busse,** *Das Korrosionsverhalten geschweißter Aluminiumwerkstoffe bei Einwirkung von Schwefel- und Salpetersäure verschiedener Konzentrationen.* H_2SO_4 greift in den unteren Konzentrationsbereichen bei Schweißverbb. sämtlicher Al-Werkstoffe bes. die Schweißnähte an; bei höheren Konzz. wird die Oberfläche des Werkstoffes gleichmäßig abgetragen. Geschweißtes Rein-Al ist dagegen prakt. beständig gegen 1—65%ig. HNO_3. Geschweißte Al-Legierungen werden durch HNO_3 mittlerer Konz. ebenfalls selektiv angegriffen. Bei mit dem Autogen- oder Metallichtbogen geschweißten Nähten zeigt sich kein wesentlicher Unterschied in der Korrosionsbeständigkeit, jedoch liegen bei elektr. geschweißten Proben die Korrosionszonen näher neben der Naht u. sind schwächer, was auf die wesentlich kurzzeitigere u. örtlich konzentriertere Erwärmung beim Lichtbogenschweißen zurückzuführen ist. Nachbearbeitung der Schweißnähte durch Glühen oder Hämmern oder eine Kombination beider Maßnahmen hatte keinen Einfl. auf die Korrosion. (Werkstoffe u. Korrosion. **4.** 273—80. Aug./Sept. 1953. Bonn, Forschungslabor. der Vereinigten Aluminium-Werke u. der Leichtmetallwerke GmbH.) VIER. 6538

Monsanto Chemical Co., St. Louis, Mo., übert. von: **Robert Ruffin Cook**, Springfield, und **Arnold C. Hatch**, Longmeadow, Mass., V. St. A., *Bindemittel für Gießereiform- und -kernsand.* Gießereisand wird mit 5—10 (Gew.-%) eines festen, schmelzbaren, durch Hitze härtbaren Kunstharzes, wie *Phenol-* oder *Harnstoffformaldehydharz*, u. 0,1—1 von *Tetraalkyl-*, *Tetraaralkyl-* oder *Tetraarylorthosilicat* vermischt. (**A. P. 2 657 974** vom 23/8. 1951, ausg. 3/11. 1953.) HANS HOFFMANN. 6383

Nicolas Herzmark, New York (Erfinder: **Paul Francis Collins**, Chicago), V. St. A., *Plastische Formmasse für die Herstellung feuerfester Gießformen*, besteht aus einem feuerfesten Stoff, z. B. SiO_2, u. einem wss. SiO_2-*Sol* mit einem Alkalimetalloxydgeh. bis zu ca. 0,2% u. gegebenenfalls noch 0,01—1% einer das Gelieren des Sols in Ggw. des feuerfesten Stoffes beschleunigenden Verb., z. B. $MgCO_3$ oder $(NH_4)_2CO_3$. (**Oe. P. 176 637** vom 6/4. 1949, ausg. 10/11. 1953. A. Prior. 11/7. 1942.) HANS HOFFMANN. 6383

Hermann Theodor Geissler und **Irene Möwius, geb. Seifert** (Erfinder: **Hugo Möwius**), Berlin, *Trockenstahlgußformmasse.* An Stelle der bisher verwendeten gekörnten Schamotte oder gebrochenen Quarzite werden rohe, ungebrannte, feuerfeste Mineralien benutzt, so daß die Stahlgußformmasse ganz oder teilweise aus kristallinem Kies natürlichen Vork. besteht, dem Fluß- u. Bindemittel zugesetzt sind. (**D. B. P. 908 183** Kl. 31c vom 31/8. 1951, ausg. 1/4. 1954. Anmeldung bekanntgemacht 3/6. 1953.) HANS HOFFMANN. 6383

General Motors Corp., Detroit, Mich., V. St. A., *Herstellung einer mit einer Kupfer-Blei-Legierung ausgekleideten Lagerschale.* Ein aus einem dünnen Stahlblech gefertigtes, allseitig mit einem Rand versehenes flaches Gefäß wird ungefähr auf den F. der Pb-Cu-Legierung erhitzt, mit der fl. Legierung ausgegossen u. unmittelbar darauf abgeschreckt. Nach dem Abkühlen werden aus dem entstandenen Verbundkörper Streifen geschnitten, die zu Lagerschalen gebogen werden. — Abbildungen. (**D. B. P. 900 605** Kl. 31c vom 10/7. 1934, ausg. 28/12. 1953.) HANS HOFFMANN. 6383

Edwin Schütz, Baden, Schweiz, *Herstellen von Schleudergußhalbzeug.* Zur verstärkten Kühlung der Gießform wird während des Erstarrens der Gießmasse unter Druck stehende Kühlluft gegen die rotierende Gießform geblasen. (**Schwz. P. 292 147** vom 7/5. 1951, ausg. 16/10. 1953.) HANS HOFFMANN. 6383

August Thyssen-Hütte Akt.-Ges., Duisburg-Hamborn, **Dortmund-Hörder Hüttenunion Akt.-Ges.**, Dortmund, und **Hüttenwerke Phoenix Akt.-Ges.**, Duisburg-Ruhrort (Erfinder: **Karl Daeves** und **Werner Holtmann**, Düsseldorf), *Herstellen von Stahl im basischen Windfrischverfahren mit seitlicher Windzuführung.* Es wird ein Eisen mit mehr als 2,5 (%) *C*, weniger als 1,5 *Mn*, weniger als 0,5 *Si* u. weniger als 0,5 *P* verblasen. Durch entsprechenden Kalkzuschlag vor oder während des Blasens wird ein Stahl mit niedrigem P- u./oder S-Geh. erzeugt, wobei der P-Geh. des Einsatzes vorzugsweise auf höchstens 0,25% u. der S-Geh. auf höchstens 0,1% gehalten wird. Durch Zugabe von Erz vor oder während des Blasens wird vorteilhaft die Blasezeit verkürzt u. die Abbrandverluste werden vermindert. (**D. B. P. 911 022** vom 19/9. 1944, ausg. 10/5. 1954. Anmeldung bekanntgemacht 24/9. 1953.) HOCHSTEIN. 6409

August Thyssen-Hütte Akt.-Ges., Duisburg-Hamborn, und **Hüttenwerke Phoenix Akt.-Ges.**, Duisburg-Ruhrort (Erfinder: **Walter Eichholz**, Duisburg, **Gerhard Behrendt**, Duisburg-Ruhrort, und **Theodor Kootz**, Dinslaken), *Herstellen von Windfrischstahl mit Stickstoffgehalten unter 0,01%.* Beim Verblasen von THOMAS-Roheisen, Stahl-Roheisen oder BESSEMER-Roheisen in der THOMAS-Birne erfolgt ein Zusatz von Kühlmitteln u. O_2, bes. in Form von oxyd. Erz, zu einem Zeitpunkt, daß sich die Zusätze in einer Beschleunigung der C-Verbrennung bei gleichzeitiger Kühlung des Bades auswirken, spätestens jedoch bis zum Ablauf von 80% der Vorblasezeit. Zweckmäßig wird als Kühlmittel u. O_2-Träger Kalksplitt verwendet. — Kurvenschaubilder. (**D. B. P. 909575** Kl. 18b vom 11/5. 1939, ausg. 22/4. 1954. Anmeldung bekanntgemacht 10/9. 1953.) HOCHSTEIN. 6409

August Thyssen-Hütte Akt.-Ges., Duisburg-Hamborn, **Dortmund-Hörder Hüttenunion Akt.-Ges.**, Dortmund, und **Hüttenwerke Phoenix Akt.-Ges.**, Duisburg-Ruhrort (Erfinder: **Werner Holtmann**, Düsseldorf), *Herstellung von unberuhigtem Stahl*, der nach geringen Kaltverformungsgraden bis ca. 5% noch hohe Kerbschlagwerte aufweist, erfolgt dadurch, daß ein *Al*-Zusatz zum Stahl vor der eigentlichen Desoxydation, z. B. mit *Mn*, gegeben u. so gering bemessen wird, daß noch eine unberuhigte Erstarrung des Stahles eintritt. (**D. B. P. 913 655** Kl. 18b vom 15/10. 1944, ausg. 18/6. 1954. Anmeldung bekanntgemacht 15/10. 1953.) HOCHSTEIN. 6409

Aralloy Co., übert. von: **David J. Uhle**, Allentown, Pa., V. St. A., *Warmbehandlung einer Halbstahllegierung.* Eine Eisenlegierung mit 0,5—3,25 (%) *C*, 0,55—2,25 *Si*,

0,60–1,25 *Mn*, 0,35–0,9 *Mo*, Rest Eisen mit den üblichen Verunreinigungen, die durch Zusatz eines Desoxydationsmittels u. von Ferrobor in einer Menge von 0,04 bis 0,07% auf dem Boden der Schmelze hergestellt ist, wird zur Erzielung einer hohen Schlagfestigkeit u. Verschleißfestigkeit in einem Temperaturgebiet von 870–1010° normalisiert, darauf auf eine Zwischentemp. im Gebiete von 650–900° abgekühlt, sodann in Öl auf 205–290° abgeschreckt, darauf wieder auf eine Temp. im Gebiete von 425–540° erhitzt u. schließlich auf ca. 38° abgeschreckt. (**A. P. 2 633 438** vom 7/9. 1950, ausg. 31/3. 1953.) HOCHSTEIN. 6411

George Umpleby Noden, Lynton, England, *Herstellung von austenitischen, martensitischen und ferritischen nichtrostenden Stählen und anderen chromhaltigen Stählen durch direkte Erzreduktion.* Ein aus Chromerz, Schrott, mindestens einem C-haltigen Mittel u. einem schlackenbildenden Mittel bestehendes Gemisch wird nach dem Einschmelzen zwecks vollständiger Red. des Chromerzes durch Einführen von O_2 überhitzt, worauf die völlig red. Schlacke entfernt wird. Die Einführung von O_2 wird auch mit fortschreitender Charge zur C-Entfernung fortgesetzt u. anschließend die Chromoxyde auf n. Wege durch Anthrazit, Graphit, Koks oder dgl. reduziert. (**E. P. 698 847** vom 9/11. 1951, ausg. 21/10. 1953.) HOCHSTEIN. 6411

Gußstahlwerk Witten Akt.-Ges., Witten, *Stahllegierung für Warmarbeitsdorne von hoher Lebensdauer beim Pilgerschrittwalzen.* Der Stahl besteht aus 0,2–0,4 (%) *C*, 0,2–0,5 *Si*, 0,2–0,6 *Mn*, 0,3–1,2 *Cr*, 3,5–5,0 *Ni*, 0,5–1,0 *Mo*, 2–3 *W*, Rest Eisen mit den üblichen Verunreinigungen. Der Stahl kann zweckmäßig auch noch 0,3 *V* enthalten. (**F. P. 1 024 879** vom 25/9. 1950, ausg. 8/4. 1953. D. Prior. 7/12. 1949.) HOCHSTEIN. 6411

Charles Sykes, Henry William Kirby und **Charles Stokes**, Sheffield, England, *Ferritische Stahllegierung mit hoher Zunderbeständigkeit und hoher Dauerstandfestigkeit bei 600 bis 650°* besteht aus 0,03–0,20 (%) *C*, 0,1–1,5 *Si*, 0,1–2,0 *Mn*, nicht über 2,0 *Ni*, 3,5–8,0 *Cr*, 0,3–1,5 *Mo*, welches mit 0,4–2,5 *W* austauschbar ist mit der Maßgabe, daß bei Ggw. von beiden der Gesamtgeh. an Mo u. W 3% beträgt, ferner 0,05–0,4 *Ti*, 0,01–0,5 *V*, 0,001–0,05 *B*, Rest Eisen mit den üblichen Verunreinigungen. (**E. P. 702 555** vom 18/5. u. 12/12. 1951, ausg. 20/1. 1954.) HOCHSTEIN. 6411

Armco Steel Corp., übert. von: **Paul A. Jennings**, Baltimore, Md., V. St. A., *Warmfester austenitischer Stahl* für Ventile oder Ventilteile in Verbrennungskraftmaschinen oder für solche Maschinenteile, die bei 760° in einer korrosiven Atmosphäre eine Härte von 145 Brinell besitzen sollen, besteht aus 0,08–1,50 (%) *C*, 12–30 *Cr*, 2–6 *Ni*, 3–12 *Mn*, bis 0,25 *Si*, 0,06–0,60 *N*, Rest Eisen u. Verunreinigungen. — Abbildung. (**A. P. 2 657 130** vom 31/12. 1952, ausg. 27/10. 1953.) HOCHSTEIN. 6411

Deutsche Edelstahlwerke Akt.-Ges. (Erfinder: **Karl Bungardt**), Krefeld, *Austenitische Chrom-Nickel-Stahllegierung mit hoher Dauerfestigkeit* enthält 0,01–0,5, vorzugsweise 0,01–0,15 (%) *C*, 10–25, vorzugsweise 14–18 *Cr*, 6–35, vorzugsweise 15 bis 25 *Ni*, 0,3–4,0, vorzugsweise 0,8–1,5 *V*, 0,1–4,0, vorzugsweise 0,5–1,5 *Ta/Nb*, 0,05–0,5, vorzugsweise 0,1–0,25 N_2, Rest Eisen u. die üblichen Gehh. an *Si*, *Mn*, *P* u. *S*. Vorteilhaft kann die Legierung auch noch 0,01–0,3, vorzugsweise 0,02–0,15 *B*, bis zu 30 *Co* sowie bis zu einem Gesamtgeh. von 6% *Mo* u./oder *W* u./oder *Si* enthalten. Auch kann der Ni-Geh. der Stahllegierung ganz oder teilweise durch *Mn* im Verhältnis 1 : 1 ersetzt werden. (**F. P. 1 030 469** vom 4/1. 1951, ausg. 15/6. 1953. D. Prior. 9/1. 1950.) HOCHSTEIN. 6411

Soc. An. des Hauts Fourneaux, Forges et Aciéries de Pompey, Pompey, Frankreich, *Stahllegierung mit hoher Verschleißfestigkeit und Beständigkeit gegen interkristalline und Oberflächenkorrosion* besteht aus höchstens 0,20 (%) *C*, 1–6 *Cr*, 0,2–2,0 *Al*, 0,2–2 *Ni*, bis zu 0,50 *Si*, bis zu 0,60 *Mn*, bis zu 0,50 *Cu*, bis zu 0,60 *Mo*, bis zu 0,20 von mindestens einem der Elemente *Ti*, *V*, *Sr*, *Nb* u. *Ce* sowie Rest Eisen mit den üblichen Verunreinigungen an *S* u. *P*. — Kurvenschaubilder u. Gefügebilder. (**E. P. 698 768** vom 2/7. 1951, ausg. 21/10. 1953. F. Prior. 5/7. 1950.) HOCHSTEIN. 6411

Bower Roller Bearing Co., Detroit, Mich., übert. von: **Orin W. McMullan**, Belleville, V. St. A., *Stahllegierung* zur Herst. von Teilen mit hoher Härte u. Verschleißfestigkeit, die mit anderen Teilen in Roll- u. Gleitberührung stehen, bei hohen Tempp., besteht aus 0,15 (%) *C*, 3 *Ni*, 1,50 *Cr*, 5 *Mo*, 0,50 *Mn*, 0,30 *Si*, Rest Eisen u. Verunreinigungen. Die Stahlteile werden aufgekohlt, abgeschreckt u. durch mehrfaches Anlassen auf Tempp., die zwischen 315 u. 650° liegen, mit jeweilig nachfolgender Abkühlung auf Raumtemp., in ihrer Härte gesteigert. (**A. P. 2 654 683** vom 14/5. 1951, ausg. 6/10. 1953.) HOCHSTEIN. 6411

Birmingham Small Arms Co. Ltd. (Erfinder: **Donald Arthur Oliver** und **Kenneth Jack Blackler Wolfe**), Birmingham, England, *Verbesserung von Schneidwerkzeugen.*

Schneidwerkzeuge, wie Bohrer, Fräser, Reibahlen, die aus einer Stahllegierung mit mindestens 4%, zweckmäßig 9%, *Mo* oder *B* bestehen, werden so behandelt, daß an der Werkzeugoberfläche entweder Molybdändisulfid oder Bornitrid entstehen. Der Mo-Stahl wird hierzu mit Alkalipolysulfid behandelt, während der borhaltige Stahl nitriert wird. (**E. P. 698 910** vom 20/6. 1951, ausg. 28/10. 1953.) HOCHSTEIN. 6411

Wieland-Werke Akt.-Ges. (Erfinder: **Hugo Voßkühler**), Ulm-Donau, *Erhöhung der elektrischen Leitfähigkeit von Werkstoffen auf Kupfer-Chrom-Basis.* Bei diesen Werkstoffen ist die vollständige Ausscheidung des Cr bei der Aushärtbarkeit nicht möglich. Um die Randschichten zu entchromen, wird der Werkstoff in oxydierenden Mitteln geglüht, z. B. in Bichromatbädern oder oxydierenden Gasen. Auf diese Weise behandelte Schweißelektroden oder elektr. Kontakte behalten im Kern ihre Warmbeständigkeit. (**D. B. P. 900 514** Kl. 49h vom 18/8. 1951, ausg. 28/12. 1953.) GÖTZE. 6433

Westfälische Leichtmetallwerke G. m. b. H., Nachrodt/Westf., *Verfeinerung des Gefüges von Magnesium und Magnesiumlegierungen.* In das fl., gereinigte Metall wird eine Mischung aus $FeCl_3$ u. Alkali- u. Erdalkalichloriden eingetragen, die Schmelze einige Zeit sich selbst überlassen, auf Gießtemp. gebracht u. vergossen. Nach D. B. P. 898 360 wird $FeCl_3$ in die Schmelze eingetragen, die Schmelze kurzzeitig auf ca. 900° erhitzt, darauf auf Gießtemp. abgekühlt u. vergossen. (**D. B. PP. 898 359** Kl. 40b vom 10/2. 1943 u. **898 360** Kl. 40b vom 17/4. 1941, beide ausg. 30/11. 1953. **Zusätze zu D. B. P. 873 614; C. 1954. 4476.**) GÖTZE. 6445

Recherches, Études, Production (R. E. P.), Frankreich, *Magnesiumlegierungen* bestehen aus 6 (%) *Zn*, 0,7 *Ce*, 0,5 *Mn*, 0,2 *Al*, 0,005 *Be*, Rest *Mg*. Die Legierungen sind korrosionsfest u. oxydationsbeständig bei hohen Temperaturen. Das Be wird als Al–Be-Legierung in die Schmelze eingebracht. (**F. P. 1 029 295** vom 8/12. 1950, ausg. 1/6. 1953.) GÖTZE. 6445

Vereinigte Deutsche Metallwerke Akt.-Ges., Frankfurt/M. (Erfinder: **Hans Burkhardt**, Oberursel/Taunus), *Aluminium-Zink-Magnesium-Legierungen* bestehen aus 0,5–11 (%) *Mg*, 0,5–11 *Zn*, 0,01–2 *B*, Rest *Al*, mit der Maßgabe, daß Zn + Mg 6–12 beträgt. Die Legierungen können noch je 0,1–2 *Cu*, *Co*, *Ni*, *Fe*, *Cr*, *Mn*, *Ti*, *Ca* einzeln oder zu mehreren enthalten. Sie eignen sich für Schmiede-, Walz- u. Preßerzeugnisse u. für Bleche für Tiefziehzwecke. (**D. B. P. 900 499** Kl. 40b vom 12/1. 1941, ausg. 28/12. 1953.) GÖTZE. 6447

W. C. Heraeus, G. m. b. H., *Iridiumlegierungen* bestehen aus 35—85 (%) *Ir*, Rest *W*. Sie können außerdem enthalten 0,1–20 *Pt-Metalle*, 0,1–20 *Fe*, *Co*, *Ni*, wobei die Summe dieser Metalle 30 nicht überschreiten soll, ferner 0,1–3 *B*, 0,1–10 *Ta*, das zum Teil durch *Mo* ersetzt sein kann, 0,1–3 *Cu*, *Ag*, *Au* u. 0,01–0,5 *B*. Die Legierungen eignen sich für Schreibfedern, Grammophonnadeln u. für Teile von wissenschaftlichen Instrumenten. (**F. P. 1 029 859** vom 19/12. 1950, ausg. 8/6. 1953. D. Prior. vom 27/6. u. 30/6. 1950.) GÖTZE. 6467

Rudolf Kürth, Wohnort unbekannt, früher Potsdam-Babelsberg, *Herstellung poriger Pulvermetalle.* Das mit Bindemitteln versehene Metallpulver wird zu Körpern verpreßt u. vor, während oder nach dem Sintern Ultraschallwellen von so hoher Intensität u. Dauer ausgesetzt, daß in dem Bindemittel bleibende Poren entstehen. (**D. B. P. 900 498** Kl. 40b vom 25/7. 1940, ausg. 28/12. 1953.) GÖTZE. 6475

Deutsche Edelstahlwerke Akt.-Ges., Krefeld (Erfinder: **Richard Kieffer** und **Sebastian Heiss**, Reutte/Tirol), *Sinterwerkstoffe hoher Härte* bestehen aus 50—97 (%) *BC*, Rest mindestens ein hochschm. Oxyd des *Al*, *Si*, *B*, *Mg*, *Zr*, *Ti* oder die Silicate *Mullit* u. *Sillimanit*. Sie eignen sich für Sandstrahldüsen, Führungsbüchsen, Ziehsteine u. dergleichen. Zur Verwendung von Schleifsteinen u. Schleifrädchen wird der Werkstoff in eine gesinterte Trägermasse aus Hartmetall, in keram. Massen oder Kunstharz eingebettet. (**D. B. P. 901 243** Kl. 40b vom 29/1. 1943, ausg. 7/1. 1954.) GÖTZE. 6475

Glyco-Metall-Werke Daelen & Loos G. m. b. H. (Erfinder: **Bernward Garre**), Wiesbaden, *Herstellung lamellenförmiger Körper.* Lamellenförmige Körper, bes. Bremslamellen, lassen sich dadurch herstellen, daß man auf Blechlegierungen *Cu*- oder *Fe*-Legierungen aufsintert. Eine wesentliche Verbesserung wird dadurch erreicht, daß man 10–50 (%) *Graphit* mit 10–50 *Pb* oder einem ähnlich schm. Metall der aufzusinternden Legierung zusetzt. Hierdurch wird die Neigung der Bremsschichten zum Fressen herabgesetzt. (**D. B. P. 899 560** Kl. 40b vom 11/7. 1943, ausg. 14/12.1953.) GÖTZE. 6475

Fritz Singer, Starnberg, *Anwendung des Verfahrens zur spanlosen Verformung* von Fe u. Stahl nach D. R. P. 747 422 mit wss., sulfidhaltigen Ölemulsionen auf Nichteisenmetalle bzw. deren Legierungen, z. B. des Al-Cu-Mg-Typs. (**D. B. P. 904 680** Kl. 23c vom 15/4. 1943, ausg. 22/2. 1954. **Zusatz zu D. R. P. 747 422; C. 1953. 6397**). DREWS. 6491

René van Loo, Lüttich, Belgien, *Warmbehandlung von Blechbändern im Durchlaufverfahren.* Beidseitig eines quer zur Bewegungsrichtung angeordneten, durch Glüh- u. unmittelbar anschließende Abschreckmittel erzeugten Härtungsgürtels wirken Druckorgane auf das laufende Band ein, die diesem Gürtel so nahe gerückt sind, wie dies die Temp. des Blechbandes ohne Eintritt einer Walzwrkg. durch den Druck der Druckorgane auf das Blech zuläßt u. die dem jeweils der Härtung unterworfenen Blechbandteil unter mechan. Spannung halten. — Abbildungen. (**Schwz. P. 293 199** vom 19/6. 1951, ausg. 1/12. 1953. Belg. Prior. 13/7. 1950.) HOCHSTEIN. 6493

Union Carbide and Carbon Corp., New York, N. Y. (Erfinder: **Edward Milo Holub,** Plainfield, **DeWitt Talmadge Kelley,** Nixon, und **Ray Orion Wyland jr.,** Birmingham), V. St. A., *Sauerstoffhobeln für nicht oxydierende Metallkörper.* Ein mit Metallpulver, bes. Stahlpulver, beladenes Gas strömt als dünner flacher Strom von im wesentlichen gleicher Breite wie der O_2-Strom aus u. wird durch Vorerhitzerflammen in den O_2-Strom eingeblasen. Die Pulverteilchen sind im wesentlichen dadurch über den ganzen Querschnitt des flachgehaltenen Trägergasstromes verteilt, da sie vorher in ihrer Ausströmdüse über eine gegen den Gasstrom vorspringende Falte geführt werden. — Abbildungen. (**D. B. P. 881 747** Kl. 49 h vom 22/9. 1951, ausg. 2/7. 1953. A. Prior. 29/9. 1950.) HOCHSTEIN. 6503

Aktiengesellschaft für Unternehmungen der Eisen- und Stahlindustrie (Erfinder: **Josef Hinnüber**), Essen, *Schweißstäbe für Auftragsschweißung.* In eine gesinterte Einbettmasse, die z. B. aus 27 (%) *Fe*-Pulver, 16 *Ferrochrom*-Pulver, 3,2 *Ferromangan*-Pulver, 1,5 *Ferrosilicium*-Pulver, 2,3 *Kohle*-Pulver mit 50 einer feinzerkleinerten *WC*-Sinterlegierung besteht, werden gesinterte oder geschmolzene Hartmetallkörner aus WC oder einem anderen harten Carbid oder Carbidgemisch mit oder ohne Zusatz von Hilfsmetallen eingelagert. Die Hartmetallkörner haben eine Größe, die ein Sieb von mindestens 300 Maschen/cm^2 passieren. (**D. B. P. 900 649** Kl. 49 h vom 5/8. 1937, ausg. 1/2. 1954.) GÖTZE. 6507

Robert Bosch G. m. b. H. (Erfinder: **Friedrich Haspel**), Stuttgart, *Reinigen von Kokillen.* Eiserne oder stählerne Kokillen für den Leichtmetallguß werden in ein den betreffenden Gußwerkstoff auflösendes Laugenbad, z. B. in techn. *NaOH*, gebracht u. anschließend mit W., vorzugsweise zunächst mit heißem u. dann mit kaltem W. abgespült. (**D. R. P. 754 487** Kl. 31 c vom 29/12. 1942, ausg. 29/3. 1954.) HANS HOFFMANN. 6513

Paul Pierre Reiss, Frankreich, *Beizen von Bändern oder Blechen.* Die Gegenstände werden durch schmale Rohre oder Kanäle geführt, die von der Beiz-Fl. durchströmt werden. Das Verf. erfordert infolge des Fehlens großer Behälter wenig Fl. u. ermöglicht eine schnelle Erwärmung der Beizlösung. — Abbildungen. (**F. P. 1 040 347** vom 4/8. 1951, ausg. 14/10. 1953.) MARKHOFF. 6513

Rolls-Royce Ltd., Derby, England, *Anodisches Polieren von Gegenständen aus Aluminium und seinen Legierungen.* Die Gegenstände werden in einem Elektrolyten aus 57,5—77,5 (Gew.-%) H_3PO_4, 3—22,5 CrO_3 u. 15—25 W. anod. bei Stromdichten von 1,5—75 A/cm^2 u. 20—120° behandelt. In 1—2 Min. werden glatte Oberflächen erhalten. (**Schwz. P. 292 424** vom 27/12. 1950, ausg. 2/11. 1953. E. Prior. 30/12. 1949.) MARKHOFF. 6515

T. H. Westby, Chicago, Ill., V. St. A., *Aluminisieren von Drähten, Platten oder dergleichen aus Eisen.* Man taucht die Gegenstände in eine Fe-Schmelze, nachdem sie vorher mit einer Schmelze aus ca. 80 (%) $ZnCl_2$ u. 20 NaCl u. einer geringen Menge, bes. 0,25—1, $PbCl_2$ bei ca. 400—500° behandelt wurden. Man kann die Gegenstände auch vor der Behandlung mit dem Salzbad noch mit ca. 5—25%ig. HCl bei 60—85° vorbehandeln. Das eigentliche Aluminisieren geschieht zweckmäßig in einem Al-Bad mit 0,2—15, bes. 5, Si, bei ca. 700—1100°. Das Al-Bad wird oben mit einem reduzierenden Material, bes. Graphitstücken, abgedeckt. (**Schwed. P. 135 379** vom 30/9. 1949, ausg. 22/4. 1952. A. Prior. 10/12. 1948.) JÜRGEN SCHMIDT. 6517

Olin Industries, Inc., East Alton, Ill., übert. von: **Aaron L. Hitchens,** New Haven, Conn., und **Robert G. Owens,** Wood River, Ill., V. St. A., *Herstellung eines Bades zur elektrolytischen Abscheidung von Blei–Antimon-Legierungen.* Sb wird in einem Gemisch von konz. HNO_3 u. HF, dem Weinsäure zugesetzt ist, unter Erhitzen aufgelöst, bis keine Stickoxyde aus der Lsg. entweichen. Der Lsg. wird ein Pb-Bad aus einer Lsg. von $Pb(BF_4)_2$, HBF_4 u. $B(OH)_3$ zugefügt. Das Bad arbeitet mit einer Stromdichte von 15 A/sq.ft. (1,6 A/dm^2) u. Tempp. von 80—85° F (27—29° C). (**A. P. 2 634 235** vom 21/6. 1946, ausg. 7/4. 1953.) MARKHOFF. 6517

United States of America, übert. von: **Abner Brenner,** Chevy Chase, Md., **Polly S. Burkhead,** Bethlehem, Pa., und **Clara A. Sentel,** Herndon, Va., V. St. A., *Elektro-*

lytische Erzeugung von Überzügen aus Legierungen des Wolframs mit Eisen, Kobalt oder Nickel. Als Elektrolyt dient eine alkal. Lsg. mit WO_4-Ionen, mit NH_4-Ionen, die mit Fe-, Co- oder Ni-Ionen zu einem Komplex vereinigt sind, u. aliphat. organ. Ionen mit mindestens 3 OH- u. COOH-Gruppen. — Beispiel: 70 (g/Liter) $Na_2WO_4 \cdot 2 H_2O$, 28 $CoCl_2$, 100 *Rochelle-Salz*, 50 NH_4Cl. Der p_H-Wert von 8—9 wird mit NH_4OH eingestellt. Temp. 90°. Stromdichte 1—3 A/dm². Die Ndd. besitzen eine Härte von 500 bis 600 Micro-Vickers, die durch Härten bei 600° auf 900—1000 Micro-Vickers gesteigert werden kann. (**A. P. 2 653 128** vom 8/11. 1946, ausg. 22/9. 1953.) MARKHOFF. 6517

United States of America, übert. von: **Abner Brenner,** Chevy Chase, Md., und **Polly S. Burkhead,** Bethlehem, Pa., V. St. A., *Bad zur elektrolytischen Abscheidung von Kobalt und von Kobalt und Molybdän* besteht aus Alkalicarbonat, z. B. 1300 g/Liter K_2CO_3, u. einem Co-Salz, wie $CoSO_4$, u. zwar in einer solchen Menge, daß ca. 10 g/Liter Co in der Lsg. enthalten sind. Bei Mitabscheidung von Mo enthält das Bad noch Na_2MoO_4. Die Bäder arbeiten zweckmäßig mit 1—5 A/dm² Stromdichte. Die mit dem Bad erzeugten Ndd. sind sehr hart u. korrosions- u. temperaturbeständig. (**A. P. 2 653 127** vom 8/11. 1946, ausg. 22/9. 1953.) MARKHOFF. 6517

Federal Telephone and Radio Corp., New York, N. Y., übert. von: **Arthur von Hippel,** Weston, und **Mortimer C. Bloom,** Newton Highlands, Mass., V. St. A., *Erzeugen von Überzügen aus Selen auf elektrolytischem Wege.* Die Ndd. werden aus einer 18 n-H_2SO_4-Lsg. abgeschieden, in der 150 g/Liter SeO_2 oder mehr bis zur Sättigung gelöst sind. Temp. 55—120°. Stromdichte 8—230 A/sq.ft. (0,86—24,6 A/dm²). Die Ndd. sind von grauer metall. Form. — Diagramme. (**A. P. 2 649 409** vom 30/7. 1943, ausg. 18/8. 1953.) MARKHOFF. 6517

Westinghouse Electric Corp., übert. von: **Richard L. Longini,** Pittsburgh, Pa., V. St. A., *Herstellen von Antimonüberzügen durch Aufdampfen.* Fein gepulvertes Sb wird mit einem prakt. nicht flüchtigen fein gepulverten Metalloxyd gemischt u. im Hochvakuum aufgedampft. Die so erhaltenen Überzüge sind gleichmäßiger als Überzüge, die durch Verdampfen von Sb allein erhalten werden. — Abbildung. (**A. P. 2 656 287** vom 29/6. 1949, ausg. 20/10. 1953.) VIER. 6517

François Dirat, Frankreich, *Elektrolyt zur galvanischen Erzeugung von Goldüberzügen* besteht aus einer Lsg. $AuCl_3$, KCN, Na_2HPO_4, Na_2SO_3, $AgCN$, $CuCN$ u. $NiSO_4$. Aus der Lsg. wird eine Au–Ag–Cu-Legierung abgeschieden, wobei deren Au-Geh. einer 18-karätigen Au-Legierung entspricht u. deren Farbe sehr gleichmäßig ausfällt. Der $NiSO_4$-Geh. des Elektrolyten bewirkt eine Härtung des Niederschlags. (**F. P. 1038224** vom 8/6. 1951, ausg. 25/9. 1953.) MARKHOFF. 6527

W. C. Heraeus G. m. b. H., Deutschland, *Galvanisches Erzeugen von harten Silber- oder Goldniederschlägen.* Dem cyanid. Elektrolyten werden Verbb. des *Ge*, *Sn*, *As* oder *Sb* zugesetzt, zweckmäßig als Salze von Oxysäuren, wie Weinsäure. — Beispiel: 50 (g/Liter) Ag als $KAg(CN)_2$, 3 Sb als K–Sb-Tartrat, 70 K-Tartrat, 120 KCN, 80 KOH. Temp. des Bades 20°. Stromdichte 0,7 A/dm². (**F. P. 1 027 637** vom 14/11. 1950, ausg. 13/5. 1953. D. Prior. 15/11. 1949.) MARKHOFF. 6527

Soc. Industrielle de Fournitures pour l'Électrolyse (S. I. F. E.), Frankreich (Erfinder: **Otto Kardos**), *Bad zur galvanischen Erzeugung glänzender Silberüberzüge* besteht aus einer Lsg. von *AgCN*, *Alkalicyanid* u./oder *-carbonat*, der kleine Mengen des Reaktionsprod. zwischen CS_2 u. einem Keton der allg. Gruppe $R-CH_2-CO-CH_2-R$ zugesetzt sind, wobei R sein kann H oder eine der Gruppen C_nH_{2n+1}, CH_3COCH_2- oder $-CH_2COOH$. Die Rk. wird in Ggw. von Alkali oder von Alkali u. Formaldehyd durchgeführt. Die Glanzwrkg. des Zusatzstoffes wird durch Verwendung von Türkischrotöl verbessert. (**F. P. 1 048 094** vom 7/9. 1951, ausg. 18/12. 1953. A. Prior. 15/9. 1950.) MARKHOFF. 6527

Métallogravure Dauphinoise und **François Burger,** Frankreich, *Herstellung von beschreib- und bedruckbaren Etiketten und Plättchen aus Aluminium.* Die Gegenstände werden in einer 20—30%ig. H_2SO_4 bei 25—30° anod. oxydiert. (**F. P. 1 019 278** vom 4/4. 1950, ausg. 20/1. 1953.) MARKHOFF. 6531

Eugen Schellenbach, Deutschland, *Erzeugen von Reflektoren aus Aluminium.* Die Reflektoren werden aus Rein- oder Reinstaluminium (99—99,99% Al) hergestellt, das einer Zwischenglühung unterworfen wurde. Dann werden sie chem. in sauren oder alkal. Bädern chem. poliert u. anschließend elektrolyt. oxydiert. Auch Al-Bleche aus 99—99,99%g. Al mit 1% Mg-Geh. eignen sich für das Verfahren. An Stelle von Blechen aus Reinstaluminium können auch Bleche aus Reinaluminium verwendet werden, die mit Reinstaluminium plattiert sind. Man erhält Oberflächen mit sehr guter Reflexion. (**F. P. 1 036 081** vom 24/4. 1951, ausg. 3/9. 1953. D. Prior. 26/4. 1950.) MARKHOFF. 6531

Siemens & Halske Akt.-Ges., Berlin und München (Erfinder: **Nikolai Budiloff** und **Ernst Berganski**, Berlin), *Elektrolytische Oxydation von Aluminium und seinen Legierungen, insbesondere Drähten und Bändern im Durchzugsverfahren in schwefel- oder oxalsauren Bädern.* Die elektrolyt. Behandlung erfolgt bei Tempp. von über 50° mit Stromdichten von ca. 100 A/dm² oder mehr, wobei die Behandlungsdauer höchstens 1 Min. beträgt. (**D. B. P. 906 878** Kl. 48a vom 21/12. 1939, ausg. 18/3. 1954. Anmeldung bekanntgemacht 23/7. 1953.) MARKHOFF. 6531

Tréfileries et Laminoirs du Havre, Soc. An. pour la Protection et la Coloration des Métaux und **Jean François Germain Hérenguel**, Frankreich, *Anodische Oxydation von Aluminium und seinen Legierungen.* Als Elektrolyt wird eine Lsg. aus einem Gemisch einer mittelstarken u. einer schwachen Säure von relativ kleinem Mol.-Gew. verwendet. An Stelle der mittelstarken Säure kann auch ein saures Salz einer starken Säure verwendet werden, wie saure *schwefelsaure Salze.* Als schwache Säuren werden verwendet *Ameisen-, Citronen-, Wein-* u. *Essigsäure.* Man erhält sehr dichte u. sehr harte Oxydschichten. — Diagramme. (**F. P. 1 005 592** vom 14/8. 1947, ausg. 11/4. 1952.) MARKHOFF. 6531

British Insulated Callender's Cables Ltd., London, England, *Rohrförmiger Aluminiumkörper mit Gummischutzhülle.* Der Gummimasse wird bas. Zn-Chromat zugesetzt. In den Gummi eindringendes W. kommt mit dem Chromat in Berührung u. wirkt daher auf das Al nicht korrodierend. (**Schwz. P. 295 083** vom 5/1. 1951, ausg. 16/2. 1954. E. Prior. 17/1. 1950.) MARKHOFF. 6539

Werner Espe, Zirkonium. Seine Herstellung, Eigenschaften u. Anwendungen in d. Vakuumtechnik. Füssen/Bayern: Winter. 1953. (74 S. m. 14 Abb. u. 20 Taf.) DM 5,40.

IX. Organische Industrie.

N. V. de Bataafsche Petroleum Mij., Den Haag, Holland (Erfinder: **Lloyd Cochrane Fetterly**, San Francisco, V. St. A.), *Extraktive Kristallisation von Gemischen organischer Verbindungen*, bes. von *KW-stoffen* u. *Erdölfraktionen*, erfolgt mit Verbb. der Formel $H_2N—C(=X)—NH_2$ (X = O, S, Se) in Ggw. von 2 Fll., von denen die eine das Kristallisationsmittel im wesentlichen löst (z. B. W.) u. die 2. Fl. die Löslichkeit des Substanzgemisches in der 1. Fl. erhöht (Methyläthylketon, Methylisobutylketon, Isopropanol, Pentanole, Hexanole, Diisoamylacetat, Mesityloxyd, Ae. u. deren Gemische). In den Beispielen dienen als Ausgangsstoffe eine Erdölschmierölfraktion, als Kristallisationsmittel Harnstoff u. als Lösungsm. W. u. Methylisobutylketon. Ferner können aus ihren Gemischen abgetrennt werden: Paraffin-KW-stoffe, Olefine, Diolefine, Triolefine, Acetylene, Diacetylene, Olefinacetylene, Alkohole mit $>$ 6 C-Atomen, Äther, Acetale, Aldehyde, Ketone, Fettsäuren mit $>$ 4 C-Atomen, Ester, Amine, Säureamide, Mercaptane, Thioalkohole, Thioaldehyde, Alkylhydrazine, Aminosäuren, Nitroparaffine, Halogenparaffine, Chinolin, Trimethylpyridine, Thiophen, Methylpyridine, Jodbenzol, Dioxan, Chlf., Äthylidenchlorid, Isoparaffine, Naphthene, Cyclopropane, -butane, -pentane, -hexane, -heptane. (**D. B. P. 870 258** Kl. 12o vom 2/10. 1948, ausg. 12/3. 1953. A. Prior. 27/10. 1947.) KRAUSS. 6559

Farbenfabriken Bayer (Erfinder: **Hellmuth Lauth** und **Erhard Meier**), Leverkusen, *Durchführung organischer katalytischer Reaktionen* erfolgt in Ggw. synthet. unlösl. Festsäuren (**I**) oder Festbasen (**II**), bes. auf Kunstharzbasis, die zweckmäßig ganz oder teilweise mit metall. Kationen oder Säureanionen abgesätt. sind. Die Rkk. sind auch bei erhöhter Temp. u./oder Druck durchführbar. Als **I** sind anwendbar: Kondensationsprodd. aus Phenolen, Na_2SO_3 u. CH_2O, ferner Prodd., die durch Behandeln von Kohlen mit H_2SO_4 oder H_3PO_4 bei höherer Temp. erhalten werden; als **II**: Kondensationsprodd. von aliphat. u./oder aromat. Basen mit CH_2O in Ggw. von Säuren. — Ein Kationenaustauscher, durch Kondensation von Phenol, Resorcin, Benzaldehyddisulfonsäure mit CH_2O gewonnen, dient nach dem Behandeln mit 10%ig. HCl zur *Invertierung* einer 13,5%ig. Zuckerlsg.; zur *Veresterung* von A. mit Essigsäure, zur *Verseifung* von Essigester, zur Rk. von Benzaldehyd mit Orthoameisensäureester zu *Benzaldehyddiäthylacetal*, zur Umwandlung von gasförmigen Olefinen bei 120° u. 180 atü in *fl. KW-stoffe.* — Ein mit 4%ig. wss. Na_2CO_3 behandeltes Kondensationsprod. aus m-Phenylendiamin, Anilin, Polyäthylendiamin, HCl u. CH_2O dient zur Umwandlung von Acetaldehyd in *Aldol.* (**D. B. P. 882 091** Kl. 12o vom 3/4. 1942, ausg. 6/7. 1953.) KRAUSS. 6599

Houdry Process Corp., Wilmington, Del., übert. von: **George R. Bond jr.**, Paulsboro, N. J., V. St. A., *Entfernung von Olefinen* aus diese enthaltenden niedrigsd. KW-stofffraktionen mit Kp. ca. 600° F. Man behandelt diese mit N_2O_4, zweckmäßig bei Raumtemp., bes. bei 70—100° F. Die gebildeten Olefinnitrosoaddukte werden dann abfiltriert oder durch Wasserdampfdest. entfernt u. aus dem Dampf durch Alkaliwäsche gewonnen. Die olefinfreien KW-stoffe können von der wss. Schicht abgetrennt werden. (**A. P. 2 586 777** vom 31/1. 1947, ausg. 26/2. 1952.) KRAUSS. H 500

Standard Oil Development Co., Elizabeth, N. J., V. St. A., *Kontinuierliche katalytische Umwandlung von Kohlenwasserstoffölen*, wobei die Öldämpfe mit einem feinverteilten Katalysator (I) in einer Reaktionszone zusammentreffen, dad. gek., daß die umgewandelten Dämpfe mitsamt den mitgerissenen Katalysatorteilchen aus der Reaktionszone abgezogen u. einer Trockenabscheidung zugeführt werden, wobei die Hauptmasse des I von den Dämpfen abgetrennt u. in die Umwandlungszone zurückgeführt wird u. die Dämpfe mitsamt dem verbliebenen I in eine Waschzone eingeführt werden, in der die höchstsd. Dampffraktion kondensiert u. das Kondensat zum Auswaschen der restlichen I unter Bldg. einer Aufschlämmung desselben verwendet wird, aus der der I kontinuierlich mechan. abgetrennt u. in die Umwandlungszone zurückgeführt wird, während das aus der Aufschlämmung abgetrennte Kondensat aus dem Syst. entfernt wird. — Zeichnung. (**D. B. P. 877 897** Kl. 12o vom 21/3. 1950, ausg. 28/5. 1953. A. Prior. 21/3. 1944.) G. KÖNIG. H 500

Ruhrgas Akt.-Ges. (Erfinder: **Walter Kuckuck**), Essen/Ruhr, *Konvertieren und Methanisieren CO- und H_2-haltiger Gase.* Der für das Konvertieren des Gases notwendige Wasserdampf wird durch Ausnutzung der beim Methanisieren freiwerdenden Wärme erzeugt. — Schemat. Abbildung. (**D. B. P. 893 044** Kl. 12i vom 8/2. 1944, ausg. 12/10. 1953. Anmeldung bekanntgemacht 24/12. 1952.) SCHREINER. H 510

Donau-Chemie Akt.-Ges., Wien (Erfinder: **Otto Fruhwirth**, Brückl, Kärnten), Österreich, *Perchloräthylen*, gegebenenfalls in Mischung mit *Tetrachlormethan.* Man behandelt ein strömendes Gasgemisch von vergasbaren, aliphat. KW-stoffen mit > 2 C-Atomen oder deren Halogensubstitutionsprodd., mit Ausnahme von n. C_4-KW-stoffen, mit ungefähr der theoret. Menge Cl_2 bei 300—800°, bes. 500—600°, wobei sich die vorst. genannte Mischung bei Verwendung von Ausgangs-KW-stoffen mit ungerader C-Zahl bildet. Ausgangs-KW-stoffe sind: Propan, Mischungen aus: Propan, Propen, Butanen u. Isobuten, oder aus: Methylpentanen, n.-Hexan u. Methylcyclopentan. Ausbeute: 92%. (**D. B. P. 887 809** Kl. 12o vom 16/9. 1941, ausg. 27/8. 1953.) KRAUSS. H 520

General Electric Co., übert. von: **Robert B. Young**, Pittsfield, Mass., V. St. A., *Vinylchlorid* erhält man aus Acetylen u. HCl in der Dampfphase bei 100—200° in Ggw. von mit Cu-Salzen (Cu-Halogenide, -Sulfate, -Nitrate, -Acetate) getränkter Kohle in 95—100%ig. Ausbeute (Tabelle). (**A. P. 2 590 810** vom 5/8. 1950, ausg. 25/3. 1952.) KRAUSS. H 520

Air Reduction Co., Inc., New York, N. Y., übert. von: **Hoke S. Miller**, Stamford, Conn., V. St. A., *Kontinuierliche Herstellung von Vinylchlorid* erfolgt durch Anlagerung von HCl an C_2H_2 in der Gasphase in Ggw. eines $HgCl_2$-Katalysators ($HgCl_2 \cdot CaCl_2$) bei ca. 100—250°, bes. ca. 120°, u. einer solchen Menge Wasserdampf, daß das C_2H_2 bei n. Temp. u. Druck damit gesätt. ist. (**A. P. 2 615 054** vom 17/12. 1947, ausg. 21/10. 1952.) KRAUSS. H 520

N. V. de Bataafsche Petroleum Mij., Den Haag, Holland, *Trennung von 2-Alkenylhalogeniden* mit der Gruppierung I aus ihren Mischungen mit 1-Alkenylhalogeniden der Gruppierung II erfolgt durch Dest. in Ggw. eines gesätt., aliphat. Ketons, dessen

Kp. niedriger ist als der der azeotrop. Mischung mit 1-Alkenylhalogenid, als Schleppmittel. — Die Trennung einer Mischung aus 2-Methallylchlorid u. Isocrotylchlorid erfolgt mit Aceton in einer Destillationskolonne mit 30 theoret. Böden u. einem Rückflußverhältnis von 40. Als 2-Alkenylhalogenide sind genannt: $CH_2=CHCH_2Cl$, $CH_2=CHCH_2Br$, $CH_2=CHCH_2J$, $CH_3CH=CHCH_2Br$, $CH_2=C(CH_3)CH_2Cl$, $C_2H_5CH=CHCH_2Cl$, $C(CH_3)_3CH=CHCH_2Cl$ u. III. (**E. P. 684 577** vom 22/11. 1950, ausg. 17/12. 1952. A. Prior. 26/11. 1949.) KRAUSS. H 520

Badische Anilin- & Soda-Fabrik Akt.-Ges., Ludwigshafen/Rh. (Erfinder: **Hans Krekeler**, Bielefeld, und **Rudolf Leutner**, Gimmeldingen), *Herstellung von Butadien aus*

Dichlorbutan. Die Abspaltung von HCl erfolgt bei 580—640° in engen, leeren Rohren von solchen Maßen, daß bei 1 std. Erhitzungsdauer je 1 g Ausgangsstoff ca. 1 cm^2 oder mehr beheizte, innere Rohroberfläche zur Verfügung steht. Ausbeute: ca. 90% bei Verwendung eines V 2A-Rohres von 1,10 m Länge u. 6 mm lichter Weite. (**D. B. P. 895 447** Kl. 12o vom 7/4. 1944, ausg. 2/11. 1953.) Krauss. H 520

Badische Anilin- & Soda-Fabrik Akt.-Ges., Ludwigshafen/Rh., *Herstellung von Katalysatoren aus CrO_3 und überschüssigem ZnO* für die Synth. von *Alkoholen* aus CO—H_2-Gemischen. Man mischt eine trocken hergestellte Mischung von ZnO u. CrO_3 mit so wenig W., daß ein trockenes Pulver erhalten wird. Der Zusatz aktivierender Stoffe kann zu der trockenen Mischung oder aber gelöst in dem zuzusetzenden W. erfolgen. (**Schwz. P. 294 683** vom 12/7. 1951, ausg. 1/2. 1954. D. Prior. 3/1. 1944.) G. König. H 550

Stanolind Oil and Gas Co. (Erfinder: **Karol L. Hujsak** und **Richard Mungen**), Tulsa, Okla., V. St. A., *Anreicherung von Alkoholen und organischen Säuren in einer wässerigen, Aldehyde und/oder Ketone enthaltenden Mischung.* Diese, z. B. ein Primär-KW-stoffsyntheseöl, wird mit $H_2 + CO_2$ in Ggw. eines KW-stoffsynthesekatalysators auf **145—360°** u. bei über 14 at erhitzt, wobei jedoch eine KW-stoffsynth. nicht erfolgen darf. Soll der Säuregeh. erhöht werden, so soll der H_2-Geh. $<$ 10 Mol-% betragen, der Geh. an CO_2 u. H_2 soll mindestens gleich sein, wenn der Alkoholgeh. erhöht wird. Ein Primärwasser der KW-stoffsynth. der Zus. 0,42 (Mol) CH_3CHO, 2,66 C_2H_5OH, 0,75 CH_3COOH, 0,4 CH_3COCH_3, 92,93 H_2O u. 2,84 andere Verbb. gibt mit $CO_2 + H_2$ (1 : 1) in Ggw. eines Fließbett-Fe-Katalysators eine über 50%ig. Erhöhung der Alkoholausbeute. — Vorr., Zeichnung. (**D. B. P. 877 901** Kl. 12o vom 27/6. 1950, ausg. 28/5. 1953. A. Prior. 29/6. 1949.) Krauss. H 550

Paul Anglaret, Ville D'Avray, Frankreich, *Reduktion von Estern zu Alkoholen.* Zu Can. P. 477 548, C. **1953.** 8202, ist nachzutragen: die Red. von Nitrilen ergibt Mischungen von prim., sek. Aminen, Amino- u. Iminobasen. — Butyloleat ergibt neben Butanol Oleylalkohol. Reaktionstempp. zwischen ca. 80° u. dem Kp. der Reaktionsmischung. Reaktionsdruck normal. (**A. PP. 2 608 589** vom 27/6. 1947, ausg. 26/8. 1952, u. **2 612 527** vom 3/1. 1952, ausg. 30/9. 1952. Beide F. Prior. 5/7. 1946.) G. König. H 560

Deutsche Gold- & Silberscheideanstalt vormals Roessler, Frankfurt/M. (Erfinder: **Heinrich Brendlein**, Wolfgang), *Verfahren zum Hydrieren von Acrolein oder seinen α-substituierten Homologen* in dampfförmigem oder versprühtem Zustand bei erhöhtem Druck in Ggw. von Katalysatoren. Das Aufheizen der Ausgangsstoffe auf 100—300° erfolgt nur in Ggw. des zur Hydrierung erforderlichen erhitzten H_2 oder H_2-haltigen Gases. — Acrolein → *Allylalkohol.* Ausbeute 70%. (**D. B. P. 888 691** Kl. 12o vom 20/12. 1942, ausg. 3/9. 1953.) Krauss. H 560

Phillips Petroleum Co., übert. von: **Paul F. Warner**, Borger, Tex., V. St. A., *Alkylmercaptane mit 8 bis 16 oder mehr C-Atomen.* Olefin-KW-stofffraktionen mit Kp. 320 bis 400° F, die isomere Olefine u. O-Verbb. enthalten, werden mit einem Adsorptionsmaterial (Silicagel, Aktivkohle, akt. Tone) zur Entfernung der O-Verbb. bei 0—150° F behandelt u. dann anschließend mit H_2S im Verhältnis 1 : 1,5 bis 1 : 2 bei 500 bis 1500 lbs./sq.in. u. hoher Durchsatzgeschwindigkeit auf 100—400° in Ggw. eines Katalysators (akt. Tone, Silicagele, die auch noch Oxyde von B, Al, Ga, In, Tl, Ti, Zr, Hf, Th, vgl. A. P. 2426646) erhitzt. — Eine propylen- u. butylenpolymere enthaltende Fraktion, Kp. 320—390° F, wird mit H_2S (1 : 1,5) in Ggw. von „Superfiltrol" bei 800 lbs./sq.in. auf 215—225° erhitzt; Ausbeute: 18,6% *Alkylmercaptan.* (**A. P. 2592089** vom 8/8. 1949, ausg. 8/4. 1952.) Krauss. H 560

Dow Chemical Co. (Erfinder: **William Carrel Bauman** und **Elmer Leroy McMaster**), Midland, Mich., V. St. A., *Herstellung von Chlormethylmethyläther* (I), dad. gek., daß man HCl bei einer Reaktionstemp. zwischen 0 u. 60° in eine Mischung einführt, die als wesentliche reagierende Bestandteile nahezu äquimol. Anteile an CH_2O u. Methylalkohol in Mischung mit $CaCl_2$ in einer Menge von 0,5—1 (Gewichtsteil) $CaCl_2$ auf 1 vorhandenen u. während der Rk. entstehenden W. enthält, die Mischung mit HCl nahezu sättigt u. dann I aus dem Reaktionsgemisch abtrennt. (**D. B. P. 906 454** Kl. 12o vom 11/2. 1951, ausg. 15/3. 1954. A. Prior. 7/6. 1950.) G. König. H 560

Badische Anilin- & Soda-Fabrik Akt.-Ges. (Erfinder: **Gerhard Koudela**, Ludwigshafen/Rh., und **Herbert Friederich**, Worms), *Ganze oder teilweise katalytische Hydrierung von Acetylenen* erfolgt je nach Druck u. Temp. mit H_2 in Ggw. von feinverteiltem Zn als Katalysator, das z. B. durch Dest., durch Verdüsung von geschmolzenem Zn oder durch elektrolyt. Zerstäubung hergestellt werden kann. — Butin-(1)-ol-(3) gibt bei 100° u. 200 at H_2 in Ggw. von Zn-Schwamm (aus Na-Zinkat + Al) *Butylalkohol* in

quantitativer Ausbeute. — Butin-(2)-diol-(1.4) → *Buten-(2)-diol-(1.4)* neben *Butandiol-(1.4)*. (**D. B. P. 897 558** Kl. 12o vom 22/11. 1951, ausg. 23/11. 1953.)
KRAUSS. H 570

Chemische Werke Hüls G. m. b. H. (Erfinder: **Walter Franke, Karl Weißbach,** Marl, und **Ulrich Hoffmann,** Bad Homburg v. d. Höhe), *Acetylenalkohole* erhält man durch Kondensation von Acetylenen mit mindestens 1 an ein Acetylen-C-Atom gebundenen H oder deren Derivv. bei nicht > 50° in Ggw. von wss. Alkalien mit unter den Reaktionsbedingungen beständigen, gesätt. Aldehyden. — Diacetylen + Isobutyraldehyd (I) → *2.9-Dimethyldecadiin-(4.6)-diol-(3.8)*, F. 75°. — Vinylacetylen → *2-Methylheptin-(4)-en-(6)-ol-(3)*. — Diacetylen + Isovaleraldehyd → *3-Methyloctadiin-(5.7)-ol-(4)* + 3-Methylocten-(7)-in-(5)-ol-(4) + *3-10-Dimethyldodecadiin-(5.7)-diol-(4.9)*, $Kp._3$ 170—180°, F. 42°, → *3.10-Dimethyldodecandiol-(4.9)*, F. 88—94°. — Isohexylaldehyd → *4.11-Dimethyltetradecadiin-(6.8)-diol-(5.10)*, $Kp._1$ 174—178°. — 1-Diäthylaminopentadiin-(2.4) + I → *1-Diäthylamino-7-methyloctadiin-(2.4)-ol-(6)*, $Kp._{2,7}$ 146°, F. 56°, → *1-Diäthylamino-7-methyloctanol-(6)*, $Kp._2$ 116—118°. — Diacetylen + 2-Äthylbutanal → *3.10-Diäthyldodecadiin-(5.7)-diol-(4.9)*. — Diacetylen + Formisobutyraldol, $HOCH_2C(CH_3)_2CHO$, → *2.2.9.9-Tetramethyldecadiin-(4.6)-tetrol-(1.3.8.10)*, F. 195°. — 2.2-Dimethyl-4-cyanbutyraldehyd + Diacetylen → *1.12-Dicyan-3.10-tetramethyldodecadiin-(5.7)-diol-(4.9)*. (**D. B. P. 877 899** Kl. 12o vom 18/6. 1942, ausg. 28/5. 1953.)
KRAUSS. H 570

Imperial Chemical Industries Ltd., London (Erfinder: **Harry Jackson,** Stevenston, und **Griffith Glyn Jones,** Annan), England, *Herstellung von Pentaerythrit* durch Umsetzen von CH_3CHO (I) mit einem Überschuß an CH_2O (II) in Ggw. eines stark bas. Hydroxyds, u. zwar mit einem Überschuß gegenüber der theoret. Menge, der ausreichend ist, um einen Überschuß an bas. Hydroxyden beim Verschwinden des I zurückzulassen, wobei die alkal. Reaktionsmischung bei einer Temp. von nicht > 30° gehalten wird u. bei dieser Temp. nach dem Verschwinden des I die freie Alkalität entfernt wird, dad. gek., daß mit einem Mol.-Verhältnis von II : I von mindestens 7 : 1 gearbeitet wird u. der nicht umgesetzte Überschuß an II durch Dest., vorzugsweise in einem Wasserdampfstrom, wiedergewonnen wird. Das Reaktionsgemisch soll auf Methylrot schwach sauer reagieren. (**D. B. P. 879 093** Kl. 12o vom 2/12. 1948, ausg. 11/6. 1953. E. Prior. 17/9. 1945.)
G. KÖNIG. H 580

Phillips Petroleum Co., übert. von: **Clyde W. Mertz, Haskell W. Cutcher,** Borger, und **John A. McBride,** Phillips, Tex., V. St. A., *Di-tert.-alkylsulfide* erhält man durch Oxydation von tert.-Alkylmercaptanen mit höchstens 6 C-Atomen mit O_2 im Verhältnis 1 : 0,06 bis 1 : 0,25 in Ggw. eines natürlichen Bauxits, der 50—70 (%) Al_2O_3; 8—20 Fe_2O_3; 2—8 SiO_2; 0,5—5 TiO_2 u. 2—30 flüchtige Stoffe (bestimmt bei 1800° F durch Erhitzen) enthält, bei 150—450, bes. 275—350° F. — tert.-Butylmercaptan gibt bei der Oxydation mit O_2 in Ggw. von akt. „Florite“ bei 340—360° F *Di-tert.-butyldisulfid, -trisulfid* u. höhermol. Sulfide (Tabelle). — App., Zeichnung. (**A. P. 2 558 221** vom 28/4. 1949, ausg. 26/6. 1951.)
KRAUSS. H 600

Farbenfabriken Bayer, Leverkusen, *Herstellung von Diketen* (I), dad. gek., daß man Ketengas ohne Verflüssigung mit einer rotierenden Schiebervakuumpumpe ansaugt, die I als Sperr-Fl. enthält, u. die Polymerisation in der Pumpe, bes. bei 10—50°, vor sich gehen läßt. Die Polymerisation kann in einer der Pumpe aufgesetzten, mit I gefüllten Kolonne vervollständigt werden; Ausbeute: > 95%. — Vorr., Zeichnung. (**Schwz. P. 293 428** vom 21/3. 1951, ausg. 16/12. 1953. D. Prior. 17/3. 1949.)
KRAUSS. H 720

Farbenfabriken Bayer, Leverkusen (Erfinder: **Fritz Hitzler,** Köln), *Stabilisieren von Diketen* (I) erfolgt durch Zusatz geringer Mengen schwachsaurer, in I sehr wenig oder nicht lösl. Verbb., bes. von wasserfreien Sulfaten schwacher Basen oder von Borsäure oder deren Gemischen, z. B. von 1 (%) weißgebranntem $CuSO_4$, 1 $MgSO_4$ u. 0,5 Borsäure. (**D. B. P. 890 341** Kl. 12o vom 31/7. 1951, ausg. 17/9. 1953.)
KRAUSS. H 720

Usines de Melle (Erfinder: **Lino Rigon**), Melle, Deux-Sèvres, *Kontinuierliche Herstellung niedrigmolekularer aliphatischer Carbonsäureanhydride* durch direkte Aldehydoxydation in fl. Phase, die aus einem Gemische des Aldehyds, der entsprechenden Carbonsäure, des mit dem herzustellenden Anhydrid ident. Anhydrids, einem Verdünnungsmittel, z. B. Mineralsäureester, Ester von aliphat. oder aromat. Mono- oder Dicarbonsäuren mit 1- oder mehrwertigen Alkoholen oder Phenolen, u. katalyt. wirkenden Salzen besteht, mittels Luft oder O_2. — Man erhält z. B. aus einem Gemisch von 80 (kg) Benzoesäurebutylester, 16 $(CH_3CO)_2O$ (I), 4 CH_3COOH (II) (mit einem Geh. von 500 g Co-, 100 g Cu- u. 50 g Ni-Acetat) u. 1,5 CH_3CHO (III) bei 55° mit 25 m^3 Luft/Std. unter Zuführung von 25/Std. III durch Abkühlung der Reaktionsgase ein Gemisch aus 56,0 (%) I, 22,2 II, 10,0 W. u. 11,8 III. I-Ausbeute, bes. auf III: 75%, Oxydationsgrad von III: 84%. — Vorr., Zeichnung. (**D. B. P. 860 796** Kl. 12o vom 5/7. 1950, ausg. 22/12. 1952. F. Prior. 15/7. 1949.) MÜLLER-MEININGEN. H 810

Badische Anilin-& Soda-Fabrik Akt.-Ges. (Erfinder: **Walter Reppe,** Ludwigshafen/Rh., und **August Magin,** Mutterstadt), *Carbonsäureamide.* Man setzt CO u. NH_3 oder prim. oder sek. Amine mit Olefinen unter Druck, bes. 80—200 at, u. bei erhöhter Temp. um, zweckmäßig in Ggw. von W. als Lösungsm. u. von Ni-, Co- oder Fe-Rhodaniden oder -Cyaniden als Katalysatoren. — Äthylen + NH_3 + CO bei 110° u. 120 at in Ggw. von NiCN → *Propionsäureamid* (neben Propionsäure) u. $C_7H_{12}O_2N_2$, $Kp._{0,3}$ 140 bis 180°, F. 164°, u. *Dicarbonsäure,* $C_{12}H_{19}O_6N_3$, F. 142°, *Ammonsalz,* F. 180—182°. — Zwischenprodukte. (**D. B. P. 894 558** Kl. 12o vom 2/10. 1948, ausg. 26/10. 1953.) KRAUSS. H 810

Distillers Co. Ltd., Edinburgh, England, *Isopropenylacetat.* Man leitet eine Mischung aus Keten u. Aceton im Mol-Verhältnis von 0,5—0,9 in fl. Phase bei 60—100° in Ggw. eines Enolisierungskatalysators, wie H_2SO_4, $ClSO_3H$, Acetylschwefelsäure, Sulfoessigsäure, 1.2-Äthandisulfonsäure, Methionsäure, durch eine oder mehrere Reaktionszonen, wobei der Druck 1 at nicht übersteigen soll. Ausbeute: 93%, bezogen auf Aceton. — Vorr., Zeichnung. (**Schwz. P. 295 669** vom 28/1. 1952, ausg. 16/3. 1954. E. Priorr. 30/1., 7/2. 1951 u. 11/1. 1952.) KRAUSS. H 810

Badische Anilin-& Soda-Fabrik Akt.-Ges. (Erfinder: **Walter Reppe,** Ludwigshafen/Rh., **Herbert Friederich,** Worms, und **Klaus Wiebusch,** Heidelberg), *Herstellung von Carbonsäureestern* aus Olefinen, Alkoholen u. CO bei 80—200° u. mindestens 50, bes. 200—300 at erfolgt in Ggw. von Katalysatoren, die gleichzeitig Ni- oder Co-Verbb. u. CN-Gruppen enthalten, z. B. Salze von Aminen u. Ni- oder Co-Cyanwasserstoffsäuren, z. B. $[(C_2H_5)_3NH]_2[Ni(CN)_4]$ oder $[(C_2H_5)_3N(C_4H_9)]_2[Ni(CN)_4]$, oder Gemische aus Ni- oder Co-Carbonylen mit lösl. Cyaniden. (**D. B. P. 892 893** Kl. 12o vom 9/9. 1951, ausg. 12/10. 1953.) MÜLLER-MEININGEN. H 810

Badische Anilin- & Soda-Fabrik (Erfinder: **Walter Reppe,** Ludwigshafen/Rh., **Otto Hecht,** Philadelphia, Pa., V. St. A., und **Eugen Reindl,** Altötting), *Acrylsäure, ihre Ester und Substitutionsprodukte.* Acetylen oder ein- oder zweiseitig substituierte Acetylene werden mit CO u. W., Alkoholen oder Phenolen nach D. B. PP. 854 948 (C. **1953.** 9310) u. 872 205 umgesetzt, wobei man außer den carbonylbildenden Metallen oder ihren Verbb. nichtcarbonylbildende Metalle der 2., 3., 4. u. 5. Gruppe des Period. Syst. (Cd, Al, Sc, Y, Ce, La, Sn, Pb, Th, As, Bi, Sb) verwendet. — *Acrylsäureäthylester.* — *n-Butylester.* (**D. B. P. 881 650** Kl. 12o vom 12/2. 1943, ausg. 2/7. 1953. **Zusatz zu D. B. P. 854 948; C. 1953. 9310.**) KRAUSS. H 810

Farbenfabriken Bayer, Leverkusen (Erfinder: **Ingofroh Dennstedt,** Köln), *Reines Acrylnitril* (I). Man behandelt rohes I mit mindestens 1% einer ein- oder mehrwertigen aromat. Oxyverb., Aminooxyverb. oder Polyaminoverb. oder deren Mischungen u. mindestens der gleichen Menge eines schwerflüchtigen, wasserfreien, sauren Kondensationsmittels (H_3PO_4, Perchlorsäure, „Ansolvosäuren", wie Borfluoridessigsäure, FRIEDEL-CRAFTS-Katalysatoren) u. dest. I ab. — Man verwendet z. B. auf 100 (Teile) I eine Mischung aus 3 konz. H_2SO_4 u. 2 Resorcin; 3 Phenol u. 4,5 H_2SO_4; 2,5 β-Naphthol u. 3 H_3PO_4. (**D. B. P. 881 651** Kl. 12o vom 7/7. 1951, ausg. 2/7. 1953.) KRAUSS. H 810

Badische Anilin- & Soda-Fabrik (Erfinder: **Otto von Schickh,** Ludwigshafen/Rh.), *Substituierte Bernsteinsäuren* mit ungesätt. Seitenketten (I) erhält man nach D. B. P. 856 435 (C. **1953.** 2997) durch Behandeln von Nitrocarbonsäuren der Formel II (R_1 u. R_2 = gesätt. Alkyl, Cycloalkyl oder Glieder eines gemeinsamen gesätt., gegebenenfalls Heteroatome enthaltenden Ringsyst.) oder deren funktionellen Derivv., bes. ihren Nitrilen, Estern oder Amiden, mit alkal. Mitteln.

$$(R_1)(R_2)C{=}C(COOH){-}CH_2COOH \quad \text{I}$$

$$(R_1)(R_2)C(NO_2){-}CH(COOH){-}CH_2COOH \quad \text{II}$$

— (2-Nitropropyl-2)-bernsteinsäurediäthylester (hergestellt aus 2-Nitropropan + Maleinsäurediäthylester) gibt in Methanol in Ggw. von NaOH bei n. Temp. *γ.γ'-Dimethylitaconsäure* (= Teraconsäure), F. 154—156°, in 86%ig. Ausbeute. — (2-Nitrobutyl-2)-bernsteinsäurediäthylester → *γ-Methyl-γ'-äthylidenbrenzweinsäure,* F. 149°. — Zwischenprodd. für die Kunststoff- u. Lösungsmittelindustrie. (**D. B. P. 882 245** Kl. 12o vom 25/12. 1943, ausg. 6/7. 1953.) KRAUSS. H 820

B. F. Goodrich Co., New York, N. Y., V. St. A., übert. von: **Alan Edric Ardis,** *α-Cyanacrylsäurealkylester* erhält man durch Kondensation eines Alkylcyanacetats (I) mit einem Alkalialkoholat u. einer Verb. R—O—CH_2—X (R = organ. Rest, X = Halogen) nach dem Reaktionsschema: Alk—O—CO—CH_2CN + MOAlk → Alk—O—CO—CH(CN)—M(+ AlkOH) + X—CH_2—OR → AlkOCOCH(CN)—CH_2—OR + MX

→ $CH_2{=}C(CN){-}COOAlk + ROH$, oder von I mit CH_2O in wss. Lsg. in Ggw. eines bas. wirkenden Kondensationsmittels (Piperidin). — Aus Cyanessigsäureäthylester, Na-Äthylat u. Chlormethylacetat erhält man bei 80° *α-Cyanacrylsäureäthylester* (II), E. —20 bis —25°, der beim Erwärmen auf 50° ein *Polymeres* liefert, F. 150—160°, Erweichungspunkt 110°, lösl. in Aceton, unlösl. in A. u. Äther. — Cyanessigsäuremethylester + Chlormethylacetat → *α-Cyanacrylsäuremethylester*, der mit Butadien nach DIELS-ALDER bei 70° III liefert. — *α-Cyanacrylsäureisobutylester* → *Polymeres*, F. 130—135°. — I + Chlormethylmethyläther → II. — I + CH_2 → II. — Zwischenprodukte. (**E. PP. 646 954** vom 2/1. 1948, ausg. 29/11. 1950. A. Prior. 1/3. 1947 u. **648 626** vom 7/4. 1948, ausg. 10/1. 1951. A. Prior. 29/5. 1947.)

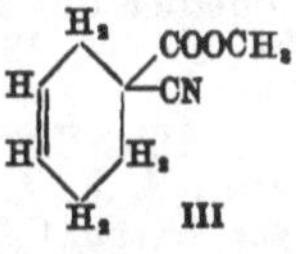

III

KRAUSS. H 820

Monsanto Chemical Co., St. Louis, Mo., übert. von: **Tracy M. Patrick jr.**, Dayton, O., V. St. A., *Gesättigte Oxonitrile* der allg. Formel $R{-}CO{-}CH(CH_3){-}CH_2{-}CN$ (R = gesätt. organ. Rest, wie Alkyl, Cycloalkyl, Oxacycloalkyl, mit bis zu 17 C-Atomen) erhält man durch Kondensation eines gesätt. Aldehyds der Formel RCHO mit 2—18 C-Atomen mit Crotonnitril (I) in Ggw. freie Radikale liefernder Katalysatoren (Acetyl-, Benzoyl-, Lauroyl-, Stearoylperoxyd, H_2O_2, Peressigsäure, Na-Perborat, K-Persulfat) bei ca. —50 bis +100°. — n-Butanal gibt mit I bei 82° in Ggw. von Benzoylperoxyd *3-Methyl-4-oxooenanthonitril*, $C_8H_{13}ON$, $Kp._5$ 98—98,3°; n_D^{25} 1,4343; $D.^{25}_{25}$ 0,9337. *Hydrazon*, F. 121—122°. — Ferner sind genannt: *3-Methyl-4-oxovalero-*; *3-Methyl-4-oxocapro-*; *3-Methyl-4-oxocapryl-*; *3-Methyl-4-oxopelargon-*; *3-Methyl-4-oxocaprin-*; *3-Methyl-4-oxoundecan-*; *3-Methyl-4-oxopentadecan-*; *3-Methyl-4-oxomargaro-*; *3-Methyl-4-oxoheneikosan-*; *3-Methyl-5-äthyl-4-oxopelargon-*; *3-Methyl- 4-cyclohexyl-4-oxobutyro-*; *3-Methyl-4-tetrahydrofurfuryl-4-oxobutyronitril.* (**A. P. 2 594 489** vom 26/10. 1950, ausg. 29/4. 1952.) KRAUSS. H 870

Frederick William Sullivan jr., Madison, N. J., V. St. A., *Herstellung von Schwefelkohlenstoff und von Aktivkohle.* S wird bei erhöhter Temp. (650—1000°) mit Säureschlammkoks umgesetzt, der wenigstens 5% flüchtige Bestandteile enthält. Verwendet man weniger als die stöchiometr. Menge S, so verbleibt Aktivkohle als Rückstand. (**E. P. 705 724** vom 26/11. 1951, ausg. 17/3. 1954. A. Prior. 9/12. 1950.) ZÜRN. H 880

I. G. Farbenindustrie Akt.-Ges. Werk Rheinfelden, Rheinfelden/Baden (Erfinder: **Erich Scholz**, Köln), *Trennung von Phosgen und Chlorwasserstoff* durch Rektifizieren. Der abgetriebene HCl wird derart verdichtet, daß die Temp. des n. Kühlwassers zu seiner Kondensation ausreicht u. das erhaltene Kondensat als Rücklauf auf die Trennsäule nach vorheriger Entspannung aufgegeben werden kann. — Vorrichtung. (**D.B.P. 886 894** Kl. 12i vom 6/1. 1945, ausg. 17/8. 1953. Anmeldung bekanntgemacht 9/10. 1952.) SCHREINER. H 880

Dow Corning Ltd., London, England, *Ketone* der Formel $[R(CH_3)_2Si(CH_2)_n]_2CO$, wobei R CH_3 oder C_6H_5 u. n = 2—5 ist, erhält man durch Hydrolyse u. Decarboxylierung von *β*-Ketoestern der Formel I, wobei R' ein Alkylrest ist, mittels starker Säuren, wie HCl, H_2SO_4, HNO_3. — Es werden dargestellt: $[(CH_3)_3Si(CH_2)_2]_2CO$, Kp., 103°; ferner: $[(CH_3)_3Si(CH_2)_3]_2Co$, $[(CH_3)_3Si(CH_2)_4]_2CO$ u. $[C_6H_5\cdot(CH_3)_2Si(CH_2)_5]_2CO$. — Zwischenprodukte. (**E. P. 709 689** vom 30/9. 1952, ausg. 2/6. 1954. A. Prior. 13/12. 1951.)

$$R(CH_3)_2Si(CH_2)_{n-1}CHCOOR'$$
$$R(CH_3)_2Si(CH_2)_nCO \quad I$$

BRÖSAMLE. H 980

Badische Anilin- & Soda-Fabrik, Ludwigshafen/Rh. (Erfinder: **Ernst Donath**, Pittsburgh, Pa., V. St. A., und **Helmut Nonnenmacher**, Mannheim), *Herstellung niedrigsiedender aromatischer Kohlenwasserstoffe* nach D.B.P. 845 799, dad. gek., daß man die O- u. N-haltigen Ausgangsstoffe mit H_2 unter erhöhtem Druck über einen Katalysator aus akt. Tonerde u. einer Verb. von Cr, W oder Mo oder mehreren solcher Elemente bei 350—520°, bes. 380—470°, derart leitet, daß nur die O-Verbb. red. werden u. das Erzeugnis dieser Behandlung oder Fraktionen daraus mit verd. Mineralsäuren, vorteilhaft unter Vermeidung von Polymerisationen, von organ. Basen befreit u. alsdann in niedrigsd. aromat. KW-stoffe überführt. Als Ausgangsstoffe verwendet man die bei der Druckhydrierung von Kohle erhaltenen Mittelöle. (**D. B. P. 879 694** Kl. 12o vom 13/6. 1944, ausg. 15/6. 1953. **Zusatz zu D. B. P. 845799; C. 1953. 6175.**) G. KÖNIG. H 1010

American Cyanamid Co., New York, N. Y. (Erfinder: **Eugene Clifton Medcalf**, Bound Brook, und **William Everett Sisco**, Somerville, N. J.), V. St. A., *Trennung von als Lösungsmitteln verwendeten Dinitrilen* (I) *von in ihnen gelösten, praktisch wasserunlöslichen Stoffen*, z. B. *aromat. KW-stoffen.* Die I haben die allg. Zus. $X(alkCN)_2$, wobei X = O oder S, alk = niedermol. Alkylenrest bedeuten. — Man gibt zur Ausgangslsg. bei ca. 70—100° so viel W. von 75—100°, als zur Lösung der I ausreicht

trennt die gebildete wss. I-Schicht ab u. führt durch Abkühlen dieser Schicht, z. B. auf ca. 25°, eine Trennung in **I** u. W. herbei. — Man kann das heiße W. mit der Lsg. im Gegenstrom führen u. die Trennung der I-Schicht von der organ. Schicht kontinuierlich durchführen. Beispiel für **I**: Bis-(2-cyanäthyl)-äther. — Zeichnung. (**D.B.P. 877 451** Kl. 12 o vom 10/2. 1951, ausg. 26/5. 1953. A. Prior. 10/2. 1950.)
MÜLLER-MEININGEN. H 1010

Allied Chemical & Dye Corp., New York, N. Y., übert. von: **George G. Joris**, Convent, N. J., V. St. A., *Cumolhydroperoxyd* (**I**). Cumol wird in fl. Phase mit O_2 in Ggw. von festem $CaCO_3$ bei 90—110° oxydiert, bis höchstens 5 (%) **I** gebildet sind; dann behandelt man die Reaktionsmischung mit einer starken Base, trennt das Cumol ab u. oxydiert es in fl. Phase mit O_2 bei nicht $>$110°, bis die I-Konz. wenigstens 11 beträgt. — Zwischenprodukt. (**A. PP. 2 613 227** vom 23/5. 1950, ausg. 7/10. 1952 u. **2 619 509** vom 19/7. 1949, ausg. 25/11. 1952.) KRAUSS. H 1050

Heinrich Koppers G. m. b. H., Essen (Erfinder: **Willy Becher**, Messel Grube, und **Norbert Martinak**, Böhlen), *Gewinnung von Phenolen* aus Braunkohlenschwelölen oder dgl., durch Extraktion mittels wss. konz. Lsgg. von Alkalisalzen von Phenolen u. Behandlung der übersätt. Phenolatlaugen durch Wasserdampfdest., dad. gek., daß aus der mit Phenolen übersätt., neutralölhaltigen Phenolatlauge durch Wasserdampf zunächst die Neutralöle für sich abdest. werden u. aus der so erhaltenen übersätt. neutralölfreien Lauge durch Verdünnen mit W. das überschüssige Phenol als Öl abgeschieden u. z. B. durch Dekantieren gewonnen wird. — Vorrichtung. (**D. B. P. 905 015** Kl. 12 q vom 6/11. 1943, ausg. 25/2. 1954.) SCHWECHTEN. H 1060

Farbenfabriken Bayer Akt.-Ges. (Erfinder: **Max Baltes**), Leverkusen, *Herstellung von Chlorphenolen* durch Erhitzen von Polychlorbenzolen mit NaOH. Als Lösungsm. für die Rk. dient ein Gemisch aus Äthylenglykol u. Cyclohexanol. — Z. B. wird aus 1.2.4.5-Tetrachlorbenzol *2.4.5-Trichlorphenol* gewonnen, F. 64—65°. Analog: *2.3-Dichlorphenol* mit wenig *2.6-Dichlorphenol* u. *Pentachlorphenol*. (**D. B. P. 909 810** Kl. 12 q vom 30/12. 1951, ausg. 26/4. 1954. Anmeldung bekanntgemacht 10/9. 1953.)
FABEL. H 1060

B. F. Goodrich Co., New York, N. Y., übert. von: **David C. Spaulding**, Cuyahoga Falls, O., V. St. A., *Polychlorderivate von Phenol* (**I**). Man chloriert geschmolzenes **I** bei 120—140° bis zum *Trichlorphenol*, fügt $FeCl_3$, $SbCl_3$ oder $AlCl_3$ als Katalysator hinzu u. chloriert weiter bis zum *Tetrachlorphenol*. Jetzt wird *Oktachlorcyclohexenon* (**II** in einer Menge von 10—50 Mol.-%, bezogen auf die Reaktionsmasse, hinzugesetzt u. erneut bei 120—140° Cl_2 eingeleitet, bis *Pentachlorphenol*, *Hexa-* oder *Heptachlorcyclohexenon* oder weiteres entstanden ist. (**A. P. 2 662 918** vom 18/4. 1951, ausg. 15/12. 1953.) FABEL. H 1060

Allied Chemical & Dye Corp., New York, N. Y., übert. von: **George G. Joris**, Convent, N. J., V. St. A., *Herstellung von Isopropylbenzolhydroperoxyden*. Isopropylbenzole, wie Cumol, Cymol oder Diisopropylbenzol, werden mit geringen Mengen eines porösen adsorptiven Al-Oxyds (**I**) behandelt u. dann mit O_2 in fl. Phase zu dem Hydroperoxyd oxydiert. Durch die Vorbehandlung mit **I** wird die Induktionsperiode bei der Oxydation verringert. (**A. P. 2 629 744** vom 19/9. 1950, ausg. 24/2. 1953.)
SCHWECHTEN. H 1070

Badische Anilin- & Soda-Fabrik Akt.-Ges., Ludwigshafen/Rh. (Erfinder: **Willy Braun**, Heidelberg), *Aromatische 1.2-Diketone*. Man setzt aromat. KW-stoffe oder deren einfache Derivv. in $AlCl_3$-Schmelzen, die bei n. Temp. fl. sind, gegebenenfalls in Ggw. von Halogenwasserstoff, bei $<$20° mit Oxalylchlorid um. Die $AlCl_3$-Schmelzen erhält man nach D. B. P. 878 647. — Toluol → *p-Tolil*, F. 106—107°; Benzol → *Benzil*, F. 95°; Anthracen → *Aceanthrenchinon*; Äthylbenzol → *4.4'-Diäthylbenzil*, $C_{18}H_{18}O_2$. (**D. B. P. 913 891** Kl. 12 o vom 6/4. 1952, ausg. 21/6. 1954. Anmeldung bekanntgemacht 19/11. 1953.) BRÖSAMLE. H 1170

Bergwerksverband zur Verwertung von Schutzrechten der Kohlentechnik G. m. b. H. (Erfinder: **Otto Grosskinsky, Walter Thürauf, Georg Huck**, Dortmund, und **Anton Benning**, Witten), *Herstellung von cyclischen Polycarbonsäuren* bzw. deren Gemischen. Man oxydiert z. B. 100 (Gewichtsteile) gepulverte Gasflammkohle 6 Std. im Autoklaven mit 600 HNO_3 (D. 1,2) bei 6 at u. 160°, entfernt die Säure durch Eindampfen u. schüttelt anschließend das Reaktionsprod. 1 Std. mit 1500 W., filtriert u. erhält beim Eindampfen des Filtrats 50 hellgelbes, zur Herst. von Lacken, Weichmachern u. Pharmaprodd. geeignetes Säuregemisch (SZ. ca. 600). Verestern mit CH_3OH u. Trennen des Estergemisches im Hochvakuum ergibt die *Methylester* von *Trimellit-*, *Pyromellit-*, *Mellophan-*, *Benzolpentacarbon-*, *Hemimellit-*, *Phthal-* u. etwas *Bernsteinsäure*. (**D. B. P. 864 992** Kl. 12 o vom 25/8. 1950, ausg. 29/1. 1953.)
MÜLLER-MEININGEN. H 1200

Vereinigte Glanzstoff-Fabriken Akt.-Ges., Wuppertal-Elberfeld (Erfinder: **Erwin Heisenberg**, Erlenbach/M., **Johannes Kleine**, München, und **Rudolf Lotz**, Kelsterbach/M.), *N.N'-Diacylmethylen-, -alkyliden- oder -aralkylidendiamine.* Gesätt. aliphat. oder aromat., auch halogen- oder carboxylsubstituierte Nitrile werden mit aliphat. oder aromat. Aldehyden in Ggw. von Säure- u. Wasserdampf, sowie von Katalysatoren (bes. Gemischen aus Borphosphat u. Al_2O_3) in der Gasphase umgesetzt. — β-Chlorpropionsäurenitril + Acetaldehyd (**I**) + HCl in Ggw. von Borphosphat–Al_2O_3 bei 250—300° → *Äthyliden-bis-(chlorpropionsäureamid)*, $ClCH_2CH_2CONHCH(CH_3)NH \cdot COCH_2CH_2Cl$, F. 149°. — α.β-Dichlorpropionsäurenitril + **I** → *Äthyliden-bis-(α.β-dichlorpropionsäureamid)*, F. 186°. — *Methylen-bis-(α.β-dichlorpropionsäureamid)*, F. 195°. — δ-Cyanvaleriansäure → *Äthyliden-bis-(adipinsäuremonoamid)*, $CH_3-CH[NHCO(CH_2)_4 \cdot COOH]_2$, F. 183—184°. — Acetonitril (**II**) + CH_2O → *Methylen-bis-(acetamid)*, F. 196°; **II** + **I** → *Äthyliden-bis-acetamid*, $CH_3CONHCH(CH_3)NHCOCH_3$, F. 170°. — Benzonitril + **I** → *Äthyliden-bis-benzamid*, F. 197—198°. — *Methylen-bis-benzamid*, F. 247°. — Zwischenprodukte. (**D. B. PP. 891 986** vom 27/6. 1951, ausg. 1/10. 1953 u. **893 050** Kl. 12o vom 12/6. 1951, ausg. 12/10. 1953.) KRAUSS. H 1220

Monsanto Chemical Co., St. Louis, Miss., V. St. A., *Reinigung von Phthalsäureanhydrid* erfolgt durch 1—3 std. Erhitzen mit 0,0035—0,04 Mol-% eines anorgan. Oxydationsmittels, wie H_2SO_4, HNO_3, SO_3 oder H_2O_2 auf >250, bes. 275°, anschließende Zugabe von mindestens 0,0001, bes. 0,0015—0,001 Mol-% eines bas. Na- oder Si-Salzes einer anorgan. Säure, das dad. gek. ist, daß es in wss. Lsg. ein p_H >7,5 besitzt, z. B. Na_2CO_3, Li_2CO_3, Na_2SO_3, Na_2HPO_4, u. 1—3 std. Erhitzen auf >270°, worauf man das Reinprod. im Vakuum bei <400 mm Hg abdestilliert. (**E. PP. 670429** vom 16/2. 1949 u. **670 433** vom 9/3. 1949, beide ausg. 16/4. 1952. A. Priorr. 21/2. u. 18/3. 1948.) MÜLLER-MEININGEN. H 1220

Dow Chemical Co., City of Midland, Mich., V. St. A., *Ester der 2.4-Dichlorphenoxyessigsäure* (**I**). — *1-Phenoxy-2-propylester.* Aus **I**, 1-Phenoxy-2-propanol u. H_2SO_4 bei 50—60°, F. 85,5°. — Analog: *1-(2'-Methylphenoxy)-2-propylester.* — *1-(1'-Phenoxyisopropyloxy)-2-propylester*, n_D^{60} 1,5393. — *1-(4'-tert.-Butylphenoxy)-2-propylester*, F. 99°. — *1-[1'-(4''-sek.-Butylphenoxy)-isopropyloxy]-2-propylester*, n_D^{60} 1,5302. — *1-(2'-sek.-Butylphenoxy)-2-propylester*, n_D^{60} 1,5403. — Die Verbb. dienen als Weichmacher, Papier- u. Textilhilfsmittel, wachstumhemmende Mittel u. Zwischenprodukte. (**E. P. 675 546** vom 5/6. 1950, ausg. 9/7. 1952.) LANGER. H 1250

Kali-Chemie Akt.-Ges., Hannover (Erfinder: **Martin Schmeißer** und **Herbert Jenkner**, München), *Herstellung von Kieselsäureestern aus Salzen der H_2SiF_6.* Diese Salze, bes. Na_2SiF_6, werden mit Phenolaten, bes. Al-Phenolaten (**I**), bei erhöhter Temp. umgesetzt, z. B. bei 250—330°. **I** kann unmittelbar aus Al u. Phenolen hergestellt werden u. bedarf keiner Reinigung. Hergestellt werden: $Si(OC_6H_5)_4$, $Kp._{12}$ 265 bis 270°, u. *Si-p-tetrakresolat*, $Kp._{12}$ 292°. (**D. B. P. 902 382** Kl. 12q vom 29/11. 1951, ausg. 29/4. 1954. Anmeldung bekanntgemacht 5/2. 1953. **Zusatz zu D. B. P. 892 438; C. 1954. 6828**). FABEL. H 1380

Purdue Research Foundation, La Fayette, übert. von: **Earl T. McBee** und **Jack S. Newcomer**, West Lafayette, Ind., V. St. A., *Trichlorvinylpentachlorcyclopentadiene.* Man kondensiert Trichloräthylen mit Hexachlorcyclopentadien in Ggw. von $AlCl_3$ zu 5-(1.2.2.2-Tetrachloräthyl)-1.2.3.4.5-pentachlor-1.3-cyclopentadien, C_7HCl_9, F. 80,5°, Cl-Geh. 78,6%; daraus durch Erhitzen auf 100—130° nach ca. 8 Std. *Trichlorvinyl-1.3-pentachlorcyclopentadien*, C_7Cl_8, $Kp._5$ 138°, $D.^{20}{}_4$ 1,736, n_D^{20} 1,585; daraus entsteht beim Erwärmen auf 40—50° mit Methanol in Ggw. von KOH Trichlorvinyltrichlorcyclopentadienonacetal, das beim Verseifen mit konz. H_2SO_4 das Dimere (**I**) des *Trichlorvinyltrichlorcyclopentadienons* liefert, F. 207°, CO-Entw. >240°.

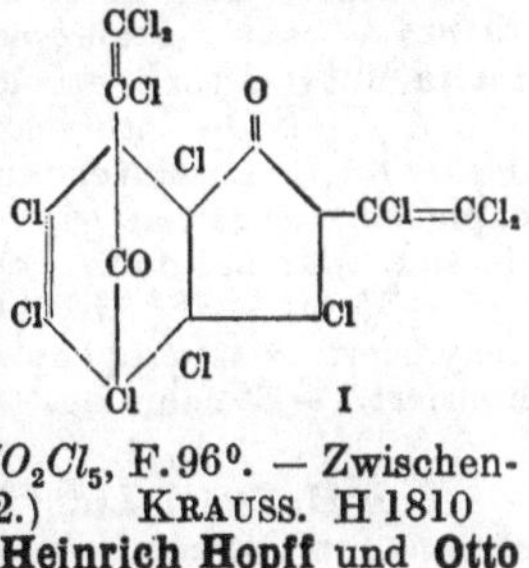

I

— Trichlorvinyl-5.5-dimethoxytrichlorcyclopentadien → $C_7HO_2Cl_5$, F. 96°. — Zwischenprodukte. (**A. P. 2 597 016** vom 28/6. 1947, ausg. 20/5. 1952.) KRAUSS. H 1810

Badische Anilin- & Soda-Fabrik Akt.-Ges. (Erfinder: **Heinrich Hopff** und **Otto von Schickh**), Ludwigshafen/Rh., *Cycloaliphatische Ketoxime.* Alkalisalze von Nitrocycloalkanen werden vorzugsweise als wss. Lsg. in eine wss. saure äquimol. oder überschüssige Hydroxylaminsalzlsg. eingetragen u. die Oxime zweckmäßig durch Einstellen des p_H auf 3—4 abgeschieden. — Nitrocyclohexan-Na-Salz → *Cyclohexanonoxim*, F. 90°. Das Verf. ist kontinuierlich durchführbar. — Zwischenprodukte. (**D.B.P. 900 094** Kl. 12o vom 17/8. 1951, ausg. 21/12. 1953.) KRAUSS. H 1960

Farbenfabriken Bayer Akt.-Ges., Leverkusen (Erfinder: **Harry Welz** und **Aloys Giltges**, Krefeld), *Oxime* erhält man durch Red. von Salzen aliphat. bzw. cycloaliphat.

prim. oder sek. Nitroverb., wobei das Reaktionsgemisch über ein Mischvorr. geführt wird, die Reaktionskomponenten laufend in letztere eingebracht u. entsprechende Mengen Reaktionsgemisch dem Kreislauf laufend entnommen werden. — Nitrocyclohexan + H_2S oder $SnCl_2$ → *Cyclohexanonoxim*. (**D. B. P. 914 853** Kl. 12o vom 1/2. 1952, ausg. 12/7. 1954. Anmeldung bekanntgemacht 10/12. 1953.)
BRÖSAMLE. H 1960

G. D. Searle & Co., Skokie, Ill., V. St. A., *Cycloalkyloxybenzoylalkyl- bzw. -alkenylcarbonsäuren* nebenst. Formel (R = Cyclohexyl, Cyclopentyl, Cyclobutyl, Cycloheptyl, X = H, Alkyl, R' = Alkyl, OH, Alkoxy, A = Alkylen mit 2—8 C-Atomen) erhält man durch Kondensation von Cycloalkylphenylalkyläthern mit Dicarbonsäure-(HCOO—A—COOH)-anhydriden oder -halogeniden in einem organ. Lösungsm. (CS_2, Chlorbenzol, Tetrachloräthan) in Ggw. eines Katalysators ($AlCl_3$, $FeCl_3$, $SnCl_4$, BF_3, $ZnCl_2$, HF, $NaAlCl_4$). — 4-Cyclohexylresorcin + Dimethylsulfat → 4-Cyclohexylresorcindimethyläther, $Kp._{0,3}$ 121°, n_D^{24} 1,5361, + Bernsteinsäureanhydrid (I) in Nitrobenzol bei 5° in Ggw. von $AlCl_3$ → *β-(2.4-Dimethoxy-5-cyclohexylbenzoyl)-propionsäure*, F. 168°. — o-Cyclohexylanisol + I → *β-(3-Cyclohexyl-4-methoxybenzoyl)-propionsäure*, F. 161°, + Br_2 in Eisessig + Na-Acetat → *β-(3-Cyclohexyl-4-methoxybenzoyl)-acrylsäure*, F. ca. 180°. — *β-(5-Cyclohexyl-2-methoxybenzoyl)-propionsäure*, F. 159°. — p-Cyclohexylphenylisopropyläther + I → *β-(5-Cyclohexyl-2-isopropoxybenzoyl)-propionsäure*. — *β-(5-Cyclohexyl-2-methoxybenzoyl)-acrylsäure*, F. 139°, aus p-Cyclohexylanisol + Maleinsäureanhydrid. — *δ-(2-Methoxy-5-cyclohexylbenzoyl)-valeriansäure*, F. 95°. — o-Cyclohexylphenetol + Sebacinsäureanhydrid → *ω-(3-Cyclohexyl-4-äthoxybenzoyl)-pelargonsäure*. — *β-(5-Cyclohexyl-2-äthoxybenzoyl)-acrylsäure*, hellgelbe Nadeln, F. 137—138°. — *β-(3-Cyclohexyl-4-oxybenzoyl)-propionsäure*, F. 194°. — *β-(5-Cyclohexyl-2-oxybenzoyl)-propionsäure*, F. 126°. — *ω-(3-Cyclohexyl-4-oxybenzoyl)-pelargonsäure*. — *δ-(5-Cyclohexyl-2-oxybenzoyl)-valeriansäure*, F. 98°. — *β-Brom-β-(3-cyclohexyl-4-oxybenzoyl)-propionsäure*, F. 166°, → *β-(3-Cyclohexyl-4-oxybenzoyl)-acrylsäure*, F. 206°. — β-Brom-β-(5-cyclohexyl-2-oxybenzoyl)-propionsäure → *β-(5-Cyclohexyl-2-oxybenzoyl)-acrylsäure*, F. 156°. — *β-(2.4-Dioxy-5-cyclohexylbenzoyl)-propionsäure*. Die gesätt. Säuren können durch Halogenierung u. Enthalogenierung in die ungesätt. Säuren übergeführt u. vorhandene Äthergruppen erforderlichenfalls verseift werden. — Zwischenprodukte. (**D. B. P. 881 944** Kl. 12o vom 13/5. 1950, ausg. 10/8. 1953. **Schwz. P. 289 683** vom 12/5. 1950, ausg. 1/7. 1953. Beide A. Prior. 14/5. 1949.) KRAUSS. H 2050

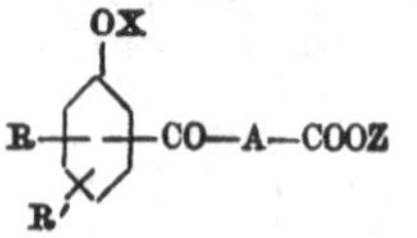

W. Butler & Co. (Bristol) Ltd. und **Noel Howard Poynton**, Bristol, England, *Reinigung von Naphthalin* (I) durch Behandlung bei höherer Temp. mit einer geringen Menge Isobutengas in Ggw. eines Säurekatalysators (konz. H_2SO_4), wobei das Isobuten sich mit den Verunreinigungen umsetzt, ohne mit I zu reagieren. Man trennt das unveränderte I von den Reaktionsprodd. ab, z. B. durch Sublimation. Man kann das abgetrennte I auch mit W. u. einer Alkalilsg. waschen. (**E. P. 701 097** vom 12/4. 1951, ausg. 16/12. 1953.) UNGER. H 2700

Koppers Co., Inc., übert. von: **Joseph E. Nickels**, Pittsburgh, Pa., V. St. A., *Reines α- und β-Isopropylnaphthalin* (I) gewinnt man durch Alkylieren von Naphthalin unter Druck bei 150—300° mittels Propylen in der fl. Phase in Ggw. eines akt. Al_2O_3–SiO_2-Katalysators mit anschließender vorsorglicher katalyt. Dehydrierung der α- u. β-I enthaltenden Mischung in der Dampfphase, wobei α- u. β-Isopropenylnaphthalin erhalten wird. Man trennt die Isomeren durch Dest. u. hydriert jedes für sich. Man kann die alkylierten Prodd. mit einem niedrig sd. Lösungsm. verdünnen, auf —35 bis —45° abkühlen u. krist. I abscheiden. Die Mutterlauge wird vorsorglich dehydriert, α-Isopropenylnaphthalin durch Dest. gewonnen u. bei erhöhtem Druck hydriert. — Zeichnung. (**A. P. 2 592 589** vom 8/7. 1948, ausg. 15/4. 1952.)
G. KÖNIG. H 2700

T. & H. Smith Ltd., Edinburgh, Schottland, übert. von: **Wilfred Sweeny**, *Herstellung von Tetrahydrofuranderivaten*. Man läßt (gegebenenfalls substituiertes) Furan (I) mit Br_2 oder Cl_2 u. einem aliphat. Alkohol oder dessen Alkalisalz reagieren, bes. in Ggw. von Na_2CO_3, filtriert u. hydriert das Reaktionsgemisch, z. B. mit RANEY-Nickel. So erhält man aus I, A. u. Cl_2 *2.5-Diäthoxytetrahydrofuran*. Analog (*-tetrahydrofuran* = II): *2.5-Dimethoxy-II*, $Kp._{20}$ 72—76°; *2.5-Di-n-propoxy-II*, $Kp._9$ 85—86°; *2.5-Di-n-butoxy-II*, $Kp._2$ 76—80°. (**E. P. 703 929** vom 13/3. 1951, ausg. 10/2. 1954.)
FABEL. H 3061

Farbenfabriken Bayer Akt.-Ges. (Erfinder: **Georg Meyer**), Leverkusen, *Oxydation von Furfurol zu Brenzschleimsäure bzw. deren Salzen*. Man behandelt Furfurol mit unterhalogenigen Säuren bzw. deren Salzen [NaOCl, CaCl(OCl)], bes. in wss. alkal. Medium u. gegebenenfalls unter Zusatz von Katalysatoren, z. B. Metallverbindungen. (**D. B. P. 908 023** Kl. 12 q vom 26/7. 1951, ausg. 1/4. 1954. Anmeldung bekanntgemacht 4/9. 1952.) FABEL. H 3061

Sterling Drug, Inc., Wilmington, Del., übert. von: **Frederick F. Blicke**, Ann Arbor, Mich., V. St. A., *Herstellung von tertiären Thienylalkylaminen* der allg. Formel $(R_1)(R_2)N-(CH_2)_x$-2-thienyl, worin R_1 u. R_2 einen Morpholino- oder Piperidinorest darstellen; x ist 1, 2 oder 3. Ein Thienylalkylhalogenid wird mit Piperidin oder Morpholin umgesetzt. (**Can. P. 491 403** vom 16/6. 1947, ausg. 17/3. 1953. A. Prior. 10/10. 1946.) M. F. MÜLLER. H 3071

Abbott Laboratories, North Chicago, übert. von: **Arthur W. Weston**, Waukegan, Ill., V. St. A., *Thiophenaldehyde* (**I**) (R_1 u. R_2 = H, Alkyl, Halogen) erhält man durch Kondensation eines Thiophens (**II**) mit einem N-Alkylformanilid in Ggw. eines Kondensationsmittels ($POBr_3$, $SOCl_2$). — Aus **II** u. N-Methylformanilid in Ggw. von $POCl_3$ bei 25—30° *2-Thiophenaldehyd*, $Kp._{25}$ 91—92°; n_D^{25} 1,5888. — 2-Bromthiophen → *5-Bromthiophen-2-aldehyd*, $Kp._{14}$ 114—115°; n_D^{25} 1,6328. — *5-Chlor-2-thiophenaldehyd*, $Kp._{13}$ 91—92°; n_D^{25} 1,6017. — 3-Methylthiophen → *3-Methyl-2-thiophenaldehyd*, $Kp._{25}$ 113—114°; n_D^{25} 1,5933. — *5-Methyl-2-thiophenaldehyd*, $Kp._{25}$ 113—114°; n_D^{29} 1,5782. — *5-tert.-Butyl-2-thiophenaldehyd*, $Kp._{25}$ 135—136°, n_D^{26} 1,5428. — *2.5-Dimethyl-3-thiophenaldehyd*, $Kp._{15}$ 116—117°; n_D^{25} 1,5599. — Zwischenprodukte. (**A. P. 2 601 479** vom 12/5. 1949, ausg. 24/6. 1952.)

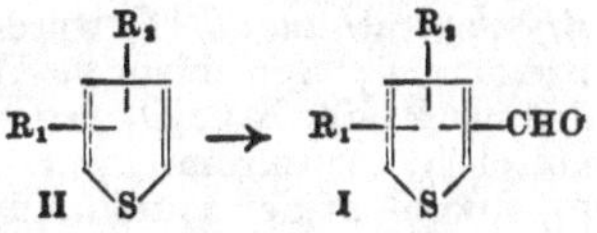

KRAUSS. H 3071

William Harris Davies, Blackley, Manchester, und **Imperial Chemical Industries Ltd.**, London, England, *Anhydrocarboxy-α-oxy- bzw. -α-mercaptocarbonsäuren* erhält man durch Kondensation von $COCl_2$ mit einer α-Oxy- bzw. α-Mercaptocarbonsäure oder deren Salzen in Abwesenheit einer N-Base, zweckmäßig in Ggw. eines Lösungsm. (Äthylacetat) in der Wärme. — Glykolsäure gibt nach 3tägigem Stehen bei 15—20° mit $COCl_2$ in Dioxan u. anschließendem 3std. Erhitzen auf 60°/20 mm Hg *Anhydrocarboxylglykolsäure*, F. 18°, nach dem Reaktionsschema: $COCl_2$ + $HOCH_2COOH$ → $ClCOOCH_2COOH$ → CH_2COOCO (Ring über O). — Thioglykolsäure → *Anhydrocarboxythioglykolsäure*, F. 68—70° (Zers.). — Milchsäure → *Anhydrocarboxymilchsäure*, $Kp._{15}$ 93°, F. 27—28°. — Mandelsäure → *Anhydrocarboxymandelsäure*, F. 55—57°. Man kann auch Li-Lactat zur Rk. verwenden. (**E. P. 650 003** vom 23/6. 1948, ausg. 7/2. 1951.) KRAUSS. H 3102

G. D. Searle & Co., Chicago, übert. von: **John W. Cusic**, Skokie, Ill., V. St. A., *Derivate des Xanthen-9-carbonsäureamids* (**I**). Halogenide der Xanthen-9-carbonsäure werden mit Aminen in inerten wasserfreien organ. Lösungsmitteln erhitzt. — Hergestellt werden: *N-n-Hexyl-*I; *N-β-Diäthylaminoäthyl-*I, Hydrochlorid, F. 137 bis 138°, Methobromid, F. 185—186°; *N-γ-Dimethylaminopropyl-*I, Hydrochlorid, F. 217 bis 218°; *N-γ-Diäthylaminopropyl-*I, F. 159—160°; *N-β-Morpholinoäthyl-*I, Hydrochlorid, F. 171—172°; *N-γ-Morpholinopropyl-*I, Hydrochlorid, F. 242—244°; *N-δ-Piperidinobutyl-*I; *N.N-Diäthyl-*I; *N-Phenyl-N.β-diäthylaminoäthyl-*I, Hydrochlorid, F. 229—230°; *N-Benzyl-N-β-diäthylaminoäthyl-*I, Hydrochlorid, F. 207—208°; *N-Benzyl-N-β-morpholinoäthyl-*I, Hydrochlorid, F. 216—217°; *N-δ-Piperidinobutyl-N-β-(3.4-dimethylphenyl)-äthyl-*I; *N-β-Diäthylaminoäthyl-N-(2-methyl-1.2.3.6-tetrahydrobenzyl)-*I, Hydrochlorid, F. 188—189°; *N-Cyclohexyl-N-β-diäthylaminoäthyl-*I, Hydrochlorid, F. 216—217°; *N-(3-Methylcyclopentyl)-N-γ-dimethylaminobutyl-*I. — Zwischenprodd., Pharmazeutica, Schädlingsbekämpfungsmittel. (**A. PP. 2 661 351** vom 24/7. 1951 u. **2 661 353** vom 2/8. 1951, beide ausg. 1/12. 1953.) FABEL. H 3211

Imperial Chemical Industries Ltd., London, England (Erfinder: **William Robert Boon** und **William G. M. Jones**), *1-Methyl-4-diäthylcarbamylpiperazin* (**I**), F. 148 bis 150°, erhält man durch Rk. von Diäthylamin (**II**) u. N-Methylpiperazin (**III**), wobei entweder **II** oder **III** in Form seines Aryl-N-carbonylates in einem inerten Lösungsm. in Ggw. von Mineralsäure umgesetzt wird. — **I** erhält man aus 10 (Teilen) **III** u. 19 Phenyldiäthylamin-N-carbonylat durch 8std. Erhitzen auf 200° u. anschließende Sättigung mit HCl-Gas, oder aus 21,5 Phenyl-1-methylpiperazin-4-carboxylat 10 **II** u. 1 **II**-Hydrochlorid durch 6std. Erhitzen auf 230°. (**E. P. 689 598** vom 24/10. 1951, ausg. 1/4. 1953.) LIPPOLD. H 3272

American Cyanamid Co., New York, N. Y., V. St. A., *2-(o-Oxyphenyl)-4.6-dibromtriazin*, schwachgelbe Kristalle vom F. 193—194°, erhält man durch Einw. von

HBr auf 2-(o-Methoxyphenyl)-4.6-dichlortriazin. — Zwischenprodukt. (**Schwz. P. 297 409** vom 25/10. 1951, ausg. 1/6. 1954. A. Prior. 23/5. 1951.)
BRÖSAMLE. H 3313

X. Färberei. Organische Farbstoffe.

Alexander Krischan, *Der Werdegang der deutschen Teerfarbenindustrie.* Eine Zusammenfassung der Entw. der Teerfarbenchemie, beginnend mit der Entdeckung des Anilins durch RUNGE über die industriellen Anfänge der Farbstoffherst., Begründung durch die Benzolringtheorie u. die Synth. des Alizarins u. Indigos. (Prakt. Chem. [Wien] **5.** 5—8. Jan.; 31. Febr.; 53—56. März 1954.) SCHOENMANN. 7000

Jiří Rais und **Olga Kryštofová,** *Der Einfluß des p_H-Wertes auf die Ausfärbungen mit Eriochromschwarz T.* Zum Zwecke der Aufstellung einer n. Färbevorschrift für *Eriochromschwarz T* (I) wurden mit diesem Farbstoff der Fa. GEIGY 3%ig. Ausfärbungen bei 9 verschied. p_H-Werten (1,038—7,731) durchgeführt. Die Färbungen wurden mit 2%ig. $K_2Cr_2O_7$-Lsg. chromiert u. mit einer Typfärbung (nach üblicher Färbevorschrift für Chromschwarz auf Wolle) verglichen. Die Bäder werden mit steigendem p_H sowohl in der sauren Ausfärbung wie auch bei der Chromierung immer weniger erschöpft. Gleichzeitig nehmen die blauen Farbtöne zu. Das Typbad zeigt zu Beginn ein p_H 2,9—3, am Ende der sauren Färbung 4,7—4,8. Nach Farbnuance, Kraft u. Erschöpfung liegt die Typfärbung bei Vergleichsproben vom p_H 2,274—3,529 (Erschöpfungsgrad des Bades 99, 56%). Zur Ansäuerung des Typbades wurde etwas weniger Säure verwendet, als den freien Aminogruppen der Wolle entspricht. (Chem. Obzor **25.** 136—42. 30/9. 1950. Prag, Inst. für Färberei u. Textiltechnologie.)
ROTTER. 7020

Erwin Kraus, *Die Wollechtfärberei.* Nach einem histor. Überblick über die Entw. der Wollechtfärberei werden die seit 1951 von GEIGY auf den Markt gebrachten „Irgalane" hervorgehoben. Diese schwachsauren Metallkomplexfarbstoffe erreichen die höchsten Echtheitswerte aller bisher bekannten Wollechtfarbstoffe bei äußerster Faserschonung (kurze Färbedauer, p_H 6,5—7). Sie haben gutes Durchdringungsvermögen, sind gegen komplexbildende Metalle (Fe u. Cu) sowie gegenüber den Härtebildnern des W. beständig, sie können in Kombination mit Direktfarbstoffen zum Färben von Halbwollartikeln verwendet werden u. eignen sich zum Färben von Seide, Perlon, Nylon u. Grilon, sowie für den Direkt- u. Vigoureuxdruck. (Prakt. Chem. [Wien] **5.** 39—41. Febr. 1954.) SCHOENMANN. 7020

L. F. Story, *Der Einfluß von Kupfer in der Wollfärberei.* Allg. kurze Darst. über die Beeinflussung von Chromfärbungen durch die Anwesenheit von Cu im Färbebad. Hierbei wird darauf hingewiesen, daß bereits Spuren von 0,006% Cu auf Wollgewicht bezogen 0,5—1,5% Chromfärbungen deutlich im Ton verändern. Bei ca. 3% Färbungen genügen 0,01% Cu auf Wolle bezogen. Zur Ausschaltung der geringen Cu-Mengen im Färbebad wird Äthylendiamintetraessigsäure empfohlen, die außerordentlich rasch mit solch geringen Cu-Mengen reagiert. Für 0,01% Cu auf Wolle bezogen benötigt man ca. 0,5—0,7% der reinen Äthylendiamintetraessigsäure. (Textile Manufacturer **79.** 654—55. Dez. 1953.) H. G. FRÖHLICH. 7020

—, *Das tongleiche Färben von Mischungen aus Wolle mit Orlon oder Dacron.* Es wird eine neuartige Meth. zum Färben von tiefen Tönen auf Gemischen von Wolle mit Dacron oder Orlon unter Verwendung von Küpenfarbstoffen beschrieben. Danach wird die Ware zunächst mit einem Gemisch aus dem hochdispersen Küpenfarbstoffpulver u. einer Acrylnitril–Butadien–Latex-Verb. geklotzt u. getrocknet. Auf diese Weise wird der Farbstoff auf der Ware fest fixiert, so daß sich derselbe beim eigentlichen Färbeprozeß nicht ablösen kann. Die günstigsten Verküpungsbedingungen waren 30 Min. bei 60°. Die auf diese Weise erhaltenen Färbungen zeigen gute Licht-, Wasch- u. Reibechtheiten. (Amer. Dyestuff Reporter **43.** P 48—P 49. 18/1. 1954.)
H. G. FRÖHLICH. 7020

—, *Echte Farbstoffe auf den neueren Fasern.* Kurze Hinweise über das Echtfärben der neuen synthet. Fasern. (Textile Manufacturer **79.** 652—53. Dez. 1953.)
H. G. FRÖLLICH. 7020

Carl Blau, *Die synthetischen Fasern Terylene und Dacron in der Kleiderfärberei.* Vf. gibt eine Darst. über das Färben getragener Kleidungsstücke, wie Wolle, Reyon, Acetatreyon u. Kupferreyon, die mit den Polyesterfasern Terylen u. Dacron gemischt waren. Hierbei hat sich gezeigt, daß die hochdispersen Acetatseidenfarbstoffe immer noch die besten Ergebnisse erwarten lassen. Über das Färben im einzelnen werden nähere Angaben gemacht. (Färber-Ztg. **6.** Nr. 6. 4—6. Juni 1953.)
H. G. FRÖHLICH. 7020

Jiří Rais, *Untersuchungen über Orange GG.* Die Ausbeute an dem Monoazofarbstoff *Orange GG* aus Anilin u. G-Salz (D. R. P. 3 229) kann bis um 30% erhöht werden, wenn man zur positiven Komponente 2—5% *R-Salz* zugibt, bzw. das G- von dem R-Salz nicht vollständig befreit (Tabelle). Dabei wird der opt. Effekt ausgenützt, daß das rotorangefarbene *Orange R* (Anilin u. R-Salz) in gewissen Mengen die Kraft des Gelb, bzw. des Gelborange erhöht. Durch größere Zugaben geht die Nuance jedoch so stark nach Rot, daß über einen weiten Bereich die Nuance durch Zugabe von Gelb ohne Verlust an Brillanz nicht korr. werden kann. Das Problem wird an Hand von 3 Extinktionskurven erklärt. Es wird die Herst. der reinen G- u. R-Salze beschrieben u. deren Eigg. besprochen, sowie die Herst. des Farbstoffes u. der Ausfärbungen. (Chem. Obzor **25**. 97—101. 30/7. 1950. Prag, Ústav barv. a chem. technol. textiln. prum.) ROTTER. 7052

Dan River Mills, Inc., übert. von: **Glenn F. Womble**, Danville, Va., V. St. A., *Färben von Textilien mit Pigmentfarbstoffen.* Man behandelt vor dem Färben mit einem unpigmentierten wasserlösl. härtbaren Harz, wodurch die kapillaren Zwischenräume der Fasern ausgefüllt werden u. diese das später aufgebrachte Harzpigment nicht absorbieren, ohne daß die Zwischenräume des Textilmaterials selbst verschlossen werden, so daß das Harzpigment auf der Oberfläche der Fasern bleibt, härtet das Harz u. bringt anschließend das Harzpigment auf. (**A. P. 2 596 192** vom 3/5. 1947, ausg. 13/5. 1952.) v. SCHILLER. 7021

Interchemical Corp., New York, N. Y. (Erfinder: **Normann Sydney Cassel**, Ridgewood, N. J.), V. St. A., *Emulsion zum Bedrucken bzw. Färben von Geweben.* Sie besteht aus einer wss. Phase, einer pigmentierten Harz-Lösungsm.-Phase u. einer Phase, die im wesentlichen aus einem flüchtigen Lösungsm., in dem ein Mittel aufgelöst ist, das geeignet ist, eine beständige Emulsion von W. u. diesem Lösungsm. zu erzeugen, gebildet ist. Man erhält z. B. einen Lack durch Vermischen von 20 (Gewichtsteilen) Alkydharzlsg. (I) (50%ig. in Toluol), 8 Fichtennadelöl u. 28 hydriertem Petroleumbenzin. In diesem Lack emulgiert man 20 eines 16½%ig. wss. Breies von Lithosolblau GL u. 24 Wasser. I ist eine Glycerinphthalat, das mit 33% Sojabohnenölfettsäuren modifiziert ist. (**D. B. P. 909 205** Kl. 8n vom 30/7. 1941, ausg. 15/4. 1954. A. Prior. 3/8. 1940.) v. SCHILLER. 7023

Hans Ulrich Kesper, Viersen/Rhld., *Herstellung von mehrfarbigen Drucken auf Textilien.* Von dem farbigen Muster werden in bekannter Weise Farbauszüge in den Grundfarben rot, blau u. gelb angefertigt u. diese in mehrere abgestufte Unterauszüge, z. B. in hell, mittel u. dunkel, zerlegt. Mit diesen Unterauszügen werden Siebdruckschablonen unter Verwendung von Draht- oder Seidengaze mit ca. 5—10000 Maschen/cm² hergestellt, wobei zur Verstärkung der lichtempfindlichen Schicht eine dünne Lackschicht aufgetragen wird. Gedruckt wird mit Farben, die die Reinheit der Photofilterfarbstoffe aufweisen. (**D. B. P. 896 296** Kl. 57d vom 27/2. 1951, ausg. 12/11. 1953.) LAASS. 7023

Ciba Akt.-Ges., Basel, Schweiz, *Aromatische Aminocarbonsäuresulfonsäureester* der Formel I, worin R_1 einen Benzolrest, in dem die NH_2-Gruppe in o-Stellung zur COOH-Gruppe steht, u. R_2 einen aromat. Rest bedeuten, entstehen durch Rk. einer entsprechenden Halogenverb. mit NH_3. — *2-Carboxyanilin-4-(sulfonsäure-2'-carboxyphenylester).* Man erhitzt 2-Chlorbenzoesäure mit SO_3HCl auf 95—100°, versetzt die entstandene *2-Chlorbenzol-5-sulfonsäurechlorid-1-carbonsäure* mit 2-Oxybenzoesäure u. NaOH u. erhitzt das Reaktionsprod. mit konz. NH_3 u. Cu-Pulver im Autoklaven auf 125—130°. Hellgraubraunes Pulver. Dient als Diazokomponente zur Herst. von *Azofarbstoffen.* — Analog: *2-Aminobenzol-5-sulfonsäurephenylester-1-carbonsäure; 2-Aminobenzol-5-sulfonsäure-(4'-methylphenylester)-1-carbonsäure; 2-Aminobenzol-5-sulfonsäure-(4'-tert.-amyl)-phenylester-1-carbonsäure; 2-Aminobenzol-5-sulfonsäure-(4'-octyl)-phenylester-1-carbonsäure; 2-Aminobenzol-5-sulfonsäure-(4'-chlor)-phenylester-1-carbonsäure; 2-Aminobenzol-5-sulfonsäure-(4'-methyl)-phenylester-1.2'-dicarbonsäure.* (**D. B. P. 876 538** Kl. 12q vom 4/4. 1950, ausg. 15/5. 1953. Schwz. Priorr. 18/7. 1949 u. 13/3. 1950.) LANGER. 7053

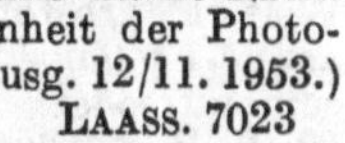

I

Sandoz Akt.-Ges., Basel, Schweiz, *Kupferhaltiger Azofarbstoff* wird erhalten durch Tetrazotierung von 1 Mol 4.4'-Diamino-3.3'-dimethoxydiphenyl, Kupplung einerseits mit 1 Mol 1-Oxynaphthalin-3.6-disulfonsäure u. andererseits mit 1 Mol 1-Phenylazo-2-amino-5-oxynapththalin-7-sulfonsäure u. Behandlung des Trisazofarbstoffes mit kupferabgebenden Mitteln. — Baumwolle u. Fasern aus regenerierter Cellulose werden marineblau gefärbt. (**Schwz. P. 294 698** vom 15/6. 1951, ausg. 1/2. 1954.) SIEVERS. 7055

Farbenfabriken Bayer (Erfinder: **Fritz Suckfüll**), Leverkusen, *Herstellung von Tetrakisazofarbstoffen*, indem man eine diazotierte Aminoazobenzoldisulfonsäure oder deren Homologe mit 1-Amino-3-acetylaminobenzol bzw. 1-Amino-3-acetylamino-6-methylbenzol kuppelt u. die so erhaltenen Aminodisazofarbstoffe in an sich üblicher Weise in die entsprechenden Farbstoffe überführt, z. B. durch Einw. von Phosgen. Die neuen Farbstoffe färben Baumwolle u. Fasern aus regenerierter Cellulose in rotorangen säureechten Farbtönen. (**D. B. P. 870 307** Kl. 22a vom 1/5. 1951, ausg. 12/3. 1953.) GRÄGER. 7055

Harold France, Norman Hulton Haddock, Blackley, Manchester, und **Imperial Chemical Industries Ltd.,** London, England, *Chromierbare, lichtechte, leuchtend rote Wollfarbstoffe* (**I**) u. (**II**) erhält man durch Sulfonierung von 3.6-Di-(2″.6″-dimethylanilino)-4′-oxy-5′-carboxyfluoran u./oder 3.6-Di-(2″.6″-dimethylanilino)-5′-oxy-4′-carboxyfluoran, z. B. mit 100%ig. H_2SO_4. Die Ausgangsstoffe werden nach E. P. 472 757 (C. **1938.** I. 1462) durch Kondensation von 2.6-Dimethylanilin mit m-Chlorphenol über 3-Oxy-2′.6′-dimethyldiphenylamin gewonnen, das noch mit 1 Mol 5-Oxytrimellitsäure umgesetzt wird. (**E. P. 652 943** vom 26/7. 1948, ausg. 2/5. 1951.) KRAUSS. 7057

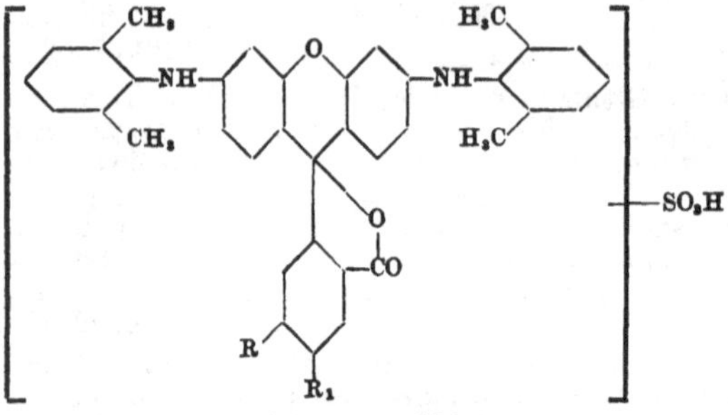

I R = —OH, R_1 = —COOH
II R = —COOH, R_1 = —OH

Farbenfabriken Bayer (Erfinder: **Klaus Weinand**), Leverkusen, *Wasserlösliche Farbstoffe der Anthrachinonreihe*, die tier. Fasern in lichtechten braunen Tönen färben u. die je nach der Mol.-Größe des Acylrestes sehr gut egalisieren oder bes. waschecht sind, erhält man dadurch, daß man 1-Acylalkylamino-4-anilidoanthrachinone, die in 5-, 6-, 7- oder 8-Stellung eine Sulfonsäuregruppe enthalten können u. deren Anilinrest in der p-Stellung durch eine Phenyl-, Alkoxy- oder Phenoxygruppe substituiert ist, vorzugsweise durch Einw. sulfonierender Mittel carbazoliert, mit oxydierenden Mitteln behandelt u. erforderlichenfalls noch sulfonsaure Gruppen einführt. — 5 (Gewichtsteile) 1-Acetylmethylamino-4-p′-anisidinoanthrachinon-6-sulfonsäure, gelöst in 40 H_2SO_4-Monohydrat, verrührt man 2 Std. bei 20—30°, setzt 1 Nitrosylschwefelsäure hinzu u. arbeitet wie üblich auf. Der Farbstoff, in konz. H_2SO_4 tiefblau, in W. braun lösl., färbt Wolle gelbbraun. Weitere Farbstoffe können in ähnlicher Weise erhalten werden aus: 1-Benzoylmethylamino-4-p′-anisidino-anthrachinon, 1-Benzoylmethylamino-4-p′-phenylanilidoanthrachinon oder 1-Acetylmethylamino-4-p′-phenylanilidoanthrachinon-6-sulfonsäure. (**D. B. P. 889 341** Kl. 22b vom 16/1. 1951, ausg. 10/9. 1953.) ROICK. 7059

American Cyanamid Co., New York, N. Y. (Erfinder: **William Baptist Hardy** und **Elizabeth Mac Gregor Hardy,** Bound Brook, N. J.), V. St. A., *Wasserlösliche Schwefelsäurehalbestersalze von Leukoanthrachinonverbindungen.* Bei der Red. der Leukoanthrachinonverbb., bes. Leukoverbb. von Küpenfarbstoffen der Anthrachinonreihe, in einem alkal.-wss. Medium (**I**) mit einem reduzierenden Mittel u. Veresterung mit einer SO_3-Additionsverb. (**II**) eines tert. Amins wird die Red. u. Veresterung gleichzeitig in einem I mit einem p_H-Wert von nicht >11,5 durchgeführt. Zweckmäßig enthält I eine kleine Menge einer oder mehrerer organ. Fll., wie aromat. KW-stoffe, Chlor-KW-stoffe, Ketone, Äther, Ester, tert. Amine, fl. Nitrile oder O-haltige heterocycl. Fll., wie Furan, die gegenüber dem verwendeten reduzierenden Mittel u. der II des tert. Amins inert sind, u./oder eine kleine Menge einer oder mehrerer wasserlösl. Sulfonate der Benzol- u. Naphthalinreihe. — Durch das Verf. werden die bes. zum Färben alkaliempfindlicher Materialien geeigneten Schwefelsäurehalbester in guter Reinheit u. Ausbeute erhalten. — 12,2 (Gewichtsteile) des Farbstoffs der Zus. **III** rührt man mit 5,6 Na-Xylolsulfonat in 106 W. ein, gibt 63,6 Na_2CO_3 unter Rühren hinzu, gibt unter Durchleiten von N_2 bei 50° 65,2 Triäthylamin–SO_3 u. 23,2 Na-Hydrosulfit hinzu, rührt bei 50° im geschlossenen Kessel

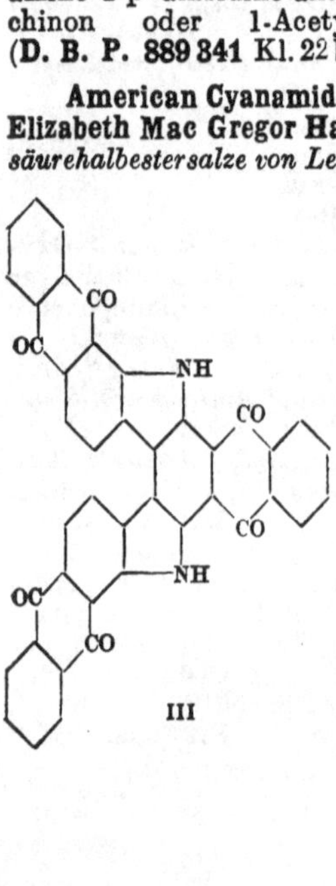

III

bis zur Beendigung der Rk., dest. nach Zugabe von 200 20%ig. NaOH das Amin ab u. arbeitet den Rückstand auf. — Weitere Beispiele beschreiben die Herst. von Schwefelsäurehalbestern der Leukoverbb. von: Anthrachinon, α-Chloranthrachinon, 2-Acetylamino-3-chlor- u. 3-bromanthrachinon, des Farbstoffs nach A. P. 2 456 589 (C. **1954**. 5404), des Carbazols aus dem aus 1-Amino- u. 1-Chloranthrachinon herstellbaren Anthrimids, 2-(p-Toluyl)- oder 1-Phenoxyanthrachinon, 1.2-Phthaloylcarbazol, 1.2-Benzanthrachinon oder dem Farbstoff der Zus. **IV**. (**D. B. P. 909 384** Kl. 22b vom 21/7. 1951, ausg. 15/4. 1954. Anmeldung bekanntgemacht 3/9. 1953. **E. P. 687 456** vom 18/6. 1951, ausg. 11/2. 1953. **Schwz. P. 295 678** vom 21/7. 1951, ausg. 16/3. 1954. Sämtliche A. Prior. 24/7. 1950. **A. P. 2 647 124** vom 24/7. 1950, ausg. 28/7. 1953.) ROICK. 7059

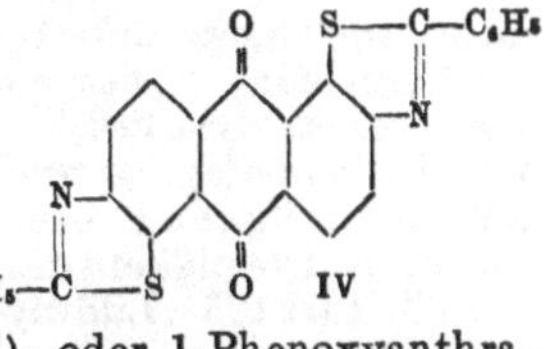

IV

Badische Anilin- & Soda-Fabrik Akt.-Ges., Ludwigshafen/Rh., *Küpenfarbstoff der Phthalocyaninreihe.* Kobaltphthalocyanin (I) erhitzt man in Ggw. von wasserfreien Metallchloriden, wie Al-, Fe- oder Zn-Chlorid, solange mit γ-Butyrolacton (II), bis das entstehende Erzeugnis in alkal. Na-Hyposulfit-Lsg. lösl., in wss. Alkalien aber unlösl. ist. I kann in Anwesenheit eines Lösungs- oder Verdünnungsmittels (**a**), wie Tri- oder Tetrachlorbenzol, umgesetzt werden. An Stelle eines **a** kann **II** in großem Überschuß dienen oder geschm. $AlCl_3$, das dabei gleichzeitig als Katalysator wirkt. — Der erhaltene Farbstoff, ein blaues Pulver, färbt Baumwolle aus brauner Küpe blau. (**Schwz. P. 289 073** vom 23/11. 1950, ausg. 16/6. 1953. D. Prior. 29/12. 1949.) ROICK. 7073

Badische Anilin- & Soda-Fabrik Akt.-Ges., Ludwigshafen/Rh., *Küpenfarbstoff der Phthalocyaninreihe.* Man erhitzt ein Gemisch von 225 (Gewichtsteilen) Phthalsäuredinitril, 80 Pyridin-3-sulfonsäure, 75 wasserfreiem Co-Chlorid u. gegebenenfalls einem inerten Verdünnungsmittel, wie NaCl oder Na_2SO_4, bis zur beendeten Farbstoffbildung. Der nach der üblichen Reinigung erhaltene Farbstoff, ein dunkelblaues Pulver, in W. unlösl., färbt die pflanzliche Faser aus gelbbrauner Küpe sehr lichtecht kräftig blau. (**Schwz. P. 294 022** vom 22/2. 1951, ausg. 4/1. 1954. D. Prior. 14/4. 1950.) ROICK. 7073

XIa. Farben. Anstriche. Lacke. Naturharze.

F. Armitage und **W. T. C. Hammond**, *Die neueste Entwicklung auf dem Gebiete der Industrie der Oberflächenüberzüge.* Besprochen werden: Polyurethanöle u. -harze (*Desmodure* u. *Desmophene*), Styrol-Mischpolymerisate (*Pliolite*) als trocknende Öle u. Harze. — 25 Literaturzitate. (Chem. and Ind. **1951**. 1082—87. 8/12. Lewis Berger Ltd. Research Dep.) STEINER. 7096

Rolt Hammond, *Die neue Entwicklung auf dem Gebiete der Anstrichfarben.* Besprechung der wesentlichen Fortschritte auf dem Gebiete des Korrosionsschutzes. (Machinery Lloyd [europ. Edit.] **25**. Nr. 12A. 53—62. 13/6. 1953.) STEINER. 7106

Michael Gilden, *Das Anstreichen von Schwimmbecken.* Zum Anstreichen von Schwimmbecken werden Chlorkautschukfarben auf der mit HCl geätzten u. mit Sandstrahlgebläse gereinigten Betonoberfläche empfohlen. (Western Paint Rev. **38**. 20 bis 22, 26. Aug. 1952.) STEINER. 7106

Sam Lodovico, *Elektrostatische Spritzlackierung metallischer Behälter.* Beschreibung der Arbeitsvorgänge bei der Spritzlackierung von Kannen u. Eimern nach dem elektrostat. Verfahren. (Ind. Finishing **29**. 26—28, 30—31. Febr. 1953.) STEINER. 7106

Randolph A. Wiese, *Flammsprühen von Polyäthylen.* Das Verf., die App. u. Anwendungstechnik des Flammsprühens von Polyäthylen (I) werden beschrieben. Dabei findet kein Abbau des Polymerisats statt. Durch geeignete Kombination der aufzutragenden Schichten können poröse u. dichte Oberflächen mit I überzogen werden. (Mod. Plastics **31**. Nr. 6. 117—19. 122. 124. Febr. 1954. Brooklyn, N. Y., Powder Weld Process Labor.) SCHÄFF. 7106

Walter Rudolph, *Spritzlackierung von Kunstharzpreßartikeln mit Schablonen.* Beschreibung des Verfahrens. (Ind. Finishing **29**. 36—38, 40, 42. Febr. 1953.) STEINER. 7106

Karl Wolf, *Über die Bedeutung physikalischer Untersuchungsverfahren für die Lacktechnik, erläutert am Beispiel des mechanischen Verhaltens makromolekularer Filme und ihres Haftens auf Metallunterlagen.* Ein Vgl. der verschied. Prüfverff. für Lacke ergibt, daß den physikal. Methoden der Vorrang gebührt. Das Lackgebiet, bes. das plastischelast. Verh. von makromol. Filmen u. die Haftfestigkeit von Lacken auf Metallunterlagen, werden besprochen. Zur Prüfung dieses Verh. dienen Torsionsschwingungsversuche. Die Gesetzmäßigkeiten des amorphen u. krist. Zustandes der polaren Gruppen, der Vernetzung u. des Weichmachens werden untersucht; der besondere Effekt der Schichtdicke wird beschrieben. Die Haftfestigkeit wird durch Abschieben des Filmes von der Unterlage geprüft; die Einfl. von Schichtdicke, Abschiebegeschwindigkeit, Geh. des Lackes an Weichmachern u. Harzen, Metallart u. Rauhigkeit seiner Oberfläche auf die Haftfestigkeit des Filmes werden untersucht. (Verfkroniek **27.** 32—37. Febr. 57—63. März 1954. Ludwigshafen/Rh., Badische Anilin- & Soda-Fabrik.) WESLY. 7158

Rudolf Alberti, St. Andreasberg, *Verbesserung der Eigenschaften von Schwerspat für Farbkörper in Öl- und Lackfarben.* Der Schwerspat wird in Ggw. von (ca. 0,1 %, bezogen auf das Gewicht des $BaSO_4$) Säure (bes. Oxalsäure) gemahlen (vorzugsweise bis zu einer Feinheit von $>20\%$ unter $2\,\mu$) u. vorzugsweise danach neutralisiert (bes. mittels Na_2CO_3) bis zu einem p_H-Wert von mindestens 7 u. auf einem Walzentrockner getrocknet. (**D. B. P. 902 162** Kl. 22f vom 11/7. 1951, ausg. 6/5. 1954. Anmeldung bekanntgemacht 13/5. 1953.) SCHREINER. 7093

Fritz Lehmann, Osterode/Harz, *Herstellung von Bleiweiß.* Das Verf. nach dem Hauptpatent wird durchgeführt, indem Pb-Acetat u. CO_2-Gas mittels eines Injektors eingeführt wird, in dem das CO_2-Gas die Pb-Acetatlsg. aus dem Aufbewahrungsgefäß absaugt. Außerdem soll die versprühte Lsg. mit dem gebildeten Bleiweiß einer Trockentrommel oder einer anderen Trockeneinrichtung zugeblasen werden, aus der es kontinuierlich mit dem erforderlichen Trockengrad entnommen wird. (**D. B. P. 900 256** Kl. 22f vom 9/5. 1951, ausg. 21/12. 1953. Anmeldung bekanntgemacht 2/4. 1953. **Zusatz zu D. B. P. 855 434; C. 1953; 3002.**) SCHREINER. 7093

National Lead Co., New York (Erfinder: **Leonard Martin Kebrich,** Brooklyn), N. Y., V. St. A., *Herstellung eines als Pigment verwendbaren Gemischs* von einbas. Pb-Salicylat u. einem anderen unlösl. Pb-Salz, dad. gek., daß man eine wss. Suspension von PbO unter Rühren allmählich mit gepulverter Salicylsäure versetzt, bis sich eine Aufschlämmung von pentabas. Pb-Salicylat, $Pb(C_6H_4OHCOO)_2 \cdot 5PbO$, bildet, u. dieser langsam eine Säure (z. B. Oxalsäure, H_2SO_4, CO_2) zusetzt, das ausgefällte Pb-Salzgemisch abfiltriert u. trocknet. (**D. B. P. 892 810** Kl. 22f vom 31/3. 1951, ausg. 12/10. 1953. Anmeldung bekanntgemacht 15/1. 1953. A. Prior. 20/10. 1942.) SCHREINER. 7093

Titangesellschaft m. b. H., Leverkusen (Erfinder: **Robert William Ancrum,** York, England, und **Assur Gjessing Oppegaard,** Frederikstad, Norwegen), *Herstellung von Titanpigmenten.* Titanhydrat wird mit mindestens 0,1 % Sb (auf TiO_2 berechnet), bes. in Form von Sb_2O_3 oder Sb_2O_5 oder einer wasserlösl. Sb-Verb., wie Brechweinstein, gegebenenfalls in Ggw. bekannter Zusätze, wie K-Verbb., calciniert. Die Sb-Verb. kann im Verlauf des Herstellungsprozesses schon vor der Hydrolyse zugesetzt werden. (**D. B. P. 888 292** Kl. 22f vom 27/7. 1937, ausg. 31/8. 1953. Anmeldung bekanntgemacht 11/12. 1952.) SCHREINER. 7093

N. V. de Bataafsche Petroleum Mij., Den Haag, Holland, *Herstellung trocknender Öle.* Fette Öle mit einer JZ. von wenigstens 120 (Lein-, Sojabohnen- oder Fischöl) werden in Ggw. eines Peroxyds mit einem tert.-Alkylrest in Mengen von 0,5 bis 10% auf 100—250°, bes. 150—200°, erhitzt. Als Peroxyde sind verwendbar: Di-tert.-butylperoxyd, Di-tert.-amyl- oder -octylperoxyd, deren Cl-, Br- oder Alkylsubstitutionsprodd., oder auch tert.-Butyl- oder -Amylperphthalat, -perbenzoat oder -peracetat, 2.2-Bis-(tert.-butylperoxy)-butan oder -propan, 1-(tert.-Butylperoxy)-äthanol. (**E. P. 700 337** vom 24/9. 1951, ausg. 25/11. 1953. A. Prior. 26/9. 1950.) GRÄGER. 7097

Universal Oil Products Co., Chicago, übert. von: **Edward M. Geiser,** Downers Grove, Ill., V. St. A., *Harzartige bis kautschukähnliche Kondensationsprodukte.* CH_2O wird in Ggw. von Kondensationsmitteln mit einer Dissoziationskonstante $1 \cdot 10^{-5}$ mit Mischpolymerisaten aus einer aromat. Vinylverb., wie Styrol, Methylstyrol, Vinylnaphthalin, Divinylnaphthalin, u. einem aliphat. Olefin mit ca. 4—8 C-Atomen im Mol. kondensiert. — Z. B. werden 45,1 (Teile) frisch dest. Styrol, 24,1 Isobutylen u. 0,7 BF_3 in Form des Ätherates bei ca. —20° unter Rühren zur Rk. gebracht. Die Temp. steigt bis ca. 75°. Nach 2 Std. ist eine viscose M. gebildet, die mit verd. Sodalsg. gewaschen u. danach mit A. extrahiert wird. 30 dieses Mischpolymerisates werden in Ggw. von 2 Oxalsäure mit 10 Trioxymethylen bei ca. 40—60° kondensiert. Es wird ein farbloses, in Petroleum-KW-stoffen lösl., kautschukähnliches Harz erhalten. — *Lackharze.* (**A. P. 2 611 760** vom 18/5. 1949, ausg. 23/9. 1952.) R. HERBST. 7097

Ciba Akt.-Ges., Basel (Erfinder: **Charles Graenacher,** Riehen, und **Carlo Rossi,** Basel), Schweiz, *Pastenförmiges Reinigungsmittel,* bes. *Abbeizmittel,* erhalten aus feingemahlenem Holzhydrolyselignin (I) oder aus solchen feingemahlenen Naturprodd., die durch die Einfll. ihrer Umgebung derart abgebaut worden sind, daß das in ihnen enthaltene Lignin (II) in I vergleichbarem Zustand vorliegt, u. die neben diesem II noch Cellulose oder deren in Alkalien unlösl., aber darin quellbare Umwandlungsprodd. enthalten (Torf oder Braunkohle), u. in welchem die Hauptmenge der Teilchen $<0,05$ mm, durch Behandlung mit wss. Lsgg. von Alkalihydroxyden, bes. NaOH, gegebenenfalls im Gemisch mit organ. Lösungsmitteln als solchen oder in emulgierter Form. (**D. B. P. 870 461** Kl. 22g vom 1/1. 1949, ausg. 12/3. 1953. Schwz. Priorr. 18/4. 1946 u. 7/2. 1947.) GRÄGER. 7101

Antonio S. Pitre, San Francisco, und **John Rudolf Saroyan**, Vallejo, Calif., V. St. A., *Oberflächenschutzmaterial*, bestehend aus CuO u. einem Grundstoff. Letzterer wird durch inniges Vermischen von 99 (Teilen) Paraffin mit 163 eines Harzes (I) hergestellt. I wiederum erhält man durch Vermischen von 108 eines Polymeren (II) mit 360 Harz u. anschließendes teilweises Polymerisieren u. Dehydratisieren der Mischung bei erhöhter Temp., wobei man diese beim Dehydratisieren bis auf 300° F steigern kann. II erhält man durch Rk. einer wss. Mischung aus einem Phenol u. CH_2O mit Bleiacetat als Katalysator. (**A. P. 2 579 610** vom 23/10. 1947, ausg. 25/12. 1951.) NEBELSIEK. 7107

William Harold Kemp, Walton on Thames, Surrey, England, *Anstrichmittel für Flugzeug- oder andere Metalloberflächen* gegen Eisbldg. u. Korrosion werden hergestellt, indem man einen Celluloseester (I), wie Celluloseacetat oder -nitrat, $BaCrO_4$ oder $CaCrO_4$ u. einen anorgan. Elektrolyten, wie NaCl, mischt u. dieses Gemisch in W. löst, 5 Std. erhitzt, das W. verdampft u. das Trockenprod. in Aceton oder einem anderen Lösungsm. für I löst. Z. B. besteht ein geeignetes Anstrichmittel aus: 40 (Teilen) I, 40 NaCl, 100 $CaCrO_4$ u. 20 Aceton, das zur Verwendung weiter mit Aceton verd. werden kann. (**E. P. 676 202** vom 20/10. 1948, ausg. 23/7. 1952.) GRÄGER. 7107

E. I. du Pont de Nemours & Co., Wilmington, Del., übert. von: **Edgar Quimby Bullock jr.**, und **Fred Joseph Emig**, Chicago, Ill., V. St. A., *Widerstandsfähige Drahtlacke*, bestehend aus einem in der Hitze härtbaren synthet. Harz, bes. Phenol-CH_2O-Harz, u. einem Polyvinylacetal-Harz, bes. Polyvinylformal-Harz, zweckmäßig im Mischungsverhältnis 1:1 bis 1:19, mit einem Zusatz von 0,09—0,5% Polyäthylen, gelöst in einem fl. KW-stoff, z. B. Petroleum-KW-stoff mit Kp. 150—184°. — Bes. geeignet für Elektromaterial. (**E. P. 676 031** vom 4/1. 1950, ausg. 23/7. 1952. A. Prior. 27/1. 1949.) GRÄGER. 7107

E. I. du Pont de Nemours & Co., Wilmington, Del., übert. von: **Ralph K. Iler**, Cleveland Heights, O., V. St. A., *Polierwachsemulsion*, bestehend aus einer wss. Emulsion eines Esterwachses (Carnaubawachs) (10—15%) mit einer als Gleitschutz genügenden Menge SiO_2 (3—9%) von einer Teilchengröße 1—100, bes. 1—30, mμ. (**A. P. 2 597 871** vom 20/9. 1947, ausg. 27/5. 1952.) GRÄGER. 7119

XIb. Plaste (Kunstharze. Plastische Massen).

D. J. van Wijk, *Die Entwicklung der Kunststoffe in den letzten 50 Jahren*. Übersicht über die „ruhige" Entw. bis 1925 (Galalith, Celluloid, Kunstseide, Phenolformaldehyd) u. die „stürm." Entw. von 1925—1953 (Cellulosederivv., dreidimensionale u. lineare Polykondensate, bes. Vinylpolymere, Polyadditionsprodd.). — 17 Literaturangaben. (Chem. Weekbl. **49**. 861—74. 14/11. 1953.) WESLY. 7170

W. T. Higgins, *Zellpolyäthylen im Strangpreßverfahren*. Mittels eines Treibmittels erhält man aus Polyäthylen im Strangpreßverf. eine Kabelummantelung mit Zellstruktur, die hervorragende mechan. u. elektr. Eigg. zeigt. Das Verf. wird beschrieben u. erörtert. (Mod. Plastics **31**. Nr. 7. 99—100, 102, 104. März 1954. Bound Brook, N. J., Union Carbide & Carbon Corp., Bakelite Co., Div., Developm. Dept.) SCHÄFF. 7172

Flave Pledger und **D. J. Ryan**, *Flanschverbindung für Polyäthylenrohre*. Kurze Beschreibung des Verf. zur Herst. von Flanschverbb. an Polyäthylenrohren. (Mod. Plastics **31**. Nr. 7. 112. März 1954. Sabine River Works, E. I. du Pont de Nemours & Co.) SCHÄFF. 7172

H. L. Bender, *Härtungsgeschwindigkeit von Phenoplasten*. Die mittels einer einfachen Meth. bestimmten Härtungsgeschwindigkeiten von Einring- u. Mehrringsystemen vom Novolaktypus mit Hexamethylentetramin (I) werden angegeben. Die Unterss. zeigen, daß Phenol, o- u. p-Kresol sowie 2-Oxy- u. 4-Oxybenzylalkohol wesentliche Unterschiede in ihrem Verh. gegenüber I aufweisen u. daß die Methylengruppe eine bes. Rolle bei Novolaken spielt. Die 3 isomeren Dioxydiphenylmethane als Primärprodd. der Phenol-CH_2O-Kondensation zu Novolaken zeigen ebenfalls unterschiedliche Härtungsgeschwindigkeiten; sie nimmt von der 2.4'- über die 4.4'- zur 2.2'-Verb.

zu. Diese u. analoge Befunde bei 3- u. 4-Ringverbb. beweisen, daß die chem. Struktur für die Härtungsgeschwindigkeit verantwortlich ist. Hierfür werden 2 mögliche Deutungen angegeben. Außer der Stellung der OH-Gruppe am Ring ist die Kettenlänge von Einfl., so daß die Mol.-Gew.-Verteilung eines Novolaks ebenfalls eine Rolle spielt. Auf dieser Basis wurde ein Schema aufgestellt, in das handelsübliche Harze eingeordnet oder womit weitere Spezialharze entwickelt werden können. (Mod. Plastics **31.** Nr. 7. 115—16. 118. 200. März 1954. Union Carbide & Carbon Corp., Bakelite Co. Div.) SCHÄFF. 7176

H. A. K. Eden, *Anwendungen und Möglichkeiten von Polyesterharzen.* In Fortsetzung der C. **1954.** 7064 referierten Arbeit wird ein Überblick über die techn. Verarbeitung von ungesätt. Polyesterharzen gegeben. (Plastica [Delft] **7.** 168—73. April 1954. Eindhoven, N. V. Philips' Gloeilampenfabrieken.) WESLY. 7176

Leonard E. Amborski und **Donald W. Flierl,** *Physikalische Eigenschaften von Polyäthylenterephthalat-Filmen.* Vff. untersuchten die physikal. Eigg. von krist. Polyäthylenterephthalat(*Terylen*)-Filmen, die unter der Bezeichnung *Mylar*-Polyesterfilm in 3 Typen mit Dicken zwischen 0,00025—0,0075 inch. μ hergestellt werden. Es werden die mechan., therm., elektr. u. opt. Eigg. u. die Durchlässigkeit gegen Wasserdampf, Lösungsmitteldämpfe u. Gase mit denen anderer Filme (*Polyäthylen, Celluloseacetat, Cellophan*) verglichen. (Ind. Engng. Chem. **45.** 2290—95. Okt. 1953. Buffalo, N. Y., Film Dept., Yerkes Lab., E. I. du Pont de Nemours and Co., Inc.) CANTOW. 7176

R. K. Petry, *Vinylbodenbeläge.* Biegsame Ware enthält neben Polyvinylchlorid 50% Füllmaterial u. Pigment, halbbiegsame bis zu 75% davon. Allg. Ausführungen über Herstellungsverfahren. (Plastics Ind. **11.** Nr. 2. 11—12. 15. Febr. 1953. Wilmington, Delaware Floor Products.) STEINER. 7204

Roger C. Steele, *Neue Verfahren bei der Herstellung von honigwabenförmigen Bauelementen.* Die Herst. von Bauelementen mit honigwabenförmiger Struktur aus Glasgewebe–Kunstharzkombinationen, aus mit Phenolharzen imprägnierten Baumwollgeweben oder aus Al mit Kunstharzverklebung wird beschrieben. (Mod. Plastics **31.** Nr. 6. 101—04. 193. Febr. 1954. Oakland, Calif., Calif. Reinforced Plastics Co.) SCHÄFF. 7204

M. L. Dannis, *Änderung der Dimension bei harten Vinylharzen.* Eine einfache App. zur Messung der Ausdehnungskoeffizienten von harten Vinylharzen, wie Hart-PVC, u. zur Best. des Schrumpfens während des Temperns oder einer Wärmebehandlung wird beschrieben. Die durchgeführten Verss. zeigen, daß die Ausdehnungskoeffizienten einer Probe sowohl von der Vorgeschichte ihrer Herst., als auch von der Verarbeitung abhängen. Die Werte liegen im Bereich von $70—200 \cdot 10^{-6}$ pro °C. (Mod. Plastics **31.** Nr. 7. 120. 201. März 1954. B. F. Goodrich Research Center.) SCHÄFF. 7210

H. M. Quackenbos, *Der praktische Wert von Prüfmethoden bei Vinylfilmen und -folien.* Am Beispiel eines Badevorhangs werden Prüfverff. für Wasser- u. Seifenbeständigkeit, Flüchtigkeit, Widerstand gegen Schimmelbefall, mechan. Eigg. u. Lackierverträglichkeit von Vinylfilmen, die mit 33—40% Weichmacher versetzt sind, erörtert. (Plastics Ind. **11.** Nr. 2. 25—27. Febr. 1953. Bakelite Co., Chemical Dep.) STEINER. 7210

E. I. du Pont de Nemours & Co., Wilmington, Del., übert. von: **John Raven Johnson,** Ithaca, N. Y., V. St. A., *tert.-Aminoazonitrile* der Formel $(R_1)(R_2)N(CH_2)_x \cdot C(R_3)(CN) \cdot N{=}N \cdot C(CN)(R_4) \cdot (CH_2)_y \cdot N(R_5)(R_6)$, worin R_1, R_2, R_5 u. R_6 niedere Alkylreste oder je 2 den Rest eines Heteroringes, R_3 u. R_4 einen niederen Alkylrest u. x u. y 1—6 bedeuten, dienen als *Polymerisationskatalysatoren.* — *α.α'-Azo-bis-(α-methyl-γ-diäthylaminobutyronitril).* Man setzt Diäthylaminhydrochlorid mit CH_2O in Aceton zu *Methyl-β-diäthylaminoäthylketon* um, behandelt mit Hydrazinhydrat, dann mit HCN u. schließlich mit Cl_2. — Analog: *α.α'-Azo-bis-(α-methyl-δ-diäthylaminovaleronitril).* — *α.α'-Azo-bis-(α-methyl-δ-piperidinovaleronitril).* (**A. P. 2 605 260** vom 26/5. 1949, ausg. 29/7. 1952.) LANGER. 7171

Badische Anilin- & Soda-Fabrik, Ludwigshafen/Rh., *Schwefelhaltige, organische Verbindungen.* Die durch Kondensation von gesätt., aliphat. oder cycloaliphat. KW-stoffen oder Halogen-KW-stoffen mit Halogen u. SO_2 in fl. Phase gewonnenen Sulfohalogenide werden mit Gemischen von aliphat., cycloaliphat. oder aromat.-aliphat. Alkoholen u. aromat. Oxyverbb. umgesetzt, wobei man zunächst mit einer zur vollständigen Umsetzung unzureichenden Menge der Alkohole bzw. aromat. Oxyverbb. behandeln u. die gebildeten Prodd. dann mit aromat. Oxyverbb. bzw. Alkoholen umsetzen kann. — Ein bei der CO-Hydrierung gewonnenes Öl, Kp. 200 bis 350°, wird unter Bestrahlung mit kurzwelligem Licht mit $SO_2 + Cl_2$ behandelt. Das gebildete Sulfochlorid [5 (%) S, 6 hydrolysierbares Cl, 50 Neutralöl] wird mit einem Alkoholgemisch mit 8—9 C-Atomen (hergestellt durch Red. der durch Anlagerung von $CO + H_2$ an Olefine entstandenen Aldehyde) u. einem Phenolgemisch aus ca. 40 Phenol, 40 Kresol u. 20 Xylenol unter Einleiten von trockenem NH_3 bei 30° zu einem gelbstichigen Öl umgesetzt, das als Weichmacher zur Herst. von kältefestem Polyvinylchlorid dient. — *Weichmacher* für *Kunststoffe* u. *Kunstleder*. (**D. B. P. 881 793** Kl. 12o vom 12/6. 1943, ausg. 2/7. 1953.) KRAUSS. 7171

Pittsburgh Plate Glass Co., Allegheny County, Pa., übert. von: **Alphonse Pechukas,** Akron, O., V. St. A., *Sulfitester* erhält man durch Rk. von 1.2-Epoxyden mit einem Thionylhalogenid bei n. oder erhöhter Temp., zweckmäßig in Ggw. eines Lösungsm. u. eines Katalysators ($FeCl_3$, $ZnCl_2$, tert. Amine, Pyridin, Chinolin). — In $SOCl_2$ mit einer Spur $ZnCl_2$ leitet man unter Kühlung bei 10—15° Äthylenoxyd ein u. erhält *Bis-(2-chloräthyl)-sulfit*, Kp.$_{10}$ 128—141°. — *Bis-(chlorpropyl)-sulfit*, $CH_3CHClCH_2 \cdot OSOOCH_2CHClCH_3$ u. $CH_3CH(CH_2Cl)OSOOCH(CH_2Cl)CH_3$, Kp.$_6$ 122—124°; n_D^{20} 1,4705. — 1.2-Epoxybuten-(3) → *Bis-(chlorbutenyl)-sulfit*, $CH_2{=}CHCHClCH_2OSOO \cdot CH_2CHClCH{=}CH_2$ u. $CH_2{=}CH{-}CH(CH_2Cl)OSOOCH(CH_2Cl)CH{=}CH_2$, Kp.$_6$ 140 bis 145°; n_D^{20} 1,4945. — Epichlorhydrin → *Bis-(dichlorpropyl)-sulfit*, Kp.$_1$ 150—157°; n_D^{20} 1,5070. Mit Diepoxyden oder Polyepoxyden (dimeres Butadiendiepoxyd) erhält man *harzartige Ester*. Die Prodd. hydrolysieren mit W. u. dienen zur Herst. von quaternären Ammoniumsulfonaten, als *Lösungsm.* oder *Weichmacher*, bes. für *Cellulose-* u. *Polyvinylacetate*, *Polyvinylchlorid* u. *Polymethacrylate*. (**A. P. 2 576 138** vom 2/1. 1947, ausg. 27/11. 1951.) KRAUSS. 7171

Henkel & Cie. G. m. b. H. (Erfinder: **Wolfgang Gündel** und **Rudolf Heise**), Düsseldorf, *Herstellung von Weichmachungs-, Plastifizier- und Gelatinierungsmitteln* für Celluloseester u. -äther, Kunststoffe u. Kunstharze aller Art, erfolgt durch Rk. von $CH_2Cl \cdot COOH$-Estern 2- bis 4-wertiger Alkohole, die gegebenenfalls 1 oder mehr O- bzw. S-Atome in ätherartiger Bindung enthalten können, mit wasserfreien Salzen aliphat. Carbonsäuren bei erhöhter Temp., indem man z. B. 362 (Gewichtsteile) Glycerin-tris-chloracetat (Kp.$_{10}$ 205—208°) mit 290 wasserfreiem CH_3COONa 14 Std. auf 180° erhitzt, NaCl u. Ausgangsprodd. mit W. auswäscht u. durch Dest. *Glycerin-tris-acetylglykolsäureester*, Kp.$_{1,5}$ 244—250°, erhält. *Diäthylenglykol-bis-acetylglykolsäureester*, $(CH_3CO{-}O{-}CH_2{-}CO{-}O{-}C_2H_4)_2{-}O$, Kp.$_2$ 194—200°. — *Triäthylenglykol-bis-acetylglykolsäureester*, Kp.$_1$ 202—208°. — *Pentaerythrit-tetrakis-acetylglykolsäureester*. (**D. B. P. 864 093** Kl. 12o vom 13/4. 1951, ausg. 22/1. 1953.) MÜLLER-MEININGEN. 7171

M. W. Kellogg Co., Jersey City, übert. von: **John S. Rearick,** Summit, N. J., V. St. A., *Kontinuierliche Polymerisation von Trifluorchloräthylen* (**I**). Bei —25 bis +25° wird in die Reaktionszone ein Gemisch von fl. **I** u. eine Lsg. von Trichlorfluormethan u. 0,01—0,15% (bezogen auf **I**) Trichloracetylperoxyd bei einem Druck, der **I** in fl. Zustand hält, polymerisiert. Aus der Reaktionszone wird kontinuierlich ein Gemisch von I-Polymerisatschlamm u. Monomeren abgezogen, das I-Polymerisat abgetrennt u. nicht umgesetztes **I** nach Entsäuerung mit einer NaOH-Lsg. wieder in das Verf. zurückgeführt. Als Katalysator kann auch Dichlorfluoracetylperoxyd verwendet werden. — Reaktionsschema. (**A. P. 2 600 804** vom 13/4. 1948, ausg. 17/6. 1952.) MÖLLERING. 7173

International General Electric Co., Inc., New York (Erfinder: **Murray M. Sprung,** Schenectady), N. Y., V. St. A., *Stabile Dispersionen von polymerem Monochlortrifluoräthylen*, gek. durch eine wasserfreie Dispersion aus a) einem gesätt. aliphat. einwertigen Alkohol (n-Amylalkohol, n-Butanol, 2-Äthylhexanol oder n-Hexanol) u. b) einem gesätt. aliphat. 2-wertigen Alkohol (Äthylenglykol oder 2-Methyl-2.4-pentandiol). Die Mischung wird mehrere Tage in der Kugelmühle vermahlen. — Verwendung zum Überziehen von Glasgewebe, -watte, Asbestfasern oder -geweben u. Glimmer, mit Füllstoffen (Catalpaton, Bentonit, Glimmermehl, TiO_2, SiO_2, Bleisilicat u. -titanat) zur Herst. von Preßmassen, Schichtstoffen, zum Überziehen von elektr. Leitern u. zur Behandlung von Terratex (Bentonit–Asbestfilmen). (**D. B. P. 862 514** Kl. 39b vom 25/11. 1950, ausg. 5/6. 1953. A. Prior. 25/11. 1949.) SALZMANN. 7173

Swift & Co., Chicago, übert. von: **Stewart B. Luce,** La Grange, Ill., V. St. A., *Beschleuniger für die Emulsionspolymerisation von Vinylacetat*, die in Ggw. von H_2O_2 oder organ. Peroxyde durchgeführt wird, sind Zusätze von 0,16 (%) Methallylmaleat, 0,08 Diallylester der Benzolphosphonsäure, 0,08 Allylitaconat oder andere Alkenylester mit <4 C-Atomen im Alkenylrest. Die erforderliche Polymerisationszeit beträgt ohne Beschleuniger z. B. 4 Std., mit Beschleuniger nur 1½ Stunden. (**A. P. 2 611 762** vom 11/2. 1949, ausg. 23/9. 1952.) MÖLLERING. 7173

General Aniline & Film Corp., New York, N. Y., übert. von: **Giffin D. Jones,** Midland, Mich., V. St. A., *Vinylzwischenpolymerisate*, die in W. u. in organ. Lösungsmitteln lösl. u. z. B. zum *Verschnitt* von *Gelatineemulsionen* für photograph. Zwecke geeignet sind, erhält man durch Rk. von 1—3 (Mol) Vinylpyridin mit 1—3 Methacrylsäure bei 40° unter UV-Bestrahlung in einer z. B. 10%ig. Lsg. in CH_3OH. Das Prod. ist in einer 5%ig. NaOH-Lsg. lösl. u. kann daraus mit Aceton gefällt oder nach Eindampfen der Lsg. mit Dimethylformamid extrahiert werden. (**A. P. 2 611 763** vom 23/12. 1948, ausg. 23/9. 1952.) MÖLLERING. 7173

Cassella Farbwerke Mainkur, Frankfurt/M., *N-Aryl-N-vinylisoharnstoffäther* **der**

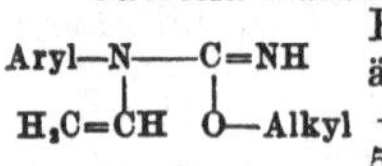

I

Formel I erhält man durch Behandeln von N-Aryl-N-β-halogenäthylcyanamiden mit Ätzalkalien in Ggw. eines niedermol. Alkohols. — Aus Bromäthylphenylcyanamid in A. in Ggw. von KOH bei 5—10° u. anschließend bei 20—25° → *N-Phenyl-N-vinylisoharnstoffäthyläther,* $Kp._{15}$ 130—131°. — *Zwischenprod.* zur Herst. von *Polymerisaten.* (**Schwz. P. 295 667** vom 28/7. 1951, ausg. 16/3. 1954. D. Prior. 11/9. 1944.) KRAUSS. 7173

British Thomson-Houston Co. Ltd., London, England, *Monovinyltetrahydronaphthaline* der Formel I. Tetrahydronaphthalin gibt mit Essigsäureanhydrid in

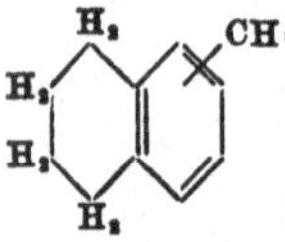

I

Nitrobenzol in Ggw. von $AlCl_3$ 37,6 (%) α- u. 49 *β-Acetyltetrahydronaphthalin,* $Kp._{14}$ 220—222° u. 160—164°. Das β-Deriv. gibt bei der Red. mit H_2 in Ggw. von Cu-Chromit bei 120° u. ca. 1500 lbs./sq.in. *β-Tetrahydronaphthalinmethylcarbinol* u. durch H_2O-Abspaltung in der Dampfphase über auf 326° erhitztem Al_2O_3, das noch durch Cr-, W-, Mo- u. Mn-Oxyd aktiviert sein kann, *β-Vinyltetrahydronaphthalin,* $Kp._2$ 91°. — *α-Vinyltetrahydronaphthalin,* $Kp._2$ 135°, F. 25°. — Verwendung zur Herst. von *Polymeren,* bes. als Dielektrikum. (**E. P. 661 368** vom 11/11. 1947, ausg. 21/11. 1951. A. Prior. 13/11. 1946.) KRAUSS. 7173

British Thomson-Houston Co. Ltd., London, England, *Farblose klare Polystyrolharze* erhält man durch Emulsionspolymerisation von Styrol bei 90° in Ggw. von W., eines Alkalihydroxyds, von Myristin-, Palmitin- oder Stearinsäure oder deren Gemischen u. *1-Oxycyclohexylhydroperoxyd* als Katalysator. (**E. P. 659 847** vom 11/4. 1949, ausg. 31/10. 1951. A. Prior. 24/4. 1948.) MÖLLERING. 7173

Ges. für Kohlentechnik m. b. H., Dortmund-Eving (Erfinder: **Hermann Blättner,** Baiersbronn), *Herstellung von Phenol-Aldehyd-Harzen* durch Kondensieren von Phenolen mit Aldehyden unter Zusatz von Abfallfettsäuren mit 6—11 oder mit >18 C-Atomen im Mol., die bei der Oxydation synthet. Paraffine gewonnen werden, dad. gek., daß man zunächst einen Novolak erzeugt u. diesen unter Zusatz methylengruppenabspaltender Stoffe in bekannter Weise in ein härtbares Harz überführt. Man kann außer den methylengruppenabspaltenden Stoffen noch geringe Mengen von mehrbas. Säuren oder Oxycarbonsäuren zusetzen. — Z. B. werden 1000 (Teile) Phenol, 1080 Raumteile CH_2O (33,5%ig.) u. 100 Abfallfettsäure (Vorlauf mit 6—11 C-Atomen im Mol.) 4—6 Std. kondensiert. 500 des Vorkondensationsprod. werden mit 200 konz. NH_3 versetzt, worauf das W. abgedampft wird. Der Rückstand wird mit 12% seines Gewichts an Hexamethylentetramin auf 100° erwärmt, bis ein in der Kälte splitterhartes Glas entstanden ist. — Gießharze, Preßkörper. (**D. B. P. 912 017** Kl. 39c vom 22/3. 1942, ausg. 24/5. 1954. Anmeldung bekanntgemacht 15/11. 1951.) HERBST. 7177

Cassella Farbwerke Mainkur Akt.-Ges., Frankfurt/M. (Erfinder: **Oscar Leupin,** Mannheim), *Herstellung quaternärer Ammoniumverbindungen,* dad. gek., daß man ungesätt. niedrigmol. organ. Verbb., die außer einer polymerisationsfähigen Doppelbindung mindestens eine mit CH_2O zu einer Methylolgruppe umsetzungsfähige Gruppe enthalten, in ungesätt. quaternäre Ammoniumverbb. umwandelt u. letztere gewünschtenfalls für sich oder zusammen mit anderen polymerisationsfähigen Verbb. polymerisiert. — Z. B. werden Acrylsäureamid, Pyridiniumchlorid u. Paraformaldehyd in Pyridin gekocht. Nach Vakuumdest. des Pyridins wird der Rückstand mit NH_4-Persulfat erwärmt. Viscose Lsg. zum *Veredeln* von *Leder, Papier* u. *Textilien.* (**D. B. P. 904 591** Kl. 39c vom 4/1. 1944, ausg. 22/2. 1954.) SCHINDLER. 7181

American Cyanamid Co., New York, übert. von: **Richard Lindenfelser,** Stamford, und **Clarence L. Michaud,** Philadelphia, V. St. A., *Formbares Kondensationsprodukt,* bestehend aus z. B. 100 (Teilen) eines durch Zerstäubungstrocknung erhaltenen *Melaminharzes,* 2 Guanidinhydrochlorid u. 1 Guanidinmonostearat, die mit einem Guanamin—CH_2O-Harz, z. B. 6-Phenyl-, 6-Äthyl-, 6-Hexyl-2.4-diamino-1.3.5-triazin oder dgl. vermischt, bei 135—151° 7—8 Min. gewalzt, gemahlen u. verpreßt werden. (**A. P. 2 579 939** vom 6/6. 1950, ausg. 25/12. 1951.) SALZMANN. 7181

Badische Anilin- & Soda-Fabrik Akt.-Ges., Ludwigshafen/Rh. (Erfinder: **Paul Schlack,** Bobingen), *Polymere Isothiohamstoffäther* erhält man durch Rk. von linearen

Polythioharnstoffen mit reaktionsfähigen Alkylierungsmitteln. Die Ausgangsstoffe sollen neben Thioharnstoffresten noch andere nicht leicht alkylierbare Amidgruppen enthalten u. außerdem Komponenten, die durch —O—, —S—, —SO_2—, —SO_2·NH— oder NR—-Gruppen in der Kette ein- oder mehrfach unterbrochen sind. Genannt sind Reaktionsprodd. von z. B. Butan-1.4-disenföl, Diäthyläther-$\beta.\beta'$-disenföl, Äthylendiäthyläther-$\omega.\omega'$-disenföl, m- u. p-Phenylendisenföl mit z. B. Äthylendiamin, Piperazin, $\gamma.\gamma'$-Diaminodipropyläther. Alkylierungsmittel können z. B. Methyljodid, Chloressigsäure, Chloracetdiäthylamid, Benzolsulfonsäuremethylester sein. Die Alkylierung kann auch in vorverformten Zustand erfolgen. *Fasern, Folien.* (**D. B. P. 907 598** Kl. 39c vom 5/3. 1942, ausg. 25/3. 1954. Anmeldung bekanntgemacht 23/7. 1953.) SCHINDLER. 7181

Badische Anilin- & Soda-Fabrik Akt.-Ges. (Erfinder: **Heinrich Hopff** und **Hanns Ufer**), Ludwigshafen/Rh., *Herstellung linearpolymerer, amid- und urethangruppenhaltiger Kondensationsprodukte*, dad. gek., daß man Diamine mit Gemischen aus Dihalogenkohlensäureestern von Glykolen u. Dihalogeniden von zweibas., organ. Carbon-, Sulfon- oder Sulfocarbonsäuren unter Mitverwendung Halogenwasserstoff bindender Mittel, bes. in äquimol. Verhältnis von Diamin zur Gesamtmenge der Dihalogenverbb. u. zweckmäßig in Ggw. von indifferenten Verdünnungs- u. Lösungsmitteln, umsetzt. Als Reaktionsteilnehmer sind z. B. genannt: Butandiol-1.4-dichlorkohlensäureester, Adipinsäuredichlorid u. Hexamethylendiamin oder Äthylendiamin. *Harze für Lacke u. Kunststoffe.* (**D. B. P. 907 599** Kl. 39c vom 21/5. 1942, ausg. 25/3. 1954. Anmeldung bekanntgemacht 23/7. 1953.) SCHINDLER. 7181

Wingfoot Corp., Akron, O., V. St. A., *N-Acylpolyimide von Polycarbonsäuren* der nebenst. Formel (x = 2 oder mehr, R u. R_1 = organ. Reste) erhält man durch Kondensation eines Dicarbonsäureimids, bes. von dessen Alkalisalz, mit einer Polycarbonsäure, deren Chlorid oder Bromid. — 2 (Mol) Phthalimid-K gibt mit 1 Sebacylchlorid (**II**) in trockenem Xylol **I**, F. 181,5—183°. — **II** + Succinimid-K (**III**) → *N.N'-Sebacyldisuccinimid*, F. 130—131°. — Ferner werden umgesetzt: Isopthalylchlorid + **III**, F. 216—217°. — Terephthalylchlorid + Phthalimid, F. 270—275°.

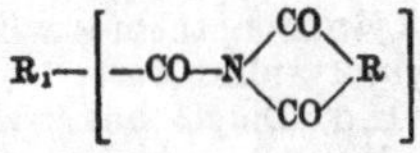

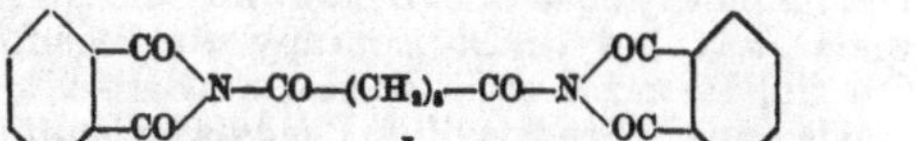

I

Ferner werden hergestellt: *N.N'-Adipyl-bis-succinimid. — N.N'-Adipyl-bis-phthalimid. — N.N'-Glutaconyl-bis-oxalimid. — N.N'-Succinyl-bis-maleinimid. — N.N'.N''-Trimethyltrisglutarimid. — Tetraoxalimidoderivv.* von *1.4.5.8-naphthalintetracarbonsäure. — Zwischenprodd.* zur Herst. *Linearpolymerer.* (**E. P. 681 054** vom 29/9. 1950, ausg. 15/10. 1952. A. Prior. 29/4. 1950.) KRAUSS. 7181

Bobingen Akt.-Ges. für Textil-Faser, Bobingen, *Verbesserung der Eigenschaften von Formlingen aus Linearpolykondensaten*, wie *Polyamiden, Mischpolyamiden* oder *Polyurethanen*, durch Reckung, indem man die gereckten Formlinge unter Aufrechterhaltung der Reckspannung einer Abschreckung auf Tempp. von mindestens 0° unterwirft, bzw. indem man die nach Anquellen in OH-gruppenhaltigen Fll., bes. W., Alkoholen oder deren Gemischen, gereckten Formlinge unter Aufrechterhaltung der Reckkraft bis unter den E. der Quell-Fl. abschreckt. — Z. B. werden Folien oder Platten, hergestellt aus einem Mischpolyamid aus adipinsaurem Hexamethylendiamin u. ε-Caprolactam sowie N-Äthyltoluolsulfonamid durch Verwalzen bei 130° u. anschließendes Pressen bei 160° u. 300 atü, bei 70—100° auf etwa das 5fache ihrer Länge nach einer oder beiden Richtungen gereckt, wonach die noch unter Spannung befindliche Folie bzw. Platte durch Aufblasen von auf —10° abgekühlter Luft schnell abgeschreckt wird. Das so behandelte Gut ist von hoher Schmiegsamkeit u. Kältefestigkeit. (**D. B. P. 891 017** Kl. 39b vom 9/7. 1943, ausg. 24/9. 1953.) HERBST. 7181

Soc. Organico, Paris, Frankreich, *Pulverförmige Polyamide.* Polydecan-, Polyundecan- oder Polyhexamethylenadipamid werden gegebenenfalls unter Druck u. in Anwesenheit von Farbstoffen in A., Butyl-, Isopropyl-, Heptyl-, Octylalkohol, Cyclohexanon bzw. -ol, Acetophenon, HCOOH oder CH_3COOH bei 100—230° gelöst u. die Lsg. abgekühlt. (**E. P. 688 771** vom 14/4. 1950, ausg. 11/3. 1953. F. Prior. 20/4. 1949.) SALZMANN. 7181

Imperial Chemical Industries Ltd. (Erfinder: **Harold Plimmer, Reginald John William Reynolds** und **Leonard Wood**), London, England, *Erhöhung der Lichtbeständigkeit von Polyamiden*, die mit TiO_2 mattiert worden sind, dad. gek., daß der Schmelze 0,02—0,5% Salze des Al, Cr, Cu oder Mn der Salicyl- oder Anthranilsäure zugesetzt werden. (**E. P. 689 629** vom 20/1. u. 29/11. 1950, ausg. 1/4. 1953.) SALZMANN. 7181

Phillips Petroleum Co., Bartlesville, Okla., V. St. A., *Herstellung von Kunstharzen.* Ein Gemisch von SO_2 u. einem Olefin wird im Molverhältnis von 1:5 zweckmäßig in wss. Emulsion u. in Ggw. von (<2%) Ferripolyphosphat (I) polymerisiert. — 46,7 (Teile) Buten-1, 88,3 SO_2, 5 Na-Dibutylnaphthalinsulfonat, 180 W. u. 0,5 I werden 1½ Std. bei 25° gerührt. Man erhält eine fl. Emulsion, aus der mit 90,7% Ausbeute mit CH_3OH das Harz ausgefällt wird. — Zur Rk. ferner geeignet sind ein Isobutylengemisch, Octen-1, Styrol u. andere Olefine. (**E. P. 695 117** vom 31/3. 1950, ausg. 5/8. 1953. A. Prior. 28/4. 1949.) MÖLLERING. 7185

Phillips Petroleum Co., Bartlesville, Okla., V. St. A., übert. von: **Willie Woodward Crouch** und **Richard K. Harris**, *Heteropolymere Kunstharze.* Ein *aliphat. Monoolefin* mit <21 C-Atomen oder ein konjugiertes Diolefin mit 4—6 C-Atomen oder ein Cycloolefin wird in wss. Emulsion zusammen mit SO_2 u. in Ggw. eines gegen SO_2 beständigen Emulgators, z. B. den Na-Salzen der Dibutylnaphthalinsulfonsäure, des Laurylsulfats oder der Diamylsulfobernsteinsäure, sowie eines oxydierend wirkenden Katalysators, z. B. $LiNO_3$, polymerisiert. — Geeignet ist z. B. ein Ansatz aus 61,8 (Teilen) SO_2, 46,5 *Buten-(1)*, 5 Emulgator, 0,3 $LiNO_3$ u. 180 Wasser. (**E. P. 686 446** vom 9/2. 1949, ausg. 28/1. 1953. A. Prior. 16/2. 1948.) MÖLLERING. 7185

Shell Development Co., San Francisco, übert. von: **John L. Van Winkle**, San Lorenzo, und **Rupert C. Morris**, Berkeley, Calif., V. St. A., *Herstellung chlorierter Polymerer von verzweigtkettigen 1.3-Hexadienen.* Man erhitzt „Dimethylsulfolen" oder Methylpentadien + SO_2 in Ggw. von O_2 oder Peroxyden auf 80—200° u. behandelt die über 380° sd. Fraktion des Reaktionsprod. in einem inerten Lösungsm. bei 0—150° mit Cl_2, bis mindestens 10% Cl_2 gebunden werden. — *Weichmacher.* (**A. P. 2 640 857** vom 13/8. 1948, ausg. 2/6. 1953.) LÜTTGEN. 7185

Phillips Petroleum Co., Del., übert. von: **Willie W. Crouch** und **John F. Howe**, Bartlesville, Okla., V. St. A., *Stabilisieren von Polysulfonharzen.* Durch Block-, Lösungs- oder Emulsionspolymerisation gewonnene Harze aus der Einw. von SO_2 auf Mono-, Cyclo-, Diolefine, Allylalkohol, Allyläthyläther, p-Bromallylbenzol, Methylundecylenat u. dgl. oder ihre Mischungen werden mit 0,1—15% organ. Sulfide, wie Di-tert.-butyl-, Di-(isopropylxanthogen)-, Bis-(tert.-butylmercaptothiocarbonyl)-disulfid, Di-tert.-butyl-, Di-sek.-amyltrisulfid, Di-tert.-hexylpolysulfid, tert.-Dodecylvinylsulfid, Dibenzylsulfid, Phenyläthylsulfid, Benzoylpersulfid, Dicyclohexenyldisulfid, Dicyclopentyltrisulfid, Allylxylyldisulfid, Dimethyldisulfiddiallyldisulfid, 2-Äthoxyäthyl-2-butenylsulfid oder 3-Thiabutylphenyltrisulfid versetzt. (**A. P. 2 643 241** vom 2/1. 1951, ausg. 23/6. 1953.) SALZMANN 7185

Phillips Petroleum Co., Del., übert. von: **John F. Howe** und **John E. Wicklatz**, Bartlesville, Okla., V. St. A., *Stabilisieren von Polysulfonharzen.* Heteropolyharze, hergestellt z. B. aus 57,7 (Teilen) 1-Buten (einem Gemisch von mehreren Isomeren oder irgendeiner anderen Olefinverb.), 88,3 SO_2, 180 W, 0,5 NH_4NO_3 u. 0,6 Na-Laurylsulfonat bei 43° mit einer Ausbeute von 95%, werden mit Succinimid (bzw. 2-Decyladipamid, 2-Hexylsuccinimid, β-Bromäthyl- oder N-Phenylphthalimid) versetzt. (**A. P. 2 643 237** vom 13/8. 1951, ausg. 23/6. 1953.) SALZMANN. 7185

Wacker-Chemie G. m. b. H., München, *Herstellung eines Siliconöls.* Man setzt 1 (Mol) CH_3SiHCl_2 zuerst mit <2 eines Alkohols, z. B. A., um u. zers. dann das Reaktionsprod. mit Wasser. Man erhält ein klares, farbloses Öl, Kp. >100°; $D.^{20}$ 1,013; n_D^{25} 1,397. — Verwendung zur Hydrophobierung von Textilien, Glas, Keramik, als Zwischenprodukt. (**Schwz. P. 297 401** vom 29/5. 1951, ausg. 1/6. 1954. D. Prior. 24/6. 1950.) BRÖSAMLE. 7189

Dow Corning Ltd., London, England, übert. von: **Arthur John Barry** und **John Woodbury Gilkey**, Midland, Mich., V. St. A., *Organopolysiloxane* mit 0,5—3 organ. Resten (Carboxyphenyl, Tolyl, Phenyl oder Methyl) je Si-Atom. Durch Erhitzen von z. B. 71,5 (g) des o-, m- u. p-Isomerengemisches von Tolylsilsesquioxan, 400 NaOH, 267 $KMnO_4$ u. 6000 cm^3 W. erhält man ein Mischpolymerisat mit den Einheiten 3 $HOOCC_6H_4SiO_{3/2}$ u. 1 SiO_2; entsprechend kann ein Mischpolymerisat aus Carboxyphenyl-, Dimethyl- u. Monomethylsiloxan hergestellt werden, das ebenso wie das Carboxyphenylsilsesquioxan oder 1,3-Di-p-carboxyphenyldisiloxan in NH_4OH u. organ. Aminen lösl. ist. (**E. P. 669 790** vom 4/4. 1950, ausg. 9/4. 1952. A. Prior. 5/7. 1949.) SALZMANN. 7189

Brycel Ltd., Brentford (Erfinder: **Walter Eduard Asmus Simon**, Watford), England, *Abbinden der bei der Verarbeitung von Celluloseäthern zu plastischen Massen durch Erhitzen auftretenden Aldehyde.* Benzylcellulose wird z. B. vor dem Erhitzen mit einem oder mehreren der folgenden Stoffe versetzt: Phenol, Kresol, Harnstoff, Thioharnstoff,

Aldehyd, Anilin, Ketone, Amine, NH_4OH, Hydrazin, Hydroxylaminverbb., welche akt. CH_3- oder CH_2-Gruppen aufweisen, Säureanhydride, welche die PERKINsche Rk. fördern, Cyanide zur Benzoinbldg., Na-Äthylat zur Benzylbenzoatbldg., HCN zur Cyanhydrinbldg., GRIGNARDsche Verbb. zur Alkoholbldg., PCl_3, PS_5, H_2S, Mg-Silicid u. Alkalibisulfite. Die Stoffe werden in einer das stöchiometr. Verhältnis gegenüber dem Aldehyd überschreitenden Menge verwendet. Herst. von Überzügen, Fasern, Windschutzscheiben, Isolierstoffen, Firnissen u. Schallplatten. (**D. B. P. 898 678** Kl. 39b vom 17/1. 1951, ausg. 3/12. 1953. E. Prior. 3/2. 1950.) SALZMANN. 7199

Hercules Powder Co., Wilmington, übert. von: **Georg H. Pyle,** Hopewell, und **John S. Tinsley,** Wilmington, Del., V. St. A., *Thermoplastische Äthylcellulose* (**I**). In der Wärme sich nicht verfärbende Filme oder Überzüge (auf Papier) erhält man aus einer auf 200° erhitzten Mischung von z. B. 45 (Teilen) Glycerinester hydrierter Harzsäuren, 6 Carnaubawachs, 8 Paraffin, 6 „Fractol“, 15 Opalwachs, 1 Menthylphenol u. 1 Diäthyloxalat, die mit 20 **I** verrührt wird. (**A. P. 2 579 755** vom 24/12. 1947, ausg. 25/12. 1951.) SALZMANN. 7199

E. I. du Pont de Nemours & Co., Inc., Wilmington, Del., übert. von: **Charles Marion Fields,** O., V. St. A., *Überziehen von Werkstoffbahnen mit linearen polymeren Kunststoffen.* Der geschmolzene Film eines linearen polymeren Kunststoffes mit einem scharf ausgeprägten F. wird in die Werkstoffbahn gepreßt u. die freie Oberfläche des geschmolzenen Films rasch auf eine Temp. unterhalb seines E. gebracht. Das Polymer besteht aus einem *Äthylenpolymer* (**I**) mit einem mittleren Mol.-Gew. von 18000 bis 20000, einem chlorierten **I** mit einem Cl-Geh. von 20—40 Gew.-% oder einem Polyamid. (**D. B. P. 831 311** Kl. 39a vom 22/3. 1950, ausg. 11/2. 1952. A. Prior. 23/3. 1949.) SCHLITT. 7205

Lonza Elektrizitätswerke und Chemische Fabriken Akt.-Ges. (Gampel), Basel, Schweiz, *Herstellung von farbig gemusterten thermoplastischen Kunststoffen,* bes. solchen, die als thermoplast. Grundstoff ein mindestens teilweise aus Vinylchlorid aufgebautes Polymerisat enthalten. Der mit einem Weichmacher versetzte thermoplast. Grundstoff, wie Polyvinylchlorid, wird vor seiner Gelatinierung zunächst durch eine Farbe eingefärbt u. nur so lange durch Wärme behandelt, bis er krümelfähig vorhomogenisiert ist, worauf das erhaltene Prod. mechan. zerkleinert u. mit in gleicher Weise gewonnenem Material anderer Färbung vermischt u. das Ganze durch weitere Erwärmung unter gegenseitiger oberflächlicher Verschmelzung der verschiedenfarbigen Bestandteile durchgehend in den gelatinierten Endzustand übergeführt wird. In die Massen können Füllstoffe eingearbeitet werden. Ferner können die verschiedenfarbigen Bestandteile nach dem Vermischen unter Erwärmen u. unter Druck zu Platten verformt u. anschließend durch Wärme ausgelatiniert werden. (**Schwz. P. 295 074** vom 20/4. 1951, ausg. 16/2. 1954. D. Prior. 4/5. 1950.) HERBST. 7205

Wilhelm Ruppert, Köln-Bayenthal, *Herstellung eines schichtenfreien elektrischen Isolierstoffes,* bei dem mit reinem Kunstharzlack überzogene Faserstoffbahnen zerfasert werden, dad. gek., daß die mit einem Kunstharzlack, wie Phenolaldehyd- oder Harnstoffaldehydharz, ein- oder beidseitig überzogenen Faserstoffbahnen oder -bogen unter Zugabe von W. zerfasert werden u. aus dieser neugewonnenen harzhaltigen M. wieder Bogen, Bahnen u. Formteile hergestellt werden, welche dann nach völliger Austreibung des W. unter Hitze u. Druck verpreßt werden. Als Faserstoffbahn können solche aus Papier oder Baumwolle verwendet werden. Auch können den Massen als Füllmittel Holzmehl, Textilfasern usw. zugesetzt werden. Es werden so Formkörper gewonnen, deren elektr. Werte in jeder Richtung gleich sind u. die eine erhöhte Wasserfestigkeit aufweisen. (**D. B. P. 908 066** Kl. 39b vom 10/6. 1938, ausg. 1/4. 1954. Anmeldung bekanntgemacht 16/7. 1953.) HERBST. 7205

Hercules Powder Co., Wilmington, Del., übert. von: **Raphael L. Stern,** South River, N. J., V. St. A., *Plastische Masse,* bestehend aus 60—84,5(%) *Celluloseacetat* (**I**) u. 40—15,5 eines Weichmachergemisches aus Triäthylphosphat (**II**) u. einem Triarylphosphorsäureester, letzterer in einer Menge von mindestens 5, berechnet auf **I** + **II**. Bei der Herst. von Stäben, Bändern, Scheiben, Gehäusen für Elektromotoren u. Staubsauger, elektr. beleuchtetem Christbaumschmuck, von Griffen für elektr. betriebene Werkzeuge, Duftzerstäubern, Galanterie- u. Spielwaren erhält man hochelast., maßbeständige u. schwer brennbare Körper. (**A. P. 2 617 737** vom 30/11. 1949, ausg. 11/11. 1952.) SALZMANN. 7205

Owen Burchell Edgar und **Henry George White,** Blackley, und **Imperial Chemical Industries Ltd.,** London, England, *Veredelter Polyester.* 175 (Teile) mit W. ausgekochter, vegetabil. gegerbter Lederstaub mit 50% W. werden zu 150 eines Polyesters gegeben, der aus einem Gemisch eines Adipinsäure–Äthylenglykol (**I**)- u. Dimethylterephthalat–**I**–

(+0,3 Bleiglätte)-Esters, das mit 6,2% Hexamethylendiisocyanat umgesetzt wurde, hergestellt worden ist. Die Mischung wird auf dem Kneter zu einer M. gewalzt, die mit gleichen Teilen Aceton, Bzl., Toluol u. A. u. anschließend mit Hexamethylolmelaminhexamethyläther, 2.4-Dichlor-1-naphthol, Weichmachern u. Farbstoffen versetzt wird. Die M. gibt geschmeidige, reibbeständige Überzüge auf Gewebe. Der Polyester kann auch mit CH_2O oder Bichromaten gehärtet werden. (**E. P. 671 398** vom **30/5. 1949**, ausg. 7/5. 1952.) SALZMANN. 7205

Jean Delorme et collab., Les Possibilités des matières plastiques dans les industries mécaniques. Coll. „Arts et techniques des matières plastiques." Paris: Edit. Amphora. (398 S. m. Abb.) Fr. 1470,—.

XII. Kautschuk. Guttapercha. Balata.

N. V. Seeger, T. G. Mastin, E. E. Fauser, F. S. Farson, A. F. Finelli und **E. A. Sinclair,** *Chemigum SL, ein elastisches Polyesterurethan.* Kurze Übersicht über *Chemigum SL,* seine Herst., Verarbeitung u. Vulkanisation. Lineare Polyester ergeben durch Rk. mit Diisocyanaten u. anschließende Vulkanisation Vulkanisate mit sehr guten gummitechn. Eigg. analog Vulcollan. (Ind. Engng. Chem. **45.** 2538—42. Nov. 1953. Akron, O., Goodyear Tire & Rubber Co.) SCHÄFF. 7224

United States Rubber Co., New York, N. Y. (Erfinder: **John McGavack,** Leonia, und **Chester Earl Linscott,** Ridgewood, N. J., V. St. A., *Herstellen von Rohkautschuk.* Kautschukmilch von *Hevea brasiliensis* wird mit 0,4—3% CH_2O versetzt, auf einen p_H-Wert von 2,8—4,3 oder $<$1,2 eingestellt, nach dem Aufrahmen vom klaren Serum abgetrennt, gewaschen u. auf Rohkautschuk mit $\leqq$0,12% Asche verarbeitet. (**D. B. P. 906 993** Kl. 39b vom 11/7. 1939, ausg. 18/3. 1954. A. Prior. 29/12. 1938.) OVERBECK. 7223

American Cyanamid Co., New York, N. Y., übert. von: **John A. Anthes,** Springdale, und **James R. Dudley,** Darien, Conn., V. St. A., *Äthylensulfonsäure,* $Kp._{0,07}$ 93°; n_D^{25} 1,4505, erhält man durch Dehydratisierung von Isoäthionsäure (hergestellt aus: $NaHSO_3 + \underset{\diagdown O \diagup}{CH_2-CH_2} \rightarrow HOCH_2CH_2SO_3Na$) bei 200—250°/3 mm in Ggw. von H_2SO_4, Pyrophosphorsäure, P_2O_5. Ausbeute 66%. Zwischenprod. zur Herst. wasserlösl., kautschukartiger *Polymerer* u. *Kationenaustauscher.* (**A. P. 2 597 696** vom 18/3. 1948, ausg. 20/5. 1952.) KRAUSS. 7225

Universal Oil Products Co., Chicago, übert. von: **Edward M. Geiser,** Downers Grove, und **Armand J. de Rosset,** Clarendon Hills, Ill., V. St. A., *Kautschukelastische Mischpolymerisate.* Es werden ein aus Isobutylen u. O_2 bzw. Luft bei ca. 180—300° u. einem $>$35 at liegenden Druck hergestelltes u. $>$140° sd. Oxydationsprod. u. eine aromat. Vinylverb., wie Styrol, Chlorstyrol, α-Methylstyrol oder Vinylnaphthalin, u./oder ein konjugiertes Diolefin, wie Butadien, Isopren oder Cyclopentadien, in Ggw. eines FRIEDEL-CRAFTS-Katalysators, wie $AlCl_3$ oder $ZnCl_2$ bzw. BF_3 in Form des Ätherates (**I**) als Polymerisationsaktivator, bei ca. —50 bis +20° mischpolymerisiert. — Z. B. wird ein $>$140° sd. Isobutylenoxydationsprod. mit ungefähr dem gleichen Vol. Butadien bei —10° vermischt u. ca. 1 Vol.-% **I** allmählich zugefügt. Das Polymerisat wird mit A. extrahiert. (**A. P. 2 611 764** vom 9/9. 1949, ausg. 23/9. 1952.) HERBST. 7225

Standard Oil Development Co., Del., übert. von: **Joseph R. Quelly,** Cranford, und **Stanley A. Sankus,** Bayonne, N. J., V. St. A., *Reinigen von Polyisobutylen.* Zwecks Entfernung von S-Verunreinigungen wird das Reaktionsgemisch durch Holz-, Knochen-Aktivkohle oder Koks gedrückt, mit Alkali neutralisiert u. dest.; es fallen das Di- u. Trimere an. (**A. P. 2 641 620** vom 18/3. 1950, ausg. 9/6. 1953.) SALZMANN. 7225

Standard Oil Development Co., Del., übert. von: **Herbert H. Vickers,** Union Township, und **Stanley E. Jaros,** Rahway, N. J., V. St. A., *Ölartige Lösungen von hochmolekularen Polymeren.* Polyisobutylen u. seine Mischpolymerisate, z. B. mit Styrol, Kautschuk, Polyvinylchlorid, -acetat oder Polyäthylen werden mit Schmieröl, KW-stoffen, Asphalt, Naphtha, PAe., Kerosen, Ketonen oder Estern bei 120—176° mittels eines Syst. von Düsenplatten mit sich verfeinerndem Lochdurchmesser, Mischkammern u. Sieben fortlaufend vermischt. — Zeichnungen. (**A. P. 2 639 275** vom 28/7. 1950, ausg. 19/5. 1953.) SALZMANN. 7225

Dow Corning Corp., V. St. A. (Erfinder: **John Thomas Goodwin jr.**), *Organosiloxane.* Zu ihrer Herst. polymerisiert man ein Gemisch von $Si(CH_3)_2O$-Gruppen enthaltenden Siloxanen mit $(CH_3)_2Si \cdot CH_2 \cdot Si(CH_3)_2O$-Gruppen u. mit $(CH_3)_3SiO_{0,5}$-Gruppen enthaltenden Siloxanen mittels rauchender H_2SO_4. Die zuletzt genannte Art von Siloxanen kann auch fehlen. Oder man hydrolysiert ein Gemisch von $(CH_3)_2SiCl_2$ u. $Cl(CH_3)_2 \cdot Si \cdot CH_2 \cdot Si(CH_3)_2Cl$ u. polymerisiert das gebildete Hydrolysat mit rauchender H_2SO_4. — Z. B. mischt man 66,6 (Gewichtsteile) $[(CH_3)_2SiO]_4$ (I), 14,6 $[(CH_3)_2Si \cdot CH_2 \cdot Si(CH_3)_2 \cdot O]_2$ (II) u. 0,8 $[(CH_3)_3Si]_2O$ (III) u. verrührt das Gemisch mit 3,2 rauchender H_2SO_4 u. mit 1,6 Wasser. Es entsteht ein Polymerisat mit einer Viscosität von 366 cSt, n^{25} 1,4116, $D.^{25}$ 0,9607, spezif. Refraktion 0,2587. Nach Entfernung der flüchtigen Bestandteile hat die polymere Verb. einen F. $-80°$, Viscosität 482 cSt bei 25°, n^{25} 1,411, $D.^{25}$ 0,9610, spezif. Refraktion 0,2585. Ferner werden polymere Verbb. mit anderen physikal. Konstanten aus den gleichen Ausgangsstoffen durch Änderung der Mengenverhältnisse hergestellt. — Die Organosiloxane werden zur Herst. von *Siliconkautschuk* verwendet. (**F. P. 1 014 007** vom 15/2. 1950, ausg. 7/8. 1952. A. Prior. 19/3. 1949.) OPPERMANN. 7225

United States Rubber Co., New York, N. Y., V. St. A., *Füllstoffe für Kautschuk*, bes. synthet., vor allem Copolymerisate aus Butadien u. Styrol oder Acrylnitril, erhält man durch Erhitzen (200°) von *Vinyltrichlorsilan* mit *Diäthylen-*, *Propylen-* oder *Äthylenglykol*, wobei das Molverhältnis OH:Cl zwischen 1:1 u. 1,3:1 liegt. (**E. P. 710 051** vom 20/8. 1952, ausg. 2/6. 1954. A. Prior. 8/11. 1951.) BRÖSAMLE. 7227

Monsanto Chemical Co., St. Louis, Mo., übert. von: **William S. Emerson** und **Tracy M. Patrick jr.**, Dayton, O., V. St. A., *Thiophenderivate* der nebenst. allg. Formel (X = H, Halogen, Alkyl mit 1—4 C-Atomen, R = KW-stoffrest bis zu 8 C-Atomen, n = 1 oder 2, m = 0 oder 1, n + m = 2) erhält man durch Kondensation von Dithenylamin, Thenylalkyl-, -aryl-, -aralkylaminen mit CS_2 in Ggw. starker Alkalien; anschließend wird mit einem lösl.

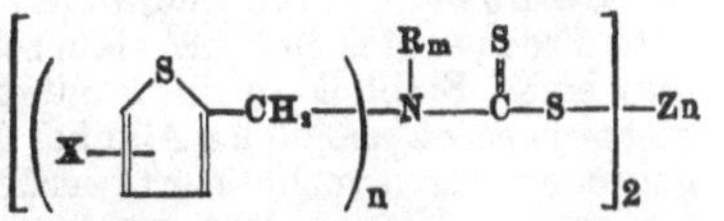

Zn-Salz umgesetzt. — Aus 2-Methylthiophen, Monomethylaminhydrochlorid u. 37%ig. CH_2O erhält man nach 5 Std. bei 86—96° N.5-Dimethyl-2-thenylamin, $Kp._{12}$ 87°; dieses liefert mit CS_2 in 10%ig. wss. NaOH bei 15—20° u. anschließender Rk. mit Zn-Acetat bei 5° *Zn-N.5-Dimethyl-2-thenyldithiocarbamat.* — Di-2-thenylamin → *Zn-N.N-Di-2-thenyldithiocarbamat.* — *Zn-N-Methyl-N-(2-thenyl)-dithiocarbamat.* — *Vulkanisationsbeschleuniger* für natürlichen u. synthet. *Kautschuk.* (**A. P. 2 594 408** vom 24/9. 1948, ausg. 29/4. 1952.) KRAUSS. 7229

General Tire & Rubber Co., übert. von: **Edward F. Kalafus**, Akron, O., V. St. A., *Verbinden von Kautschuk mit Metallen unter Vulkanisation.* Als Bindemittel dient die Lsg. eines Reaktionsprod. aus einer sauren organ. oder anorgan. Verb. der Phosphorsäure u. einem Mischpolymerisat aus einem konjugierten Diolefin mit <7 C-Atomen, Styrol u. einem Vinylpyridin in einem organ. Lösungsmittel. In dem Mischpolymerisat sind $\geqq 10$(%) Vinylpyridin, 20—50 Diolefin u. 80—50 Monoolefin enthalten. Die saure Verb. beträgt 10—40 des Mischpolymerisats. (**A. P. 2 619 445** vom 16/9. 1949, ausg. 25/11. 1952.) OVERBECK. 7231

XIII. Ätherische Öle. Parfümerie. Kosmetik.

M. Guillot, *Bedeutung der Diastasewirkungen bei der Extraktion ätherischer Öle.* Diastat. Prozesse in Pflanzenteilen können bzgl. des Geruchs nützlich oder schädlich sein, äther. Öle aus frischen oder beschädigten u. welken Pflanzen deshalb sehr verschieden riechen. Schädliche Prozesse spielen sich auch beim Einbringen in flüchtige Lösungsmittel ab u. beeinträchtigen den Geruch des Extraktes. Abtötung der Diastasen vor der Extraktion durch die bei der Gewinnung von Arzneistoffen angewandten Verff. des Eintauchens in sd. A. oder Behandlung mit A. oder Acetondämpfen kommen wegen der Flüchtigkeit der äther. Öle nicht in Betracht, ebensowenig die Erwärmung durch Hochfrequenzströme. (Recherches **1952**. 4—10. Okt. Paris, Fac. de Pharm.) MÜHLMEISTER. 7262

P. Teisseire, *Einige neuere Forschungen bei der Extraktion der ätherischen Öle durch flüchtige Lösungsmittel.* Der durch diastat. Zers. bewirkte schlechte Geruch von Blütenextrakten (vgl. vorst. Ref.) wird auch durch Verwendung niedrigsd. Lösungsmittel (Butan) nicht verbessert. PAe.-Extrakte, die auf verschied. Art wärmebehandelt u. in App. aus verschied. Werkstoffen dest. wurden, waren geruchlich nicht zu unterscheiden, die Geruchsverschlechterung entsteht also vor der Konz. u. ist durch Hitzeabtötung der Diastasen nicht zu beheben. Der umgekehrte Weg, Extraktion bei 0°, bei der die Wrkg. der Diastase aufhört, führte zum Ziele. In einer Versuchsapp. mit 10—15 kg Blüten wurde das Lösungsm. (PAe. oder Bzl. + 20% Toluol) auf $-15°$

abgekühlt, so daß die Mischung mit den Blüten ca. 0° ergab, die weitere Verarbeitung durch Absieden war die übliche u. gab bei Jasmin einen Extrakt von größerer Naturtreue mit geringerer Indolnote. Es ist deshalb anzunehmen, daß eine Bldg. von Indol aus Tryptophan durch Tryptophanase vermindert wird. Auch bei Rose, Mimosa, Ginster, Orangenblüten waren die Verss. erfolgreich. (Recherches **1952.** 11—19. Okt. Grasse, Ets. Roure Bertrand Fils et Justin Dupont, Labor. de rech.)
MÜHLMEISTER. 7262

Jean Sfiras, *Einige Bestandteile von Mentha timija.* Die Unters. des äther. Öls von Mentha timija ergab die Zus.: 90(%) Ketone (85—88 Pulegon, 2—3 *l*-Menthon, 0,01 Isopulegon, sonstige Spuren), 2—3 Terpene (α-Pinen, Limonen) u. 1 Alkohole (Borneol frei u. als Ester, n-Octen-1-ol-3 u. sein Acetat). (Recherches **1952.** 39—41. Okt. Argenteuil, Ets. Roure Bertrand Fils et Justin Dupont.) MÜHLMEISTER. 7262

Harry Schmidt, *Über Inhaltsstoffe des Kümmelöls; ein Beitrag zur Konfiguration der Dihydrocarveole.* Vf. erhielt aus 500 kg holländ. Kümmelöl (D_{15} 0,910, $[\alpha]_D$ +72°, n_D^{20} 1,48400, Carvongeh. 53%) bei Dest. mit Wasserdampf 11,5 kg Nachlauf (D_{15} 0,941, $[\alpha]_D$ +7,5°, Acetyl-VZ. 280, Carbonylgeh. berechnet auf $C_{10}H_{14}O$ 15%). Daraus wurden über die Borate u. dann Phthalate die im Kümmelöl enthaltenen Alkohole (80% des Nachlaufs, berechnet auf $C_{10}H_{18}O$) isoliert. Dest. (9 Torr) in 25 Fraktionen, deren opt. Drehungsrichtung 4 mal wechselte, führte zu *D-Dihydrocarveol, L-Neodihydrocarveol, L-Isodihydrocarveol, D-Perillaalkohol* u. *D-Dihydropinol.* Das von SCHIMMEL & Co. (vgl. Schimmels Ber., April 1950, 50) als L-Dihydrocarveol bezeichnete Prod. erwies sich als Gemisch der ersteren 3 Stereomeren. Ihre Reindarst. gibt nun einen Einblick in die konfigurativen Verhältnisse der Dihydrocarveolreihe. Der vierte theoret. mögliche Alkohol (Neoisodihydrocarveol) konnte im Kümmelöl nicht gefunden oder synthetisiert werden.

Versuche: *L-Neodihydrocarveol* (**I**), $C_{10}H_{18}O$, durch weitere Fraktionierung der Fraktionen 1—3 u. über das Nitrobenzoat [F. 106—107° (A.), $[\alpha]_D$ +15° (Chlf.)], unangenehm naphthalinartig riechendes Öl, $Kp._{760}$ 214—215°, D_{15} 0,930, $[\alpha]_D$ —32,5°, n_D^{20} 1,48016. **I** gab ein *Dinitrobenzoat,* F. 137—138° (A.), $[\alpha]_D$ +7° (Chlf.), ein *Phthalat,* F. 96—97°, $[\alpha]_D$ —33,3° (A.) u. ein *Hydrat,* F. 158—159°, $[\alpha]_D$ —40° (A.). Aus 7 g **I** wurden durch Oxydation nach BECKMANN 5 g *L-Dihydrocarvon* erhalten, Öl, D_{15} 0,929, $[\alpha]_D$ —15,5°, n_D^{20} 1,47348; dessen *Semicarbazon,* Nadeln, F. 188—189°, *Oxim,* F. 88 bis 89° (A.), $[\alpha]_D$ —6° (A.). — *D-Dihydrocarveol* (**II**), $C_{10}H_{18}O$, wurde aus den Fraktionen 4—13 erhalten, D_{15} 0,924, $[\alpha]_D$ +31°, n_D^{20} 1,4778, nach Reinigung über das *3.5-Dinitrobenzoat,* F. 122—123° (aus A./Essigester), $[\alpha]_D$ +54,5° (Chlf.). **II** gab ein *Phthalat,* F. 72—73°, $[\alpha]_D$ +65° (A.), ein *Hydrat,* F. 112—113°, $[\alpha]_D$ +21° (A.) u. nach Oxydation *L-Dihydrocarvon,* D_{15} 0,9286, $[\alpha]_D$ —15°36′, n_D^{20} 1,47350. — *L-Isodihydrocarveol* (**III**), $C_{10}H_{18}O$, aus den Fraktionen 17—20, lange Nadeln aus PAe., F. 38—39°, $[\alpha]_D$ —28° (A.), n_D^{20} 1,4816 (überschmolzen), D_{15} 0,942 (überschmolzen). **III** gab *Phthalat,* F. 104—105° (PAe.), $[\alpha]_D$ —16,6° (A.); *p-Nitrobenzoat,* F. 45—46° (PAe.), $[\alpha]_D$ —19° (Chlf.); *3.5-Dinitrobenzoat,* Öl. Oxydation von **III** führte zu *L-Isodihydrocarvon,* D_{15} 0,942, $[\alpha]_D$ —23°42′, n_D^{20} 1,4742; dessen *Semicarbazon,* kleine Nadeln, F. 178 bis 179°, *Oxim,* Öl, $[\alpha]_D$ —33°20′ (A.), nach Vakuumdest. $[\alpha]_D$ —29°. — Hydratisierung von 50 g **III** mit 5%ig. H_2SO_4 führte zu 7 g *Dihydropinol,* $Kp._{750}$ 187—188°, D_{15} 0,930, $[\alpha]_D$ +107°, n_D^{20} 1,4598. Bei Hydrierung unter Druck bei 100° in Ggw. von Ni gab **III** ein *Öl* [D_{15} 0,919, $[\alpha]_D$ —31°40′, n_D^{20} 1,47003, E. —11°; dessen *Phthalat,* F. 90 bis 91° (PAe.), *p-Nitrobenzoat,* F. 54—55°, $[\alpha]_D$ —23,20° (Chlf.)], *3.5-Dinitrobenzoat,* F. 71°, $[\alpha]_D$ —15,5° (Chlf.)], dessen Oxydation *Isocarvomenthon* lieferte, D_{15} 0,914, $[\alpha]_D$ —49°48′, n_D^{20} 1,45512 (*Semicarbazon,* F. 170—172°). — Die Verseifungsgeschwindigkeit der Acetate von **I, II** u. **III** wurde bestimmt. — Aus der Fraktion 23 wurde über das Phthalat roher *D-Perillaalkohol* erhalten, D_{11} 0,966, $[\alpha]_D$ +73°12′, n_D^{20} 1,49592 (auch aus d-Limonen u. seleniger Säure) u. durch dessen Oxydation *D-Perillaaldehyd* ($[\alpha]_D$ +140°, Semicarbazon, F. 198—200°). Red. von L-Perillaaldehyd nach PONNDORF gab einen *Perillaalkohol* mit $Kp._{760}$ 244,5°, D_{15} 0,959, $[\alpha]_D$ —97,6° u. n_D^{20} 1,50054 u. dessen *Acetat,* D_{15} 0,982, $[\alpha]_D$ —74,67°, n_D^{20} 1,47897, VZ. 294. — Die bei der Abtrennung der Alkohole aus dem Kümmelölnachlauf über Borate u. Phthalate angefallenen indifferenten Anteile enthielten *D-Carvon,* weitere Dihydrocarveole. *Dihydrocarvon* (D_{15} 0,932, $[\alpha]_D$ —16°, n_D^{20} 1,47208) u. *D-Dihydropinol,* $C_{10}H_{18}O$, $Kp._{750}$ 186 bis 188°, D_{15} 0,9284, $[\alpha]_D$ +104°, n_D^{20} 1,46211. (Ber. dtsch. chem. Ges. **83.** 193—200. April 1950. Miltitz bei Leipzig, Schimmel & Co., Labor.) LINDENBERG. 7262

Shell Development Co., Emeryville, Calif., übert. von: **Henry W. de Jong,** Berkeley Calif., V. St. A., *Herstellung substituierter δ-Valerolactone.* Man kondensiert α-Methylen aldehyde mit wenigstens 4 C-Atomen mit einem Alkohol in Ggw. bas. Katalysatoren, z. B. NaOH, durch Erhitzen bis auf 70°. Man erhält z. B. aus Methacrolein u. CH_3OH bei Anwendung des Alkohols im Überschuß das *α.γ-Dimethyl-γ-methoxymethyl-δ-valerolacton*. Mit A. erhält man die entsprechende Äthoxyverbindung. Aus α-Äthylacrolein u. CH_3OH erhält man analog das *α.γ-Diäthyl-γ-methoxymethyl-δ-valerolacton*, aus α-Isobutylacrolein u. Isopropylalkohol das *α.γ-Diisobutyl-γ-isopropoxymethyl-δ-valerolacton*. — Verwendung in der *Riechstoffindustrie* u. als *Weichmacher*. (**A. P. 2 576 901** vom 16/10. 1950, ausg. 27/11. 1951.) Dersin. 7277

American Home Foods, Inc., New York, N. Y., übert. von: **Frank Kipnis**, Cleveland, O., V. St. A., *Tetrahydropyranylsulfide* (**I**) (R = Alkyl, Aralkyl) entstehen durch Kondensation von Dihydropyran (**II**) mit den entsprechenden Mercaptanen RSH in Ggw. von wasserfreiem Halogenwasserstoff bei 0—10° u. anschließendes Erwärmen bis auf 90° unter Druck. — II + Äthylmercaptan → *Äthyl-2-tetrahydropyransulfid*, C_7H_{14}·OS, Kp.$_2$ 42°. — R = *Methyl*, $C_6H_{12}OS$, Kp.$_5$ 47 bis 48°. — R = *n-Propyl*, $C_8H_{16}OS$, Kp.$_3$ 55—58°; *Isopropyl*, Kp.$_{2,5}$ 48°; *n-Hexyl*, $C_{11}H_{22}OS$, Kp.$_{2,5}$ 84—86°; *Benzyl*, $C_{12}H_{10}OS$, Kp.$_2$ 86—87°. — *Riechstoffe* mit angenehmem *minzenartigem* Geruch. (**A. P. 2 562 042** vom 19/9. 1949, ausg. 24/7. 1951.) Krauss. 7277

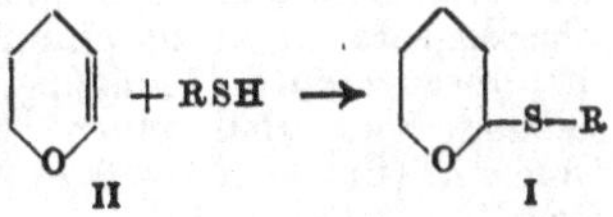

II I

I. G. Farbenindustrie Akt.-Ges., Frankfurt/M. (Erfinder: **Jens Sattler**, Ludwigshafen/Rh., und **Hermann Schütte**, Mannheim), *Schaummittel für Körperpflegemittel*. Man verwendet als solche die Verseifungsprodd. der durch Einw. von Halogen (**I**) u. SO_2 auf nichtaromat. KW-stoffe erhaltenen, **I**, O u. S enthaltenden sulfonsäurehalogenidartigen Verbb. u. setzt sie in Mengen von 0,2—0,5% Haar- u. Gesichtswässern oder Zahnpasten an Stelle von Fettalkoholsulfonaten oder Saponinextrakt zu. (**D. R. P. 764 872** Kl. 30h vom 6/4. 1939, ausg. 9/11. 1953.) E. Petersen. 7285

XIV. Zucker. Kohlenhydrate. Stärke.

Agostino Aldrovandi, *Die Düngung der Zuckerrübe in Italien*. Allg. Ausführungen an Hand der Literatur. (Ind. saccarif. ital. **45.** 174—79. Mai/Juni 1952.) Grimme. 7406

K. S. G. Doss, *Zusammenfassung der wissenschaftlichen Probleme der Zuckerindustrie*. (Vortrag.) Allg. Ausführungen zur Zuckertechnologie in Indien. — 37 Literaturhinweise. (Proc. Indian Acad. Sci., Sect. B **38.** 49—58. Aug. 1953. Kampur, Indian Inst. of Sugar Technol.) Ulmann. 7440

Ram Behari Lal Mathur, *Wissenschaftliche Probleme der Zuckerindustrie*. Vortrag. (Proc. Indian Acad. Sci., Sect. B **38.** 68—76. Aug. 1953. Shamli, N. India, U. D. Sugar Mils.) Ulmann. 7440

S. N. Gundu Rao, *Einige wissenschaftliche Probleme der Zuckerindustrie*. Vortrag. (Proc. Indian Acad. Sci., Sect. B **38.** 59—67. Aug. 1953. Nasak Distr., Ravalgaon Sugar Farm Ltd.) Ulmann. 7440

Dhirendra Nath Ghosh, *Die elektrische Koagulation der Kolloide des Rohzuckersaftes und eine neue Zuckertechnologie*. Nach dem neuen Verf. wird der Einsatz von Kalk u. S umgangen, indem die rohen Zuckersäfte bei 80° unter Verwendung von Fe-Elektroden elektrolysiert werden. Jede Art von koll. Beimengungen läßt sich hierdurch entfernen. Der behandelte Saft filtriert gut. Das schwach alkal. Filtrat (p_H 7,2) wird durch Superphosphat schwach angesäuert (p_H 6,8), zum Kochen erhitzt u. erneut filtriert. (Proc. Indian Acad. Sci., Sect. B **38.** 77—80. Aug. 1953. Patna, Sci. Coll.) Ulmann. 7440

Hans Weiß, *Neue Untersuchungen über die kristallisationshemmenden Eigenschaften von Stärkesirupen*. Vf. untersucht die kristallisationshemmende Wrkg. verschied. Stärkesirupe auf *Lactose*-Lösungen. Es wird der Temperaturverlauf beim Abkühlen von 50 bis auf 0° verfolgt. Maltosesirup zeigt die geringste kristallisationshemmende Eig., die Hemmwrkg. ist jedoch für die Praxis genügend. Wirksamer ist Capillarsirup, der beste Kristallisationshemmer ist jedoch Bonbonsirup. (Zucker- u. Süßwaren-Wirtsch. **6.** 627—30. 5/8. 1953. Hamburg.) Ulmann. 7446

Hans Wegner, *Die Maillard-Reaktion und das Vergilben des Stärkesirups*. Auf Grund eingehender Verss. schließt Vf., daß das Vergilben von Stärkesirupen u. Stärkezuckern als ein Spezialfall der Maillard-Rk. (nichtenzymat. Bräunungs-Rk.) anzusehen ist. Die vorliegenden Amino-N-Verbb. stammen aus den Proteinverunreinigungen der verarbeiteten Stärken. Durch SO_2 wird, wie Verss. zeigen, die Melanoidbldg. gehemmt.

Vf. schlägt vor, Farbe u. Verfärbung des Sirups durch den Extinktionskoeff. auszudrücken u. die Gütevorschriften durch diese Bestimmungsgröße zu ergänzen. (Stärke **6.** 5–10. Jan. 1954. Berlin, Forschungsinst. für Stärkefabrikation.) ULMANN. 7446

Friedrich-Wilhelm Conti, *Versuche zur Gewinnung von Sirup aus Topinambur (Helianthus tuberosus).* Analyt. Unters. von Topinamburknollen von 11 verschied. Sorten, zu verschied. Jahreszeiten ergab, daß der Geh. an Trockensubstanz u. Kohlenhydraten während des Winters abnimmt, von letzteren von 17 auf 15%. Der Geh. von 0,1–1,0% an präexistierenden Zuckern bleibt hingegen konstant. Eingehende Verss. zur Gewinnung von Sirup aus allen Kohlenhydraten der Knolle führte erst nach Entsalzung durch Anwendung von Ionenaustauschern zu einem Erfolg. Am günstigsten wird die Saftgewinnung aus Trockenschnitzeln bei 35–40° unter Zusatz von SO_2 durchgeführt. Reinigung durch Filtration mit Aktivkohle u. anschließende Entsalzung. Man erhält einen Sirup mit 70–80% Fructose, der Rest ist überwiegend Glucose. (Stärke **5.** 310–18. Dez. 1953. Braunschweig u. Halle/Westf., Condetta GmbH.) ULMANN. 7446

M. Ulmann, *Zur Ablehnung des Höppler-Viscosimeters bei Kartoffelstärkekleistern.* An Hand von verschied. Beispielen wird gezeigt, daß HÖPPLER-Viscosimeter für die Charakterisierung von Stärke (I)-Lsgg. nicht geeignet sind. Viscosimeter, die bei Rohrzuckerlsgg. oder Glycerin–W.-Mischungen ident. Meßergebnisse geben, können bei I stark unterschiedliche Werte anzeigen. Schon 0,1%ig. u. erst recht höherprozentige, z. B. 0,6%ig., Lsgg. weisen derart unübersichtliche Strömungsverhältnisse auf, daß bei viscosimetr. Unterss. wirklich reproduzierbare Werte nicht zu erhalten sind. (Stärke **5.** 307–10. Dez. 1953. Potsdam-Rehbrücke, Inst. für Ernährungsforsch.) ULMANN. 7490

XV. Gärungsindustrie.

Carl J. Oppel, *Kontrolle des Süßwasser-p_H bei der Acme-Brauerei-Gesellschaft.* Beschreibung einer automat. p_H-Kontrollanlage für den Vorratstank mit verd. Säure, den Mischtank u. den Wasservorratstank in der Brauerei. (Amer. Brewer **85.** Nr. 8. 44–46. Aug. 1952.) HAEVECKER. 7544

J. R. Heron, *Spurenelemente und ihre Bedeutung in der Brauerei.* (Vortrag.) Bedeutung der Spurenelemente; bes. Pb, Cu, Ni, Fe, Zn, Cd, Sb, Se, F für die Bierbereitung. — Diskussion. (Brewers' Guild J. **38.** 543–62. Dez. 1952.) HAEVECKER. 7550

E. Peynaud und **S. Lafourcade,** *Wirkung einiger Antibiotica auf die Alkoholhefen.* Überblick über die einschlägige ältere u. neuere Literatur u. die Ergebnisse eigener Untersuchungen. Hefe ist gegenüber den Antibiotica weniger empfindlich als Bakterien. Die üblichen gegen Bakterien in der Therapie angewandten Antibiotica (Penicillin, Aureomycin, Terramycin, Chloramphenicol usw.) beeinflussen die Gärung von Traubenmost nicht oder nur geringfügig in positiver oder negativer Richtung. Von den Antibiotica mit Antifunguswrkg. hemmt *Actidion* (I) in einer Menge von 10 mg/Liter die Gärung von Traubenmost durch Saccharomyces ellipsoideus vollständig; Kloeckera apiculata ist weit weniger empfindlich. Die Gärung von zuckerhaltigem Wein (mit 10 Vol.-% Alkohol u. 25 g Zucker/Liter) wird bereits durch 0,3 mg I/Liter in jedem Falle verhindert. Eine geschmackliche Beeinflussung ist nicht festzustellen. Die Toxizität ist gering. Von *Mycosubtilin* (II) genügen 3–5 mg, um die Gärung von Traubenmost zu verhindern; auch Kloeckera apiculata ist empfindlich dagegen. Für die Konservierung von zuckerhaltigem Wein sind mindestens 4 mg notwendig. Milchsäurebakterien werden auch von 50 mg I u. II nicht gehemmt. *Antimycin A* bewirkt im Traubenmost keine Hemmung der Hefe. In zuckerhaltigem Wein genügen dazu aber schon 0,3 mg. *Candicidin* ist sowohl im Traubenmost als auch im Wein erheblich weniger wirksam. *Antibioticum A 228* ist in saurer Lsg. wenig stabil. Vff. berichten über weitere Verss. zur Gewinnung von Aktivatoren u. Hemmstoffen der Hefe aus verschied. Pilzkulturen. Aus Botrytis cinerea wurden sowohl Extrakte erhalten, welche die Gärung beschleunigen, als auch solche, welche die Gärung hemmen. Die Anreicherung des Hemmstoffes, als *Botrycitin* bezeichnet, u. einige seiner Eigg. werden näher beschrieben. — 60 Literaturzitate. (Rev. Fermentat. Ind. aliment. **8.** 228 bis 242. Dez. 1953. Bordeaux, Stat. Agronomique et Oenologique.) KIELHÖFER. 7554

E. Nègre und **R. Cordonnier,** *Kaliumferrocyanid und Calciumphytat.* Bzgl. der Weinschönung mit Kaliumferrocyanid (I) haben die Verss. ergeben, daß der aus einem Überschuß von I durch die Säure des Weines abgespaltene HCN bereits nach wenigen Tagen verschwindet, vermutlich durch Bindung an Aldehyd unter Cyanhydrinbildung. Die Verss. mit Ca-Phytat (**II**) haben ergeben, daß **II** in 1–2%ig. Citronensäurelsg. u. in enteisentem Wein lösl. ist, daß 1 mg dreiwertiges Fe durch 4–5 mg **II** ausgeschieden wird, daß es notwendig ist, einen Überschuß von **II** zu vermeiden u. zur Überführung von zweiwertigem in dreiwertiges Fe den Wein zu lüften. (Progr. agric. viticole **138** (**69**). 35–37. 20/27. 7. 1952.) KIELHÖFER. 7554

Léonce Deibner, *Aktuelle Grundtatsachen über die Faktoren der biologischen Stabilität und über ihre Beeinflussung bei zuckerhaltigen Weinen oder Spezialweinen.* Die biol. Stabilität zuckerhaltiger Weine hängt ab vom Geh. an Zucker u. A. (a), von der Ernährung der Hefe durch N-haltige Bestandteile (b) u. von der Sauerstoffeinw. u. der Menge oxydierbarer Bestandteile (c). Zu a: Angaben über den von verschied. (hauptsächlich russ.) Autoren angegebenen A.- u. Zuckergeh. des Weines, durch welchen eine Gärung verhindert wird, die Regel von DELLÉ, in welcher die Hemmwrkg. des Zuckers zu der des A. in Beziehung gesetzt wird, u. ihre Beeinflussung durch andere bei der Gärung entstehende Stoffe, ihre Darst. durch Nomogramme. – Zu b: Als biol. Sterilisation wird die Verminderung der für die Hefetätigkeit notwenigen Stoffe bezeichnet. Sie läßt sich am leichtesten bei den N-haltigen Bestandteilen des Traubenmostes erreichen, die durch wiederholte Hefevermehrung aufgebraucht werden, wie dies z. B. bei der Gewinnung des Asti spumante geschieht. Die biol. Sterilität hängt auch von dem Vorhandensein von Aktivatoren der Hefe ab. – Zu c: Sauerstoff ist bes. zu Beginn der Gärung notwendig, u. zwar als Reizmittel für die Hefe. Tabellen (hauptsächlich nach russ. Arbeiten) über den Sauerstoffgeh. des Traubenmostes u. sein Redoxpotential vor u. nach Beginn der Gärung, auch unter dem Einfl. verschied. Zusätze. (Rev. Fermentat. Ind. aliment. **8.** 211–22. Dez. 1953. Montpellier, Univ., Inst. de Chim.) KIELHÖFER. 7554

J. de Wever, *Der Hopfen.* Übersicht über die zur Wertbest. von Hopfen erforderlichen Unterss. (mechan. u. chem. Analyse u. Best. des Brauwertes). (Fermentatio [Gand] **1952.** 134–36. Gent, Hogeschool voor Gistingsbedrijven.) WESLY. 7598

M. Brofeldt, *Über die indirekte Ermittlung des Alkoholgehaltes von Malzgetränken.* Vf. untersucht die Zuverlässigkeit der verschied. Formeln zur rechner. Ermittlung des A.-Geh. in Bier u. ähnlichen Getränken. Über die dabei verwendeten Koeffizienten vgl. C. **1954.** 215. Nach Ansicht des Vf. läßt sich bei Berücksichtigung geeigneter Korrekturen der A.-Geh. mit Hilfe der Formeln mit genügender Genauigkeit indirekt ermitteln. (Mallasjuomat **1954.** 43–48. Febr. 74–85. März.) BECKMANN. 7600

Ben L. Sarett, Chicago, übert. von: **Dwight L. Baker,** Park Forest, Ill., V. St. A., *Enzymatische Gewinnung von Gluconsäure.* Eine glucosehaltige Lsg. wird mit einem Glucoseoxydase- u. Katalaseaktivität besitzenden Enzymsyst., einer Ca-Verb. ($CaCO_3$) u. einer solchen Menge H_2O_2 versetzt, welches die theoret. zur Oxydation der vorhandenen Glucose erforderliche Menge übersteigt, wobei die Glucose zu Ca-Gluconat oxydiert wird, das abgetrennt werden kann. (**A. P. 2 651 592** vom 15/8. 1950, ausg. 8/9. 1953.) KETTNER. 7579

United States of America, übert. von: **Virgil F. Pfeifer, George E. N. Nelson,** Peoria, **Charles Vojnovich,** Washington, Ill., und **Lewis B. Lockwood,** Glen Rock, N. J., V. St. A., *Gewinnung von Itaconsäure* (**I**) auf biol. Wege. Ein nicht mehr als 7% vergärbare Kohlenhydrate u. assimilierbare N-Verbb. enthaltendes Nährsubstrat vom p_H 1,4–5,0 wird mit einem **I** erzeugenden Schimmelpilz aus der Gattung *Aspergillus* angestellt u. die submerse Züchtung unter Luftzufuhr bis zur Bldg. bemerkenswerter Mengen **I** fortgesetzt, die dann abgetrennt werden. (**A. P. 2 657 173** vom 3/7. 1952, ausg. 27/10. 1953.) KETTNER. 7579

XVI. Nahrungs-, Genuß- und Futtermittel.

C. R. Jones und **G. J. Baker,** *Freigelegte Weizenkeime. Ein schaumbildender Faktor.* Bei mechan. Entfernung der über dem Keimling liegenden Kleieschichten tritt beim Waschen von Weizen ein schaumbildender Faktor in das Waschwasser. (Cereal Chem. **29.** 273–81. Juli 1952. St. Albans, England, Res. Assoc. of British Flour Millers, Cereal Res. Stat.) M. W. ROTHE. 7664

Norton C. Ives, *Temperatur–Zeit–Feuchtigkeits-Beziehungen bei der Getreidetrocknung und Verfahren hierfür.* Trocknungsmöglichkeiten von Getreide. Bedeutung von Zeit u. Temp. für die Wasserabgabe. (Trans. Amer. Assoc. Cereal Chemists **11.** 201–11. Okt. 1953. Turrialba, Costa Rica, Inter-American Inst. of Agric. Sci.) M. W. ROTHE. 7664

Turgut Yazicioglu, *Physikalische, chemische und backtechnische Studien an türkischen Durumweizen.* Vergleichende Unterss. von 102 türk. Durumweizen verschied.

Anbaugebiete der Ernte 1945. (Getreide u. Mehl **2.** 128—32. Dez. 1952. Beilage zu: Mühle. Ankara, Univ., Landwirtschaftl.-technolog. Inst.) M. W. ROTHE. 7670

G. A. Adams, *Neue Laboratoriumsmethoden zur Trocknung von Weizenkleber.* Einfrieren in fl. Stickstoff oder Trockeneis, rasches Vermahlen zu staubfeinem Pulver u. anschließende Vakuumgefriertrocknung (2—3 mm Hg; -5^0) führt zu weißen Prodd. der ursprünglichen Qualität u. Verkürzung der Trockenzeit gegenüber Lufttrockenmethoden. (Cereal Chem. **29.** 312—14. Juli 1952. Ottawa, Can., Div. of Appl. Biol., Nat. Res. Labors.) M. W. ROTHE. 7670

Doyle C. Udy, *Einige viscoelastische Eigenschaften von Weizenkleber.* Die Festigkeit von gereinigtem Weizenkleber wird durch Lagerung in Pufferlsg. (p_H 7) oder mechan. Bearbeitung erhöht. Die mit Hilfe einer Federwaage an Hand des Verhältnisses Dehnkraft zu Dehnlänge bestimmten Veränderungen sind von der Temp. der Pufferlsg. u. der Sorte abhängig. (Cereal Chem. **30.** 353—66. Sept. 1953. Pullman, Wash., Western Wheat Qual. Labor., Agric. Exp. Stat.) M. W. ROTHE. 7670

Ali Mohammad, D. K. Mecham und **H. S. Olcott,** *Weizenprodukte. Gelbildende phosphorylierte Derivate aus Weizenkleber.* Durch Erhitzen einer Mischung von Weizenkleber mit 85%ig. H_3PO_4 u. Harnstoff auf 140^0 u. anschließendes Neutralisieren mit NaOH werden phosphorylierte Prodd. erhalten, die stabile Gele mit der 200fachen Wassermenge bilden. Gelbildende Eigg. besitzen neben dem Na-Salz auch K-, Li- u. NH_4-Salze; Ca-, Ba-, Al- u. Fe-Salze dagegen nicht. Die Phosphorylierung erfolgt nach Vff. an den Oxygruppen der Oxyaminosäuren. Mögliche Verwendung in der Lebensmittelindustrie als Dickungs- oder Emulgierungsmittel. (J. agric. Food Chem. **2.** 136—37. 3/2. 1954. Albany, Calif., Western Reg. Res. Labor.) M. W. ROTHE. 7670

Betty Sullivan, *Die Reaktion der Mehlproteine mit oberflächenaktiven Substanzen.* Bei der Behandlung von Mehl mit 0,1—1,0% oberflächenakt. Substanzen zeigten nur solche von anion. Charakter Einfl. auf die Klebereigenschaften. Die im Farinogramm sich anzeigende starke Verbesserung kam im Backvers. nur geringfügig zum Ausdruck. (Cereal Chem. **29.** 282—91. Juli 1952. Minneapolis, Minn., Russell-Miller Milling Comp.) M. W. ROTHE. 7670

Adolph Schulz, *Die Mikrobiologie des Sauerteigs.* Besprochen werden: Bakterien des Sauerteigs, nichtwünschenswerte Bakterien, Metabolismus der Säurebildner, Milchsäure- u. Essigsäurebldg., die verschied. Hefen des Sauerteigs, Einfl. der Temp., biol. Rkk. während der Sauerteiggärung, Bldg. von Buttersäure u. Propionsäure. (Bakers Digest **26.** 27—29. 37. Okt. 1952. Detmold, Bundesanstalt für Getreideverarbeitung.) HAEVECKER. 7674

I. Hlynka, P. R. Templin und **J. A. Anderson,** *Bromatzerstörung im Teig.* Der Abbau von Kaliumbromat (I) im Teig bei einem Zusatz von 10—30% während einer Teigruhe von 3 Std. ist äußerst gering. Die Verluste an I bei Zusätzen von 30 u. 60% sind gleich hoch, obwohl sich im Teig extensograph. wesentliche Unterschiede zeigen. Zusätze von HCl oder Milchsäure verstärken den I-Abbau nur geringfügig, während auch hier die extensograph. Werte stark ansteigen. Hefezusatz fördert die Zerstörung von I. (Cereal Chem. **30.** 391—403. Sept. 1953. Winnipeg, Manitoba, Grain Res. Labor.) M. W. ROTHE. 7674

Madelyn Womack, Mary W. Marshall und **John C. Summers,** *Baumwollsamen zur Ergänzung der Nahrung. Nährwert von Brot und Keks mit einem Zusatz von Baumwollsamenmehl.* Durch Zusatz von 10% Baumwollsamenmehl zu Brot oder Keksen wird der Nährwert dieser Prodd. bedeutend erhöht. In Rattenfütterungsverss. wird gezeigt, daß hierfür nicht allein die Erhöhung des Proteingeh., sondern vor allem die Erhöhung der biol. Wertigkeit des Eiweißes verantwortlich ist. (J. agric. Food Chem. **2.** 138—40. 3/2. 1954. Okmulgee, Okla., Bakery Dep., Oklahoma Agric. and Mechan. Coll.) M. W. ROTHE. 7674

A. Menger, *Verpackungsfragen in der Nährmittelindustrie.* Licht u. Luftsauerstoff beeinflussen die Haltbarkeit von Haferflocken, Weizenkeimen u. Reis ungünstig. Eine Präparierung von Reis hemmt nur die hydrolysierenden Fermente; das Ranzigwerden wird hierdurch gefördert. In grünen Lichtpackungen nur geringe Oxydation. (Getreide u. Mehl **3.** 41—44. Juni 1953. Beilage zu: Mühle. Detmold, Bundesanstalt für Getreideverarbeitung.) M. W. ROTHE. 7686

R. Ulrich und **A. Paulin,** *Reifungsbeschleunigung von Passe-Crassane-Birnen durch kombinierte Einwirkung von Wärme und Äthylen.* Gleichzeitige Wärmebehandlung u. Äthylenbegasung führten zur schnelleren Nachreife der behandelten Früchte. (C. R. hebd. Séances Acad. Agric. France **38.** 663—64. 1952. Bellevue, Stat. exp. du Froid.) GRIMME. 7688

Werner Bötticher, *Qualitätsüberwachung bei Pilzkonserven.* (Dtsch. Lebensmittel-Rdsch. **50.** 173–75. Juli 1954. München, Zentralstelle für Pilzforsch. u. Pilzverwert.) WINIKER. 7690

Paola Morini, *Über die Verwendung von Fruchtsäften in Getränken und natürlichen Sirupen.* Allg. Ausführungen. (Riv. ital. Essenze, Profumi, Piante officin., Olii veget., Saponi **35.** 504. 15/10. 1953. Broni.) GRIMME. 7706

Ruth Jordan, Elizabeth Shaw Wegner und **H. A. Hollender,** *Die Wirkung von homogenisierter Milch auf die Viscosität von Maisstärkepuddings.* Die Verwendung von homogenisierter an Stelle von nichthomogenisierter Milch bei der Herst. von *Maisstärke* (**I**)-Puddings führt zu erhöhter Viscosität der heißen u. Festigkeit der kalten Puddings. Vff. vermuten, daß die Konsistenzveränderungen durch Erhöhung der Oberfläche der Fetttröpfchen in homogenisierter Milch hervorgerufen werden. (Food Res. **18.** 649–58. Nov./Dez. 1953. Lafayette, Ind., Purdue Univ., Agric. Exp. Stat., Dep. of Home Econ. and Dairy Husbandry.) KRUSEN. 7710

John Y. P. Wu und **Henry M. Burlage,** *Untersuchung der Wurzelstöcke des Nußgrases.* 1. Mitt. Vff. stellten mit verschied. Lösungsmitteln Extrakte aus den Wurzelstöcken von *Cyperus rotundus L.* (**I**) her, die sie durch äußere Eigg. u. allg. Konstanten charakterisierten. Ernährungsverss. an weißen Ratten ergaben, daß Futterzusätze bis zu 25% **I** ziemlich gut vertragen wurden, was bei weiterer Erhöhung nicht mehr der Fall war. Möglicherweise können die Wurzelstöcke als Würze (Pfefferersatz) dienen. (Amer. J. Pharmacy, Sci. support. publ. Health **124.** 48–52. Febr. 1952. Austin, Tex., Univ., Coll. of Pharm.) K. HERRMANN. 7714

Betty R. Stanton, *Nährwert von Suppe.* Besprechung des Nährwerts klarer u. gemüsehaltiger Suppen u. Fleischbrühen. (Chem. and Ind. **1951.** 105–06. 10/2.) GRIMME. 7742

Walter Ellerkamp und **Hedwig Haunerland,** *Die Wirkung von Talgemulgatoren aus Magermilchpulver in Fleischwürsten.* (Dtsch. Lebensmittel-Rdsch. **50.** 165–69. Juli 1954. Hamm, Chem. Untersuchungsamt.) WINIKER. 7750

Theodor Seeler, *Der Ablauf des Qualitätsabfalles von eingeeistem Frischfleisch durch die Lagerung und sein Nachweis.* (Dtsch. Lebensmittel-Rdsch. **50.** 172–73. Juli 1954. Bremerhaven, Untersuchungslabor. Dr. Seeler.) WINIKER. 7750

P. Ponomarew, *Änderungen der Milchzusammensetzung während der Weidezeit.* Zusätzliche Fütterung der Kühe mit einer Milchleistung über (a) bzw. unter (b) 10 Liter täglich mit Ölkuchen, Rübe, Kürbis u. Silofutter erhöhte den Fettgeh. in der Zeit von Mai bis Oktober. Der Eiweißgeh. nahm bei a im Juni um 0,24%, bei b um 0,04% ab. Ab Aug. nahm der Eiweißgeh. bei a u. b wieder zu. Der Ca-Geh. nahm bei beiden Gruppen bis zum Aug. zu u. stieg dann langsam an. Bei P trat in beiden Gruppen in den Sommermonaten eine Abnahme ein. (Молочная Промышленность [Milch-Ind.] **13.** Nr. 10. 40–41. Okt. 1952. Inst. für Tierzucht der KasachSSR.) M. GORDIENKO. 7756

J. C. D. White, R. Waite, H. B. Hawley, J. G. Clark und **Kathleen M. Henry,** *Der Einfluß der Vorerhitzung der Milch auf 230° F (110° C) auf die Haltbarkeit von sprühgetrockneter Vollmilch.* Durch Hitzeeinw. auf Milch werden aus den Aminosäuren Cystin u. Cystein viel Sulfhydrylkomplexe frei, die als Antioxydantien die Haltbarkeit des Milchpulvers erheblich erhöhen. Es ist ohne Bedeutung für die Qualität u. Haltbarkeit des Milchpulvers, ob die Milch vor der Sprühtrocknung statt auf 190° F etwa auf 230° F erhitzt wird. (J. Dairy Res. **19.** 339–47. Okt. 1952.) HOPPE. 7756

M. Jean Stone, *Der Einfluß der Temperatur auf die Entwicklung von gebrochenem Rahm.* Es wird nachgewiesen, daß Streptococcus lactis in Milch bei 22° weder auf das Wachstum von B. cereus noch auf die Entstehung von gebrochenem Rahm hemmend einwirkt. Letztere kann verhindert werden durch 24std. Lagerung der Milch bei 5° oder darunter, wenn in den nächsten 24 Std. die Temp. nicht 18° übersteigt, da bei 22° der Fehler wieder auftritt. (J. Dairy Res. **19.** 302–10. Okt. 1952. Reading, Univ., Nat. Inst. for Res. in Dairying.) HOPPE. 7756

M. Jean Stone, *Die Wirkung der Lecithinase von Bacillus cereus auf die Membranen der Milchfettkügelchen.* B. cereus oder ein filtriertes Kulturkonzentrat von ihm erzeugen bei 22° in Vollmilch den sogenannten gebrochenen Rahm, wobei durch Lecithinhydrolyse durch das Ferment Lecithinase der Casein–Phosphatid-Komplex der Fettkugelmembran zerstört wird. Diese Lecithinhydrolyse läßt sich durch Best. von freiem Cholin beweisen (unter dem Mikroskop braune, tetragonale Kristalle von Cholinpolyjodid). Die Koagulation von Eiweiß durch ein zweites Ferment des B. cereus wird erwähnt. (J. Dairy Res. **19.** 311–15. Okt. 1952. Reading, Univ., Nat. Inst. for Res. Dairying.) HOPPE. 7756

Karl J. Demeter, *Über den Fehler „fischig" bei Butter.* Zusammenfassender Überblick. — 50 Literaturhinweise. (Dtsch. Lebensmittel-Rdsch. **50.** 169—72. Juli 1954.) WINIKER. 7758

R. O. Davies, T. B. Morgan und **W. Ellis Davies,** *Ertrag und Zusammensetzung von Luzerne, Gras und Klee unter verschiedenen Nutzungssystemen.* 1. Mitt. Der Einfl. der Nutzungsart (Abweiden oder Mähen) auf Ertrag u. Zus. von Luzerne (L.) u. L.-haltigen Gemischen wurde über 2 Erntejahre untersucht u. der Nährstoffertrag mit dem von reinen Grasflächen verglichen. Die hohen Erträge von L. u. L.-Gemischen an N, Carotin u. Mineralstoffen werden tabellar. u. graph. wiedergegeben. — 14 Literaturangaben. (J. brit. Grassland Soc. **8.** Nr. 2. 149—67. Juni 1953. Aberystwyth, Welsh Plant Breeding Stat.) RANG. 7782

R. H. Armstrong und **Brynmor Thomas,** *Die Calciumaufnahme aus drei Graslandleguminosen.* Medicago sativa (a), Trifolium pratense var. serotinium (b) u. T. repens var. sylvestre (c) wurden an Ratten verfüttert u. die Calciumaufnahme durch die Tiere wurde geprüft. Die Calciumaufnahme ist aus c geringer als aus a u. b. (J. agric. Sci. **42.** 454—59. Okt. 1952. Durham, Univ., Newcastle-upon-Tyne.) GRÜTZ. 7782

C. J. L. Baker, M. Heimberg, C. Alderman und **A. Eden,** *Untersuchungen über die Zusammensetzung von Esparsette.* Die Unterss. ergaben folgende Werte (Angaben in % Trockensubstanz in der Reihenfolge Rohprotein, Rohfaser, Asche): grüne Pflanze 17,5, 34,5, 6,0; Heu (Schnitt vor der Blüte) 18,3, 29,6, 7,9; Heu (Schnitt während der Blüte) 15,8, 33,5, 8,7. Das vor der Blüte geschnittene Heu hat die beste Qualität. Verglichen mit Luzerneheu mittlerer Qualität hat Esparsetteheu einen geringeren Geh. an Rohprotein, jedoch einen erheblich geringeren Geh. an Rohfaser u. Asche. (J. agric. Sci. **42.** 382—94. Okt. 1952. Trumpington, Cambridge, Anstey Hall, Nat. Agric. Adv. Serv.) GRÜTZ. 7782

Paul W. Edwards, A. Hoersch jr., C. S. Redfield und **Roderick K. Eskew,** *Trocknung von Kartoffeln für Futterzwecke in einem direkt geheizten rotierenden Trockner. Wirtschaftlichkeit dieses Verfahrens.* (Amer. Potato J. **29.** 103—12. Mai 1952. Philadelphia, Pa., U. S. Dep. Agric.) GRÜTZ. 7786

R. Fraisse und **F. Laudanski,** *Die Veränderungen der chemischen Zusammensetzung des Maulbeerblatts in Abhängigkeit vom physiologischen Zustand desselben oder des Baumes und ihre Folgerungen für die Seidenraupenzucht.* Analysen von Blättern von Morus alba colombassa Seringe zeigen die rasche Verarmung der Blätter an N u. P_2O_5 u. ihre Anreicherung an CaO vom Beginn der Vegetationsperiode an bis zum Ende der Blütezeit bzw. Fruchtansatz. In dieser Zeit eignen sich die Blätter am besten zur Seidenraupenzucht. (C. R. hebd. Séances Acad. Agric. France **38.** 464—67. 1952. Alès, Stat. Rech. Sericicola.) GRIMME. 7786

M. F. Pool und **A. A. Klose,** *Bestimmung von Monocarbonylverbindungen in ranzigen Lebensmitteln.* Die Meth. beruht auf der Überführung der Monocarbonylverbb. in 2.4-Dinitrophenylhydrazone in Benzollsg. u. deren colorimetr. Nachw. in alkal. Lsg. nach Entfernung von überschüssigem Hydrazinreagens u. Dicarbonylverbb. durch Absorption in einer Tonerdesäule. (J. Amer. Oil Chemists' Soc. **28.** 215—18. Mai 1951. Albany, Calif., Western Reg. Res. Labor.) GRIMME. 7788

H. W. Ardelt, *Die Polarographie in der Lebensmittelchemie.* 1. Mitt. *Grundlagen der Polarographie.* Theorie u. App. zur Durchführung der Polarographie werden erläutert. Die Anwendungsmöglichkeiten des Verf. in der Lebensmittelchemie u. für Spurenanalysen werden besprochen. Polarometrie u. polarometr. Titration werden von der Polarographie abgegrenzt. — 6 Literaturangaben. (Pharmazie **9.** 190—93. März 1954. Potsdam-Rehbrücke, Inst. für Ernährungsforsch.) FRESENIUS. 7788

W. A. C. Campen und **H. Geerling,** *Schnelle und einfache Bestimmung des Gehaltes an Rohfett und an Gesamtfettsäuren in Viehfutter. Ein allgemein anwendbares Verfahren.* Das herkömmliche Verf. zur Best. des Rohfettes (Extraktion mit Ae.) mit seinen Abarten wird krit. besprochen. Das vorgeschlagene, rasch ausführbare Säurehydrolyseverf. hat die Best. der Gesamtmenge der Fettsäuren (I) zum Ziele. Zu diesem Zwecke verseift man die Probe durch Kochen mit alkoh. KOH u. macht die I durch Kochen mit Mineralsäure frei, versetzt mit A., schüttelt die I mit CCl_4 aus der sauren, alkoh. Lsg. aus, kocht 1 Min. zum Austreiben von absorbierten Gasen (CO_2) u. titriert die I nach Zusatz von neutralem Alkohol. Wasserlösl. organ. Säuren stören nicht. (Chem. Weekbl. **50.** 385—93. 29/5. 1954. Maastricht, Landbouwproefstation.) WESLY. 7788

J. Flechsig, *Über Laboratoriumsmahlversuche mit dem Bühler-Automaten.* Technik, Mahlverf. u. Auswertung von Mahlverss. mit einer Kleinmahlanlage. (Getreide u. Mehl **3.** 44—48. Juni 1953. Beilage zu: Mühle. Detmold, Bundesanstalt für Getreideverarbeitung.) M. W. ROTHE. 7798

Wilhelm Clausen, *Untersuchung von α-Amylase in Roggenmehl.* Die Best. von α-Amylase (I) erfolgte nach Extraktion des Roggenmehles bei 70° mit W. in Ggw. von Pepton u. Ca-Acetat u. nach Zusetzen einer maltosefreien β-Amylaseauflsg. aus Malzextrakt zu dem Roggenmehlauszug durch Best. der diastat. Kraft in 2%ig. Stärkelösung. I-Geh. u. CO_2-Entw. verliefen annähernd proportional. Teige aus Mehl mit niedrigem I-Geh. gingen schlecht. (Tidsskr. Kjemi, Bergves. Metallurgi **14.** 23–24. Febr. 1954. Bakeriavdelingen, Statens Teknol. Inst.) GENEST. 7798

W. B. Bradley, C. N. Frey, W. F. Geddes und **Robert Jenness,** *Gemeinschaftsuntersuchung von Methoden zur Ermittlung der Qualität von Magermilchpulver für die Brotherstellung.* Das Ausmaß der Verschlechterung der Backfähigkeit durch größere Zusätze von Magermilchpulver kann durch chem. Tests nicht vorausbestimmt werden. Verschied. Proteinbestimmungen u. farinograph. Unterss. stimmten mit den jeweiligen Backverss. nicht überein. (Trans. Amer. Assoc. Cereal Chemists **11.** 217–28. Okt. 1953. Chicago, Ill., American Inst. of Baking.) M. W. ROTHE. 7800

J. Koch und **G. Bretthauer,** *Zur Bestimmung von Pektinen, Tylosen und Alginaten in Marmelade.* Aus der Marmelade werden mit 96%ig. A. Pektin (I)-Stoffe u. künstliche Verdickungsmittel gefällt. Der Nd. wird mit heißem W. behandelt, wodurch eine Trennung in koll. lösl. [I, *Cohäsal* (II, Na-Salz der polymeren d-Mannuronsäure), *Tylose KN* (III, Na-Carboxymethylcellulose)] u. unlösl. [*Tylose SL* (IV, Oxyäthylmethylcellulose)] erfolgt. Zur Identifikation werden Fällungs-Rkk. [I mit NaOH; II mit 3%ig. $CaCl_2$-Lsg.; III mit $Ba(OH)_2$-Lsg. bzw. 5%ig. Uranylnitratlsg.] ausgeführt. Zum Nachw. von IV wird der bei der Alkoholbehandlung erhaltene Nd. mit kaltem W. verrührt u. nach 2std. Stehen filtriert. In dem mit CARRYscher Lsg. geklärten Filtrat wird IV durch Erhitzen im sd. Wasserbad (opalescierende Trübung bzw. Flockung) oder durch Versetzen mit 5%ig. Tanninlsg. nachgewiesen. (Dtsch. Lebensmittel-Rdsch. **50.** 162–65. Juli 1954. Geisenheim/Rh., Lehr- u. Forschungsanstalt für Wein-, Obst- u. Gartenbau, Inst. für Obst- u. Gemüseverwert.) WINIKER. 7814

Albrecht Fincke, *Papierchromatographische Untersuchungen an Zuckerwaren.* Vortrag. Bes. betont wird Wichtigkeit einer papierchromatograph. Kontrolle u. einer Ergänzung der üblichen analyt. Methoden. (Zucker- u. Süßwaren-Wirtsch. **6.** 673–74. 20/8. 1953. Detmold, Wiss. Forschungs- u. Beratungsstelle des Fachverbandes der Süßwarenind.) ULMANN. 7816

A. Maurel, *Beitrag zur Untersuchung von Vanilleextrakten. Neue Methoden zur Bestimmung von Vanillin.* Bei der ersten, auf der Rk. der Phenolgruppe des *Vanillins* (I) beruhenden Meth. wird I nach Behandlung des Extraktes mit Pb-Acetat, Ausfällung des überschüssigen Pb mit 10%ig. H_2SO_4 u. Einstellung eines p_H-Wertes von 4 mit MICHAELIS-KRÜGER-Puffer mittels nascierender HNO_2 in sein Nitrosoderiv. übergeführt. Dieses besitzt ein Absorptionsmaximum bei 4150 Å u. wird colorimetr. bestimmt. — Zum zweiten, auf der Rk. der Aldehydgruppe basierenden Verf. werden 1–5 ml Extrakt mit A. verd., 5 ml einer 0,5%ig. Lsg. von Hydroxylaminchlorid zugesetzt u. sofort wird der p_H-Wert festgestellt. Nach 30 Min. wird erneut der p_H-Wert gemessen u. durch Titration mit n/100 alkoh. KOH der ursprüngliche Wert wieder eingestellt. Der I-Geh. errechnet sich aus dem Verbrauch an ml n/100 alkoh. KOH·0,152. (C. R. hebd. Séances Acad. Agric. France **40.** 163–65. 1954. Nice, Labor. Municip. de Chim.) KRUSEN. 7826

Theodore Dubin, *Bericht über Milchkryoskopie.* Es wird auf die Notwendigkeit hingewiesen, sowohl die Technik als auch die Deutung der Ergebnisse der kryoskop. Meth. zu verbessern. Als zulässiger Mindest-F. von n. Milch wird –0,530° vorgeschlagen, so daß der %-Geh. von zugesetztem W. berechnet wird nach der Formel: $W. = 100 \cdot (T - T')/T$, worin $T = -0{,}530°$ u. T' = F. der Probe ist. (J. Assoc. off. agric. Chemists **37.** 232–34. 15/5. 1954. New York, N. Y.) EBERHARD MÜLLER. 7856

William Horwitz, *Bericht über Molkereiprodukte.* Der Bericht behandelt die Fortschritte auf den 3 Gebieten: Nachw. u. Best. von Fremdfetten (bes. Pflanzenfetten) in Milchprodd.; die Käseprobenahme; die Kryoskopie der Milch. — 16 Literaturzitate. (J. Assoc. off. agric. Chemists **37.** 223–32. 15/5. 1954. Washington, D. C., Food and Drug Admin., Dep. of Health, Educat. and Welfare.) EBERHARD MÜLLER. 7856

N. J. Berridge, *Eine verbesserte Methode zur Beobachtung der Gerinnung von Milch, die Lab enthält.* Ein Glasröhrchen von 2,2 cm Innendurchmesser, mit 10 cm^3 der Milchprobe, wird im Winkel von 30° zur Horizontalen durch Elektromotor langsam (3 Touren/Min.) um seine Längsachse gedreht, bis sich ein fester Milchfilm an der Glaswandung zeigt. — 1 schemat. Darstellung. (J. Dairy Res. **19.** 328–29. Okt. 1952.) HOPPE. 7856

Hugh M. Boggs, *Bericht über gefrorene Desserts. Probevorbereitung, Acidität und Zucker.* Beispiele für Methoden zur Best. von Unlöslichem, Gesamtacidität u. Zucker in Eiscreme. (J. Assoc. off. agric. Chemists **37.** 237–39. 15/5. 1954. Philadelphia, Pa., Food and Drug Admin., Dep. of Health, Educat. and Welfare.) EBERHARD MÜLLER. 7856

Brynmor Thomas und **J. Armstrong,** *Der Nährwert von gemeinem Heidekraut* (*Calluna vulgaris*). 1. Mitt. *Die Probenahme von Calluna vulgaris für Analysenzwecke und für Verdaulichkeitsuntersuchungen.* Die Art der Probenahme von Heidekraut für Verdaulichkeitsunterss. u. chem. Analyse bedingt nur geringe Unterschiede in den Werten. Allg. haben die Proben jedoch einen geringeren Rohproteingeh. u. einen höheren Ligningeh. als die Triebspitzen, die von den Schafen bei der Weide gefressen werden. (J. agric. Sci. **42.** 461–64. Okt. 1952. Durham, Univ.) GRÜTZ. 7866

Viljo P. Hirsjärvi und **Lars Andersen,** *Über die Rohfaserbestimmung.* Inhaltlich ident. mit C. **1953.** 3971. (Suomen Kemistilehti **25.** A104–10. 1952.) BECKMANN. 7868

Karl Hummel, Die Bestimmung geschnittener Drogen in Teemischungen. Schlüssel mit Erl. zum Gebrauch in Unterricht u. Praxis. 2., umgearb. Aufl. Stuttgart: G. Fischer. 1954. (28 S.) DM 2,40.

XVII. Fette. Seifen. Wasch- u. Reinigungsmittel. Wachse. Bohnermassen usw.

B. N. Tjutjunnikow und **B. Fraier,** *Untersuchungen auf dem Gebiet der Fetthydrierung. Zur Charakterisierung der Aktivität von Katalysatoren für die Fetthydrierung.* Die Aktivität von Katalysatoren für die Fett (I)-hydrierung wurde bisher mit Hilfe der Schmelztempp. bestimmt, die sich vor u. nach der Hydrierung ergeben. SINOWEJEW dagegen legte die Geschwindigkeiten der Hydrierung zugrunde, welche dabei auf Versuchskatalysatoren bezogen werden. Vff. schlagen vor, die Aktivitäten der Katalysatoren durch das Vol. des in der Zeiteinheit vom ungesätt. I aufgenommenen H_2 zu messen. Für die Produktion wählt man als Maßeinheit das Vol. H_2 in m^3, das durch 1 kg des Katalysators, auf Metall umgerechnet, in 1 Std. vom I aufgenommen wird. Das Vol. des H_2 ergibt sich aus $V_0 = JZ._A - JZ._H/1{,}135/\cdot A$ [l/kg]. Dabei ist A das Gewicht von I in kg, $JZ._A$ ist die JZ. des Ausgangs-I, $JZ._H$ ist die des hydrierten I, die nach dem Verwendungszweck festgelegt wird. Es ist leicht, einen Vgl. der Aktivitäten verschied. Katalysatoren durchzuführen. Wird der Katalysator mit der Aktivität AK_1 in der Menge M_1 benötigt, um den Hydrierungsprozeß in der Zeit T_1 durchzuführen, so muß ein Katalysator mit der Aktivität AK_2 in der Menge M_2 angewendet werden, um die Hydrierung in der gleichen Zeit zu Ende zu führen. $M_2 = AK_1/AK_2 \cdot M_1$. (Маслобойно-Жировая Промышленность [Öl- u. Fett-Ind.] **18.** Nr. 1. 7–10. Jan. 1953. Charkow, Polytechn. Inst.) KÜSTER. 7880

V. Carrante, M. Fenicia und **S. De Donno,** *Versuche der Ölgewinnung im Jahre 1950.* Eingehend besprochen werden das Verf. von Sulco (ohne Zerkleinerung u. Pressung) sowie Superpreßverf. (mit Zerkleinerung u. Pressung bei stark erhöhtem Druck) bei der Gewinnung von Olivenöl. Die nötigen Apparate werden an instruktiven Bildern besprochen. (Ann. Sperimentaz. agrar. [N. S.] **6.** 263–304. 1952. Bari.) GRIMME. 7894

M. R. Sahasrabudhe, *Untersuchungen über die Lagerqualität von Senföl.* Die nach einer früher beschriebenen Meth. (akt. O_2-Meth.; J. sci. ind. Res. [New Delhi] **12 B.** [1953.] 63) bestimmte Lagerfähigkeit betrug 16,8 Std. bei rohem u. 12,5 Std. bei raffiniertem Öl. Von einer Reihe untersuchter Antioxydantien war *Butyloxyanisol* (I) zu 0,02% u. ein Gemisch von I, *Propylgallat* u. *Citronensäure* zu 0,02% am wirksamsten; beide bewirkten Lagerfähigkeiten von 36,5–36,9 Std. für rohes u. raffiniertes Öl. (Bull. centr. Food technol. Res. Inst., Mysore **3.** 89. Jan. 1954. Mysore, Indien, Central Food Technol. Res. Inst.) KRUSEN. 7894

Francesco Monforte und **Giovanna Fenech,** *Leberöl von Hexanchus griseus, Raf.* Die Leber von *Hexanchus griseus* liefert ca. 50% hellgelbes Öl mit charakterist. Fischgeruch. Es gibt die für Lebertrane typ. Farbreaktionen. Vff. haben die üblichen physikal. u. chem. Kennzahlen eines frischen u. eines überalterten Öls bestimmt (die angegebenen Werte für VZ. u. JZ. sind auffallend gering; der Referent). Der Vitamin-A-Geh. des frischen Öls betrug 2123 I.E./g. Das Öl läßt sich gut härten. (Chim. e Ind. [Milano] **34.** 341–414. Juni 1952. Messina, Ist. di Chim. Farmac. dell'Univ.) GRIMME. 7898

K. Täufel, *Hochschmelzende Anteile in Margarine.* Die an ein physiol. bestausnutzbares Fett zu stellenden Anforderungen u. die sich daraus ergebenden Aufgaben der industriellen Fetthärtung werden besprochen. Analyt. Methoden der Betriebskontrolle u. Lebensmittelüberwachung werden aus diesen Gesichtspunkten angegeben. (Lebensmittel-Ind. **3.** 212–13. Juni 1951. Potsdam-Rehbrücke, Inst. für Ernährung u. Verpflegungswissenschaft.) FRESERNIUS. 7900

I. Ja. Ssamarin, *Aufhellung des Soapstockes des schwarzen Baumwollöls.* Zur Aufhellung des Baumwollsoapstockes, die nach WIJS nur durch Verseifung angestrebt wurde, verwendet Vf. H_2O_2 (7,5–10%ig). Die Behandlung mit H_2O_2 wird in alkal. Lsg. durchgeführt. Nach dem Aussalzen wird die Seife noch einmal im bas. Bad aufgekocht. (Маслобойно-Жировая Промышленность [Öl- u. Fett-Ind.] **18.** Nr. 1. 30–31. Jan. 1953.) KÜSTER. 7910

N. M. Bokow, *Die Veredelung des schwarzen Baumwollölsoapstockes in der Seifensiederei des Öl–Fett-Kombinats von Krasnodar.* In einem 1. Arbeitsgang wird der Seifenkern mit ca. 55% Fettsäure, den man im 2. Teil erhält, mit Soapstock vermischt u. mit 0,5–0,6% NaOH eine Std. lang verseift. Darauf folgt fraktionierte Aussalzung: Seifenkern–Leim–Mutterlauge, bis zu einem Gesamtgeh. des Elektrolyten von 3–3,5%. Der Seifenkern wird gereinigt, Leim u. Mutterlauge aber werden im 2. Arbeitsgang weiterverwendet. Die Reinigung wird mit Mutterlauge durchgeführt. Nach Zugabe der durch Analyse der überschüssigen NaOH bestimmten Menge Soapstock wird noch einmal verseift. Das Aussalzen geschieht mit 8–9% NaCl. Der Salzgeh. der Mutterlauge soll 10–11% betragen. (Маслобойно-Жировая Промышленность [Öl- u. Fett-Ind.] **18.** Nr. 1. 29–30. Jan. 1953.) KÜSTER. 7910

C. B. Stuffins, *Einige Betrachtungen über moderne Reinigungsmittel.* Überblick über Geschichte, Klassifizierung, Typen, Eigg. u. analyt. Verff. zur Best. der akt. Anteile in synthet. Reinigungsmitteln. — 26 Literaturzitate. (Perfum. essent. Oil Rec. **44.** 128–33. April 1953.) BÖSS. 7912

W. Kling und **H. Lange,** *Über das elektrophoretische Verhalten von Pigmentteilchen in Waschmittellösungen.* Die Verss. zeigen, daß das negative ζ-Potential von Ruß, Eisenoxyd u. Braunkohlenstaub in W. durch anionenakt. Waschmittel stark erhöht wird. Bei der krit. Konz. für die Micellenbldg. treten teils Minima, teils Stufen in den ζ-Kurven auf. Bei einem „nichtionogenen" Waschmittel (Polyäthylenoxyaddukt) wurde, bes. in elektrolythaltiger Lsg., eine Verminderung von ζ festgestellt. Umladung findet nicht statt. *Dodecylpyridiniumchlorid* (kationenakt.) zeigt schon in sehr geringer Konz. ($6 \cdot 10^{-4}$ bis $6 \cdot 10^{-5}$ mol.) eine Umladung. Angaben über Na-Celluloseglycolat sind infolge unbestimmter Einflüsse der Viscosität ungenau. Wahrscheinlich wird ζ erhöht. *Methylcellulose* bewirkt schon in kleinsten Konzz., bes. in elektrolythaltigen Lsgg., starke ζ-Abnahme. Ruß zeigt ohne Waschmittelzusatz in Lsgg. von neutralen Salzen für die ζ-Kurven Maxima. Die Höhe nimmt mit steigender Wertigkeit des Anions zu. Bei alkal. Salzen ist auch der Einfl. des p_H-Wertes zu berücksichtigen. Im Beisein von Waschmittellsgg. dagegen bewirken Salzzusätze Erniedrigung oder Erhöhung des ζ-Potentials. Die durch anionenakt. Waschmittel bewirkte Erhöhung der negativen Aufladung trägt zum Waschvorgang bei, ist aber für ihn nicht notwendig. Das unterschiedliche waschtechn. Verh. der beiden Celluloseprodd. steht mit dem elektrophoret. Verh. im Einklang. (Kolloid Z. **127.** 19–27. Juni 1952. Düsseldorf, Waschwissenschaftl. Labor. der Firma Henkel.) BOYE. 7912

H. Stüpel, *Versuche zur Bestimmung des Schmutztragevermögens waschaktiver Substanzen.* 1. Mitt. Nach krit. Betrachtungen der bekannten Methoden zur Best. des Schmutztragevermögens folgt eine Beschreibung method. Verss., die im allg. so durchgeführt wurden, daß aus einer Stammsuspension bzw. -dispersion der künstliche Standardschmutz mit W. von 20° auf 100 ml verd. wurde, die Teststreifen eingebracht u. unter leichtem Rühren die waschakt. Stoffe zugesetzt wurden. Unter mechan. Agitation in der Waschmaschine wurde meist 20 Min. auf 95° aufgeheizt u. nun 60 Min. gewaschen, anschließend mit W. von 0° gespült, luftgetrocknet u. geglättet. Versuchsergebnisse in 16 graph. Darstellungen niedergelegt. (Textil-Prax. **9.** 264–68. März 1954.) BÖSS. 7912

B. W. Beadle, *Bestimmung der oxydativen Ranzigkeit.* Eine Definition für Ranzigkeit wird gegeben. Die Best. von akt. Sauerstoff oder Peroxydgeh. u. der Nachw. von Substanzen mit Aldehydcharakter werden besprochen. Die Meth. zur Bewertung der Stabilität eines Fettes, die Maßnahmen auf dem Gebiet der Verpackung u. hinsichtlich des Schutzes durch Antioxydantien werden erläutert. (Advances in Chem. Ser. Nr. **3.** 55–60. 13/9. 1950. Los Angeles, Calif., Geo. W. Gooch Labors. Ltd.) FRESENIUS. 7932

Micafil Akt.-Ges., Zürich, Schweiz, *Entlüften und Trocknen von Öl* bei niedrigen, z. B. n. Tempp., indem das gefilterte Öl mittels einer Düse in einem evakuierten Gefäß zerstäubt, der Wasserdampf von der Unterdruckpumpe angesaugt u. unterhalb der Zerstäuberdüse ein bestimmtes Niveau fl. Öls gehalten wird; ein Teil des am Boden des Vakuumgefäßes mittels einer Zentrifugalpunpe abgezogenen Öls wird in das Vakuumgefäß zurückgeführt u. erneut zerstäubt. — Vorrichtung. (**E. P. 702 087** vom 21/9. 1951, ausg. 6/1. 1954. Schwz. Prior. 23/9. 1950.) DEMMLER. 7871

Metallgesellschaft Akt.-Ges., Frankfurt/M., *Extrahieren von öl- und fetthaltigen Rohstoffen.* Das zerkleinerte Gut wird in Tröge gefüllt, von denen jeder während seines paternosterartigen Laufes vom Lösungsm. (I) des nachfolgenden Trogs berieselt wird, wobei infolge syphonartiger Gestaltung des Ablaufes der Trog stets mit II gefüllt ist. Die am Boden der Extraktionskammer anfallende Miscella wird teilweise in den Kreislauf zurückgeführt, während ein Teil nach dem Filtrieren die App. verläßt. Die Filterrückstände werden in die App. zurückgeführt. — Zeichnung. (**E. P. 680 728** vom 21/2. 1950, ausg. 8/10. 1952. D. Priorr. 1/10. 1948 u. 12/4. 1949.)
LÜTTGEN. 7873

Aktiebolaget Separator, Stockholm, Schweden, *Kontinuierliche Raffination fetter Öle.* Man raffiniert mit einem Überschuß an Lauge (I), um gleichzeitige Entfärbung zu bewirken, u. in Ggw. von 30—80 (g) Na_2SO_4 pro 100 I u. zentrifugiert bei Tempp., bei denen die gebildete Emulsion bricht. — Zeichnung. (**E. P. 704 591** vom 17/4. 1952, ausg. 24/2. 1954. Schwed. Prior. 26/4. 1951.) LÜTTGEN. 7875

Procter & Gamble Co., Cincinnati, O., V. St. A., *Stabilisieren von Fetten und Ölen,* bes. von Bratfetten u. Shortenings. Man setzt den Fetten 0,03—0,5°/$_{00}$ Methylsilicon mit einer Viscosität von <50 cst bei 25° zu. (**E. P. 705 680** vom 19/3. 1951, ausg. 17/3. 1954. A. Prior. 5/5. 1950.) LÜTTGEN. 7875

Institut de Recherches pour les Huiles de Palme et Oléagineux, Seine, Frankreich, *Reinigung von Karitébutter.* Zur Entfernung des in der Karitébutter (I) enthaltenen „Karitens" (wahrscheinlich ein Polyisopren) wird die wasserfreie geschmolzene I mit weniger als 2% starker konz. Säure (H_2SO_4, H_3PO_4) bei 75—100° kurze Zeit (unter 1 Std.) behandelt. Danach fällt man das „Kariten" mit W. oder einer alkal. oder einer Salzlösung. — Z. B. schm. man bei ca. 90° 100 kg wasserfreie I u. versetzt sie langsam mit 1 kg H_2SO_4 von 66° Bé. Man läßt das Gemisch $^3/_4$ Std. reagieren u. fügt dann 10 Liter 8%ig. NaOH-Lsg. hinzu. Es scheidet sich eine kautschukartige M. ab, welche zu 90% aus „Kariten" besteht. Die so behandelte I wird zur Herst. von Seife u. Nahrungsmitteln verwendet. (**F. P. 1 042 501** vom 1/10. 1951, ausg. 2/11. 1953.)
OPPERMANN. 7893

Michel Joseph Julien Péquignot, Seine, Frankreich, *Extraktion von Carotin aus Palmöl.* Man spaltet das Palmöl kalt auf enzymat. Wege in Fettsäuren u. Glycerin u. dest. die Fettsäuren im Vakuum bei weniger als 130°. — Z. B. spaltet man 100kg Palmöl mit 1,5°/$_{00}$ Carotin unter Zusatz von Lipase, wobei man 94 kg Fettsäuren u. 6 kg Glycerin gewinnt. 100 kg Fettsäuren mit 160 g Carotin unterwirft man der Molekulardest. u. erhält 1,45 kg öliges Carotinkonzentrat u. 98,5 kg entfärbte Fettsäuren mit 90% Palmitin- u. Ölsäure u. 10% Laurin-, Myristin-, Linol- u. anderen Fettsäuren. (**F. P. 1 043 116** vom 19/6. 1951, ausg. 6/11. 1953.) OPPERMANN. 7895

Croda Ltd., Goole, und **Edgar Scott Lower,** Rawcliffe Bridge, England, *Bleichen von Wollfett, Wollfettsäuren, -alkohol und -seifen,* gek. durch die Verwendung von 80%ig. H_2O_2 als Bleichmittel. (**E. P. 706 422** vom 20/4. 1951, ausg. 31/3. 1954.)
LÜTTGEN. 7897

Glidden Co., Cleveland, O., übert. von: **John E. Blum,** El Cerrito, Calif., V. St. A., *Eßbare Hartfette.* Aus Ölen der Cocosnußfettgruppe werden unterhalb 1 mm Hg Anteile abdest., bis der Rückstand eine VZ. 229—241 aufweist. Durch Hydrierung werden im Rückstand ungesätt. Bindungen beseitigt u. das Prod. zur Herst. von Hartfett bzw. -butter verwendet. Wird bei der Dest. Wasserdampf mitverwendet, so wird die Farbe der Fette verbessert. (**A. P. 2 657 995** vom 29/11. 1948, ausg. 3/11. 1953.)
MÖLLERING. 7901

Eastman Kodak Co., übert. von: **Noel H. Kuhrt,** Rochester, N. Y., V. St. A., *Kontinuierliche Herstellung von Fettsäureteilestern,* dad. gek., daß ein Fett (I) mit einem mehrwertigen Alkohol (II), z. B. Glycerin, in Ggw. eines Umesterungskatalysators (III), z. B. einer Verb. eines 2wertigen Metalls, wie einem fettsauren Se-Salz, umgesetzt u. der erhaltene Teilester (IV) aus dem Reaktionsgemisch abgetrennt wird, indem man dieses in dünner Schicht im Hochvakuum bei einer Temp. dest., die wesentlich unter der Zersetzungstemp. von III, der im Destillationsrückstand (V) in akt. Form zurückbleibt, z. B. bei 130—200/1—100 μ Hg liegt, wobei man durch Zusatz von frischem I u. II zum V das Verf. so oft wiederholt, bis ungefähr die dem eingesetzten I äquivalente Menge IV erhalten wurde. — Zeichnung. (**A. P. 2 634 278** vom 16/7. 1949, ausg. 7/4. 1953.) MÜLLER-MEININGEN. 7909

Heinrich C. Buer, Köln, *Herstellung von Lecithinseife.* Das Verf. des Hauptpatentes wird derart abgeändert, daß zunächst eine Teilverseifung des Fettansatzes in einer hochtourigen Emulgiermaschine erfolgt, worauf nach Zugabe der restlichen NaOH die Fertigverseifung u. die Zugabe des H_2O_2 in einer langsam laufenden Mischmaschine vorgenommen wird. (**D. B. P. 884 537** Kl. 23e vom 7/7. 1951, ausg. 27/7. 1953. **Zusatz zu D. B. P. 855 445; C. 1953. 2855.**) LÜTTGEN. 7911

Metallgesellschaft Akt.-Ges., Frankfurt/M., *Waschmittel in Stückform,* bestehend aus Phosphonsäuren, die mindestens einen oberflächenakt. Rest enthalten, oder deren Salzen, z. B. Phenyl- oder Naphthylphosphonsäure. (**Schwz. P. 295 584** vom 27/11. 1952, ausg. 1/3. 1954. D. Prior. 30/11. 1951. **Zusatz zu Schwz. P. 289 076; C. 1954. 3368.**) LÜTTGEN. 7913

Ciba Akt.-Ges., Basel (Erfinder: **Otto Albrecht,** Neue Welt), Schweiz, *Amidderivate.* 1—3 Mol eines Alkylenoxyds, z. B. Äthylenoxyd, werden mit 1 Mol eines Kondensationsprod. aus z. B. prim. Fettsäureamiden mit mindestens 12 C-Atomen, Formaldehyd u. tert. Oxyalkylaminen bei 100—180°, gegebenenfalls unter Druck u. in Ggw. alkal. reagierender Katalysatoren umgesetzt. — Z. B. leitet man in ein Gemisch aus 1420 (Teilen) eines Kondensationsprod. der Formel I (R—CO = Rest der techn. Stearinsäure) u. 3—18 Na bei 130—140° 454 Äthylenoxyd ein. — *Weichmacher* für Viscosekunstseide, *Textilhilfsstoffe, Netz-, Dispergier-* u. *Egalisierungsmittel.* (**D. B. P. 882 705** Kl. 12q vom 1/1. 1949, ausg. 13/7. 1953. Schwz. Priorr. 17/3. u. 18/12. 1947.) LIPPOLD. 7913

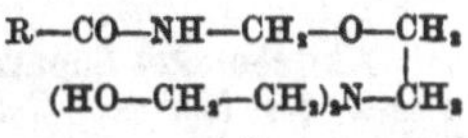

I

E. F. Drew & Co., Inc., New York, übert. von: **Henry A. Molteni,** Dover, und **Nathaniel H. Masarky,** Teaneck, N. J., V. St. A., *Reinigungsmittel,* bestehend aus dem Reaktionsprod. von 1(Mol) eines wasserlösl. oxäthylschwefelsauren Salzes u. 0,6—0,95 einer gesätt. Fettsäure, das durch Erhitzen der Komponenten auf 200—300° in inerter Atmosphäre bei einem Druck von zuerst $<$760 u. $>$250 mm u. dann $<$100 mm gewonnen wurde. Bes. geeignet zur Herst. von *Shampoos.* — Zeichnung. (**A. P. 2 635 103** vom 9/3. 1950, ausg. 14/4. 1953.) LÜTTGEN. 7917

Deutsche Hydrierwerke Akt.-Ges., Rodleben (Erfinder: **Winfrid Hentrich,** Rodleben, **Richard Hueter** und **Kurt Stickdorn,** Dessau), *Wachsersatzstoffe.* Verwendung von symm. diacylierten nichtaromat. Diaminen mit wenigstens 2 C-Atomen im Aminrest u. wenigstens 8 C-Atomen in mindestens 1 der beiden Acylreste. — Beispiele: N.N'-Dilauroyl-, N.N'-Distearoyl-, N.N'-Dioxystearoyl-, N.N'-Dimontanoyl- oder N.N'-Caprinoylstearoyläthylendiamin, N.N'-Lauroylmontanoylpropylendiamin oder N.N'-Dibehenoylpiperazin. (**D. R. P. 764 031** Kl. 22g vom 5/6. 1938, ausg. 3/5. 1954.) GRÄGER. 7925

Jay C. Harris, Detergency evaluation and testing. New York: Interscience. 1954. (220 S. m. Abb.) $ 3,75

XVIII a. Holz. Cellulose. Zellstoff. Papier. Papierdruck. Celluloid. Linoleum.

Osmose Holzimprägnierung Carl Schmittutz (Erfinder: **Carl Schmittutz†**), Pfaffenhofen/Ilm, *Herstellung von Holzimprägnierungsmitteln.* Emulgatoren vom Typus des Türkischrotöls u. Seife, W. u. Öl werden zu einer Emulsion vermengt u. darauf pulverförmige wasserlösl. Holzkonservierungsmittel, z. B. NaF, Bichromat oder dgl., u. Zusatzstoffe, bes. Kieselgur, eingerührt. Das Vorprod. kann durch Zusatz von Öl u./oder W. bis zu einer solchen streichbaren Konsistenz verd. werden, daß die wasserlösl. Salze teilweise noch ungelöst bleiben. Ein Trennen von Öl u. W. bzw. wss. Lsg. der Konservierungsmittel bzw. von den festen Mitteln tritt nicht ein. (**D. B. P. 907 345.** Kl. 38h vom 28/7. 1939, ausg. 25/3. 1954.) KARST. 7953

Farbwerke Hoechst Akt.-Ges., vormals Meister Lucius & Brüning, Frankfurt/M. (Erfinder: **Karl Daimler,** Ehlhalten/Taunus), *Holzschutzmittel.* Als solches wird eine Lsg. von Pentachlorphenol in über ca. 180° sd. Fll. mit geringer Entflammbarkeit, die bei der Chlorierung von dünnfl. aliphat. KW-stoffen bis zu einer zwischen ca. 54 u. 60% liegenden Cl-Aufnahme erhalten worden sind, verwendet. Testbenzin, Kogasine u. Terpentinersatzstoffe sind als Ausgangsmaterial für die Chlorierung bes. geeignet. Man erhält klarbleibende, in der Kälte nicht auskristallisierende Lsgg. des Pentachlorphenols, die keine schädliche Wrkg. auf Haut u. Atmungsorgane ausüben. (**D. B. P. 907 694** Kl. 38h vom 15/5. 1949, ausg. 29/3. 1954. Anmeldung bekanntgemacht 9/11. 1950.) KARST. 7953

O. Bertram & Co., Deutschland, *Herstellung von Zellstoff und Halbzellstoff.* Durch das in einem senkrechten, zylindr. Aufschlußbehälter zwischen zwei Siebböden ge-

haltene Pflanzengut wird bei 100° die Aufschlußlauge in ständigem Kreislauf hindurchgeführt, derart, daß die durch die M. hindurchgegangene, sich in einem unten an den Aufschlußbehälter anschließenden Sammelbehälter ansammelnde Lauge abgesaugt u. einer oberhalb der M. angeordneten Ringbrause zugeführt wird. In den Sammelbehälter werden die in einem besonderen Auflösebehälter aus schwerlösbaren Chemikalien, z. B. Kalk, gebildeten Lsgg. so zugeführt, daß die frische Lsg. mit der aufzuschließenden M. nicht in Berührung kommt. (**F. P. 1 024 614** vom 15/9. 1950, ausg. 3/4. 1953.)
GLAFEY. 7957

Stora Kopparbergs Bergslags Aktiebolag, Falun, Schweden (Erfinder: **P. H. Collin**), *Vermeiden des Rotwerdens von Sulfitmasse.* Man behandelt die Sulfitmasse mit einem Ionenaustauscher bei p_H 6—8, wobei Cellulosebestandteile prakt. nicht gelöst werden sollen, aber von den H-Ionen befreit werden u. diese durch Alkali- oder Erdalkaliionen ersetzt werden. (**Schwed. P. 135 282** vom 2/6. 1949, ausg. 15/4. 1952.)
JÜRGEN SCHMIDT. 7963

Aktiebolaget Separator, Stockholm, Schweden (Erfinder: **C. G. Hellsten**), *Fraktionieren der bei der Cellulosekochung anfallenden Terpentine.* Die terpentinhaltigen Dämpfe werden unter Rückgewinnung von Wärme stufenweise kondensiert, wobei in den einzelnen Stufen die Kondensation in Wärmeaustauschern stattfindet u. hierbei die Wärme zurückgewonnen u. andererseits das Terpentin in Fraktionen erhalten wird. (**Schwed. P. 135 280** vom 13/6. 1947, ausg. 15/4. 1952.)
JÜRGEN SCHMIDT. 7967

Deutsche Hydrierwerke Akt.-Ges., Düsseldorf (Erfinder: **Winfried Hentrich,** Riehen/Basel, Schweiz, und **Hanns Höllerer,** Grenzach), *Lösungs- und Weichmachungsmittel* für Acylcellulose (zur Herst. von *Filmen*), bestehen aus Acetessigestern 2- oder mehrwertiger Alkohole, die in der C-Folge durch Heteroatome unterbrochen sein können, z. B. Diacetoacetyl-1.6-hexandiol, Diacetoacetyltriäthylenglykol bzw. -thiodiglykol u. Triacetoacetyltrimethylolpropan. (**D. B. P. 884 107** Kl. 39b vom 18/7. 1943, ausg. 23/7. 1953.) SALZMANN. 7971

British Cellophane Ltd., Bridgewater, England (Erfinder: **William Berry** und **Charles Robert Oswin**), *Nachbehandlung von wasserempfindlichen Filmen,* z. B. aus substituierten Cellulosen. Man führt den Film in einer abgebildeten Vorr. kontinuierlich durch eine Trocknungskammer, in der der Wassergeh. auf 15—25% red. wird, u. dann durch eine Befeuchtungskammer, in der der Wassergeh. auf 45—65%, bezogen auf die relative Luftfeuchtigkeit, wieder erhöht wird. (**E. P. 686 762** vom 18/8. 1949, ausg. 28/1. 1953.) MÖLLERING. 7971

E. I. du Pont de Nemours & Co., Wilmington, Del., übert. von: **Carl S. Marvel,** Urbana, Ill., V. St. A., *Vernetzte Cellulosederivate.* 10 (Teile) Oxäthylcelluloseacetatchloracetat (auch in Fadenform) werden in 90 Aceton gelöst, das 0,2 1.3-Mercapto-3.6-dioxooctan oder Äthandithiol enthält. Ein daraus gegossener, 5 Min. auf 220° erhitzter *Film* quillt nur noch um 250% in Aceton. — Auch andere Di- u. Polythiole oder deren Mercaptide bzw. deren Na-, Cu- u. Zn-Salze können auf Polymerisate, Polyamide, Polyester, deren Chlorierungsprodd. u. Mischpolymerisate zur Einw. gebracht werden. (**A. P. 2 598 407** vom 25/9. 1947, ausg. 27/5. 1952.) SALZMANN. 7971

Raoul M. F. Chagrin de Saint-Hilaire und **L. Clergeau,** Frankreich, *Gewinnung von Papierstoff aus Pflanzenteilen in ununterbrochenem Arbeitsgang.* Das in einer Hammermühle mechan. zerkleinerte Pflanzenmaterial wird zusammen mit der bas. Aufschlußlauge, z. B. Ätzkalk oder Ätznatron, über eine Zuteilvorr. einem oder mehreren hintereinandergeschalteten, im wesentlichen waagerechten Aufschlußbehältern zugeführt u. durch diese Behälter, deren Boden entgegen der Vorschubrichtung der M. ansteigt, durch Schaufeln hindurchbewegt. Nach Verlassen der Aufschlußbehälter wird das Gut durch Schneckenpressen auf ein Transportband u. mittels dieses durch einen geheizten Kanal hindurchgeführt, den es in aufgeschlossenem Zustande verläßt. (**F. P. 1 026 433** vom 23/10. 1950, ausg. 28/4. 1953.) GLAFEY. 7979

American Cyanamid Co., New York, N. Y., übert. von: **John H. Daniel jr., Tzeng Jiuq Suen,** Stamford, und **Chester G. Landes,** New Canaan, Conn., V. St. A., *Erzeugung von naßfestem Papier.* Dem Papierstoff wird ein teilweise polymerisiertes hydrophiles kation. Harnstoff–CH_2O-Harz zugesetzt, das durch Kondensation von Dimethylolharnstoff u. einem Alkylenpolyamin, z. B. der allg. Formel $H_2N(C_nH_{2n}HN)_xH$ ($x = 1$ oder mehr) bei p_H <4,5 erhalten wurde. Das Kondensationsprod., bei dem 6—15 (Teile) Amin auf 100 Harnstoff treffen, wird bis zu einer Viscosität von mindestens 100 cP. in 45%ig. wss. Lsg. polymerisiert. Wenn die Fasern 0,1—5% des Harzes adsorbiert haben, wird eine nasse Bahn geformt, die 1—4 Min. bei 100—149° getrocknet wird. — Diagramme. (**A. P. 2 657 132** vom 5/3. 1947, ausg. 27/10. 1953.) G. Vogel. 7987

Charlotte Pittschau, Garmisch-Partenkirchen (Erfinder: **Josef Koch,** Siegburg), *Herstellung von Tiefdruckformen ohne Ätzung.* Die gerasterten Negative werden auf eine lichtempfindliche Folie, z. B. mit Chromgelatine- oder -leimschicht, kopiert u. die Schicht wird nach Übertragung auf eine polierte Unterlage ausgewaschen u. getrocknet. Von dem erhaltenen Relief werden Tiefdruckformen in Kautschuk, Kunststoff, Metall oder dgl. abgeformt. (**D. B. P. 899 902** Kl. 57d vom 6/4. 1951, ausg. 17/12. 1953.) Laass. 7989

XVIII b. Textilfasern.

—, *Die Reißfestigkeit von mit Harz behandelten Textilien.* Je 1 Baumwollgewebe u. 2 Reyongewebe wurden mit verschied. Mengen eines Harnstoff-CH_2O-Harzes (Aerotex 450, 4, 8, 16%) unter Verwendung von Onyxan S (Alkylimidazolinhydroacetat) als Weichmacher geklotzt u. während 5 Min. bei 150° auskondensiert. Danach wurden die Gewebe leicht ammoniakal. gewaschen u. auf einem Spannrahmen getrocknet. An den so vorbehandelten Geweben wurden dann unter Verwendung verschied. Methoden die Reißfestigkeiten ermittelt. Die hierbei im einzelnen erhaltenen Werte sind in 5 Tabellen zusammengestellt u. werden ausführlich diskutiert. (Amer. Dyestuff Reporter **43.** P41—P45. 18/1. 1954.) H. G. Fröhlich. 8032

W. G. Fedenjuk, *Eine neue Methode zur Verbindung von Stoffteilen.* Verss., Stoffteile mit *Klebstoff BF-6* (Zus. nicht angegeben) zu verbinden, sind für spezielle Zwecke erfolgreich ausgefallen. Die Dicke des Klebstoffilms muß je nach Art des Stoffes verschieden sein (0,09—0,2 mm), die Preßdauer 30—75 Sek., der Druck 100—1000 g/cm² betragen. Behandlung der Klebstelle mit kaltem u. heißem W. während einiger Std. beeinträchtigt die Reißfestigkeit wenig. Nur 6std. Kochen mit 5%ig. Seifenlsg. erniedrigt dieselbe um 30%. Alterserscheinungen u. Temperaturbeständigkeit des Klebstoffes sind zufriedenstellend. Die Art des Auftragens ist noch nicht gelöst. (Легкая Промышленность [Leicht-Ind.] **11.** Nr. 11. 16—19. Nov. 1951.) v. Schroeder. 8038

O. Årstad, *Der Einfluß der Waschmittel auf die Lebensdauer der Textilien.* Vf. unterscheidet Gebrauchsverschleiß (mechan.: Streckung, Knittern; chem.: Schmutz, Schweiß, Salze, Fettsäuren) u. Waschverschleiß (mechan.: Waschmaschine, Reiben; chem.: Waschmittel, Sonnenlicht), wobei vergleichende Festigkeitsmessungen an einem in ca. 300 Quadrate eingeteilten Laken zeigen, daß ersterer gegenüber dem letzteren weit überwiegt: Wenn ein Wäschestück bei gewöhnlichem Gebrauch u. Waschen 72 Cyclen aushält, errechnet sich bei Fortfall des Waschens nur eine Erhöhung auf 84 Cyclen, bei Verwendung wesentlich stärkerer Waschmittel eine Verminderung auf 69 Cyclen. (Tidsskr. Kjemi, Bergves. Metallurgi **13.** 117—25. Juni 1953.) R. K. Müller. 8040

B. C. M. Dorset, *Ungleiches Trocknen von nasser Baumwollware.* An Hand der Literatur wird eine Reihe von Beobachtungen, die beim Trocknen von nasser Baumwolle erfolgen können, mitgeteilt. Hierbei wird bes. auf die Tatsache hingeweiesen, daß beim Verdampfen des W. von der Baumwolle dieses eine hohe Wirksamkeit entfaltet, die zu chem. Rkk. des W. mit der Faser führen kann. Die hierdurch hervorgerufenen Veränderungen an der Baumwolle können dann zu unliebsamen Störungen während der Fabrikation führen. Eine endgültige Klärung der möglichen Rkk. wurde allerdings bisher noch nicht erreicht. (Textile Manufacturer **79.** 647—49. Dez. 1953.) H. G. Fröhlich. 8044

Rafael R. Araneta jr., *Wirkungen auf die Qualität und die Menge der Faser, gewonnen aus vor der Entrindung in Wasser eingelegten Ramiestengeln.* Die Ausbeute, Farbe u. Textur sowie die Zugfestigkeit wurden an Fasern von 4 Ramieproben, die aus frischen u. aus 3, 4 u. 5 Tage in W. eingetauchten Stengeln gewonnen wurden, bestimmt u. verglichen. Wasserbehandlung verringerte die Ausbeute bei 3 Proben u. die Festigkeit bei 2 Proben, verbesserte aber Farbe u. Form der Fasern. (Philippine Agriculturist **36.** 140—57. Aug. 1952. Univ. of the Philippines, Coll. of Agric.) Wergin. 8050

—, *Bemerkungen über die Schrumpfung von Wolle.* Allg. Darst. über die verschied. Ursachen der Wollschrumpfung. Im einzelnen werden an Hand der Literatur besprochen: Die Beeinflussung der Schrumpf- u. Filztendenz durch die Faserstruktur, den Wasser- u. Fettgeh., die Anwesenheit von Säuren u. Basen sowie die Garn- u. Gewebestruktur einschließlich von Fasermischungen. (Textile Manufacturer **79.** 643—46. Dez. 1953.) H. G. Fröhlich. 8060

Charles M. Rosser, *Cellophan.* Allg. Übersicht. (Colloid Chem. 7. 641—49. 1950. Fredericksburg, Va., American Viscose Corp.) FRIEDEMANN. 8074

Kurt Edelmann, *Die Rheologie der Lösungen von Hochpolymeren.* 5. Mitt. *Die Rheologie der hochverdünnten Lösungen.* (4. vgl. C. **1954.** 8255.) Vf. gibt eine krit. Betrachtung der Grenzviscosität (Grundviscosität, „intrinsic-viscosity", Viscositätszahl), ihrer Ermittlung durch graph. Extrapolation u. Berechnung mittels Näherungsformeln. Die bereits von STAUDINGER, FLORY u. UMSTÄTTER festgestellten Abweichungen der tatsächlichen Viscositätkonzentrationskurven linear-makromol. Substanzen in extrem verd. Lsgg. von den extrapolierten Kurven u. berechneten Werten werden sodann an *nitrierter Cellulose* in *Butylacetat, Naturkautschuk* in *Toluol* u. *Polyacrylnitril* in *Dimethylformamid* untersucht. Im Bereich von Konzz. der Lsgg. von 1% abwärts durchläuft die Viscositätskurve ein Minimum, das mit zunehmendem Mol.-Gew. an Breite verliert u. sich nach der Konz. Null verschiebt. Der Anstieg der Kurve bei Konzz. oberhalb des Minimums wird durch Bldg. von Solvathüllen u. Einengung der Beweglichkeit der Lösungsmittelmoll. erklärt, während der Anstieg im Bereich der extremen Verdünnungen unterhalb des Minimums durch Entknäuelung der linearen Makromoll. gedeutet wird. (Faserforsch. u. Textiltechn. **4.** 139—45. April 1954. Dtsch. Akad. der Wiss. zu Berlin, Inst. für Faserstoff-Forschung in Teltow-Seehof.) H. REICHERT. 8080

T. Green, *Die Bestimmung des p_H-Wertes.* Allg. Besprechung über die Bedeutung der p_H-Wertsbest. bei textilen Prozessen, wie z. B. der Hypochloritbleiche von Baumwolle, beim Kuppeln von Azofarbstoffen u. bei der Kontrolle von Waschflotten. In diesem Zusammenhang werden verschied. Meßmethoden, angefangen von p_H-Papieren bis zur Glaselektrode, ihre Vor- u. Nachteile näher diskutiert. (Textile Manufacturer **79.** 620—23. Dez. 1953. Clayton Anilin Co. Ltd.) H. G. FRÖHLICH. 8096

—, *Bestimmungen und Kontrolle der Feuchtigkeit in Fasern, Garn und Fertigwaren usw.* Elektr. Psychrometer zeigen nicht nur automat. den Feuchtigkeitsgeh. von Textilien z. B. in Trocken-, Leim-, Spannapparaten in % an, sondern geben auch bei Einstellung auf einen bestimmten Wert ein sichtbares Signal. Elektr. Hygrometer zeigen die relative Luftfeuchtigkeit von 0—100% an. Man kann sie z. B. an eine Luftklappe oder einen Ventilator anschließen, um eine bestimmte Luftfeuchtigkeit in Räumen von —94 bis +572° F (—70 bis 300° C) konstant zu halten. (Textile Manufacturer **80.** 7—8. Jan. 1954.) SCHOENMANN. 8096

G. G. Taylor und **J. C. Brown,** *Die Anwendungen der Mikroskopie beim Färben und Ausrüsten von Textilien.* Die Anwendung der Mikroskopie zur Unters. von Textilfasern wird an zahlreichen Beispielen u. Mikrophotos beschrieben. Behandelt werden: Einbettungsmedien, Anfärben, polarisiertes Licht, Phasenkontrastmikroskopie, Mikrotomie, Nachw. von Proteinfasern, Proben auf Faserschäden bei Wolle (PAULY, ALLWÖRDEN, KRAIS-VIERTEL, Methylorange, Methylenblau), Proben auf Schäden bei Baumwolle (Auspressung der inneren Schichten in 18%ig. NaOH, Kongorot), Leinen, regenerierte Cellulosefasern, Struktur von Viscosereyon. (J. Soc. Dyers Colourists **69.** 396—403. Nov. 1953. Clayton, Aniline Co. Ltd.) ZAHN. 8100

T. Ōkawa, *Einfluß des N-Gehalts (Nitrierungsgrades) auf die viscosimetrische Bestimmung des Polymerisationsgrades von Cellulosefasern.* 2. Mitt. *Fraktionierte Proben.* (1. vgl. C. **1954. 9190.**) Der Polymerisationsgrad (~ K_m-Wert nach STAUDINGER) bei fraktionierten Proben nitrierter Baumwollfasern u. Linters sowie von Holzzellstoff nimmt mit den N-% zu, aber in geringerem Grade als bei unfraktionierten Proben (vgl. 1. Mitt.). Mit Mischsäure ($HNO_3 + H_3PO_4 + P_2O_5$) nitrierte Proben zeigen gleichmäßigere N-Werte als solche mit $HNO_3 + H_2SO_4$. Die ersten u. letzten Fraktionen sind etwas niedriger in N-% als die übrigen. (J. Soc. Textile Cellulose Ind., Japan [Sen-i Gakkaishi] **9.** 280—83. Juni 1953. Asahi Co., Nobuoka.) SCHULER. 8102

American Cyanamid Co., New York, N. Y., übert. von: **Wendell Philip Munro,** Martinsville, N. J., V. St. A., *Acylaminostilbensulfonsäuren* als *opt. Aufhellungsmittel* bzw. *Weißtöner* erhält man durch Acylieren von Diaminostilbendisulfonsäuren mit Arylcarbonsäurechloriden in wss. Medium in Ggw. von K_2CO_3 bei —5 bis +40°. — Aus 4.4'-Diaminostilben-2.2'-disulfonsäure u. o-Äthoxybenzoylchlorid in wss. Aceton in Ggw. von NaOH u. K_2CO_3 bei 8—10° → *Äthoxybenzoylderivat.* Weitere Acylierungsmittel sind: p-Methoxybenzoylchlorid u. p-Nitrobenzoylchlorid. (**A. P. 2 563 354** vom 7/7. 1949, ausg. 7/8. 1951.) KRAUSS. 8027

American Cyanamid Co., New York, N. Y., übert. von: **Robert Sidney Long,** Bound Brook, N. J., und **Carleton Alfred Sears,** Stamford, Conn., V. St. A., *Allyl-*

derivate des Cumarins der allg. Formel I [R, R' u. X = niedrige Alkylreste; C_3H_5 = Propen-1-yl oder Propen-2-yl-(allyl)-gruppe] erhält man durch Kondensation eines m-Dialkylaminophenols u. eines α-substituierten β-Ketoesters. — m-Diäthylaminophenol + α-Allylacetessigsäureäthylester in Ggw. von $ZnCl_2$ über Nacht auf 100—110° erhitzt → *3-Propenyl-4-methyl-7-diäthylamino-cumarin*, Sulfat, F. 192—194°. — *Opt. Aufhellungsmittel.* (**A. P. 2 647 133** vom 10/6. 1952, ausg. 28/7. 1953.) SIEVERS. 8027

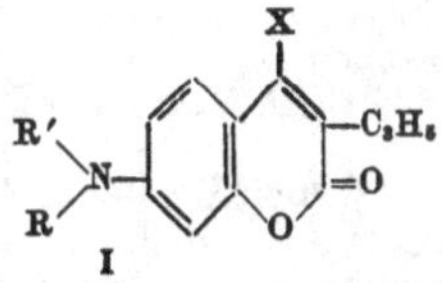

I

Chemische Werke Albert, Wiesbaden-Biebrich (Erfinder: **Hans Beuker,** Wiesbaden), *Herstellung höhermolekularer, Hydroxylgruppen enthaltender Kondensationsprodukte* aus einwertigen sek. aliphat. oder cycloaliphat. Alkoholen mit > 5 C-Atomen oder aus Gemischen solcher Alkohole gemäß D. R. P. 747 327 (C. **1945.** I. 1202), dad. gek., daß die sek. Alkohole anstatt in Ggw. von Alkalimetallen u./oder -hydroxyden hier in Ggw. von anderen, zur Alkoholatbldg. mit den Alkoholen befähigten Alkaliverbb. (I) kondensiert werden. Als I kommen bes. Alkalialkoholate, -amide u. -oxyde in Betracht. — Verwendung der Reaktionsprodd. z. B. als *Ausgangsstoffe* für *Textilhilfsmittel.* (**D. B. P. 878 201** Kl. 12o vom 18/5. 1940, ausg. 1/6. 1953. **Zusatz zu D. R. P. 747 327; C. 1945. I. 1202.**) G. KÖNIG. 8029

Zschimmer & Schwarz vormals Chemnitz, Brilon, *Schwefelhaltige Polyglykolester.* Oxyde des S gebunden enthaltende Stoffe (organ. Sulfon- u. Sulfinsäuren) werden mit 1.2-Alkylenoxyden in Ggw. sauer oder alkal. reagierender Katalysatoren (HCl, H_2SO_4, H_3PO_4, HF, BF_3), zweckmäßig bei 50—120°, umgesetzt. — Alkylsulfonsäure (aus Alkanen mit Kp. 220—320°) + Äthylenoxyd bei 100° → braunes Öl, SZ. 0. — *Textil-*, Leder-, Papier- u. Kunstfaserhilfsmittel. (**D. B. P. 890 343** Kl. 12o vom 3/4. 1942, ausg. 17/9. 1953.) KRAUSS. 8029

E. I. du Pont de Nemours & Co., übert. von: **Walter M. Bruner** und **James C. Lehr,** Wilmington, Del., V. St. A., *Textilschlichte,* bestehend aus einer wss., 2—20%ig. Dispersion von Poly-α-alkylacrylsäure (I), partiell neutralisierter I oder Gemischen beider, wobei, bezogen auf das Polymerisat, 25—55% Harnstoff zugesetzt sind. Geeignet ist z. B. Äthyl- oder Propylacrylsäure, die zu 1—5% mit Alkali neutralisiert sein kann. (**A. P. 2 646 412** vom 30/10. 1950, ausg. 21/7. 1953.) MÖLLERING. 8031

Badische Anilin- & Soda-Fabrik Akt.-Ges. (Erfinder: **Fritz Siefert †**), Ludwigshafen/Rh., *Veredlung umgefällter Cellulose* durch Behandlung mit Kondensaten aus (Thio-)Harnstoff u. CH_2O u. anschließende Temperaturhärtung in Ggw. von Oxydationsmitteln, dad. gek., daß als Härtemittel Harnstoffnitrat verwendet wird. (**D. B. P. 910 163** Kl. 8k vom 26/1. 1941, ausg. 29/4. 1954. Anmeldung bekanntgemacht 20/8. 1942. **Zusatz zu D. B. P. 902 003; C. 1954. 5890.**) MÖLLERING. 8033

Badische Anilin- & Soda-Fabrik Akt.-Ges., Ludwigshafen/Rh. (Erfinder: **Kurt Beideck, Wilhelm Rümens,** Ludwigshafen/Rh., und **Karl Craemer,** Heidelberg), *Herstellung luftdurchlässiger, metallhaltiger Überzüge auf Textilien* unter Verwendung metallpulverhaltiger Lsgg. oder Dispersionen von filmbildenden (Misch-)Polymerisaten, dad. gek., daß den Lsgg. oder Dispersionen Stoffe zugesetzt werden, die der Filmbldg. entgegenwirken, z. B. Paraffin, Ceresin, Stearin-, Palmitin- oder Arachinsäure, Polyäthylen, Montanwachs; Talkum, Farbstoffe oder Pigmente u. Weichmacher können außerdem zugesetzt werden. Geeignet ist z. B. eine Dispersion von Al-Pulver, Mischpolymerisat aus 90 (Teilen) Vinylchlorid u. 10 Acrylsäurebutylester, Talkum u. Paraffinemulsion in Wasser. Das mit der Dispersion bestrichene Gewebe wird getrocknet u. bei 40—50° kalandert. (**D. B. P. 911 250** Kl. 8k vom 25/8. 1951, ausg. 10/5. 1954. Anmeldung bekanntgemacht 1/10. 1953.) MÖLLERING. 8033

Henri Pottier, Charles Sadron und **Claude Ortlieb,** Frankreich, *Waschechte Appretur.* Gewebe, aus Wolle, Baumwolle, Seide u. dgl., werden mit einer Lsg. einer hochpolymeren Verb., z. B. Polyvinylformal, -acetal oder -butyral in Aceton, Bzl., Mono-, Di- oder Trichloräthylen, imprägniert, der Überschuß der Lsg. entfernt u. nach dem Trocknen kalandriert. Das Prod. besitzt eine gute Steifigkeit, die durch Waschen nicht verloren geht. (**F. P. 1 014 138** vom 10/3. 1950, ausg. 11/8. 1952.) WITTHOLZ. 8033

Jean Salland, Frankreich, *Undurchlässigmachen von Wolle, Baumwolle, Seide* u. anderen Textilien durch Behandeln mit nichtwss. Lsgg. von Paraffin, Wachsen u. in W. unlösl. Metallsalzen von Fettsäuren, wie Al-Stearat, Cu-Oleat. Zweckmäßig wird das Gewebe mit der lauwarmen Lsg. angefeuchtet u. anschließend gepreßt. (**F. P. 1 015 236** vom 28/3. 1950, ausg. 29/8. 1952.) WITTHOLZ. 8037

Rolf Runknagel, Deutschland, übert. von: **Telekin Gesellschaft für Fernbetätigung m. b. H.,** *Herstellung fester gas- und wasserdichter Gewebe.* Man überzieht das durch ein besonderes Webverf. unelast. Gewebe mit Schichten aus Kautschuk, Kunstkautschuk,

Vinyl-, Acryl- oder Styrolharzen, worauf die erhaltene Folie durch Mustern oder Aufbringen von Pulver, Lsgg. oder Dispersionen ein leder- oder lackartiges Aussehen erhält. (**F. P. 1 039 655** vom 23/3. 1951, ausg. 8/10. 1953. D. Prior. 24/3. 1950.) PANKOW. 8037

Rudolf Decker und Hellmuth Holz, München, *Wiedergewinnung von Lösungsmitteln.* Das beim Trocknen *chem. gereinigter Textilien* durch Einsprühen von W. in die abziehenden Dämpfe erhaltene Kondensat wird mechan. bewegt, damit Teile des Lösungsm., die trotz höherer D. sich auf dem W. abscheiden, nach unten sinken. (**E. P. 685 889** vom 28/11. 1950, ausg. 14/1. 1953. D. Prior. 14/6. 1950.) LÜTTGEN. 8039

Robert Nicol Russell, Gloversville, N. Y., V. St. A., *Ausrüstung von Baumwollhandschuhgewebe* erfolgt durch Imprägnieren (Aufspritzen) mit einer Emulsion aus 7 (%) Mineralöl, 4 Lanolin, 3 Stearinsäure, 10 Propylenglykol, 1,8 Triäthanolamin, 75 W., 15 Terpineol-Mandelextrakt, 2 Quittenschleim u. 0,25 Netzmittel. (**A. P. 2 637 662** vom 15/3. 1950, ausg. 5/5. 1953.) MÖLLERING. 8045

Deutsche Gold- & Silberscheideanstalt vormals Roessler, Frankfurt/M. (Erfinder: **Hermann Baier,** Konstanz), *Durchführung von chemischen Umsetzungen unter Verwendung von Chloriten* zusammen mit Aldehyden, bes. CH_2O, dad. gek., daß man diese Gemische für die *Kotonisierung von Bastfasern* verwendet. — 1 kg Grünflachswerg wird in 10 Liter einer Lsg. von 10 g NaOH/Liter 4 Std. ohne Druck gekocht, gespült u. dann mit einer 15 g NaOCl u. 30 cm^3 CH_2O/Liter 7 Std. bei 60° behandelt. (**D. B. P. 905 777** Kl. 29b vom 15/8. 1944, ausg. 4/3. 1954. Anmeldung bekanntgemacht 13/11. 1952.) SALZMANN. 8051

Allied Chemical & Dye Corp., New York, N. Y., übert. von: **William A. Fessler,** Prince George County, Va., V. St. A., *Oberflächenaktive Mittel,* bestehend zum größeren Teil aus den Salzen eines Reaktionsprod. eines Sulfits mit einer Reaktionsmischung, die durch Einw. von NOCl auf Doppelbindungen enthaltende aliphat. KW-stoffe mit 10 bis 30 C-Atomen erhältlich sind, u. einer kationakt. N-Verb. mit maximal 20 C-Atomen, von denen 6—14 eine offene Kette bilden, z. B. n-Decyltrimethylammoniumbromid oder Alkylbenzylpyridiniumchlorid. Das Prod. eignet sich als *Waschmittel für Wolle.* (**A. P. 2 626 244** vom 12/6. 1948, ausg. 20/1. 1953.) LÜTTGEN. 8061

American Viscose Corp., Wilmington, Del., übert. von: **Roy P. Wymbs,** Fredericksburg, Va., V. St. A., *Wasserabweisende Cellulosefilme und -überzüge.* Man behandelt das Gut mit einer wss. Dispersion von anorgan. Kolloidstoffen, wie Kaolin, TiO_2, $Al(OH)_3$, u. selbstemulgierenden wachsähnlichen Verbb., wie Monofettsäureester des Glycerins, oder Polyäthylenoxyden, wie Glycerin- oder Diäthylenglykolmonopalmitat, -monostearat oder -monooleat. Die so ausgerüsteten Filme haften nicht aneinander bzw. lassen sich leicht voneinander lösen. (**A. P. 2 658 835** vom 21/10. 1949, ausg. 10/11. 1953.) MÖLLERING. 8075

Marcel Paul Arlaud, Frankreich, *Fluorescierende Folie.* Man verteilt eine Lsg. von fluorescierendem Rhodoid in Aceton in dünner Schicht auf einer Cellophanfolie u. faltet die Folie zusammen. (**F. P. 1 031 604** vom 9/10. 1950, ausg. 25/6. 1953.) OPPERMANN. 8075

Farbwerke Hoechst, vormals Meister Lucius & Brüning (Erfinder: **Ulrich Lampert, Ludwig Orthner** und **Carl Platz**), Frankfurt/M., *Amidartige Kondensationsprodukte.* 1 (Mol) eines Polyalkylenpolyamins (**I**) wird mit mindestens 1 einer höhermol. Fettsäure auf erhöhte Temp. erhitzt u. dann mit 1 eines Säureamids der Formel RCO—$N(R_1, R_2)$ (**II**, R = H, Alkyl, Aryl, R_1 u. R_2 = H oder Alkyl) kondensiert. Alle drei Komponenten können auch gleichzeitig erhitzt werden, oder **I** kann zuerst mit **II** u. anschließend mit der Fettsäure kondensiert werden. Es werden kondensiert: Diäthylentriamin (**III**) mit Laurinsäure u. Formamid. — Kondensationsprod. aus Stearinsäure + **III** mit Acetamid. — Formamid + **III** + Fettsäuregemisch (Mol.-Gew. 240, $Kp._{0,2}$ 190—320°; erhalten durch Paraffinoxydation). — Stearinsäure + Polyäthylenpolyamin + Formamid. — Seifenfettsäuren + **III** + Benzamid. — Ölsäure + Polyäthylenpolyamin + Formamid. — *Weichmacher* für *Kunstseide* aus regenerierter Cellulose. (**D. B. P. 875 944** Kl. 12o vom 4/12. 1941, ausg. 7/5. 1953.) KRAUSS. 8075

Textile & Chemical Research Co. Ltd., St. Peter Port, Guernsey, England, übert. von: **Nicolas Drisch,** Paris, und **André Petiton,** Saint-Just-Des Marais, Frankreich, *Farbloses, wenig quellendes Zellwollgarn.* Viscose (bzw. Polyvinylalkohollsg.) wird mit 0,2% einer 50%ig. alkal. Lsg. eines Polyesters, z. B. aus Adipinsäure u. Glycerin, versetzt, bis auf einen Salzpunkt von 6 gereift u. versponnen. In einem 2. Bad von angesäuertem W. (90°) wird das Faserbündel um 75% gestreckt. Die gewaschenen, getrockneten u. mit heißer Na_2SO_4-Lsg. entschwefelten Fäden werden mit einer wss. Lsg. von 7 g CH_2O u. 3,5 g NH_4Cl im Liter imprägniert u. bei 80° getrocknet; Quellwert 55. Die Fäden werden bis zum Brechen gedehnt u. eignen sich zur Herst. von Strümpfen, gröbere Fäden als Borsten. (**A. P. 2 597 624** vom 20/3. 1950, ausg. 20/5. 1952. F. Prior. 5/4. 1949.) SALZMANN. 8075

Röhm & Haas G. m. b. H., Darmstadt (Erfinder: **Franz Köhler**, Alsbach/Bergstraße), *Knitterfeste Kunstseiden* werden durch Behandeln mit einer wss. Lsg. eines alkal. oder neutral erhaltenen, in W. lösl. Harnstoff–Acrolein–CH_2O-Kondensates veredelt, wobei der Lsg. saure Kondensationsmittel zugesetzt sind. Nach dem Imprägnieren trocknet man bei $>80^0$. — 120 (Teile) Harnstoff werden in 40 W. u. 0,5 n NaOH-Lsg. gelöst u. mit 84 Acrolein versetzt. Dann fügt man 50 CH_2O-Lsg. (30%ig.) hinzu. 20 des erhaltenen Mischkondensates werden mit 1 Türkischrotöl in 800 W. gelöst, auf p_H 3—6 eingestellt u. zum Appretieren von Viscoseseide-Velour verwendet. Man fixiert bei 105—110° u. erhält ein knitter- u. scheuerfestes Gut mit vollem Griff. (**D. R. P. 753 108** Kl. 8 vom 13/7. 1941, ausg. 9/3. 1953.) MÖLLERING. 8075

Tootal Broadhurst Lee Co. Ltd. (Erfinder: **John Thompson Marsh, George Bell** und **Alec Geoffrey Thompson**), Manchester, England, *Knitterfestmachen von Cellulosefasern*. Man imprägniert mit einer wss. Lsg. eines kristalloiden Kunstharzvorpolymerisates u. einem öligen Organosilicon, worauf bei erhöhter Temp. ausgehärtet wird. — Z. B. wird eine in Ggw. von NH_4OH erhaltene Methylolharnstofflsg. mit einer aus Methylwasserstoffsilicon in Xylollsg. durch Hydrolyse erhaltenen Organosiliconemulsion vermischt, das Gemisch weiter mit W. verd. u. zum Imprägnieren von Baumwollgewebe verwendet. Man trocknet bei 60° u. härtet 10 Min. bei 160°. (**D. B. P. 865 589** Kl. 8k vom 27/10. 1950, ausg. 2/2. 1953. E. Prior. 31/10. 1949.) MÖLLERING. 8075

Celanese Corp. of America, Del., V. St. A., übert. von: **William Ivan Taylor**, Spondon, England, *Stapelfasern* aus Celluloseacetat. Die im Spinnschacht gesammelten u. gekräuselten, Trichloräthylphosphat als Feuerschutzmittel enthaltenden Wirrfasern werden unmittelbar einer Grobkrempel- oder einer Kämmaschine mit anschließender Deckelkarde vorgelegt u. zu einem Vlies verarbeitet, das durch Aufsprühen einer wss. 0,75%ig. Methylcelluloselsg. oder einer Lsg. von Natur- oder Kunstharz (Mischpolymerisaten), die noch Weichmacher u. Kennfarbe enthalten kann, verfestigt. — Zeichnung. (**A. P. 2 641 027** vom 19/6. 1947, ausg. 9/6. 1953. E. Prior. 27/6. 1946.) SALZMANN. 8077

J. B. Calva, Minneapolis, Minn., V. St. A., *Behandlung von keratinhaltigen Fasern*. Man behandelt die Fasern mit Sulfonsäuren u. organ. Carbonylverbb., wobei diese ca. 1—10% der Sulfonsäure ausmachen sollen. Man erhitzt dann die Fasern hinreichend, damit eine Kondensation mit dem N-Geh. der Fasern erfolgt. — Z. B. behandelt man die Fasern mit einem sulfonierten Öl u. Keton oder einem Aldehyd oder auch mit Kaliumbisulfat u. Glycerin. Als geeignete Aldehyde u. Ketone sind genannt: Chloracetaldehyd, CH_2O, Aldol, Cyclohexanon, Acrolein, Aceton, Benzaldehyd, Methyläthylketon, Crotonaldehyd, Acetophenon, Glyoxal u. Mesityloxyd. (**Schwed. P. 135 245** vom 29/12. 1945, ausg. 15/4. 1952.) JÜRGEN SCHMIDT. 8079

Wingfoot Corp., O., übert. von: **Paul J. Flory**, Ithaca, N. Y., V. St. A., *Verspinnbare Polymerisate*. Aminomonocarbonsäuren mit nur 1 prim. NH_2-Gruppe, die von der COOH-Gruppe mindestens durch 4 C-Atome getrennt ist, oder deren Ester, Amide oder Lactame werden mit Polyaminen mit mindestens 3 reagierenden NH_2-Gruppen an aliphat. C-Atomen zu Säureamiden mit einem Mol.-Gew. von 30—30000 umgesetzt. — 10 (Teile) ω-Caprolactam u. 6,62 einer wss. Lsg. von Tetra-(aminomethyl)-methan (mit 4,53% Polyamingeh.) werden nach Evakuierung auf 20—30 mm Hg in N_2-Atmosphäre 4 Std. auf 210—220° erhitzt. Mit N_2 treibt man bei 109—118° nichtumgesetzte Anteile u. W. ab u. beendet die Polymerisation bei 229—241°. (**A. P. 2 615 863** vom 29/9. 1950, ausg. 28/10. 1952.) MÖLLERING. 8081

Farbwerke Hoechst Akt.-Ges., vormals Meister Lucius & Brüning, Frankfurt/M. (Erfinder: **Wilhelm Seidenfaden** und **Marie-Louise Bormuth**, Offenbach/M.), *Gefärbte faden- und flächenförmige Gebilde aus Polyacrylnitril* (**I**) u. dessen Mischpolymerisaten. Den Lsgg. des **I** werden eine Kupplungskomponente (p-Kresol, β-Naphthol, 3-Oxycarbazol, 2-Oxynaphthalin-3-carboylaminobenzol, -3-carbonsäureamid, -3-carbonsäuredibutylamid, 2-Oxycarbazol-3-carbonsäureäthylester, 2-Oxyanthracen-3-[1′-carboylamino-2′-methylbenzol], 1-Phenyl-3-methyl-5-pyrazolon, Bis-(4.4′-acetoacetylamino)-3.3′-dimethyldiphenyl u. a.) u. ein Triazen, sowie als Stabilisatoren Diäthylamin, Sarkosin, Methyltaurin, Piperidin, Prolin, 1-Äthylaminobenzol-4-sulfo-2-carbonsäure, Diäthanolamin oder Methylglucamin zugesetzt u. die Farbstoffbldg. in den Fäden oder Folien wird durch Einw. von Licht oder Säure oder Wärme hervorgerufen. (**D. B. P. 906 622** Kl. 39b vom 29/7. 1951, ausg. 15/3. 1954. Anmeldung bekanntgemacht 2/7. 1953). SALZMANN. 8081

Helmut Jedlicka, Schwenningen/Neckar, *In der Wärme formbares Glasgewebe.* Glasgewebe oder -fäden werden mit der Lsg. eines Kondensates aus mehrkernigen Phenolen u. Äthylenoxyd überzogen u. getrocknet. Man verwendet Lsgg., die 10 bis 150 g Kunstharz oder dessen Komponenten in 1 Liter enthalten. Die imprägnierten Gewebe können als Membranen für Lautsprecher, Kopfhörer, als Filter, für Putzartikel oder dgl. dienen. (**D. B. P. 906 804** Kl. 8k vom 7/10. 1950, ausg. 18/3. 1954.) Mölleking. 8083

XIX. Brennstoffe. Erdöl. Mineralöle.

J. H. Frydlender, *Chemie des Erdöls und der Steinkohle.* Vf. berichtet über Verff. von verschied. Industriewerken, aus denen sich die gegenwärtigen Beziehungen zwischen Erdöl- u. Steinkohlenchemie ergeben. Im einzelnen werden Herst. aromat. Derivv. (Bzl., Toluol, Xylol) u. aliphat. Lösungsmittel, die Isolierung von Olefinen (Propylen- u. Butylenderivv. — Shell Co.) aus Erdöl (Crackung) sowie bes. das Cartarole-Verf. zur Gewinnung von aliphat. u. aromat. KW-stoffen aus Petrolleichtölen besprochen u. der Steinkohle bzw. dem Steinkohlentoluol als Ausgangsprod. zur Gewinnung von Benzotrichlorid, Benzoylchlorid, Benzoesäure, Na-Benzoat u. von Benzylalkohol u. Benzaldehyd gegenübergestellt. Bemerkungen über die Verwendung von Carbate (Graphit + Kunstharz) u. von nichtrostendem Stahl sowie von Glas für die Apparatur. (Rev. Produits chim. **54.** 121—26. 30/6. 1951.) Wingchen. 8120

Marthe Bastick-Moreau, *Beitrag zum Studium der Kohlen des Keuper und zur direkten Sauerstoffbestimmung in festen Brennstoffen.* Die sehr ausführliche Arbeit gibt in zahlreichen Tabellen u. graph. Darstellungen eine vergleichende Unters. der lothring. Keuperkohlen u. anderer Kohlen der gleichen geolog. Formation. Vf. findet die Eigg. verschied. Kohlen derselben Formation sehr ähnlich u. stellt die Charakteristika seiner Proben zwischen die von Kohlen u. Braunkohlen, was auf eine gering entwickelte Oxydation der Kohlen hindeuten würde. Im Rahmen dieser Unterss. werden 2 direkte Sauerstoffbestimmungsmethoden für feste Brennstoffe herausgearbeitet, welche die Grundlage bilden für eine Reihe von Oxydationsverss. an den zu der Arbeit verwandten Kohleproben. (Annales Mines **143.** Nr. 1. 3—44. 1954. Paris, Éc. Nat. Sup. Ind. Chim.) Bär. 8126

E. Rammler und **H. Jacob,** *Über die Brikettiereigenschaften von Dopplerit.* Dopplerit von Olbersdorf bei Zittau ist ein weder bes. hygroskop. noch quellfähiges Gel. Auf Wassergeh. von 14—20% abgetrocknet, auf 0—4 mm zerkleinert u. auf der hydraul. Presse bei einem Druck von 1000 kg/cm² bei 40° zu Briketts gepreßt, weisen diese geringe Druck-, Biege- u. Abriebfestigkeit auf. Nadel- u. Mahlhärte sind größer als bei Niederlausitzer Braunkohle, Kompressions- u. Expansionsverh. etwa gleich groß. Wichte, Raumgewicht u. Porenvol. weisen n. Werte auf. Die Wasseraufsaugefähigkeit ist gering. (Bergakademie, Freiberger Forschungsh. Nr. **3.** Aug. A. Nr. 1. 22—31. Juli 1951. Freiberg/Sa.) Steiner. 8136

W. Rademacher, *Die Ursachen des Brikettzerfalls bei der Braunkohlenschwelung. Ein Beitrag zur Frage der Stückkokserzeugung.* Die Beanspruchung der Briketts in der Schwelzone hat auf das Ausbringen eines stückigen Kokses nur geringen Einfluß. Ihr Zerfall wird während der Trocknung im Spülgasstrom durch Gefügelockerung infolge unvollkommener Schrumpfung u. durch das Auftreten von Trocknungsrissen eingeleitet. Gefügelockerung wird herabgesetzt durch niedrige Temp. der Trocknungsgase, hohe Wichte (Anfangsfestigkeit) der Briketts, eine im Verhältnis zu ihrem Vol. möglichst große Oberfläche u. geringen Abstand zwischen Kern u. Rand. Wassergehaltsdifferenzen zwischen feinstem u. gröbstem Korn des Brikettierguts führen zu Wasserabgabespannungen u. sind möglichst zu vermeiden. (Bergakademie, Freiberger Forschungsh. Nr. **3.** Ausg. A. Nr. 1. 3—22. Juli 1951. Welzow/N.L.) Steiner. 8140

Ernst Beier und **G. Morck,** *Verkoken von Steinkohlen.* Literaturbericht über die Betriebsstufen in einer Kokerei, beginnend mit den Kohlen über die Verkokungsöfen, die Aufbereitung des Gases, des Teers, des Gaswassers, des Bzl. u. endend mit der Zus. des fertigen Koksofengases. (Bergbau-Rdsch. **6.** 233—40. Mai 1954.) Schuster. 8142

N. Berkowitz, *Über die Koksgewinnung aus Braunkohlenbriketts — eine einleitende Untersuchung.* Auf Grund eingehender Verss., die ausführlich beschrieben sind, kommt Vf. zu dem Ergebnis, daß eine Abhängigkeit der mechan. Eigg. des „Formkokses" von den Brikettier- u. Schwelbedingungen besteht. Weiterhin bestehen spezif. Beziehungen zwischen diesen Bedingungen u. der physikal. Struktur u. den physikal. Eigg. der Rohkohle. Weiter bringen die Verss. den Beweis, daß zufriedenstellender Koks aus nichtbackenden Braunkohlen erhalten werden kann, u. daß die Herst. dieses Kokses techn.

möglich ist. Brikettierpreßdrucke von ca. 2400 kg/cm² können in modernen Ringwalzenpressen erreicht werden, u. Erhitzungsgeschwindigkeiten von 6°/Min. sind in innenbeheizter App. techn. möglich. Diese für weiche Braunkohlen geltenden Versuchsbedingungen sind noch nicht übertragbar auf härtere Kohlen. Bei subbituminösen u. xylit. Braunkohlen gelingt es selbst durch Hochdruckbrikettierung nicht, den notwendigen Grad der anfänglich benötigten Verdichtung zu erreichen. Werden solche Kohlen zwecks Erweichung u. Schwellung mit Pyridin benetzt oder über Pyridin gelagert, dann können sie leicht ohne Bindemittel brikettiert werden, u. die Scherfestigkeiten steigen von 140—150 kg/cm² auf 400—600 kg/cm². (Brennstoff-Chem. **34**. 289—94. 21/10. 1953. Edmonton, Can., Res. Counc., Alberta Univ.)
K. O. MÜLLER. 8144

M. S. Gaskill, *Kohlenveredlung.* Zu den klass. Verff. der Kohlenveredlung, der Verkokung u. Entgasung, kommen als neue interessante Möglichkeiten die restlose Vergasung von Kohle in Wassergasanlagen u. die Beschleunigung der Entgasung durch Zerlegung der Kohle in kontinuierlichen Retorten unter Verwendung eines zusätzlichen Wälzgasstroms. (Gas Wld. **139**. 1322—29. 15/5. 1954.) SCHUSTER. 8148

—, *Die Untertagevergasung in den verschiedenen Ländern.* (Vgl. C. **1953**. 9031.) Ausführlicher Bericht über die Vorbereitung, den Verlauf, die Ergebnisse u. Erfahrungen mit Schlußfolgerungen u. Bilanzen über die Untertagegaserzeugung in Bois-le-Dame bei Wandre/Lüttich in Belgien. Es werden Mitteilungen gemacht über die gemeinschaftlichen Bemühungen des belg., französ. u. poln. Kohlenbergbaus, durch die diese Verss. ermöglicht wurden. Sie wurden vom 5/2.—12/3. 1948 in einem stillgelegten Bau mit steil gelagertem Steinkohlenflöz (87° einfallend) von 90 cm Dicke mit 10—20% Aschegeh. u. 13% Flüchtigem (Best. durch 40 Min. Erhitzung auf 1050°) in einer Feuerkammer in 100—160 m Tiefe durchgeführt. Es wurde durch die Verss. (mit Luft u. Wasserdampf) keine eigentliche Vergasung der Kohle festgestellt. Das anfallende Gas, das verhältnismäßig gute Heizwerte zeigte, enthält offenbar hauptsächlich die flüchtigen Bestandteile der Kohle. (Ann. Mines Belgiques **50**. 739—59. Nov. 1951.) WINGCHEN. 8148

A. F. Cottrell und **T. W. Austen,** *Stadtgaserzeugung.* Ofenarten. Wassergaserzeugung. Unterfeuerung. Meßeinrichtungen. Koksaufbereitung. Verarbeitung schlecht kokender Kohlen. Wassergas u. Koksabsatz. Betriebsüberwachung. Künftige Wege der Gaserzeugung, wie restlose Vergasung, Ölgaserzeugung, Erdgas- u. Flüssiggasverwendung, Kohlenmischungen. (Gas J. **277** (**106**). 230—32. 282—85. 3/2. 1954.) SCHUSTER. 8156

E. J. Lawton, *Die Herstellung von Gas aus Öl.* Bei der therm. Wärmespaltung von Öl bilden sich neben einem Brenngas, C u. Teer mit hohem Wassergeh. (70%). Um das zu vermeiden, wurde das Öl partiell mit Luft, was einen hohen Inertgasspiegel bewirkt, oder mit O_2, was sehr kostspielig ist, unter Bldg. von CO u. CO_2 verbrannt. Doch hat das Vf. den Vorteil, daß es kontinuierlich durchführbar ist. Solche Verff. sind das DAYTON-, G. E. J. M.- u. GAS LIGHT AND COKE COMP.-Verfahren. Ferner wurde vorgeschlagen, mit Dampf u. Katalysatoren zu arbeiten. So arbeitet das SEGAS-Verf. mit einem Bauxit–Kalk-Gemisch. In Frankreich wurde das O. N. J. A.-Verf. mit Ni-Katalysator, das in Amerika entwickelte Petrothane-Verf. benutzt Eisenoxydkontakt. Ferner bespricht Vf. das SEMET-SOLVAY OIL GAS-Verf., das SEMI-SOLVAY POUGHKEEPSIE-Verf., das SEMET-SOLVAY REGENERATIVE REVERSE FLOW-Verfahren. Die genannten Verff. werden vom Vf. krit. besprochen. (Gas Wld. **137**. Nr. 3576. 578—80. 28/2. 1953.) H. G. SCHÄFER. 8160

E. S. Squire, *Die Erzeugung von Flüssiggasen.* Kurzer Überblick über Gewinnung u. Lagerung von Flüssiggas, Füllen von Behältern u. Untersuchungsmethoden sowie Anforderungen über Zus. in Großbritannien. (J. Inst. Petroleum **39**. 243—47. Mai 1953.)
SYDOW. 8162

George E. H. Keillor, *Verwendung von reinem Sauerstoff in der Trockenreinigung.* Durch Zusatz von reinem O_2 zum rohen Gaswerksgas an Stelle von Luft vor der Trockenreinigung zwecks Wiederbelebung der Reinigungsmasse konnte ohne Heizwertverringerung des Gases die Benzolauswaschung vermehrt werden. Der Sauerstoff wurde unter niedrigem Druck einem Behälter zur Speicherung von fl. O_2 entnommen. (Gas J. **275** (**105**). 833—37. 30/9. 1953. Airdrie.) SCHUSTER. 8164

W. H. Hoffert und **G. Claxton,** *Die Gewinnung von Benzol in Gaswerken und Koksöfen.* Ölwäsche mit Creosotöl oder besser Petroleumöl. Creosotöl wird dick, während Petroleumöl einen unlösl. Schlamm absetzt. Vorteilhaft ist es, wenn das Gas beim Waschen komprimiert wird. Gewinnung von Bzl. aus Gas mittels akt. Kohle (Syst. SUTCLIFFE SPEAKMAN u. NEWTON CHAMBERS). Entfernung von CS_2 aus dem Bzl. durch Fraktionierung, Waschen mit $H \cdot CH_2OH$ u. Na_2CO_3 u. durch Waschen mit

Ammonpolysulfid. Unerläßlich ist die Entfernung von Thiophen, z. B. mit H_2SO_4. Es tritt öfters eine erhebliche Korrosion der Anlage ein, indem H_2SO_4 zu SO_2 red. wird, hauptsächlich durch ungesätt. KW-stoffe. Ebenso wirken S u. H_2S korrosiv, namentlich auf Cu. Die Raffinierung von Bzl. erfolgt mitunter durch katalyt. Hydrierung (Ni oder Fe als Katalysator). (Gas Wld. **132.** 100—07. 22/7. 1950. Nat. Benzole Assoc.) FRIEDEMANN. 8170

K. Waszniowski, *Überblick über die Naphthalingewinnung aus Kohlenteer.* Beschreibung der 3 Stufen zur Naphthalin (**I**)-Darst.: Gewinnung von **I**-Öl aus dem Leicht-, Mittel- (30—35% **I**) u. Schweröl (10% **I**-Geh.) mit 50—70% **I**-Geh., daraus Darst. des Roh-**I** (98% **I**) durch Pressen oder Zentrifugieren nach neueren russ., französ. u. deutschen Verff., endlich Umarbeitung des Rohprod. durch Raffination mit konz. H_2SO_4, Waschen mit NaOH u. W. zu *Reinnaphthalin.* (Przemysł chem. **7** (**30**). 528—32. Sept. 1951.) v. WILPERT. 8176

I. L. Liplawk, *Thermische Eigenschaften von kokschemischen Produkten.* Den Teeren von Kohlen aus Kusnezk, Karaganda u. Kiselowsk wurden Fraktionen in den Temperaturintervallen 0—170, 170—210, 210—230 u. 230—300° entnommen u. auf Wärmeleitfähigkeit, Temperaturleitfähigkeit u. spezif. Wärme untersucht. Aus den Zahlenwerten folgt, daß die untersuchten Teere zu den Nichtwärmeleitern (Wärmeleitfähigkeit 0,084—0,120 kcal/m·Std.·Grad) gehören u. daß mit steigender Temp. der entnommenen Fraktionen die Wärmewerte abnehmen. Entgegen Literaturangaben nehmen demnach die Wärmezahlen der aromat. KW-stoffe mit steigendem F. u. Mol.-Gew. ab. (Журнал Прикладной Химии [J. angew. Chem.] **26.** 178—84. Febr. 1953.) LEBTAG. 8176

H. B. Footner, *Die Verhütung von Korrosionen in Lagertanks für Erdölprodukte.* Besprechung der Maßnahmen für den Korrosionsschutz von Über- u. Unterflurlagertanks für Erdölprodd., wie Bzn., Petroleum u. verschied. Heizöle. Die Methoden zur Entfernung des Walzzunders, der wesentlichen Einfl. auf die Korrosion der Außenwände hat, sowie die günstigsten Anstrichaufbaue werden ausführlich besprochen. Korrosionen im Tankinnern, die verhältnismäßig selten sind, werden im allg. durch W. u. O_2 bedingt. (Schweiz. Arch. angew Wiss. Techn. **20.** 72 —75. März 1954. London, Shell Petroleum Comp. Ltd.) SPINDLER. 8186

C. M. McKinney und **H. M. Smith,** *Raffinationseigenschaften von neuen Rohölen.* 8. Mitt. *Rohöle aus dem Spraberry, Texas.* (7. vgl. Petroleum Processing **7.** [1952.] 1270.) Analyt. Daten (Tabellen) von 10 Westtexas-Ölen (**I**) des „Spraberry Trend“ (Perm) mit Gegenüberstellung von Osttexas- u. Scurry County-Ölen. Die **I** zeigen Dichten von 36,8—41,9° API ($D._{15,6}^{15,6}$ 0,8408—0,8160) u. geringen S-Geh. (maximal 0,22 Gew.-%). — Der geringe Aromatengeh., der außerordentlich niedrige Stockpunkt (unter —60°) u. die niedrige Cetanzahl (43,6, 45,9) der Dieselölfraktionen weisen auf einen ziemlich hohen Naphthengeh. hin. — Die unbehandelten straight-run-Benzine aus **I** besitzen etwas höhere Klopffestigkeit (Octanzahl 62,2, 62,0) als die Vergleichsbenzine (Tabellen für Benzine u. Dieselöle). — Die Gesamtbeurteilung ergibt: Flugkraftstoffe (Octanzahl 91 mit 4 cm^3 Bleitetraäthyl/gallon) kann in wirtschaftlichen Mengen nicht erhalten werden; Kerosin mit guten Brenneigg.: 10% (Ausbeute); Dieselöl mit Cetanzahl 4750, ca. 30%; Heizöl, ähnlich wie Dieselöl; Düsentreibstoff JP-3 oder JP-4 (Gefrierpunkt —76°): 22%; Schmieröl mittlerer Viscosität: 6—7%; Asphalt, 3—7%. (Petroleum Processing **8.** 1164—67. Aug. 1953. Bartlesville, Okla., Bur. of Mines, Petroleum Experiment Stat.) ROTTER. 8188

C. R. Young, *Fortschritte in der Erdölraffination.* Allgemeinverständliche Darst. (für Ingenieure) der Erdölaufarbeitung mit geschichtlichem Überblick. Es werden behandelt die chem. Zus. des Erdöls, die Dest., therm. u. katalyt. Crackung u. die chem. Raffination. (Soc. Engr. (Inc.), J. and Trans. **45.** 27—48. Jan./März 1954.) SYDOW. 8194

H. Z. Martin, F. T. Barr und **R. W. Krebs,** *Bessere Ausbeuten durch Spalten im Koksfließbett.* Durch Vakuumdest. aus South Louisiana-, Hawkins- u. Elk Basin-Rohölen gewonnene Erdölpeche, die eine hohe D., eine CONRADSON-Zahl von 14—30%, ein C—O-Verhältnis von 1,35—1,57, einen S-Geh. von 1—4% u. einen E. von über 120° F besitzen, wurden in einem Koksfließbett mit dem Erfolg gespalten, daß gegenüber den bisher üblichen Spaltverff. mehr Bzn. u. Gasöl gewonnen wurde. Die Koksausbeute ist verringert, der erhaltene Koks ist gleichmäßig u. leicht zu handhaben. Er enthält wenig H_2 u. flüchtige Bestandteile. Das Verf. kann kontinuierlich gestaltet werden. Verss. u. Ausbeutezahlen u. Zus. der erhaltenen Produkte. Die Octanzahl liegt um 10 Punkte höher. — Wirtschaftliche Betrachtungen. (Oil Gas J. **53.** Nr. 1. 166—71. 10/5. 1954. Linden, N. J., Standard Oil Development, Esso Labor.) K. O. MÜLLER. 8196

—, *Houdryforming.* Kurze Darst. des Reformierungsverf. von HOUDRY zur Gewinnung von Aromaten auf Grund von 14 Schrifttumsstellen. (Chemie-Ing.-Techn. **26.** 187—88. April 1954.) ROSENDAHL. 8200

Carlo Randaccio, Mario Pedinelli und **Franco Bovelacci,** *Über das Verhalten von Chlor- und Bromderivaten von Kohlenwasserstoffen bei der Entfernung von Bleioxyden aus Motoren, die mit bleitetraäthylhaltigen Benzinen betrieben werden.* Vff. berichten über Verss. mit klopffestem Bzn., das mit Pb-Tetraäthyl (**I**) u. mit Br-haltigen oder mit Br- u. Cl-haltigen KW-stoffen gemischt war. Die Daten des reinen Bzn. u. die Zus. von drei verwendeten Antiklopfmitteln (u. von anderen) werden angegeben. Ergebnisse der Verteilung des **I** u. der Halogenverbb. bei einer Dest. des ethylisierten Kraftstoffes auf vier Fraktionen (37—39°, 80—103°, 104—149°, 150—191°) sind zusammengestellt. Die Unterss. der Stabilität der halogenhaltigen Kraftstoffmischungen (mit 1 g **I** auf 100 cm³ Treibstoff) durch nephelometr. Messungen (PULFRICH-ZEISS-Nephelometer) nach Aufbewahrung in Glas- u. Fe-Gefäßen bei höheren (95 u. 40°) u. Umgebungstempp. (20°) u. zeitlich abgestufter Tageslichtbelichtung (1—5 Std.; 3—30 Tage) oder Dunkellagerung (48—84 Std., 4—30 Tage) wird beschrieben u. auch der Halogenangriff bei 600 u. 800° auf Motorenmetallteile besprochen. Prakt. Verss. wurden im vierzylindrigen Motor (Fiat 1100 B) vorgenommen (jeweils 2 Zylinder- mit derselben Kraftstoffmischung), um einen Vgl. der Entkrustungs- u. Reinigungseffekte der verschied. Halogenzusätze zu ermöglichen u. ihre Wirksamkeit zur Bldg. von flüchtigen Pb-Salzen aus Pb-Oxyden u. etwaige Korrosionen im Motor u. an Motorteilen (auf Auspuffventilen) festzustellen. Die schon durch längeren prakt. Gebrauch erwiesene störungsfreie Verwendungsmöglichkeit von Cl-KW-stoffverbb. in Kraftstoffen konnte durch die Unterss. bestätigt werden. (Chim. e. Ind. [Milano] **33.** 782—88. Dez. 1951.) WINGCHEN. 8206

G. E. Mapstone und **J. S. Durham,** *Bemerkungen über den Einfluß von Naphthalin auf die Klopffestigkeit.* Das häufig als Mittel zur Erhöhung der Kilometerausbeute angepriesene Naphthalin (**I**) (1 Teelöffel auf 2 Gallonen Kraftstoff) ist in der Literatur als Antiklopfmittel genannt. Vff. untersuchen die Wrkg. von **I** in Bzn. mit einer Octanzahl von 60 u. in einem Xylol–n-Heptan-Gemisch, beide ohne u. mit Zusatz von Bleitetraäthyl. Mit Bzn. tritt **I**-Ablagerung im Ansaugrohr u. Vergaser ein, mit dem aromatenreichen Gemisch nur bei hoher **I**-Konzentration. Der Mischoctanzahlwert von **I** liegt bei ca. 200 u. entspricht hinsichtlich der kraftstoffverbessernden Wrkg. der gleichen Menge eines hochoctanigen Benzins. (J. Inst. Petroleum **39.** 276—77. Mai 1953.) SYDOW. 8208

M. V. Bhatt und **P. C. Guha,** *Die chemischen Bestandteile des Anthracenöls.* Ausbeute u. Zus. des Anthracenöls bestimmende Faktoren, physikal. u. chem. Trennungsverff. sowie bisherige Verwendung der sauren, bas. u. neutralen Verbb. werden im Hinblick auf ihre Verwertbarkeit für weitere synthet. Zwecke zusammenfassend besprochen. — 33 Literaturzitate. (Sci. and Cult. **18.** 12—18. Juli 1952. Bangalore, Indian Inst. of Sci.) KLEINFELLER. 8216

—, *Bestimmung der Betriebseigenschaften von Schmierölen.* Die üblichen Prüfungen von Schmierölen (Best. von D., Flamm- u. Stockpunkt, Viscosität u. a.) sagen wenig aus über das Verh., das heißt über die Stabilität oder Reinigungseigg. der Schmieröle während des Maschinenlaufs. Es werden daher die für das USA-Heer vorgeschriebenen Prüfverff. (AXS 1551-55) mit Dieselmaschinen (L 1–, 3–, 4– u. 5–545) nach „Coordinating Research Council" für die Ölprüfungen empfohlen, um ein sicheres Urteil über den Zeitpunkt zu erhalten, in dem das Öl seine Schmiereigg. verloren hat. Einzelheiten der Versuchsbedingungen werden beschrieben (Tempp., Verhältnis Luft/Brennstoff u. a.), ein Bewertungsschema wird mitgeteilt u. bes. die Notwendigkeit dieser Prüfungen für ein modernes Untersuchungslabor. hervorgehoben. (Olii minerali, Grassi Saponi, Colori Vernici **28.** 108—11. Sept. 1951.) WINGCHEN. 8220

G. L. Oliensis, *Anwendung selektiver Lösungsmittel zur Strukturaufklärung von Bitumen.* Zusammenfassende Darst. der Wrkg. der Hitzepolymerisierung u. gleichzeitigen Dehydrierung auf den koll. Aufbau von Bitumen, Crackbitumen, Steinkohlenteeren u. -pechen sowie auf deren Verh. gegenüber selektiven Lösungs- u. Fällungsmitteln. Nur letzteres Verh. gibt zur Zeit Aufschluß über die Struktur der bituminösen Stoffe. Hingewiesen wird noch auf die Bedeutung dieser Vorgänge für die techn. Herst. dieser Stoffe. (Bitumen, Teere, Asphalte, Peche verwandte Stoffe **5.** 38—40. Febr. 1954.) F. HEINRICH. 8224

R. N. Traxler, *Asphalt.* (Vgl. auch C. **1953.** 1909.) Vf. beschreibt an Hand der Literatur die bisherigen Kenntnisse über die Struktur der Asphalte u. die Ergebnisse der Verss. zur Aufklärung mittels der verschied. Löslichkeit u. Verh. in organ. Lösungsmitteln u. der Oberflächenätzung durch kurze Einw. von selektiven Lösungsmitteln.

In einem Rotationsviscosimeter für hochkonsistente Stoffe werden die Fließeigg. einiger Asphaltsorten gemessen u. in einem Diagramm ausgewertet. Das Ansteigen der Konsistenz im Laufe der Zeit, die Erscheinung der Thixotropie u. das für die Praxis wichtige viscoelast. Verh. beruhen auf der koll. Struktur der Asphalte. Die Fähigkeit der Dispergierung u. Flockung der in der Ölphase enthaltenen Substanzen wird nach Behandlung von 2 Bitumenlsgg. mit n-Butanol u. Aceton studiert. Die Erscheinung der Fleckenbldg. an bituminierten Papieren durch Ölabsonderung wird auf Grund von Testverss. als Bestätigung der koll. Beschaffenheit der Asphalte angesehen. Abschließend geht Vf. noch auf die Emulgierung, die bisher gewonnenen Erkenntnisse über diesen Vorgang u. auf die prakt. Verwendung der Asphalte ein. (Colloid Chem. **7.** 497—512. 1950. Port Neches, Tex., Texas Co.) DICKHAUT. 8228

Guglielmo Colucci, *Die hauptsächlichen den Verkehr betreffenden Merkmale von bituminösen und geteerten Straßendecken.* Vf. verweist auf die hohen Anforderungen, die an die aus Bitumen, Teer oder ihren Gemischen gebauten Straßendecken durch den heutigen Verkehr (Geschwindigkeit u. Sicherheit betreffend) gestellt werden. Es werden bes. die verschied. Einflüsse vom Straßenunterbau, der Witterung, der Oberflächenbeschaffenheit der Decken, ihre Dicke u. Dichte, Lebensdauer u. Alterung, von Reibungseffekten u. Gleitwiderständen auf die Verkehrsabwicklung besprochen. Die Wichtigkeit der Eigg. der Bestandteile (Bindemittel, Öle, Füller, Steinzuschlag), von Korngrößen u. Abrieb, der Art der Zus., der sorgfältigen Herst. der Mischungen (gleichbleibende Zus.) u. der genauen Beachtung der Wärmeverhältnisse während der Mischung, beim Transport u. Vergießen wird unterstrichen. Weitere techn. Angaben u. Erfahrungen im Bitumen- u. Teerstraßenbau in Frankreich, Amerika u. Holland (SHELL) werden kurz mitgeteilt. (Asfalti, Bitumi, Catrami **20.** 61—65. Juli/Aug. 1951.) WINGCHEN. 8236

Ernst Beier, *Erkennung der vollständigen Absättigung von Phenolatlaugen durch colorimetrische Verfahren.* Gegenüber dem bekannten Bromierungsverf. hat die colorimetr. Überwachung des Laugewaschers, Entschweflers u. Reinwassers den großen Vorteil der Zeitersparnis. Das erforderliche Phenolreagens besteht aus 0,7 g p-Nitranilin, gelöst in 160 cm³ n-HCl u. verd. auf 1 Liter. Die zu untersuchende Lauge wird auf ihr 10000 faches Vol. verdünnt. 5 cm³ davon werden mit 10 cm³ Phenolreagens u. 1,7 cm³ $NaNO_2$-Lsg. versetzt u. auf 100 cm³ aufgefüllt. Die Diazotierung des Nitranilins durch die aus dem Nitrit entstehende HNO_2 wird durch Umschütteln vervollständigt. Der Reaktionsverlauf: $NaNO_2 + HCl = NaCl + HNO_2$; O_2N— 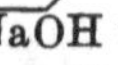 —$NH_2 + HNO_2$ = O_2N— 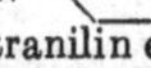 —$N = NOH + H_2O$. Durch Zugabe von 10 cm³ NaOH wird das aus dem Nitranilin entstandene p-Nitrophenyldiazoniumhydroxyd mit dem Phenol zu p.p-Nitrooxyazobenzol gekuppelt. Die Kresole u. Xylenole bilden entsprechende Verbindungen. Beschreibung der Arbeitsweise des Colorimeters, Vergleichsverss. mit der allg. üblichen Bromierung. (Bergbau-Rdsch. **5.** 678—80. Dez. 1953.) K. O. MÜLLER. 8242

R. G. H. B. Boddy, *Rationale Analyse schwebenden Kohlenminenstaubs.* Es wird eine mkr. Meth. beschrieben, die, unter Verwendung eines bes. gebogenen Linsensyst., auf Grund von Interferenzerscheinungen erlaubt, schwebende Kohlenstaubteilchen von weniger als 1 μ Größe quantitativ u. auch petrolog. zu bestimmen. (Fuel **32.** 310 bis 326. Juli 1953. Penarth, Glamorgan, Llandough Hosp., Pneumoconiosis Res. Unit. of the Med. Res. Counc.) LEHWALD. 8246

C. F. Hammer und **H. R. Roe,** *Eine Differentialmethode für genaue quantitative Infrarotanalysen. Prüfung auf Cyclohexan in Erdölkonzentraten.* Vff. verwenden für die Best. von 80—90 Gew.-% Cyclohexan (**I**) in Erdölkonzentraten ein Doppelstrahlspektrometer u. messen die Differentialabsorption der Bande von **I** bei 11,6 μ in der Probe gegen reines **I**. Analog kann auch die Eichkurve aufgestellt werden. Die Ggw. von Verunreinigungen, wie *Methylcyclopentan, 2.4-Dimethylpentan, 2.2-Dimethylpentan, 2.3-Dimethylpentan, 3.3-Dimethylpentan, 2-Methylhexan, n-Hexan* u. *1.1-Dimethylcyclopentan,* stört infolge ihrer geringen Absorption in diesem Gebiet die Best. nicht. Die Genauigkeit beträgt $\pm 0,1\%$. (Analytic. Chem. **25.** 668—69. April 1953. Wilmington, Del., E. I. du Pont de Nemours & Co., Inc.) WEITBRECHT. 8252

Per Gustavson, *Beiträge zur analytischen Bestimmung der Cetenzahl von Dieselkraftstoffen.* Nach einem Überblick über motor. u. analyt. Verff. zur Best. der Cetenzahl wird ein Verf. zur Ermittlung der Cetenzahl aus Parachor, Dichte, Siedekennziffer u. Brechungsindex angegeben, dessen Resultate zu den im HWA-Motor erhaltenen graph. in Beziehung gesetzt werden. (Arhiv Kemiju [Arch. Chim.] **23.** 232—48. Okt. 1951.) SYDOW. 8254

J. E. Barney II. und **W. A. Kimball,** *Bestimmung von Eisen in gebrauchten Schmierölen. Spektrochemische Analyse mit gepuffertem Gleichstrom-Lichtbogen.* Die von Vff. ent-

wickelte Bestimmungsmeth. ermöglicht es, durch Verwendung eines Gleichstromlichtbogens u. Ausschaltung störender Einwirkungen der in den Schmierölzusätzen enthaltenen Elemente (*K*, *Ba*, *Ca*, *Zn*, *P*) durch eine aus Ca-Naphthenat, Mono- u. Dioctylphosphatgemisch u. Leinöl bestehende spektrochem. Puffersubstanz 0,001 bis 0,1% Fe im Schmieröl (I) festzustellen. Die durchschnittliche Differenz zwischen den nach der spektrochem. u. nach der chem. Meth. bestimmten %-Gehh. Fe. betrug bei 36 Fe-Best. von I aus Benzinmotoren u. Dieselmotoren 10%. (Analytic. Chem. **24.** 1548—50. Okt. 1952. Whiting, Ind., Standard Oil Co., Res. Dep.)
OPPERMANN. 8258

R. A. Glenn und **C. W. DeWalt jr.**, *Die chemische Natur der Erzeugnisse der Kohlehydrierung.* 5. Mitt. (Vgl. FALKUM u. GLENN, C. **1950.** II. 2992.) Vff. untersuchten zwei Bitumen, die durch Kohlehydrierung gewonnen wurden: 1. HOLD-Bitumen (I), der benzinlösl. Teil aus einem Heißabstreifer während der Hydrierung bei 471° eines Rückstandes aus einem Schweröl. 2. *RHR*-Bitumen (II) der CS_2-lösl. Anteil aus einer Teilhydrierung bei 375° einer Edenborn-Kohle. Zur Unters. der Erzeugnisse wurde die Zerlegung mit Lösungsmitteln u. die Molekulardest. herangezogen. Mol.-Gew., UV-Spektren u. die Elementaranalyse der einzelnen Siedeanteile werden angegeben. Pyren u. Coronen konnten in I nachgewiesen, doch aus dem II konnten keine wohldefinierbaren Verbb. erhalten werden. Bei beiden Bitumen muß die aromat. Struktur der Verbb. als überwiegend angenommen werden, worauf vor allem der niedere H_2-Geh. hinweist. I ist zu 76% in Propan lösl., II nur zu 28%. Diese Löslichkeitsverhältnisse im Zusammenhang mit dem Geh. an leichtsd. Anteilen u. dem Mol.-Gew. deuten darauf hin, daß I viele Verbb. mit einem niederen Mol.-Gew. enthält, während das beim II nicht der Fall ist. Im II sind in der Hauptsache Verbb. mit hohem Mol.-Gew. u. hochmol. Material vorhanden, was in Beziehung zu den Hydrierbedingungen steht. Daraus schließen Vff., daß II ein primäres Erzeugnis von I ist. (Fuel **32.** 157—68. April 1953.)
ROSENDAHL. 8262

Pierre Émile Jean François Alby, Aude, Frankreich (Erfinder: **Henry du Pouget** und **Pierre Émile Jean François Alby**), *Extraktion von Wachsen und Harzen aus Braunkohlen, bituminösen Schiefern und ligninhaltigen Substanzen.* Um eine Zers. der Harze u. Wachse zu vermeiden, extrahiert man die Kohlen, Schiefer, ligninhaltigen Substanzen mit Trikresol bei weniger als 100° unter Rühren. Z. B. extrahiert man bei ca. 80° 2100 g feinpulverisierte Braunkohle mit 15 Litern Trikresol unter mechan. Rühren (400 Umdrehungen/Min.) ca. 4 Stunden. Die filtrierte Trikresollsg. dampft man bei 10 mm Hg ein u. gießt die zurückbleibenden Wachse u. Harze zu Platten. Man kann auch die Trikresollsg. mit einer stark verd. NaOH-Lsg. behandeln, wobei die Wachse u. Harze ausflocken. Aus der Kresolatlsg. wird das Trikresol mit HCl oder CO_2 wiedergewonnen. Die extrahierte Braunkohle dient zur Herst. von Briketts. (**F. P. 1 043 695** vom 10/10. 1951, ausg. 10/11. 1953.)
OPPERMANN. 8139

Michael Steinschlaeger, London, England, *Torfverkokung.* Der Torf wird zunächst getrocknet, dann mittels heißer Gase verkokt u. schließlich der Koks gekühlt bzw. gelöscht. Als heiße Spülgase für den Verkokungsprozeß dienen die Destillationsgase nach Abscheidung von Öl u. Teer u. Reinigung. Diese Destillationsgase werden zunächst verdichtet u. nach Wärmeaustausch mit Frischgas einer 1. Turbine zugeleitet. Nach Austritt aus derselben gelangen sie in Wärmeaustausch mit Verbrennungsgasen, die einen Teil ihrer fühlbaren Wärme durch Wärmeaustausch abgegeben haben, u. hierauf in eine 2. Turbine, um von hier der Trocknungszone u. in mehreren Teilströmen der Verkokungszone zugeführt zu werden. Das im 1. Wärmeaustauscher vorgewärmte Frischgas wird nach Passieren einer 3. Turbine zur Vortrocknung des Torfes in einem den eigentlichen Öfen, z. B. Tunnelofen, vorgeschalteten Trockner benutzt. — Zeichnung. (**A. P. 2 650 190** vom 5/6. 1950, ausg. 25/8. 1953. E. Prior. 21/6. 1949.)
W. HAUSWALD. 8141

Heinrich Ottomar Gruber, Windhoek, Südwestafrika (Erfinder: **Theodor Gruber**, Kassel), *Stetige schlackenfreie Vergasung von Koks.* Dieser wird in einem Aufheizschacht durch Verbrennungsgase auf $>1000°$ erhitzt u. anschließend in einem Vergasungsschacht mit vorgewärmter Luft u. überhitztem Dampf bei 800—1000° vergast. — Vorrichtung. (**D. B. P. 905 526** Kl. 24e vom 21/12. 1948, ausg. 4/3. 1954.) v. HUHN. 8145

Koppers Co., Inc., Pittsburgh, Pa., V. St. A. (Erfinder: **Friedrich Totzek**, Essen), *Erzeugung von CO- und H_2-haltigen Gasen durch Vergasen von Brennstaub* (I) in der Schwebe mit O_2 u. mit endotherm reagierenden Mitteln (II). Das außerhalb des Reaktionsraumes (III) hergestellte Gemisch von I u. O_2 wird mit einer Temp. $<$ als die Zündtemp. des Gemisches u. mit einer solchen Geschwindigkeit in den heißen III eingeblasen, daß die Zündung erst in III einsetzt. Gleichzeitig wird ein II, z. B. H_2O-Dampf, als zusammenhängende, strömende Schicht längs den Wänden in **III** eingeführt. Dadurch wird der **I**-Rückstand aus der Innenzone des **III** vor Auftreffen auf die Wände des **III** infolge der Berührung mit **II** abgekühlt u. in feinverteiltem festem Zustand ausgeschieden. (**D. B. P. 900 986** Kl. 24e vom 29/12. 1948, ausg. 7/1. 1954. Schwz. Prior. 29/12. 1947.) V. HUHN. 8149

Texas Co., New York, übert. von: **Leon Jacolev,** Irvington, und **Irvine F. German jr.** Bronx, N. Y., V. St. A., *Herstellung von Synthesegas.* Ein gasförmiger KW-stoff wird unter Druck u. bei Tempp. über 2000° F mit O_2 zur Rk. gebracht, wobei das Verhältnis von O_2 zu C ca. 1:1 ist; der Strom des Gasgemisches wird axial in eine Reaktionskammer geleitet, am Kammerende umgelenkt, an den Kammerwandungen konzentr. um den eingeführten Gasstrom herum wieder zurückgeleitet u. abgezogen. — Vorrichtung. (**A. P. 2 591 700** vom 28/5. 1948, ausg. 8/4. 1952.) DEMMLER. 8153

Texas Co., New York, übert. von: **Harold V. Atwell,** Beacon, N. Y., V. St. A., *Herstellung von CO–H_2-Gemischen* aus einem gasförmigen KW-stoff u. Wasserdampf oder CO_2. Die Reaktionsgase werden mit solcher Geschwindigkeit mit einem feinverteilten Katalysator in Kontakt gebracht, daß der Katalysator in starke Bewegung gerät; mit den Reaktionsgasen wird ein feingepulverter inerter fester Wärmeträger von kleinerer Korngröße als der Katalysator in die Reaktionszone eingeführt, mit dem erhaltenen CO–H_2-Gasgemisch aus der Reaktionszone entfernt, abgetrennt u. nach Wiederaufheizen in die Reaktionszone zurückgeführt. (**A. P. 2 632 690** vom 2/1. 1948, ausg. 24/3. 1953.) DEMMLER. 8155

Institute of Gas Technology, Chicago, Ill., übert. von: **John I. Yellott,** Cockeysville, Md., V. St. A., *Herstellung von Brenngasen* aus Kohleteilchen, indem diese in einem unter Druck (>5 lbs./sq.in.) stehenden Gasstrom, der aus Dampf u. Luft oder O_2 besteht u. sowohl zum Pulverisieren der Kohle als auch zur Erzeugung einer Vergasungs-Rk. benutzt wird, suspendiert werden, wobei das Verhältnis von Luft bzw. O_2 zu Dampf so reguliert wird, daß ein Schmelzen der Asche vermieden wird. — Zeichnung. (**A. P. 2 656 264** vom 28/8. 1947, ausg. 20/10. 1953.) DEMMLER. 8157

Ruhrchemie Akt.-Ges., Oberhausen/Rhld. (Erfinder: **Heinrich Heckel,** Deggendorf, **Otto Roelen, Walter Rottig** und **Karl Schenk,** Oberhausen), *Herstellung von Methanisierungskatalysatoren* zur Heizwertverbesserung CO- u. CO_2-haltiger techn. Gase. Eine Ni- u. Mg-Salze enthaltende Lsg. wird unter starkem Rühren in eine sd. Sodalsg. gegeben, so daß der p_H-Wert der Lsg. nach der Fällung 8—11 (bes. 9) beträgt. Dann werden auf 100 (Teile) Ni 30—100 (bes. 50—60) Trägerstoffe, bes. Kieselgur von einem Schüttgewicht von 80—120 g/Liter, welche bei 500—800° geröstet ist, eingetragen u. bis zum Entweichen aller CO_2 verrührt. Die gefällte M. wird mit W. gewaschen, bis 100 cm^3 Waschwasser weniger als 10 cm^3 (bes. 4—6 cm^3) $n/_{10}$ HCl zur Neutralisation verbraucht. Der getrocknete u. geformte Katalysator wird mit CO- u. wasserfreien, H_2-haltigen Gasen red., u. zwar 10 Min. bei 1 m/Sek. u. 40—50 Min. bei ca. 0,2 m/Sek. Strömungsgeschwindigkeit. Der so hergestellte Katalysator kann mit sehr hohen Belastungen, z. B. 1000—3000 Vol. Gas/Vol. Katalysator/Std., sofort bei hohen Tempp., z. B. 220°, in Betrieb genommen u. ständig bei dieser Temp. mit guter Treibgas-Ausbeute gehalten werden. Ein besonderer Vorteil ist, daß CN-Verbb. zu NH_3 red. werden. (**D. B. P. 897 547** Kl. 12o vom 2/10. 1948, ausg. 23/11. 1953. F. Prior. 8/9. 1948.) W. HEROLD. 8159

Koppers Co., Inc., Pittsburgh, Pa., übert. von: **Walter L. Shively** und **Earl V. Harlow,** Towson, Md., V. St. A., *Stabilisieren von Kohlendestillationsgasen* oder dgl. gegen die Bldg. harzartiger Verbb., verursacht durch im Gas enthaltene Stickstoffoxyde, dad. gek., daß die zu stabilisierenden Gase nach Reinigung von Teer, NH_3, H_2S, Cyanverbb. u. Naphthalin einer elektr. Entladung ohne Lichtbogenbldg. ausgesetzt werden. — Vorrichtung. (**D. B. P. 909 982** Kl. 26d vom 6/10. 1936, ausg. 26/4. 1954. Anmeldung bekanntgemacht 18/12. 1952. A. Prior. 9/10. 1935.) DEMMLER. 8165

Heinrich Koppers G. m. b. H. (Erfinder: **Adolf Schmalenbach**), Essen, *Gewinnung von hochprozentigem Vorprodukt* u. gegebenenfalls Naphthalinöl u. dgl. aus angereichertem Benzolwaschöl durch Abtreiben unter Zusatz von Wasserdampf. Aus dem Waschöl werden im Vorerhitzer leicht sd. Benzol-KW-stoffe in solcher Menge für sich abdest., daß der mittlere Kp. des Dämpfegemischs am Ausgang des Abtreibers (**I**) bis über 100° steigt; auf den obersten Boden des **I** wird als Dephlegmat das von W. getrennte Kondensat der **I**-Dämpfe derart aufgegeben, daß Waschöl u. Naphthalin im **I** bleiben u. durch Kondensation der Vorerhitzer- u. der **I**-Dämpfe unmittelbar ein hochprozentiges Vorprod. anfällt, während aus dem oberen Teil des **I** eine an Naphthalin reiche Ölfraktion abgezogen wird. (**D. B. P. 875 702** Kl. 26d vom 3/9. 1937, ausg. 4/5. 1953.) DEMMLER. 8167

Bergwerksverband zur Verwertung von Schutzrechten der Kohlentechnik G.m.b.H. (Erfinder: **Otto Grosskinsky, Walter Klempt** und **Helmut Umbach**), Dortmund, *Ent-*

fernung von Blausäure, NH_3 und H_2S aus Kokereigasen unter Gewinnung von $(NH_4)_2SO_4$, dad. gek., daß man aus dem von Teer u. NH_3-haltigen Kühlerkondensaten befreiten Rohgas a) HCN mit Polysulfid als $(NH_4)CNS$ auswäscht u. das $(NH_4)CNS$ mit H_2SO_4 zu $(NH_4)_2SO_4$ u. CSO zers., b) H_2S mittels NH_3 als $(NH_4)_2S$ selektiv auswäscht u. hierauf die erhaltene Wasch-Fl. durch Abtreiben u. Kühlen verdichtet, c) die nach b) erhaltene verdichtete Wasch-Fl. bei erhöhter Temp. u. erhöhtem Druck mit Luft behandelt, wodurch das in der Fl. enthaltene $(NH_4)_2S$ zu $(NH_4)_2SO_4$ oxydiert wird, d) die unter (a gewonnene, $(NH_4)_2SO_4$ u. freie H_2SO_4 enthaltende Lsg. mit der unter c) anfallenden, freies NH_3 enthaltenden $(NH_4)_2SO_4$-Lsg. vereinigt, das so erhaltene Flüssigkeitsgemisch entweder durch Einleiten NH_3-haltiger Abgase oder durch Zusatz weiterer H_2SO_4 neutralisiert u. hierauf durch Eindampfen auf festes $(NH_4)_2SO_4$ verarbeitet. — Zeichnung. (**D. B. P. 909 138** Kl. 26d vom 10/9. 1950, ausg. 15/4. 1954. Anmeldung bekanntgemacht 24/4. 1952.) DEMMLER. 8169

Standard Oil Development Co., Elizabeth, N. J., V. St. A. (Erfinder: **Eric Bertram Evans**), *Gewinnung von Schwefel aus ausgebrauchter Gasreinigungsmasse.* Die feingemahlene M. wird bei Tempp. über dem F. von S durch überhitzten Dampf in eine Wirbelschicht übergeführt. Der S reichert sich in den oberen Schichten an u. wird aus diesen, z. B. durch Extraktion, gewonnen. Die unteren S-armen Schichten werden wieder als Gasreinigungsmasse verwendet. Vor der Abtrennung der S-haltigen Teilchen kann man die Wirbelschicht, bes. durch Einführen von kaltem W., unter den F. von S abkühlen. Man kann auch so arbeiten, daß sich der S über der Wirbelschicht als Schaum anreichert. (**E. P. 705 397** vom 3/4. 1951, ausg. 10/3. 1954.) ZÜRN. 8173

Gesellschaft für Linde's Eismaschinen Akt.-Ges., Höllriegelskreuth (Erfinder: **Ernst Karwat**, Pullach), *Mehrstufiges Tiefkühlwaschverfahren zum Reinigen schwefelhaltiger kohlensäurereicher Rohgase*, gek. durch die Vereinigung folgender Maßnahmen: 1. Benutzung von Lösungsmitteln, deren Lösefähigkeit für organ. S-Verbb., H_2S u. CO_2 stark verschied. ist u. in der genannten Reihenfolge stark absinkt, z. B. Methanol; 2. prakt. vollständige Auswaschung sämtlicher S-Verbb. in je einem für hoch- u. tiefsd. S-Verbb. angeordneten Waschmittelkreislauf vor dem Auswaschen der Hauptmenge des CO_2; 3. prakt. vollständige Regenerierung der Wasch-Fl. der H_2S-Waschstufe unter gleichzeitiger Konzentrierung des H_2S-Geh. des Entgasergases bis auf die für die Gewinnung des S aus dem Entgasergas erforderliche Höhe. — Vorrichtung. (**D. B. P. 907 928** Kl. 26d vom 4/12. 1951, ausg. 29/3. 1954. Anmeldung bekanntgemacht 30/4. 1953.) DEMMLER. 8173

Rütgerswerke Akt.-Ges., Frankfurt/M., *Kontinuierliche Destillation von Braun- und Steinkohlenteeren* unter Verwendung einer Hauptkolonne u. einer oder mehrerer Seitenkolonnen, wobei die Destillationswärme den Kolonnen durch den außerhalb dieser durch indirekte Erhitzung aufgeheizten Kolonnensumpf zugeführt u. dieser im Kreislauf geführt wird. Dabei wird aus dem Erhitzerkreislauf des Sumpfproduktes der Hauptkolonne ein Teil der Umwälzmenge laufend abgezweigt u. in einem Nebenkreislauf zum indirekten Beheizen des Sumpfprod. einer oder mehrerer Seitenkolonnen verwendet u. die Aufheizung des Sumpfprod. der Nebenkolonne bzw. -kolonnen in neben diesen angeordneten Wärmeaustauschern durchgeführt. — Vorrichtung. (**E. P. 692 364** vom 2/10. 1950, ausg. 3/6. 1953. D. Prior. 14/5. 1949.) R. HERBST. 8179

Union Oil Co. of California, Los Angeles, übert. von: **Clyde H. O. Berg**, Long Beach, Calif., V. St. A., *Ölschieferverschwelung.* Um Öle u. Gase aus ölhaltigen Feststoffen (Ölschiefer) zu gewinnen, bringt man diese in eine Beladungszone (**I**), von da aufwärts in eine Behandlungszone (**II**), die eine Entbindungszone (**III**) u. eine Verbrennungszone (**IV**) enthält. Man behandelt die Feststoffe in **III** mit einem heißen Entbindungsmittel, wobei sie Gase u. Fl. abgeben u. einen kohligen festen Rückstand (**V**) hinterlassen. Man behandelt **V** in der **IV** mit einem O_2-haltigen Gas, wobei sich das heiße Entbindungsmittel bildet u. Asche zurückbleibt. Man hält um die **IV** eine ringförmige Schicht kühlen Ölschiefers, um die Wände der **II** zu schützen, u. hält **IV** in einer konstanten Lage innerhalb der **II**, indem man die Menge, in der gasförmige Entbindungs- u. Verbrennungsprodd. aus der Sammelzone (**VI**) abgezogen werden, kontrolliert. Man leitet gasförmige u. fl. Entbindungsprodd. u. Verbrennungsprodd. aus der **III** in die **VI**, worin eine gewisse Höhe der fl. Prodd. gehalten wird. Man entfernt Gase u. Fl. davon u. leitet sie in eine Aufbewahrungszone (**VII**). Man trennt von den fl. Entbindungsprodd. die feinen Ölschieferteilchen ab u. erhält ein klares fl. Prod., desgleichen entfernt man sie aus der **VII**, erhitzt einen Teil des geklärten fl. Prod. u. führt ihn durch die **VI**, um feine Ölschieferteilchen von dort nach der **VII** wegzuführen. Den Rest der geklärten Fl. zieht man aus dem Syst. ab. — Zeichnung. (**A. P. 2 640 014** vom 31/1. 1949, ausg. 26/5. 1953.) UNGER. 8181

Standard Oil Development Co., übert. von: **James W. Carr jr., Lindsay I. Griffin jr.** und **Edward W. S. Nicholson**, Baton Rouge, La., V. St. A., *Wirbelschichtdestillation von Ölschiefer*, der sich während der Dest. zersetzt. Die feinverteilten Festkörper werden in Form einer dichten turbulenten M. dest., die durch einen Aufwärtsgasstrom fluidisiert wird. Verbrauchte Feststoffe werden in einer Verbrennungszone (I) hoch erhitzt u. verbrannt. Der Destillationszone (II) wird Wärme in Gestalt fühlbarer Wärme von Festkörpern zugeführt, die zwischen der Destillationszone u. der I umlaufen. Man leitet durch den unteren Teil der I einen Aufwärtsgasstrom mit einer linearen Oberflächengeschwindigkeit von weniger als 1,5 Fuß/Sek., wobei eine Absonderung größerer Teilchen (Durchmesser 400—7000 μ) von kleineren Teilchen (Durchmesser 400 μ) stattfindet, u. erhöht im oberen Teil der I die Geschwindigkeit auf über 1,5 Fuß/Sek., wodurch feine Feststoffe (0—20 μ) vollständig mitgerissen u. über Kopf aus der I entfernt werden. Es bildet sich so eine fluidisierte M. von mittlerer Größe ($<$400 u. $>$20 μ) über den fluidisierten größeren Teilchen aus. Man leitet einen größeren Teil der abgesonderten Teilchen mittlerer Größe in die II zurück, um Wärme zu ergänzen, u. zieht die größeren Teilchen nach unten aus der I ab. — Zeichnung. (**A. P. 2 643 219** vom 21/6. 1949, ausg. 23/6. 1953.) Unger. 8181

Zschimmer & Schwarz vormals Chemnitz, Brilon (Erfinder: **Richard Huttenlocher**, Braubach/Rh., und **Maximilian Hussong**, Oberlahnstein), *Sulfochlorierungsprodukte.* Aus Braunkohlenteer gewonnene Paraffingemische (Gatsch) werden mit mindestens 20% SO_2Cl_2 (bezogen auf Paraffin) unter Bestrahlung mit sichtbarem Licht in Ggw. N-haltiger Basen (Anilin, Pyridin, Chinolin, Triäthanolamin, Alkylamin) behandelt. — Braunkohlenteergatsch → *Sulfonsäurechlorid*, VZ. 150, Cl-Geh. 8,4 (%) mit 4,8 verseifbarem Cl. — *Emulgatoren* für *Mineralöle.* (**D. B. P. 891 392** Kl. 12o vom 10/9. 1943, ausg. 28/9. 1953.) Krauss. 8187

Wintershall Akt.-Ges., Celle, und **Ludwig Hahn**, Emlichheim/Bentheim (Erfinder: **Ludwig Hahn**), *Verfahren und Vorrichtung zur Zerlegung emulgierter Flüssigkeiten.* Die Emulsionen werden durch ein Capillarfilter geführt, wobei sie zur Veränderung der Viscosität vorgewärmt sein können u. der Fließvorgang durch die Capillaren durch beliebige Mittel, wie Pumpen oder Gefälle, herbeigeführt wird. Das Capillarfilter weist versch. Filterschichten auf, deren Filterkörner nach oben u. unten zunehmend gröber werden, so daß also die eigentliche Capillarfilterschicht in der Mitte angeordnet ist. Verf. u. Vorr. eignen sich bes. zur *Brechung* von *Erdölemulsionen.* Nach dem Durchgang durch den Filter ist die Emulsion gebrochen u. in Schichten geschieden. — Vorrichtung. (**D. B. P. 833 494** Kl. 12s vom 1/12. 1949, ausg. 18/6. 1953. **Zusatz zu D. B. P. 815 514; C. 1953. 4629.**) R. Herbst. 8191

Shell Development Co., San Francisco, übert. von: **Henry W. Anderson**, Martinez, **Otto A. Samson**, Concord, und **Augustus W. Clark**, Albany, Calif., V. St. A., *Öllösliche Erdölsulfonsäuren und -sulfonate* (*Mahoganysulfonsäuren*) entstehen durch Behandlung eines naphthen. KW-stofföls mit Schmierölviscosität von wenigstens 400 SSU/100° F u. einem Flammpunkt von wenigstens 380° F mit einem Sulfonierungsmittel, wie Oleum, $ClSO_3H$, in Ggw. von SO_2 oder anderen Katalysatoren, zweckmäßig bei 75—150° F, wobei vor dem Absitzen des Schlammes soviel W. (25—80 Gew.-%, bezogen auf Säure) zugesetzt wird, daß sich eine wss. Phase mit einer 50—70%ig. Säure bildet. In der Ölphase bleiben die Sulfonate, die dann abgetrennt werden können. — Ein durch Extraktion gewonnenes „California"-Öl-Raffinat mit Viscositätsindex 55 wird bei über 75°, besser über 85°, jedoch unter 150° F, 10 Min. mit 25%ig. Oleum behandelt; dann setzt man die einem 25%ig. Oleum äquivalente Menge W. zu, so daß sich eine Ölphase mit 11,5% Sulfonsäuren u. eine 70%ig. H_2SO_4 als wss. Phase bildet. (**A. P. 2 578 657** vom 21/8. 1948, ausg. 18/12. 1951.) Krauss. 8193

Socony-Vacuum Oil Co., Inc., übert. von: **Harold C. Myers** und **Arnold O. Pukkila**, Woodbury, und **James I. Barnes**, Mickleton, N. J., V. St. A., *Entparaffinieren von Ölen* mittels wss. Lsg. (I), welche bei der beim Abpressen in der Filterpresse herrschenden Temp. in der Hauptsache fl. bleibt. Man gibt I in eine Paraffin-Ölmischung (II) in einer Menge von 2,5—100% (bezogen auf das Gewicht von II). Es bildet sich eine I—II-Mischung, die man mit einem oberflächenakt. Stoff (III) (der einen begrenzten Dreiphasenkontaktwinkel bei der Preßtemp. im Blasenmaschinentest bildet) in einer Menge von mindestens 0,1 Gew.-%, bezogen auf II, aber von weniger als zur Bldg. einer II in I-Emulsion, in der I die zusammenhängende (äußere) Phase ist, erforderlich wäre. Es bildet sich eine Dispersion, in der I die disperse Phase u. II die zusammenhängende Phase darstellt. Das Paraffin lagert sich an die disperse Phase an, wobei sich eine disperse Paraffin—wss. Lsg.-Phase bildet, die man bei Entparaffinierungstemp. hält, bei der das Paraffin in fester Form vorliegt. Diese Dispersion gibt man auf die Filterpresse. — Zeichnung. (**A. P. 2 645 600** vom 4/10. 1949, ausg. 14/7. 1953.) Unger. 8195

Texaco Development Corp., New York, N. Y., übert. von: **Claude E. Zobell**, La Jolla, Calif., V. St. A., *Entschwefelung von Erdöl* in einem App., der die Rk. zwischen fl. Material u. H_2 in Ggw. von Enzymkatalysatoren gestattet u. aus einem Reaktionsraum mit mindestens 2 physikal. getrennten Behältern im Boden besteht, welche mikrobiolog. Nährlsg. (I) größerer Dichte als die Behandlungs-Fl. aufnehmen können. Die I in dem einen Behälter wird mit einem Enzymkatalysator versehen, die in dem anderen mit H_2 liefernden Bakterien. Es ist außerdem eine Fl. vorgesehen, um die Behandlungs-Fl. in den Reaktionsraum einzubringen, wo sie mit I in den Behältern in Berührung kommt, ferner ist ein Abfluß zur Entfernung der entstehenden Prodd. aus dem Reaktionsraum vorgesehen. — Zeichnung. (**A. P. 2 641 564** vom 31/3. 1948, ausg. 9/6. 1953.) UNGER. 8195

Socony-Vacuum Oil Co., Inc., übert. von: **Everett Gorin**, Pittsburgh, Pa., und **Robert E. Kinney**, Woodbury, N. J., V. St. A., *Trennung von Kohlenwasserstoffen mit Thioharnstoff*, wobei sich mit einem KW-stoff (I) ein krist. Komplex bildet, mit einem anderen KW-stoff (II) dagegen nicht. Der Komplex wird abgetrennt. I besteht aus stark verzweigten Aliphaten, einem Cycloparaffin u. einem Cycloolefin, welche mindestens 5 C-Atome haben, sowie aus Methylisopropyl- u. tert.-Butylderivv. des genannten Cycloparaffins u. Cycloolefins. Man führt die Komplexbldg. zwischen —10 u. —30° aus. — Zeichnung. (**A. P. 2 642 424** vom 12/11. 1952, ausg. 16/6. 1953.) UNGER. 8195

Anglo-Iranian Oil Co. Ltd., England (Erfinder: **F. W. B. Porter** und **R. P. Northcott**), *Entschwefelung von Roherdöl.* Man leitet das Öl mit H_2 gemischt über einen gegen S widerstandsfähigen Katalysator bei 399—454° u. 35—105 at, wobei die im Öl enthaltenen organ. S-Verbb. in H_2S u. niedrig sd. KW-stoffe übergeführt werden. Z. B. entschwefelt man ein Kuweit-Roherdöl in Ggw. eines Co-Oxyd–Mo-Oxyd-Tonerdekatalysators bei 415° u. 70 at. — Vorrichtung. (**F. P. 1 043 217** vom 4/9. 1951, ausg. 6/11. 1953. E. Prior. 7/9. 1950.) OPPERMANN. 8195

Steinkohlenbergwerk Rheinpreussen Chemische Werke, Deutschland, *Katalytische Hydrierung von Kohlenoxyd.* Zur Herst. von KW-stoffen u. O_2-haltigen C-Verbb. (z. B. Alkoholen) läßt man 1—4 Vol. CO u. 1 Vol. Wasserdampf bei 150—400° u. n. oder erhöhtem Druck in Ggw. von Katalysatoren aufeinander einwirken. Letztere enthalten Metalle der 8. Gruppe des Period. Syst. (z. B. Co, Fe, Ni, Ru) u. gegebenenfalls Aktivatoren (z. B. Alkali-, Erdalkali- oder Mg-Salze, Th-, Ce- oder Cr-Oxyd, Tonerde, Mn, V, B, Cu, Ag, Au oder Oxyde dieser Elemente). Die katalysierenden Substanzen können auf einem Träger (z. B. Infusorienerde, Talk, Dolomit, Kalkstein, akt. Kohle, Bimsstein) aufgetragen sein, u. der Katalysator kann sich in einem fl. Medium (Katalyse in fl. Phase) oder in dem Gasgemisch (Fließkatalyse) verteilt befinden. Zur Erhöhung der Aktivität kann man den Katalysator vor seiner Verwendung mit H_2 oder CO oder mit beiden Gasen behandeln, wobei sich im Falle des CO Carbide bilden, oder sich C in den Metallen löst. Z. B. leitet man über einen vorher mit CO u. H_2 behandelten alkalinisierten Fe-Cu-Katalysator bei 10 at u. 230° ein Gemisch von 3 Vol. CO u. 1 Vol. Wasserdampf. Die Ausbeute je m^3 CO beträgt hierbei 201 g KW-stoffe u. O-haltige Verbb. sowie geringe Mengen CH_4. (**F. P. 1 011 967** vom 6/5. 1949, ausg. 2/7. 1952.) OPPERMANN. 8201

Ruhrchemie Akt.-Ges., Oberhausen-Holten (Erfinder: **Helmut Kolling**, Duisburg-Hamborn, und **Friedrich Rappen**, Oberhausen-Sterkrade), *Alkylierung von aromatischen Kohlenwasserstoffen* mit Alkylchloriden nach FRIEDEL-CRAFTS. Das Kontaktöl wird aus $AlCl_3$ u. alkylierten Aromaten, bes. den bei der Rk. zu erzeugenden Monoalkylaromaten mit mehr als 6 C-Atomen in der Seitenkette, gegebenenfalls unter Zusatz von Bzl. durch Kaltverrühren hergestellt. Man erhält 2 Schichten, von denen die obere die überschüssigen KW-stoffe u. die untere das Kontaktöl enthält, welches aus ca. 30% $AlCl_3$ u. ca. 70% öligen Anteilen besteht. (**D. B. P. 897 998** Kl. 12o vom 26/4. 1951, ausg. 26/11. 1953. Japan. Prior. 10/2. 1951.) W. HEROLD. 8201

Dimitri Balachowsky, Seine, Frankreich, *Katalyse von Kohlenwasserstoffen.* Die Katalyse der umzuwandelnden Prodd. (Öle) von gesätt. paraffin. oder naphthenisch-aliphat. Charakter erfolgt hauptsächlich durch metall., in einem Raum angeordnete, auf die für die jeweilige Umsetzung spezif. Temp. erhitzte Katalysatoren. Hierbei bilden sich KW-stoffgase, Bzn. mit bis zu 80% Olefinen, Aromaten u. Asphalt. Bei der katalyt. Umsetzung z. B. eines irak. Rohöls (Br-Zahl 25) erhält man Gase mit ca. 65% ungesätt. KW-stoffen, Bzn. mit 70—80% Olefinen, Aromaten (Br-Zahl ca. 170) u. einen Ölrückstand (Br-Zahl ca. 70). (**F. P. 57 446** vom 12/7. 1947, ausg. 28/1. 1953. **Zusatz zu F. P. 862 926; C. 1942. I. 2090.**) OPPERMANN. 8201

Atlantic Refining Co., V. St. A., *Reformierungsverfahren.* Man reformiert Erdöldestillate (z. B. Schwer-, Leichtbenzin, Kerosin) bei 315—537° u. 7—70 at in Ggw.

eines SiO_2-Tonerdekatalysators mit einer Oberfläche von 10—65 m^2/g, welcher mit 0,01—2,5 Gew.-% Pt oder Pd imprägniert ist, unter Zusatz von 1—20 Mol H_2/Mol KW-stoff. — Z. B. reformiert man ein aus einem arab. Rohöl stammendes Bzn. [A.P.I.-D. 57°, Siedebereich (nach ASTM) 75—205°, Octanzahl (Motormeth.) 37,3, S-Geh. 0,03%] in Ggw. eines mit 0,25% Pt imprägnierten SiO_2-Tonerdekatalysators mit 13 Gew.-% Tonerde u. einer Oberfläche von 45 m^2/g bei 426° u. 482° u. 24,5 at (Verhältnis von H_2 : KW-stoff = 4 : 1). Man erhält bei 426° 98,1 Vol.-% Bzn., Octanzahl (Motormeth.) 65,2, bei 482° 90,5 Vol.-% Bzn., Octanzahl (Motormeth.) 74,3. (**F. P. 1 044 604** vom 2/3. 1951, ausg. 19/11. 1953.) OPPERMANN. 8201

Standard Oil Development Co., Elizabeth, N. J., V. St. A., *Katalysator für die Olefinpolymerisation,* zwecks Erzeugung von *KW-stoffen* aus dem Treibstoffsiedebereich. Man imprägniert einen festen Träger (Kieselgel) mit einer Phosphorsäure, trocknet den imprägnierten Träger bei 375—425°F. u. calciniert die getrocknete M. oberhalb 600°F. Man trocknet 24—36 (Std.) u. calciniert 1—4. Man kann dem Katalysator vor dem Trocknen eine geringe Menge eines Ni- oder Cu-Salzes (Sulfat oder Phosphat) zusetzen (1—5 Gew.-%). — Zeichnung. (**E. P. 695 735** vom 22/3. 1951, ausg. 19/8. 1953. A. Priorr. 27/4. u. 20/5. 1950.) UNGER. 8201

Raymond Henri Pierre Devaux, Paris, Frankreich, *Betrieb eines Verbrennungsmotors mit ozonisierter Luft.* Die Luft wird zwischen den Platten eines elektr. im Luftfilter eingebauten Mehrplattenkondensators hindurchgeführt u. ozonisiert. Dadurch ist es möglich, die aus dem Kurbelgehäuse entweichenden Öldämpfe in die Ansaugleitung zu führen u. im Motor zu verbrennen, ohne daß eine Verschmutzung des Verbrennungsraumes eintritt. (**D. B. P. 900 397** Kl. 46a[6] vom 3/3. 1950, ausg. 28/12. 1953.) v. HUHN. 8205

Badische Anilin- & Soda-Fabrik, Ludwigshafen/Rh. (Erfinder: **Mathias Pier,** Heidelberg, **Ernst Donath,** Pittsburg, Pa., V. St. A., und **Willi Oettinger,** Ludwigshafen/Rh.), *Herstellung klopffester Treibstoffe* aus olefinhaltigen KW-stoffgemischen, die im Siedebereich des Bzn. oder Mittelöls sd., durch katalyt. Behandlung bei erhöhter Temp., dad. gek., daß man die Ausgangsstoffe dampfförmig zusammen mit H_2 bei $<$460° derart über hydrierend wirkende Schwermetallverbb., bes. Oxyde von Mo, W, Cr u./oder V auf Trägern, leitet, daß die Ausgangsstoffe raffiniert u. die Olefine hydriert werden, u. anschließend bei einem Gesamtdruck von 15—75 at H_2-Partialdruck, der ca. 20—70% des Gesamtdruckes beträgt u. $<$40 at liegt, u. bei $>$460° über Oxyde von Mo, Cr oder V, die auf akt. Tonerde, Magnesia oder ZnO aufgebracht sind, leitet u. von den den Reaktionsraum verlassenden H_2-haltigen Gasen so viel in die 1. Stufe zurückführt, daß je kg Ausgangsstoff 0,3—4 cbm H_2-haltige Gase in die 2. Stufe gelangen. (**D. B. P. 881 643** Kl. 12o vom 15/1. 1941, ausg. 2/7. 1953.) G. KÖNIG. 8207

M. W. Kellogg Co., Jersey City, übert. von: **Luther R. Hill,** Ridgewood, und **Henry G. McGrath,** Elizabeth, N. J., V. St. A., *Synthese organischer Verbindungen* durch CO-Hydrierung (oder Hydrierung von CO_2 oder organ. Carbonylverbb.) nach dem Wirbelbettverf. bei Durchsätzen von 50—5000, bes. 300—1000 Vol. Gas/Vol. Katalysator/Std., z. B. bei 400—500°F. u. 600—700 lbs./sq.in. Zur Herst. eines hochwertigen *Dieselöles* in guter Ausbeute mit geringer CH_4-Bldg. wird ein abriebfester Katalysator benutzt, der aus 1 (Gewichtsteil) Co oder Ni mit 0,05—0,2 eines schwer reduzierbaren Metalloxydes u. 1—3 (bes. 2) Trägermaterial aus weitgehend entwässertem Silicagel mit 5—20% (bes. 10—15%) Al_2O_3 besteht. — Zu einer sd. Lsg. von 10000 g $Co(NO_3)_2 \cdot 6\,H_2O$ u. 1050 g $Th(NO_3)_2 \cdot 4\,H_2O$ in 50 Liter W. wird eine sd. Lsg. von 6500 g $Na_2CO_3 \cdot H_2O$ in 50 Liter W. unter Rühren zugegeben, bei 210° F mit 4000 g Trägerteilchen versetzt, bei 30—50 lsb./sq.in. filtriert, mit 160 Gallonen W. von 180°F bei 50 lbs./sq.in. gewaschen u. nach Antrocknen über Nacht bei Zimmertemp. bei 210°F bis auf 54% Wassergeh. getrocknet. Die durch eine $^3/_8$-inch-Lochpresse getriebene M. wird bei 220°F auf 20% Wassergeh. getrocknet, auf 20—6 mesh zerkleinert, unter Normaldruck mit 60 Vol. H_2/Vol. Katalysator/Std. bei 750°F red. u. unter CO_2 feinst vermahlen. Der fertige Katalysator enthält 1 (Gewichtsteil) Co + 0,25 ThO + 2,0 Träger mit 4% Wasser. Das benutzte Trägermaterial besteht aus SiO_2 mit 13% Al_2O_3 u. wird wie folgt hergestellt: Eine bei 82°F mit 30%ig. H_2SO_4 auf p_H 9,5 gebrachte 4,2%ig. Wasserglaslsg. wird nach 4 Min. Rühren mit H_2SO_4 auf p_H 2,5 eingestellt u. 30 Min. stehengelassen. Dann wird mit 5%ig. NH_3 auf p_H 6,5 gebracht u. die erforderliche Menge einer 18%ig. $Al_2(SO_4)_3$-Lsg. zugegeben u. durch sorgfältiges Neutralisieren mit NH_3 auf der Oberfläche u. in den Poren des SiO_2-Geles Al_2O_3 ausgefällt. Das unter 15—20 inch. Hg-Druck abfiltrierte Gel wird bei 1400°F auf weniger als 50% W. getrocknet, wiederholt mit auf p_H 2,5 angesäuertem W. gewaschen, bei 1500°F calciniert, bis der Wassergeh. 4% beträgt, u. vermahlen. (**A. P. 2 637 739** vom 21/8. 1948, ausg. 5/5. 1953.) W. HEROLD. 8213

Institut de Recherches pour les Huiles de Palme et Oléagineux, Frankreich (Erfinder: **Maurice Jean Baptiste Loury** und **Jean Roaul Garrigue**), *Herstellung von Treibstoffen,* dad. gek., daß man bei der Fermentation von Palmfrüchten 0,1—0,2% eines Mineralsalzes, z. B. $MnSO_4$, zusetzt u. das gewonnene Öl in Ggw. eines Katalysators, z. B. HCl, H_2SO_4, mit A. oder Methanol verestert. Ähnlich kann man z. B. Cocosbutter, Karitebutter behandeln. (**F. P. 996 608** vom 30/4. 1945, ausg. 24/12. 1951.) OPPERMANN. 8213

Allgemeine Elektricitäts-Gesellschaft, Berlin (Erfinder: **Frank M. Clark,** Schenectady, N. Y., V. St. A.), *Herstellung von flüssigen bis halbfesten Kondensations- bzw. Polymerisationsprodukten aus aromatischen Alkoholen* durch Behandeln mit Dehydrationsmitteln, bes. für *elektr. Isolierungszwecke,* dad. gek., daß man den aromat. Alkohol u. das Dehydrationsmittel zunächst unter Vermeidung zu starker exotherm. Rkk. zusammenbringt, dann das Gemisch bei Tempp. u. innerhalb von Zeiträumen erhitzt, bzw. weiter erhitzt, bei denen noch keine Harzbldg. eintreten kann, u. darauf das entstehende Kondensations- bzw. Polymerisationsprod. von dem Dehydrationsmittel u. dem überschüssigen Alkohol wieder abtrennt. Verwendung auch als *Schmiermittel.* (**D. B. P. 904 595** Kl. 39c vom 23/11. 1941, ausg. 22/2. 1954. A. Prior. 22/11. 1940.) G. KÖNIG. 8219

Farbwerke Hoechst Akt.-Ges., vormals Meister Lucius & Brüning (Erfinder: **Ludwig Orthner, Gerhard Balle, Georg Schulz, Adolf Vogt** und **Franz Besemann**), Frankfurt/M., *Metallbearbeitungsöle,* bestehend aus Ölen oder wss. Ölemulsionen mit einem Geh. an Sulfamidocarbonsäuren, die wenigstens einen aliphat. C_6-Rest aufweisen, bzw. deren wasserlösl. Salzen. — Beispiel: 149 (g) wss. Sulfamidoessigsäuregemisch (SZ. 47,7) ergeben mit 298 Spindelöl (Viscosität 4—6° E) bei 20° mit 6,8 Soda (calciniert) in 40 W. ein klares Öl, das mit W. gut emulgierbar ist. (**D. B. P. 905 303** Kl. 23c vom 21/3. 1942, ausg. 1/3. 1954.) DREWS. 8221

N. V. de Bataafsche Petroleum Mij., Den Haag, Holland, *Schmierfette* auf Mineralöl oder synthet. Basis, enthaltend Li-, Na- oder Ca-Seifen von $C_{12..23}$-Fettsäuren, bzw. deren Glyceride, organ. Amine u. 0,01—2 Gew.-% des Gesamtfetts eines Zn- oder Ca-Salzes einer organ. Säure der allg. Formel I. Hierin stehen für R_1 H, eine Alkyl-, Aryl-, Aralkly-, Alkaryl-, alcycl. oder heterocycl. Gruppe; R_2 ist gleich R_1 mit Ausnahme von H; X_1 u. X_2 jeweils O, S, Se oder Te. Geeignete organ. Säuren sind: Dibutyl- u. Dihexyldithiocarbaminsäure. — Beispiel für Schmierfett: Li-Stearat 20 (Gew.-%), N-Phenyl-α-naphthylamin 0,25, Zn-butyldithiocarbamat 1,0, Midland-Continental-Öl (400 SAYBOLT-Sek.) Rest. (**E. P. 693 697** vom 4/7. 1950, ausg. 8/7. 1953. A. Prior. 5/7. 1949.) DREWS. 8223

$$(R_1)(R_2)N{-}CX_1 \cdot X_2 \cdot H \qquad \text{I}$$

Othmar Werner, Leitfaden der Brennstoff-Brikettierung. Stuttgart: Enke. 195.3 (VIII + 152 S. m. 102 Abb. u. 10 Zahlentab.) DM 24,80.

XXIII. Tinte. Hektographenmassen und andere Spezialpräparate.

Sun Chemical Corp., New York, N. Y., V. St. A., *Tinte,* bes. *Drucktinte,* bestehend aus einem mit W. nicht mischbaren Harzbindemittel, z. B. Prolamin oder Schellack, das in einem Glykol oder Polyglykol bzw. deren Estern oder Äthern dispergierbar oder lösl. ist, u. einem in W. dispergierbaren Reinigungsmittel aus einer Alkylolaminseife einer höheren Fettsäure, wie Diäthanolaminlaurat, einem Alkylolamin, wie Diäthanolamin, u. einem in W. dispergierbaren, nichtionogenen oberflächenakt. Mittel, z. B. einem Partialester bzw. -äther eines mehrwertigen Alkohols mit einer langkettigen Fettsäure bzw. mit einem langkettigen Fettalkohol, oder einem Kondensationsprod. des Äthylen- oder Polyäthylenoxyds mit einer langkettigen Fettsäure, deren Amiden oder Estern, mit einem langkettigen Fettalkohol oder einem langkettigen Mercaptan. Das Bindemittel kann auch ein mit einer $\alpha.\beta$-ungesätt. Dicarbonsäure modifiziertes Harz oder ein mit einer $\alpha.\beta$-ungesätt. organ. Säure modifiziertes Terpen sein. Farbstoffe u. Pigmente werden zugesetzt. Diese Tinten sind von Werkzeugen oder Druckereimaschinen leicht durch W. oder Dampf zu entfernen. (**E. P. 663 918** vom 20/9. 1948, ausg. 27/12. 1951. A. Prior. 6/11. 1947.) GRÄGER. 8421

A. B. Dick Co., Chicago, Ill., V. St. A., *Farbe für Vervielfältigungsschablonen,* bestehend aus $>$50 (%) W., 3—7 wasserlösl. Farbstoff, z. B. Nigrosin WSJ, 2—10 Oxyäthylcellulose, 3—25 Äthylenglykol, 0,5—2 Netzmittel, z. B. Aerosol OT, u. 0,25—3 eines Aldehydes, z. B. Glyoxal. (**E. P. 676 373** vom 8/8. 1949, ausg. 23/7. 1952. A. Prior. 18/9. 1948.) LAASS. 8421

Minnesota Mining & Mfg. Co., St. Paul, Mo., V. St. A., *Hitzeempfindliche Kopierpapiere für Vervielfältigungsverfahren.* Ein Blatt aus regenerierter Cellulose wird mit einer Lsg. behandelt, die aus folgenden gesätt. Lsgg. gemischt wird: 50 (Vol.) Ni-Acetat, 10 Ni-Nitrat, 20 $(NH_4)_2S_2O_3$ u. 40 Thioharnstoff. Das getrocknete Blatt ist durchsichtig u. wird schwarz, wenn es weniger als $^1/_2$ Sek. auf 120° erhitzt wird. — Beim Kopieren eines Schriftstückes wird dieses mit dem angepreßten Kopierpapier mit Hilfe einer Infrarotlampe oder eines Photoblitzes erwärmt, wobei die von den schwarzen Buchstaben absorbierte Wärme an das Kopierpapier abgegeben wird. (**E. P. 673 244** vom 4/4. 1950, ausg. 4/6. 1952.) LAASS. 8423

Badische Anilin- & Soda-Fabrik Akt.-Ges., Ludwigshafen/Rh. (Erfinder: **Heinrich Kobbe,** Neckargemünd), *Herstellung von Kohlepapieren.* Als Wachskomposition werden Ester von mehrbas. Säuren, z. B. Trikresylphosphat, Phthalsäure-butyl, -amyl, -hexyl- oder -monomethylglykolester, im Gemisch mit Polykohlensäureestern verwendet, die z. B. durch Rk. von $COCl_2$ mit zweiwertigen Alkoholen oder von Halogenkohlensäureestern zweiwertiger Alkohole mit ein- oder mehrwertigen Alkoholen erhalten werden. (**D. B. P. 898 915** Kl. 15 l vom 2/10. 1948, ausg. 7/12. 1953. F. Prior. 31/7. 1947.) LAASS. 8423

„Cab" Grundstücksgesellschaft m. b. H., Düsseldorf, *Beschriften von Schriftstücken,* z. B. *Warenetiketts,* bei welchem der im Zusammenhang stehende Schrifttext teilweise mit sichtbarer Schrift, teilweise mit unsichtbarer, aber sichtbar gestaltbarer Schrift mit Hilfe eines Farbbandes aufgebracht wird, dad. gek., daß ein oder mehrere Streifen eines mehrstreifigen Farbbandes fortlaufend, zweckmäßig vor dem Passieren einer Druckvorr. mit einer farblosen, aber farbig gestaltbaren Fl. befeuchtet werden. (**D. B. P. 909 102** Kl. 15k vom 3/11. 1951, ausg. 12/4. 1954. Anmeldung bekanntgemacht 27/8. 1953. **Zusatz zu D. B. P. 874 142; C. 1953. 7709.**) LAASS. 8423

Henri Sueur, Seine, Frankreich, *Herstellung von Hektographenfolien.* Man gießt die kopierende Gelatineschicht auf eine undurchlässige, die der Gelatine einverleibten Substanzen nicht absorbierende, elast. u. widerstandsfähige Vinylharzfolie. — Zeichnung. (**F. P. 970 732** vom 11/8. 1948, ausg. 8/1. 1951.) OPPERMANN. 8423

Robert C. Brown, Highland Park, übert. von: **Charles Wittgren,** Chicago, Ill., V. St. A., *Abziehbild.* Man nimmt eine Grundplatte (**I**) aus durchsichtigem, biegsamem u. wasserabstoßendem Material u. überzieht sie mit einer dünnen Filmschicht aus wasserlösl., plast. Material, z. B. Polyvinylalkohol, legt das Lackbild (**II**) auf den Film (**III**) u. überzieht es mit einem wasserunlösl. Klebstoff. Dann befeuchtet man diesen u. legt **II** auf die Trägerfläche, zieht **I** von **III** ab u. wäscht mit W., um die Reste von **III** zu beseitigen. — Zeichnungen. (**A. P. 2 558 804** vom 13/9. 1947, ausg. 3/7. 1951.) NEBELSIEK. 8499

XXIV. Photographie.

Franz Evva, *Lichtstreuung und Wachstum der solvatisierten Silberchloridkörner in Suspensionen.* Vf. berichtet über eine Meth. zur Unters. der Lichtstreuung von solvatisierten AgCl-Suspensionen. Sie beruht darauf, daß die Solvatation der Schutzkolloide einen viel geringeren Einfl. auf den logarithm. Dispersitätsquotienten DQ der untersuchten Suspensionen als auf die Intensität des durch die Suspensionen gestreuten Lichtes ausübt. Bei der Unters. des Zusammenhanges zwischen DQ u. der Intensität des gestreuten Lichtes in Abhängigkeit vom p_H, sowie beim Studium der Teilchenwachstumsgeschwindigkeit von AgCl-Körnern in Anwesenheit verschied. Schutzkolloide, lassen sich gewisse Folgerungen über den Aufbau der Solvathüllen ziehen. Bei dem Aufbau der Solvathüllen spielen folgende Faktoren eine Rolle: a) der elektrostat., b) der ster. Aufbau der angewandten Schutzkolloide u. c) die elektr. Ladung des geschützten lyophoben Kolloidkornes. Vf. empfiehlt folgende Einteilung der Solvathüllen: a) „elast." Solvathüllen, in denen das Wachstum der Halogensilberkörner sich bei entsprechenden Tempp. abspielt; b) „starre" (dichte) Solvathüllen, in denen das Wachstum der lyophoben Körner ausbleibt; c) „halbelast." Solvathüllen, die bei der elektr. Neutralität der lyophoben AgCl-Teilchen eine gute Schutzwrkg. zeigen. — Bei polaren Schutzkolloiden ist die Lichtstreuung der AgCl-Suspension eine Funktion des p_H. Es wird angenommen, daß die Dichte der Solvathülle sich entsprechend den ionalen Verhältnissen der Suspension ändert. Einen ähnlichen Effekt konnte Vf. bei der Anwendung von Gemischen aus einem elast.

Schutzkolloid, z. B. *Gelatine*, oder einem starren Schutzkoll., z. B. *Polyvinylalkohol*, beobachten. Bei steigendem Polyvinylalkoholgeh. vermindert sich bei gleichen DQ-Werten die Lichtstreuung der Suspensionen. Bei dem unpolaren Schutzkoll. *Celluloseoxyäthyläther* ist die Lichtstreuung der AgCl-Suspensionen vom p_H abhängig, das Wachstum der AgCl-Körner findet jedoch statt, weil dieses Schutzkoll. infolge seiner ster. Struktur keine dichte Solvathülle bilden kann. (Z. wiss. Photogr., Photophysik Photochem. **48.** 209—27. 1953. Vác [Ungarn], Opt.-feinmechan. Forschungslabor., photochem.-techn. Abt.) W. GÜNTHER. 8590

Fr. Hegemann, C. Caimann und **C. Leybold,** *Die Eichung von Stufenfiltern für die Spektralanalyse mittels des Lichtelektrometers.* Vff. beschreiben eine Meth. zur Eichung von Stufenfiltern mit Hilfe des Lichtelektrometers. Als Lichtquelle dient eine Wasserstofflampe mit punktförmigem Leuchtfleck hoher Leuchtdichte. Der Leuchtfleck wird mittels einer Quarzlinse mit 80 mm Brennweite vergrößert auf dem Spalt eines ZEISS-Quarzspektrographen Q 24 abgebildet. Der Strahlungsempfänger besteht aus einem Vervielfacher, dessen Empfindlichkeitsbereich durch eine geeignete Fluorescenzschicht (*Natriumsalicylat* in Polyvinylalkohol) bis ins kurzwellige UV erweitert ist. Es wird ein Sechsstufenfilter der Firma FUESS im Wellenlängengebiet 4500—2200 Å ausgemessen. Die Durchlässigkeit des Filters wird in Abhängigkeit von der Wellenlänge aufgetragen. Die Änderung der Durchlässigkeit steigt in Abhängigkeit von der Wellenlänge mit zunehmender Dicke der Aufdampfschichten erheblich an. Für die Durchlässigkeiten bei 3000 Å ergeben sich für die 6 Stufen folgende Werte, wobei Y = log Intensität: 100% (Y = 2), 55,2% (Y = 1,74), 28,2% (Y = 1,45), 9,8% (Y = 0,99), 3,7% (Y = 0,57), 0,9% (Y = 0,036). — 7 Literaturangaben. (Z. wiss. Photogr., Photophysik Photochem. **48.** 263—67. 1953. München, TH, Mineralog.-Geolog. Inst., Forschungsstelle für Geochemie.) W. GÜNTHER. 8590

Ladislav Zachoval, *Die Theorie des latenten Bildes.* 1. Mitt. Vf. gibt eine zusammenfassende Darst. über die geschichtliche Entw. u. den gegenwärtigen Stand der Theorien vom latenten Bild. Behandelt werden die Arbeiten von SHEPPARD, LÜHR u. WEIGERT, POHL, GURNEY u. MOTT, WEBB u. MEIDINGER. (Bild u. Ton **7.** 108—15. April 1954.) W. GÜNTHER. 8594

J. W. Mitchell, *Die Theorie des photographischen Prozesses.* Vf. gibt einen ausführlichen Bericht über den Stand der Kenntnisse von der Theorie des latenten Bildes. (Bull. Soc. roy. Sci. Liège **20.** 300—22. April 1951. Bristol, Univ., H. H. Wills Physical Labor.) W. GÜNTHER. 8594

Ostap Stasiw, *Über die Photochemie des durch Ionen verunreinigten Silberbromids.* Beschreibung einiger weiterer Verss., deren Ergebnisse die Theorien des Vf. über den Reaktionsmechanismus zwischen Ag u. S bei der Belichtung von AgBr mit Verunreinigungen durch Ag_2S bestätigt. (Vgl. C. **1950.** II. 607.) (Journées int. Sci. photogr., Zürich **1949.** 48—50. Ausg. 1950. Dresden, Inst. für Festkörperforschung der Deutschen Akademie der Wissenschaften Berlin.) KALIX. 8596

Hanna Franck, *Die Photopapierfabrikation.* Kurzer Überblick über die Herst. photograph. Papiere, über die Anforderung der hierfür notwendigen Rohmaterialien u. über die Eigg. der verschied. Papiersorten. (Bild u. Ton **7.** 105—08. April 1954. Dresden, Mimosa VEB.) W. GÜNTHER. 8600

J. L. Tupper, *Die praktische Bedeutung des Reziprozitätsfehlergesetzes.* Vf. weist darauf hin, daß für die Verarbeitung photograph. Materialien, bes. in der Kinematographie, die Kenntnis der für eine Emulsion charakterist. Abweichungen vom Reziprozitätsgesetz von prakt. Bedeutung sein kann. Mit ihrer Hilfe lassen sich vielfach die zwischen sensitometr. Messungen u. Praxis auftretenden Differenzen aufklären. — Kurvenmaterial. (J. Soc. Motion Picture Television Engr. **60.** 20—29. Jan. 1953. Rochester, N. Y., Eastman Kodak Co., Res. Labor.) W. GÜNTHER. 8600

J. Pouradier und **H. Chateau,** *Bemerkungen über das Freiwerden der Halogene bei der Photolyse von photographischen Emulsionen.* Im allg. wird angenommen, daß bei der Belichtung von photograph. Emulsionen elementares *Br* frei wird. Demgegenüber können Vff. nachweisen, daß aus *Bromjodsilber*-Emulsionen nicht Br, sondern *J* in Freiheit gesetzt wird. Belichtet man bindemittelfreies Bromjodsilber mit einem Geh. von 3% *AgJ* in einem geschlossenen Gefäß u. extrahiert mit Chlf., so läßt sich in der Chloroformlsg. durch Absorptionsmessungen der Nachw. von J mit einem Maximum bei 510 mμ erbringen. — Der Entstehungsmechanismus wird diskutiert. Die Beobachtung, daß J bevorzugt in Freiheit gesetzt wird, scheint die Kontraktion des Kristallgitters, wie sie von BERRY bei der Belichtung von Emulsionen mit Röntgenstrahlen festgestellt wurde, zu bestätigen. Wahrscheinlich ist das Freiwerden von J eine der Ursachen, warum Bromjodsilberemulsionen in besonderem Maße die Erscheinung der Solarisation zeigen. Eine *Chlorbromsilber*-Emulsion müßte dann zuerst Br in Freiheit setzen. (Sci. Ind. photogr. [2] **25.** 188—90. Mai 1954. Kodak-Pathé, Labor. de Recherches.) W. GÜNTHER. 8604

Joachim Gaudernack, *Die Umkehrentwicklung.* Vf. beschreibt das Prinzip der Umkehrentwicklung. Es werden Rezepte für Feinkornfilme angegeben, die sich am besten dafür eignen. (Fotografie **1954.** 76—82. März.) W. GÜNTHER. 8618

A.-H. Cuisinier, *Der Ferraniacolorprozeß.* Vf. beschreibt den Aufbau des FERRANIA-Farbfilmes u. gibt Entwicklungsvorschriften für den Umkehrfilm u. das Negativ-Positiv-Verfahren. (Photographe **44.** 241—43. 20/5. 1954.) W. GÜNTHER. 8630

Eastman Kodak Co., Rochester, N. Y., V. St. A., übert. von: **Edward Philip Davey** und **Edward Bowes Knott,** Wealdstone, England, *Herstellung von Emulsionen, die latente Innenkornbilder ergeben.* In einer Lsg. von inerter Gelatine wird zuerst ein Ag-Salz ausgefällt, das löslicher als AgBr ist, bes. AgCl oder AgCNS; dieses wird dann durch Reifung mit KBr + KJ-Lsg. bei $< 50^0$ in ein Gemisch von AgBr + AgJ umgewandelt, das mindestens 6% AgJ enthält. Die Emulsion wird dann in erstarrtem Zustande so weit ausgewaschen, daß sie 0,03—0,3 g KBr (oder die äquivalente Menge anderer Ag-Halogenide) enthält. (**A. P. 2 592 250** vom 22/3. 1949, ausg. 8/4. 1952. E. Prior. 13/5. 1947.) KALIX. 8601

Eastman Kodak Co., übert. von: **Henry C. Yutzy, Gordon F. Frame** und **Frederick J. Russell,** Rochester, N. Y., V. St. A., *Halogensilberemulsionen aus Gelatinederivaten.* Als Dispersionsmittel für das Halogensilber (I) u. als Schichtbildner werden Reaktionsprodd. von Gelatine (II) mit Sulfonyl- oder Carbonsäurechloriden, Carbonsäureanhydriden, aromat. Isocyanaten u. 1.4-Diketonen in gleicher Menge wie II bei der üblichen Emulsionsherst. verwendet. Die Derivv. erhält man durch mehrere Min. langes Erhitzen der Komponenten in wss. Lsg. bei einem durch NaOH oder NH_3 auf 8—11 eingestellten p_H-Werte auf 25—60°. In der so erhaltenen Lsg. kann anschließend sofort I in der üblichen Weise ausgefällt u. gereift werden. Dann wird mit H_2SO_4 der p_H-Wert auf 3,5—4 herabgesetzt, wodurch I + II-Derivv. zusammen ausgefällt werden. Die überstehende Fl. enthält dann alle lösl. Nebenprodd. der Rkk. u. die ausgefällte Emulsion kann deshalb für viele Zwecke ohne weiteres Waschen nach eventuellem Zusatz von W. u. II, p_H-Werterhöhung auf 6,5—7 u. Erwärmung auf 40° auf beliebige Träger vergossen werden. I kann auch in der üblichen Weise in II ausgefällt u. II anschließend in die obengenannten Derivv. umgesetzt werden. Ferner kann der ausgefällte Komplex I + II-Derivv. auch in Pulverform getrocknet werden u. ist dann unbegrenzt haltbar. Geeignete Reaktionskomponenten mit II sind z. B.: Benzol-, Methoxybenzol-, Brombenzol-, p-Toluol- u. Naphthalin-β-sulfonylchlorid; Benzoyl-, Phthaloyl-, Furoylchlorid, Benzoe-, Phthal- u. Bernsteinsäureanhydrid, Phenyl-, Halogenphenyl-, Nitrophenyl-, α- u. β-Naphthylisocyanat, Acetonyl- u. Dimethylacetonylaceton. — Ersetzt man nur einen Teil von II durch die obengenannten Derivv., so können Empfindlichkeit, Gradation u. andere photograph. Eigg. der Emulsionen weitgehend variiert werden. Hierzu wird diese zunächst mit einer etwas geringeren Menge II als üblich angesetzt u. gereift, dann auf 1 Teil II 2—4 Teile II-Deriv. zugegeben. Die Weiterbehandlung erfolgt dann wie oben angegeben. (**A. PP. 2 614 928** u. **2 614 929** vom 13/8. 1947, ausg. 21/10. 1952.) KALIX. 8601

Eastman Kodak Co., übert. von: **Adrian Peter H. Trivelli** und **William F. Smith,** Rochester, N. Y., V. St. A., *Stabilisatoren für Halogensilberemulsionen* stellen Verbb. der allg. Formel $R_2[MeX_6]$ dar. In dieser bedeutet R ein H-Atom oder ein Metall der Pt-Gruppe außer Os u. X ein Halogenatom. Geeignet sind z. B.: $(NH_4)_2(PdCl_6)$, $(NH_4)_2(RhCl_6)$, $(NH_4)_2(RuCl_6)$, $(NH_4)_2(PtCl_6)$, $(NH_4)_2(PdBr_6)$ u. $(NH_4)_2(IrCl_6)$. Sie werden in Mengen von 0,25—3,9 g auf 1 kg des bei der Herst. verwendeten $AgNO_3$ der Halogensilberemulsion oder einer ihr unmittelbar benachbarten Schicht zugesetzt. (**A. P. 2 566 245** vom 2/8. 1947, ausg. 28/8. 1951.) KALIX. 8601

Herausgeber u. verantwortlich für den Inhalt: Prof. Dr. Maximilian Pflücke, Berlin NW 7, Schiffbauerdamm 19, Fernsprecher: 42 55 71. Redaktion: Chefredakteure Dr. Eugen Klever und Prof. Dr. Maximilian Pflücke. Verlag: Akademie-Verlag GmbH, Berlin W 8, Mohrenstraße 39 (Fernsprecher 20 03 86, Postscheckkonto Berlin 350 21), u. Verlag Chemie GmbH, Weinheim/Bergstraße (Postscheckkonto Frankfurt/M. 145314 u. Berlin [West] 7430, Fernsprecher: Weinheim 2017). Bestell- u. Verlags-Nr. dieses Heftes: 1007/125/41. Das Chemische Zentralblatt erscheint wöchentlich. Satz u. Druck: VEB Leipziger Druckhaus, Leipzig, III/18/203. X. 54.
Veröffentlicht unter der Lizenznummer 1212 des Amtes für Literatur und Verlagswesen der Deutschen Demokratischen Republik.
Printed in Germany DDR.